1.2 设置和控制动画

2.1 秋千动画

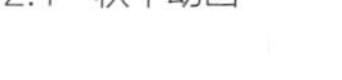

2.2 摆锤动画

2.3 象棋动画

3.1 卷轴动画

3.2 龙飞舞

3.3 扫光动画

4.1 树木生长

4.2 裂缝

4.3 切割

5.1 飞机起飞

5.2 拎箱子

5.3 注视

5.4 遮阳板

5.5 跳跃的壶盖

5.6 开炮

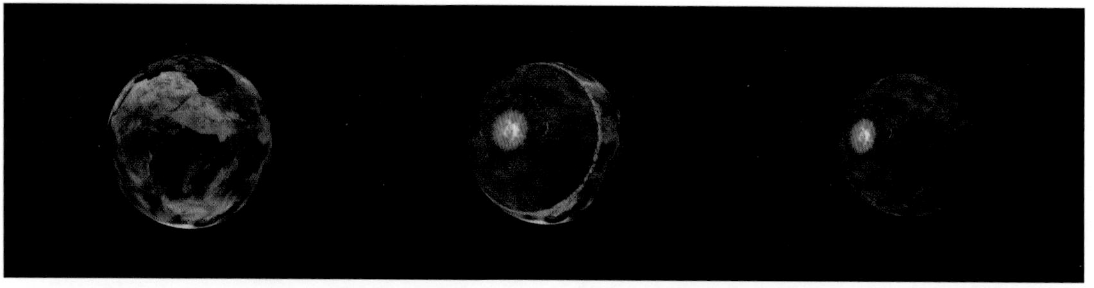

6.1 地球材质变化

6.2 天道酬勤

6.3 水下焦散效果

7.1 下雪

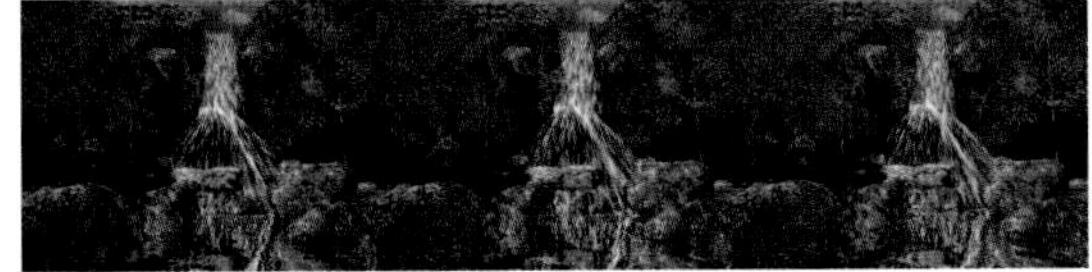

7.2 瀑布

7.3 爆炸

7.4 影视包装动画

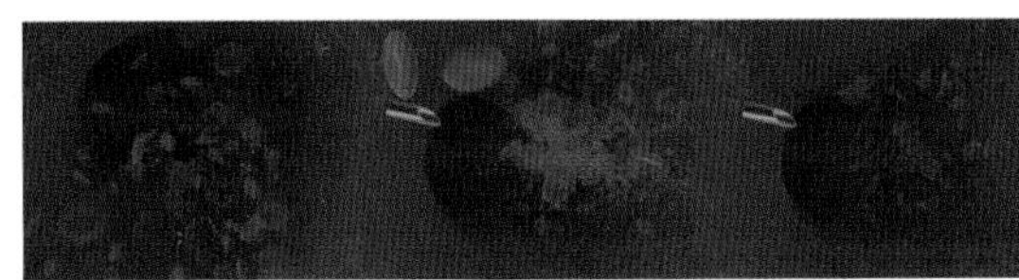

7.5 血管动画

8.1 骷髅渐现

8.2 鬼影重重

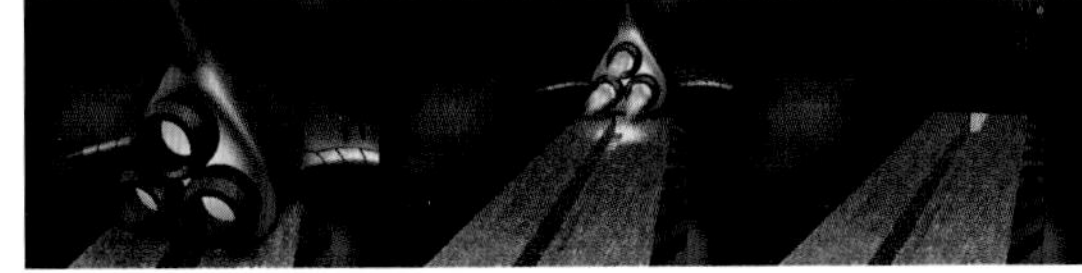

8.3 喷射火焰

8.4 镜头光斑

8.5 光效字

9.1 木箱掉落

9.2 布料掀开

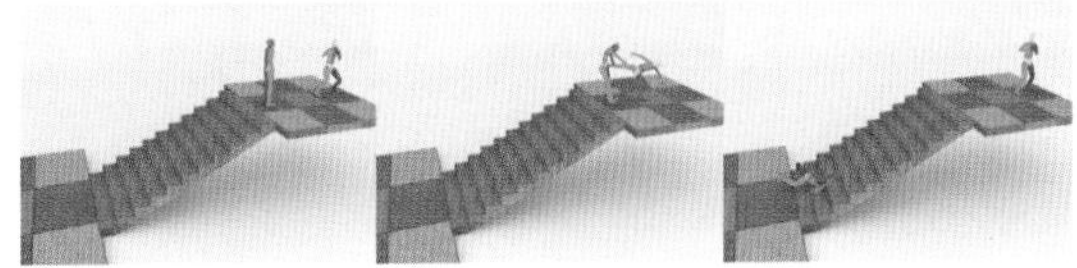

9.3 人物滚落

10.1　地形控制

10.2　沸腾

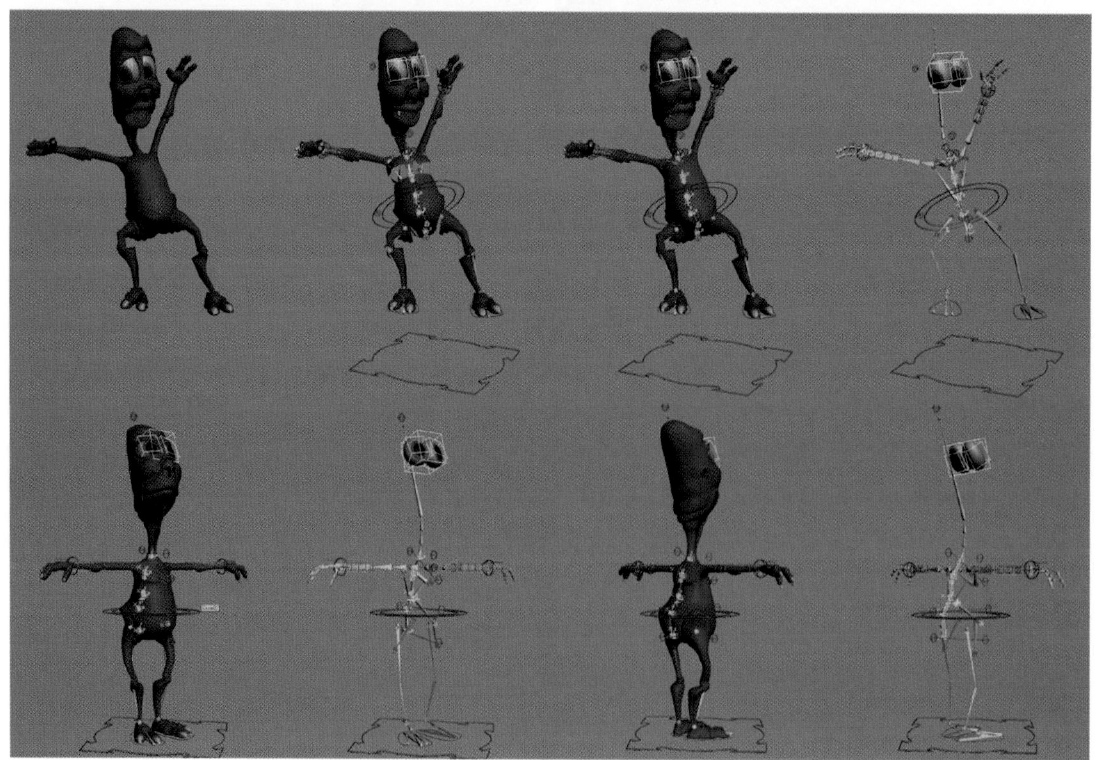

第11章　IK与骨骼动画

平面设计与制作

突破平面

3ds Max 动画设计与制作

成健 / 编著

清华大学出版社
北京

内 容 简 介

本书定位于3ds Max的三维动画领域，通过作者精心挑选的多个实例全面系统地介绍了3ds Max的动画制作技巧。

全书包括11章。第1章讲解了3ds Max动画方面的基本知识，第2～11章通过分门别类的方式，详细地讲解了3ds Max各个类别的动画制作技术，其中包括简单的对象动画、修改器动画、复合对象动画、约束和控制器动画、材质贴图动画、粒子与空间扭曲动画、环境效果与视频后期处理动画、MassFX动力学动画、连线参数与反应管理器动画和IK与骨骼动画。

全书内容丰富，结构清晰，章节独立，读者也可以直接阅读自己感兴趣或与工作相关的动画技术章节。本书配有丰富的素材，其中包括本书所有案例的源文件和贴图文件，还提供了由作者本人录制的每个实例的视频教学录像。

本书注重联系实际工作应用，非常适合3ds Max培训学员、自学人员和广大三维动画从业人员进行独立动画片、栏目包装、影视广告等制作使用。

本书使用3ds Max 2015版本进行讲解，建议读者也采用3ds Max 2015版本进行学习。

本书封面贴有清华大学出版社防伪标签，无标签者不得销售。
版权所有，侵权必究。举报：010-62782989，beiqinquan@tup.tsinghua.edu.cn。

图书在版编目（CIP）数据

突破平面3ds Max动画设计与制作/成健编著.—北京：清华大学出版社，2018（2022.2重印）
（平面设计与制作）
ISBN 978-7-302-49805-6

Ⅰ. ①突… Ⅱ. ①成… Ⅲ. ①三维动画软件 Ⅳ. ①TP391.41

中国版本图书馆CIP数据核字（2018）第033646号

责任编辑：陈绿春
封面设计：潘国文
责任校对：胡伟民
责任印制：沈　露

出版发行：清华大学出版社
网　　址：http://www.tup.com.cn，http://www.wqbook.com
地　　址：北京清华大学学研大厦A座　　邮　　编：100084
社 总 机：010-62770175　　邮　　购：010-83470235
投稿与读者服务：010-62776969，c-service@tup.tsinghua.edu.cn
质量反馈：010-62772015，zhiliang@tup.tsinghua.edu.cn
印 装 者：三河市铭诚印务有限公司
经　　销：全国新华书店
开　　本：188mm×260mm　　印　张：19　　插　页：2　　字　数：466千字
版　　次：2018年5月第1版　　印　次：2022 年 2 月第 4 次印刷
定　　价：89.00元

产品编号：075035-01

前言

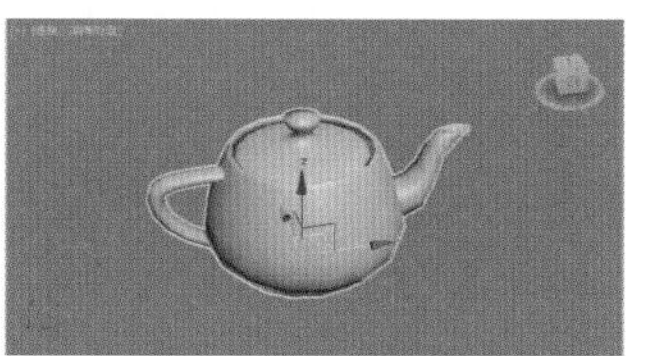

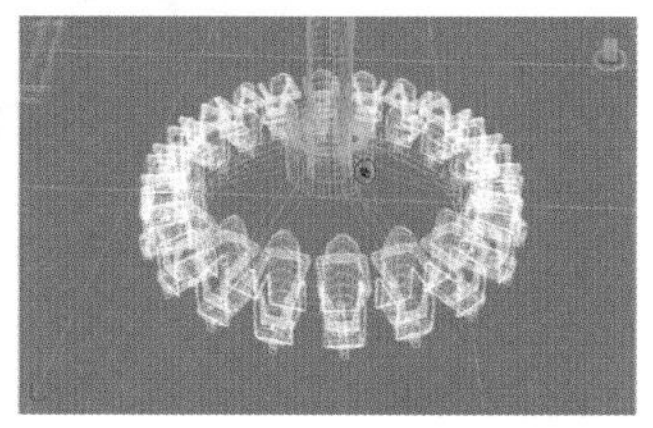

本书以目前最为流行的三维动画制作软件3ds Max为基础，从实际工作中的商业案例入手，将软件应用与实际案例有机地融合为一体，使读者迅速有效地掌握商业三维动画的制作思路和操作技巧。

笔者从2004年至今，在行业内摸爬滚打十几载，先后担任过多家公司的动画师、动作组负责人、技术总监等职务，在此期间还参与制作了大量的动画外包项目，本书中有多个案例就出自笔者制作的真实商业外包项目。本书适合对3ds Max软件具有一定操作基础，并想要使用3ds Max进行三维特效动画制作的读者阅读与学习，也适合高校动画相关专业的学生学习参考。

本书具有以下特点。

第一，目标明确，注重实际，严格围绕商业三维动画制作的一些重要技术进行分析讲解。

第二，个性突出，书中每个案例的构思、风格和实现手法都各具特色，力求用有效的篇幅让读者了解更多的信息，掌握更多的商业三维动画制作技巧。

第三，教学模式新颖，内容讲解循序渐进，非常符合读者学习新知识的思维习惯。

第四，性价比高，本书分11章，共计34个案例，全方位向读者展示案例制作的全流程，绝对物超所值。

本书由成健编著，参加编写的还包括：官永霞、高文琪、王海飞、张小菲、张玲、杜晓宇、杜晓姣、刘艳红、谭海霞、高文辉、裴春晖、谭智林、董虎波、姜元斌、杨权、杜吉群、苏小明、张瑞花、高继铁、杜爱兰、成锡柱、李弈萱、牛佳璇、王文同、于昊洁、王可鑫、邱晓涵。

在学习技术的过程中难免会碰到一些难解的问题，笔者衷心希望能够为广大读者提供力所能及的阅读服务，尽可能地帮读者解决一些实际问题，如果读者在学习过程中需要笔者的支持，可以添加笔者的QQ号：381832764（QQ验证时请注明“读者”）。最后，非常感谢读者朋友们选择本书，希望您能在阅读本书之后有所收获。

本书工程文件请扫描下面的二维码进行下载，本书的视频教学文件请扫描正文中相应位置的二维码，可以直接在线播放，也可以下载后使用。在使用本书的过程中碰到任何问题，欢迎联系本书编辑陈老师（chenlch@tup.tsinghua.edu.cn）。

工程文件.rar

Readme.txt

编　者

2018年2月1日

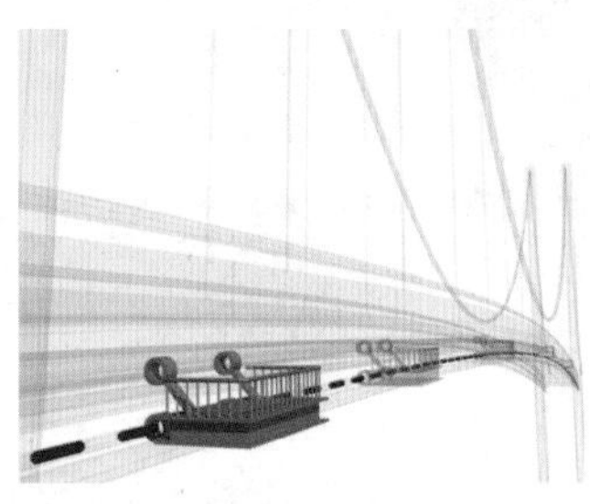

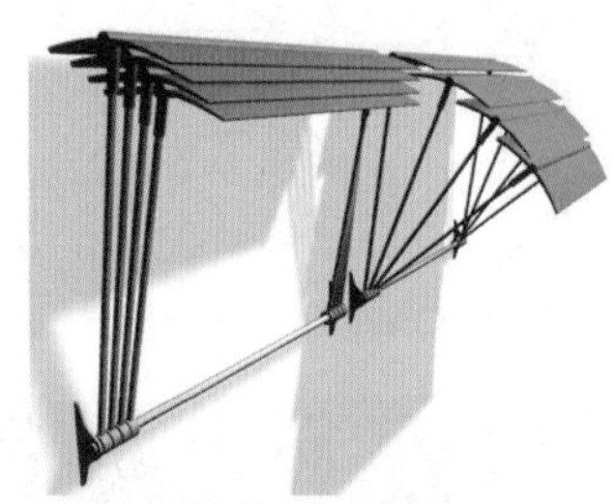

第5章　约束和控制器动画

第6章　材质贴图动画

第7章　粒子与空间扭曲动画

第8章　环境效果与视频后期处理动画

第9章　MassFX动力学动画

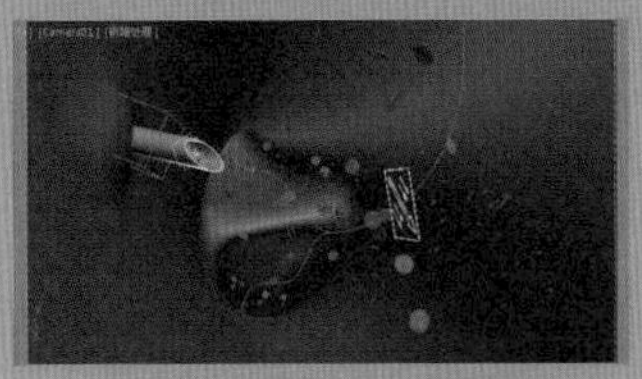

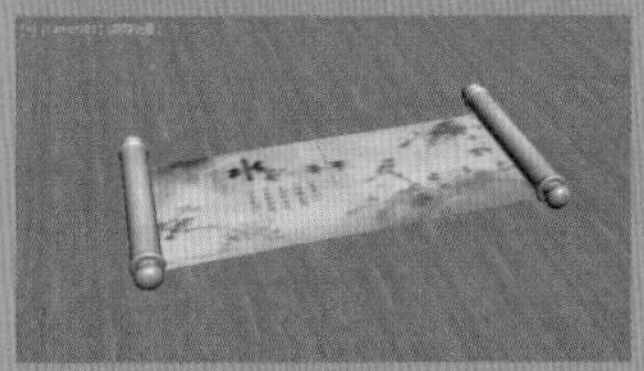

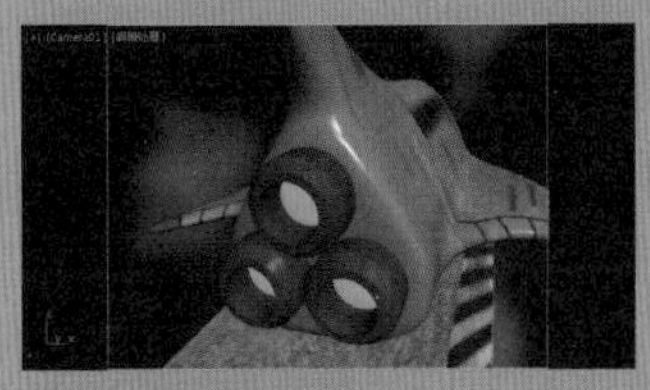

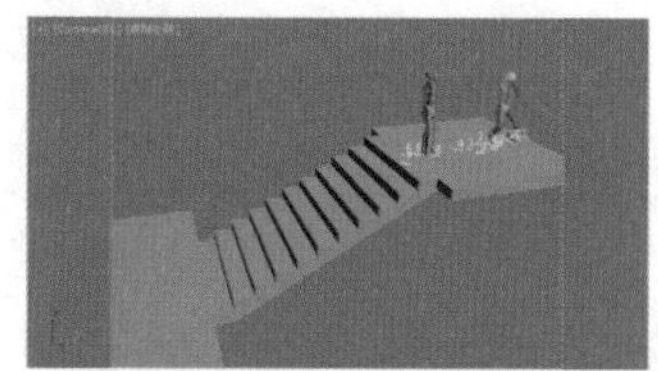
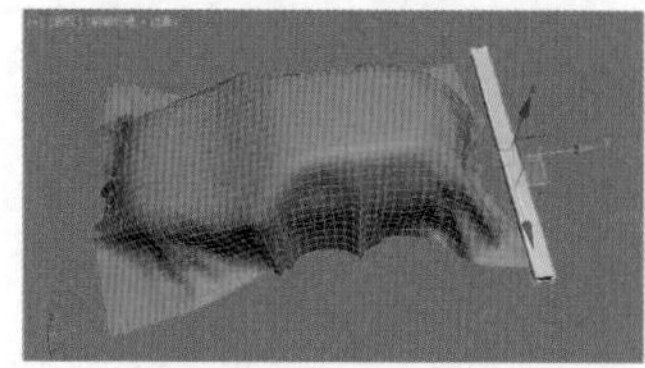

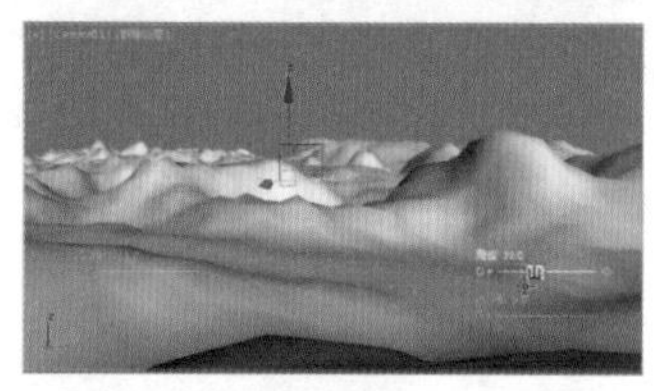

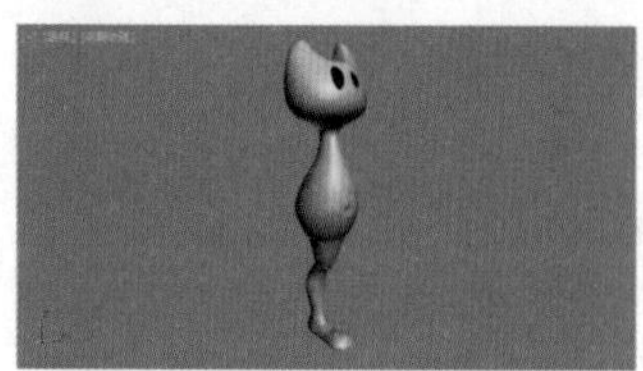
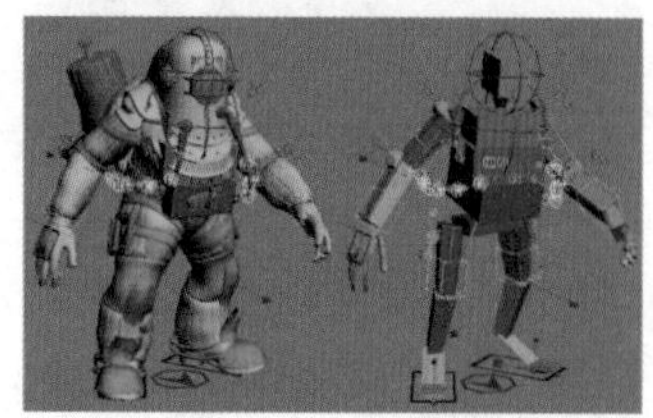

第10章 连线参数与反应管理器动画

第11章 IK与骨骼动画

第1章　感受三维动画艺术

1.1 动画概述

3ds Max具有非常强大的动画编辑功能。用户可以利用3ds Max提供的动画功能来满足自己在动画方面的设计要求。但正因为3ds Max动画编辑功能丰富强大，所以学习这方面的知识也存在一定的难度。本书将由浅入深地讲解基础动画方面的知识，使读者能够轻松掌握基础动画的编辑技巧。

3ds Max作为世界上最为优秀的三维动画软件之一，为用户提供了一套非常强大的动画系统，包括基本动画系统和骨骼动画系统。无论采用哪种方法制作动画，都需要动画师对角色或物体的运动有着细致的观察和深刻的体会。只有抓住了运动的“灵魂”，才能制作出生动逼真的动画作品。

在3ds Max中，设置动画的基本方式非常简单。用户可以设置任何对象变换参数的动画，以随着时间的不同改变其位置、旋转和缩放。动画作用于整个 3ds Max系统中。用户可以为对象的位置、旋转和缩放以及几乎所有能够影响对象形状与外表的参数设置制作动画。

1.1.1　动画的概念

动画以人类视觉原理为基础，如将多张连续的单幅画面连在一起按一定的速率播放，就形成了动画。组成这些连续画面的单一静态图像，我们称之为“帧”。例如，我们都知道电影是由很多张胶片组成的连续动作，那么我们可以把“帧”理解为电影中的单张胶片，如图1-1所示。

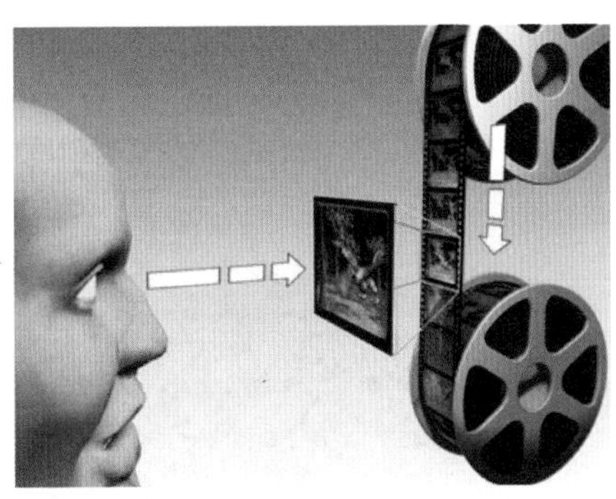

图1-1

一分钟的动画大概需要720～1800幅单独图像，如果通过手绘的形式来完成这些图像，那是一项艰巨的任务。因此，出现了一种称之为“关键帧”的技术。动画中的大多数帧都是两个关键帧的变化过程，从上一个关键帧到下一个关键帧不断地发生变化。传统动画工作室为了提高工作效率，让主要艺术家只绘制重要的关键帧。然后其助手再计算出关键帧之间需要的帧，填充在关键帧中的帧称为“中间帧”。图1-2中1、2、3的位置为关键帧，其他的都是计算机自动生成的中间帧。

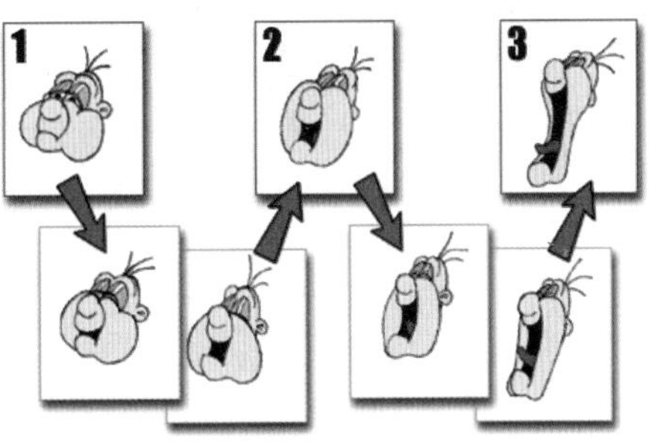

图1-2

接下来将利用设置关键帧的方法来设置一段简单的动画，以加深读者对“关键帧”和“中间帧”两个概念的理解。

01 打开本书配套素材中的“工程文件>CH1>轮胎>轮胎.max”文件。

02 在视图中选择“轮胎”对象，然后在动画控制区中单击“设置关键点”按钮 设置关键点，进入“手动关键帧”模式，接着单击“设置关键帧”按钮，这时将在时间滑块所在的第0帧位置创建一个关键帧，如图1-3所示。

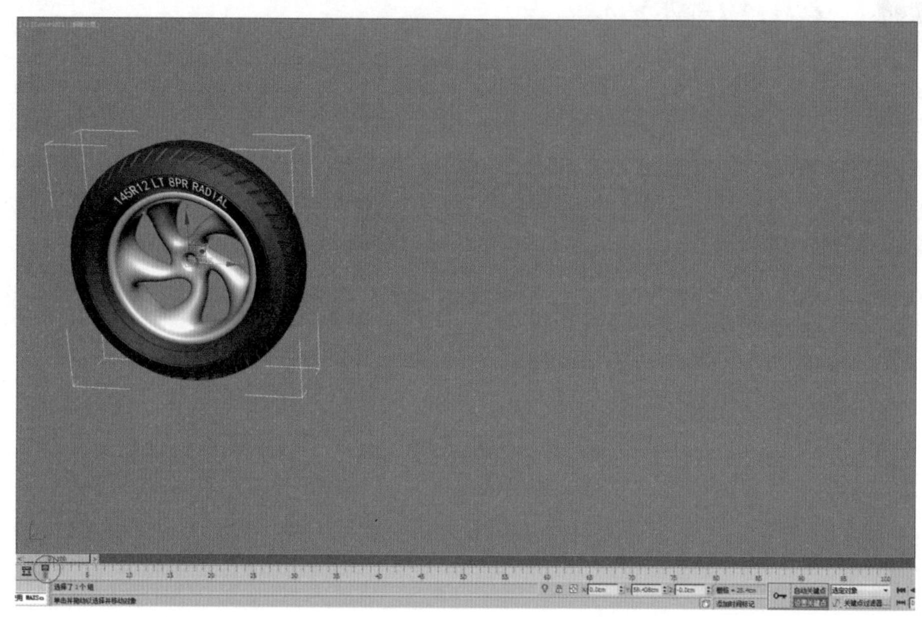

图1-3

03 拖动时间滑块至第50帧处，然后使用“选择并移动”工具沿X轴调整“轮胎”对象的位置，使用“选择并旋转”工具沿Y轴旋转“轮胎”对象的角度，完毕后再次单击“设置关键帧”按钮，这时将在第50帧处创建第2个关键帧，如图1-4所示。

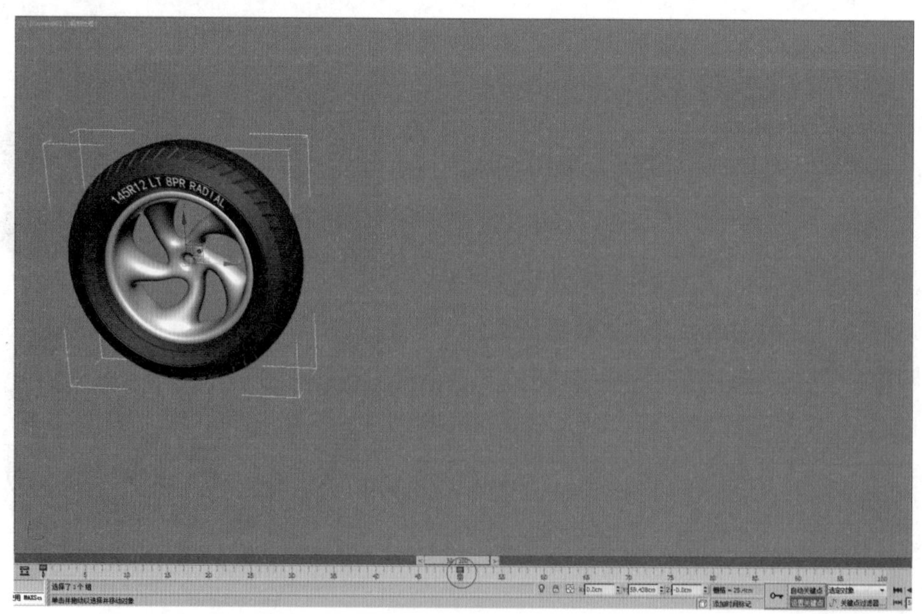

图1-4

04 再次单击“设置关键点”按钮设置关键点，取消该按钮的激活状态，然后在0～40帧之间手动拖动时间滑块，可以观察到“轮胎”对象的运动状态。0和40这两个关键帧之间的动画就是系统自动生成的“中间帧”，如图1-5所示。

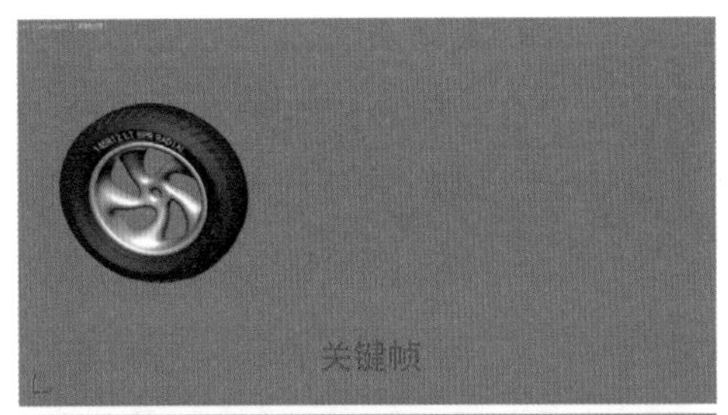

图1-5

技巧与提示

单击“自动关键点”按钮自动关键点或“设置关键点”按钮设置关键点后，“视口活动边框”将由黄色变为红色，这表示此时系统进入了动画记录模式，现在所做的任何操作都有可能被系统记录为动画。所以在操作完成后，一定要记得再次单击“自动关键点”或“设置关键点”按钮，退出动画记录模式。

1.1.2 动画的帧和时间

不同的动画格式具有不同的帧速率，单位时间内的帧数越多，动画画面就越细腻、流畅；反之，动画画面则会出现抖动和卡顿的现象。动画画面每秒至少要播放15帧才可以形成流畅的动画效果。传统的电影通常为每秒播放24帧，如图1-6所示。

图1-6

如果读者想要更改一个动画的帧速率，可以通过“时间配置”对话框来完成。系统默认情况下所使用的是NTSC标准的帧速率。该帧速率每秒播放30帧动画，当前动画共有100帧，所以总播放时间为3秒多10帧。在动画控制区中单击“时间配置”按钮，打开“时间配置”对话框，如图1-7所示。

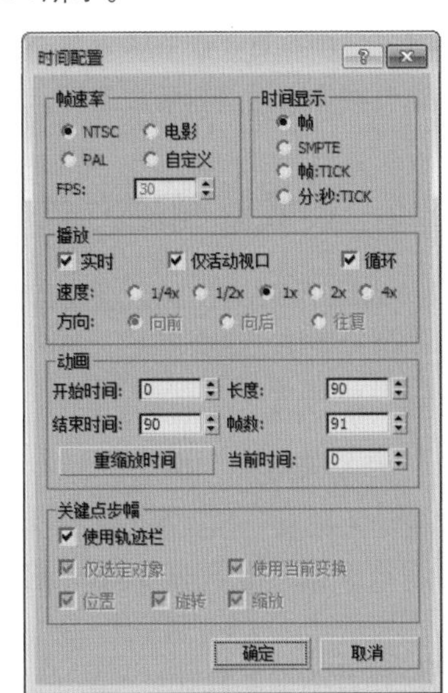

图1-7

在“时间配置”对话框的“帧速率”选项组中选择“电影”单选按钮，这时下侧的FPS数值将变为24，表示该帧速率每秒播放24帧动画，如图1-8所示。

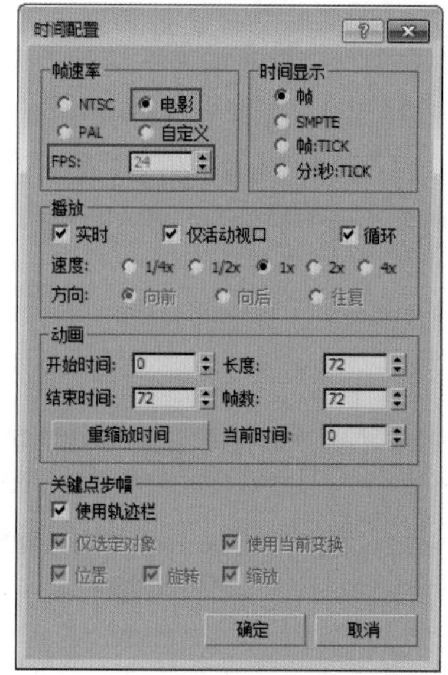

图1-8

1.2 设置和控制动画

在3ds Max 2015中，用于生成、观察、播放动画的工具位于视图的右下方，这区域被称为“动画记录控制区”，这个区域有一个大图标和两排小图标，如图1-9所示。

图1-9

动画记录控制区内的按钮主要对动画的关键帧及播放时间等数据进行控制，是制作三维动画最基本的工具。本节将着重介绍动画记录控制区的按钮功能，并向读者具体演示怎样利用这些按钮来生成和播放动画。

1.2.1 设置动画的方式

3ds Max 2015中有两种记录动画的方式，分别为“自动关键点”和“设置关键点”。这两种动画设置模式各有所长。本小节将通过使用这两种动画设置模式来创建不同的动画效果。

1.“自动关键点”模式

“自动关键点”模式是我们最常用的动画记录模式。通过“自动关键点”模式设置动画，系统会根据不同的时间，调整对象的状态，自动创建出关键帧，从而产生动画效果。

01 打开本书配套素材中的“工程文件>CH1>小船动画>小船动画.max”文件，如图1-10所示。

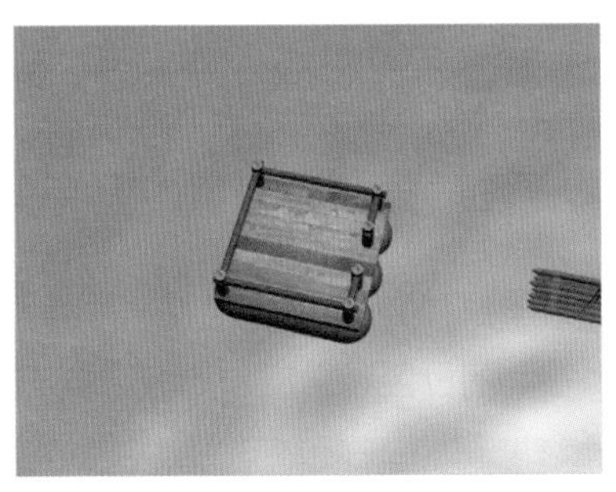

图1-10

02 首先来设置“木筏”直线运动的动画。激活“自动关键点”按钮，然后在动画控制区的“当前帧”栏内输入50，或者直接拖动时间滑块到50帧的位置，如图1-11所示。

图1-11

03 使用“选择并移动”工具，在“摄影机”视图中沿Y轴移动“木筏”的位置，这时在第0和50帧的位置自动创建了2个关键帧，如图1-12所示。

04 关闭“自动关键点”按钮，将时间滑块拖动到第0帧，单击“播放动画”按钮，可以看到“木筏”移动的动画效果，如图1-13所示。

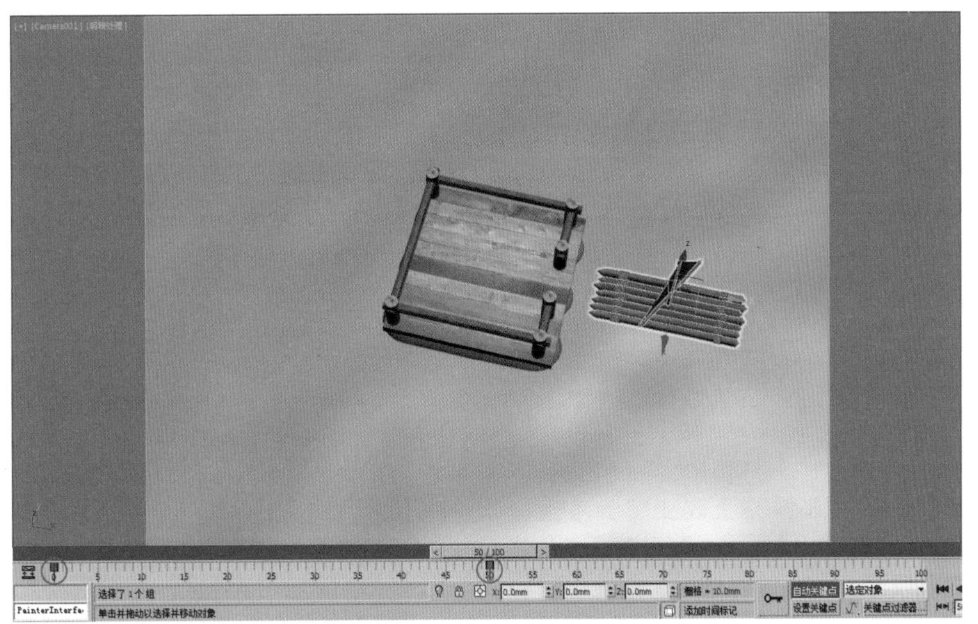

图1-12

图1-13

05 我们可以改变这段动画的播放起始时间，还可以延长或缩短这段动画的时间。在“时间轨迹栏”上框选刚才创建的两个关键帧，然后将鼠标移动到任意一个关键帧上，当鼠标的形态发生变化后，单击并拖曳鼠标，可以将这两个关键帧的位置进行移动，如图1-14所示。

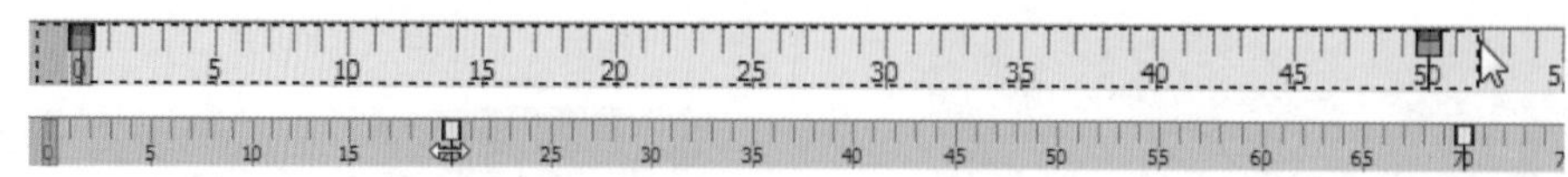

图1-14

技巧与提示

如果选择其中一个关键帧并改变位置，则可以更改这段动画的时长。或者按键盘上的Delete键可以将当前选择的关键帧删除。

06 删除“木筏”的两个关键帧。接下来设置“木筏”绕过“浮台”的动画，如果要使“木筏”绕开“浮台”，至少需要3个关键帧。使用“选择并旋转”工具，将“木筏”沿Z轴旋转一定的角度，如图1-15所示。

图1-15

07 在主工具栏上改变“参考坐标系”为“局部”局部，然后激活“自动关键点”按钮自动关键点，拖动时间滑块到50帧的位置，然后将“木筏”沿局部Y轴进行移动，然后使用旋转工具沿Z轴旋转“木筏”，如图1-16所示。

图1-16

08 接下来设置最后一个关键帧，拖动时间滑块至第100帧，使用移动和旋转工具调整“木筏”的位置和角度，如图1-17所示。

图1-17

09 关闭“自动关键点”按钮，播放动画，可以看到“木筏”绕过障碍物的动画效果，如图1-18所示。

图1-18

2. “设置关键点”模式

在“设置关键点”模式下，需要我们在每一个关键帧处进行手动设置，系统不会自动记录用户的操作。接下来，将通过一组实例操作，为读者讲解在“设置关键点”模式下设置动画的方法。

01 打开本书配套素材中的“工程文件>CH1>小船动画>小船动画.max”文件，激活“设置关键点”按钮设置关键点，使用“选择并旋转”工具将“木筏”沿Z轴旋转一定角度，单击“设置关键点”按钮，在第0帧处设置一个关键帧，如图1-19所示。

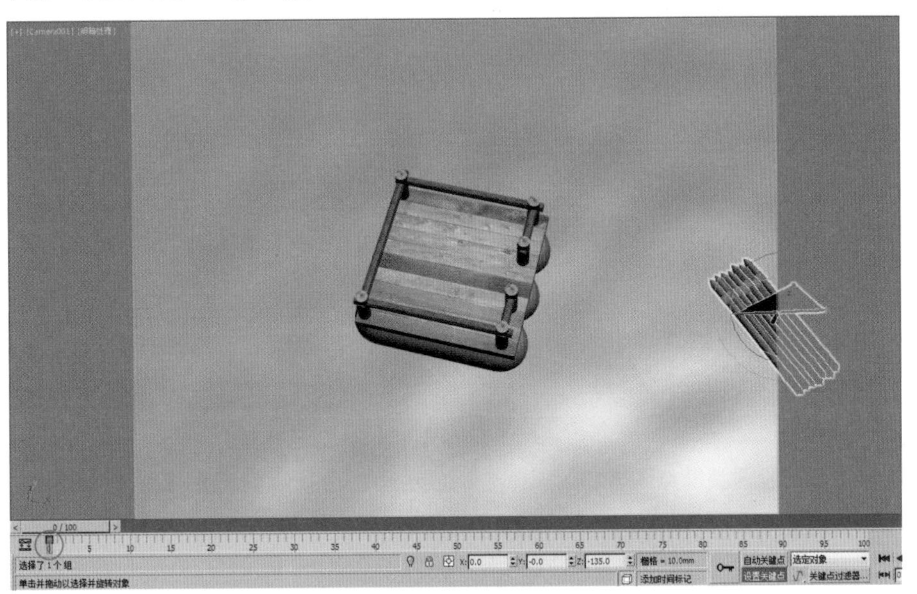

图1-19

02 在主工具栏上改变“参考坐标系”为“局部”局部，然后拖动时间滑块到第50帧，接着将“木筏”沿局部Y轴进行移动，然后使用旋转工具沿Z轴旋转“木筏”，单击“设置关键点”按钮，在第50帧处设置第二个关键帧，如图1-20所示。

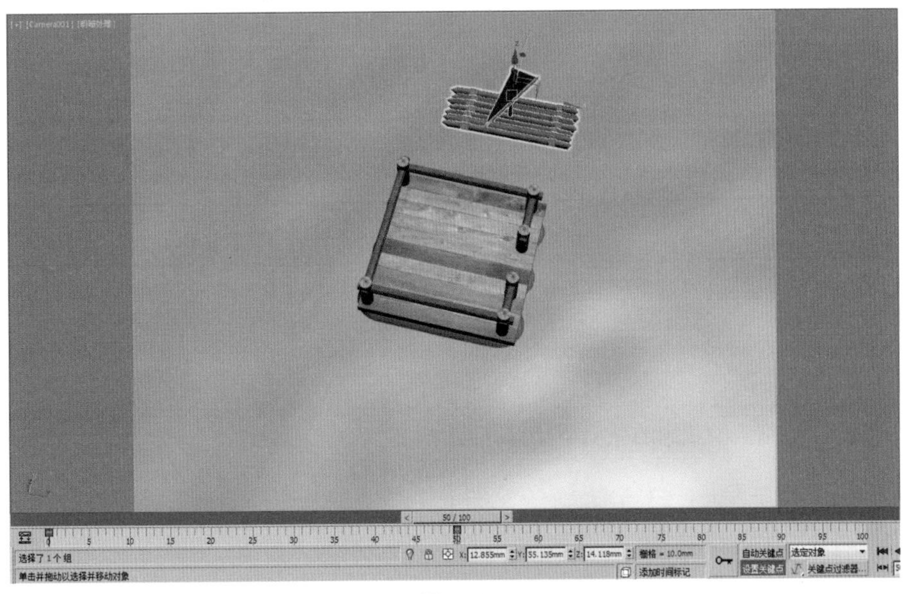

图1-20

03 拖动时间滑块到第100帧，然后将“木筏”沿局部Y轴移动至图1-21所示的位置，单击“设置关键点”按钮，在第100帧处设置最后一个关键帧。

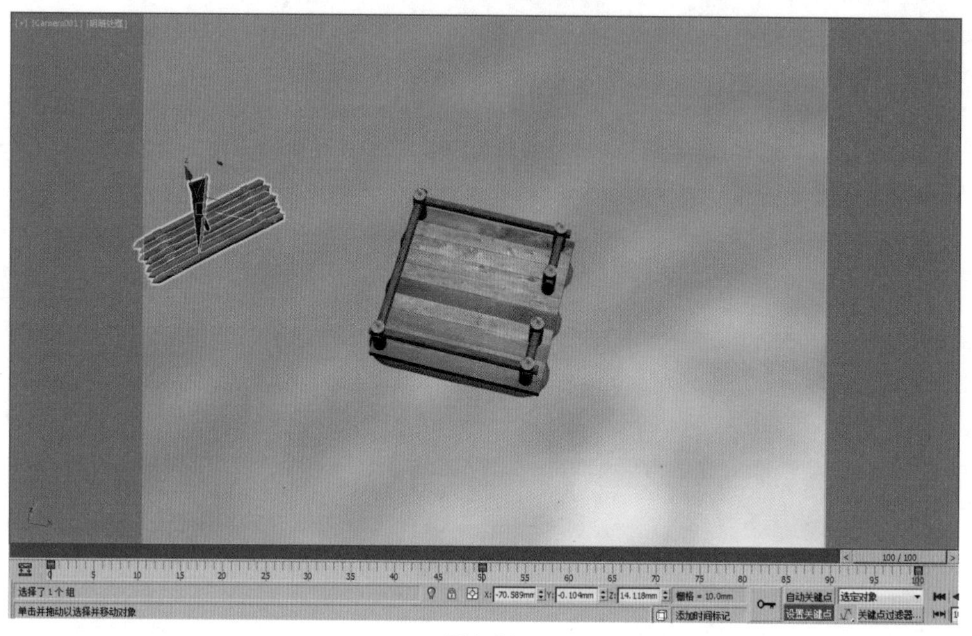

图1-21

04 关闭“设置关键点”按钮设置关键点，播放动画，可以看到“木筏”绕障碍物位移的动画，如图1-22所示。

图1-22

> **技巧与提示**
>
> 在“设置关键帧”模式下，拖动时间滑块到某一帧，然后对物体进行变换操作，如果这时我们突然不想在当前帧设置关键帧，这时用鼠标左键拖动时间滑块，就会发现物体直接回到了上一帧的位置处。所以在这种情况下，我们可以用鼠标右键拖动时间滑块，这样物体就不会回到上一帧的位置了。

1.2.2 查看及编辑物体的动画轨迹

当物体有空间上的位移动画的时候，我们可以查看物体动画的运动轨迹，通过该物体的动画轨迹，可以帮助我们检查制作完成的动画运动是否合理，如图1-23所示。下面将为读者介绍如何查看以及编辑物体的动画轨迹。

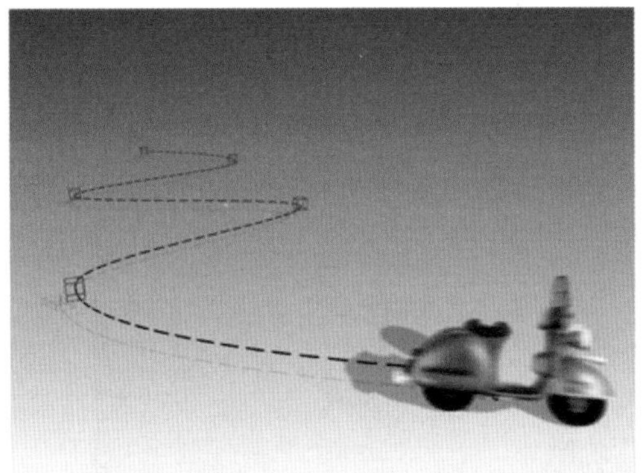
图1-23

01 打开上一小节制作完成的“木筏”位移的动画文件，在场景中选择“木筏”对象，并在视图任意位置单击鼠标右键，在弹出的四联菜单中选择“对象属性”，接着打开“对象属性”对话框，在“显示属性”选项组中勾选“轨迹”前面的复选框，如图1-24和图1-25所示。

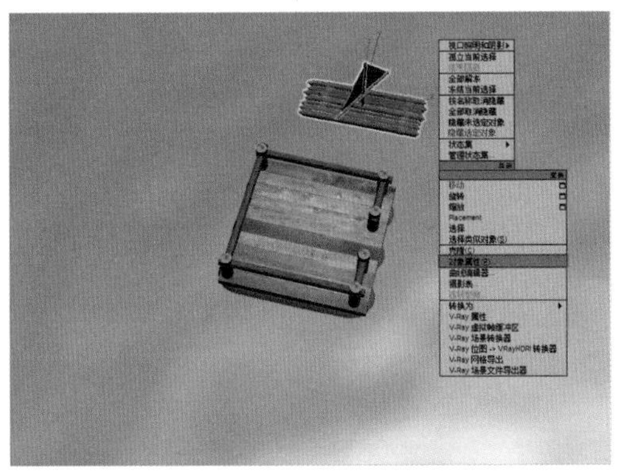
图1-24

02 设置完毕后，单击“确定”按钮 确定 ，这时“木筏”对象在视图中出现了一条红色的曲线。这条红色的曲线就是“木筏”对象当前动画的运动路径，如图1-26所示。

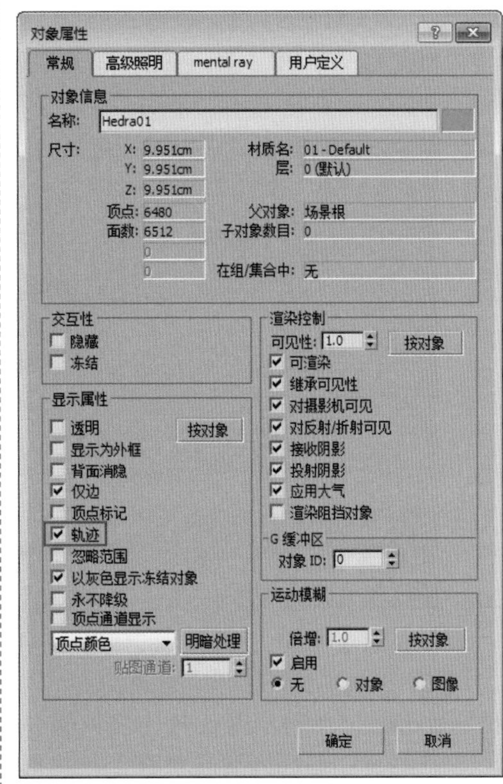

图1-25

图1-26

技巧与提示

轨迹上白色大的“四边形”是我们创建的关键帧，而那些小点就是系统自动插补的中间帧。

此外，选择物体后，按住键盘上的Alt键，并在视图中单击鼠标右键，在弹出的四联菜单中选择“显示轨迹切换”选项可以快速显示当前对象的动画轨迹，如图1-27所示。

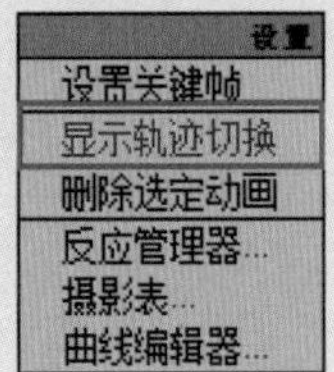

图1-27

03 如果觉得“木筏”从第0到第50帧这段路径太过笔直，不够圆滑，我们可以激活“自动关键点”按钮自动关键点，然后拖动时间滑块到第25帧，使用移动和旋转工具调整“木筏”的位置，这时“木筏”的动画轨迹也发生了变化，同时在轨迹栏的第25帧处也自动地加入了一个关键帧，如图1-28所示。

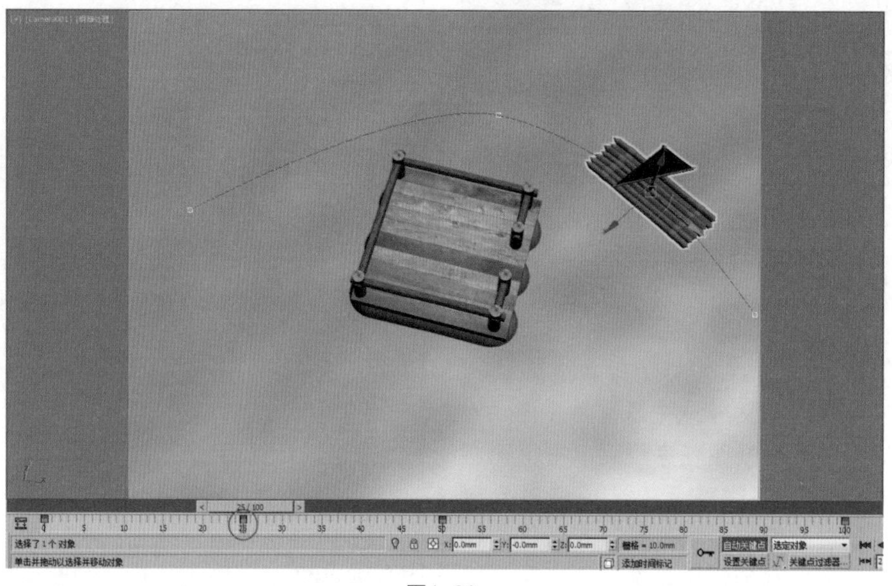

图1-28

04 设置完成后关闭“自动关键点”按钮自动关键点。使用移动工具，将鼠标移动至“木筏”红色的动画轨迹上，这时就可以移动整条动画轨迹了，如图1-29所示。

05 为了在视图上操作更为直观，我们还可以在视图中对“木筏”对象动画轨迹上的关键帧位置进行实时调整。进入“运动”命令面板，在“轨迹”次面板中激活“子对象”按钮子对象，这时在视图中我们就可以选择轨迹上的关键点进行位移操作了，如图1-30和图1-31所示。

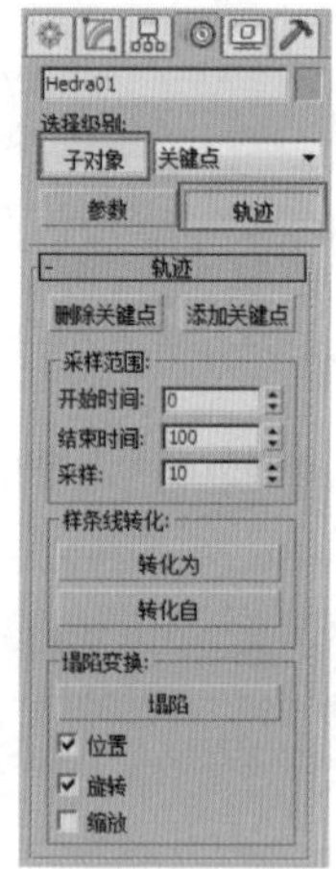

图1-30

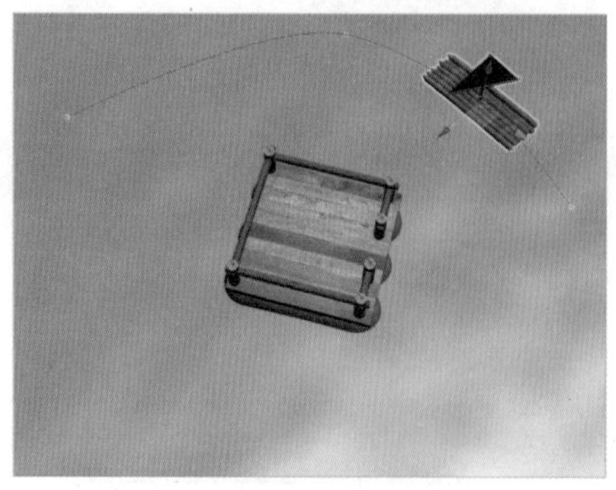

图1-29

图1-31

06 在视图中选择动画轨迹上的关键点，单击“轨迹”卷展栏下的“删除关键点”按钮 删除关键点，可以将选择的关键点删除掉。单击“添加关键点”按钮 添加关键点，然后在视图中的动画轨迹上单击鼠标左键，可以添加一个关键点，同时在轨迹栏上，也会相应地添加一个关键点，然后使用“移动工具”，可以继续调整新添加关键点的位置，如图1-32和图1-33所示。

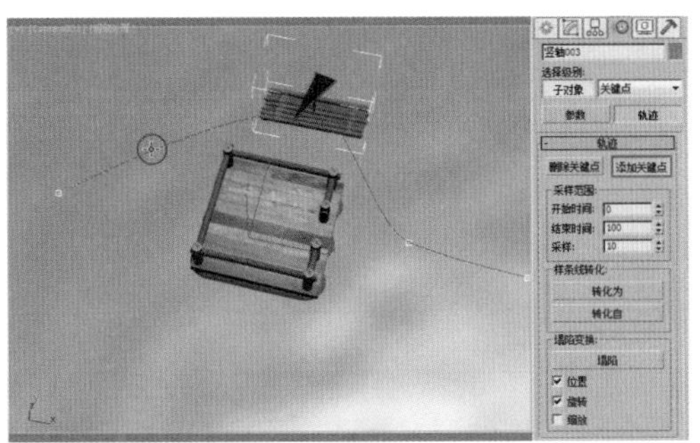

图1-32

图1-33

07 可以将当前的动画轨迹转化为一根二维的样条线对象，以方便其他物体使用。单击“样条线转化”选项组中的“转化为”按钮 转化为，这时在视图中就依据当前的动画轨迹创建了一根样条线对象，如图1-34所示。

08 在“采样范围”选项组中设置“开始时间”和“结束时间”值为0～100，也就是当前的活动时间段，这样会将整个动画轨迹都转换为样条线，也可以设定为某一个时间段，这样可以将动画轨迹的一部分转换为样条线，“采样”参数值转化的样条线与当前动画轨迹的配合程度，数值越高，生成的样条线与原轨迹的形态越接近。图1-35和图1-36所示为设置不同“采样”后生成的样条线效果。

图1-34

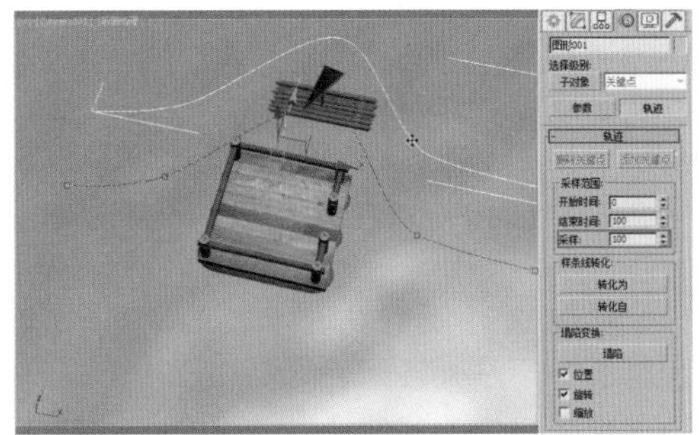

图1-35

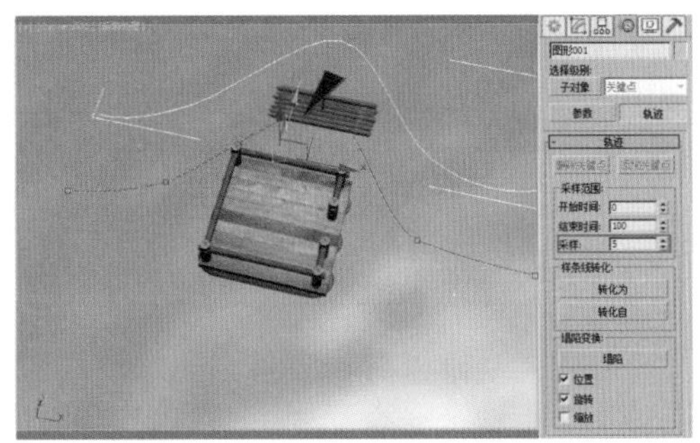

图1-36

09 还可以让“木筏”物体沿着一根样条线的走向生成动画轨迹。在视图中创建一根样条线，然后选择“木筏”对象，拖动时间滑块回到第0帧，在轨迹栏上框选所有关键帧，然后按键盘Delete键将木筏的全部关键帧删除，单击“转化自”按钮 转化自，然后在视图中拾取刚才创建的样条线，这时单击“播放动画”按钮 ▶，会发现木筏已经按样条线的路径运动了，如图1-37和图1-38所示。

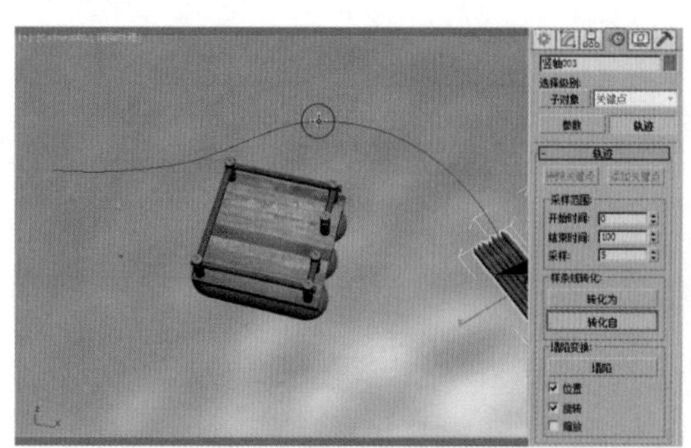

图1-37

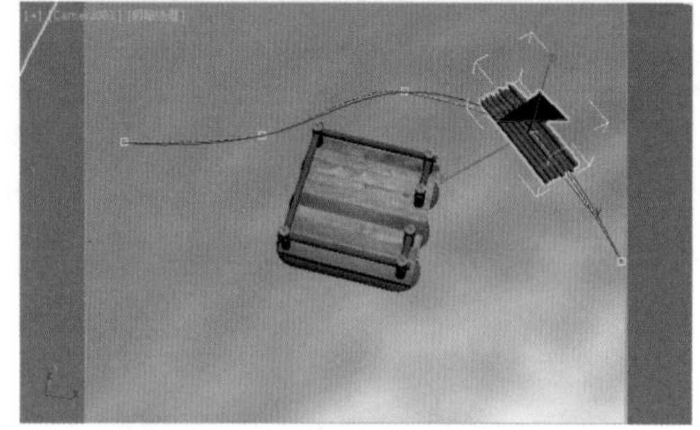

图1-38

10 这时我们发现木筏的动画轨迹和样条线不是太匹配，这是由于“采样范围”选项组中的“采样”值设置得过低造成的，按Ctrl+Z键返回上一点操作，设置“采样”数值为100，再次单击“转化自”按键，然后到视图中拾取样条线，结果如图1-39所示。

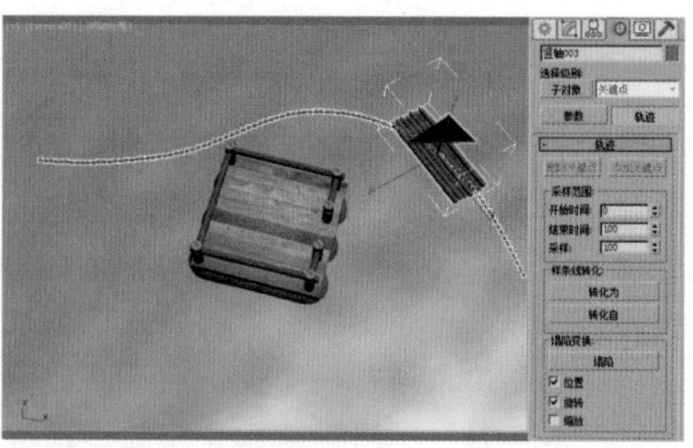

图1-39

技巧与提示

“采样”参数值也不宜设置得过高，否则在轨迹栏中生成的关键帧太多，也不方便我们后期对动画的进一步调整。

11 单击“塌陷变换”选项组中的“塌陷”按钮 塌陷 ，可以依据设定的“采样”参数值，对已经制作完成的动画进行塌陷操作，下方的“移动”“旋转”和“绽放”复选框可以设置塌陷后的关键帧包含哪些信息。“塌陷”操作主要针对指定了“路径约束”的动画对象。关于“路径约束”我们会在后面的章节进行详细介绍。

1.2.3 控制动画

创建完动画以后，还可以通过动画记录控制区右侧的命令按钮，对设置好的动画进行一些基本的控制，如播放动画、停止动画、逐帧查看动画等。

01 打开本书配套素材中的“工程文件>CH1>弹跳的小球>弹跳的小球.max”文件，如图1-40所示。通过对该文件动画控制区中的命令按钮的操作，来了解动画的基本控制方法。

02 在场景中选择球体对象，可以在轨迹栏中观察到该对象设置的关键帧，如图1-41所示。

03 通过单击“上一帧”按钮或“下一帧”按钮，可以逐帧观察动画的画面效果，这样可以帮助我们观察设置好的动画效果，方便找出问题所在，以便进行动画的修改。

图1-40

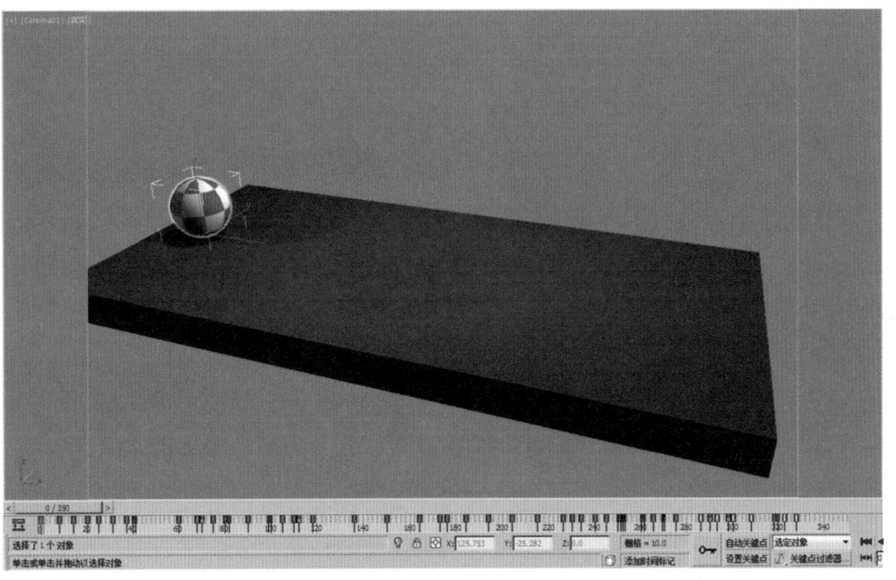

图1-41

技巧与提示

我们也可以通过单击时间滑块两端的“上一帧”按钮<或“下一帧”按钮>，或者通过按键盘上的“逗号”和“句号”键来逐帧观察动画效果。

04 激活“关键点模式”按钮，这时“上一帧”按钮和“下一帧”按钮将会变成“上一个关键点”按钮和“下一个关键点”按钮，这样通过单击这两个按钮，就可以将时间滑块的位置在关键帧与关键帧之间进行切换。

技巧与提示

当激活“关键点模式”后，同样可以通过单击时间滑块两端的“上一帧”按钮<或“下一帧”按钮>，或者通过按键盘上的“逗号”和“句号”键，在关键帧之间进行切换。

05 单击“转至开头”按钮，可以将时间滑块移动到活动时间段的第1帧；单击“转至结尾”按钮，可以将时间滑块移动到活动时间段的最后一帧，如图1-42和图1-43所示。

技巧与提示

通过按键盘上的Home键和End键，也可以快速将动画切换到起始帧和结束帧。

图1-42

图1-43

06 单击“播放动画”按钮，可在当前激活视图中循环播放动画。单击“停止播放”按钮，动画将会在当前帧处停止播放。

07 在视图中将球体复制，并分别调整两个球体的位置，这时场景中就有两个对象，如图1-44所示。

图1-44

08 在视图中选择其中一个球体对象，然后在“播放动画”按钮▶上按下鼠标左键不放，在弹出的按钮列表中选择“播放选定对象”按钮▷。这时，在当前视图中，系统将只会播放当前选择对象的动画，而其他所有物体将会被暂时隐藏，如图1-45所示。

09 单击“停止播放”按钮⏸，可以停止动画的播放，同时被隐藏的物体也会在场景中显示出来。

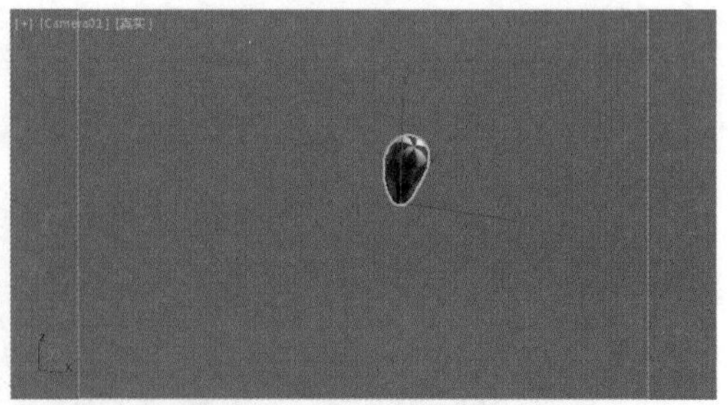

图1-45

技巧与提示

通过按键盘上的“反斜杠”键\，可以播放动画，再次按“反斜杠”键\，可停止播放动画，也可以通过按Esc键来停止播放动画。

10 “当前帧”栏内显示了当前帧的编号，在该栏内输入100，按键盘上的回车键，可将时间滑块迅速移动到第100帧处，如图1-46所示。

图1-46

技巧与提示

在时间轨迹栏的某一帧处单击鼠标右键，在弹出的快捷菜单中选择“转至时间”选项，也可以快速将时间滑块移动到当前帧处，如图1-47所示。

图1-47

1.2.4 设置关键点过滤器

无论使用"自动关键点"模式还是"设置关键点"模式设置动画时，我们都可以通过"关键点过滤器"来选择要创建的关键点中所包含的信息。

01 进入"创建"命令面板中的"几何体"次面板中，单击"圆柱"按钮，在视图中创建一个"圆柱"对象，如图1-48所示。

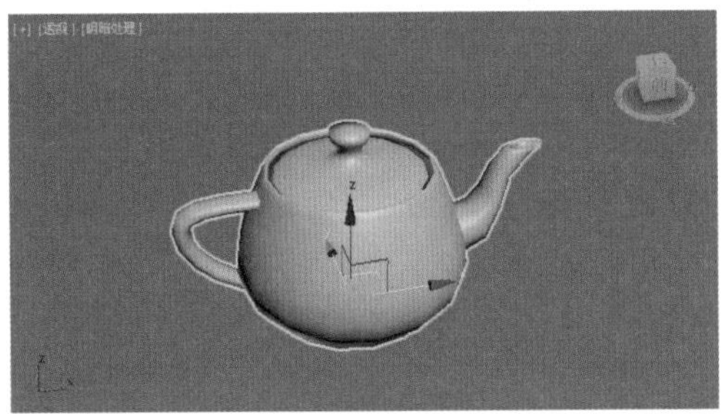

图1-48

02 选择"圆柱"对象，然后激活"设置关键点"按钮设置关键点，在第0帧处单击"设置关键点"按钮，这样我们就在第0帧处设置了一个关键点，如图1-49所示。

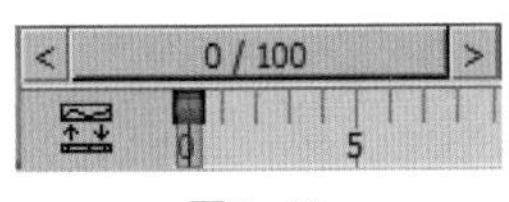

图1-49

技巧与提示

我们发现这个关键帧是彩色的，从上到下分别为"红色""绿色"和"蓝色"，这3个颜色分别代表着"位移""旋转"和"缩放"。也就是说，在第0帧处我们设置了一个包含有"位移""旋转"和"缩放"信息的关键帧，但是如果我们只想对物体的"位移"制作动画，那这里就需要对"关键点过滤器"进行设置，让我们创建关键帧时只创建带有"位置"信息的关键帧，因为这样不但可以方便我们以后对动画的编辑，还可以节省系统的资源。

03 按键盘上的Ctrl+Z键返回上一步操作。单击"动画记录控制"区的"关键点过滤器"按钮关键点过滤器...，弹出"设置关键点"对话框，如图1-50所示。

图1-50

04 在这里我们就可以设置单击"设置关键点"按钮时，所创建的关键帧中包含有哪些信息。如果想要对"圆柱"对象的"高度"参数值设置动画，那么在这里可以取消勾选其他的复选框，而只勾选"对象参数"复选框，如图1-51所示。

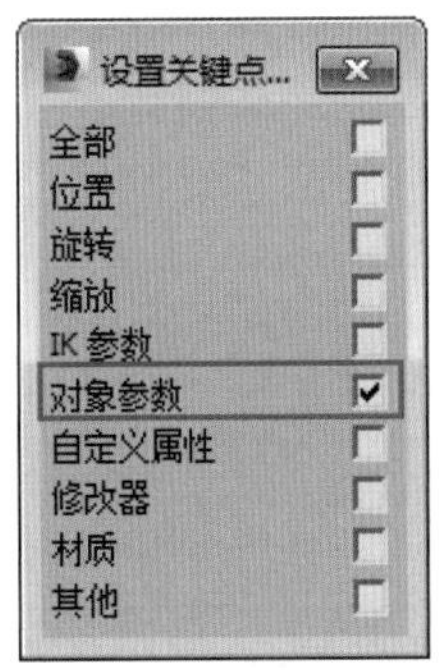

图1-51

05 设置完毕后，单击"设置关键点"按钮，这时在轨迹栏上出现了一个"灰色"的关键点，同时我们进入"修改"命令面板，发现"圆柱"的一些基础参数后面的"微调器"按钮被一个红色框包围着，这说明这些数值在当前时间被创建了一个关键帧，如图1-52所示。

图1-52

技巧与提示

除了“位移”“旋转”和“缩放”外，其他所有关键帧的信息都用“灰色”来表示。

06 进入“修改”命令面板，在“修改器列表”中为圆柱添加一个“弯曲”修改器。如果想对物体修改器的一些“参数值”设置动画，那么需要在“关键点过滤器”对话框中勾选“修改器”复选框，如图1-53和图1-54所示。

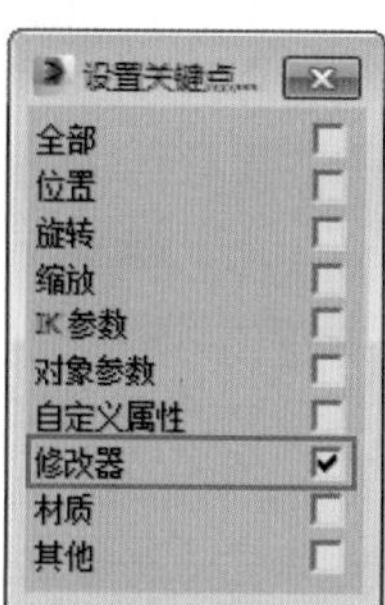

图1-53

图1-54

技巧与提示

在对象的一些基础参数或者修改器的一些参数后面的“微调器”按钮上，单击鼠标右键，这样可以只为当前参数值创建一个关键帧。

此外，拖动时间滑块到某一帧，在时间滑块上单击鼠标右键，在弹出的“创建关键点”对话框中，可以快速创建包含“位移”“旋转”和“缩放”信息的关键帧，如图1-55所示。

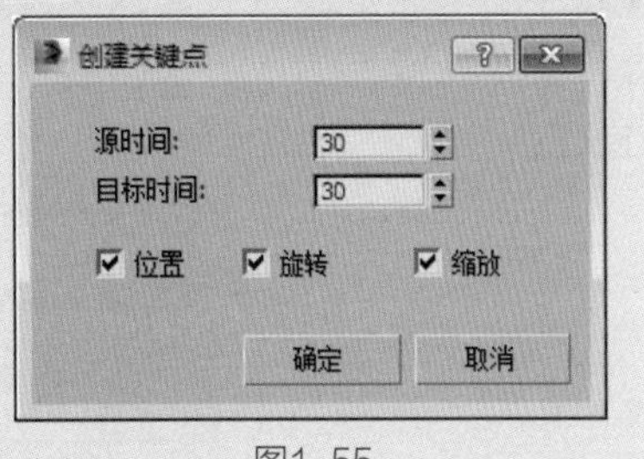

图1-55

1.2.5 设置关键点切线

用户可以在创建新动画关键点之前，先对关键点切线的类型进行设置。通过对关键点切线的设置，可以让物体的运动呈现出“匀速”“减速”“加速”等状态。本小节将简单介绍关键点切线的设置方法，具体的设置和编辑方法将在“曲线编辑器”部分为读者进行详细的讲解。

01 打开本书配套素材中的“工程文件>CH1>飞机>飞机.max”文件，场景中有两架飞机模型，如图1-56所示。

图1-56

02 选择“飞机01”对象，激活“自动关键点”按钮，将时间滑块拖动到第100帧的位置，然后将“飞机01”对象沿X轴调整其位置，如图1-57所示。

图1-57

03 退出“自动关键点”模式，然后播放动画，会发现飞机模型缓慢移动，然后缓慢停止，这是因为关键点切线默认使用的是“平滑切线”类型。在动画控制区中的“新建关键点的入/出切线”按钮上按住鼠标左键不放，将弹出图1-58所示的按钮列表。

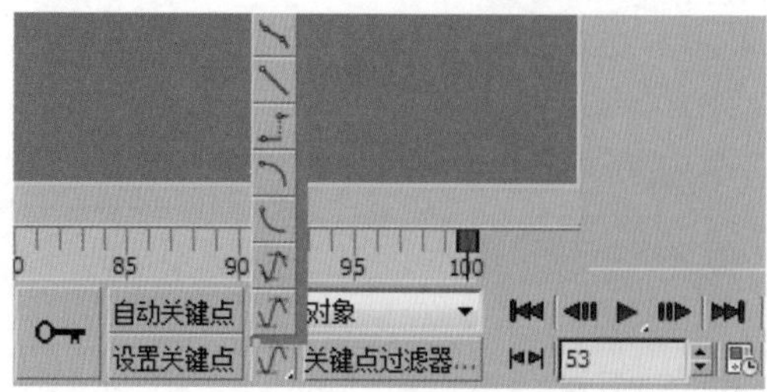

图1-58

04 在弹出的按钮列表中选择“线性”按钮，在视图中选择“飞机02”对象，然后激活“自动关键点”按钮，将时间滑块拖动到第100帧的位置，然后将“飞机02”对象沿X轴调整其位置，如图1-59所示。

05 设置完毕后，退出“自动关键点”模式。播放动画，可以观察到“平滑”切线类型和“线性”切线类型的不同动画效果。

图1-59

1.2.6 “时间配置”对话框

通过“时间配置”对话框，可以对动画的制作格式进行设置，这些设置包括帧速率、动画播放速度控制、时间显示格式和活动时间段设定等。单击动画控制区的“时间配置”按钮，可以打开“时间配置”对话框，如图1-60所示。

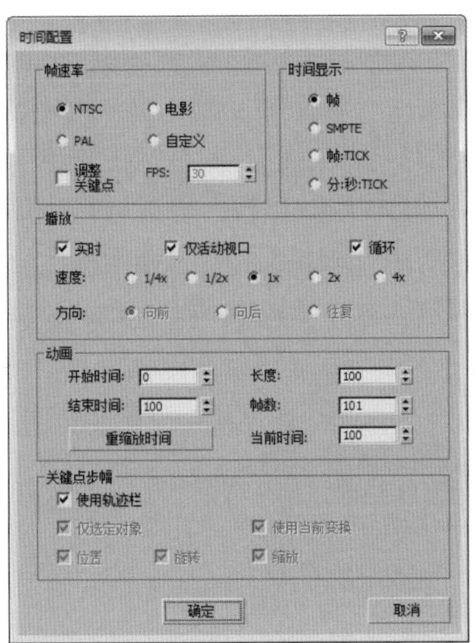

图1-60

1. 帧速率和时间显示

在“时间配置”对话框的“帧速率”选项组中，可以设置动画每秒所播放的帧数。默认设置下，所使用的是NTSC帧速率，表示动画每秒包含30帧画面；选择PAL单选按钮后，动画每秒播放25帧；选择“电影”单选按钮后，动画每秒播放24帧，如果选择“自定义”单选按钮，然后在FPS数值框内输入数值，可以自定义动画播放的帧数，如图1-61所示。

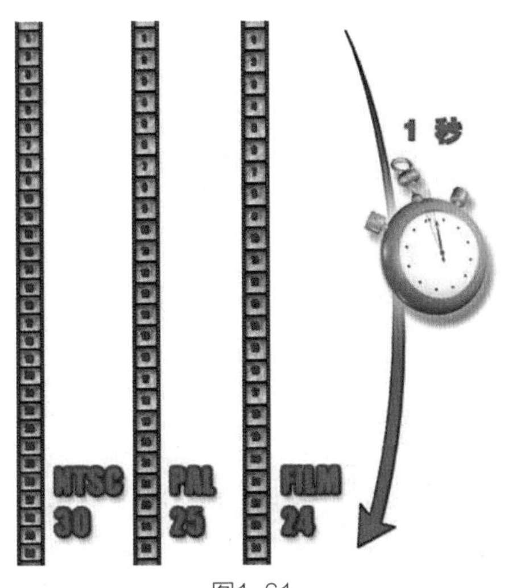

图1-61

通过“时间显示”选项组中的各个选项，可对时间滑块和轨迹栏上的时间显示方式进行更改，共有4种显示方式，分别为“帧”“SMPTE”“帧：TICK”和“分：秒：TICK”，如图1-62和图1-63所示。

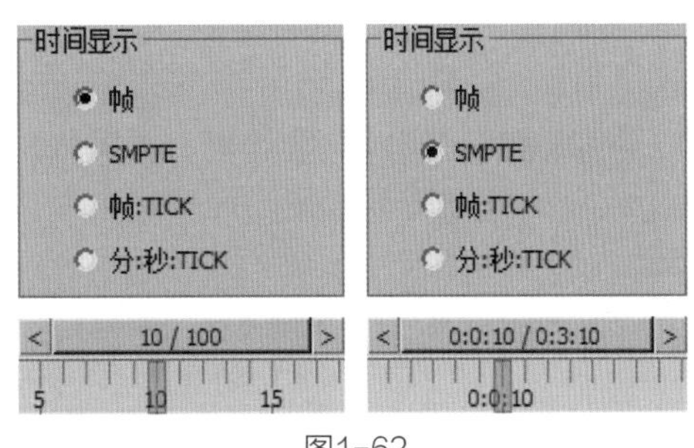

图1-62

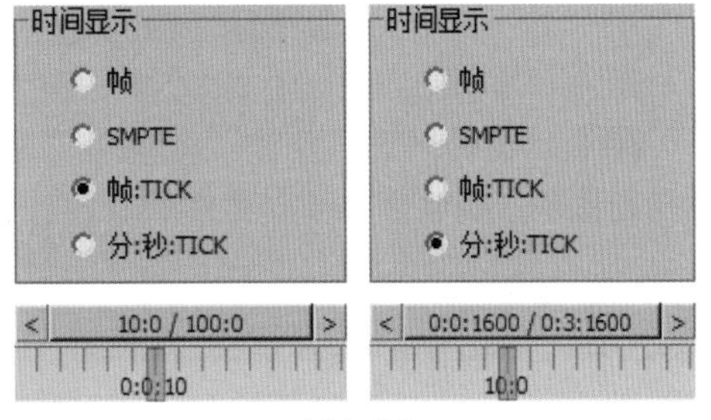

图1-63

技巧与提示

SMPTE是电影工程师协会的标准，用于测量视频和电视产品的时间。

2. 动画播放控制

01 打开本书配套素材中的“工程文件>CH1>弹跳的小球>弹跳的小球.max”文件，单击“时间配置”按钮，打开“时间配置”对话框，在“播放”选项组中，“实时”复选框为默认的勾选状态，表示将在视图中实时播放，与当前设置的帧速率保持一致。勾选“实时”复选框后，用户可通过“速度”选项右侧的单选按钮来设置动画在视图中的播放速度，如图1-64所示。

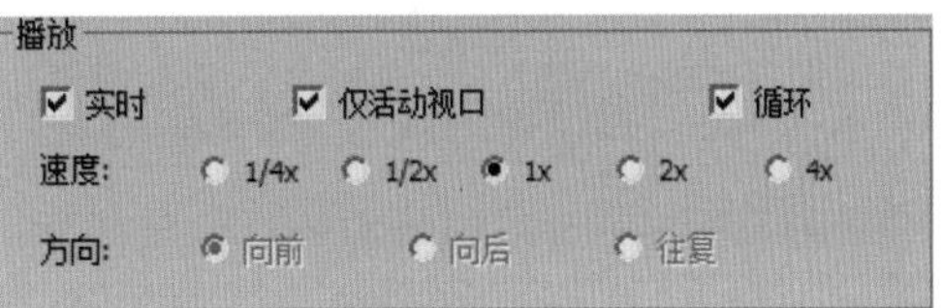

图1-64

技巧与提示

“速度”默认设置为“1x”，表示动画在视图中的播放速度为正常播放速度，其他4个单选按钮可以减速或加速动画在视图中的播放速度。但无论选择减速或加速选项，只影响动画在视图中的播放速度，并不影响动画在渲染后的实际播放速度。

02 禁用“实时”复选框，视图播放将尽可能快地运行并且显示所有帧。这时“速度”选项的按钮将被禁用，而“方向”选项右侧的单选按钮将处于激活状态，如图1-65所示。

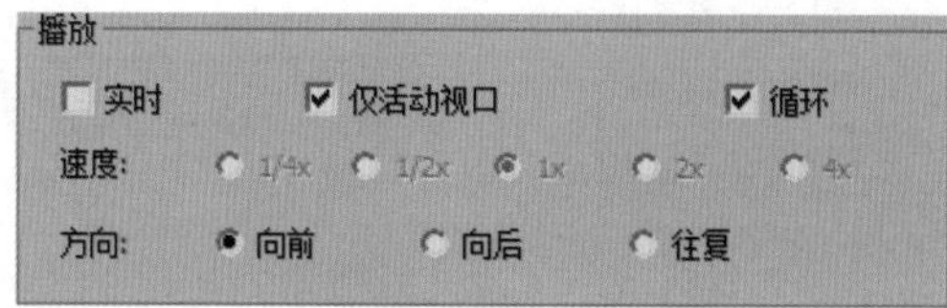

图1-65

03 “方向”选区中的“向前”“向后”和“往复”单选按钮，分别可将动画设置为向前播放、反转播放和向前然后反转重复播放。

技巧与提示

“方向”选项同样只影响动画在视图中的播放，而不会影响动画的渲染输出。

04 在“播放”选项组中，“仅活动视口”复选框默认为勾选状态，表示动画只在当前被激活的视图中进行播放，而其他视图中的画面保持静止，如图1-66所示；如果取消勾选“仅活动视口”复选框，则所有视图都将播放动画效果，如图1-67所示。

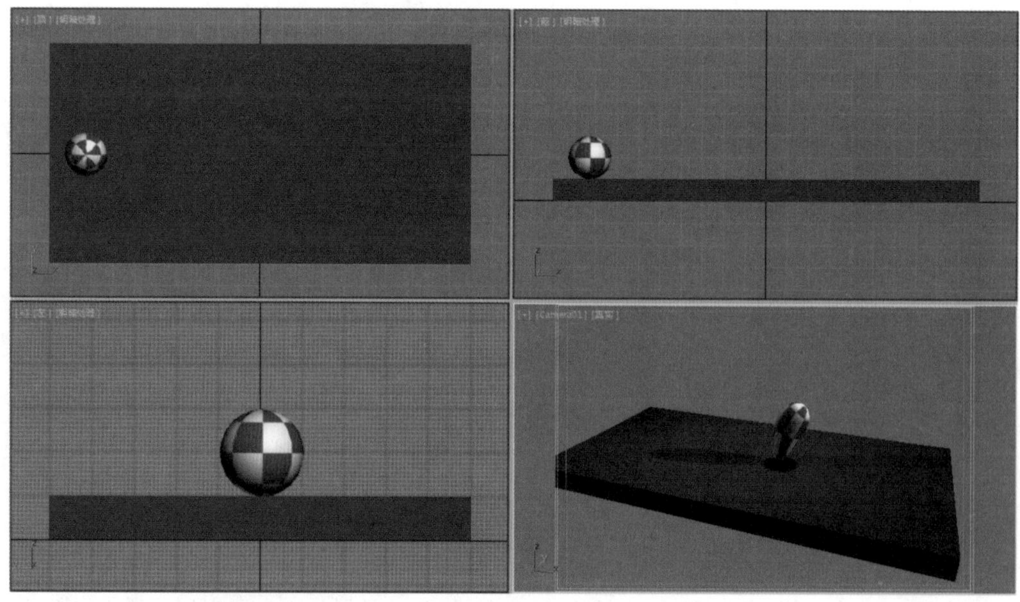

图1-66

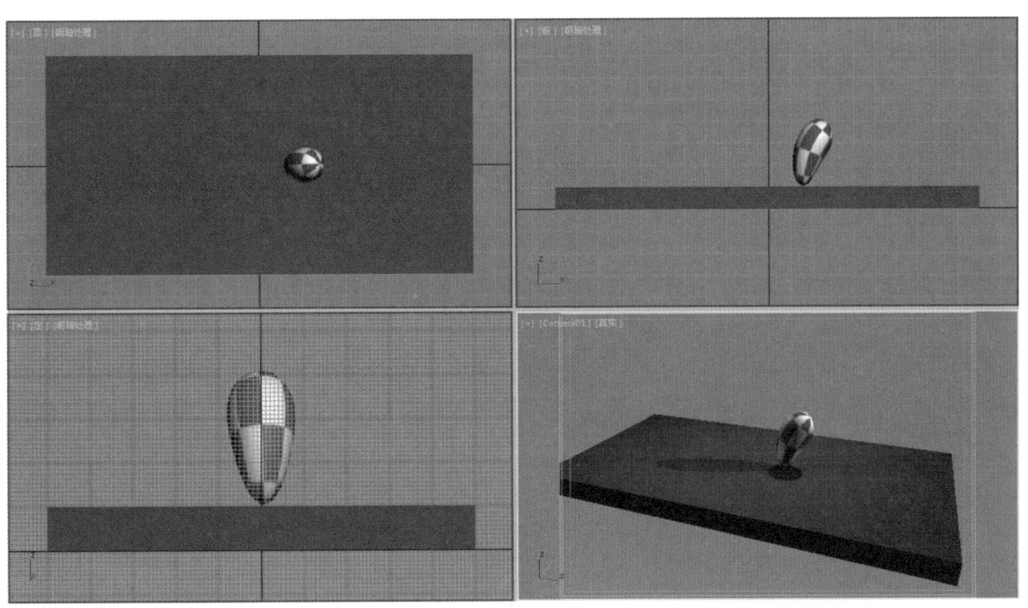

图1-67

05 默认情况下，在播放动画时，动画会在视图中循环进行播放。取消勾选“播放”选项组中的“循环”复选框，单击“播放动画”按钮▶，则动画将只播放一遍就会停止，不再继续播放。

06 在“动画”选项组中，可以控制动画的总帧数、开始和结束帧等相关参数。将“开始时间”设置为-10，“结束时间”设置为100，接着将“当前时间”设置为50，单击“确定”按钮，观察轨迹栏的变化，如图1-68所示。

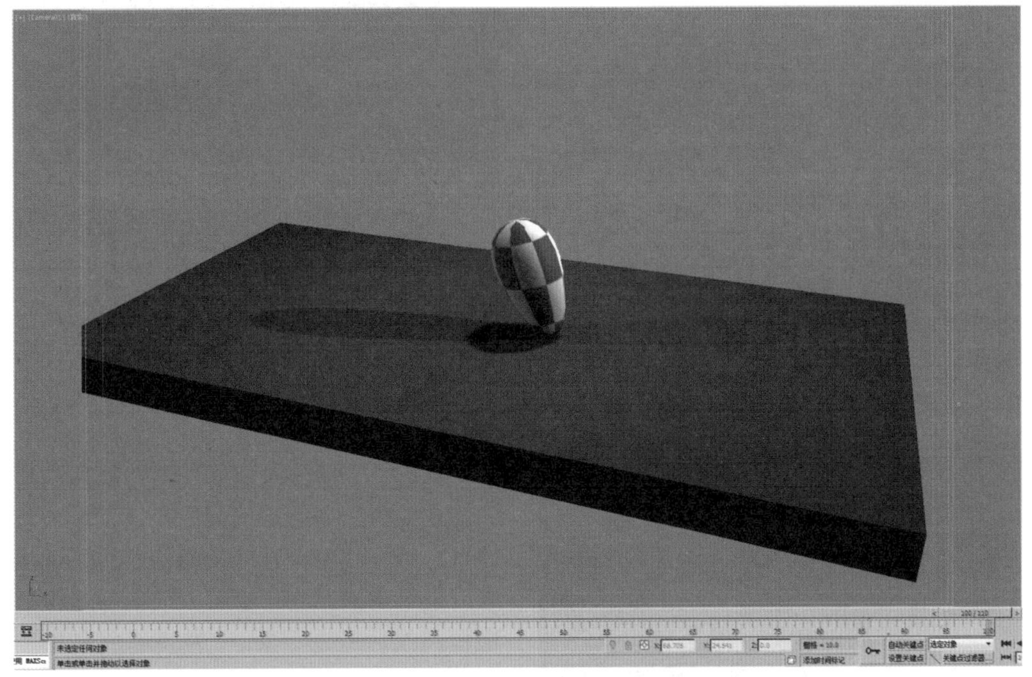

图1-68

技巧与提示

在时间滑块上， ，前面的数字表示当前所在帧数，而后面的数字表示当前活动时间段的总帧数。

此外，按住键盘上的Ctrl+Alt键，在时间轨迹栏上单击鼠标左键并拖动，可以快速设置动画的“起始时间”，单击鼠标右键并拖动，可以快速设置动画的“结束时间”。

07 单击“重缩放时间”按钮 重缩放时间 ，可以打开“重缩放时间”对话框，如图1-69所示。

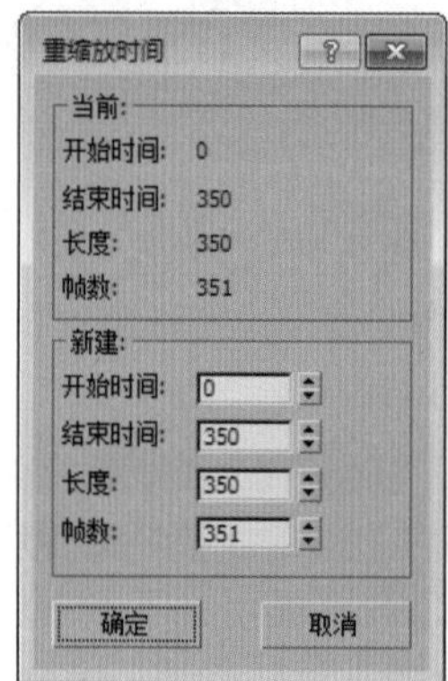

图1-69

08 通过该对话框，可以拉伸或收缩所有对象活动时间段内的动画，同时轨迹栏中所有关键点的位置将会重新排列。例如，设置结束时间为100，单击“确定”按钮关闭对话框，接着单击“确定”按钮关闭“时间配置”对话框，这时观察轨迹栏上关键帧的变化，同时发现原来350帧的动画变成了100帧，动画的节奏变快了，如图1-70所示。

图1-70

3.关键点步幅

“关键点步幅”选项组用于设置开启“关键点模式”按钮后的 ，单击“上一个关键点”按钮 或“下一个关键点”按钮 时，设置系统在轨迹栏中会以何种方式在关键帧之间进行切换。

例如，当前正在使用“选择并移动”工具，这时，取消对“关键点步幅”选项组中“使用轨迹栏”复选框的勾选，这样再单击“上一个关键点”按钮 或“下一个关键点”按钮 ，系统则只会在包含有“移动”信息的关键帧之间进行切换，如图1-71和图1-72所示。

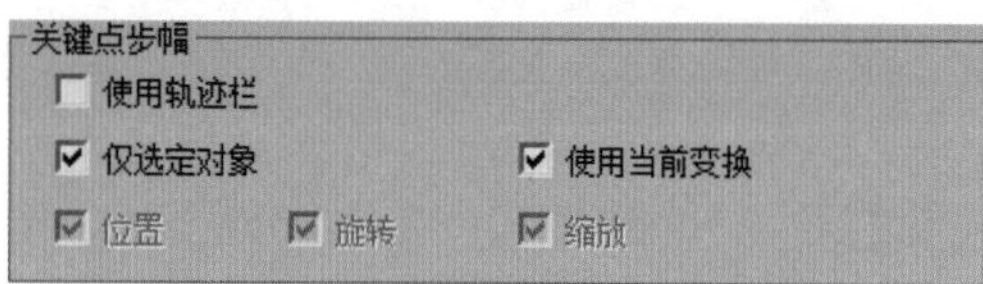

图1-71

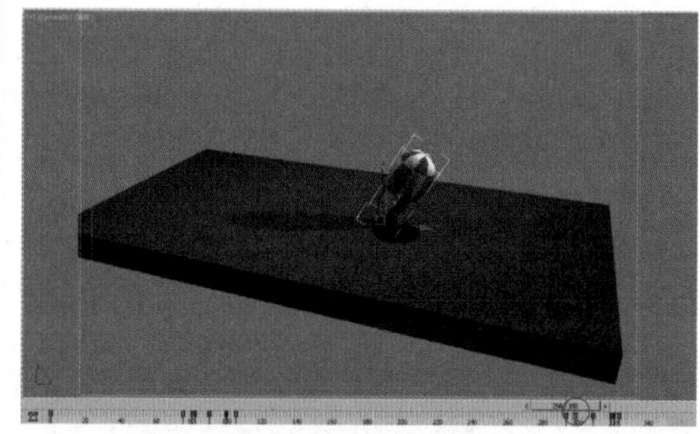

图1-72

勾选“仅选定对象”前的复选框，这时单击“上一个关键点”按钮 或“下一个关键点”按钮 ，系统将只会在选定对象的变换动画的关键点之间进行切换，取消勾选该复选框，系统将在场景中所有对象的变换关键点之间进行切换。

勾选“使用当前变换”复选框后，系统将自动识别当前正使用的变换工具，这时系统将只在包含当前变换信息的关键帧之间进行切换。我们也可以取消勾选该复选框，然后通过下面3个变换选项来指定“关键点模式”所使用的变换。

1.2.7 制作预览动画

如果场景中的模型量比较大，那么在场景中实时播放动画时，会出现“卡顿”的现象，这样在场景中将不能准确地判断动画的速度。为了更好地观察和编辑动画，可以将场景生成预览动画。预览动画在生成时，不考虑模型的材质和光影效果，所以生成动画效果较快。

执行菜单“工具>预览 – 抓取视口>创建预览动画”命令，可以打开“生成预览”对话框，如图1-73所示。

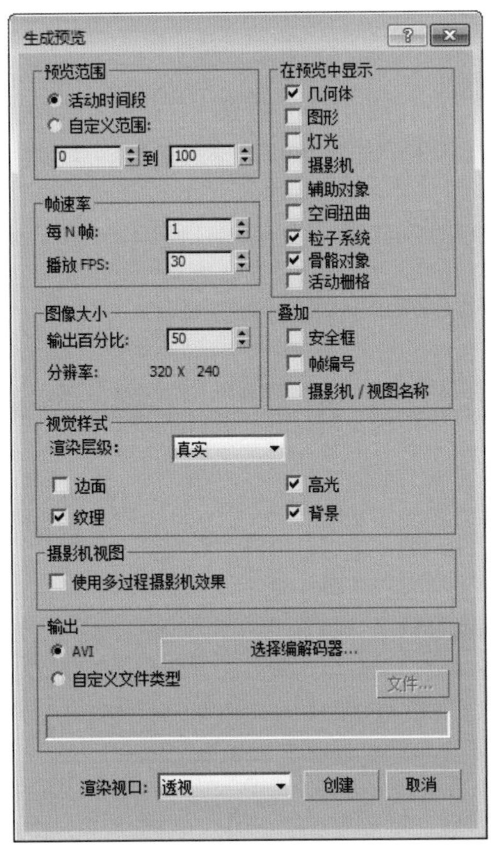

图1-73

“预览范围”选项组内的设置用于指定预览中包含的帧数，默认选中“活动时间段”单选按钮，将根据时间滑块的长度生成动画，也可以选择“自定义范围”单选按钮，自定义动画范围，如图1-74所示。

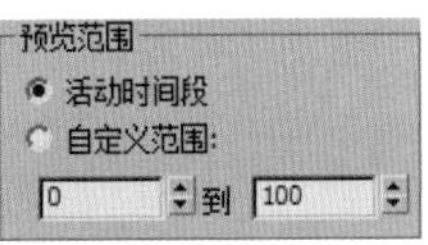

图1-74

“帧速率”选项组内的设置用于指定以每秒多少帧的播放速率来生成预览动画，如图1-75所示。

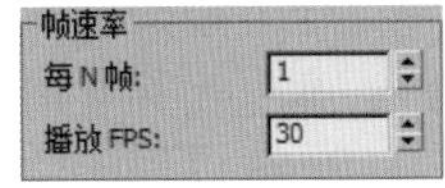

图1-75

在“图像大小”选项组内可以设置预览的分辨率为当前输出分辨率的百分比。例如，在“渲染设置”对话框中，设置渲染输出分辨率为640×480，那么，如果将“输出百分比”参数设置为50，则预览分辨率为320×240，如图1-76所示。

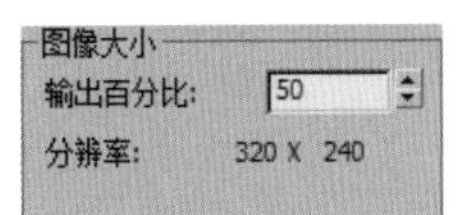

图1-76

“预览中显示”选项组内的复选框，用于指定预览中要包含的对象类型，如图1-77所示。

图1-77

“叠加”选项组内的复选框，用于指定要写入预览动画的附加信息，如图1-78所示。

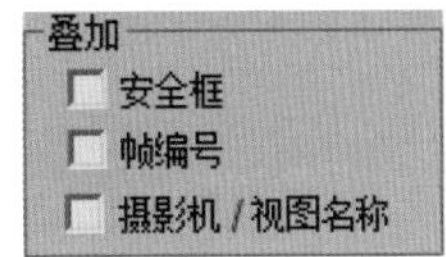

图1-78

“视觉样式”选项组，用于选择生成预览动画的视觉样式，以及渲染是否包括边面、高光、纹理或背景，如图1-79所示。

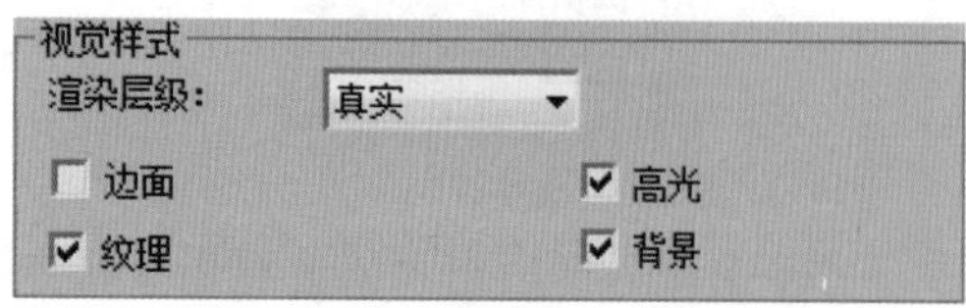

图1-79

“摄影机视图”选项组，用于指定预览是否包含多过程渲染效果，想要显示多过程渲染效果，首先要开启摄影机的“多过程效果”，如图1-80和图1-81所示。

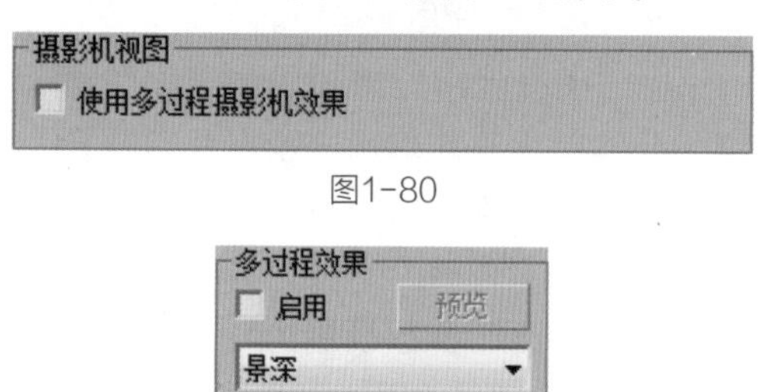

图1-80

图1-81

“输出”选项组，用于指定预览动画的输出格式，如图1-82所示。

图1-82

预览动画生成后，会自动弹出媒体播放器，自动进行播放。也可以执行菜单“工具>预览 – 抓取视口>播放预览动画”命令，重复查看生成的预览动画。新生成的预览动画会自动覆盖掉上次的预览动画，如果想将当前的预览动画保存起来，可以执行菜单“工具>预览 – 抓取视口>预览动画另存为”命令进行动画的保存。默认生成的预览动画保存在“C:\Users\Administrator\Documents\3dsmax\previews”文件夹下，也可执行菜单“工具>预览 – 抓取视口>打开预览动画文件夹”命令，快速打开保存预览动画的文件夹。

1.3 曲线编辑器

在3ds Max 2015中，除了可以直接在轨迹栏中编辑关键帧外，还可以打开动画的“轨迹视图”，对关键帧进行更复杂的编辑，例如复制或粘贴运动轨迹、添加运动控制器、改变运动状态等，就需要在“轨迹视图”窗口中对关键帧进行编辑。

轨迹视图窗口有两种显示方式，即“曲线编辑器”和“摄影表”。“曲线编辑器”模式可以将动画显示为动画运动的功能曲线；“摄影表”模式可以将动画显示为关键点和范围的电子表格，如图1-83和图1-84所示。

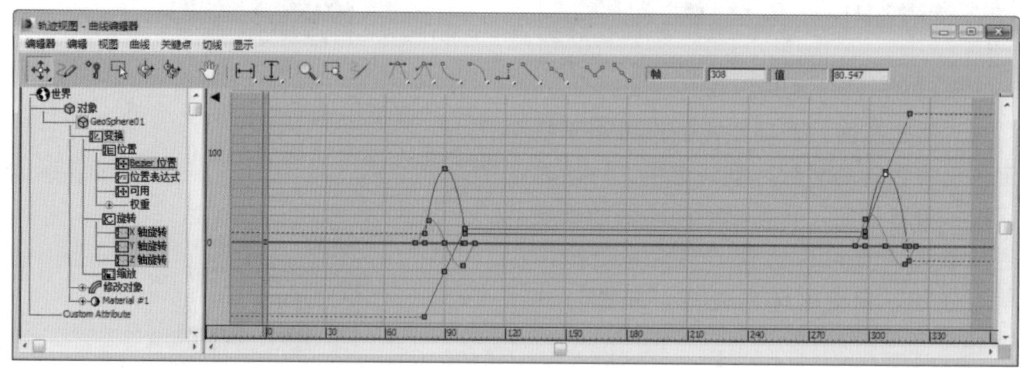

图1-83

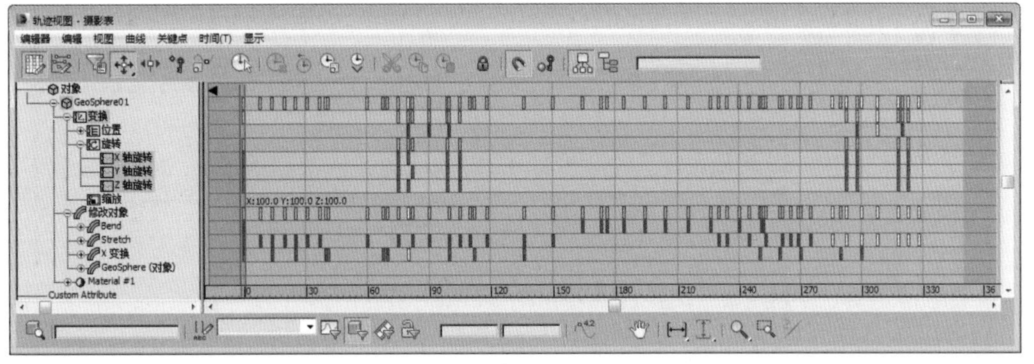

图1-84

“曲线编辑器”显示方式为轨迹视图的默认显示方式，也是最常用的一种显示方式，所以本书将以“曲线编辑器”显示方式为例，来为读者讲解其使用方法。

1.3.1 “曲线编辑器”简介

打开“曲线编辑器”的方法有3种，第1种为执行菜单“图形编辑器>轨迹视图-曲线编辑器”命令；第2种为单击主工具栏上的“曲线编辑器”按钮；第3种方法也是最常用的一种方法是，在视图中单击鼠标右键，在弹出的四联菜单中选择“曲线编辑器”选项，如图1-85和图1-86所示。

技巧与提示

在软件菜单栏中执行“图形编辑器>轨迹视图-摄影表”命令，或者在“曲线编辑器”的菜单栏中执行“模式>摄影表”命令，都可以打开“摄影表”。

图形编辑器(D) 渲染(R) 自定义(U)
轨迹视图 - 曲线编辑器(C)...
轨迹视图 - 摄影表(D)...
新建轨迹视图(N)...
删除轨迹视图(D)...
保存的轨迹视图
新建图解视图(N)...
删除图解视图(D)
保存的图解视图
粒子视图 6
运动混合器...

图1-85

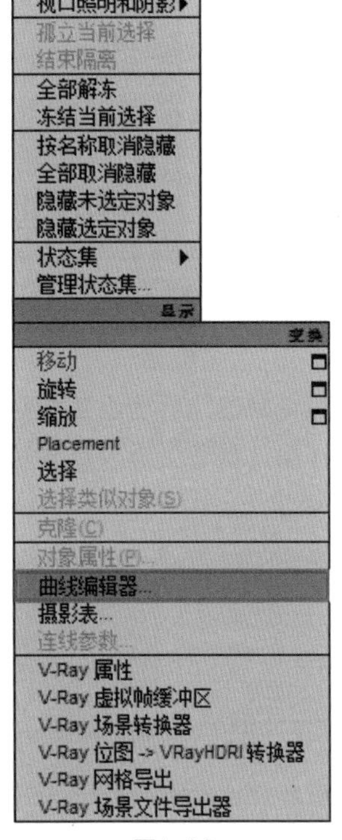

图1-86

3ds Max 2015对“曲线编辑器”的界面做了一些精简，对一些常用的工具进行隐藏。在打开的“曲线编辑器”的标题栏上单击鼠标右键，在弹出的快捷菜单中选择“加载布局>Function Curve Layout (Classic)”命令，这样就可以将一些常用工具显示出来，如图1-87和图1-88所示。

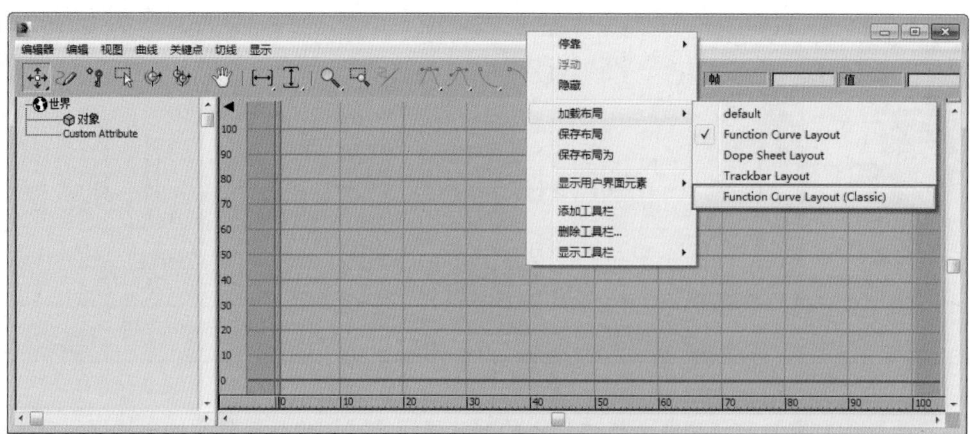

图1-87

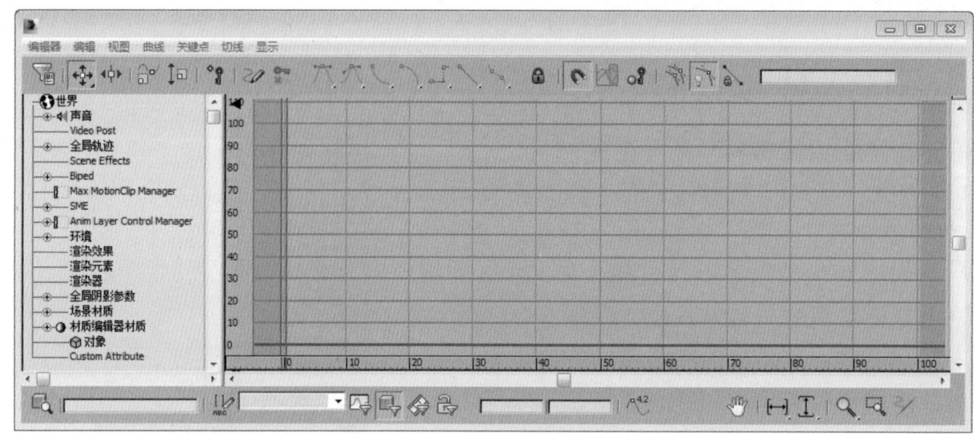

图1-88

“曲线编辑器”界面由菜单栏、工具栏、控制器窗口、关键帧窗口和界面底部的时间标尺、选择集、状态工具以及导航工具组成，如图1-89所示。

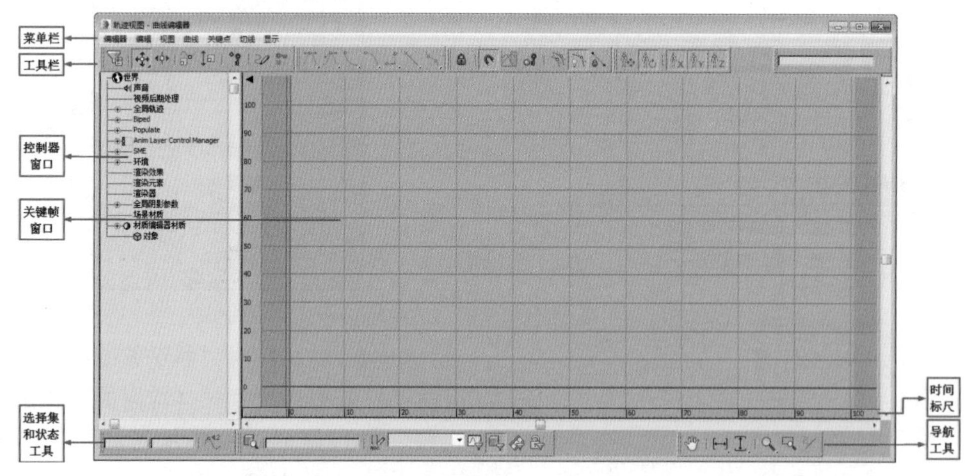

图1-89

“控制器”窗口用来显示对象名称和控制器轨迹。单击工具栏上的“过滤器”按钮，可以打开“过滤器”对话框，在“显示”选项组中还能设置哪些曲线和轨迹可以用来进行显示和编辑，如图1-90和图1-91所示。

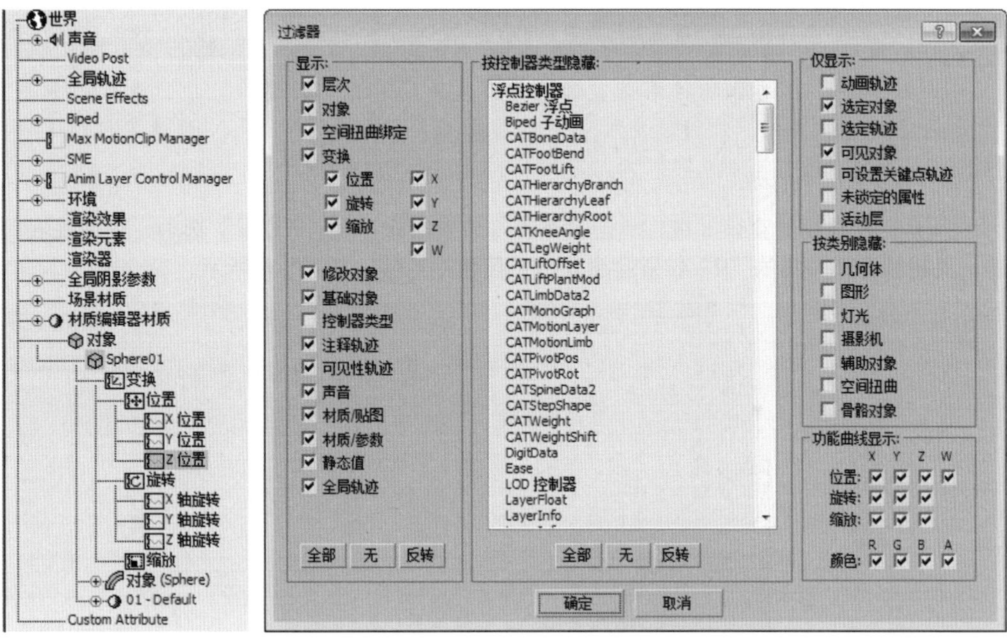

图1-90　　　　　　　　　　　　　　图1-91

接下来将通过一组实例操作，讲解“曲线编辑器”的基本用法。

01 在场景中创建一个“茶壶”对象，如图1-92所示。

图1-92

02 选择“茶壶”对象，在视图中单击鼠标右键，在弹出的四联菜单中选择“曲线编辑器”选项，打开“曲线编辑器”对话框，在左侧的“控制器窗口”中显示了选择的“茶壶”对象的名称和变换等一些控制器类型，如图1-93所示。

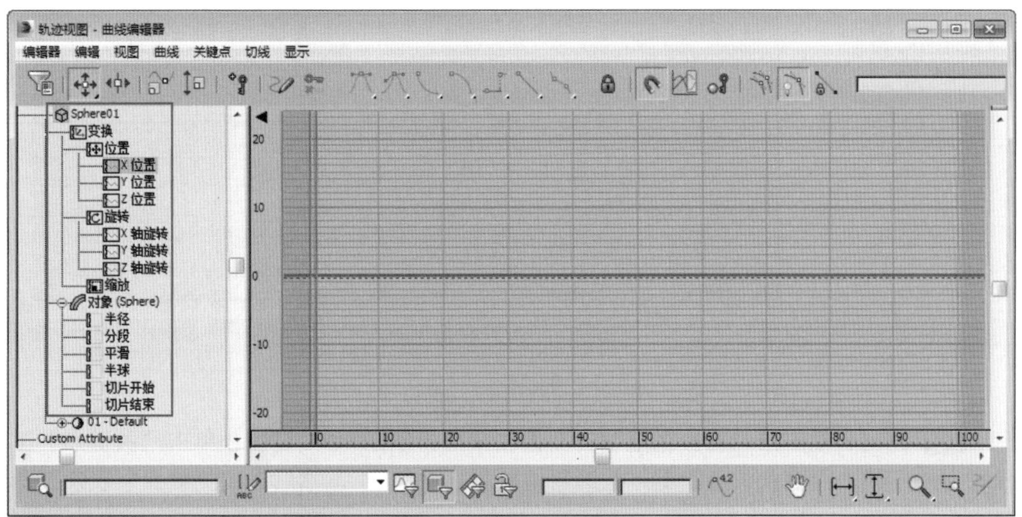

图1-93

技巧与提示

默认情况下，选择的对象会直接显示在左侧的“控制器窗口”中，也可以单击“轨迹选择集”中的“缩放选定对象”按键，在“控制器窗口”中快速定位所选择的对象。

03 在“控制器窗口”中，单击“茶壶”位置层级下的“Z位置”选项，这时在右侧的“关键帧窗口”中的“0”位置会出现一条蓝色的虚线，如图1-94所示。

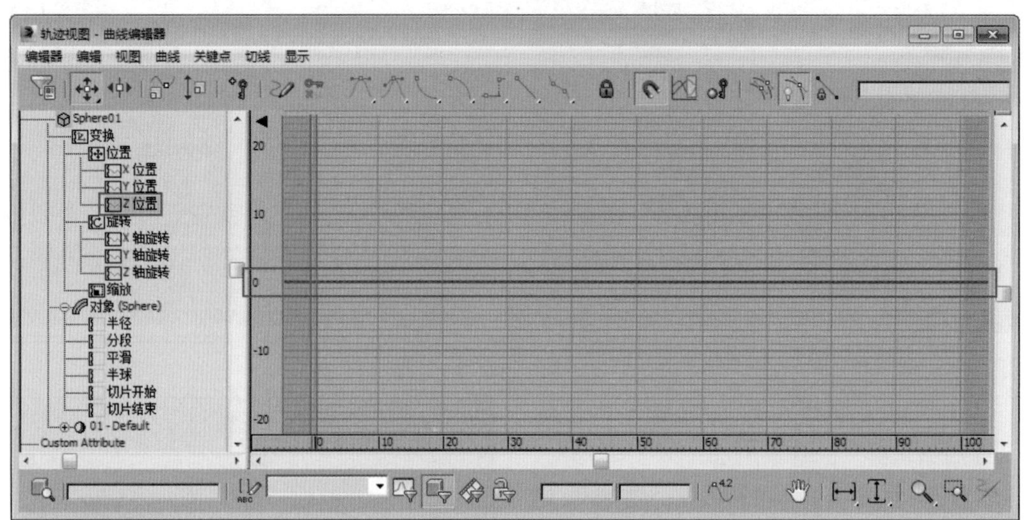

图1-94

04 在“关键点”工具栏上单击“添加关键点”按钮，然后将鼠标指针移动到“关键帧窗口”中的蓝色虚线上单击鼠标右键，这时可以在该位置创建1个关键帧，如图1-95所示。

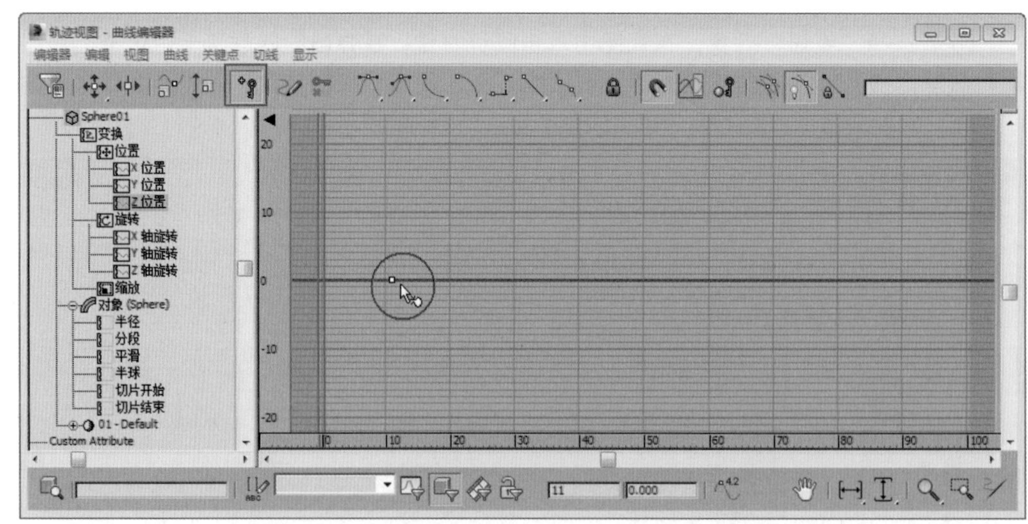

图1-95

05 用同样的方法，在蓝色虚线的其他位置上再创建2个关键帧，单击“关键点”工具栏上的“移动关键点”按钮，框选创建的第1个关键点，然后在“关键点”状态工具栏中，参照图1-96所示进行设置。

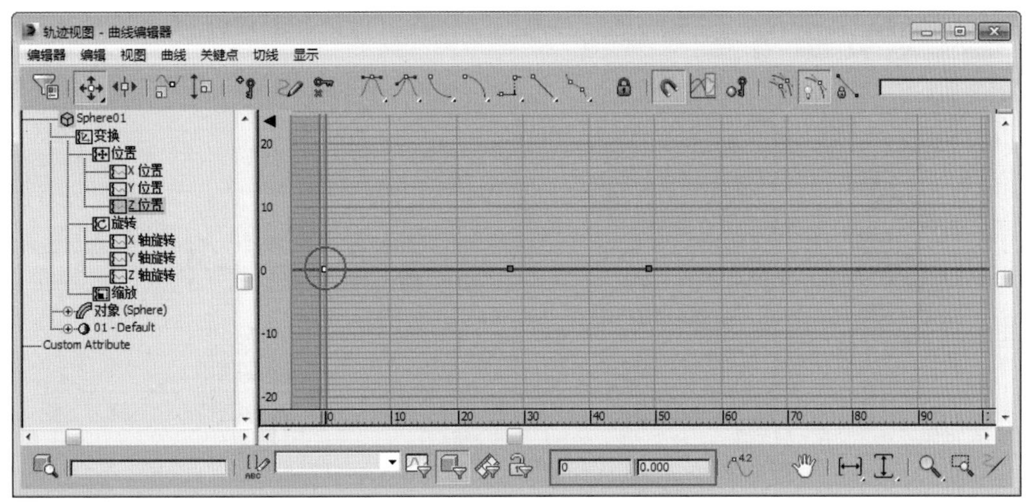

图1-96

技巧与提示

在“关键点状态”工具栏中 ，前面的数值表示当前选择的关键帧所在的帧数，后面的数值表示当前选择关键帧的动画值。

06 用同样的方法，选择中间的关键帧，参数设置如图1-97所示，这样播放动画，会发现“茶壶”对象在Z轴上产生了一个先升起20个单位再落回原点的一段动画。

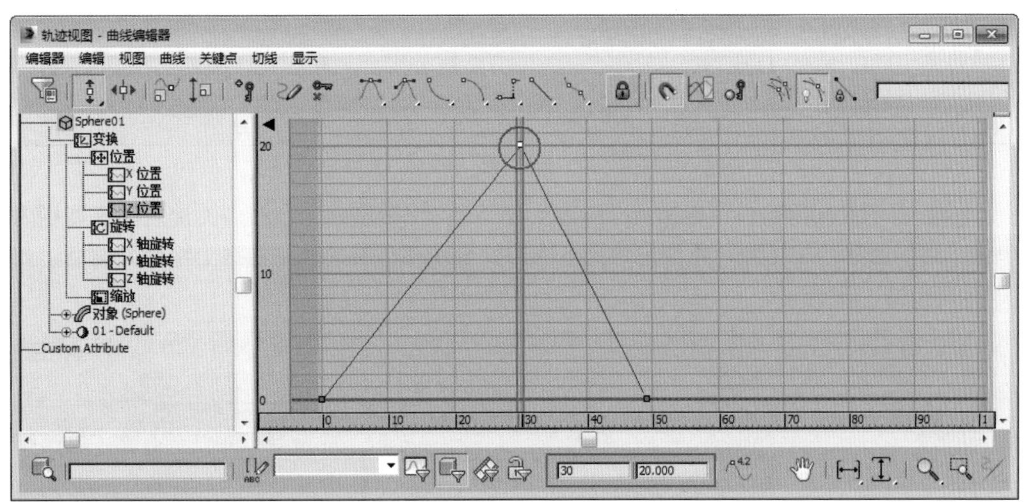

图1-97

07 在工具栏上，单击“移动关键点”按钮 并按住不放，在弹出的按钮列表中，选择“水平移动关键点” 按钮 ，然后在“关键帧”窗口中选择第3个关键帧，将其移动至第60帧的位置，如图1-98所示。

08 当前“茶壶”对象的动画是从第0帧开始，我们还可以调整整段动画的发生时间。单击工具栏上的“滑动关键点”按钮 ，将第0帧位置的关键点向右移动至第10帧的位置，这样，整段动画就从第10帧开始发生，如图1-99所示。

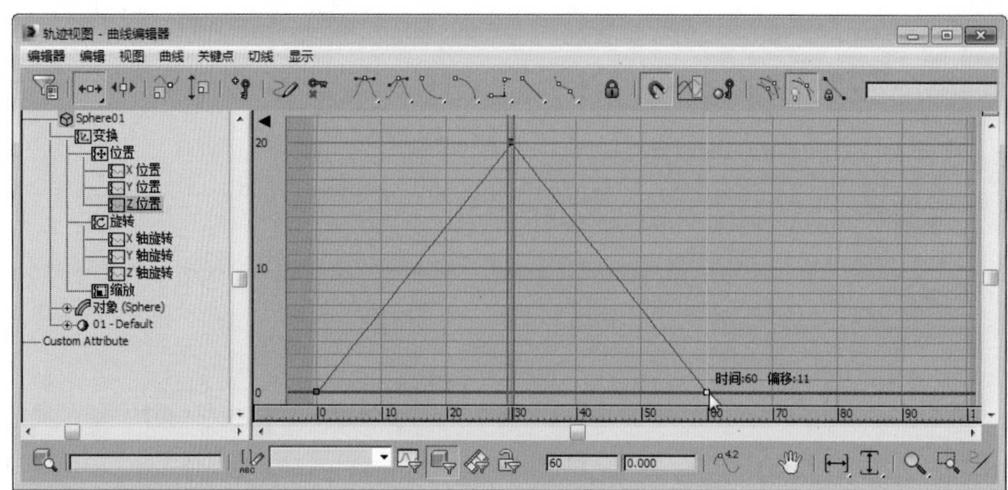

图1-98

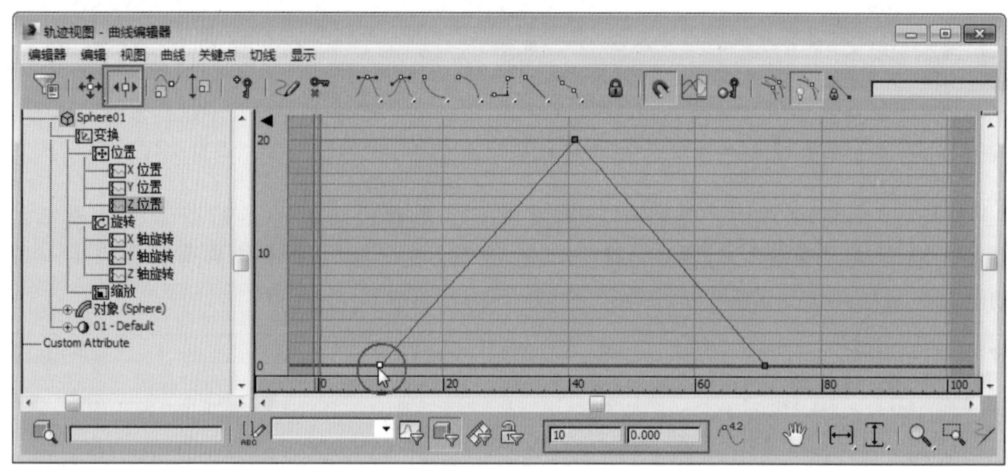

图1-99

09 在“控制器窗口”中进入“茶壶”层下的“Z轴旋转”，在“关键点”工具栏内单击“绘制曲线”按钮，通过拖动鼠标的方式手动在该层的轨迹曲线上绘制关键点，如图1-100和图1-101所示。

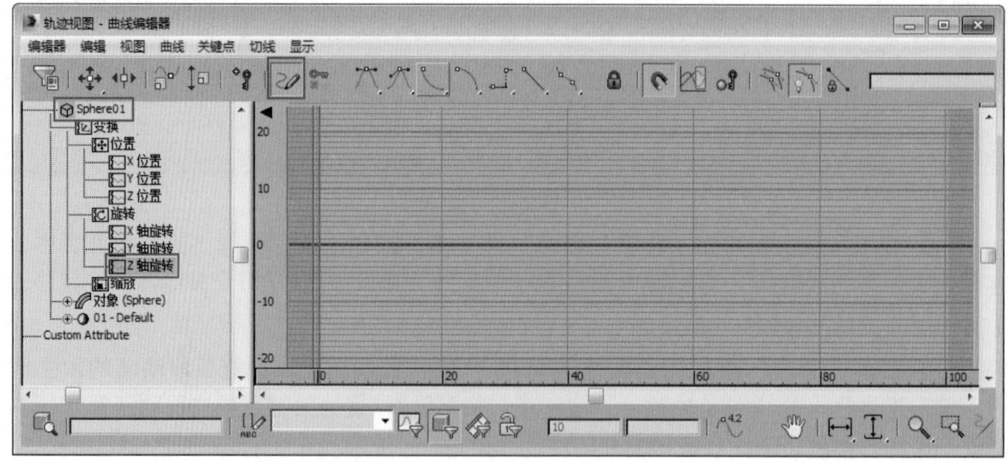

图1-100

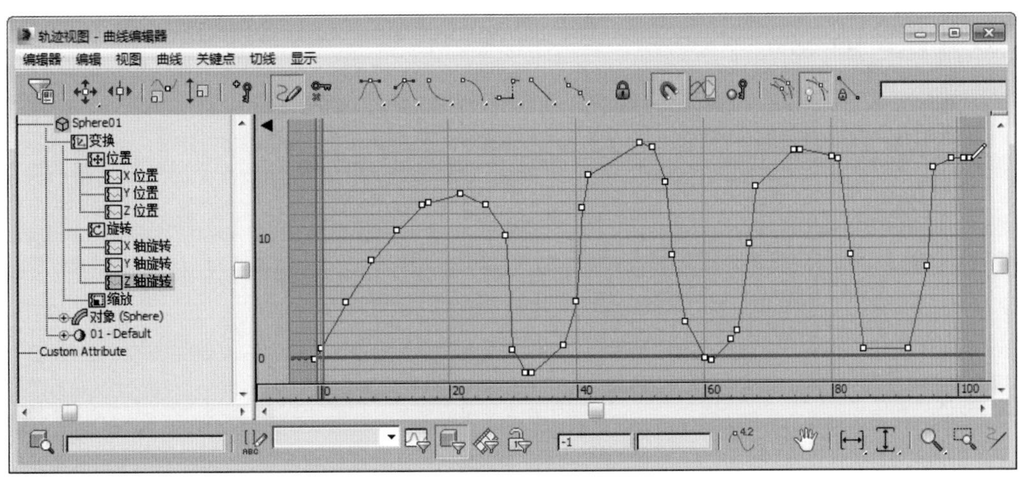

图1-101

10 播放动画，“茶壶”会沿Z轴来回转动，而且速度也不均匀。

1.3.2 认识功能曲线

在动画的设置过程中，除了关键点的位置和参数值，关键点切线也是一个很重要的因素，即使关键点的位置相同，运动的程度一致，使用不同的关键点切线，也会产生不同的动画效果。在本小节中将为读者讲解关键点切线的有关知识。

3ds Max 2015中共有7种不同的功能曲线形态，分别为“自动关键点切线”“自定义关键点切线”“快速关键点切线”“慢速关键点切线”“阶梯关键点切线”“线性关键点切线”和“平滑关键点切线”。用户在设置动画时，可以使用这7种功能曲线来设置不同对象的运动。下面将通过一组实例操作，来为读者讲解有关功能曲线的相关知识。

1. 自动关键点切线

自动关键点切线的形态较为平滑，在靠近关键点的位置，对象运动速度略慢，在关键点与关键点中间的位置，对象的运动趋于匀速，大多数对象在运动时都是这种运动状态。

01 打开本书配套素材中的“工程文件>CH1>认识功能曲线>认识功能曲线.max”文件，场景中有两架飞机，并且在第0~50帧已经设置了一个简单的位移动画，如图1-102所示。

图1-102

02 在场景中选择“飞机01”对象，然后打开“曲线编辑器”窗口，在左侧的“控制器窗口”中选择“X位置”层，如图1-103所示。

03 在轨迹栏上选择第0帧处的关键帧，按住键盘上的Shift键，单击鼠标左键并拖动，复制一个关键帧到第100帧的位置，这时在“曲线编辑器”的“关键帧窗口”中，也出现了我们刚才复制的关键帧，如图1-104所示。

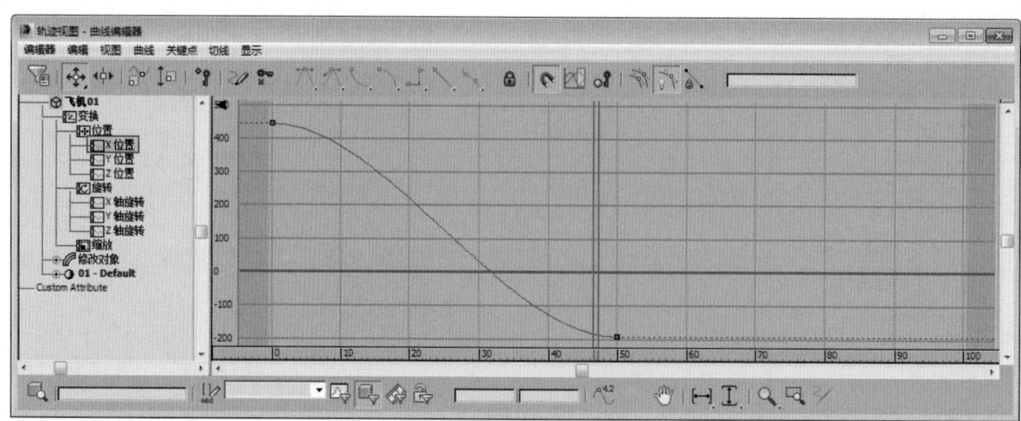

图1-103

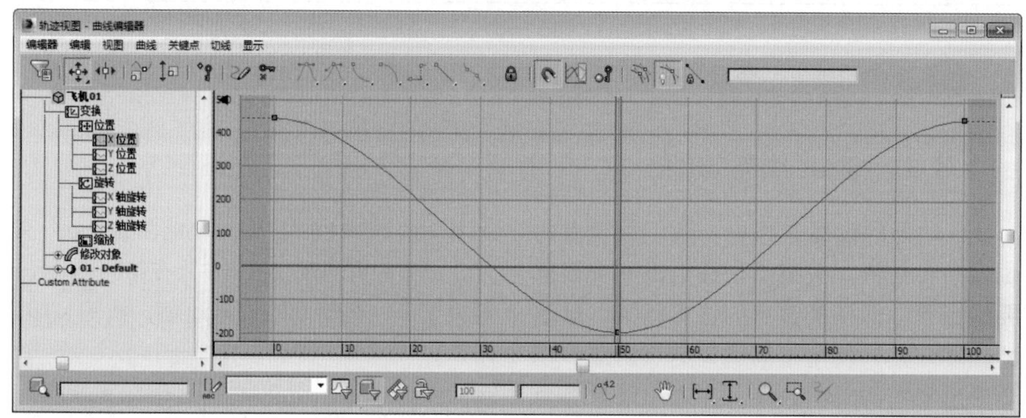

图1-104

04 在“曲线编辑器”中选择任意一个关键帧，发现关键帧上会出现一个蓝色的操纵手柄。默认创建的关键点切线都是自动关键点切线，如图1-105所示。

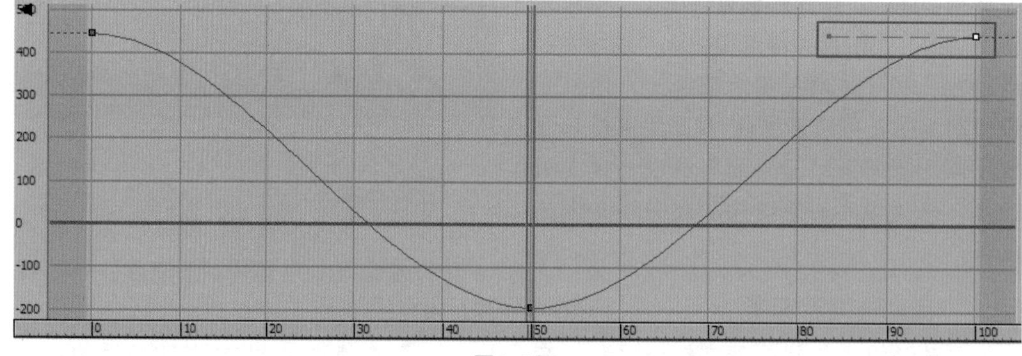

图1-105

2. 自定义关键点切线

自定义关键点切线能够通过手动调整关键点控制手柄的方法，来控制关键点切线的形态，关键点两侧可以使用不同的切线形式。

01 在“关键点窗口”中选择两边的2个关键帧，然后在“关键点切线”工具栏中单击“将切线设置为自定义”按钮，这时关键帧的操作手柄由蓝色变为了黑色，这说明当前关键帧由自动关键点切线转换为了自定义关键点切线，如图1-106所示。

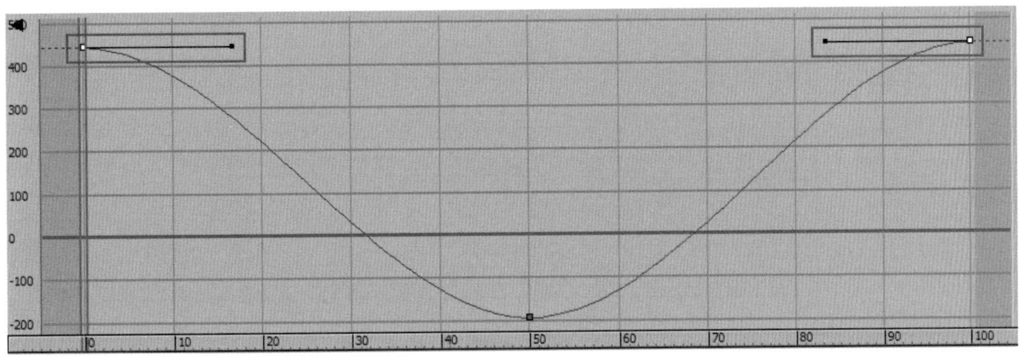
图1-106

02 使用“移动关键点”工具，调整关键点的控制柄来改变曲线的形状，如图1-107所示。

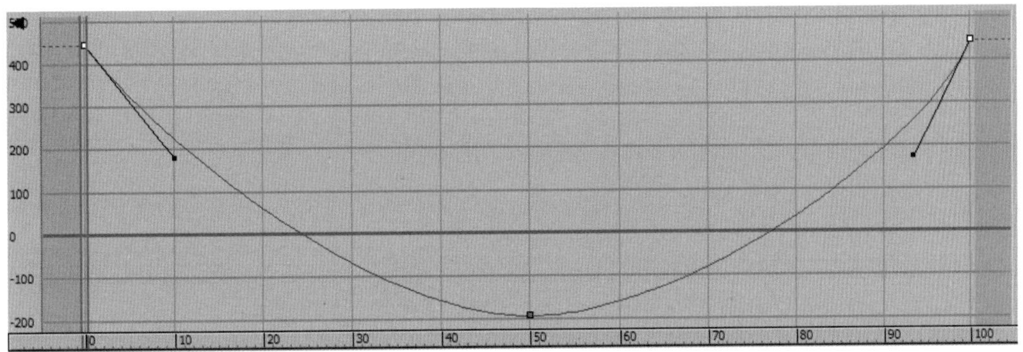
图1-107

03 播放动画，发现“飞机01”对象会快速移动，到第50帧时缓慢停下，从第50帧～第100帧又是一个由慢到快的运动过程。

技巧与提示

3ds Max中的功能曲线其实就是我们初中物理学过的物体运动的抛物线知识。通过这些功能曲线，可以调节物体的运动是匀速、匀加速或匀减速等动画效果。

3. 快速关键点切线

使用快速关键点切线，可以设置物体由慢到快的运动过程。物体从高处掉落时就是一种匀加速的运动状态。

01 在场景中选择“飞机02”对象，在打开的“曲线编辑器”窗口中选择“X位置”层级下50帧处关键帧，如图1-108所示。

02 单击“关键点切线”工具栏中的“将切线设置为快速”按钮，这样自定义关键点切线将被转换为快速关键点切线，如图1-109所示。

03 播放动画，“飞机02”对象将缓慢启动，越接近第50帧时，运动的速度越快。

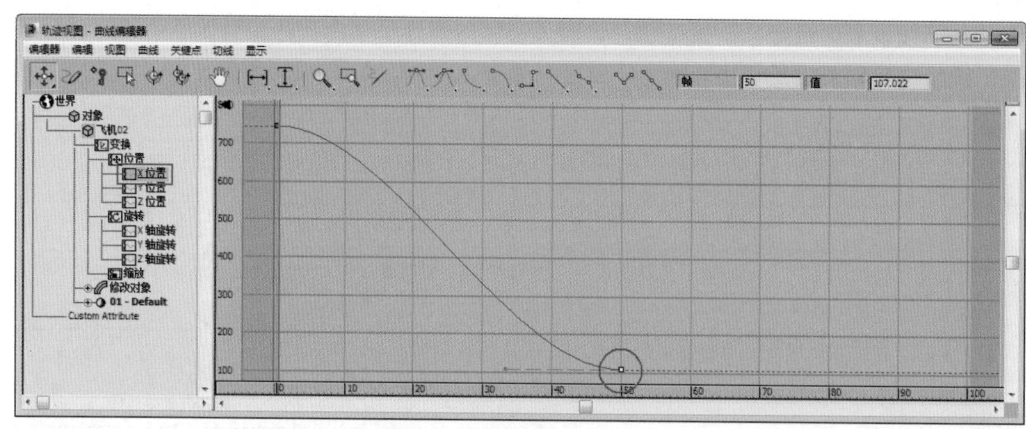

图1-108

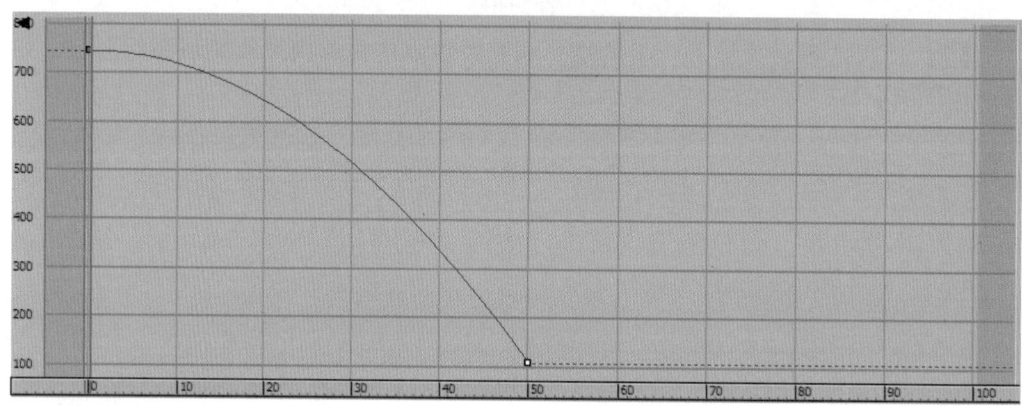

图1-109

4. 慢速关键点切线

慢速关键点切线使对象在接近关键帧时，速度减慢。比如汽车在停车时，就是这种运动状态。

01 选择“飞机02”对象第50帧处的关键帧，单击“关键点切线”工具栏中的“将切线设置为慢速”按钮，这样快速关键点切线将被转换为慢速关键点切线，用同样的方法，将第0帧的关键点更改为快速关键点切线，如图1-110所示。

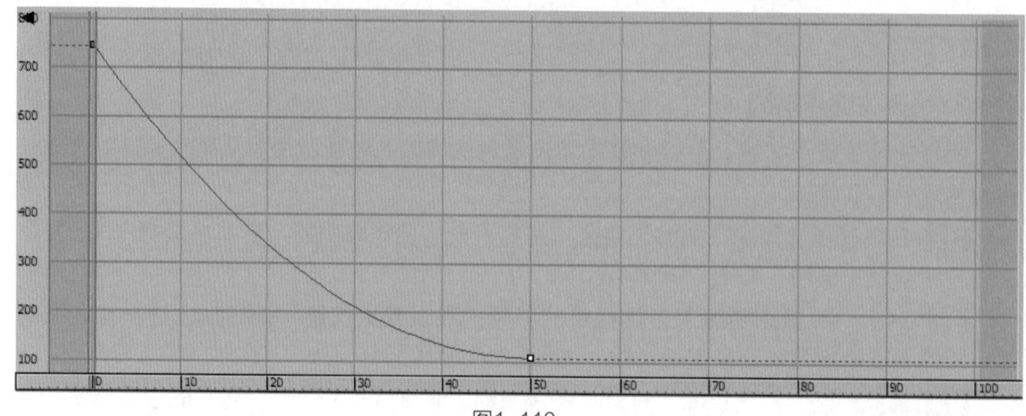

图1-110

02 播放动画，“飞机02”对象刚开始是一个加速运动，越接近第50帧时运动速度越慢。

5. 阶梯关键点切线

阶梯关键点切线使对象在两个关键点之间没有过渡的过程，而是突然由一种运动状态转变为另一种运动状态，这与一些机械运动很相似，例如冲压机、打桩机等。

01 选择“飞机01” 对象，在打开的“曲线编辑器”的“关键帧窗口”中框选0～100帧之间的3个关键帧，单击“关键点切线”工具栏上的“将切线设置为阶梯式”按钮，如图1-111所示。

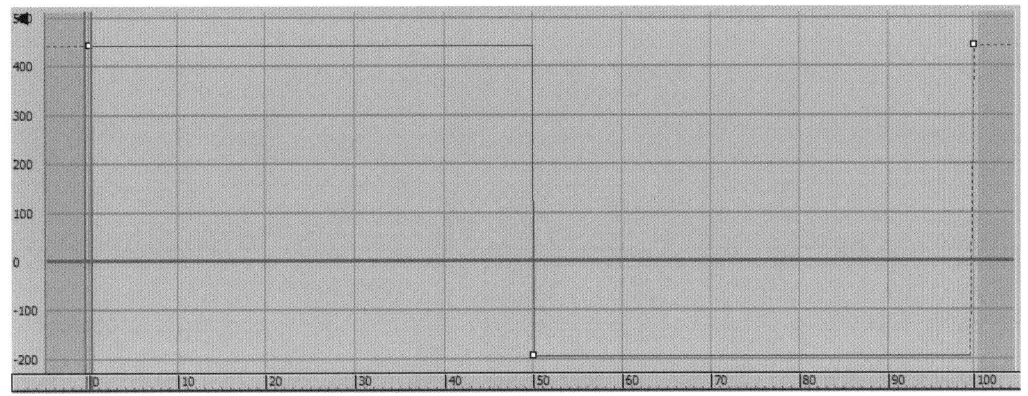

图1-111

02 播放动画，“飞机01”在第0～49帧之间保持原有的位置不变，而到第50帧时位置突然发生改变。

6. 线性关键点切线

线性关键点切线使对象保持匀速直线运动，运动过程中的对象，如飞行中的飞机、移动中的汽车通常为这种运动状态，使用线性关键点切线还可设置对象的匀速旋转，例如螺旋桨、风扇等。

01 选择场景中的“飞机01”对象，在“关键点窗口”中选择0和50帧处的关键帧，单击“关键点切线”工具栏中的“将切线设置为线性”按钮，将这2个关键点的切线类型都设置为线性，如图1-112所示。

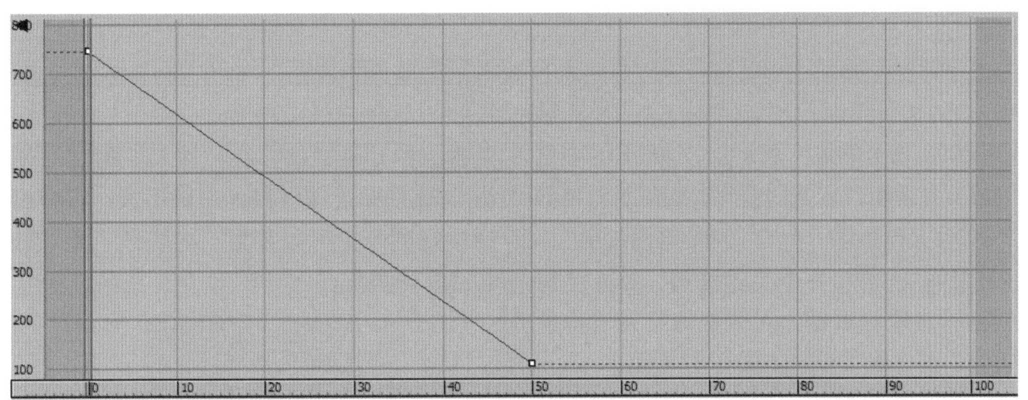

图1-112

02 播放动画，发现“飞机02”从动画的起始到结束，始终保持着匀速直线运动状态。

7.平滑关键点切线

平滑关键点切线可以让物体的运动状态变得平缓，关键帧两端没有控制手柄，如图1-113所示。

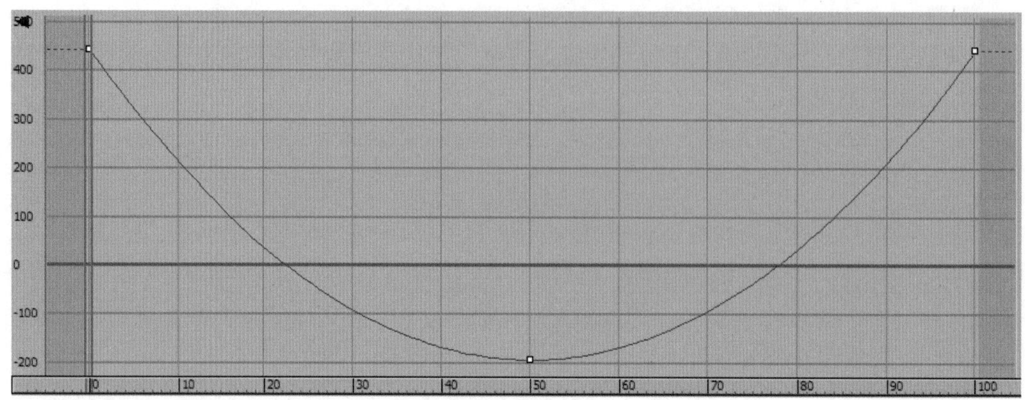

图1-113

此外，在“关键点切线”工具栏中的各个按钮内部，还包含了相应的内外切线按钮，通过单击这些按钮，可以只更改当前关键点的内切线或外切线。

01 选择“飞机02”对象，在“关键点窗口”中选择中间的关键帧，然后在“关键点切线”工具栏中的“将切线设置为阶梯式”按钮上单击并按住鼠标左键，在弹出的按钮列表中选择“将内切线设置为阶梯式”按钮，如图1-114所示。

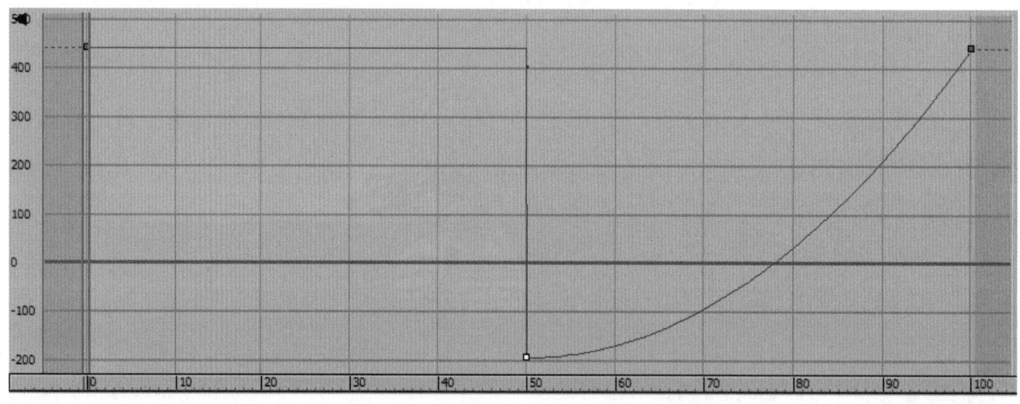

图1-114

02 播放动画，会发现“飞机02”到第50帧突然发生位置上的变化，但从第51帧到第100帧又产生了一个匀加速的动画效果。

03 当选择一个关键帧后，并在关键帧上单击鼠标右键，可以快速打开当前关键帧的属性对话框，如图1-115所示。

04 通过对话框左上角的左箭头和右箭头按钮，可以在相邻关键点之间进行切换，通过“时间”和“值”选项，可设置当前关键点所在的帧位置，以及当前关键点的动画数值。在“输入”和“输出”按钮上按住鼠标左键不放，在弹出的按钮列表中可以设置“内切线”和“外切线”的类型。

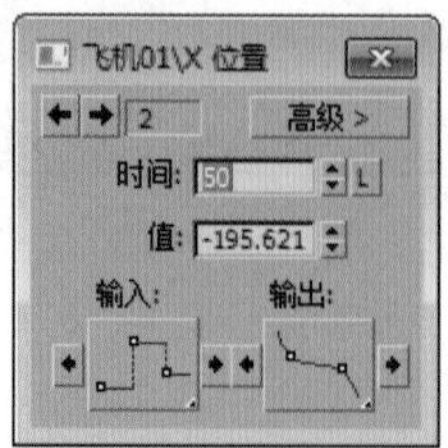

图1-115

1.3.3 设置循环动画

在3ds Max 2015中，“参数曲线超出范围类型”可以设置物体在已确定的关键点之外的运动情况，用户可以在仅设置少量关键点的情况下，使某种运动不断循环，这样大大提高了工作效率，并保证了动画设置的准确性。本小节将为读者讲解有关循环运动的类型和设置方法。

01 打开本书配套素材中的“工程文件>CH1>认识功能曲线>认识功能曲线.max”文件，在场景中选择“飞机”对象，然后打开“曲线编辑器”，并进入该对象的“X位置”层级，如图1-116所示。

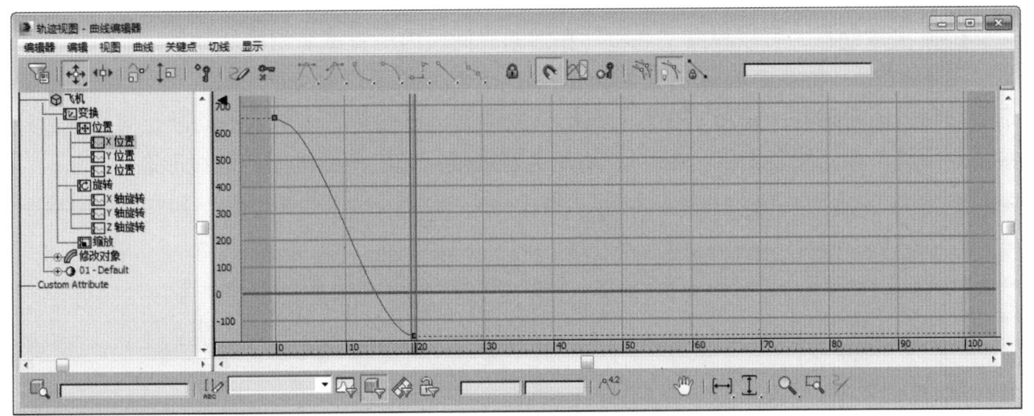

图1-116

02 在“曲线编辑器”窗口的“曲线”工具栏中单击“参数曲线超出范围类型”按钮，打开“参数曲线超出范围”对话框，如图1-117所示。

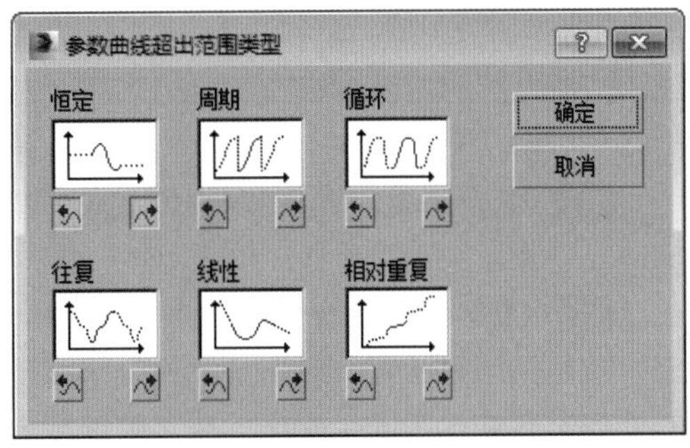

图1-117

03 默认情况下，所使用的是“恒定”超出范围类型，该类型在所有帧范围内保留末端关键点的值，也就是在所有关键帧范围外不再使用动画效果。

技巧与提示

预览框下的左右两个按钮，分别代表在动画范围的起始关键点之前还是在动画范围的结束关键点之后使用该范围类型。例如，一段动画是从第20帧到第50帧，我们可以设置动画的20帧之前为“恒定”超出范围类型，从第50帧之后进行循环运动。

04 在“参数曲线超出范围类型”对话框中，单击“周期”选项下方的白色大框，应用“周期”超出范围类型，该范围类型将在一个范围内重复相同的动画。单击“确定”按钮关闭对话框，曲线形状如图1-118所示。

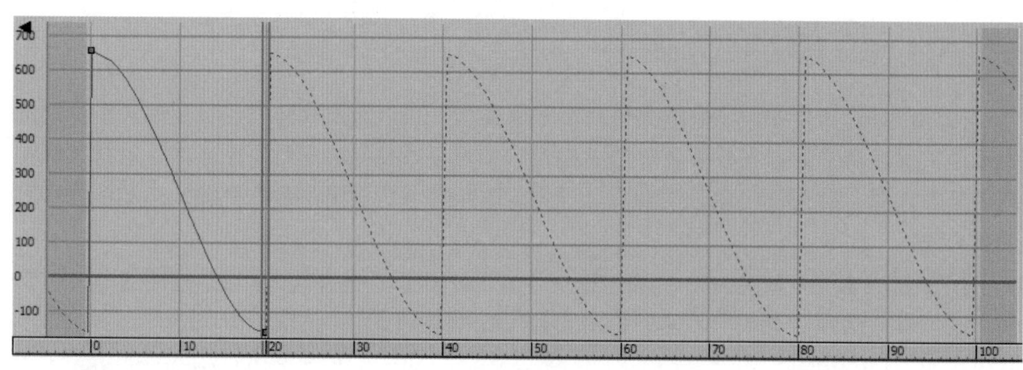

图1-118

05 播放动画，可以观察“飞机”在活动时间段内一直重复相同的动画。

06 打开“参数曲线超出范围类型”对话框，单击“往复”选项，然后单击“确定”按钮关闭对话框，应用“往复”超出范围类型，该类型将已确定的动画正向播放后连接反向播放，如此反复衔接。图1-119所示为“往复”超出范围类型的曲线形态。

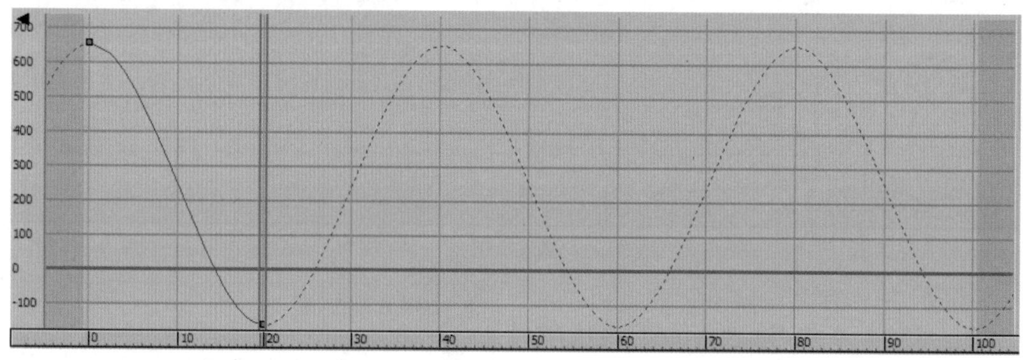

图1-119

07 播放动画，发现在播放到第20帧时，“飞机”将按照先前的运动轨迹原路返回。

08 打开“参数曲线超出范围类型”对话框，单击“线性”选项，然后单击“确定”按钮关闭对话框，应用“线性”超出范围类型，这时我们发现“曲线编辑器”窗口中的曲线形态并没有发生变化。在“关键帧窗口”中选择最后一个关键帧，单击“移动关键点”按钮，并调节蓝色的控制手柄，如图1-120所示。

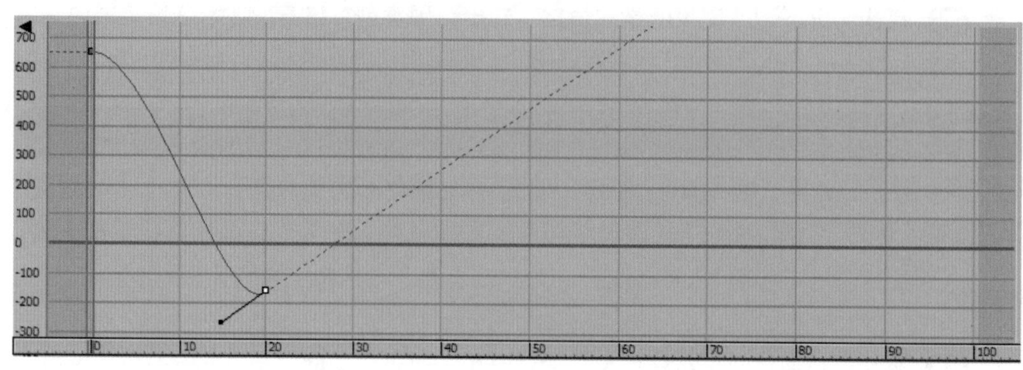

图1-120

09 播放动画，“飞机”从第20帧之后，会沿着X轴的正方向无限运动下去。“线性”超出范围类型将在已确定的动画两端插入线性的动画曲线，使动画在进入和离开设定的区段时促持平稳。

10 打开“参数曲线超出范围类型”对话框，单击“相对重复”选项，然后单击“确定”按钮关闭对话框，应用“相对重复”超出范围类型，曲线形状如图1-121所示。

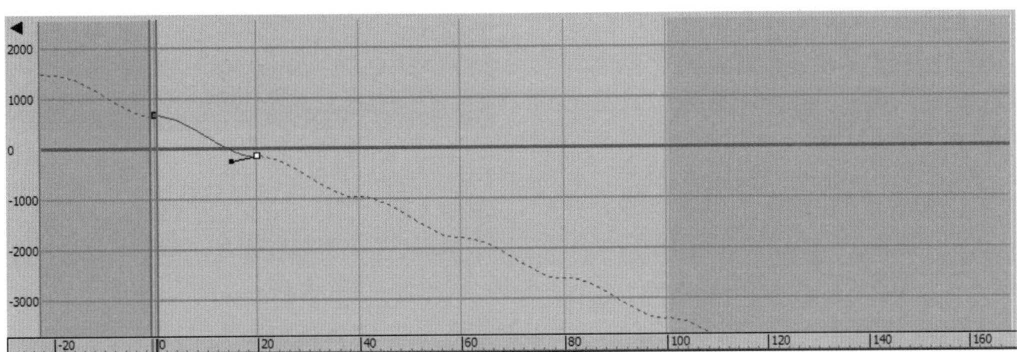

图1-121

11 播放动画，会发现“飞机”沿着X轴的负方向无限地运动下去，但是“飞机”在运动过程中有卡顿的现象。在“曲线编辑器”的“关键点窗口”中选择“飞机”的两个关键点，单击“关键点切线”工具栏中的“将切线设置为线性”按钮，这时再播放动画，会发现“飞机”的动画始终保持着匀速直线运动的状态。图1-122所示为调节后的动画曲线形态。

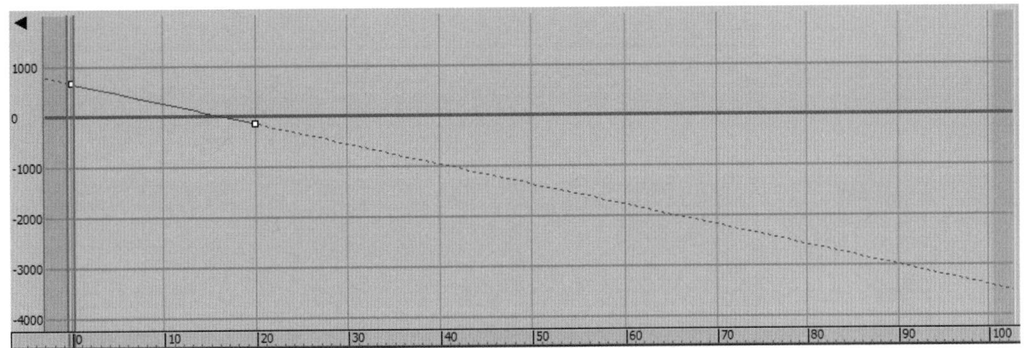

图1-122

技巧与提示

“相对重复”超出范围类型的用处还是挺多的，比如我们前面章节学过的“火焰”大气效果，我们就可以为“火焰”的相位参数动画指定“相对重复”超出范围类型，让“火焰”永远不停地升腾燃烧。

1.3.4 设置可视轨迹

在“曲线编辑器”模式下，可以通过编辑对象的可视性轨迹来控制物体何时出现、何时消失。这对动画制作来说非常有意义，因为经常有这样的制作需要。为对象添加可视轨迹后，可以在轨迹上添加关键点。当关键点的值为1时，对象完全可见；当关键点的值为

0时，对象完全不可见。通过编辑关键点的值，可以设置对象的渐现、渐隐动画。接下来将通过一组实例操作，来为读者讲解关于物体可视性轨迹的添加及设置方法。

01 打开本书配套素材中的“工程文件>CH1>设置可视轨迹>设置可视轨迹.max”文件，场景中有一个人物的模型，如图1-123所示。

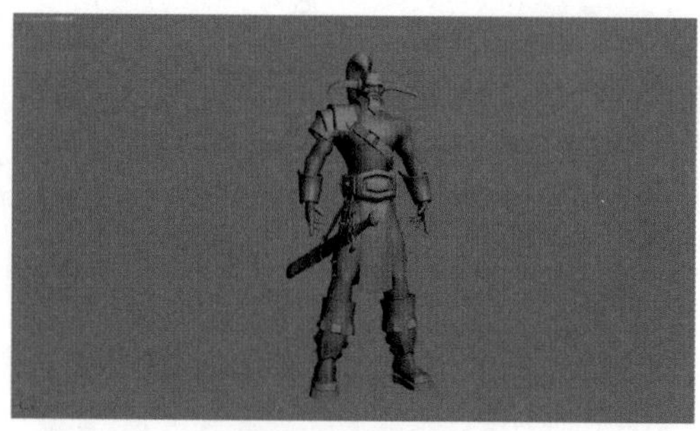

图1-123

02 在场景中选择“人物”对象，打开“曲线编辑器”窗口，在“控制器窗口”中选择“人物”层，在“曲线编辑器”的菜单栏中执行“编辑>可见性轨迹>添加”命令，为对象添加“可见性轨迹”，这时在“人物”层下会出现“可见性”层，如图1-124和图1-125所示。

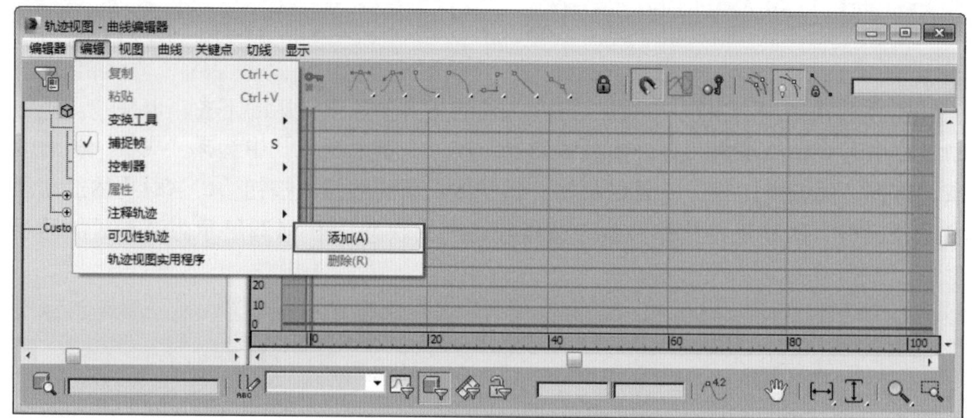

图1-124

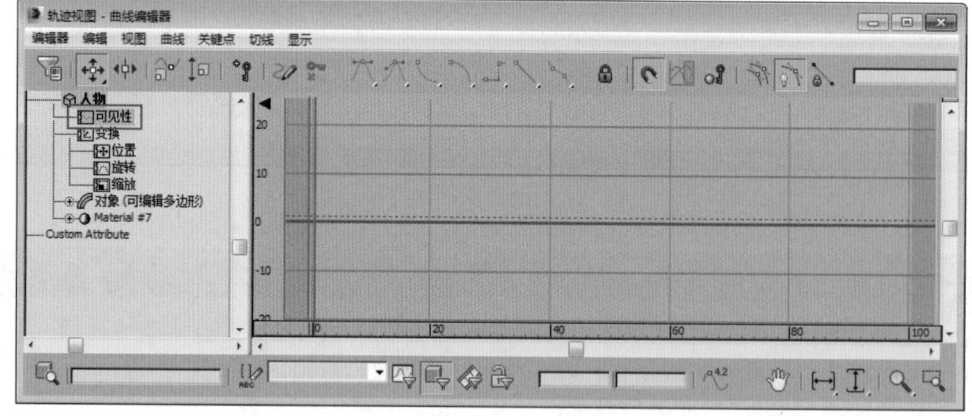

图1-125

技巧与提示

在添加“可见性轨迹”时，必须要选择对象的根目录层级。在一步操作中就选择了“人物”这个根目录层级。

03 选择“可见性”层，然后在“关键点”工具栏中单击“添加关键点”按钮，通过单击鼠标的方式在关键点切线上添加两个关键点，如图1-126所示。

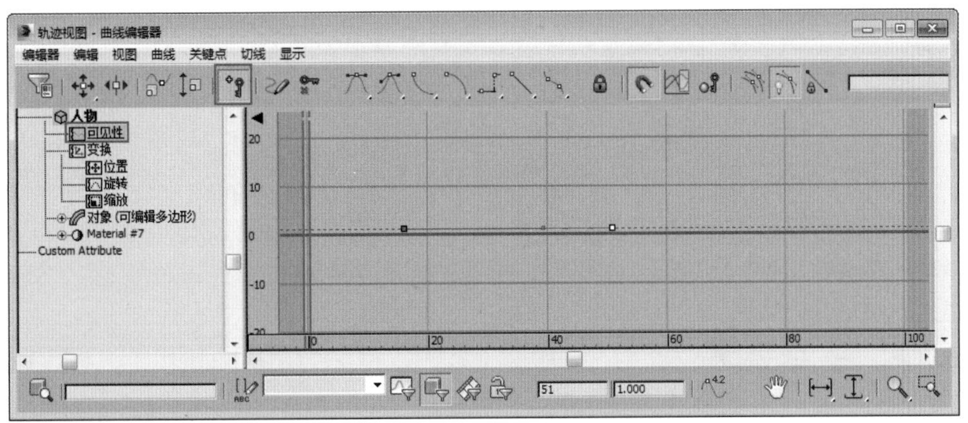

图1-126

04 使用“水平移动关键点”工具，或者通过在“关键点状态”工具栏中输入数值的方法，将两个关键点分别移动至第20帧和第40帧的位置，如图1-127所示。

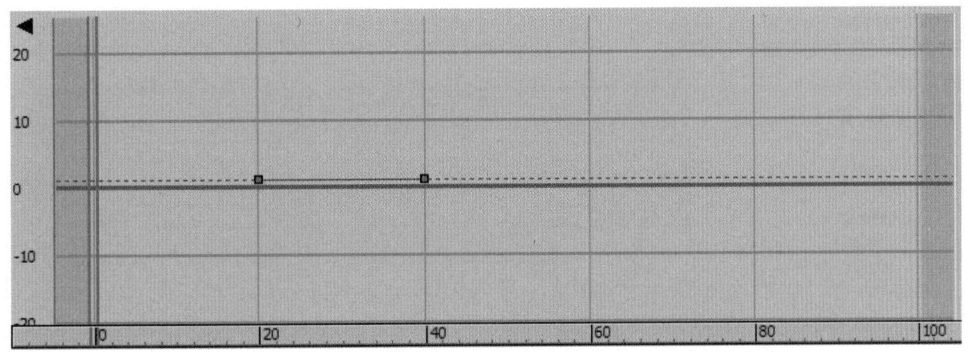

图1-127

05 选择第20帧处的关键点，并在“关键点状态”工具栏中输入0，让“人物”对象在第20帧完全不可见，如图1-128所示。

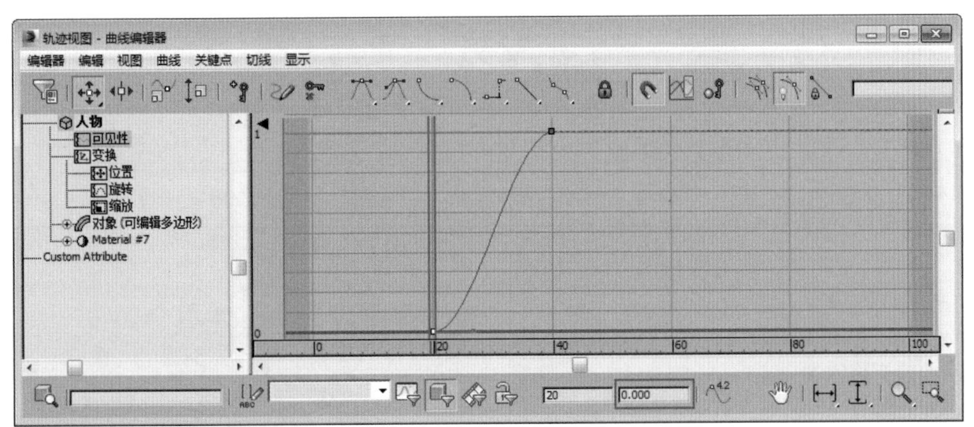

图1-128

06 播放动画，会发现人物从第20帧到第40帧慢慢地显示出来。在“曲线编辑器”窗口选择“可见性”轨迹上的两个关键点，然后单击“关键点切线”工具栏上的“将切线设为阶梯式”按钮，图1-129所示为动画的曲线形态。

07 播放动画，会发现“人物”对象在第40帧时突然显示出来。

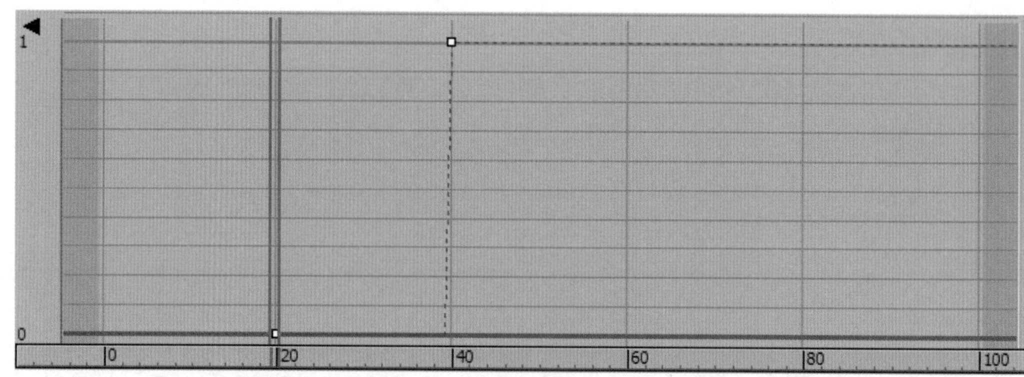

图1-129

08 如果我们不想要这段物体的可视动画了，可以将“可见性”轨迹上的关键帧删除，或者直接将整个“可见性”轨迹删除。在“曲线编辑器”中选择“可见性”层，然后在菜单中执行“编辑>可见性轨迹>删除”命令，这样就可以将“可见性”轨迹删除了，如图1-130所示。

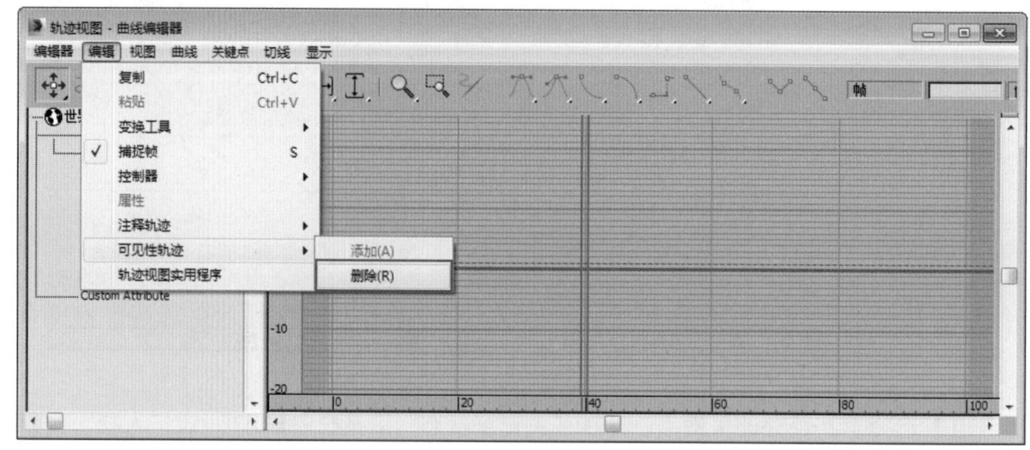

图1-130

技巧与提示

选择一个物体，在视图上单击鼠标右键，在弹出的四联菜单中单击“对象属性”命令，打开“对象属性”对话框，调节“渲染控制”选项中的“可见性”数值，可以让物体在场景中以及渲染时，以实体或半透明方式显示。如果开启了“自动关键点”动画记录模式，调节这里的数值也会被记录成动画，如图1-131所示。

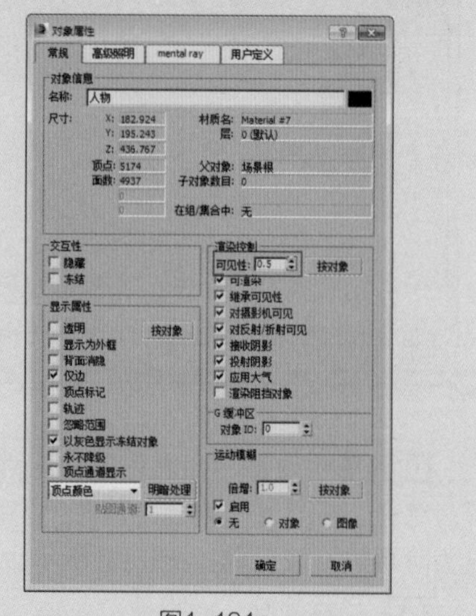

图1-131

1.3.5 对运动轨迹的复制与粘贴

如果为一个对象制作完成一段动画后，其他的对象也想与当前对象产生同样的动画效果，我们就可以将当前对象的动画轨迹复制粘贴给其他的对象，使之产生相同的动画效果。

01 打开本书配套素材中的“工程文件>CH1>复制粘贴运动轨迹>复制粘贴运动轨迹.max”文件，该文件中包含两个“茶壶”对象，其中为“茶壶01”对象指定一段简单的位移和旋转动画，如图1-132所示。

图1-132

02 选择“茶壶01”对象并打开“曲线编辑器”，在“控制器窗口”中进入“茶壶01”对象的“Z轴旋转”层，在“Z轴旋转”层上单击鼠标右键，在弹出的快捷菜单中选择“复制”选项，如图1-133和图1-134所示。

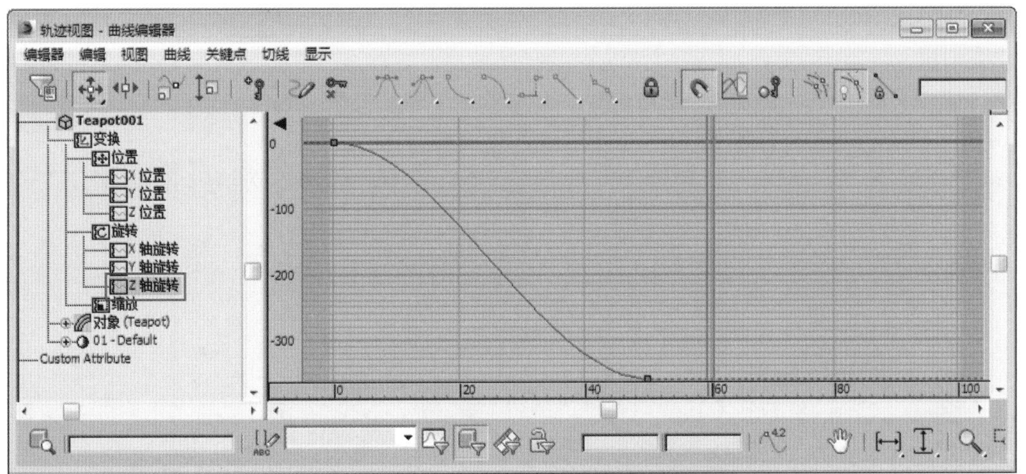

图1-133

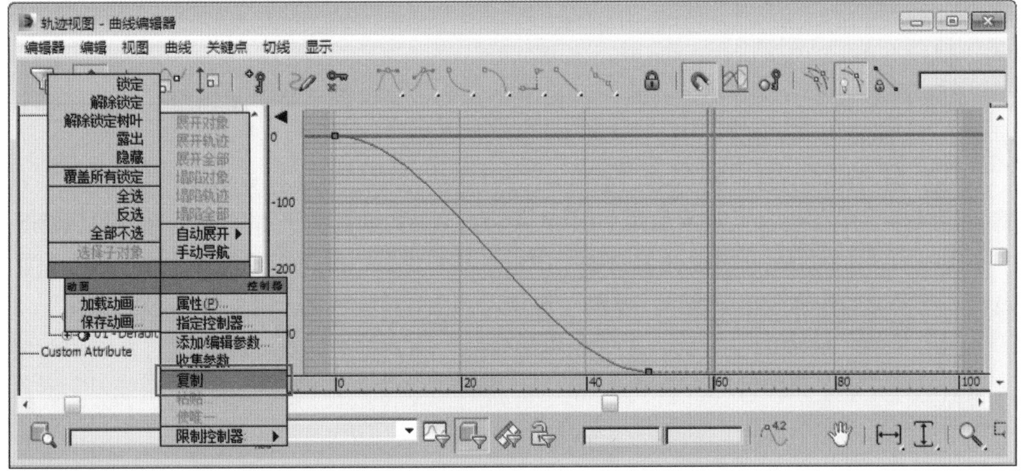

图1-134

03 在场景中选择“茶壶02”对象，在打开的“曲线编辑器”的“控制器窗口”中，进入“茶壶02”对象的“Z轴旋转”层，在“Z轴旋转”层上单击鼠标右键，在弹出的快捷菜单中选择“粘贴”命令，在弹出的“粘贴”对话框中选择“复制”方式，单击“确定”按钮，如图1-135～图1-137所示。

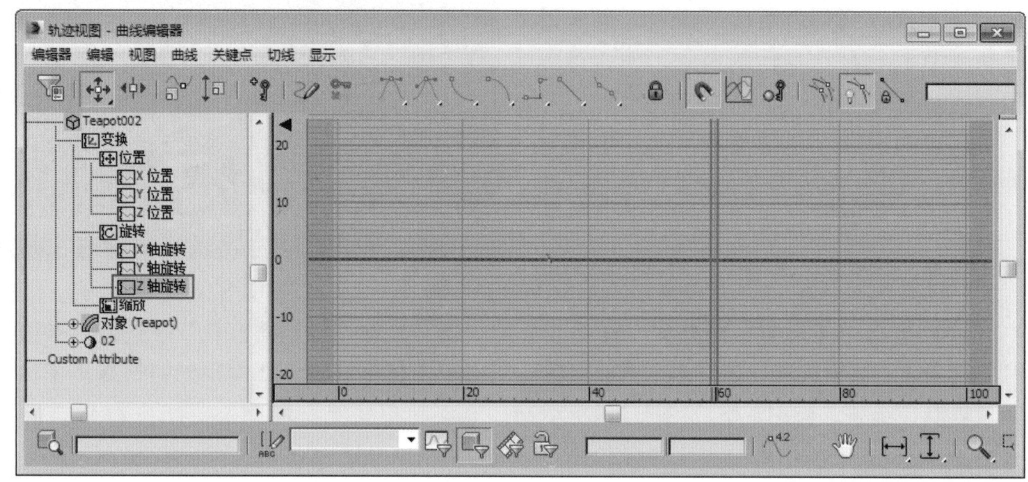

图1-135

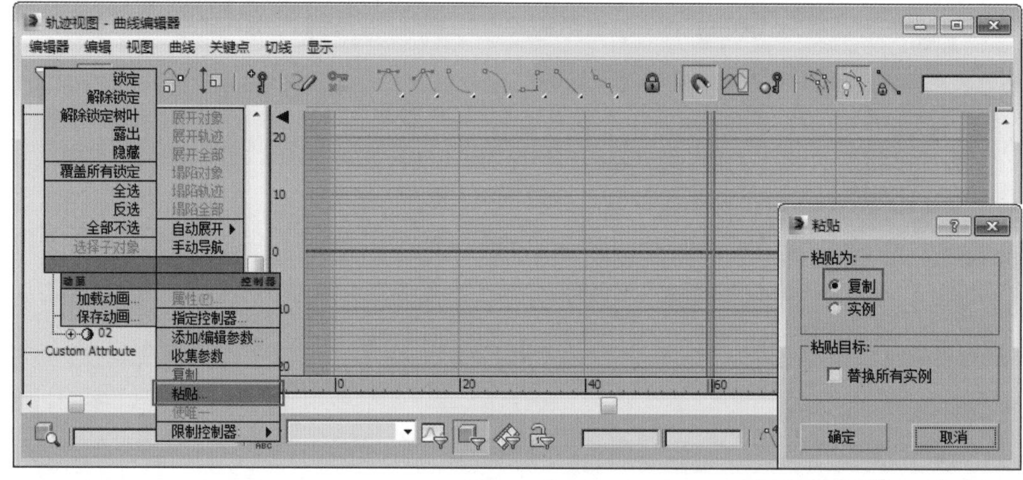

图1-136　　图1-137

04 播放动画，会发现已经将“茶壶01”对象的旋转动画轨迹复制给了“茶壶02”对象。

05 用同样的方法，可以将“茶壶01”对象的位移动画轨迹复制给 “茶壶02”对象。如果想将“茶壶01”对象的X、Y、Z 3个轴向上的动画轨迹都复制下来，可以选择“茶壶01”对象，然后在“曲线编辑器”中进入其“位置”层，在“位置”层上单击鼠标右键，在弹出的快捷菜单中选择“复制”选项，如图1-138所示。

06 选择“茶壶02”对象，在“曲线编辑器”中同样进入其“位置”层，在位置层上单击鼠标右键，在弹出的快捷菜单中选择“粘贴”命令，这样就可以将“茶壶01”对象的全部位置轨迹都粘贴给“茶壶02”对象了，如图1-139所示。

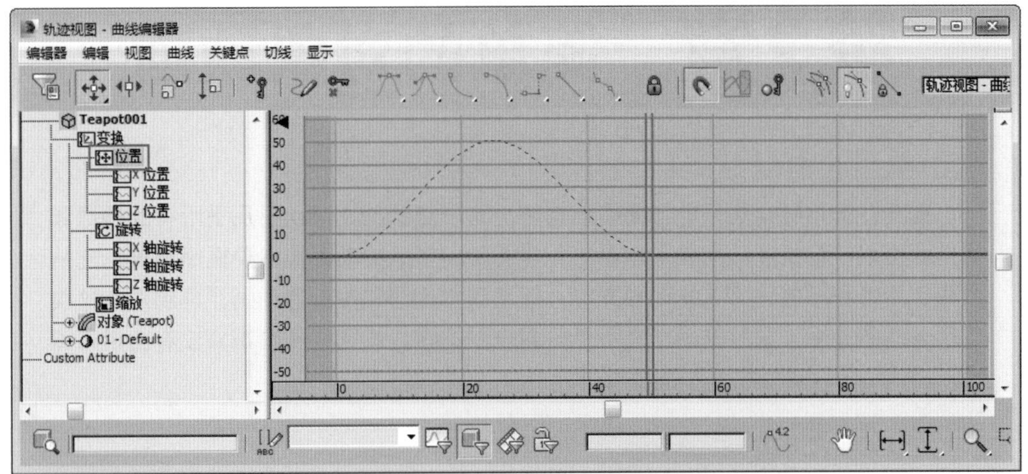
轨迹视图 - 曲线编辑器
编辑器 编辑 视图 曲线 关键点 切线 显示
Teapot001
变换
位置
X 位置
Y 位置
Z 位置
旋转
X 轴旋转
Y 轴旋转
Z 轴旋转
缩放
对象 (Teapot)
01 - Default
Custom Attribute

图1-138

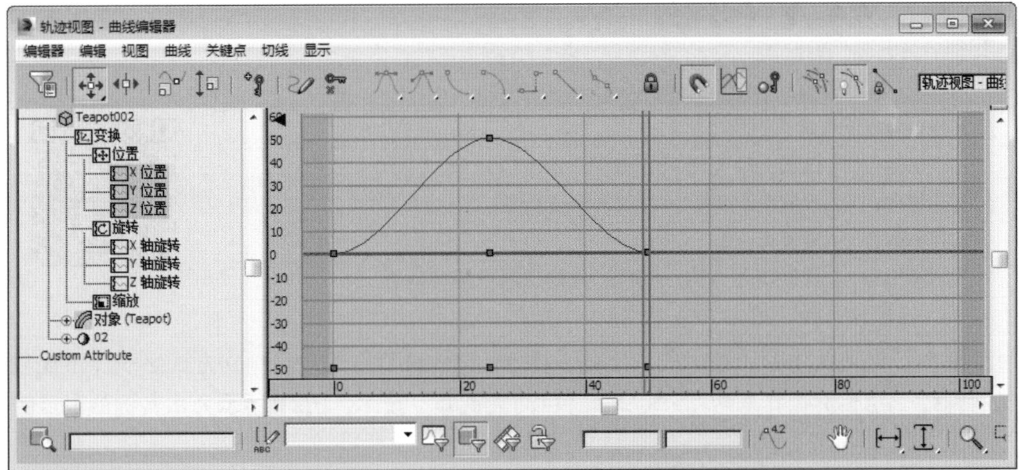
轨迹视图 - 曲线编辑器
编辑器 编辑 视图 曲线 关键点 切线 显示
Teapot002
变换
位置
X 位置
Y 位置
Z 位置
旋转
X 轴旋转
Y 轴旋转
Z 轴旋转
缩放
对象 (Teapot)
02
Custom Attribute

图1-139

第2章　简单的对象动画

首先，3ds Max是一个三维动画软件，这一点从3ds Max中几乎所有的参数和操作都可以被记录成动画就可以看出。学习3ds Max的动画技术要循序渐进，先从位移、旋转和缩放等简单的动画开始，逐渐到修改器和控制器动画，再到角色这类复杂一些的动画。学习动画绝对不是一朝一夕的事，本章将开始带领读者由浅入深地了解3ds Max动画方面的有关知识。

2.1 秋千动画

实例操作：制作秋千动画	
实例位置：	工程文件>CH2>秋千动画.max
视频位置：	视频文件>CH2>2.1 秋千动画.mp4
实用指数：	★★★☆☆
技术掌握：	熟练使用“自动关键帧”技术制作关键帧动画。

2.1 秋千动画 .mp4

使用“自动关键帧”技术制作动画，是3ds Max最常用的动画制作方式之一。下面我们将通过一组实例操作来学习3ds Max“自动关键帧”技术。图2-1所示为本实例的最终完成效果。

图2-1

01 打开本书配套素材中的“工程文件>CH2>秋千动画>秋千动画.max”文件，该场景中已经为模型指定了材质，并设置了基本灯光，如图2-2所示。

图2-2

02 在场景中选择“底座”对象，进入“层次”面板，单击“仅影响轴”按钮 仅影响轴 ，使用“移动工具”调整轴的位置，如图2-3所示。

图2-3

03 在透视图中使用“旋转工具”将“底座”对象沿Y轴旋转35度，如图2-4所示。

04 在动画控制区中单击“自动关键点”按钮 自动关键点 ，进入“自动关键帧”模式，将时间滑块拖动到第40帧的位置，接着在场景中使用“旋转工具”将“底座”对象沿Y轴旋转-70度，如图2-5所示。

图2-4

图2-5

05 打开“曲线编辑器”，在左侧“控制器窗口”中选择“Y轴旋转”，然后在菜单栏中执行“编辑>控制器>超出范围类型”命令，打开“参数曲线超出范围类型”对话框，在打开的对话框中选择“往复”选项，如图2-6～图2-7所示。

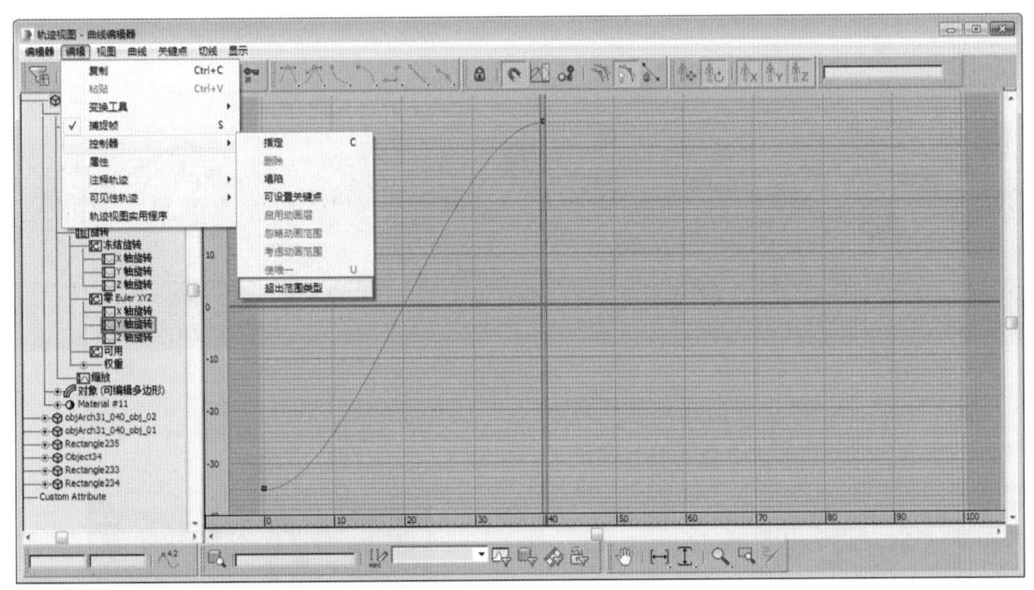

图2-6

06 动画设置完成后，单击“自动关键点”按钮 自动关键点 ，退出自动关键帧的记录状态。渲染当前视图，最终效果如图2-8所示。

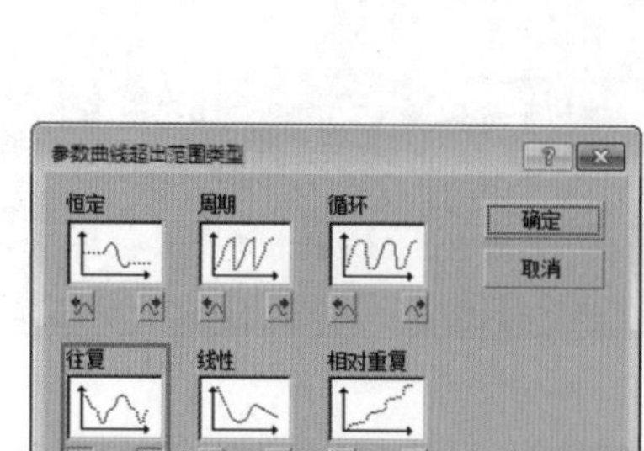

图2-7

图2-8

2.2 摆锤动画

实例操作：制作摆锤动画	
实例位置：	工程文件>CH2>摆锤动画.max
视频位置：	视频文件>CH2>2.2 摆锤动画.mp4
实用指数：	★★★☆☆
技术掌握：	熟练使用“自动关键帧”技术制作关键帧动画

2.2 摆锤动画 .mp4

使用“曲线编辑器”的“超出范围类型”命令，可以很方便地制作出动画的循环、递增等效果，下面我们将通过一个实例来为读者讲解这方面的知识。图2-9所示为本实例的最终完成效果。

图2-9

01 打开本书配套素材中的“工程文件>CH2>摆锤动画>摆锤动画.max”文件，该场景中已经为模型指定了材质，并设置的基本灯光，如图2-10所示。

图2-10

02 在场景中选择“座椅”对象，将其链接到“转盘”对象上，如图2-11所示。

03 选择“圆柱”对象，进入“层次”面板，单击“仅影响轴”按钮 仅影响轴 ，使用“移动工具”调整轴的位置，如图2-12所示。

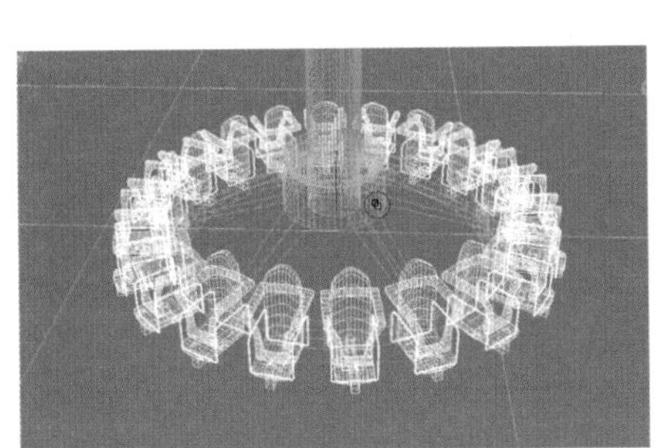

图2-11

图2-12

04 在动画控制区中单击“自动关键点”按钮 自动关键点 ，进入“自动关键帧”模式，将时间滑块拖动到第100帧的位置，接着在透视图中使用旋转工具将“转盘”对象沿Z轴旋转360度，如图2-13所示。

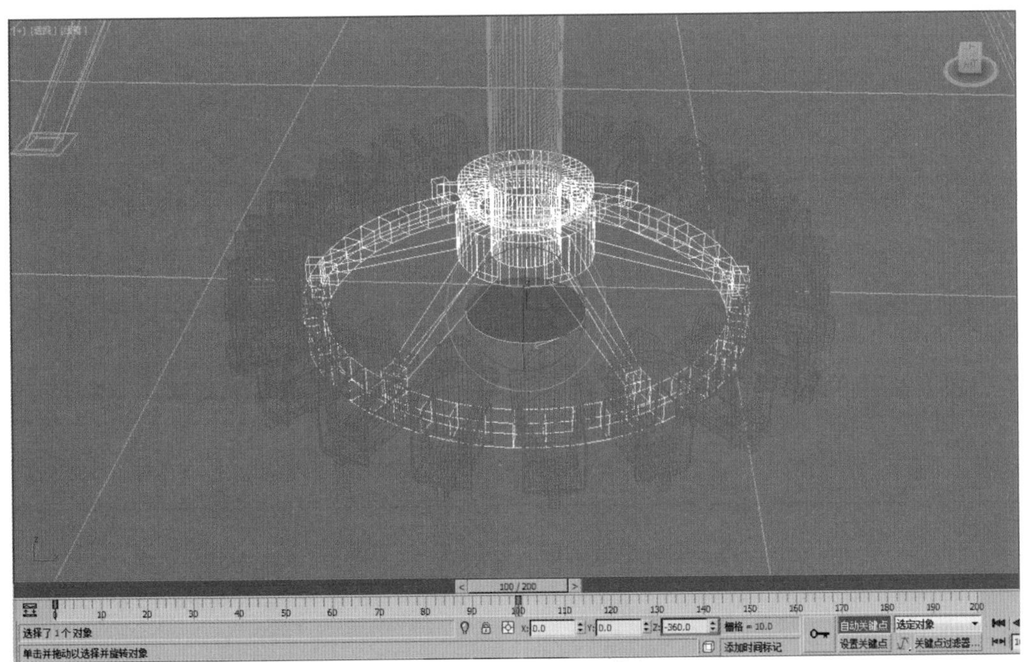

图2-13

05 打开“曲线编辑器”，在左侧“控制器窗口”中选择“Z轴旋转”选项，然后选择右侧的动画曲线，单击“将切线设置为线性”按钮，接着在菜单栏中执行“编辑>控制器>超出范围类型”命令，打开“参数曲线超出范围类型”对话框，在打开的对话框中选择“相对重复”选项，如图2-14～图2-16所示。

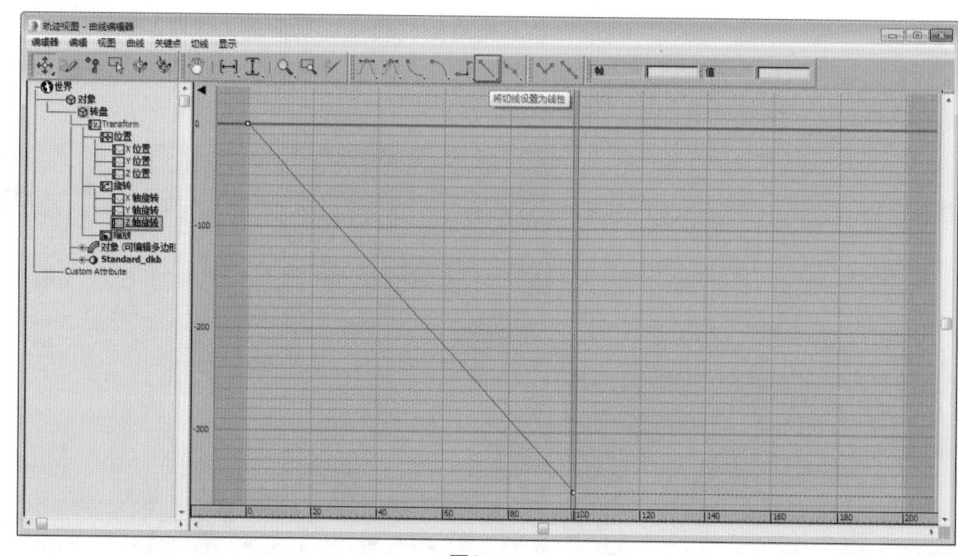

图2-14

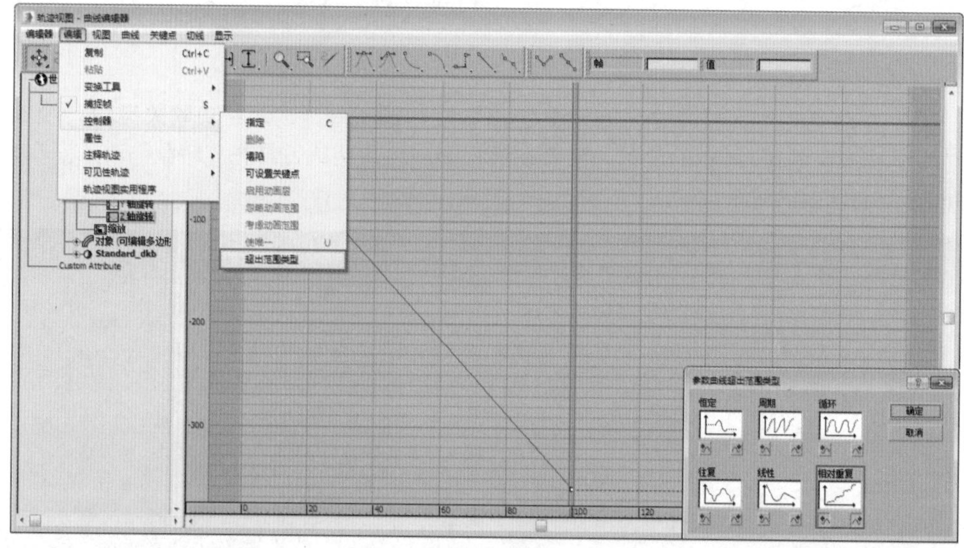

图2-15 图2-16

06 选择“圆柱”对象，拖动时间滑块到第0帧，使用“旋转工具”沿Y轴旋转70度，如图2-17所示。

图2-17

07 拖动时间滑块到第100帧，使用“旋转工具”将“圆柱”对象沿Y轴旋转140度，如图2-18所示。

图2-18

打开“曲线编辑器”，在左侧“控制器窗口”中选择“Y轴旋转”选项，然后在菜单栏中执行“编辑>控制器>超出范围类型”命令，打开“参数曲线超出范围类型”对话框，在打开的对话框中选择“相对重复”选项，如图2-19～图2-21所示。

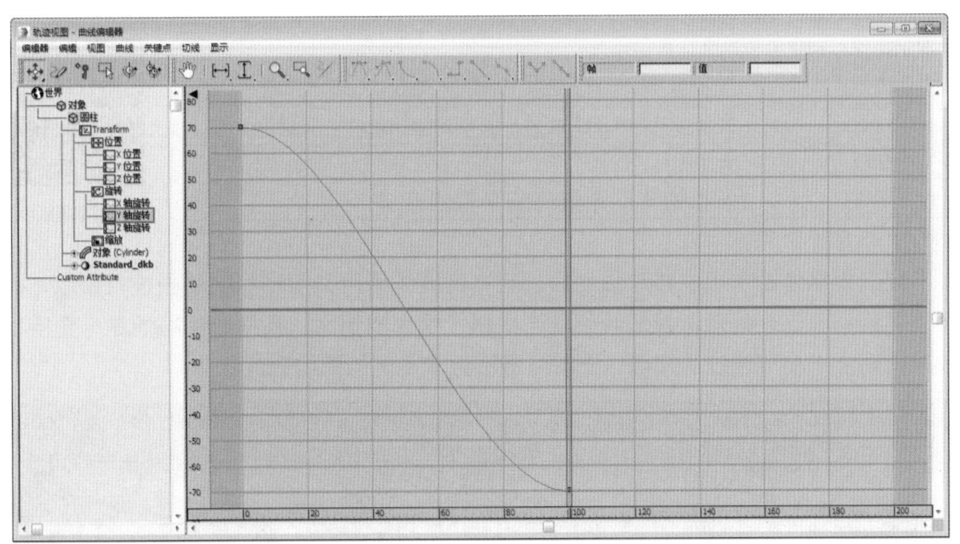

图2-19

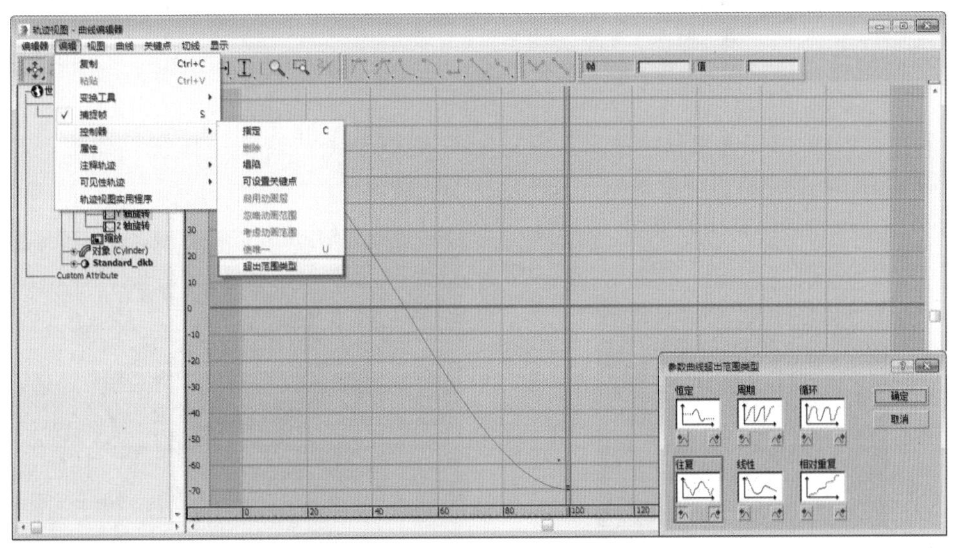

图2-20　　图2-21

08 动画设置完成后单击“自动关键点”按钮自动关键点，退出自动关键帧记录状态。渲染当前视图，最终效果如图2-22所示。

图2-22

2.3 象棋动画

实例操作：制作象棋动画	
实例位置：	工程文件>CH12>象棋动画.max
视频位置：	视频文件>CH12>2.3 象棋动画.mp4
实用指数：	★★☆☆☆
技术掌握：	熟悉物体动画轨迹的编辑的方法

2.3 象棋动画 .mp4

在我们为物体制作了位移动画之后，经常需要返回对之前制作的动画进行修改，而打开物体的运动轨迹无疑是对我们修改动画提供了很大的便利。下面我们将通过一个实例操作，来巩固上一小节学过的知识，图2-23所示为本实例的最终完成效果。

图2-23

01 打开本书配套素材中的“工程文件>CH2>象棋动画>象棋动画.max”文件，该场景中有一个国际象棋的模型，如图2-24所示。

图2-24

02 选择图2-25所示的棋子，然后在动画控制区中单击“自动关键点”按钮 自动关键点，进入“自动关键帧”模式，将时间滑块拖动到第10帧的位置，使用“移动工具”调整其位置，如图2-26所示。

03 选择图2-27所示的棋子，将时间滑块拖动到第20帧的位置，在时间滑块上单击鼠标右键，在弹出的“创建关键点”对话框中，只勾选“位置”复选框，完成后单击“确定”按钮，如图2-28和图2-29所示。

图2-25

图2-26

图2-27

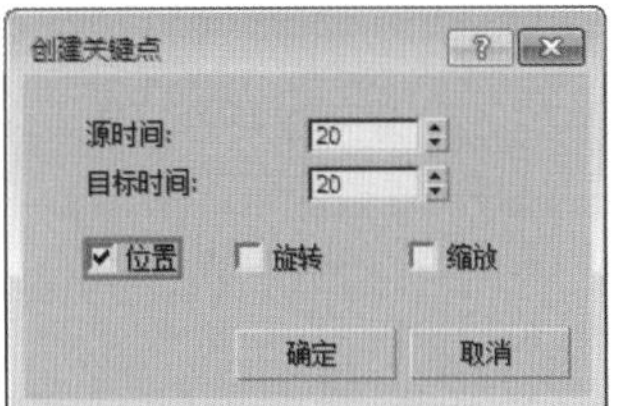

图2-28

图2-29

04 拖动时间滑块到第30帧，调整棋子的位置，如图2-30所示。

图2-30

05 选择图2-31所示的棋子，用同样的方法，制作第40帧到50帧的位移动画，如图2-32所示。

06 选择图2-33所示的棋子，制作第60帧到70帧的位移动画，如图2-34所示。

图2-31

图2-32

图2-33

图2-34

07 选择第70帧的关键帧，按住键盘上的Shift键，将其拖曳到第80帧，这样就将关键帧进行了复制，保证了两个关键帧之间的物体不发生任何位置变化，如

图2-35和图2-36所示。

图2-35

图2-36

08 拖动时间滑块到第95帧，调整棋子的位置，如图2-37所示。

图2-37

09 选择图2-38所示的棋子，拖动时间滑块到第85帧，在时间滑块上单击鼠标右键，在弹出的“创建关键点”对话框中，勾选“位置”和“旋转”复选框，完成后单击“确定”按钮，如图2-39和图2-40所示。

10 拖动时间滑块到第101帧，使用“移动”和“旋转工具”调整棋子的位置和角度，如图2-41所示。

图2-38

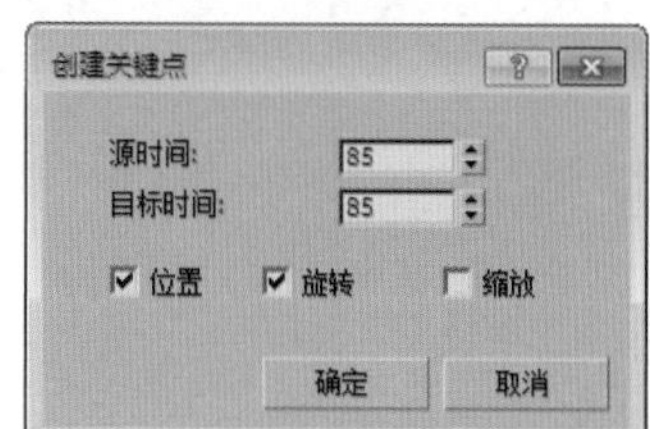

图2-39

图2-40

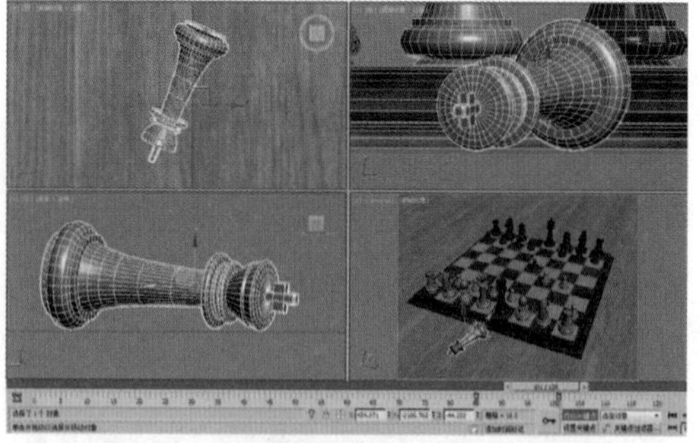

图2-41

11 这时我们播放动画的时候，会发现棋子跟棋盘产生的“穿插”的现象，如图2-42所示。

12 拖动时间滑块到第93帧，然后调整棋子的位置和角度，使其不与棋盘“穿插”，如图2-43所示。

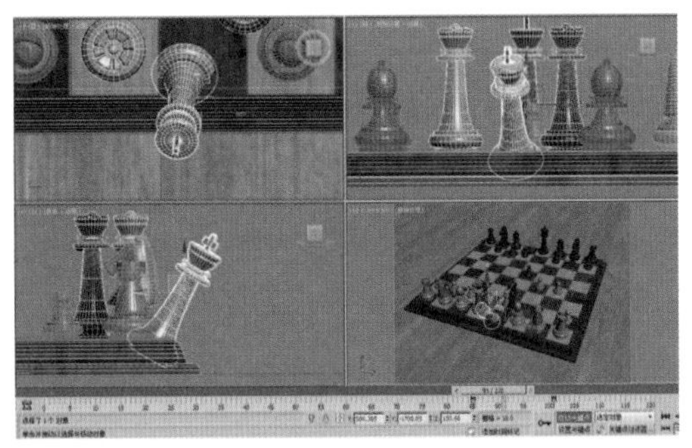
图2-42

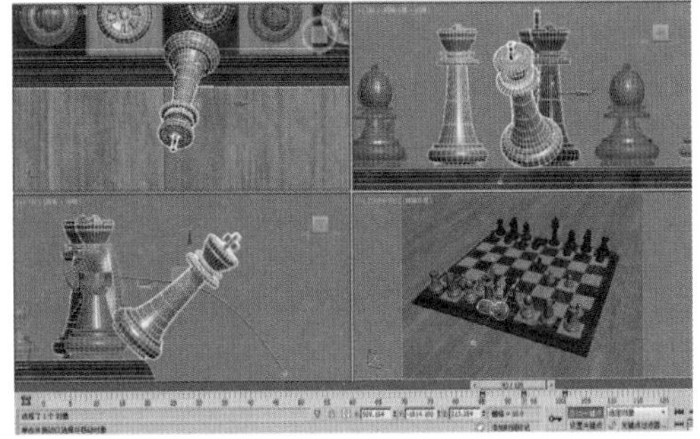
图2-43

13 拖动时间滑块到第110帧，调整棋子的位置和角度，来模拟棋子倒地后在地上滚动的效果，如图2-44所示。

14 动画设置完成后单击“自动关键点”按钮自动关键点，退出自动关键帧记录状态。渲染当前视图，最终效果如图2-45所示。

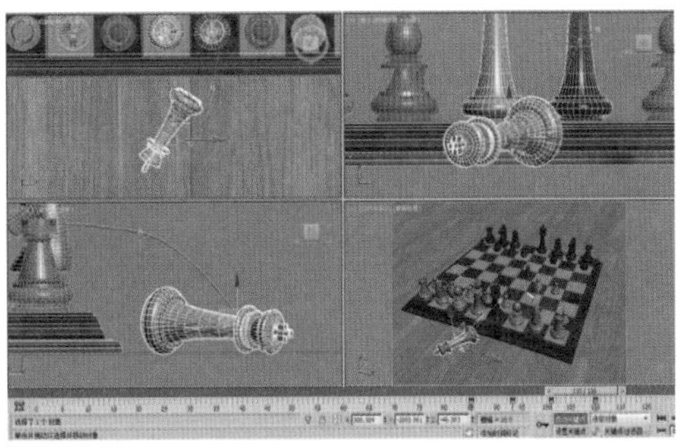
图2-44

图2-45

第3章 修改器动画

在制作动画时，经常会使用3ds Max提供的各种修改器来制作对象的动画效果。通过对修改器参数的调节，能够得到不同形状的对象。比如使用“弯曲”修改器制作卡通角色的弯腰动画、书的翻页动画等。从本章开始将带领读者学习在3ds Max中使用修改器制作动画的有关知识。

3.1 卷轴动画

实例操作：卷轴动画	
实例位置：	工程文件>CH3>卷轴动画.max
视频位置：	视频文件>CH3>3.1 卷轴动画.mp4
实用指数：	★★★☆☆
技术掌握：	熟练使用“弯曲”修改器制作对象动画

3.1 卷轴动画 .mp4

“弯曲”修改器是非常实用的一个修改器，常用来制作一些卡通角色的弯腰动画、书的翻页动画、卷轴的展开动画等。下面我们将通过一组实例操作来学习“弯曲”修改器的相关知识。图3-1所示为本实例的最终完成效果。

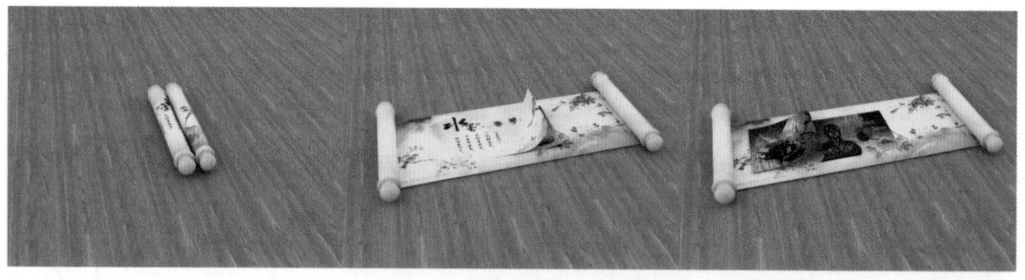

图3-1

01 打开本书配套素材中的“工程文件>CH3>卷轴动画>卷轴动画.max”文件，该场景中已经为模型指定了材质，如图3-2所示。

图3-2

02 在场景中选择“画卷”对象，进入“修改”面板，在“修改器列表”中为其添加“多边形选择”修改器，并在“顶点”级别下选择左侧的全部顶点，如图3-3所示。

03 在“顶点”选择的情况下，再为其添加“X变换”修改器，如图3-4所示。

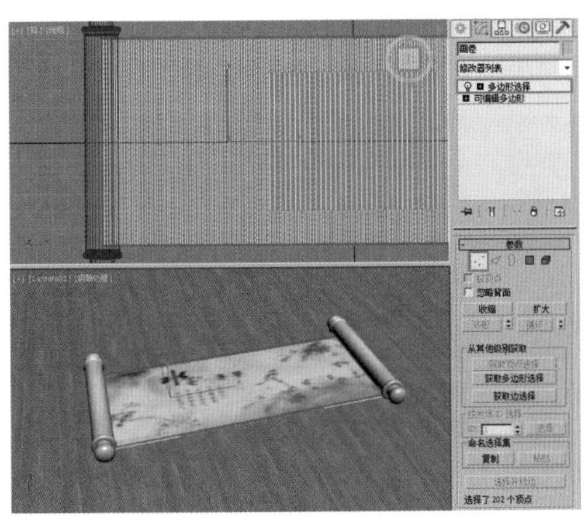

图3-3

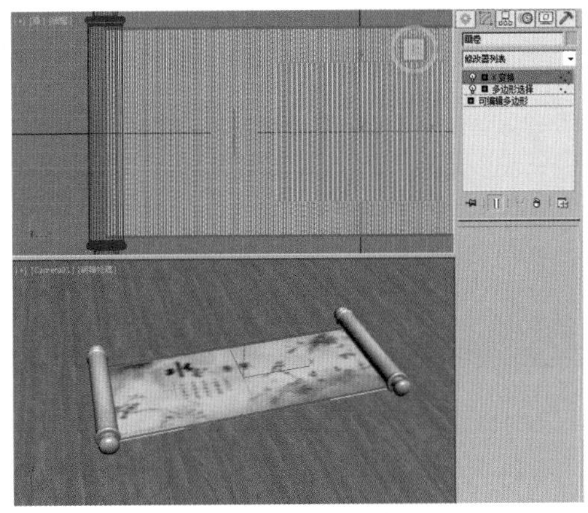

图3-4

04 进入“X变换”修改器的“中心”子层级，使用“移动工具”将其移动到右侧，然后进入Gizmo子层级，接着使用“旋转工具”，在透视图中沿Y轴旋转0.1度，如图3-5和图3-6所示。

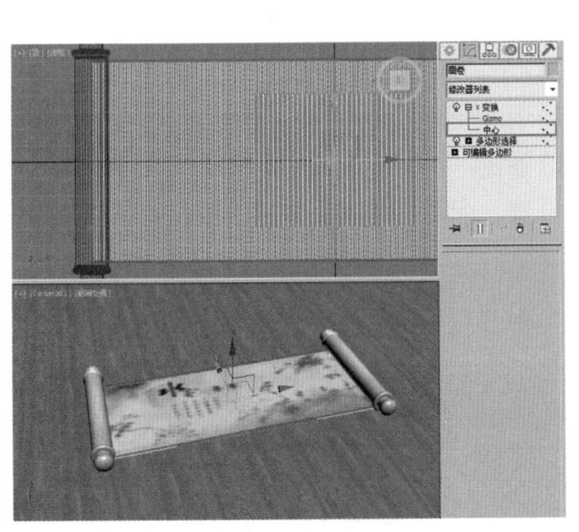

图3-5

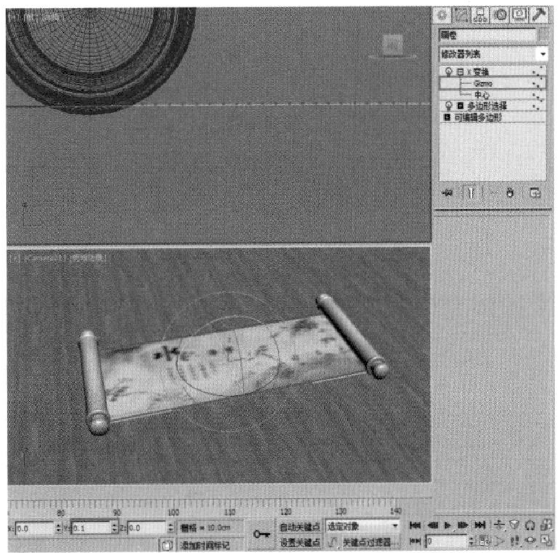

图3-6

技巧与提示

这里使用“X变换”修改器的目的是为了卷轴卷起来后，卷轴中间能产生缝隙，不至于重叠在一起。如果重叠在一起，后期渲染的时候可能会出现“闪烁”的现象。

05 为“画卷”对象添加“弯曲”修改器，在“参数”卷展栏中，设置“角度”值为-800，然后将“弯曲轴”设置为X轴，接着勾选“限制效果”复选框，并设置“上限”值为0，“下限”值为-150，如图3-7所示。

06 进入“弯曲”修改器的“中心”子层级，使用“移动工具”将其移动到右侧，如图3-8所示。

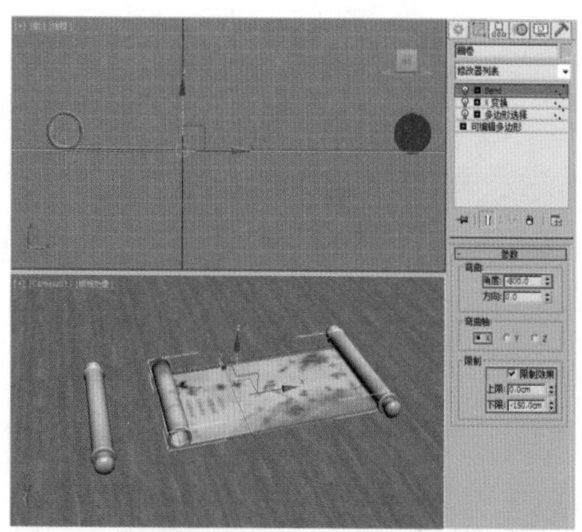

图3-7

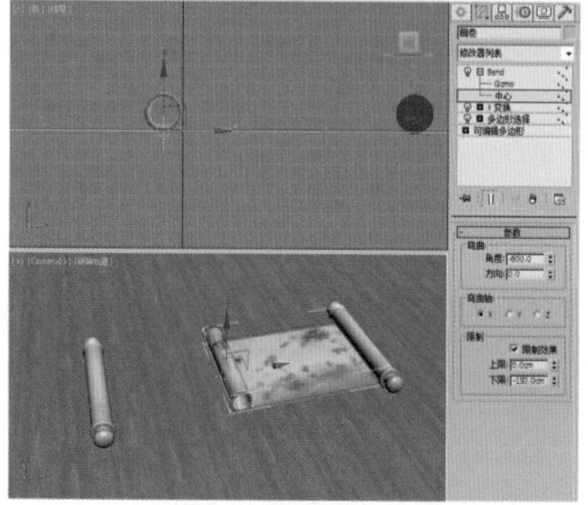

图3-8

07 “画卷”右侧的部分也进行相同的制作，稍有不同的是，右侧的“X变换”修改器沿Y轴旋转-0.1度，“弯曲”修改器中设置“上限”值为150，“下限”值为0，完成后的效果如图3-9所示。

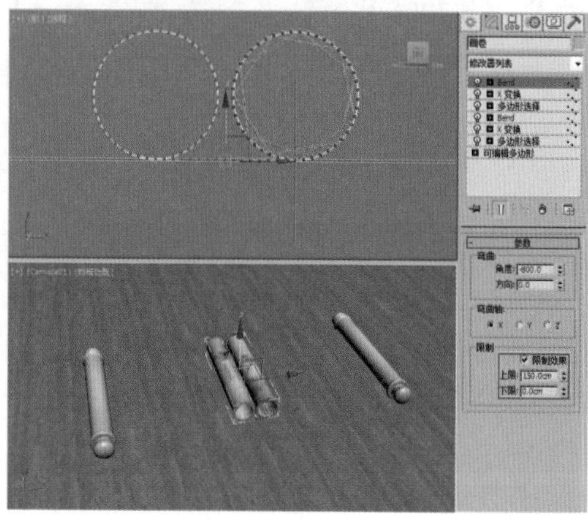

图3-9

08 在动画控制区中单击“自动关键点”按钮自动关键点，进入“自动关键帧”模式，将时间滑块拖动到第65帧的位置，将第1个“弯曲”修改器的“中心”子层级移动到左侧适当的位置，将第2个“弯曲”修改器的“中心”子层级移动到右侧适当的位置，如图3-10和图3-11所示。

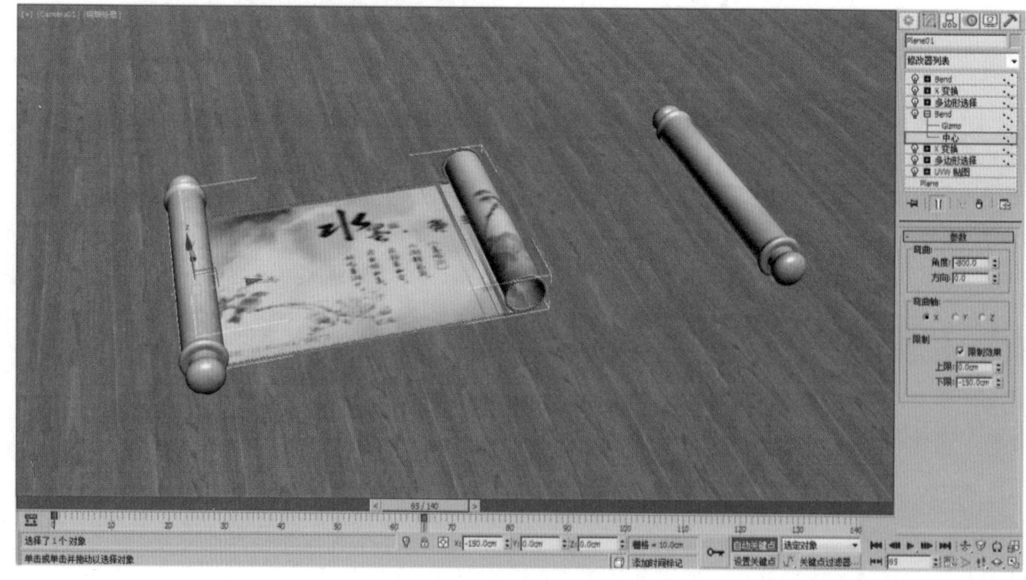

图3-10

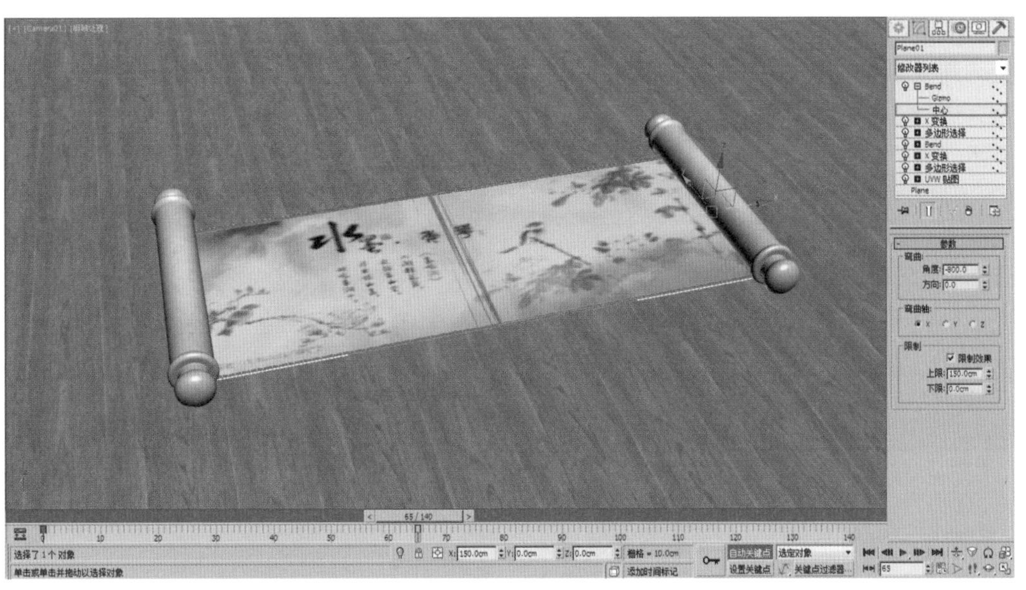

图3-11

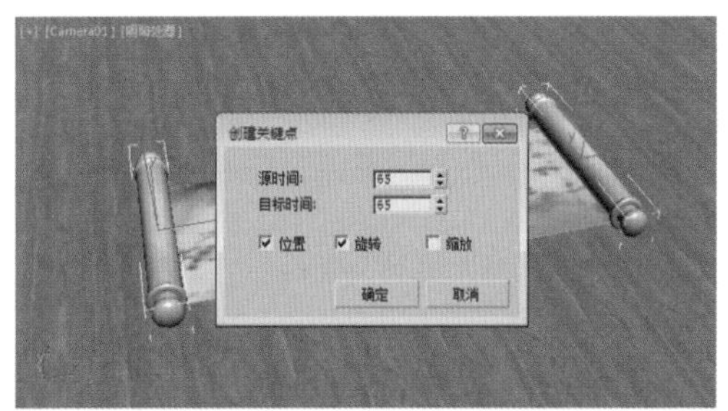

图3-12

09 将时间滑块拖动到第65帧，选择两个“卷轴”对象，然后在时间滑块上单击鼠标右键，在弹出的“创建关键点”对话框中，勾选“位置”和“旋转”复选框，单击“确定”按钮，如图3-12所示。

10 拖动时间滑块到第0帧，保持“自动关键点”按钮开启的状态，在透视图中将两个“卷轴”对象移动到合适的位置，并将左侧“卷轴”沿Y轴旋转360度，将右侧“卷轴”沿Y轴旋转-360度，如图3-13所示。

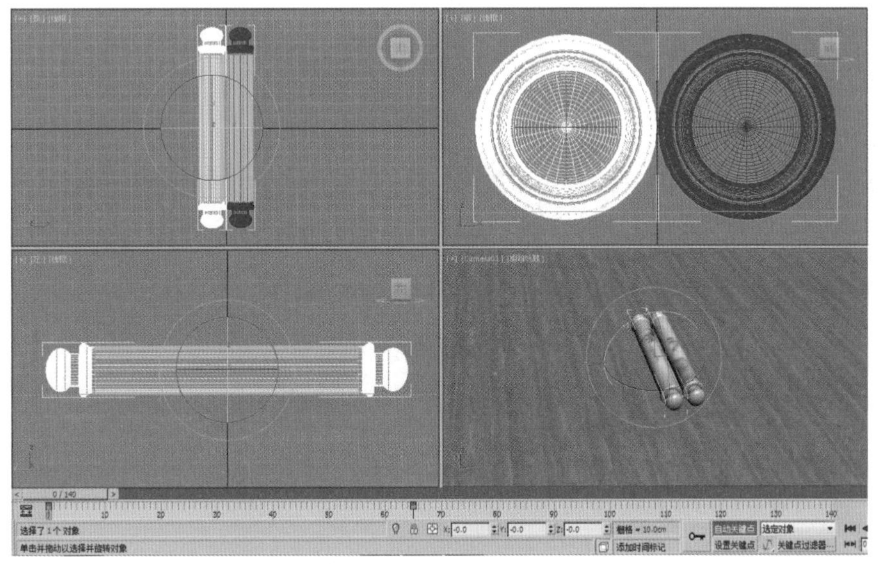

图3-13

11 选择“画页01”对象，为其添加“弯曲”修改器，在“参数”卷展栏中，设置“弯曲轴”为X轴，勾选“限制效果”复选框，并设置“上限”值为40，“下限”值为0，接着进入“中心”子层级，在透视图中沿X轴调整其位置，如图3-14~图3-15所示。

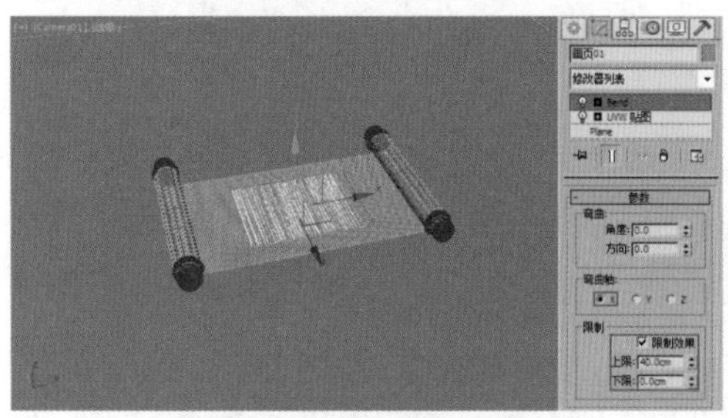

图3-14

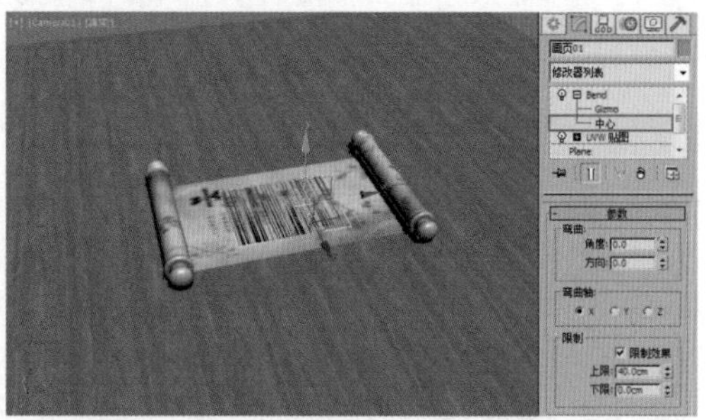

图3-15

12 再为其添加一个“弯曲”修改器，在“参数”卷展栏中，设置“弯曲轴”为X轴，如图3-16所示。

图3-16

13 在动画控制区中单击“自动关键点”按钮自动关键点，进入“自动关键帧”模式，将时间滑块拖动到第40帧的位置，在第1个“弯曲”修改器的“角度”微调器按钮上，按住键盘上的Shift键，并单击鼠标右键记录一个关键点，如图3-17所示。

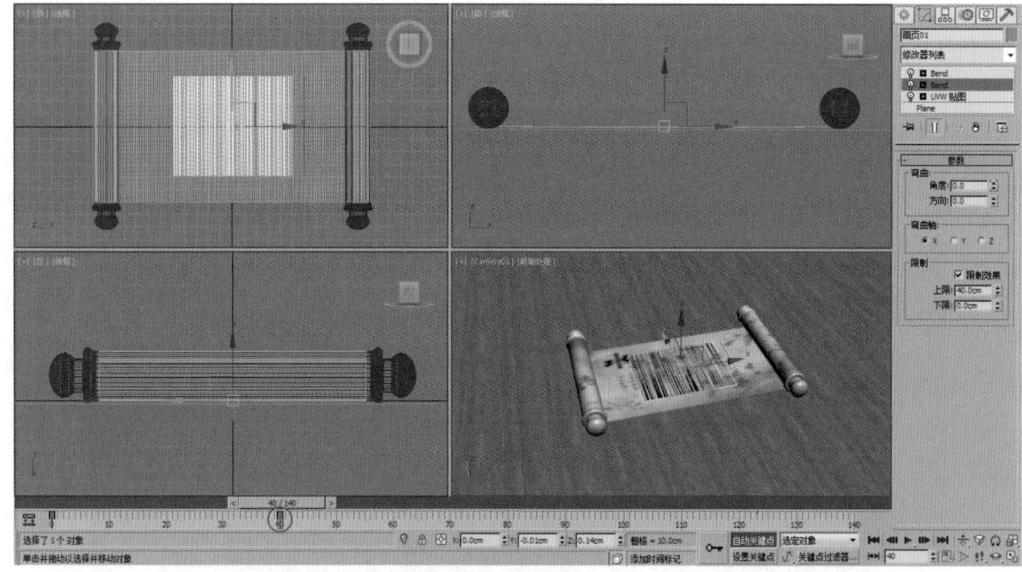

图3-17

14 拖动时间滑块到第90帧，设置“角度”值为-210，如图3-18所示。

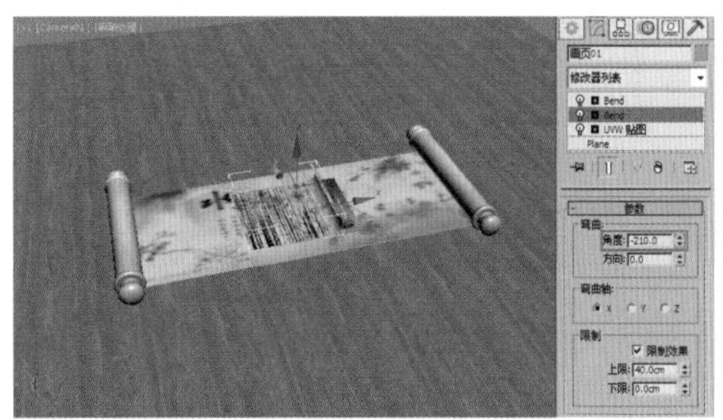

图3-18

15 拖动时间滑块到第50帧，按住键盘上的Shift键，在“上限”的微调器按钮上单击鼠标右键记录一个关键点，如图3-19所示。

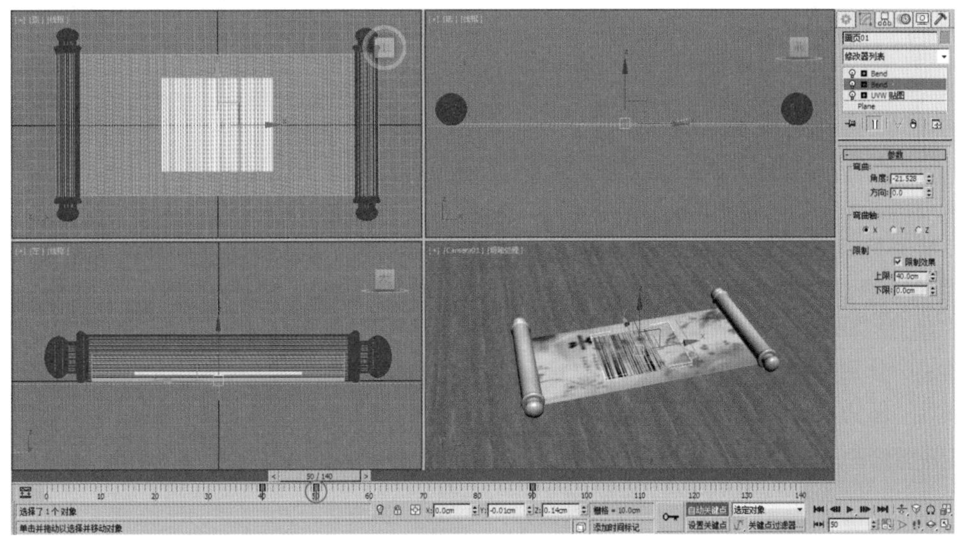

图3-19

16 拖动时间滑块到第80帧，设置“上限”值为30，然后进入“中心”子层级，在透视图中使用“移动工具”沿X轴调整其位置，如图3-20所示。

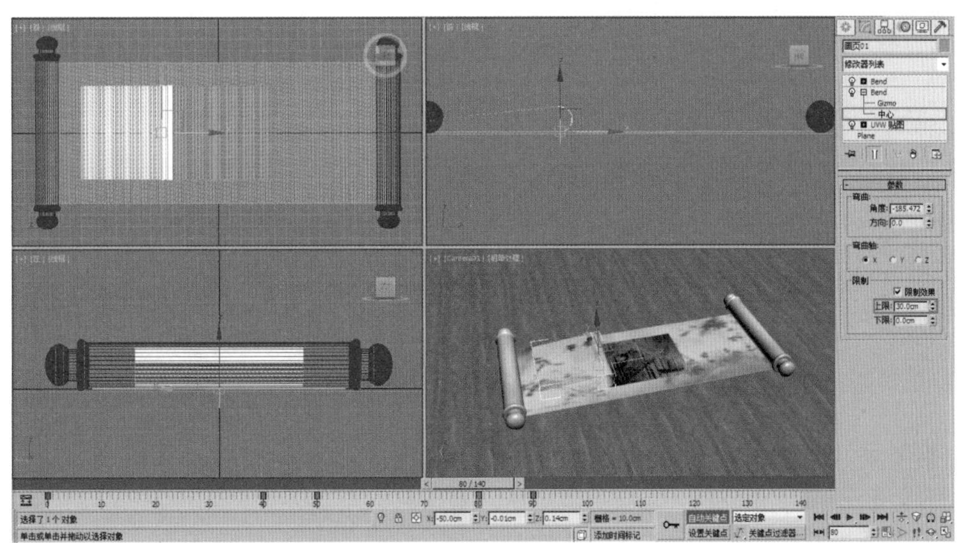

图3-20

17 打开“曲线编辑器”，将“中心”子层级X位置的起始帧由0帧设置为50帧，如图3-21所示。

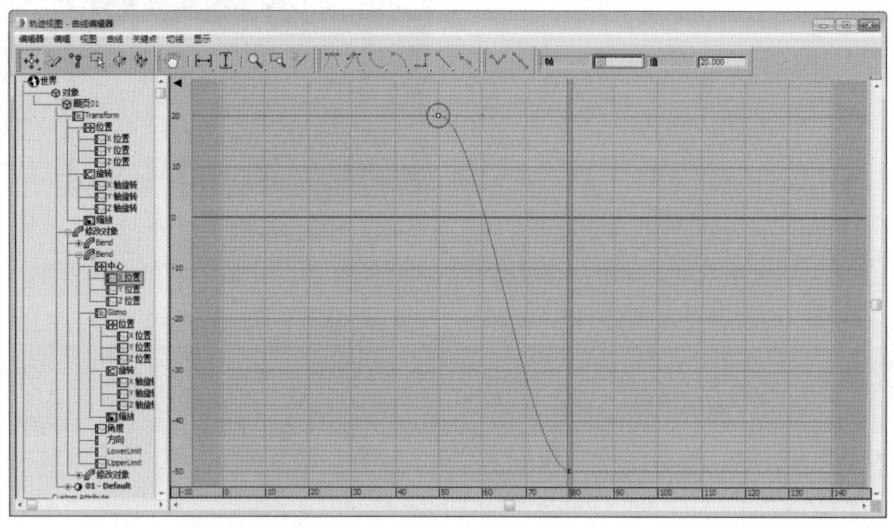

图3-21

18 拖动时间滑块到第50帧，在第2个“弯曲”修改器的“角度”微调器上，按住键盘上的Shift键，单击鼠标右键记录一个关键点，然后拖动时间滑块到第80帧，设置“角度”值为-30，如图3-22~图3-23所示。

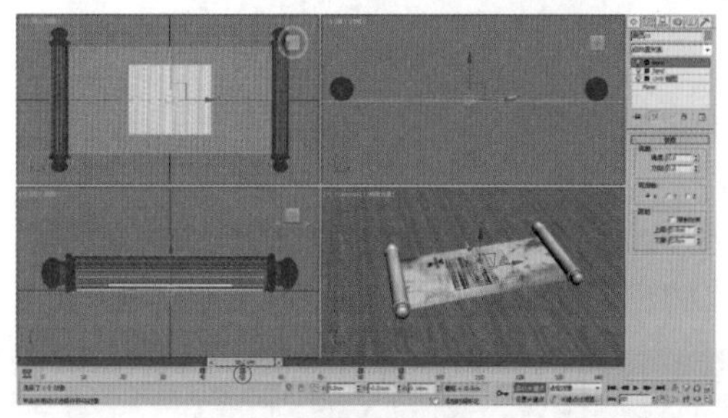

图3-22

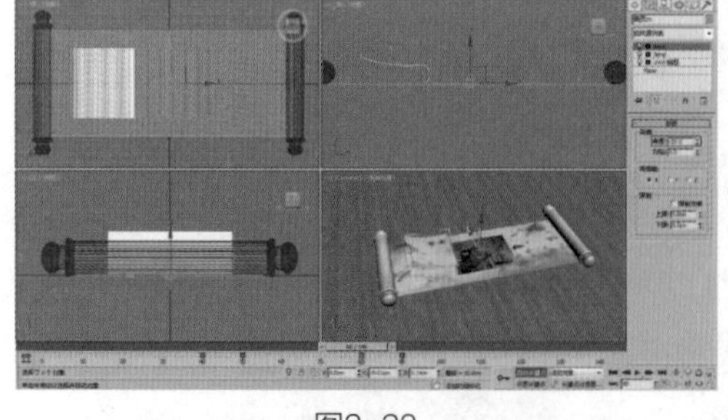

图3-23

19 在“修改器列表”中，按住Ctrl键选择2个“弯曲”修改器，然后单击鼠标右键，在弹出的快捷菜单中选择“复制”命令，然后选择“画页02”对象，在“修改器列表”中单击鼠标右键，在弹出的快捷菜单中选择“粘贴”命令，如图3-24~图3-25所示。

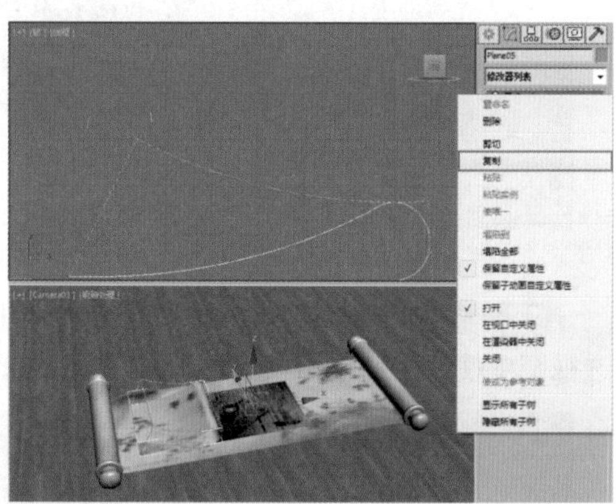

图3-24

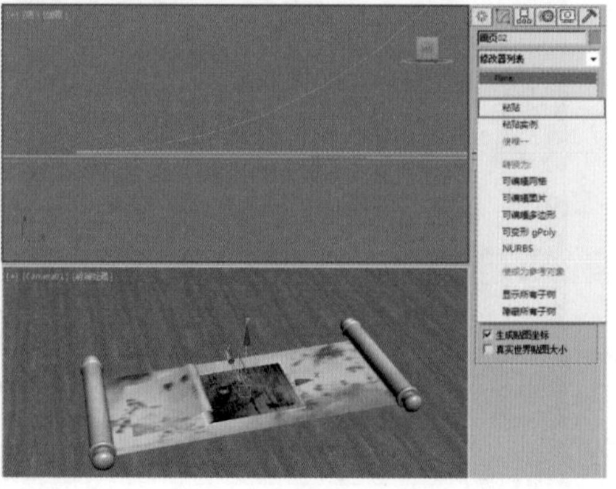

图3-25

20 用同样的方法，将修改器复制给剩余的几张画页，复制完成后，我们发现所有的画页都是重叠在一起的，如图3-26所示。

技巧与提示

下面的画页也可以在“画页01”对象动画设置完成后，沿Z轴向下复制，再依次更改其贴图来制作。

21 打开“自动关键点”按钮自动关键点，选择后面的几个“画页”对象，微调一下2个“弯曲”修改器的“角度”数值，使其不重叠在一起，调节完成后效果如图3-27所示。

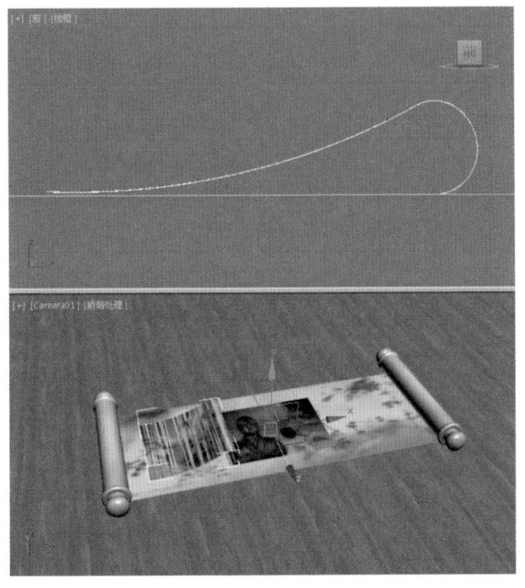

图3-26

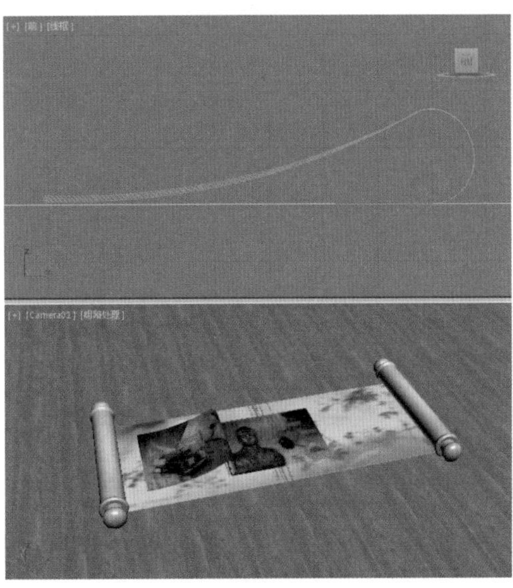

图3-27

22 依次选择后面的“画页”对象，将其所有的关键点往后拖曳，产生错落的动画效果，如图3-28所示。

23 选择所有的“画页”对象，执行菜单“组>组”命令，在弹出的“组”对话框中为其命名“画页”，如图3-29所示。

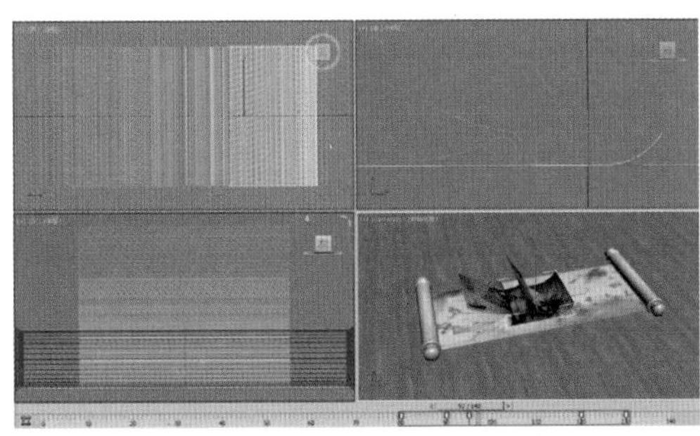

图3-28

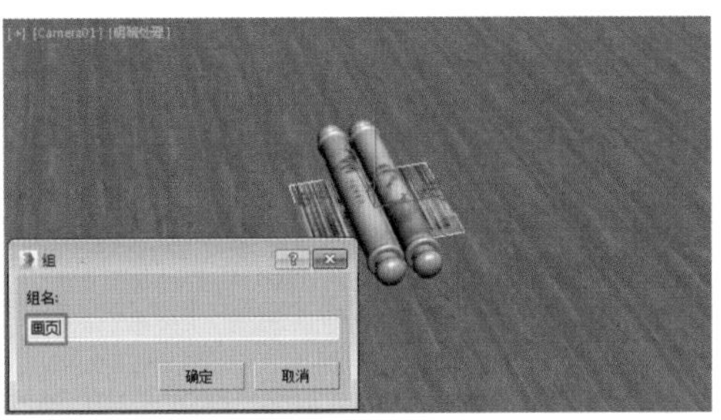

图3-29

24 选择“画页”组，打开“曲线编辑器”，并为其添加“可视性轨迹”，如图3-30所示。

25 单击工具栏上的“添加关键点”按钮，在“可见性”轨迹的第0帧和第50帧添加2个关键点，如图3-31所示。

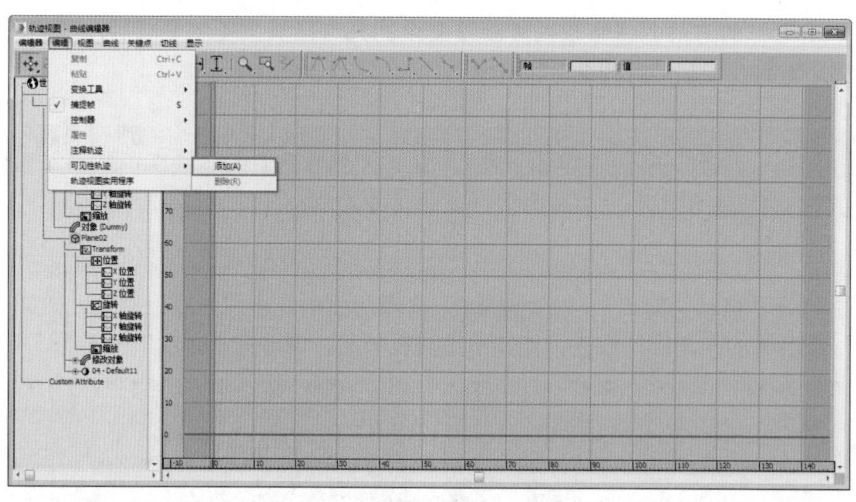

图3-30

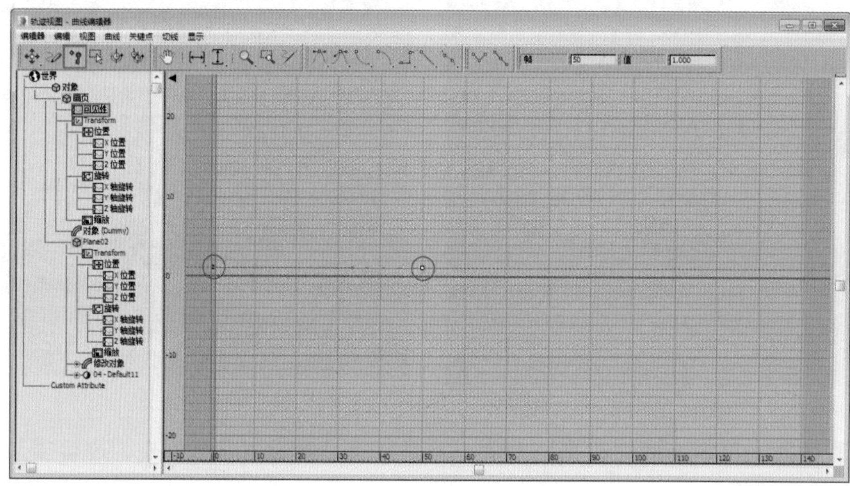

图3-31

26 选择第0帧的关键点，将“值”设置为0，然后选择2个关键点，接着单击工具栏上的“将切线设置为阶梯式”按钮，如图3-32~图3-33所示。

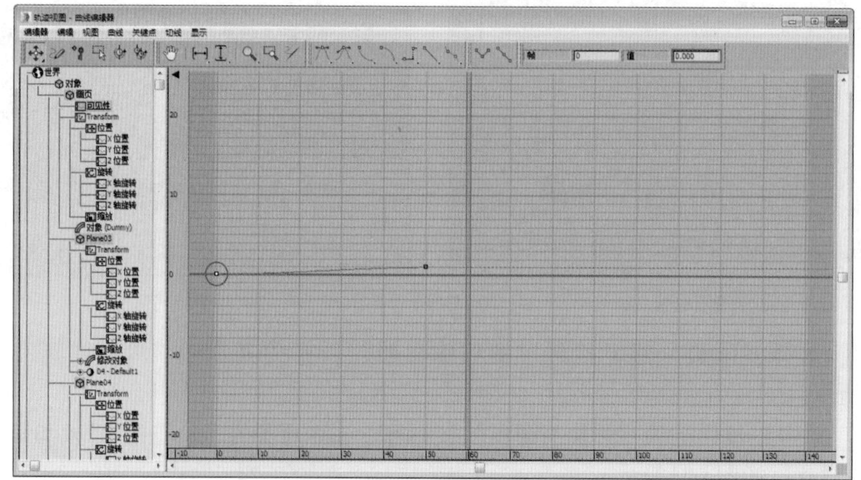

图3-32

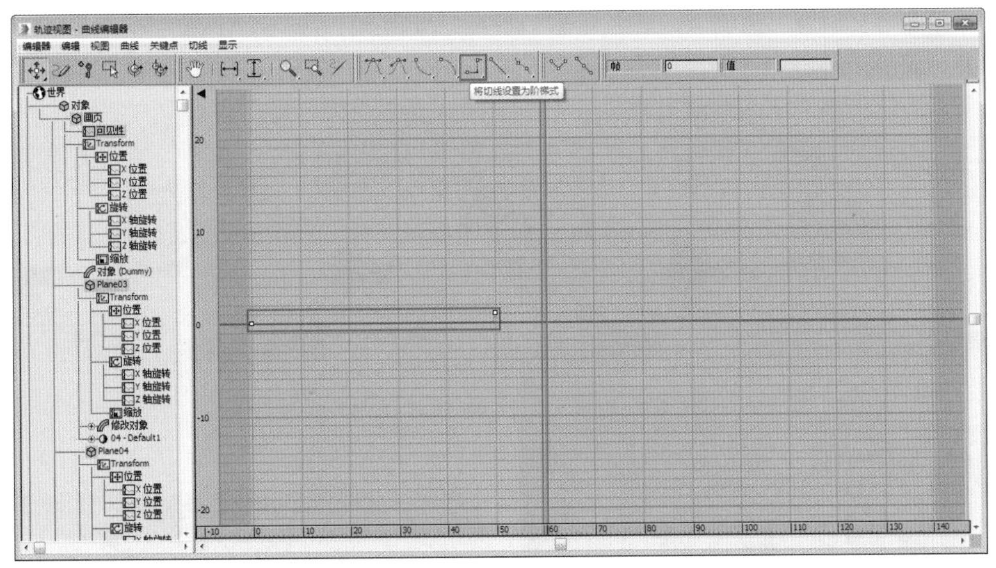

图3-33

27 设置完成后，渲染当前视图，最终效果如图3-34所示。

> **技巧与提示**
>
> 为了翻页前看不出痕迹，可以将大画卷的贴图坐标复制给最上面的“画页”对象，并将最上面的“画页”对象赋予大画卷相同的贴图。

图3-34

3.2 龙飞舞

实例操作：龙飞舞	
实例位置：	工程文件>CH3>龙飞舞.max
视频位置：	视频文件>CH3>3.2 龙飞舞.mp4
实用指数：	★★★☆☆
技术掌握：	熟练使用“路径变形绑定（WSM）”修改器制作动画

3.2 龙飞舞.mp4

“路径变形绑定（WSM）”修改器可以让物体依据一个二维路径产生形变，并约束在该路径上运动，通常我们使用该修改器制作一些路径运动，或者是在空间中穿梭的光线等。下面我们将通过一个实例来为读者讲解这方面的知识。图3-35所示为本实例的最终完成效果。

01 打开本书配套素材中的“工程文件>CH3>龙飞舞>龙飞舞.max”文件，该场景中已经为模型指定了材质，如图3-36所示。

02 在“创建”面板中，单击“点”按钮 点 ，在场景中创建一个“点”辅助物体，如图3-37所示。

图3-35

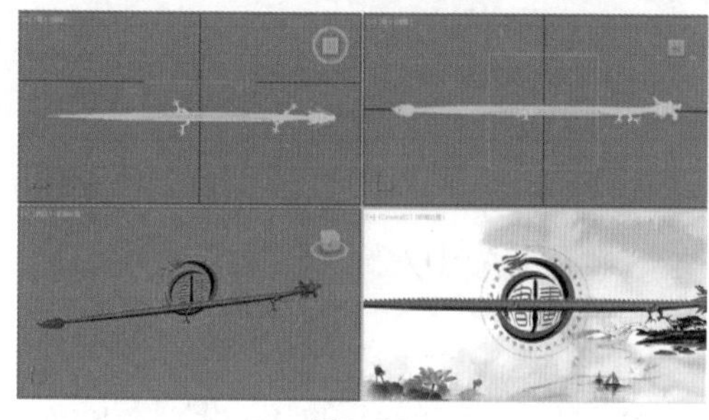
图3-36

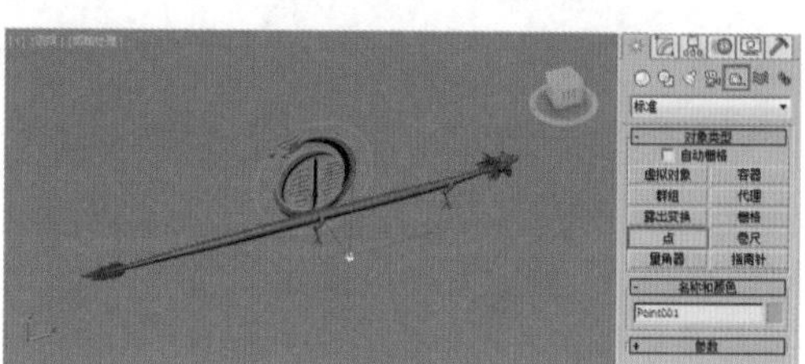
图3-37

03 在场景中选择“点”对象，在菜单栏中执行“动画>约束>附着约束”命令，这时会从“点”对象上牵出一条虚线，然后到场景中拾取龙的身体，如图3-38和图3-39所示。

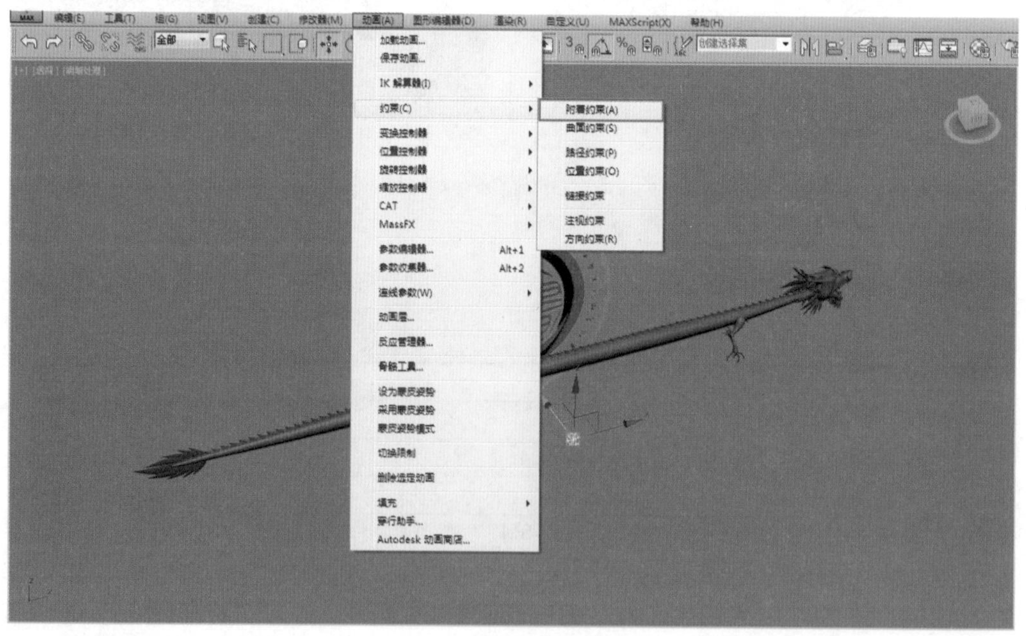

图3-38

04 选择龙头，使用链接工具将其链接到“点”对象上，如图3-40所示。

05 选择“点”对象，按键盘上的Ctrl+V键原地复制一个，然后进入“运动”面板，激活“附着约束”卷展栏下“位置”选项组中的“设置位置”按钮 设置位置 ，然后在视图中的龙身体上，单击并拖动鼠标，将“点”对象定位在龙的右前爪位置上，如图3-41

所示。

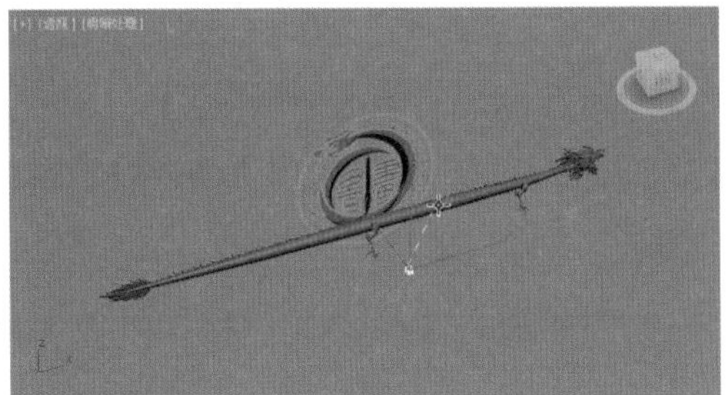

图3-39

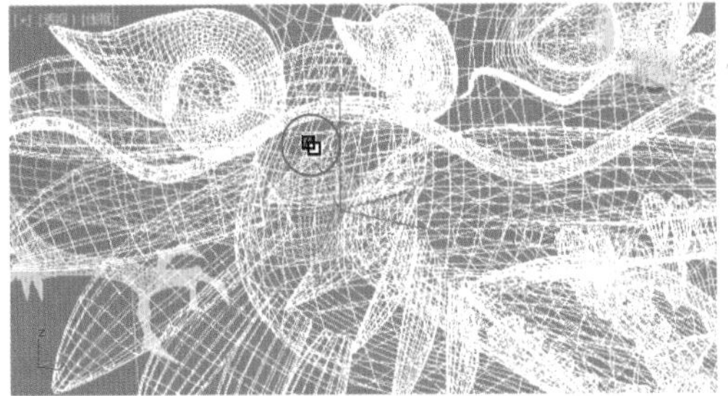

图3-40

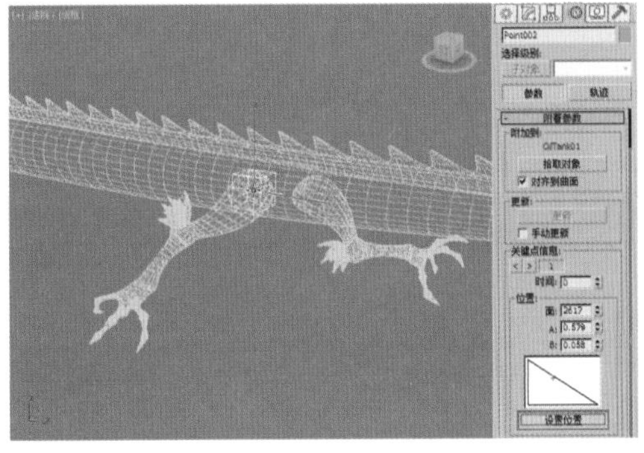

图3-41

06 再次单击“设置位置”按钮 设置位置 ，退出该命令的操作。在场景中选择“右前爪”对象，使用链接工具将其链接到“点”对象上，如图3-42所示。

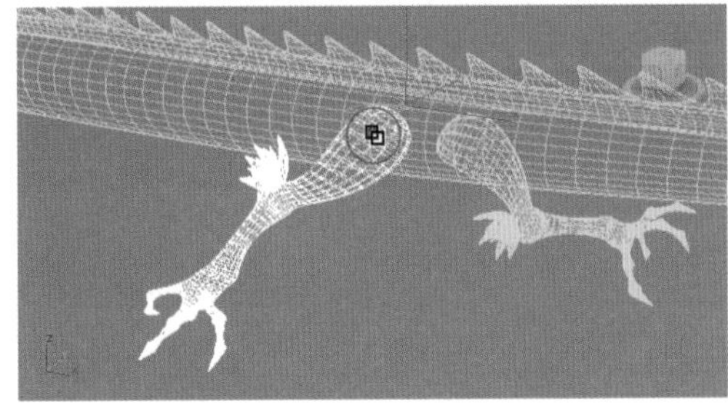

图3-42

07 使用同样的方法，再复制3个“点”对象并调整位置后，用链接工具将龙的其余3个爪子链接到对应的“点”对象上，如图3-43所示。

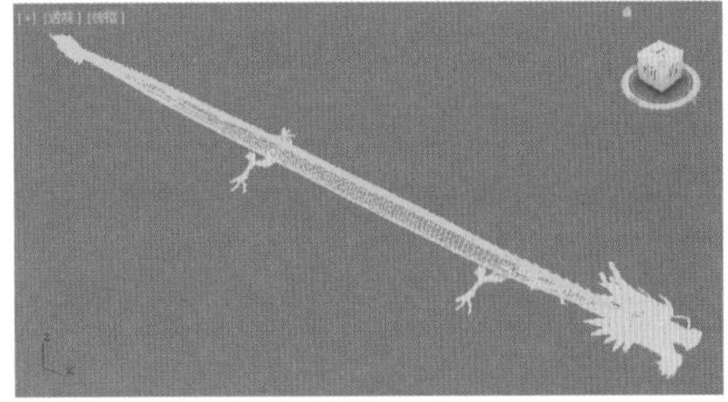

图3-43

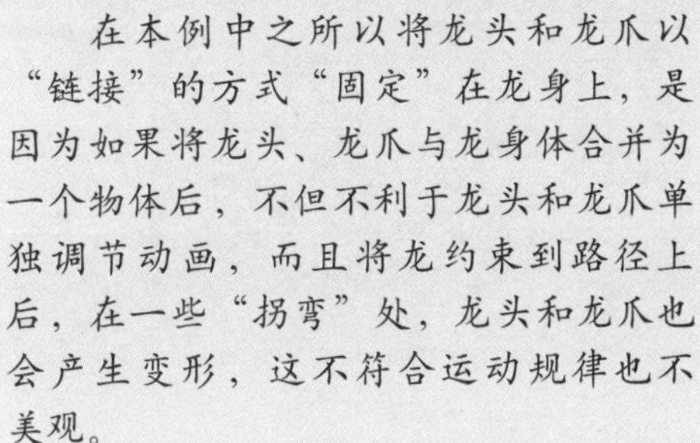

在本例中之所以将龙头和龙爪以“链接”的方式“固定”在龙身上，是因为如果将龙头、龙爪与龙身体合并为一个物体后，不但不利于龙头和龙爪单独调节动画，而且将龙约束到路径上后，在一些“拐弯”处，龙头和龙爪也会产生变形，这不符合运动规律也不美观。

08 使用“线”工具在视图中创建一根二维样条线，进入其“顶点”子层级，并调节“顶点”的位置和形态，最终效果如图3-44所示。

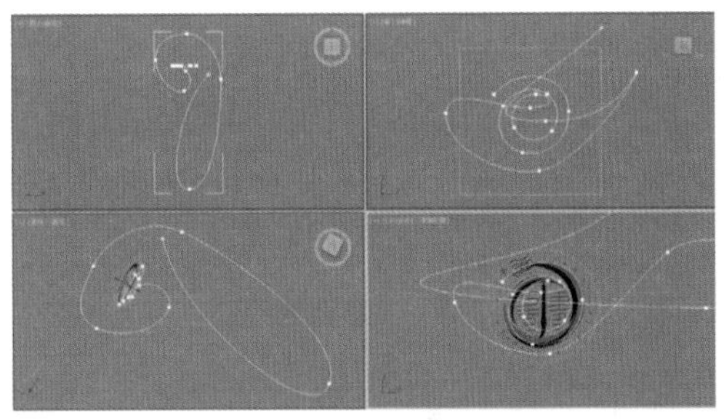

图3-44

09 选择龙身体，进入“修改”面板，在“修改器列表”中为其添加“路径变形绑定（WSM）”修改器，在“参数”卷展栏中单击“拾取路径”按钮 拾取路径 ，然后在视图中拾取刚才创建的样条线，如图3-45所示。

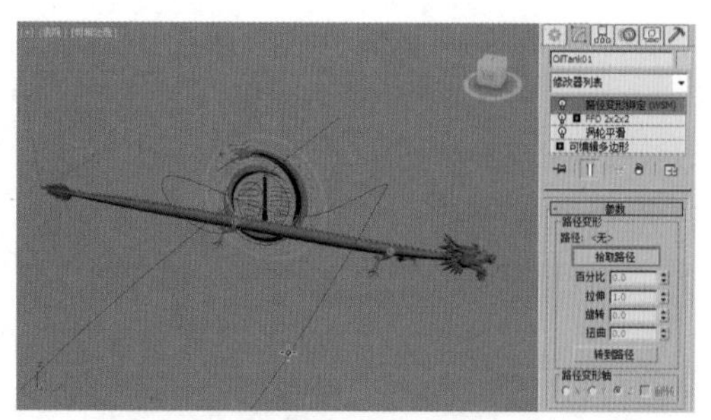

图3-45

10 接着单击“转到路径”按钮 转到路径 ，然后在“路径变形轴”选项组中设置变形轴为“Y轴”，并勾选“翻转”复选框，如图3-46所示。

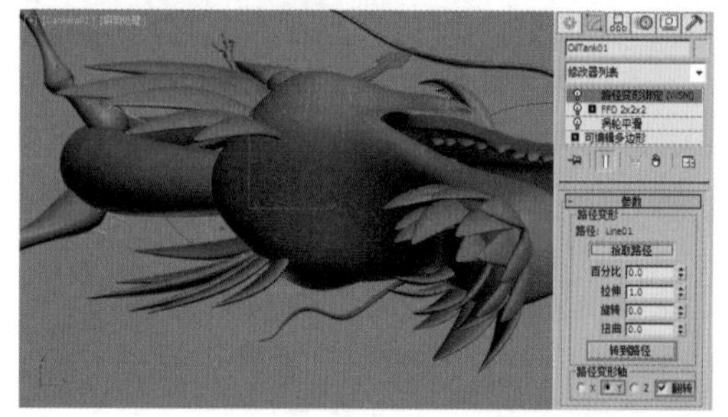

图3-46

技巧与提示

“路径变形绑定”修改器有两个，一个后面带（WSM），一个不带。在本例中我们选择后面带（WSM）的“路径变形绑定”修改器，因为这是一个带“空间扭曲”属性的修改器，不带（WSM）的“路径变形绑定”修改器不具备“转到路径”的功能。

11 在动画控制区中单击“自动关键点”按钮 自动关键点 ，进入“自动关键帧”模式，将时间滑块拖动到第0帧的位置，在视图中选择龙身体，进入“修改”面板，在“路径变形绑定（WSM）”修改器的“参数”卷展栏中，设置“百分比”值为-22，让龙先出镜，如图3-47所示。

12 拖动时间滑块到第150帧的位置，设置“百分比”值为78.1，如图3-48所示。

图3-47

13 拖动时间滑块到第110帧，按住键盘上的Shift键，在“旋转”的微调器按钮上单击鼠标右键记录一个关键点，如图3-49所示。

14 拖动时间滑块到第150帧，设置“旋转”值为12，让龙最后的姿态与底图的Logo更贴合，如图3-50所示。

图3-48

图3-49

图3-50

15 设置完成后，渲染当前视图，最终效果如图3-51所示。

图3-51

> **技巧与提示**
>
> “路径”在多数情况下，不可能一次就调节到位，我们可以先画一个大概的路径，在制作完动画后，再根据实际情况微调路径的形态，然后微调物体的动画效果。

3.3 扫光动画

实例操作：扫光动画	
实例位置：	工程文件>CH3>扫光动画.max
视频位置：	视频文件>CH3>3.3 扫光动画.mp4
实用指数：	★★☆☆☆
技术掌握：	熟练使用“挤出”和“倾斜”修改器制作动画

3.3 扫光动画 .mp4

“挤出”修改器通常将其指定给二维图形或文字，产生立体的图标或文字效果。而在本例中我们将使用“挤出”并配合“倾斜”修改器，来制作一个Logo的扫光效果，图3-52所示为本实例的最终完成效果。

图3-52

01 打开本书配套素材中的“工程文件>CH3>扫光动画>扫光动画.max”文件，该场景中已经为物体设置了材质和灯光，如图3-53所示。

图3-53

02 单击“点”按钮 点 ，在“顶”视图的任意位置创建一个“点”辅助物体，勾选“长方体”前的复选框，并设置“大小”值为100，如图3-54所示。

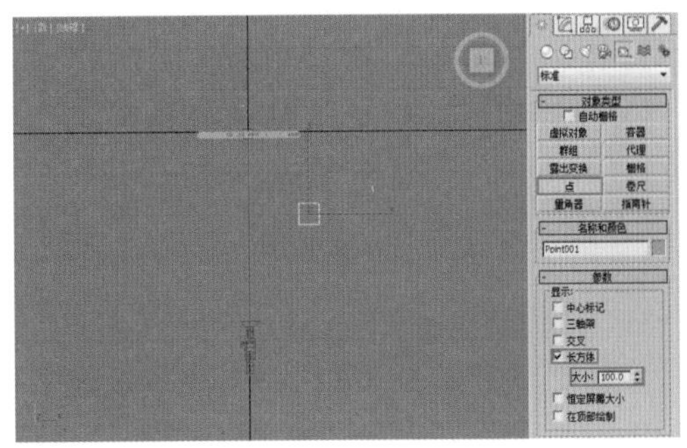

图3-54

03 单击工具栏上的“对齐”按钮，将其与摄影机的目标点进行位置和方向上的对齐，如图3-55所示。

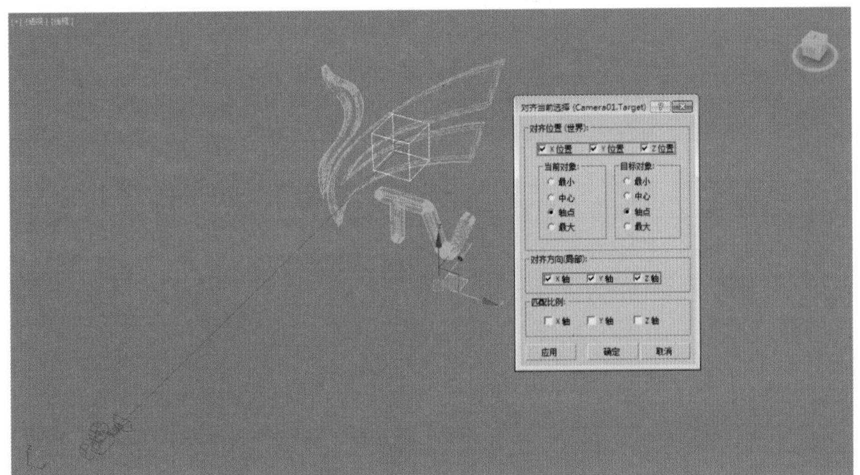

图3-55

04 用同样的方法再创建一个“点”辅助物体，并与“摄影机”对象进行位置和方向上的对齐，如图3-56所示。

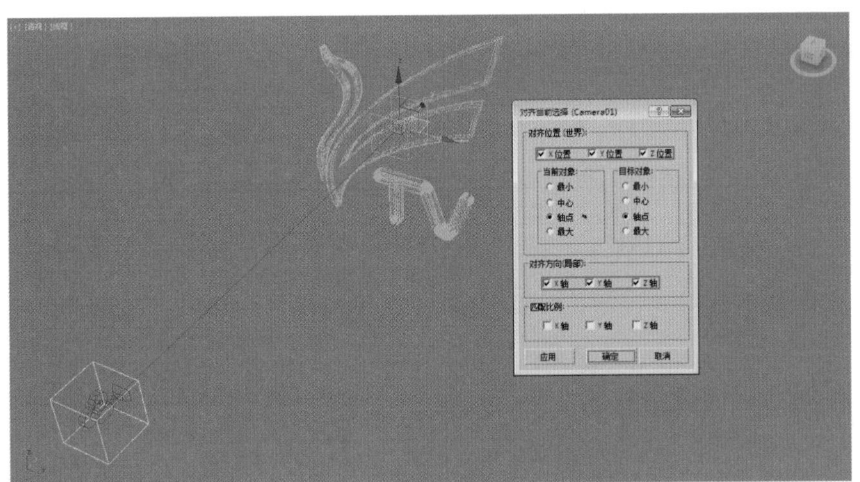

图3-56

05 单击工具栏上的“选择并链接”按钮，将“摄影机”对象链接到“点02”对象上，然后将“点02”对象链接到“点01”对象上，如图3-57和图3-58所示。

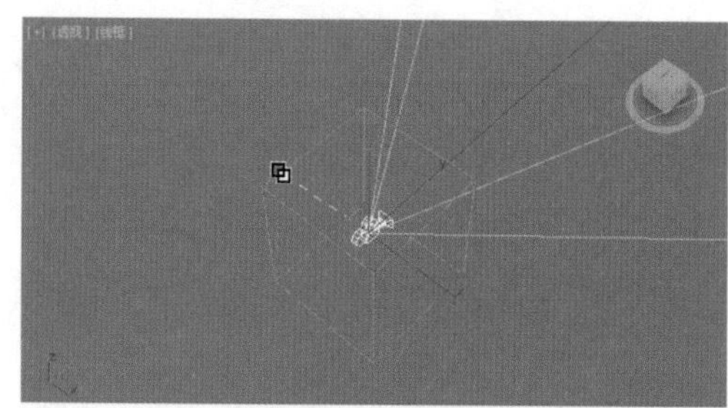

图3-57

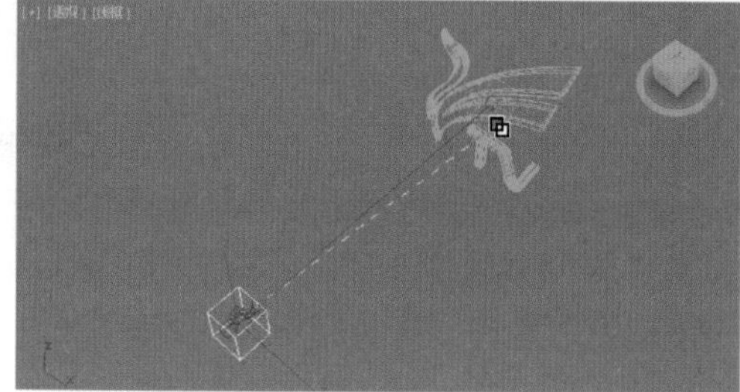

图3-58

06 在动画控制区中单击“自动关键点”按钮自动关键点，进入“自动关键帧”模式，将时间滑块拖动到第0帧的位置，使用旋转工具调节“点01”对象的角度，如图3-59所示。

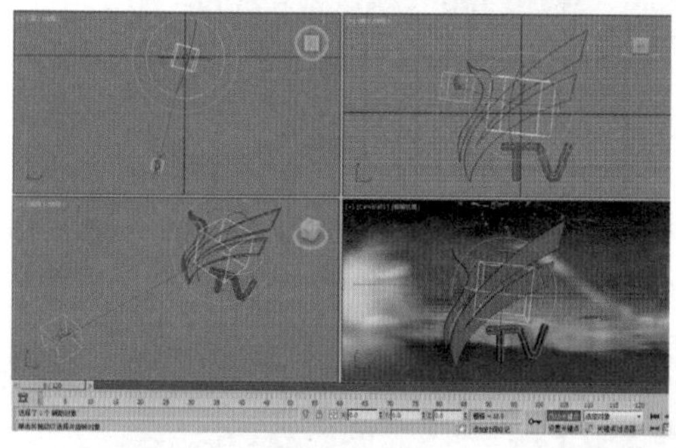

图3-59

07 拖动时间滑块到第120帧，再次调节“点01”对象的角度，如图3-60所示。

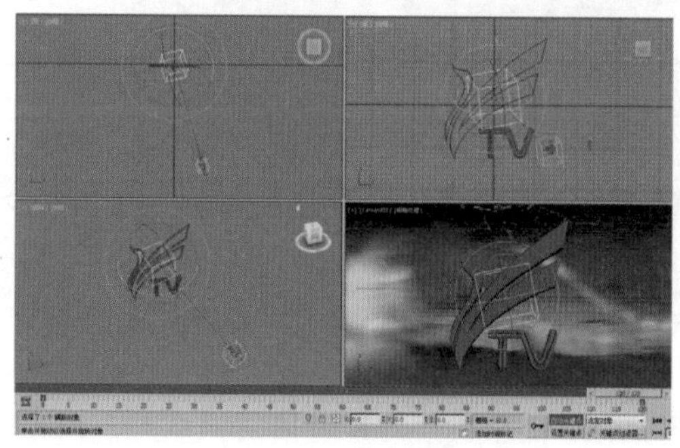

图3-60

08 单击“自动关键点”按钮自动关键点，退出自动关键帧记录状态，在场景中选择Logo对象，按快捷键Ctrl+V，将Logo对象原地复制一个，并命名为“光”，如图3-61所示。

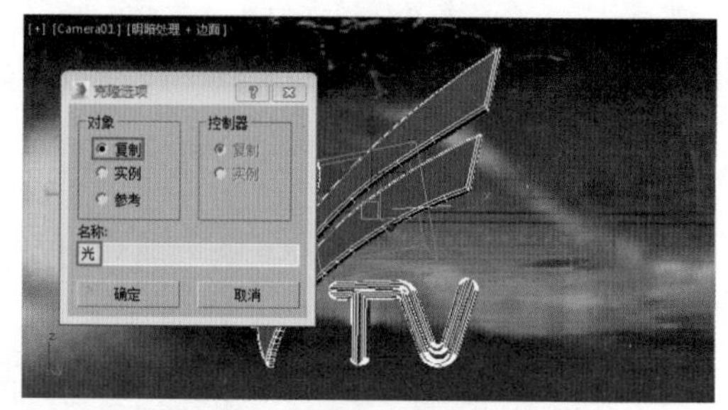

图3-61

09 进入“修改”命令面板，将原来的“倒角”修改器删除，然后在“修改器列表”中为其添加“挤出”修改器，并禁用“封口始端”和“封口末端”复选框，如图3-62所示。

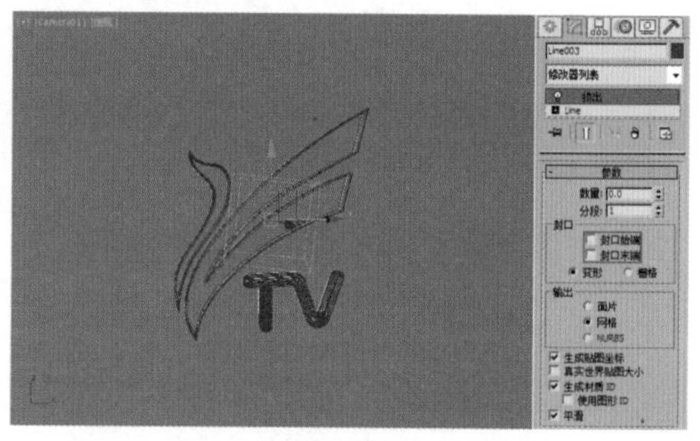

图3-62

10 在动画控制区中单击“自动关键点”按钮自动关键点，进入“自动关键帧”模式，将时间滑块拖动到第40帧的位置，在“参数”卷展栏中，设置“数量”为290，拖动时间滑块到第80帧，设置“数量”值为0，如图3-63~图3-64所示。

11 在“修改器列表”中为其添加“倾斜”修改器，如图3-65所示。

12 拖动时间滑块到第15帧，在“参数”卷展栏中设置“数量”值为-170，拖动时间滑块到第65帧，设置“数量”值为170，拖动时间滑块到第80帧，设置“数量”值为0，如图3-66~图3-68所示。

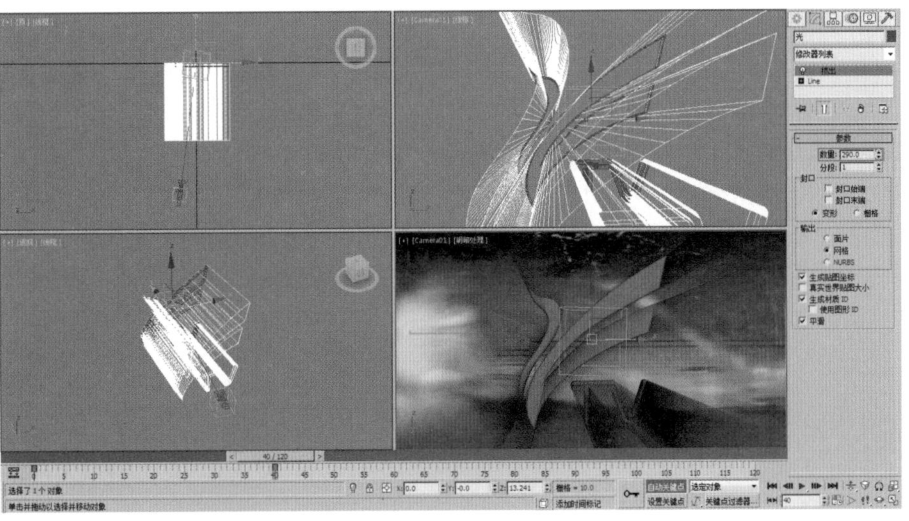

图3-63

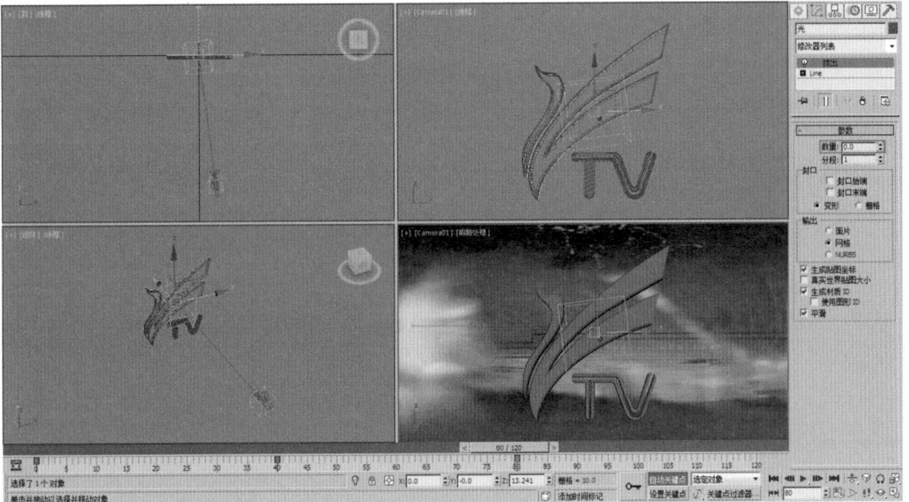

图3-64

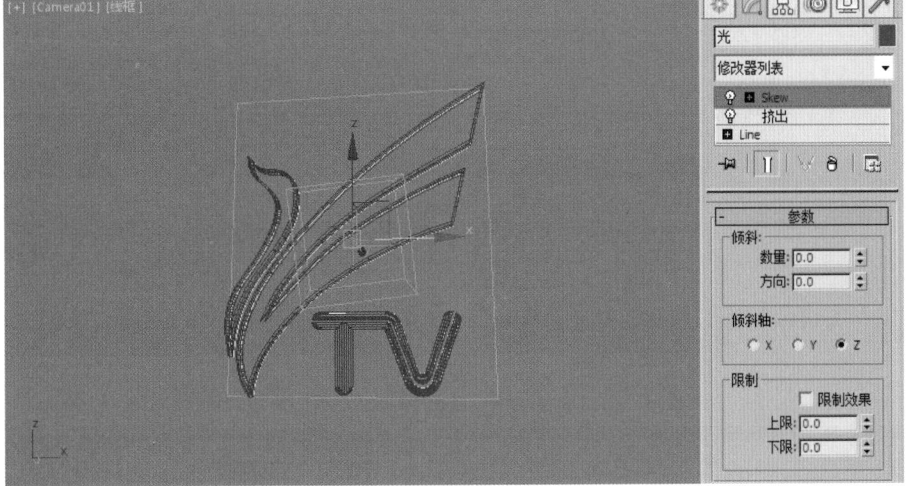

图3-65

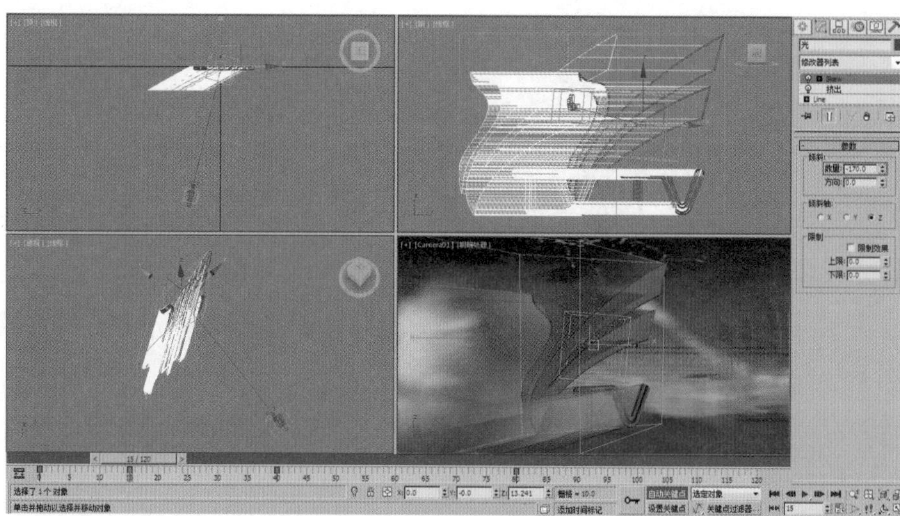

图3-66

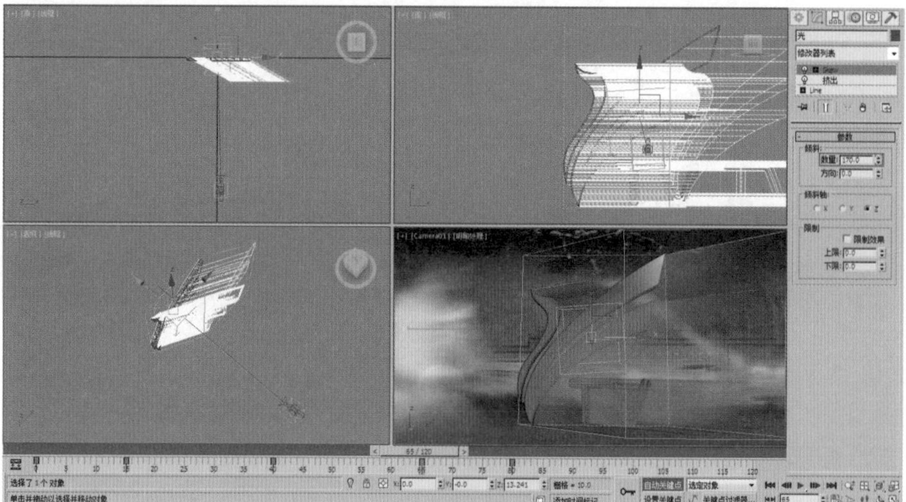

图3-67

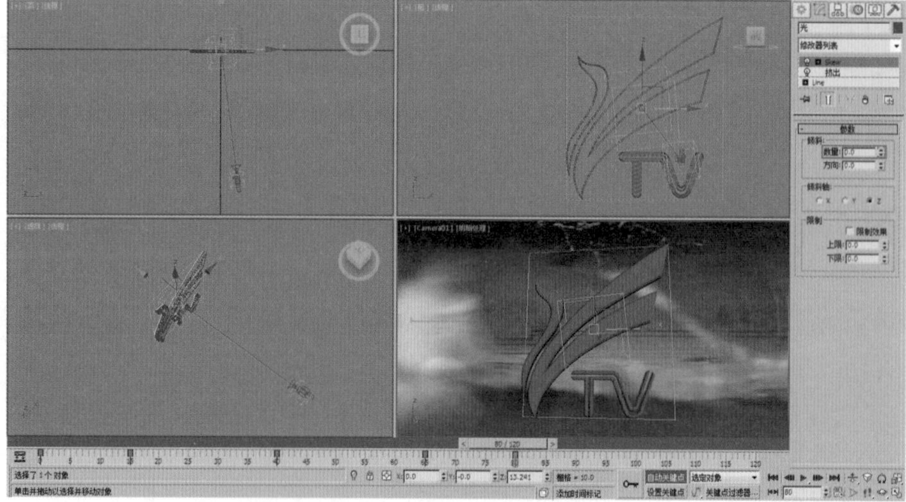

图3-68

13 按M键打开材质编辑器，选择一个空白的材质球，将其指定给“光”对象，在“明暗器基本参数”卷展栏中，勾选“双面”复选框，在“Blinn基本参数”卷展栏中，设置“漫反射”的颜色为（红：250，绿：165，蓝：20），如图3-69所示。

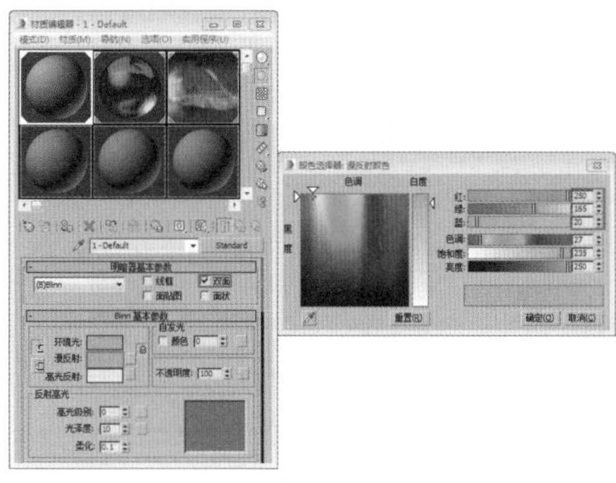

图3-69

14 在“扩展参数”卷展栏中，设置“衰减”方式为“内”，“数量”值为100，“类型”为“相加”，如图3-70所示。

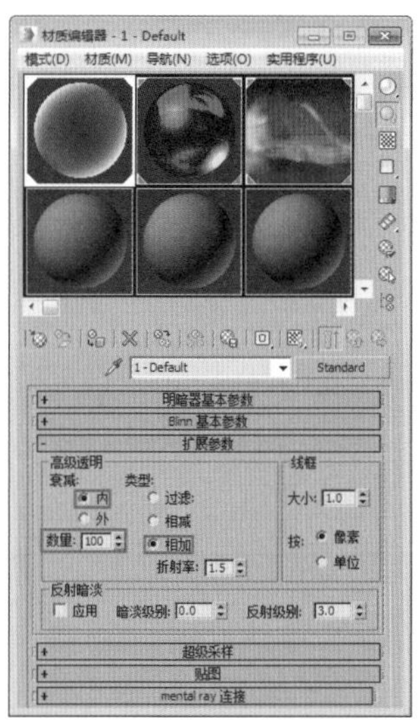

图3-70

15 在“贴图”卷展栏中，单击“不透明度”通道的“无”按钮 无 ，在弹出的“材质/贴图浏览器”中选择“渐变”贴图，如图3-71所示。

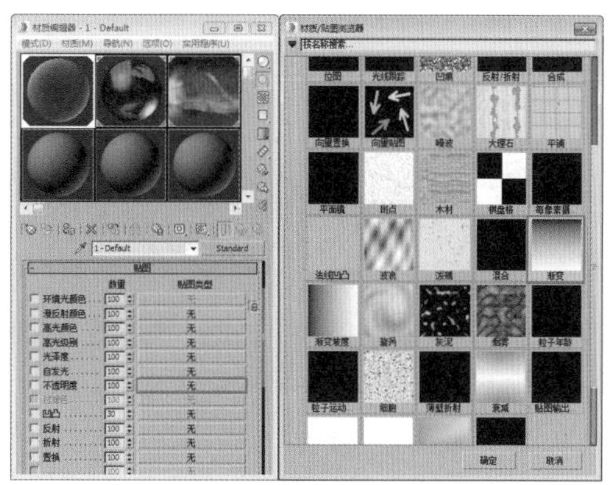

图3-71

16 在“渐变参数”卷展栏中，设置“颜色#2”的颜色为（红：45，绿：45，蓝：45），设置“颜色#3”的颜色为（红：130，绿：130，蓝：130），如图3-72和图3-73所示。

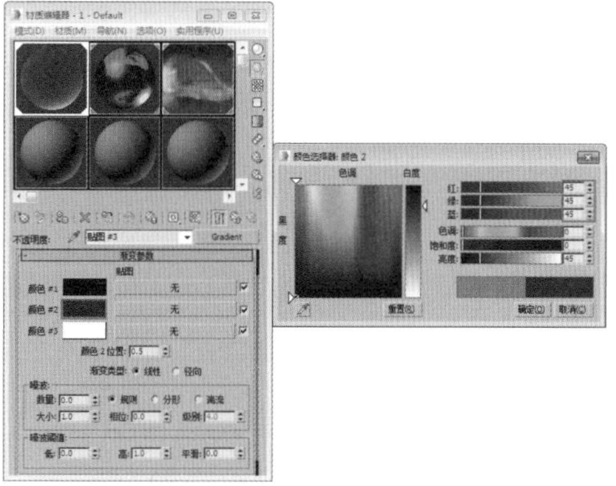

图3-72

图3-73

17 设置完成后，渲染当前视图，最终效果如图3-74所示。

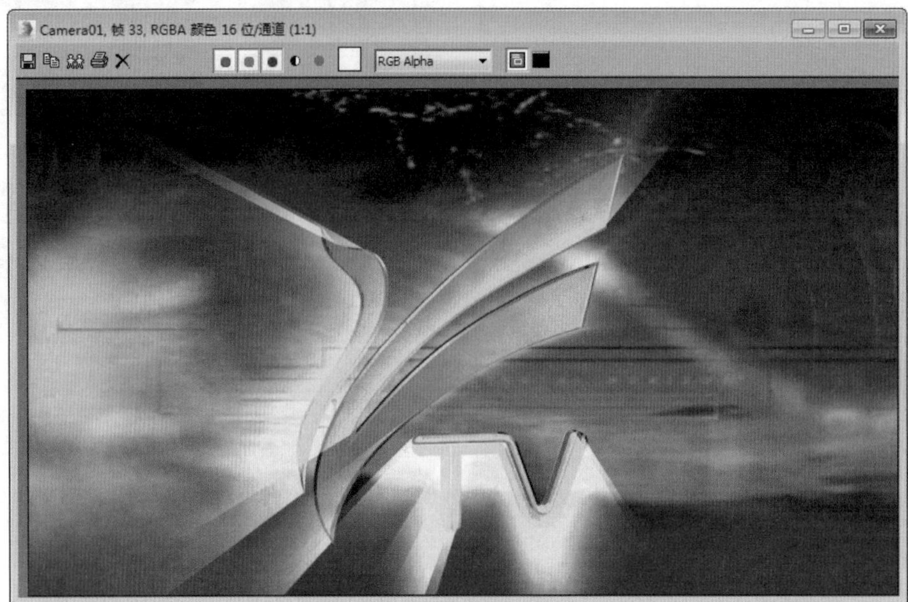

图3-74

第4章 复合对象动画

复合对象建模是一种特殊的建模方法，该建模方法可以将两个或两个以上的物体通过特定的合成方式合并为一个物体，以创建出更复杂的模型。对于合并的过程，不仅可以反复调节，还可以记录成动画，实现特殊的动画效果。从本章开始将带领读者学习使用复合对象制作动画的有关知识。

4.1 树木生长

实例操作：树木生长	
实例位置：	工程文件>CH4>树木生长.max
视频位置：	视频文件>CH4>4.1 树木生长.mp4
实用指数：	★★★☆☆
技术掌握：	熟练使用“散布”命令制作对象动画

4.1 树木生长 .mp4

“散布”复合对象能够将选定的源对象通过散布控制，分散、覆盖到目标对象的表面，通常用来制作一些杂乱的碎石、草地等效果，而通过“修改”命令可以设置对象分布的数量和状态，设置散布对象的动画。接下来将通过一组实例操作，为读者讲解“散布”复合对象的创建及设置方法，图4-1所示为本实例的最终完成效果。

图4-1

01 打开本书配套素材中的“工程文件>CH4>树木生长>树木生长.max”文件，该场景中已经为物体指定了材质，并设置了灯光，如图4-2所示。

图4-2

02 在场景中选择“树干”对象，进入“修改”命令面板，在修改堆栈中为其添加“多边形选择”修改器，然后进入“多边形”次层级，在场景中选择所需要的面，如图4-3所示。

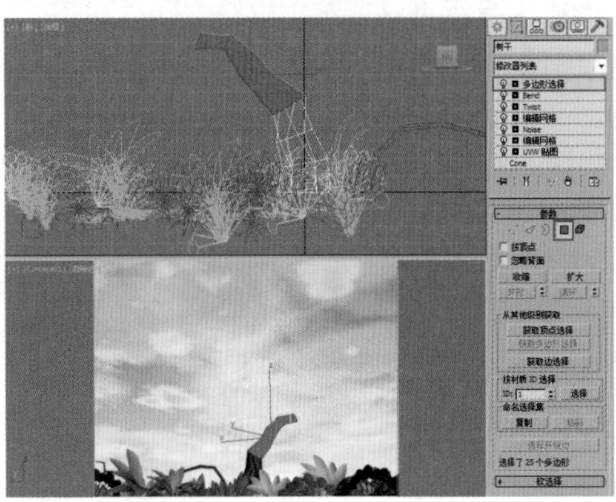

图4-3

技巧与提示

选择树干上的“面”，目的在于让树枝只散布到选择的面上，也就是树枝只生长在树干的上半部分，否则树枝会生长在整个树干上。

03 选择“树枝01”对象，进入“复合对象”命令面板，单击“散布”按钮 散布 ，在“拾取分布对象”卷展栏中选择“移动”单选按钮，然后单击“拾取分布对象”按钮 拾取分布对象 ，再在场景中单击“树干”对象，将“树枝01”对象散布到“树干”对象上，如图4-4~图4-5所示。

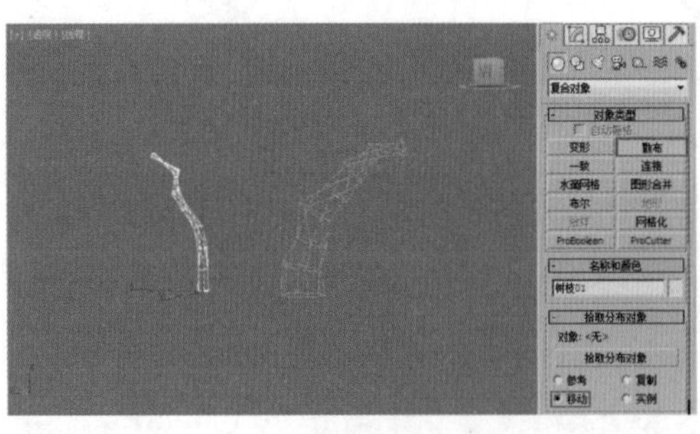

图4-4

04 进入“修改”命令面板，在“散布对象”卷展栏中，设置“重复数”值为2，取消选中“垂直”前面的复选框，并勾选“仅使用选定面”前面的复选框，然后选择“跳过N个”单选按钮，并设置数量为46，如图4-6所示。

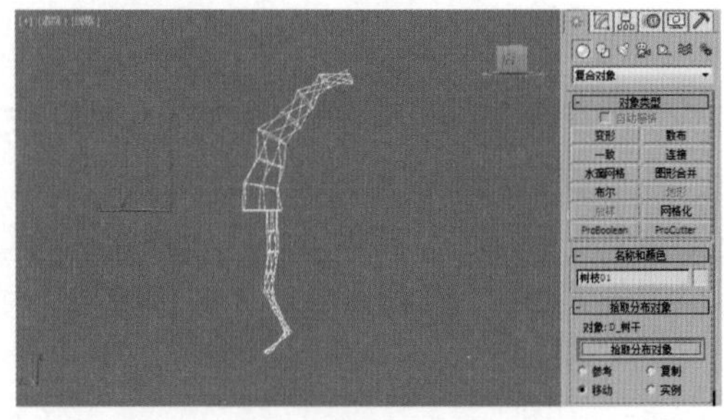

图4-5

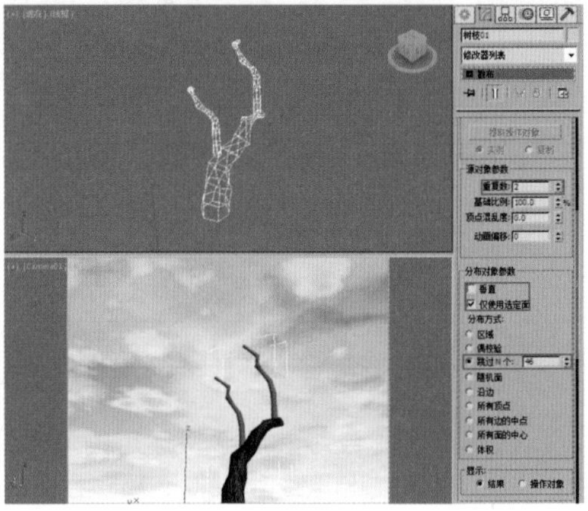

图4-6

05 在“变换”卷展栏的“旋转”选项组中，设置Z的数值为285，在“比例”选项组中，勾选 “使用最大范围”和“锁定纵横比”复选框，然后设置X的数值为95，在“显示”卷展栏中，设置“种子”为5，如图4-7和图4-8所示。

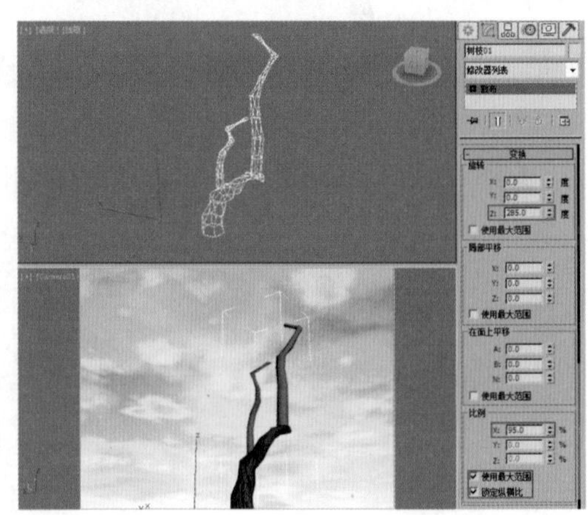

图4-7

图4-8

技巧与提示

“种子”数值可以在当前相同参数的情况下，设置一些不同的随机效果。

06 在“修改器列表”中为散布的物体添加“多边形选择”修改器，然后在“元素”级别下选择图4-9所示的元素。

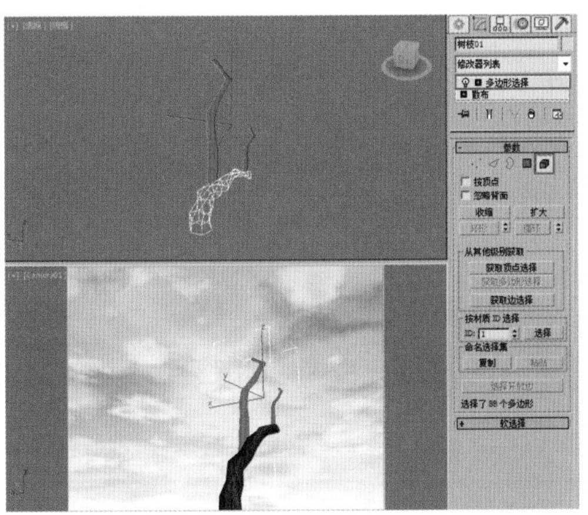

图4-9

07 用同样的方法，将“树枝02”对象“散布”到“树枝01”对象上，然后进入“修改”命令面板，在“散布对象”卷展栏中，设置“重复数”值为8，“基础比例”值为75，取消选中“垂直”前面的复选框，并勾选“仅使用选定面”前面的复选框，然后选中“跳过N个”单选按钮，并设置数量为105，如图4-10所示。

08 在“变换”卷展栏的“旋转”选项组中，设置Z的数值为285，在“比例”选项组中，勾选“使用最大范围”和“锁定纵横比”复选框，然后设置X的数值为85，在“显示”卷展栏中，设置“种子”值为34，如图4-11和图4-12所示。

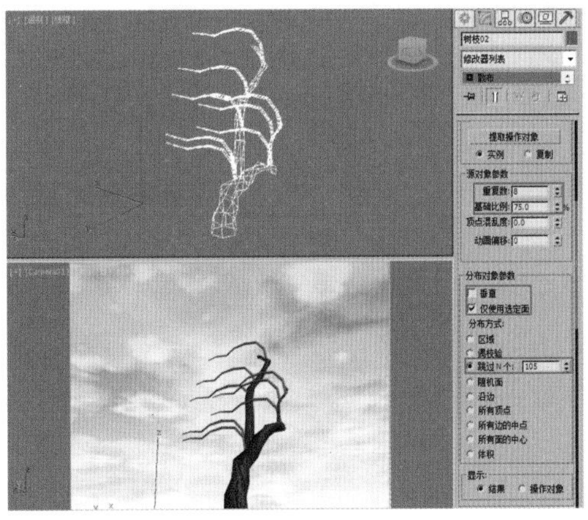

图4-10

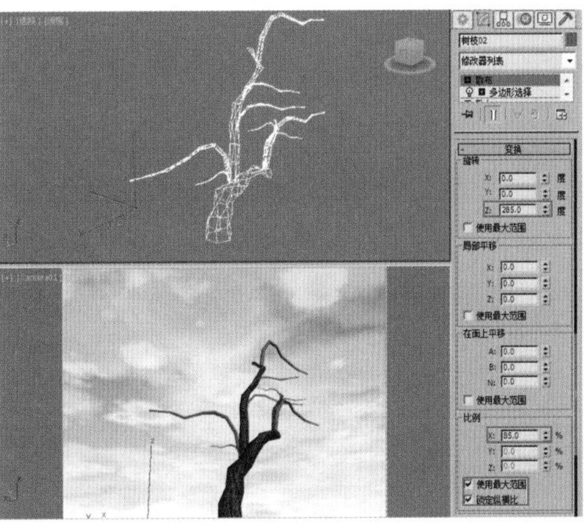

图4-11

09 在“修改器列表”中为散布的物体添加“多边形选择”修改器，然后在“元素”级别下选择图4-9所示的元素，如图4-13所示。

10 用同样的方法，将“树枝03”对象“散布”到“树枝02”对象上，然后进入“修改”命令面板，在“散布对象”卷展栏中，设置“重复数”值为43，“基础比例”值为35，取消选中“垂直”前面的复选框，并勾选“仅使用选定面”前面的复选框，如图4-14所示。

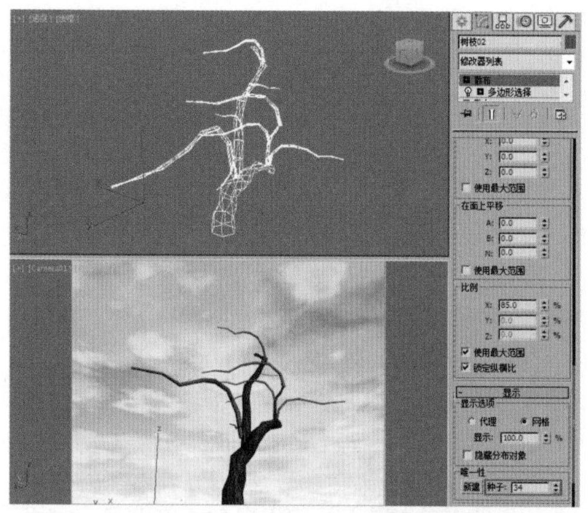

图4-12

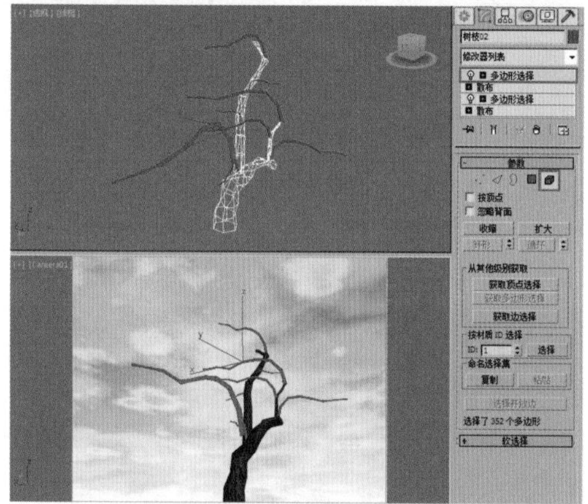

图4-13

图4-14

11 在“变换”卷展栏的“旋转”选项组中，设置X的数值为75，Z的数值为285，在“比例”选项组中，勾选“使用最大范围”和“锁定纵横比”复选框，然后设置X的数值为60，如图4-15所示。

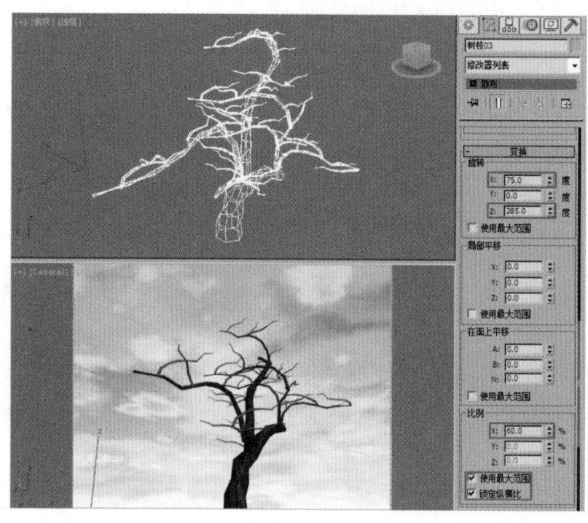

图4-15

12 在“修改器列表”中为散布的物体添加“多边形选择”修改器，然后在“元素”级别下选择图4-16所示的元素。

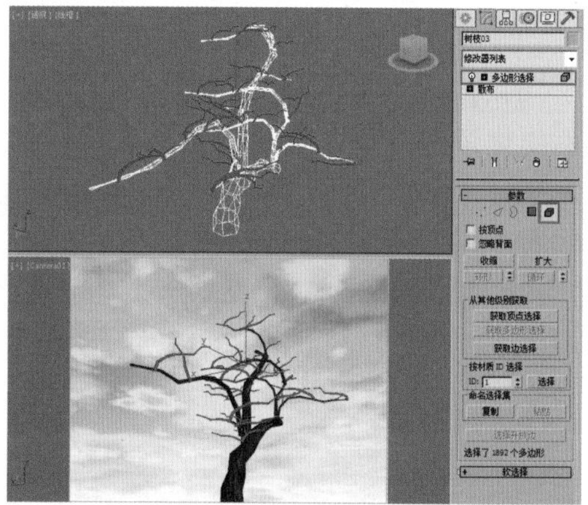

图4-16

技巧与提示

为了选择“元素”时方便，可以先将“散布”对象“显示”卷展栏中的“隐藏分布对象”复选框取消勾选，在选择所需“元素”后，再启用该复选框，如图4-17所示。

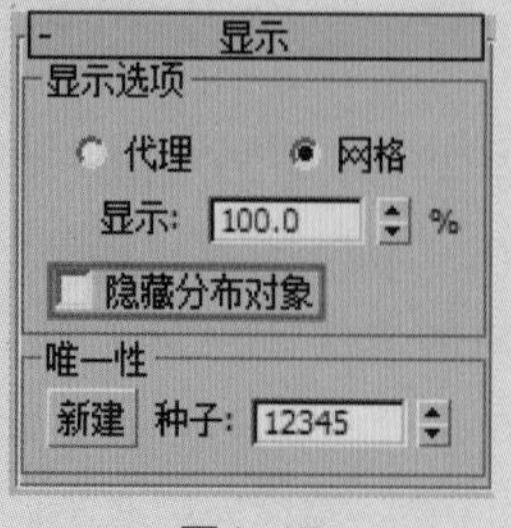

图4-17

13 用同样的方法，将“树枝04”对象“散布”到“树枝03”对象上，然后进入“修改”命令面板，在“散布对象”卷展栏中，设置“重复数”值为230，“基础比例”值为30，取消选中“垂直”前面的复选框，并勾选“仅使用选定面”前面的复选框，如图4-18所示。

图4-18

14 在“变换”卷展栏的“旋转”选项组中，设置Z的数值为285，在“比例”选项组中，勾选“使用最大范围”和“锁定纵横比”复选框，然后设置X的数值为75，如图4-19所示。

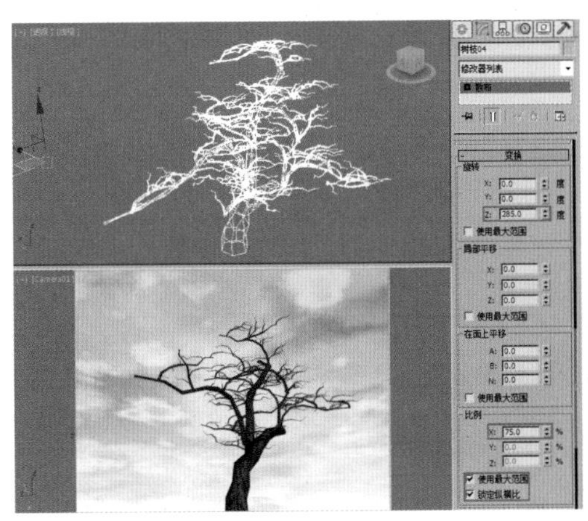

图4-19

15 在“修改器列表”中为散布的物体添加“多边形选择”修改器，然后在“元素”级别下选择图4-20所示的元素。

16 用同样的方法，将“树叶”对象“散布”到“树枝04”对象上，然后进入“修改”命令面板，在“散布对象”卷展栏中，设置“重复数”值为1000，取消选中“垂直”前面的复选框，并勾选“仅使用选定面”前面的复选框，如图4-21所示。

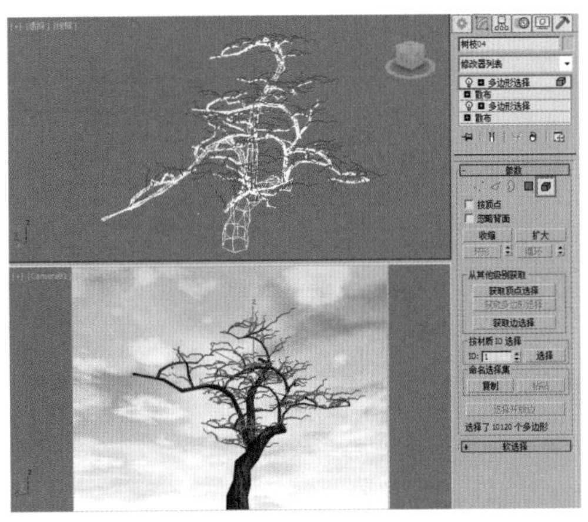

图4-20

图4-21

17 在“变换”卷展栏的“旋转”选项组中，设置Y的数值为285，在“比例”选项组中，勾选“使用最大范围”和“锁定纵横比”复选框，然后设置X的数值为30，如图4-22所示。

18 选择最终“散布”得到的“树叶”对象，在“修改器列表”中，单击“散布对象”卷展栏中的“分布：D_树枝04”，这时下一级的“散布”命令会出现在“修改器列表”中，通过依次单击每个“散布”命令中的“分布”物体，可以进入到每个“散布”的级别进行参数的修改，如图4-23所示。

图4-22

19 在动画控制区中单击“自动关键点”按钮自动关键点，进入“自动关键帧”模式，将时间滑块拖动到第30帧，单击最底层的Cone，按住键盘上的Shift键，在“高度”数值的微调器按钮上单击鼠标右键，再将时间滑块拖到第0帧，接着将“高度”值设置为0，如图4-24和图4-25所示。

20 在“修改器列表”中单击最底层的“散布”命令，在“散布对象”卷展栏中单击“源：S_树枝01”选项，这时“树枝01”对象的参数会出现在下方的“修改器列表”中，如图4-26所示。

图4-23

图4-24

图4-25

图4-26

21 选择最下方的Cone，将时间滑块拖动到第40帧，按住键盘上的Shift键，在“高度”数值的微调器按钮上单击鼠标右键，如图4-27所示。

22 在“高度”数值的范围框内单击鼠标右键，在弹出的菜单中选择“在轨迹视图中显示”命令，如图4-28所示。

技巧与提示

因为层级太多，如果直接打开“曲线编辑器”找到这个参数的动画曲线会比较麻烦，用上面的方法就可以快速找到当前参数的动画曲线。

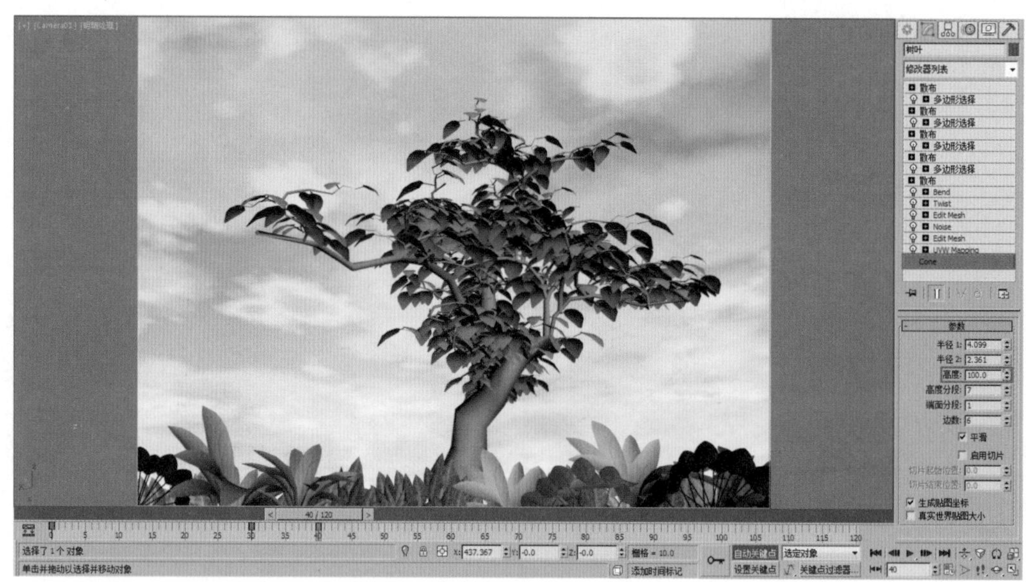
图4-27

图4-28

23 在打开的“曲线编辑器”中，选择第0帧的关键点，将其移动到第10帧，并设置其数值为0，如图4-29所示。

24 用同样的方法，将剩余的“树枝02”“树枝03”和“树枝04”分别制作第20帧到第50帧、第30帧到第60帧、第40帧到第70帧的“高度”动画，如图4-30所示。

25 选择最上层的“散布”命令，在“散布对象”卷展栏中，用同样的方法，将“基础比例”参数值制作第50帧到第80帧，数值由0到100的动画，如图4-31所示。

26 在“散布对象”卷展栏中单击“源：S_树叶”，这时“树叶”对象的参数会出现在下方的“修改器列表”中，选择“弯曲”修改器，在动画控制区中单击“自动关键点”按钮自动关键点，退出“自动关键帧”模式，将时间滑块拖动到第50帧，设置“角度”值为-80，然后按住键盘上的Shift键，用鼠标右键单击“角度”数值的微调器按钮，如图4-32所示。

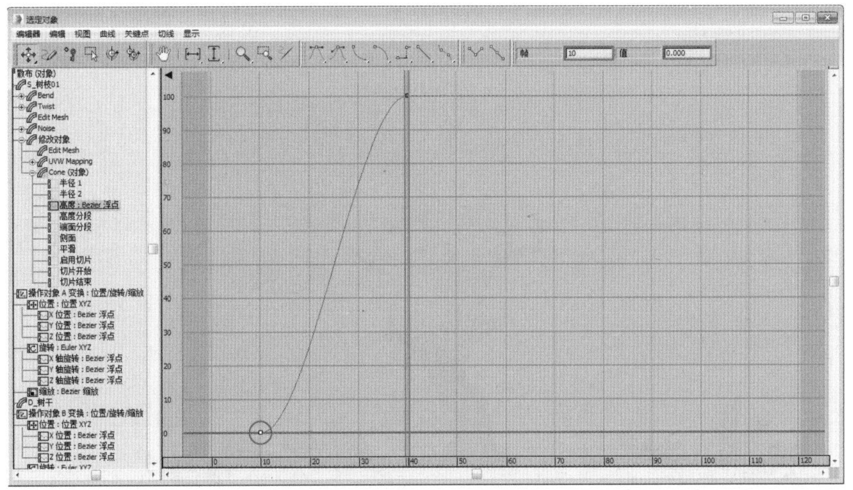
图4-29

图4-30

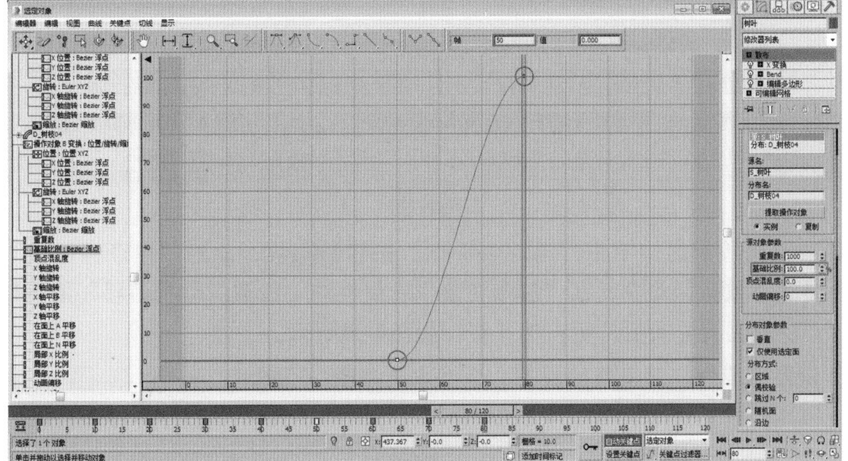
图4-31

图4-32

27 在动画控制区中再次单击“自动关键点”按钮自动关键点，进入“自动关键帧”模式，将时间滑块拖动到第80帧，设置“角度”值为50，将时间滑块拖动到第85帧，设置“角度”值为30，将时间滑块拖动到第90帧，设置“角度”值为40，如图4-33所示。

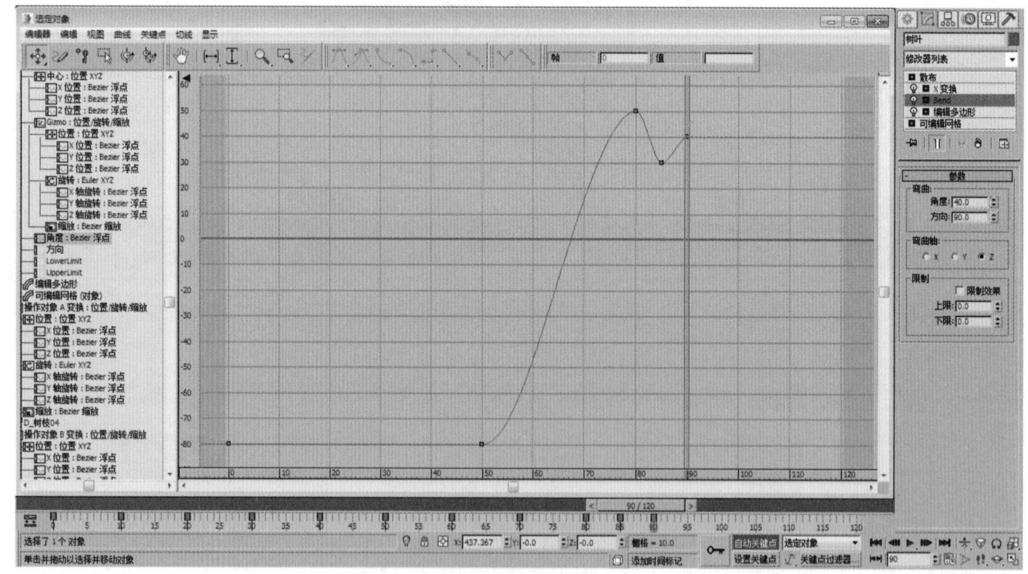

图4-33

28 在动画控制区中单击“自动关键点”按钮自动关键点，退出“自动关键帧”模式，单击最上层的“散布”命令，在“散布对象”卷展栏中，设置“动画偏移”值为10，这样可以让叶子的动画有先有后，更自然一些，如图4-34所示。

29 设置完成后，渲染当前视图，最终效果如图4-35所示。

图4-34

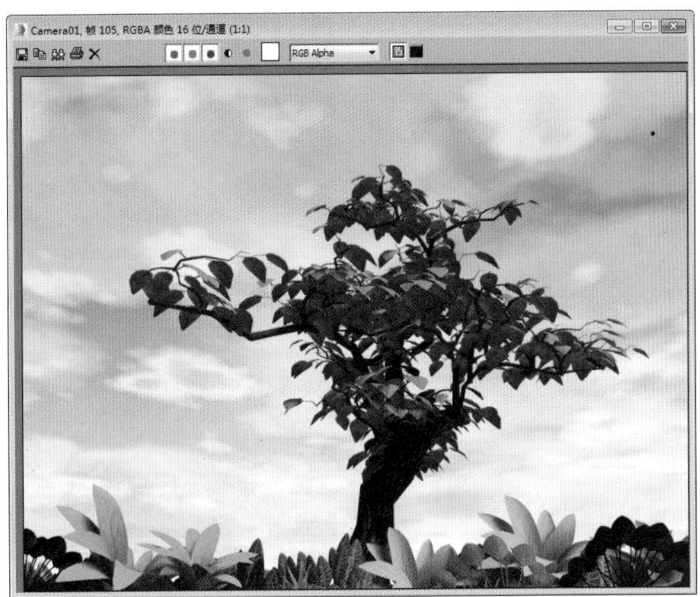
图4-35

4.2 裂缝

实例操作：裂缝	
实例位置：	工程文件>CH4>裂缝.max
视频位置：	视频文件>CH4>4.2 裂缝.mp4
实用指数：	★★★☆☆
技术掌握：	熟练使用“图形合并”命令制作动画

4.2 裂缝 .mp4

"布尔"命令能够对两个或两个以上的对象进行交集、并集和差集的运算，从而对基本几何体进行组合，创建出新的对象形态。但是通过"布尔"命令，也可以"创建"出一些特殊的选区，为后续动画的制作提供便利。下面我们将通过一个实例来为读者讲解这方面的知识。图4-36所示为本实例的最终完成效果。

图4-36

01 打开本书配套素材中的"工程文件>CH4>裂缝>裂缝.max"文件，该场景中已经为模型指定了材质，并设置了灯光，如图4-37所示。

图4-37

02 在场景中选择"裂缝"对象，进入"修改"面板，在"修改器列表"中为其添加"挤出"修改器，然后在"参数"卷展栏中，设置"数量"值为10，接着使用"移动工具"调整其位置，使之与"蛋"对象完全接触，如图4-38和图4-39所示。

图4-38

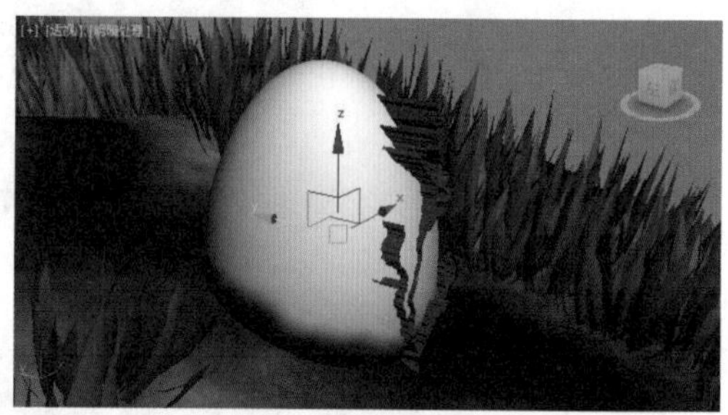

图4-39

技巧与提示

这里一定要让两个物体完全接触，否则后面的布尔运算就不能得到正确的效果。

03 选择"蛋"对象并进入"复合对象"面板，单击"布尔"按钮 布尔 ，然后在"拾取布尔"卷展栏中选择"移动"单选按钮，在"参数"卷展栏中选择"切割"单选按钮，接着单击"拾取操作对象B"按钮 拾取操作对象B ，在场景中拾取"裂缝"对象，如图4-40~图4-41所示。

04 进入"修改"面板，在"修改器列表"中为其添加"编辑多边形"命令，进入"多边形"层级后会发现，"裂缝"对象与"蛋"对象相交的"面"被自动选择了，如图4-42所示。

图4-40

图4-41

05 在“多边形：材质ID”卷展栏中，将选择的“多边形”的ID号设置为3，如图4-43所示。

图4-42

图4-43

技巧与提示

其他的“多边形”默认的材质ID号为2，在这里我们不要随意改动。

06 在“修改器列表”中为“蛋”对象再添加“体积选择”修改器，接着在“参数”卷展栏的“堆栈选择层级”选项组中选中“面”单选按钮，在“选择方式”选项组中选中“长方体”单选按钮，如图4-44所示。

图4-44

07 在动画控制区中单击“自动关键点”按钮自动关键点，进入“自动关键帧”模式，将时间滑块拖动到第100帧，选择“体积选择”修改器的Gizmo子层级，使用“移动工具”将Gizmo对象沿Z轴调整其位置，如图4-45所示。

图4-45

08 单击“自动关键点”按钮自动关键点，退出“自动关键帧”模式，在“修改器列表”中为“蛋”对象再添加“材质”修改器，然后在“参数”卷展栏中设置“材质ID”为1，如图4-46所示。

图4-46

技巧与提示

在这里我们只要不将“材质ID”设置为2或者3，那么将“材质ID”设置为任意数值都可以。

09 在“修改器列表”中为“蛋”对象再添加“体积选择”修改器，接着在“参数”卷展栏的“堆栈选择层级”选项组中选中“面”单选按钮，在“选择方式”选项组中选中“材质ID”单选按钮，并设置“材质ID”为3，如图4-47所示。

图4-47

10 在“修改器列表”中为“蛋”对象再添加“删除网格”修改器，这时拖动时间滑块，会发现“裂缝”会一点一点地往上“蔓延”，如图4-48所示。

图4-48

11 在“修改器列表”中为“蛋”对象再添加“壳”修改器，在“参数”卷展栏中，设置“内部量”值为0.1，“外部量”值为0，如图4-49所示。

图4-49

技巧与提示

添加“壳”修改器可以为对象增加厚度，也可以避免物体产生“镂空”现象，也就是从裂缝中看过去会看不到物体的内壁，反而会看到后面的背景。如果对物体的厚度没有要求，也可以将物体的材质设置为“双面”，也可以避免“镂空”现象的产生，如图4-50所示。

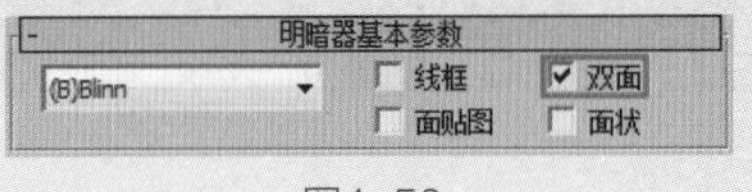

图4-50

12 设置完成后，渲染当前视图，最终效果如图4-51所示。

图4-51

4.3 切割

实例操作：切割	
实例位置：	工程文件>CH4>切割.max

（续表）

视频位置：	视频文件>CH4>4.3 切割.mp4
实用指数：	★★☆☆☆
技术掌握：	熟练使用ProBoolean命令制作动画

4.3 切割.mp4

ProBoolean是3ds Max 9.0版本时新增的一个工具，在3ds Max 9.0之前，ProBoolean是作为3ds Max的一个布尔运算插件存在的，名字叫作PowerBoolean（超级布尔运算）。在3ds Max 9.0的时候，ProBoolean被植入到了软件中，成为软件自带的一个工具，可见ProBoolean的重要作用。ProBoolean与早期的“布尔”运算工具相比更有优势，甚至可以完全取代传统的布尔运算工具，下面我们将使用ProBoolean来模拟制作一个“激光”切割物体的动画效果。图4-52所示为本实例的最终完成效果。

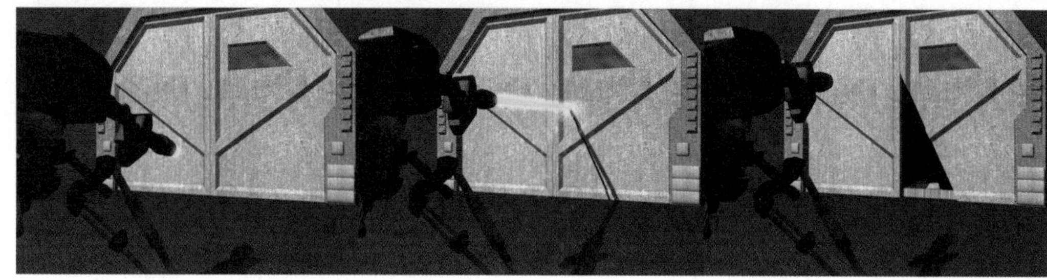

图4-52

01 打开本书配套素材中的“工程文件>CH4>切割>切割.max”文件，该场景中已经制作了“激光”的动画，并使用“粒子”模拟了激光切割物体时产生的火花效果，如图4-53所示。

02 在“顶”视图中创建一个“长方体”设置“长方体”的“长度”值为30，“宽度”值为3，“高度”值为215，接着使用“旋转工具”将“长方体”对象沿Y轴旋转-25度，并使用“移动工具”调整其位置，最后将其命名为“切割器”，如图4-54所示。

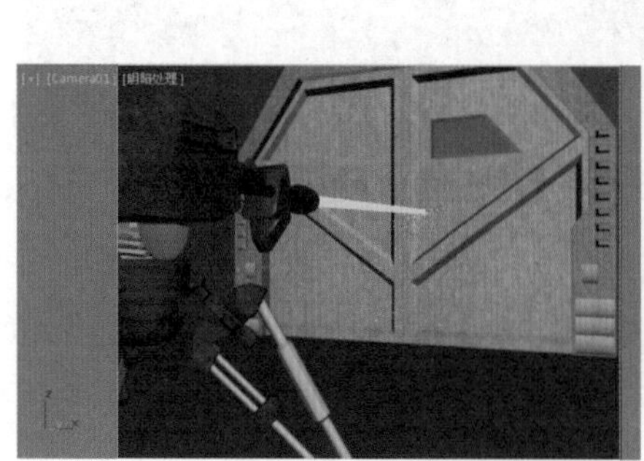

图4-53

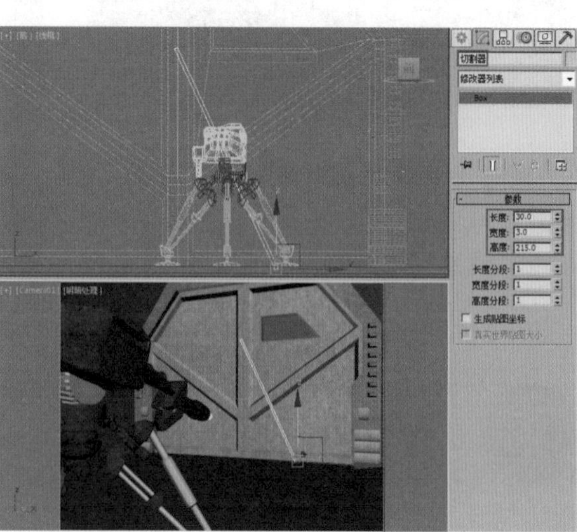

图4-54

技巧与提示

在本例中，“长方体”的宽度要与“激光”的粗细差不多，还有旋转的角度要与“激光”的运动方向相匹配。另外，“长方体”的高度一定要比“门”的两端长一些，如图4-55所示。

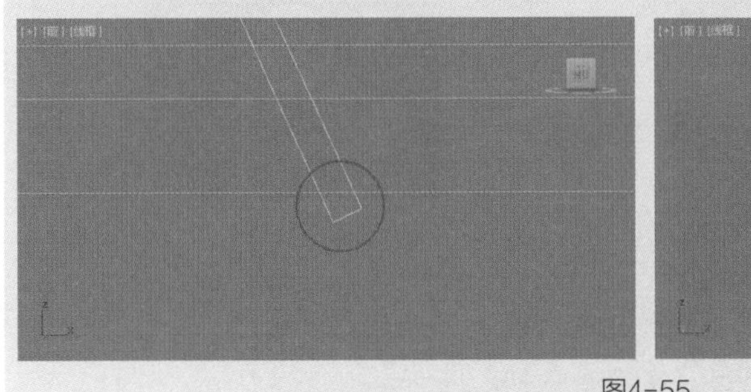

图4-55

03 选择“门”对象，进入“复合对象”面板，单击ProBoolean按钮 ProBoolean ，在“拾取布尔对象”卷展栏中，单击“开始拾取”按钮 开始拾取 ，然后在视图中单击“切割器”对象，如图4-56~图4-57所示。

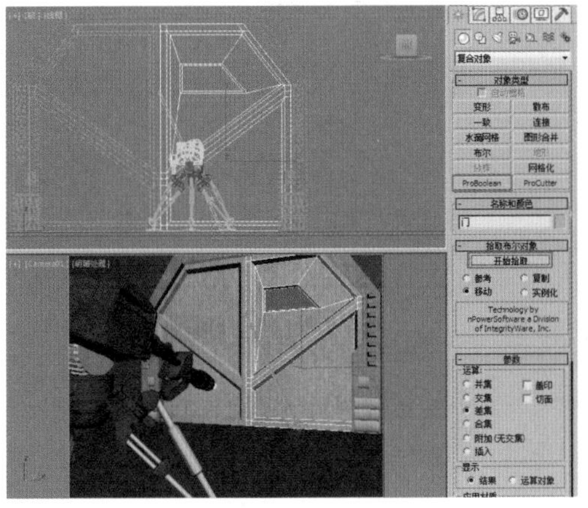

图4-56

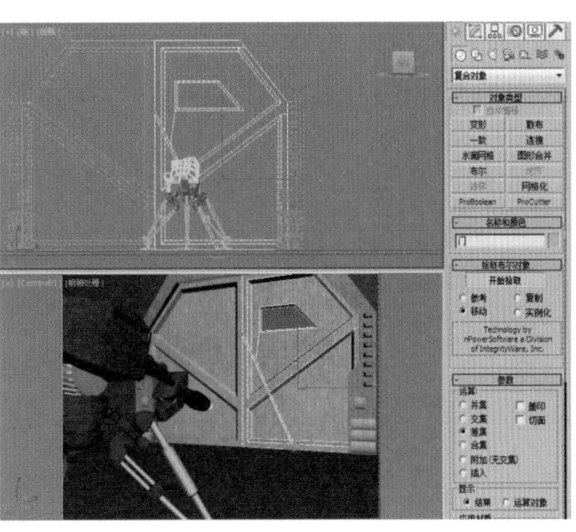

图4-57

04 进入“修改”面板，在“参数”卷展栏中单击“1：差集-切割器”，这时“长方体”对象的创建参数又出现在“修改器列表中”，如图4-58所示。

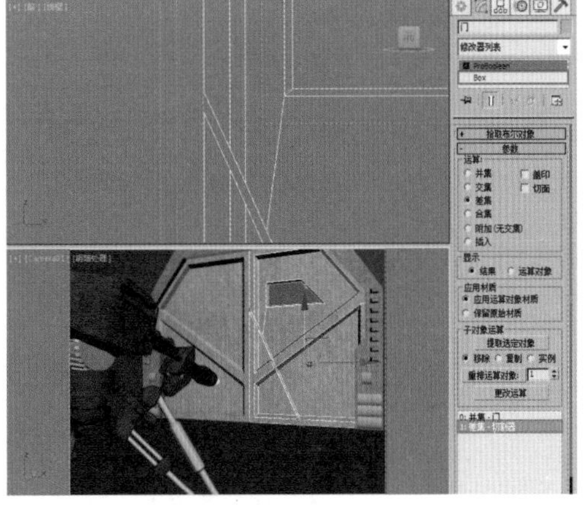

图4-58

05 在动画控制区中单击“自动关键点”按钮自动关键点，进入“自动关键帧”模式，将时间滑块拖动到第100帧，在“修改器列表”中选择“长方体”，然后按住键盘上的Shift键，在“高度”参数的微调器上单击鼠标右键，如图4-59所示。

图4-59

06 将时间滑块移动到第0帧，然后将“高度”值设为0，接着将第0帧的关键帧移动到第15帧，如图4-60和图4-61所示。

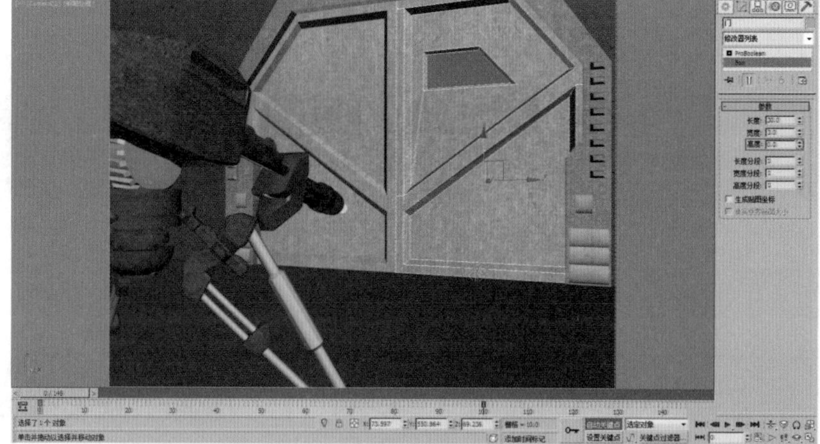

图4-60

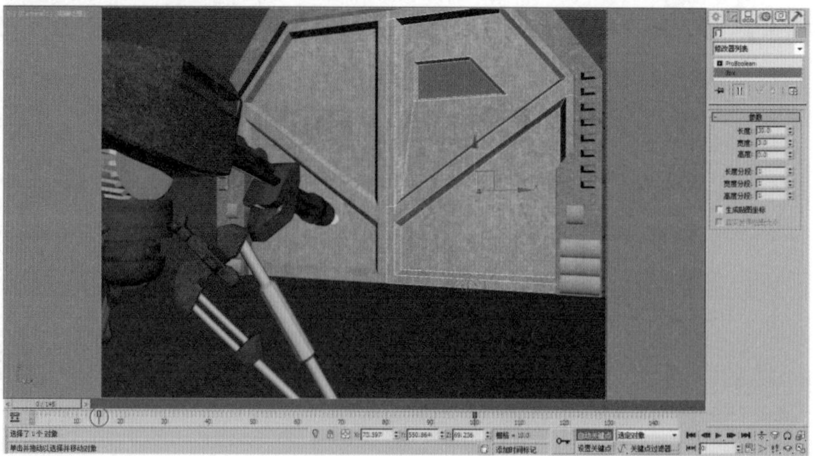

图4-61

技巧与提示

如果“激光”与“门”的切割动画没有匹配得很到位，还可以继续调节两个关键帧的起始和结束位置，以更好地匹配两段动画。

07 选择“门”对象，按键盘上的Ctrl+V快捷键原地复制一个，得到“门001”对象，如图4-62所示。

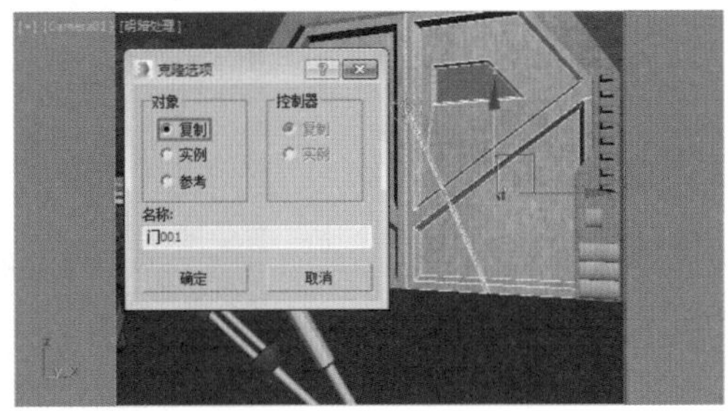

图4-62

08 将“门001”对象转换为“可编辑的多边形”，进入“修改”面板，在“元素”级别下选择图4-63所示的“元素”，然后在“编辑几何体”卷展栏中单击“分离”按钮 分离 ，在弹出的“分离”对话框中将其命名为“碎片”。

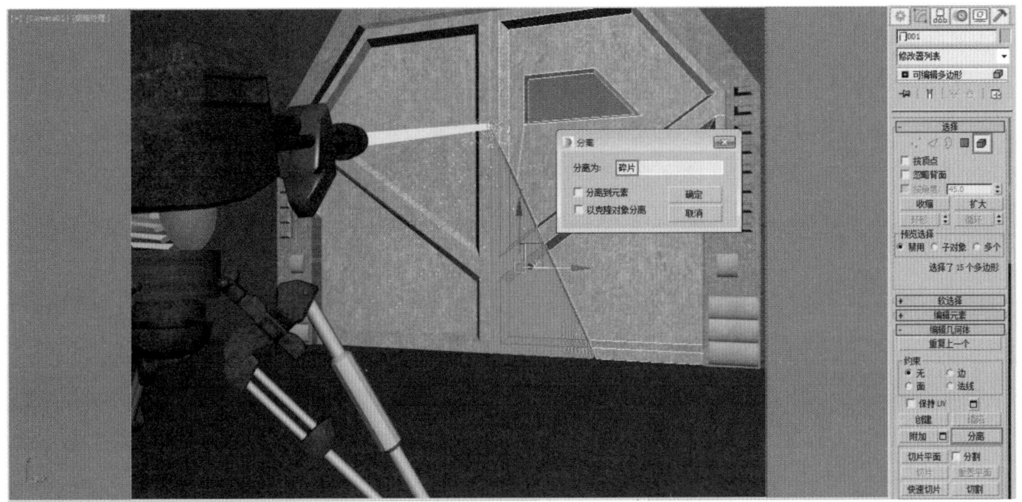

图4-63

09 选择“碎片”对象，进入“层级”面板，单击“仅影响轴”按钮 仅影响轴 ，然后使用“移动工具”调整轴心的位置，如图4-64所示。

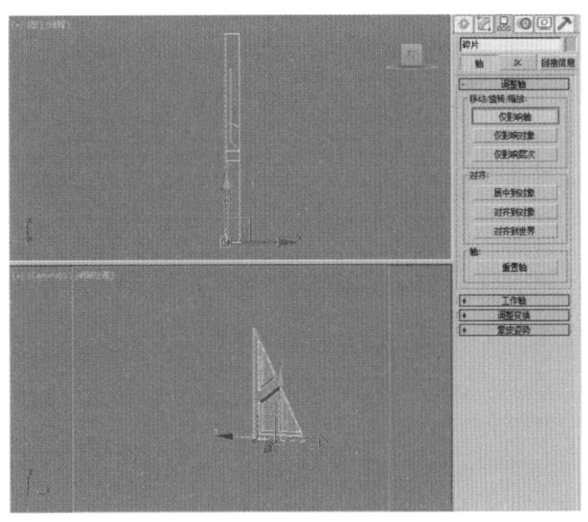

图4-64

10 选择“门”对象，在动画控制区中单击“自动关键点”按钮 自动关键点 ，进入“自动关键帧”模式，将时间滑块拖动到第100帧，打开“对象属性”对话框，在“常规”

选项卡的“渲染控制”选项组中，设置“可见性”值为0，如图4-65和图4-66所示。

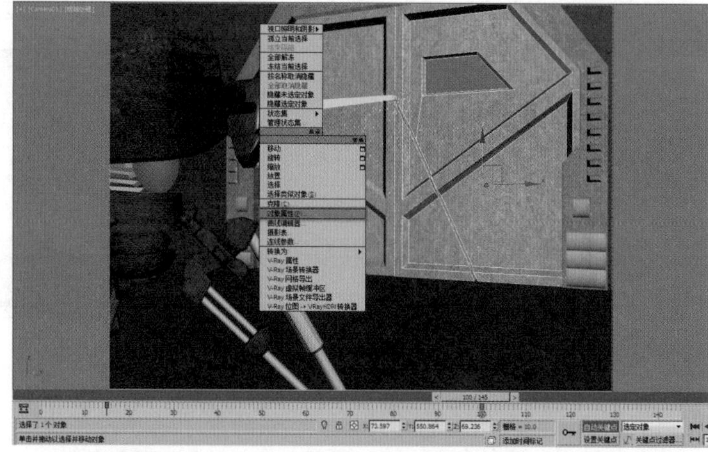

图4-65

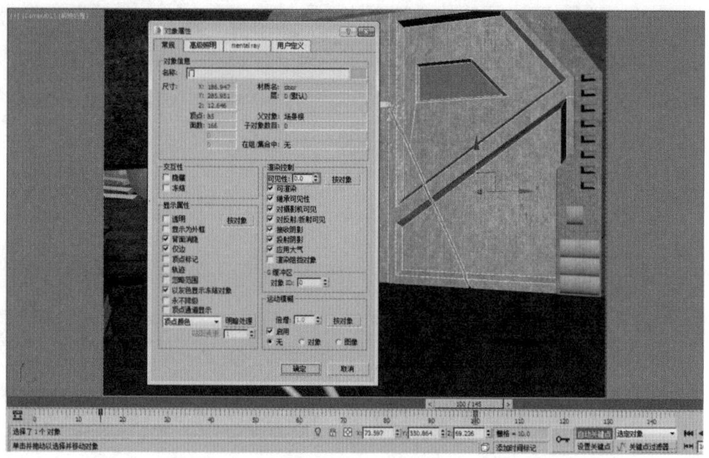

图4-66

11 打开“曲线编辑器”，将“可见性”轨迹第0帧的关键帧移动到第99帧，如图4-67和图4-68所示。

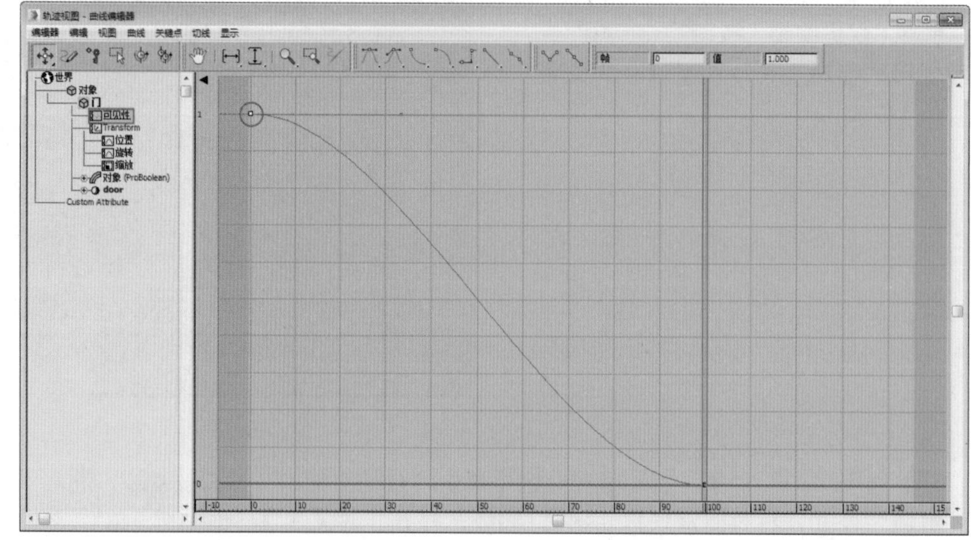

图4-67

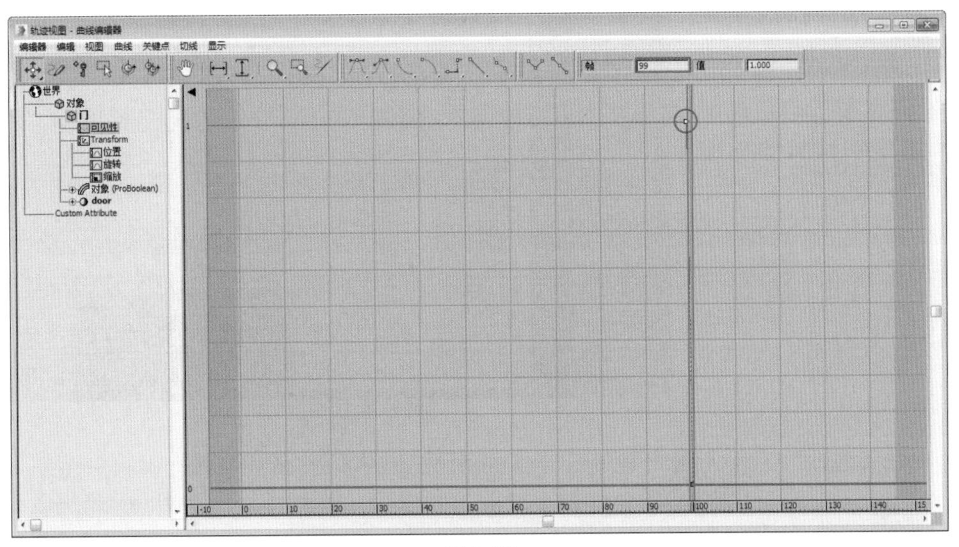

图4-68

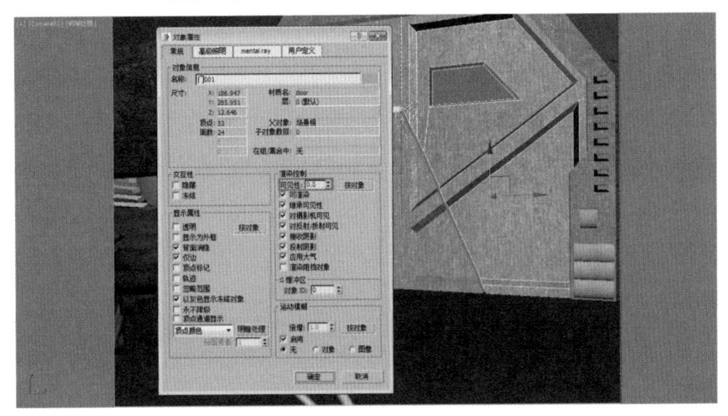

12 选择“门001”对象，将时间滑块拖动到第99帧，打开“对象属性”对话框，在“常规”选项卡的“渲染控制”选项组中，设置“可见性”值为0，如图4-69所示。

图4-69

13 打开“曲线编辑器”，将“可见性”轨迹第0帧的关键帧移动到第100帧，如图4-70所示。

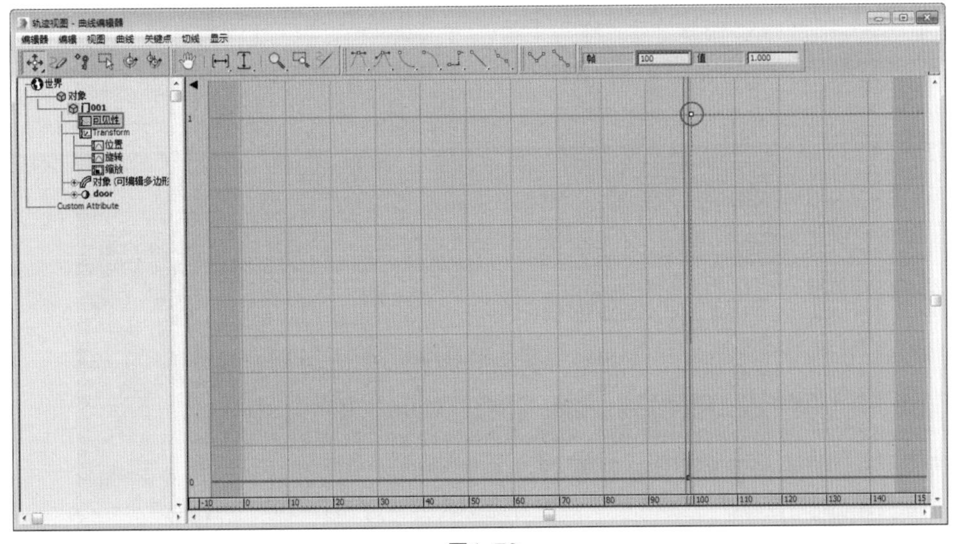

图4-70

14 选择“碎片”对象，对其也进行与“门001”对象相同的动画设置，如图4-71和图4-72所示。

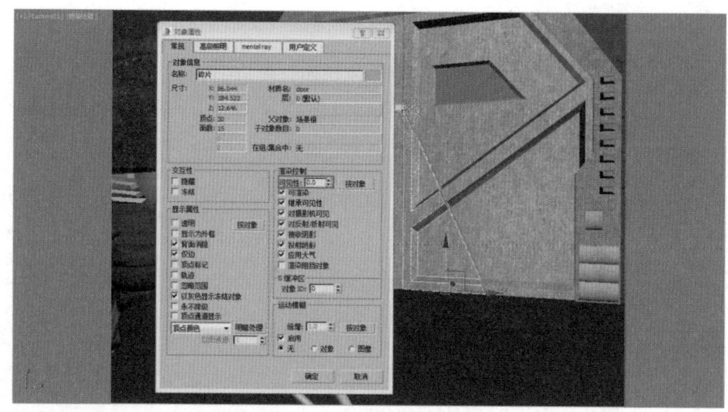

图4-71

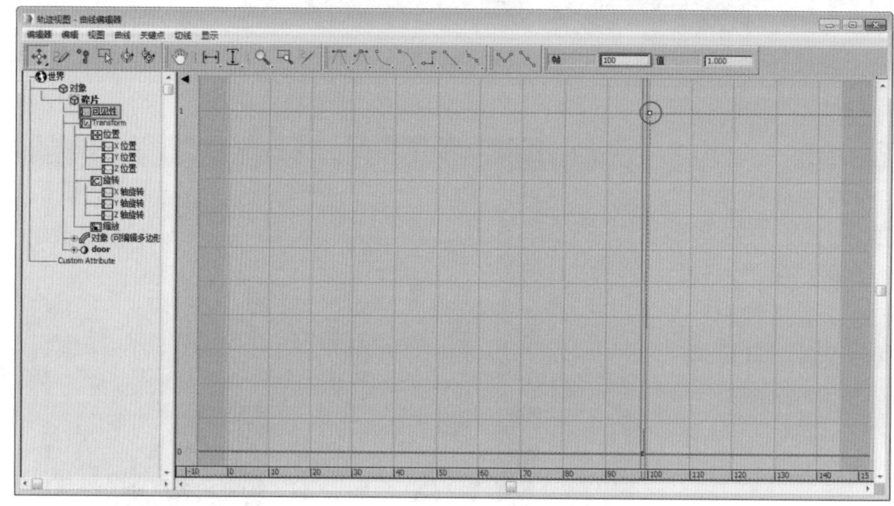

图4-72

15 保持“碎片”对象为选择状态，将时间滑块拖动到第105帧，然后在时间滑块上单击鼠标右键，在弹出的“创建关键点”对话框中，只勾选“旋转”复选框，设置完成后单击“确定”按钮，如图4-73所示。

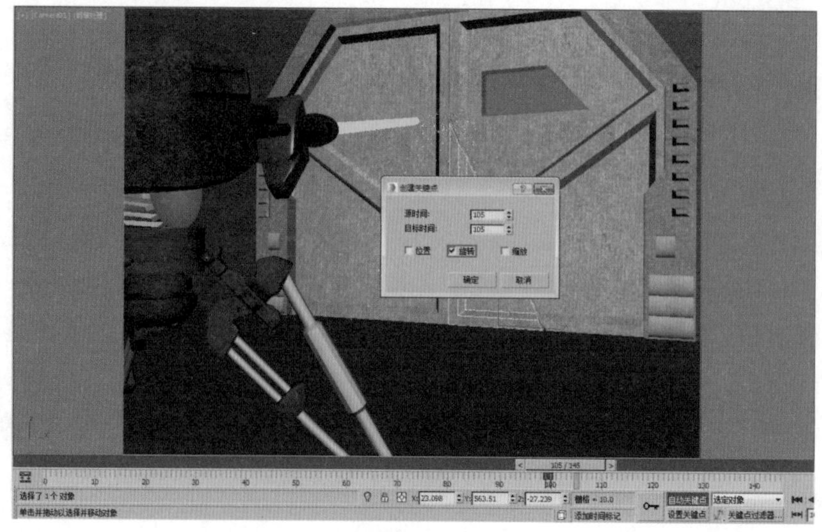

图4-73

16 将时间滑块拖动到第115帧，使用“旋转工具”将其沿X轴旋转-90度，如图4-74所示。

17 将时间滑块移动到第120帧，使用“旋转工具”将其沿X轴旋转30度，如图4-75所示。

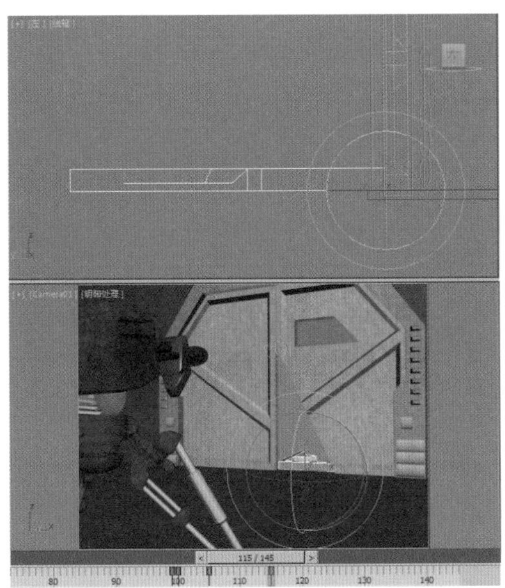

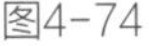
图4-74

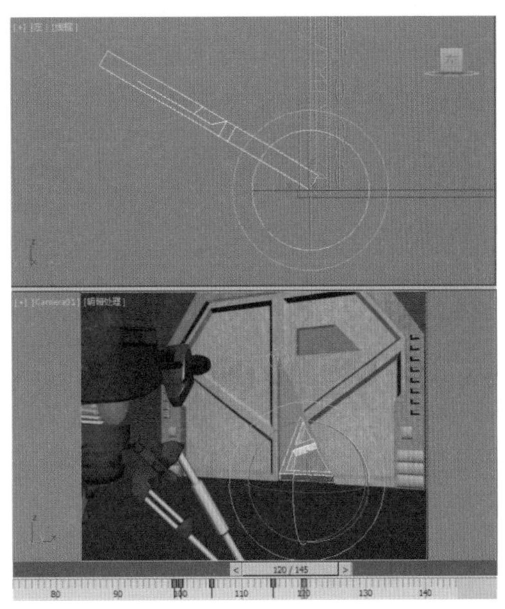

图4-75

18 将时间滑块移动到第124帧，使用“旋转工具”将其沿X轴旋转-30度，如图4-76所示。

19 将时间滑块移动到第128帧，使用“旋转工具”将其沿X轴旋转10度，如图4-77所示。

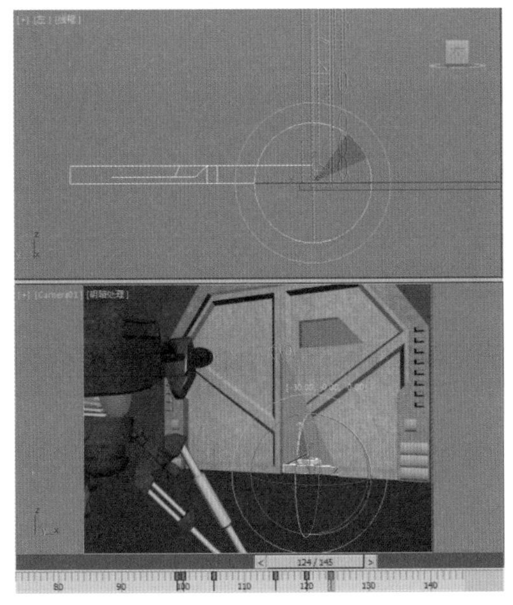

图4-76

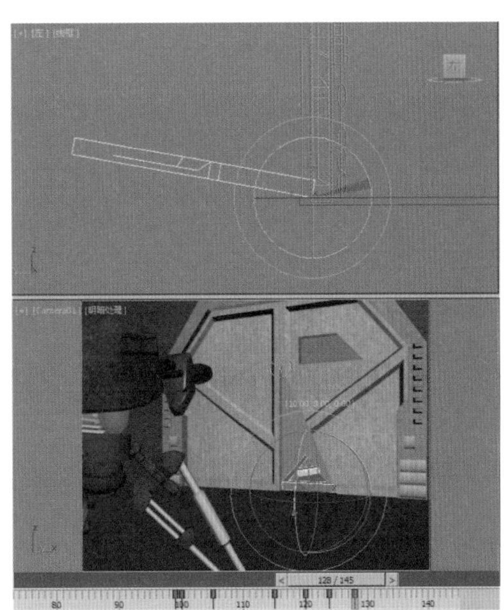

图4-77

20 将时间滑块移动到第131帧，使用“旋转工具”将其沿X轴旋转-10度，如图4-78所示。

21 将时间滑块移动到第134帧，使用“旋转工具”将其沿X轴旋转5度，如图4-79所示。

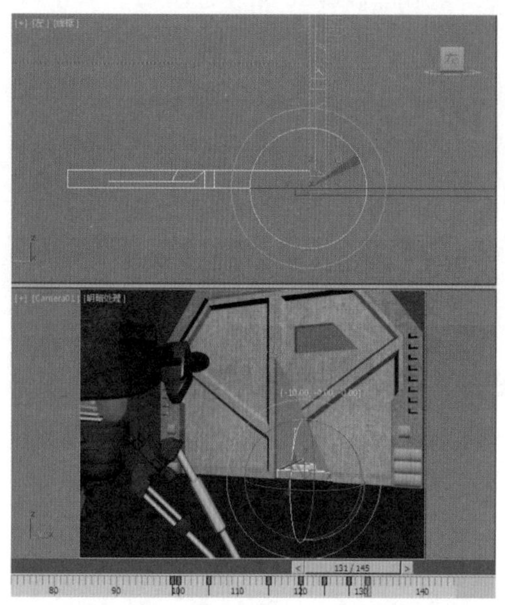
图4-78

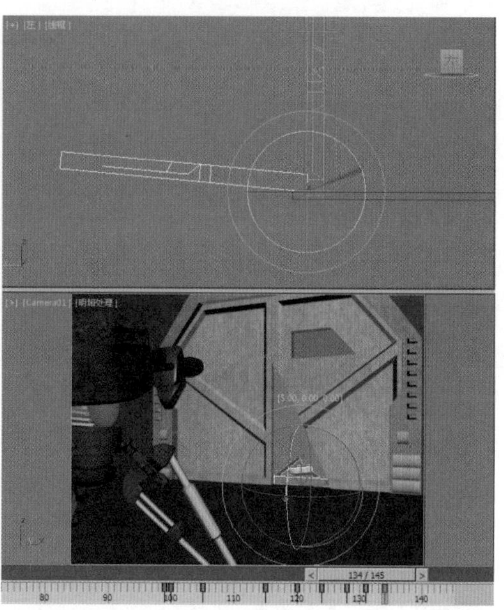
图4-79

22 将时间滑块移动到第136帧，使用“旋转工具”将其沿X轴旋转-5度，如图4-80所示。

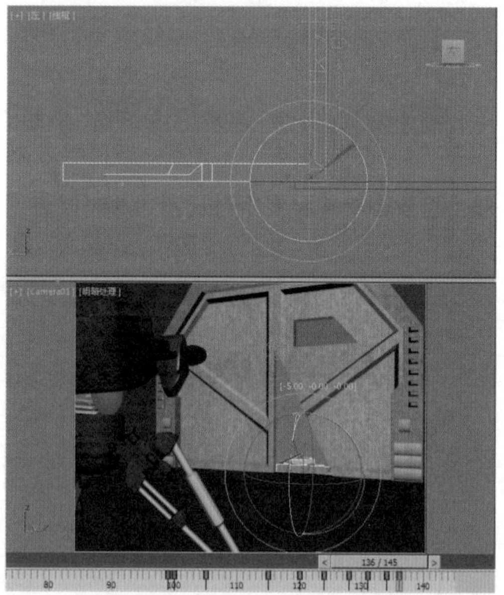
图4-80

23 打开“曲线编辑器”，在“X轴旋转”轨迹中选择图4-81所示的关键帧，然后单击工具栏上的“将切线设置为快速”按钮，如图4-82所示。

24 设置完成后，渲染当前视图，最终效果如图4-83所示。

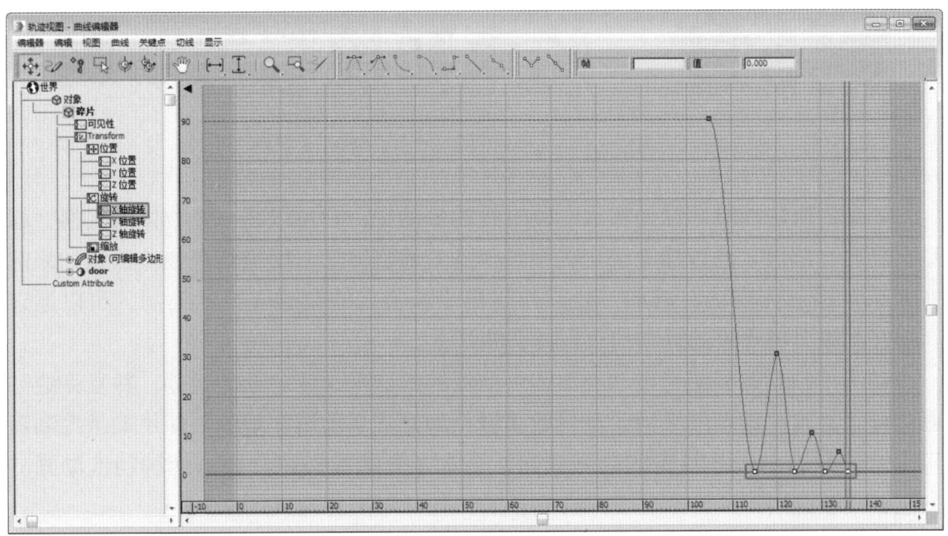

图4-81

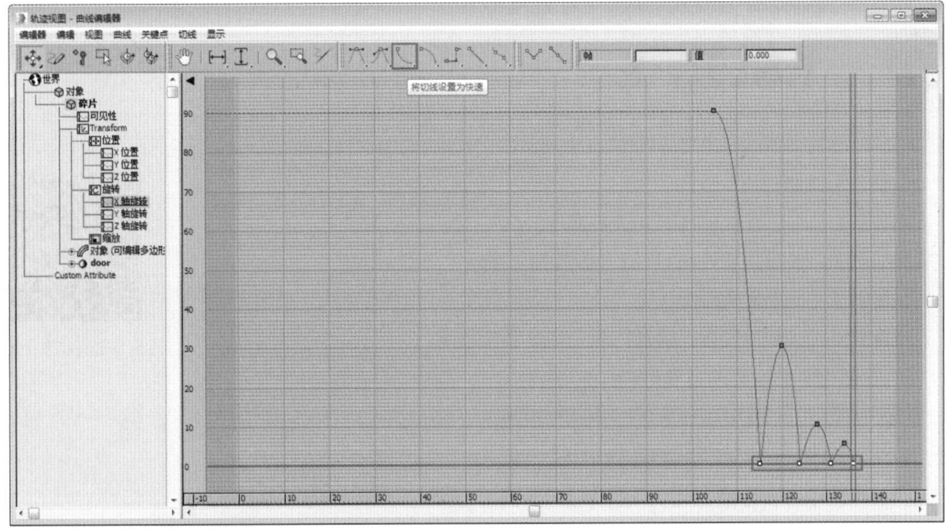

图4-82

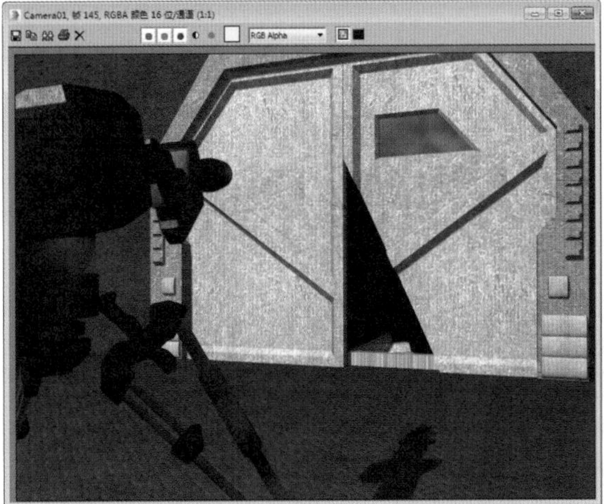

图4-83

第5章 约束和控制器动画

动画约束功能能够帮助实现动画过程的自动化，它可以将一个物体的变换（移动、旋转、缩放）通过建立绑定关系约束到其他物体上，使被约束物体按照约束的方式或范围进行运动。例如，要制作飞机沿着特定的轨迹飞行的动画，可以通过“路径约束”将飞机的运动约束到样条曲线上。

动画控制器能够使用在动画数据中插值的方法来改变对象的运动，并且完成动画的设置，这些动画效果用手动设置关键点的方法是很难实现的，使用动画控制器可以快速制作出一些特定的动画动作。从本章开始我们将介绍这两种制作动画的方法。

5.1 飞机起飞

实例操作：飞机起飞	
实例位置：	工程文件>CH5>飞机起飞.max
视频位置：	视频文件>CH5>5.1 飞机起飞.mp4
实用指数：	★★★☆☆
技术掌握：	熟练使用“路径约束”命令制作动画

5.1 飞机起飞 .mp4

“路径约束”控制器是一个用途非常广泛的动画控制器，它可以使物体沿一条样条曲线或多条样条曲线之间的平均距离运动，如图5-1所示。

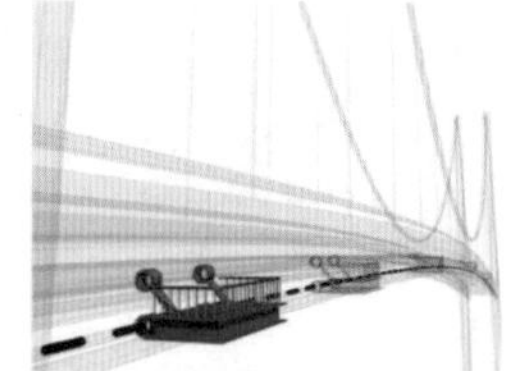

图5-1

“路径约束”控制器通常用来制作比如飞机沿特定路线飞行、汽车按特定的路线行驶，或者建筑漫游动画中，设置摄影机按特定的路线在小区楼盘中穿梭等。接下来将通过一组实例操作，为读者讲解“路径约束”控制器的一些用法，图5-2所示为本实例的最终完成效果。

图5-2

01 打开本书配套素材中的“工程文件>CH5>飞机起飞>飞机起飞.max”文件，该场景中已经为物体指定了材质，并设置了灯光，如图5-3所示。

图5-3

02 在“辅助对象”面板，单击“点”按钮，在透视图中创建一个“点”辅助物体，勾选“交叉”和“长方体”复选框，并设置“大小”值为3，然后使用“对齐工具”将其与飞机进行位置对齐，如图5-4和图5-5所示。

图5-4

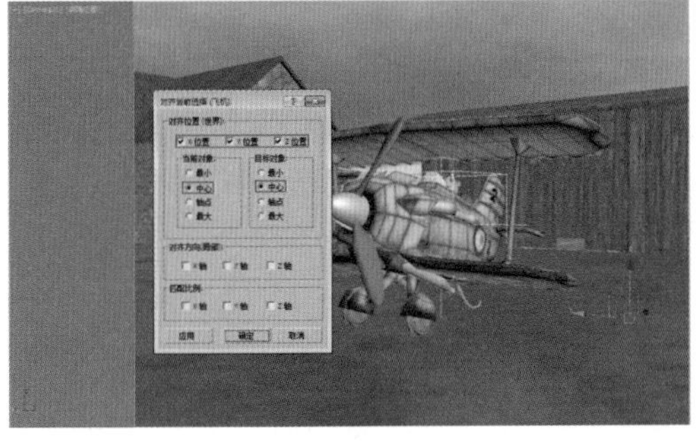

图5-5

03 在场景中选择“飞机”对象，使用“链接工具”将飞机链接到“点”辅助物体上，然后选择“点”辅助物体，执行菜单“动画>约束>路径约束”命令，接着到场景中拾取“路径”对象，如图5-6和图5-7所示。

图5-6

图5-7

04 使用“移动工具”调整飞机的位置，使其不要起地面“穿插”，然后进入“运动”面板，在“路径参数”卷展栏中，勾选“跟随”复选框，接着在“轴”选项组中勾选“翻转”复选框，如图5-8所示。

图5-8

05 使用“移动工具”调整飞机的位置，使其不要起地面“穿插”，然后进入“运动”面板，在“路径参数”卷展栏中，勾选“跟随”复选框，接着在“轴”选项组中勾选“翻转”复选框，如图5-9和图5-10所示。

图5-9

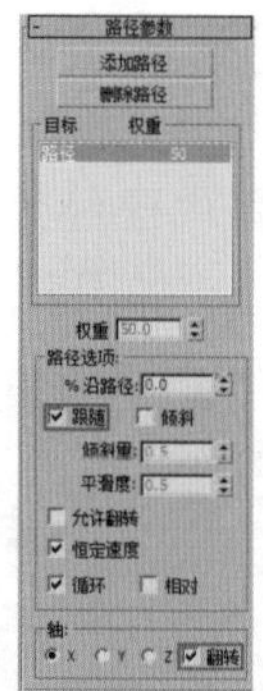

图5-10

技巧与提示

在实际制作中，如果勾选“跟随”复选框后发现方向不正确，可以在“轴”选项组中更改对齐的轴向。

06 打开“曲线编辑器”选择“百分比”，将第0帧的关键帧移动到第160帧，然后在“百分比”项目上单击鼠标右键，在弹出的菜单中选择“指定控制器”选项，在弹出的“指定浮点控制器”对话框中选择“Bezier浮点”，如图5-11和图5-12所示。

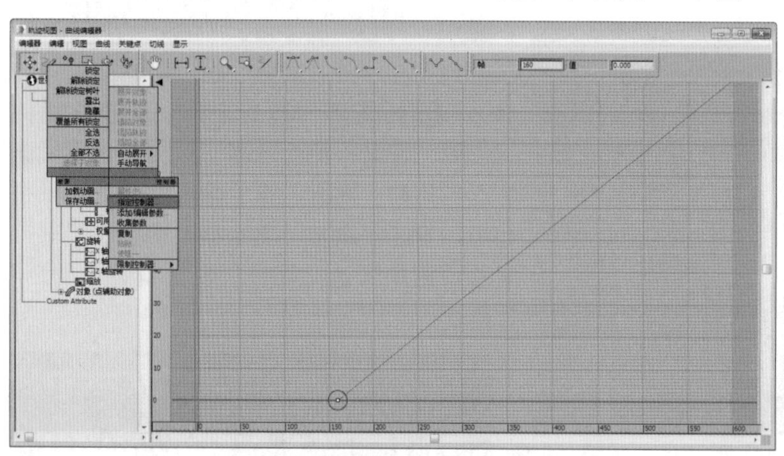

图5-11

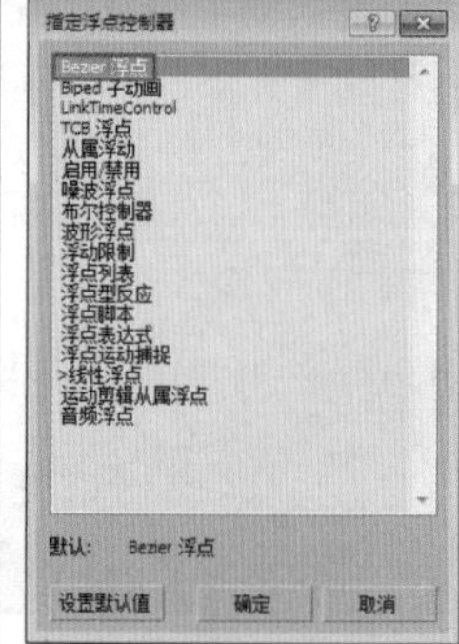

图5-12

技巧与提示

“路径约束”控制器的“百分比”数值默认的控制器为“线性浮点”控制器，也就是物体的路径动画只能是匀速的，但是只要把控制器更改为“Bezier浮点”，就可以调节物体的加速或减速运动了。

07 调节最后一个关键帧的手柄，将其设置为一个“加速”状态，如图5-13所示。

08 在场景中选择“螺旋桨”对象，按住键盘上的Alt键，并单击鼠标右键，在弹出的菜单中选择“局部”命令，然后在动画控制区中单击“自动关键点”按钮自动关键点，进入“自动关键帧”模式，将时间滑块拖动到第10帧，接着将“螺旋桨”对象沿自身的X轴旋转60度，如图5-14和图5-15所示。

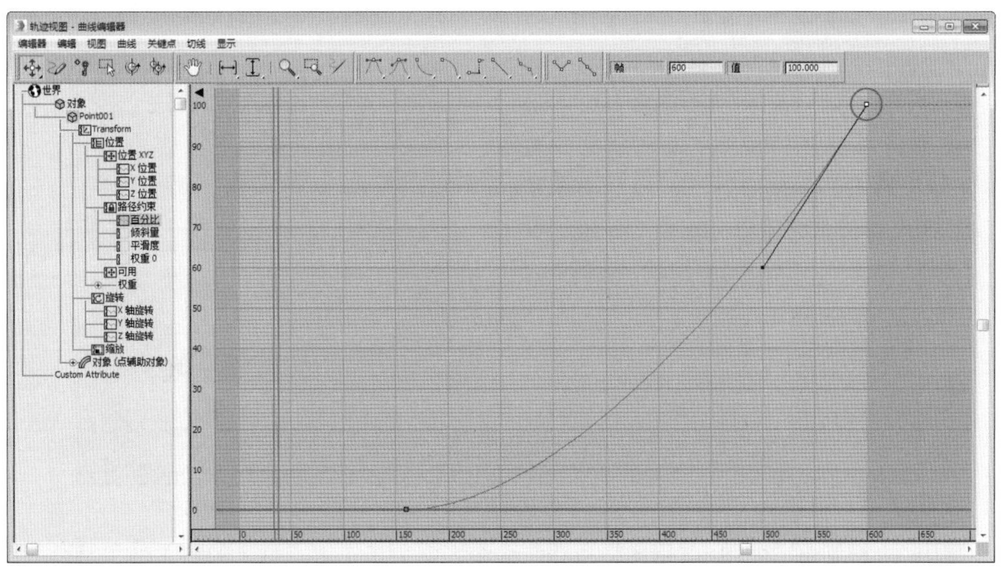

图5-13

图5-14

图5-15

09 打开“曲线编辑器”，选择“X轴旋转”的两个关键点，然后单击工具栏上的“将切线设置为线性”按钮，接着执行菜单“编辑>控制器>超出范围类型”命令，在弹出的菜单中将动画曲线的出点设置为“相对重复”，如图5-16~图5-18所示。

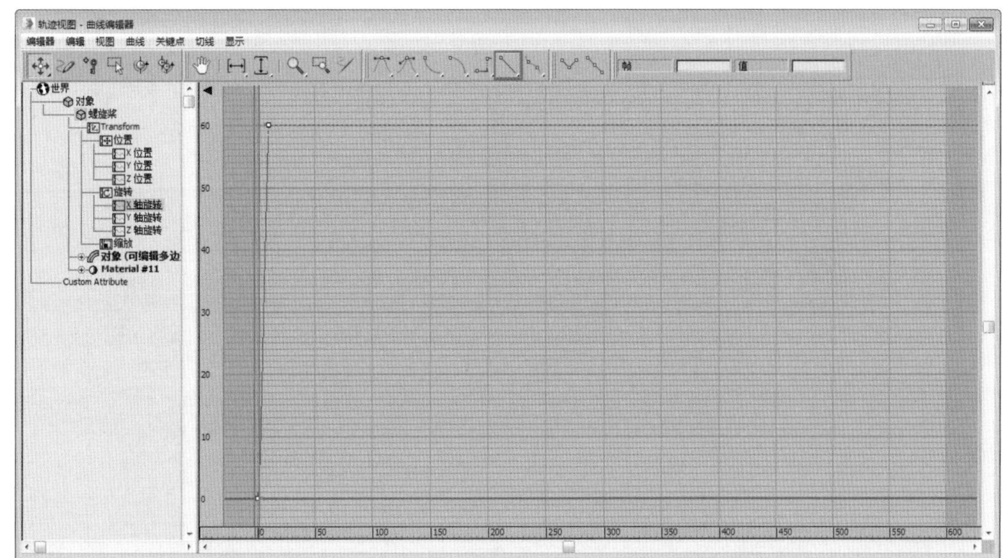

图5-16

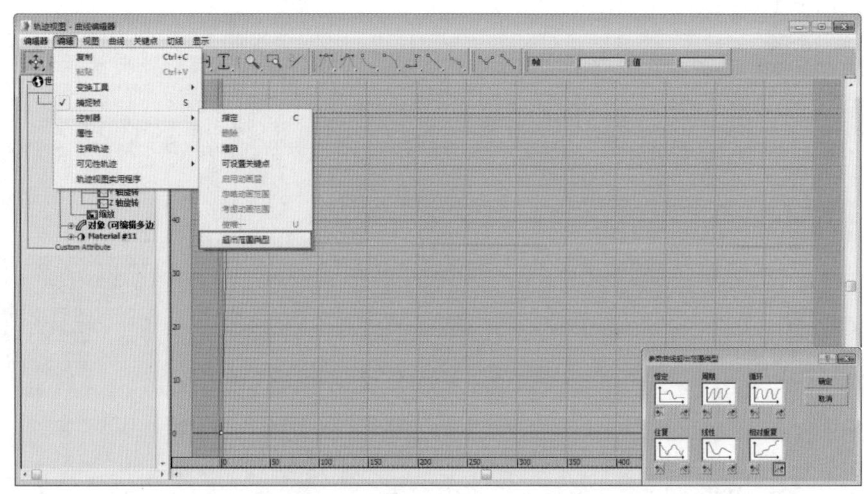

图5-17　　　　　　　　　　图5-18

10 执行菜单“曲线>应用增强曲线”命令，然后单击工具栏上的“添加关键点”按钮，在“增加曲线”的第90帧和第120帧处各添加一个关键点，如图5-19和图5-20所示。

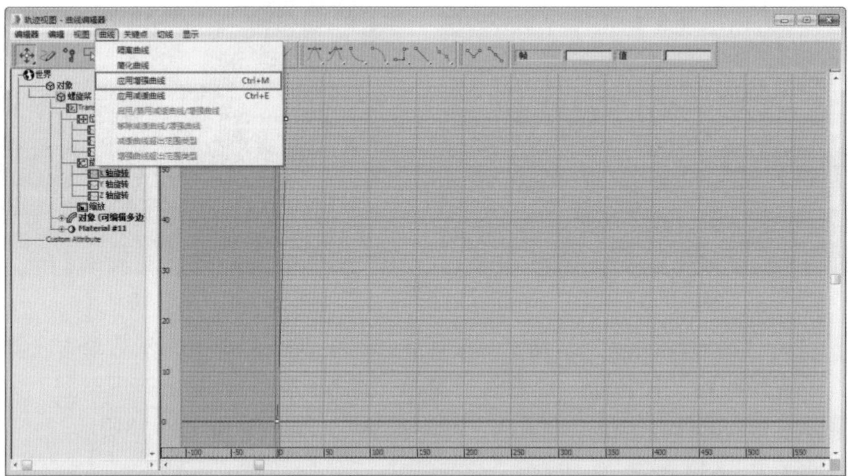

图5-19

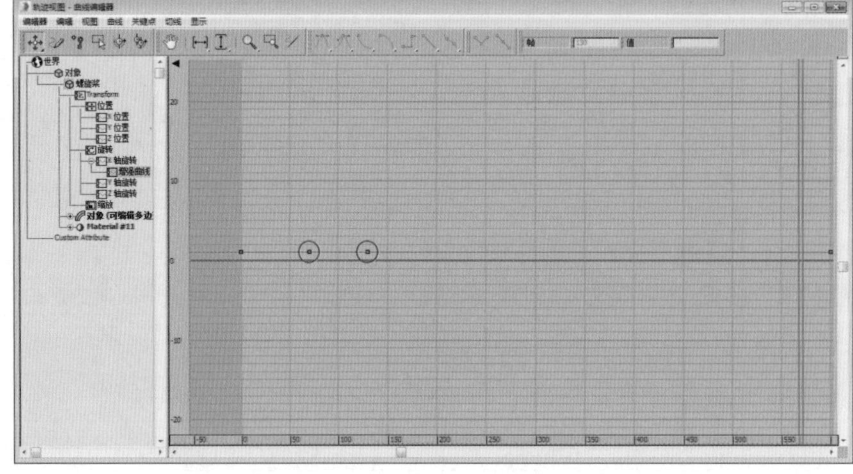

图5-20

11 将第0帧的关键帧移动到第10帧，并将其值设置为0，将第70帧的关键帧数值设置为0.5，将第130帧的关键帧数值设置为2，将第600帧的关键帧数值设置为30，并将第600帧的关键帧设置为“线性”，设置完成后动画曲线如图5-21所示。

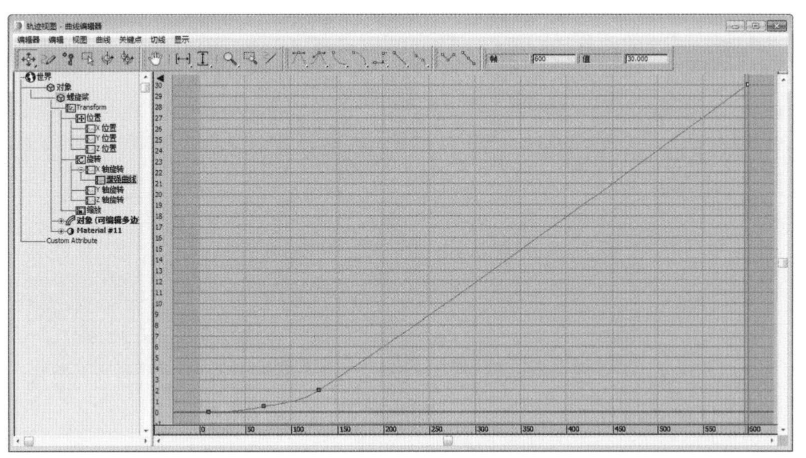

图5-21

12 选择“飞机”对象，进入“层次”面板，在“调整轴”卷展栏中单击“仅影响轴”按钮 仅影响轴 ，然后使用“移动工具”调整轴心到轮子的中心处，如图5-22所示。

图5-22

13 打开“曲线编辑器”，在“Y轴旋转”动画曲线上，使用“添加关键点”工具，在第210帧、第370帧、第440帧和第600帧处添加4个关键点，如图5-23所示。

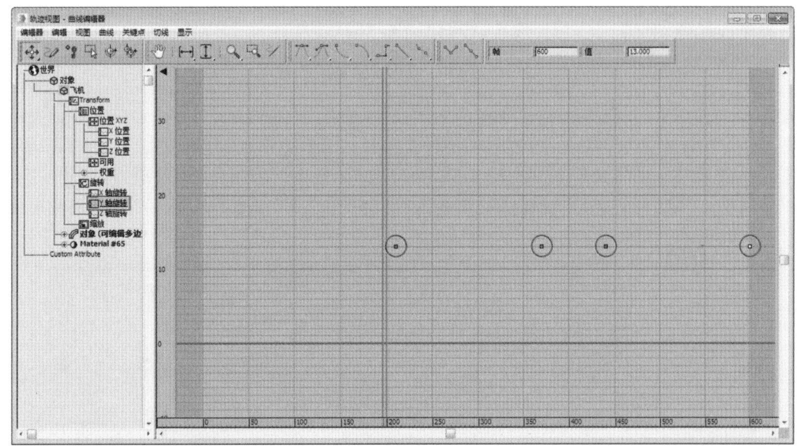

图5-23

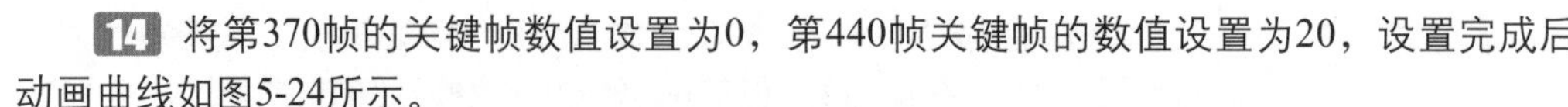

14 将第370帧的关键帧数值设置为0，第440帧关键帧的数值设置为20，设置完成后动画曲线如图5-24所示。

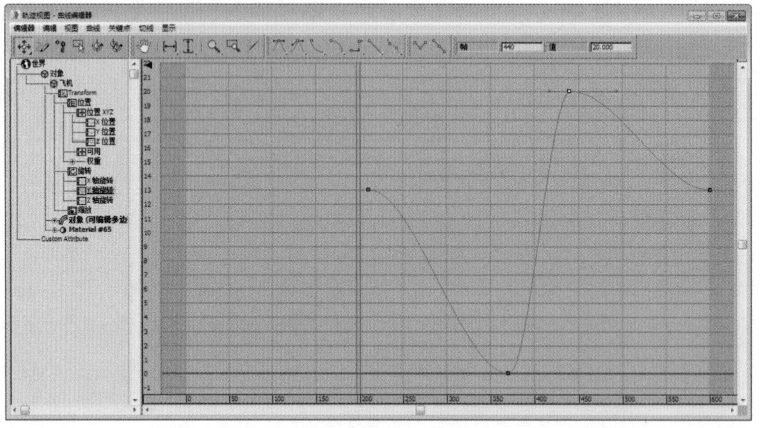

图5-24

15 在场景中选择“点”辅助物体，并打开“曲线编辑器”，在“X轴旋转”动画曲线上，分别在第400帧、第450帧、第520帧和第600帧添加4个关键点，如图5-25所示。

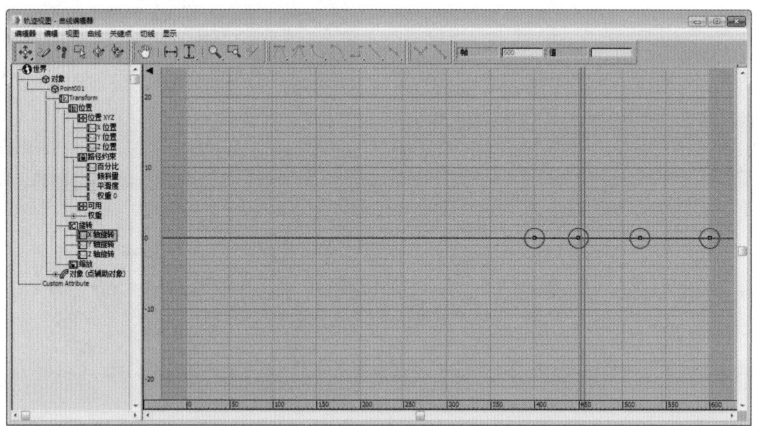

图5-25

16 将第450帧的关键帧数值设置为-35，第520帧关键帧的数值设置为45，设置完成后动画曲线如图5-26所示。

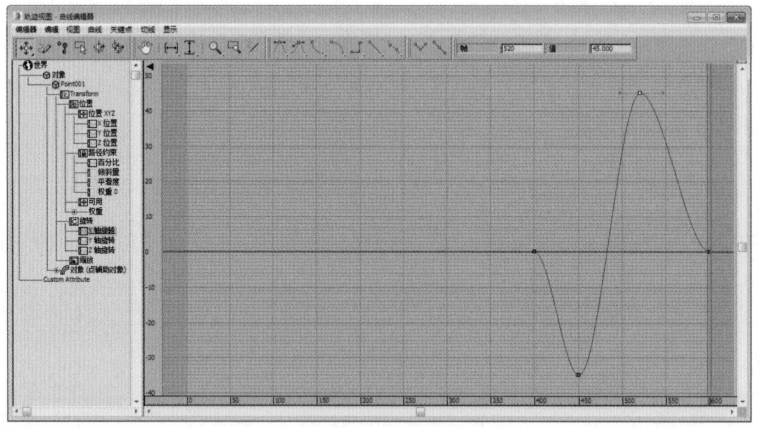

图5-26

17 设置完成后，渲染当前视图，最终效果如图5-27所示。

图5-27

5.2 拎箱子

实例操作：人物拎包	
实例位置：	工程文件>CH5>拎箱子.max
视频位置：	视频文件>CH5>5.2 拎箱子.mp4
实用指数：	★★★☆☆
技术掌握：	熟练使用“链接约束”命令制作动画

5.2 拎箱子.mp4

我们知道如果使用“选择并链接”工具将两个物体进行父子链接，那么这个子对象只能继承这一个父对象的运动，但如果使用“链接约束”控制器，就可以使对象在不同的时间继承不同的父对象的运动，简单的例子就是把左手的球交到右手，如图5-28所示。

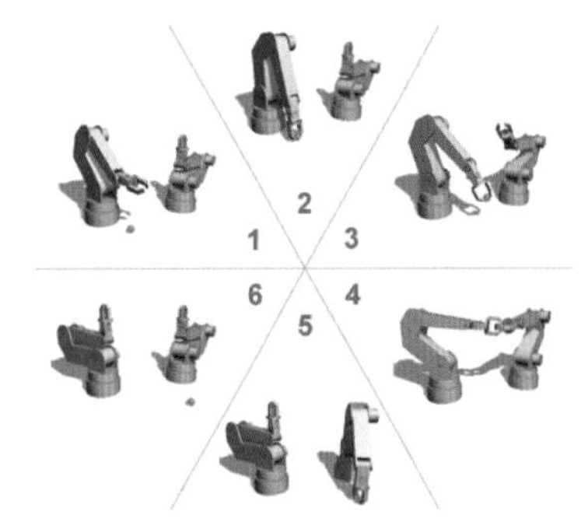

图5-28

下面我们将通过一个实例来为读者讲解这方面的知识。图5-29所示为本实例的最终完成效果。

图5-29

01 打开本书配套素材中的“工程文件>CH5>拎箱子>拎箱子.max”文件，该场景中已经为模型指定了材质，并设置了灯光，如图5-30所示。

02 在“辅助物体”面板中，单击“点”按钮 点 ，在“前”视图中创建一个“点”辅助物体，如图5-31所示。

图5-30

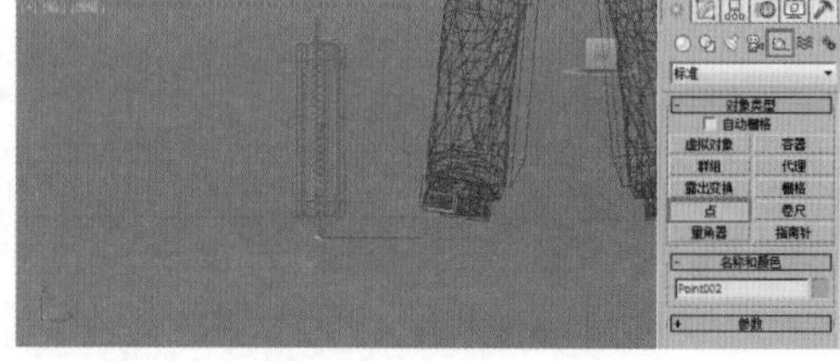
图5-31

03 进入“修改”面板，在“参数”卷展栏中勾选“长方体”复选框，设置“大小”值为300，然后使用“移动工具”调整“点”辅助物体的位置到箱子的底部，接着使用“链接工具”将“箱子”对象链接到“点”辅助物体上，如图5-32和图5-33所示。

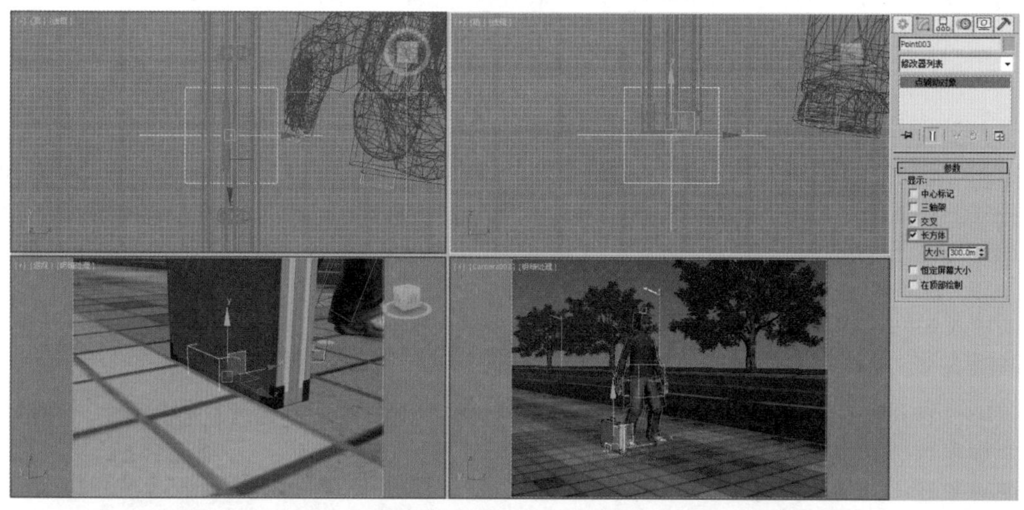
图5-32

技巧与提示

无论人物提起还是放下箱子，箱子都会以底部的某个点为轴心发生旋转，故在此我们将“点”辅助物体放在箱子的底部。

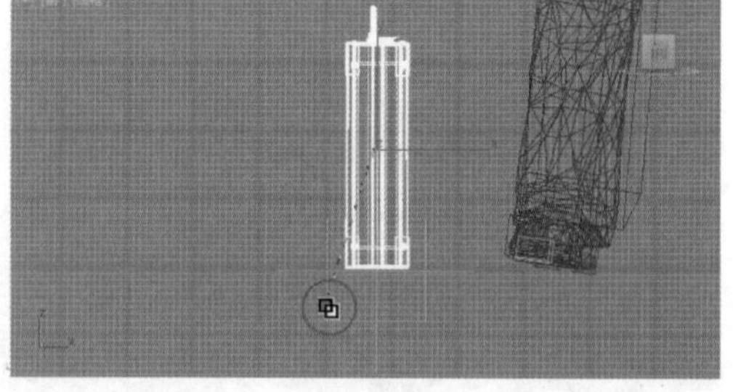
图5-33

04 选择“点”辅助物体，并进入“运动”面板，在“指定控制器”卷展栏中单击“Transform：位置/旋转/缩放”命令，然后单击“指定控制器”按钮，在弹出的“指定变换控制器”对话框中，选择“链接约束”选项并单击“确定”按钮，如图5-34所示。

05 将时间滑块拖动到第0帧，然后在“链接参数”卷展栏中，单击“链接到世界”按钮 链接到世界 ，如图5-35所示。

06 将时间滑块拖动到第49帧，当人物用手握住箱子“把手”时，在“链接参数”卷展栏中单击“添加链接”按钮 添加链接 ，然后视图中选择人物的手部骨骼Bip01 R Hand，如图5-36所示。

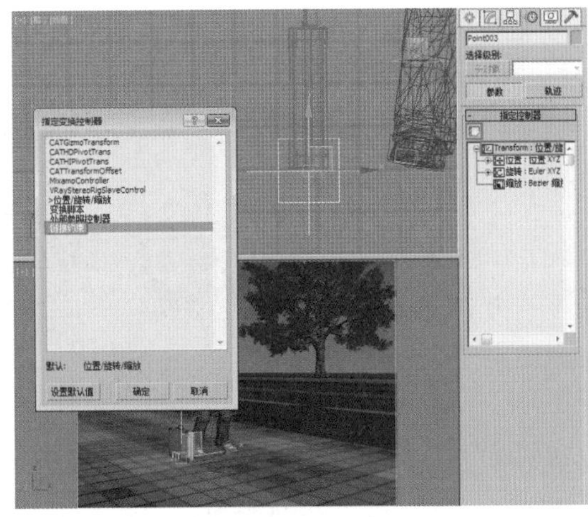

图5-34

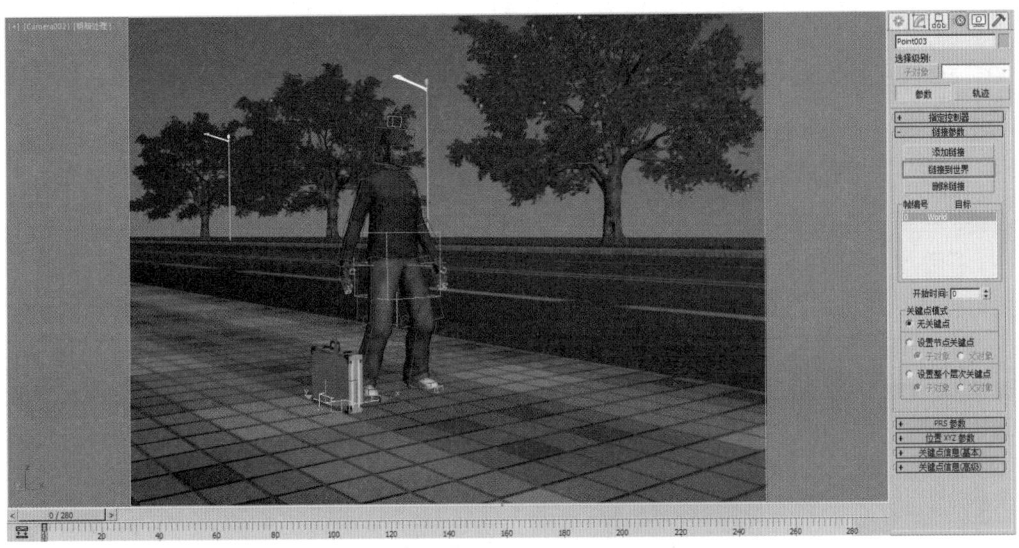

图5-35

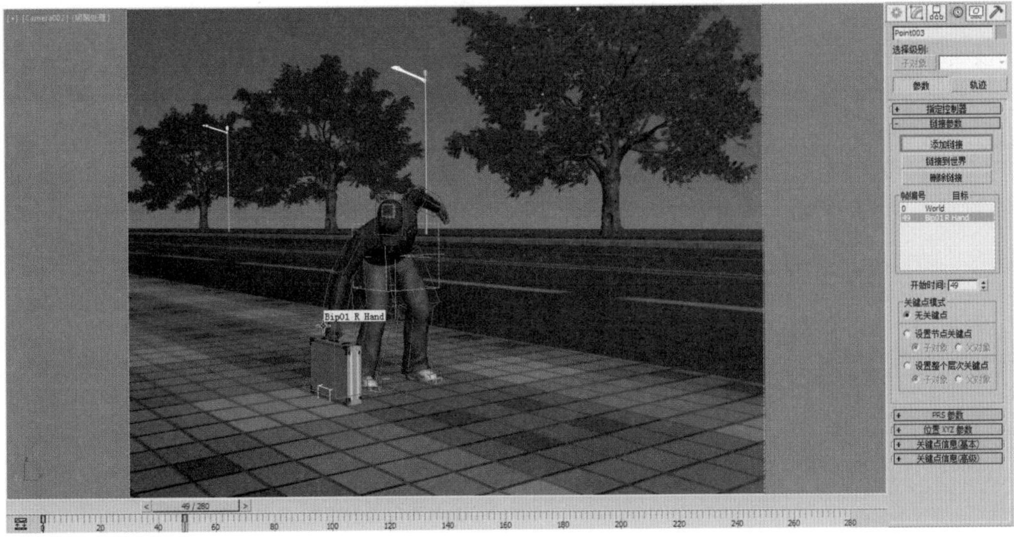

图5-36

第5章 约束和控制器动画

07 将时间滑块拖动到第211帧，当人物放下箱子并与地面接触时，单击“链接到世界”按钮 链接到世界 ，如图5-37所示。

图5-37

08 保持“点”辅助对象为选择状态，时间停留在第211帧，这时在时间滑块上单击鼠标右键，在弹出的“创建关键点”对话框中，勾选“位置”和“旋转”复选框，如图5-38所示。

09 在动画控制区中单击“自动关键点”按钮 自动关键点 ，进入“自动关键帧”模式，将时间滑块拖动到第213帧，使用“移动”和“旋转工具”调整“点”辅助物体的位置和角度，使其平整地放在地面上，如图5-39所示。

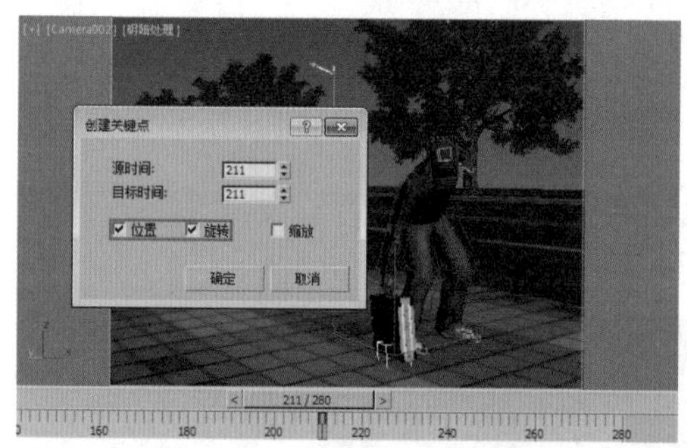

图5-38

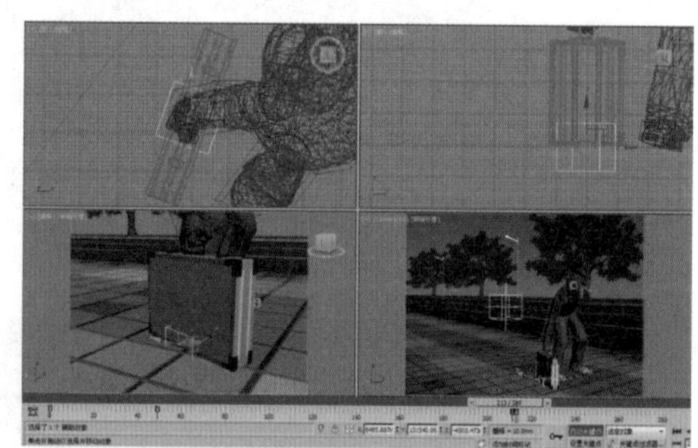

图5-39

10 设置完成后，渲染当前视图，最终效果如图5-40所示。

图5-40

5.3 注视

实例操作：注视	
实例位置：	工程文件>CH5>注视.max
视频位置：	视频文件>CH5>5.3 注视.mp4
实用指数：	★★★☆☆
技术掌握：	熟练使用“注视约束”命令制作动画

5.3 注视 .mp4

“注视约束”控制器可以用于约束一个物体的方向，使该物体总是注视着目标物体，如图5-41所示。

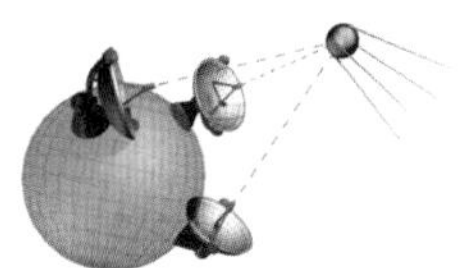
图5-41

在角色动画制作中，通常使用这种约束来制作眼球的转动动画，将眼球模型约束到正前方的辅助体上，用辅助体的移动来制作眼球的转动动画。还可以将摄影机注视约束到运动的物体上，实现追踪拍摄的动画效果；将聚光灯的目标点注视约束到运动的物体上，可以制作舞台追光灯的效果。图5-42所示为本实例的最终完成效果。

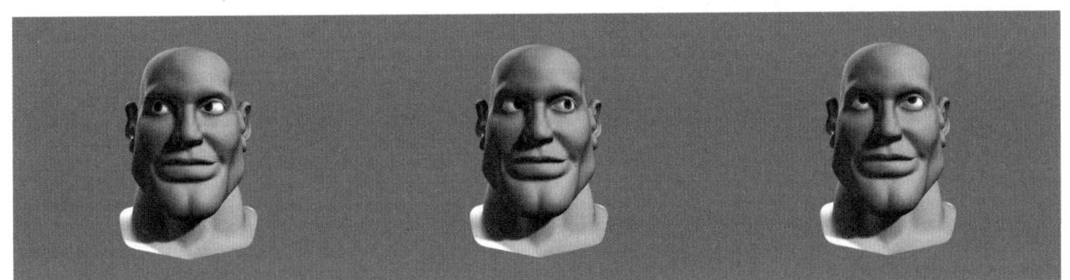
图5-42

01 打开本书配套素材中的“工程文件>CH5>注视>注视.max”文件，场景中有一个人物“头部”对象和2个“点”辅助体对象，如图5-43所示。

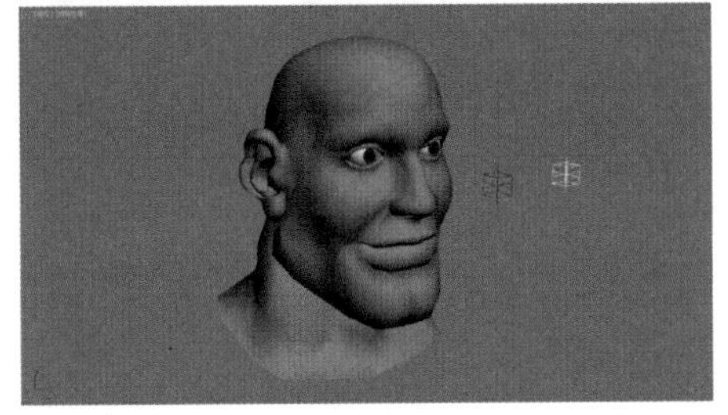
图5-43

02 选择角色的右眼球，然后执行菜单“动画>约束>注视约束”命令，再到场景中拾取红色的“点01”对象，如图5-44和图5-45所示。

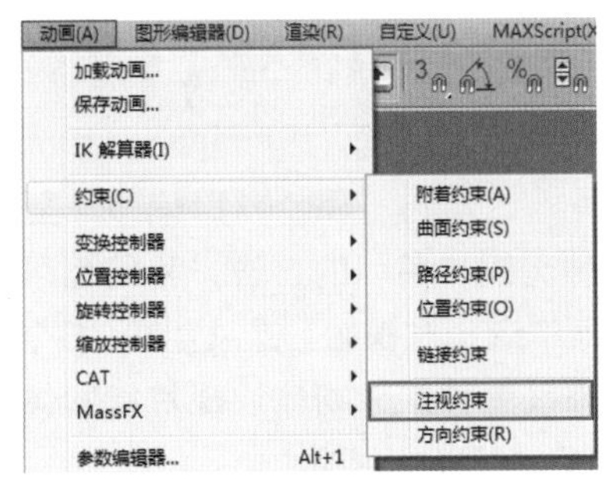

图5-44

03 这时眼球与“点01”之间出现了一条浅蓝色的线，并且眼球的方向发生了翻转，如图5-46所示。

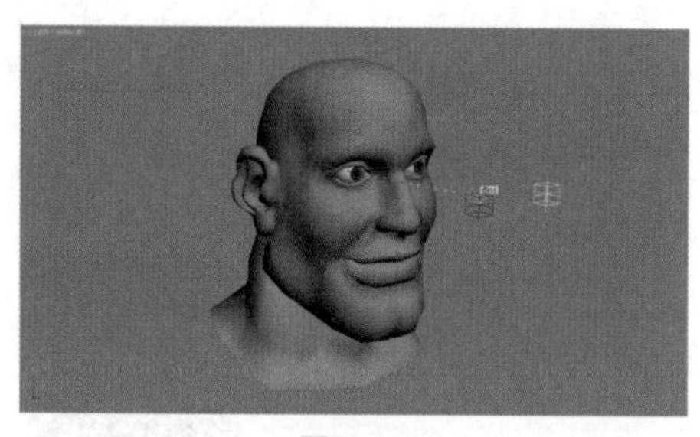
图5-45

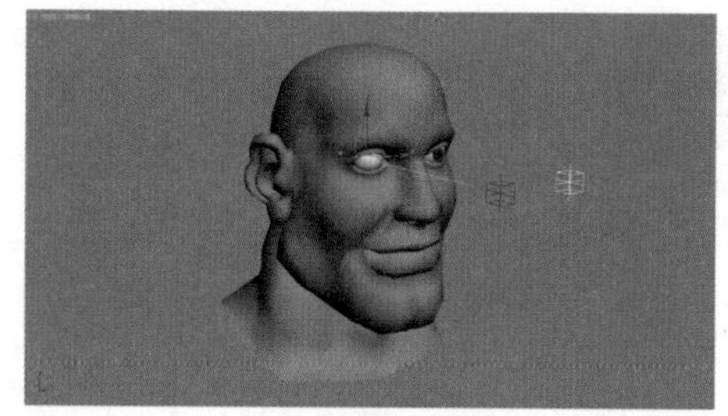
图5-46

04 进入"运动"命令面板，在"PRS参数"卷展栏中单击"旋转"按钮 旋转 ，进入物体的旋转层，这时"注视约束"的参数出现在了下方，在"注视约束"卷展栏中勾选"保持初始偏移"复选框，让眼球保持最初的旋转角度，这样眼球的方向就正确了，如图5-47所示。

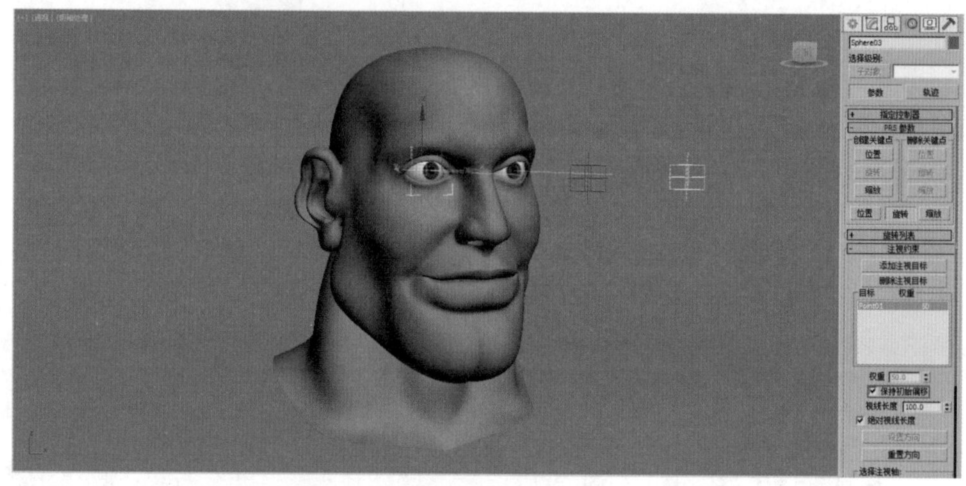
图5-47

技巧与提示

"注视约束"还有"方向约束"是针对对象的"旋转"进行约束，所以参数是在"运动"命令面板的"旋转"层中，其他5种约束是针对对象的"位置"进行约束，所以参数是在"运动"命令面板的"位置"层中。

另外，勾选"保持初始偏移"复选框是一种比较"懒"的方法，我们也可以通过下面"选择注视轴"选项组中的3个单选按钮来设置被约束物体注视目标物体的坐标轴向，如图5-48所示。

选择注视轴:
X Y Z 翻转

图5-48

05 设置完成后，移动"点01"对象，发现眼球可以一直注视着"点01"对象了，如图5-49所示。

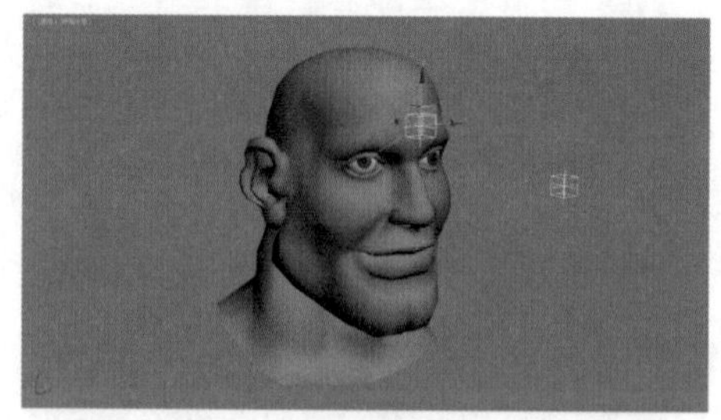
图5-49

06 用同样的方法，将角色的左眼球注视约束到黄色的"点02"对象上，这样就可以用2个不同的点辅助对象控制角色的2 个眼球的转动了，如图5-50所示。

07 为了操作方便，我们可以将两个点辅助对象父子链接到一个总的控制对象上，这样移动1个控制对象就可同时转动角色的两个眼睛，如图5-51所示。

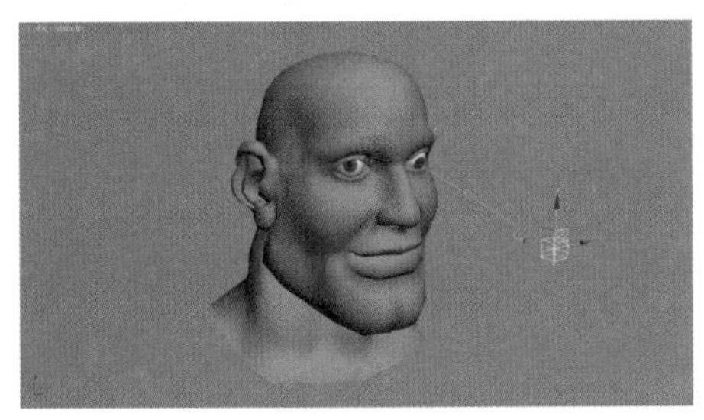

图5-50

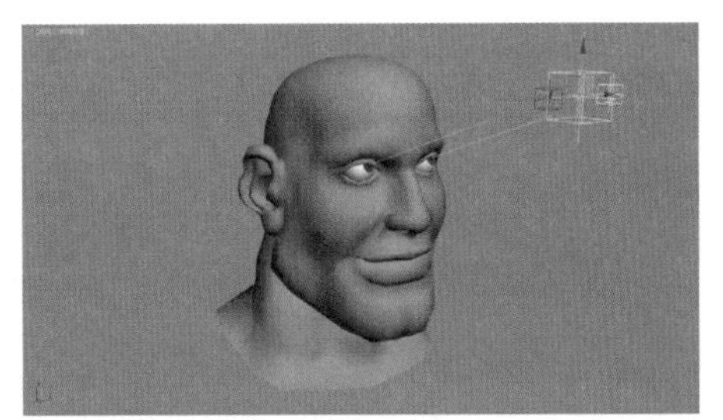

图5-51

08 设置完成后，渲染当前视图，最终效果如图5-52所示。

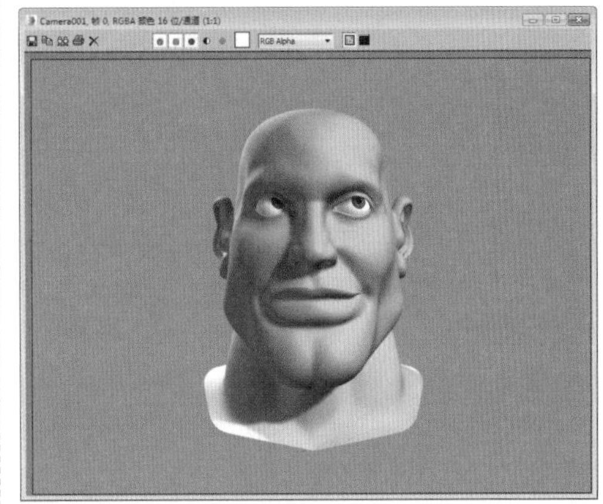

图5-52

5.4 遮阳板

实例操作：遮阳板	
实例位置：	工程文件>CH5>遮阳板.max
视频位置：	视频文件>CH5>5.4 遮阳板.mp4
实用指数：	★★☆☆☆
技术掌握：	熟练使用“方向约束”命令制作动画

5.4 遮阳板 .mp4

“方向约束”控制器可以将物体的旋转方向约束在一个物体或几个物体的平均方向，如图5-53所示。

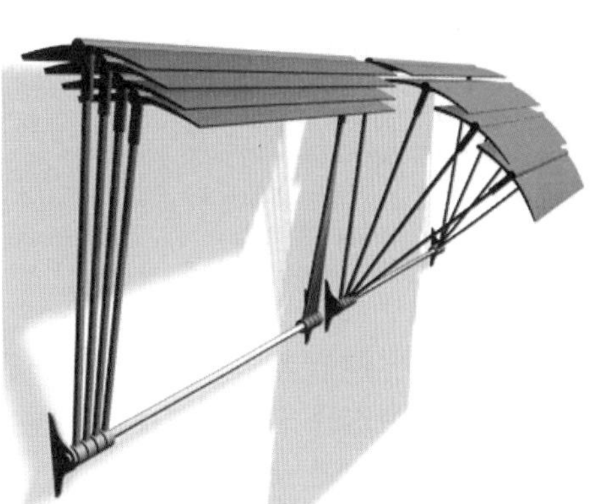

图5-53

在本实例中我们将使用“方向约束”控制器来制作一个“遮阳板”的动画效果，图5-54所示为本实例的最终渲染效果。

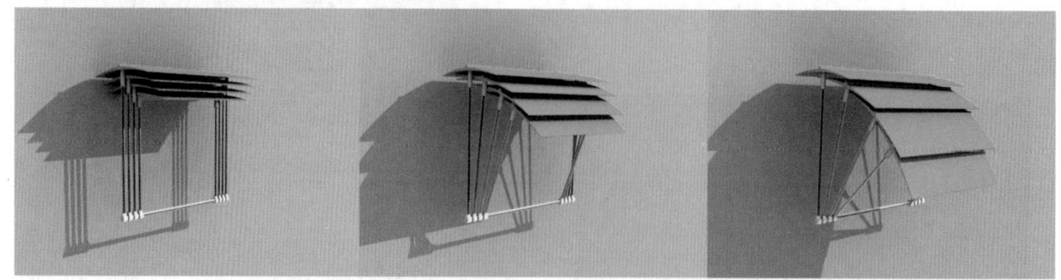
图5-54

01 打开本书配套素材中的“工程文件>CH5>方向约束>方向约束.max”文件，场景中有一套“遮阳板”模型，并且与4个“点”辅助对象已经指定了父子链接，如图5-55所示。

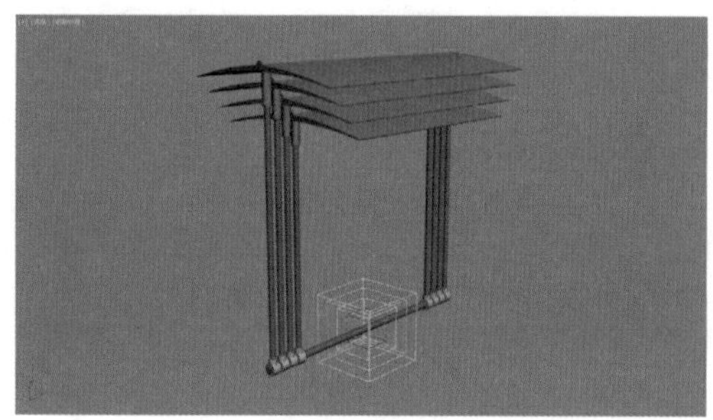
图5-55

02 激活“自动关键点”动画记录按钮自动关键点，拖动时间滑块到第50帧，分别将红色和蓝色的“点”辅助对象沿X轴旋转50度和5度，如图5-56和图5-57所示。

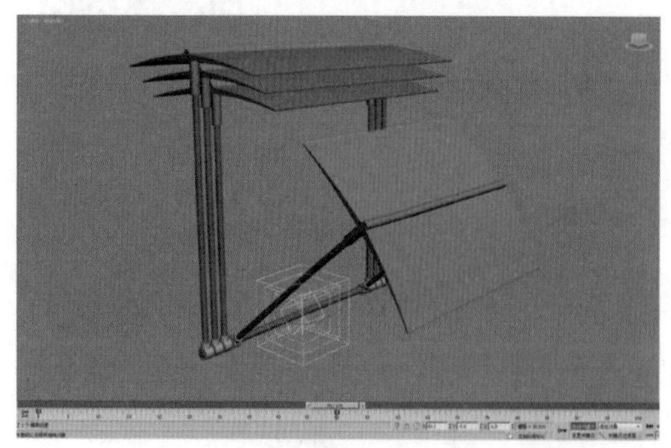
图5-56

03 设置完成后关闭“自动关键点”按钮，在视图中选择黄色的“点”辅助对象，执行菜单“动画>约束>方向约束”命令，再到场景中拾取红色的“点”辅助对象，如图5-58~图5-59所示。

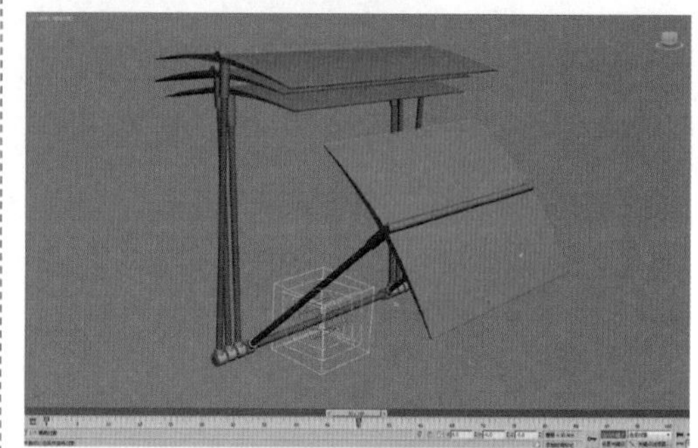
图5-57

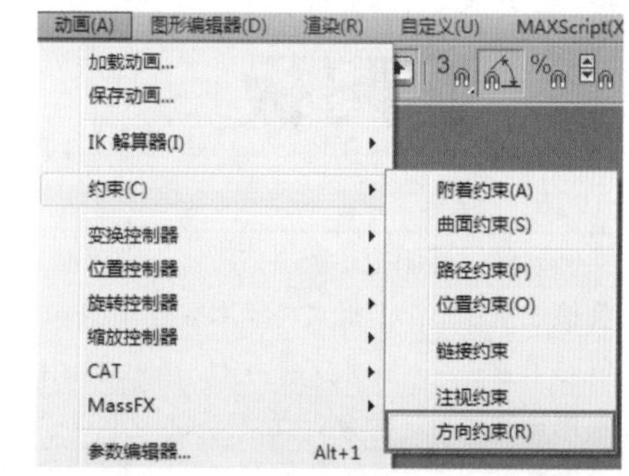

图5-58

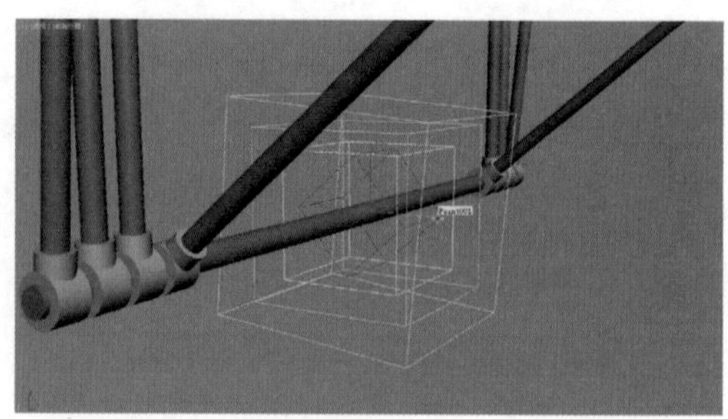
图5-59

04 这时黄色的“点”辅助对象与红色的“点”辅助对象的旋转角度保持了一致，如图5-60所示。

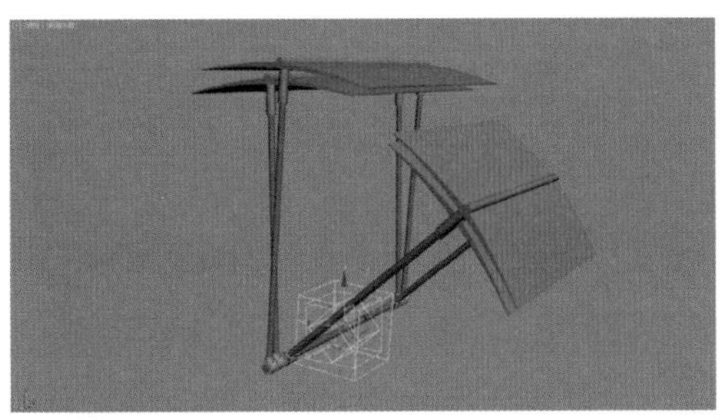

图5-60

05 在“运动”命令面板中，单击“方向约束”卷展栏下的“添加方向目标”按钮 添加方向目标 ，然后到视图中单击蓝色的“点”辅助对象，将蓝色的“点”辅助对象也作为黄色“点”辅助对象方向约束的目标物体，如图5-61和图5-62所示。

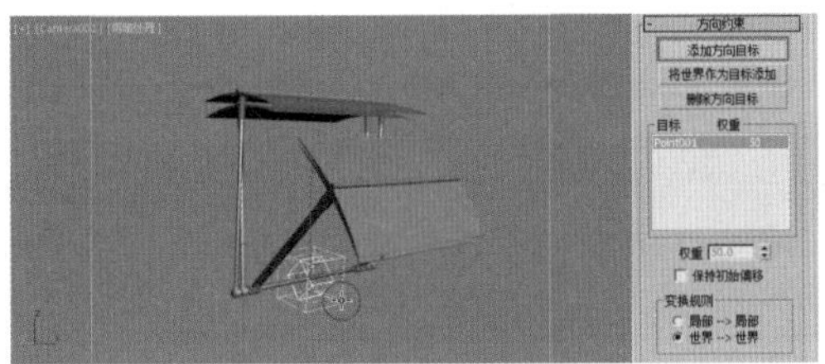

图5-61

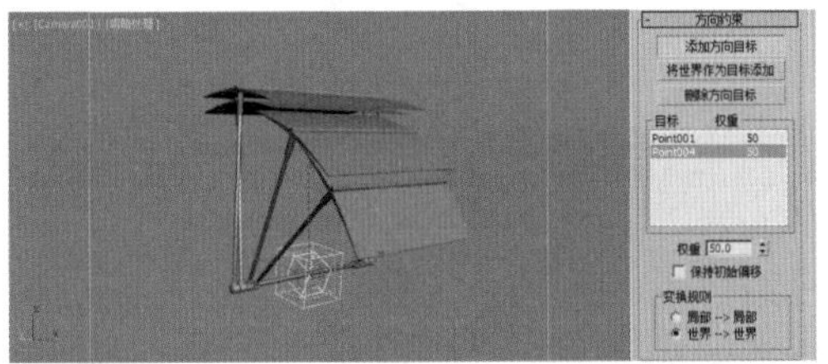

图5-62

06 在下方的“目标列表”中，选择“Point001”对象，将其权重设置为70，选择“Point004”对象，将其权重设置为30，如图5-63和图5-64所示。

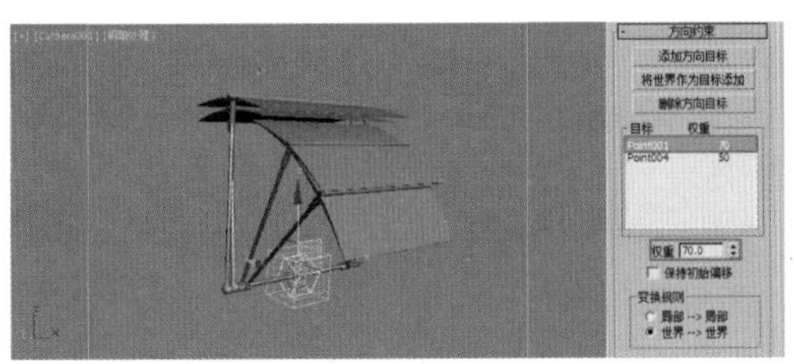

图5-63

07 在视图中选择绿色的“点”辅助对象，用同样的方法，分别拾取红色和蓝色的“点”辅助对象为方向约束的目标对象，如图5-65所示。

图5-64

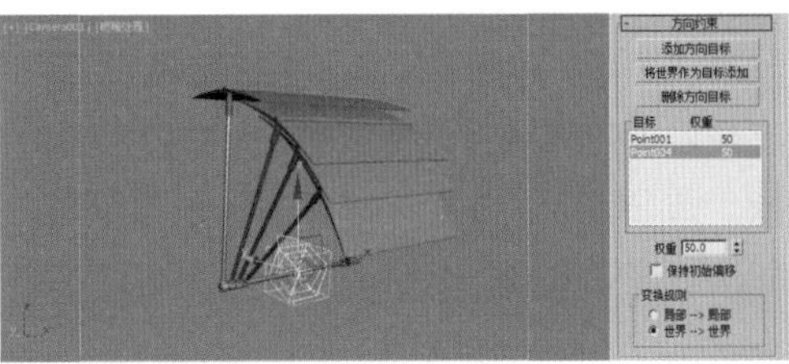

图5-65

08 在下方的“目标列表”中，选择“Point001”对象，将其权重设置为30，选择“Point004”对象，将其权重设置为70，设置完毕后效果如图5-66所示。

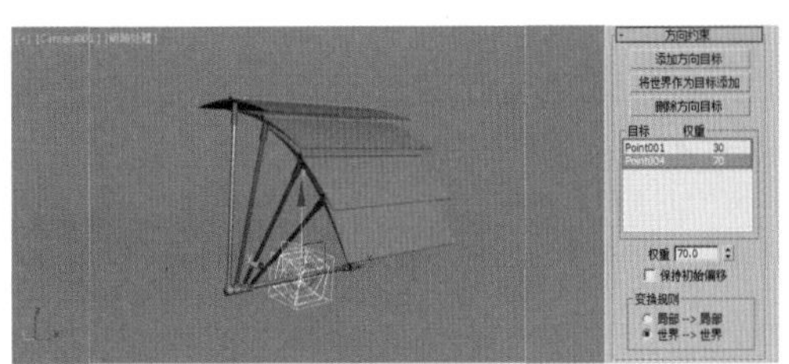

图5-66

09 设置完成后，渲染当前视图，最终效果如图5-67所示。

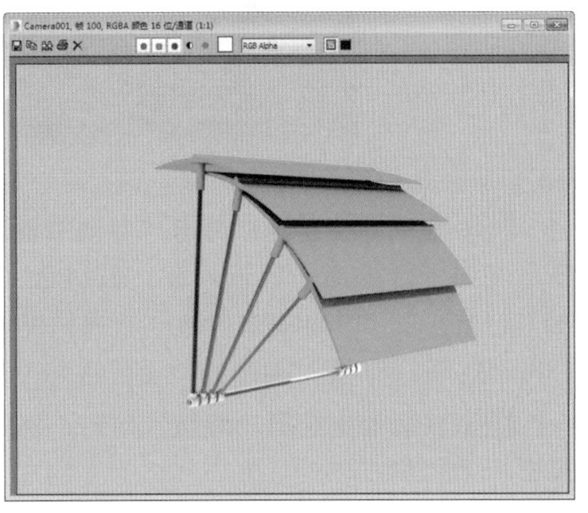

图5-67

5.5 跳跃的壶盖

实例操作：跳跃的壶盖	
实例位置：	工程文件>CH5>跳跃的壶盖.max
视频位置：	视频文件>CH5>5.5 跳跃的壶盖.mp4
实用指数：	★★☆☆☆
技术掌握：	熟练使用“噪波”控制器制作动画

5.5 跳跃的壶盖 .mp4

“噪波”控制器是一种特殊的控制器，它没有关键点的设置，而是使用一些参数来控制噪波曲线，从而影响动作。噪波控制器的用途很广，例如制作太空中飞行的飞船，表现其颠簸的效果。接下来将通过一组实例操作，来为读者讲解有关“噪波”控制器的一些用法。图5-68所示为本实例的最终完成效果。

图5-68

01 打开本书配套素材中的“工程文件>CH5>跳跃的壶盖>跳跃的壶盖.max”文件，该场景中已经为物体指定了材质并设置了灯光，如图5-69所示。

图5-69

02 在动画控制区中单击“自动关键点”按钮自动关键点，进入“自动关键帧”模式，然后将时间滑块拖动到第30帧，按键盘上的M键打开“材质编辑器”，并选择“加热器”材质，在“Blinn基本参数”卷展栏中，将“漫反射”的颜色设置为（红：255，绿：130，蓝：60），将“自发光”设置值为100，如图5-70所示。

03 在场景中选择“壶盖”对象，然后执行菜单“动画>位置控制器>噪波”命令，如图5-71和图5-72所示。

04 接着，执行菜单“动画>旋转控制器>噪波”命令，如图5-73所示。

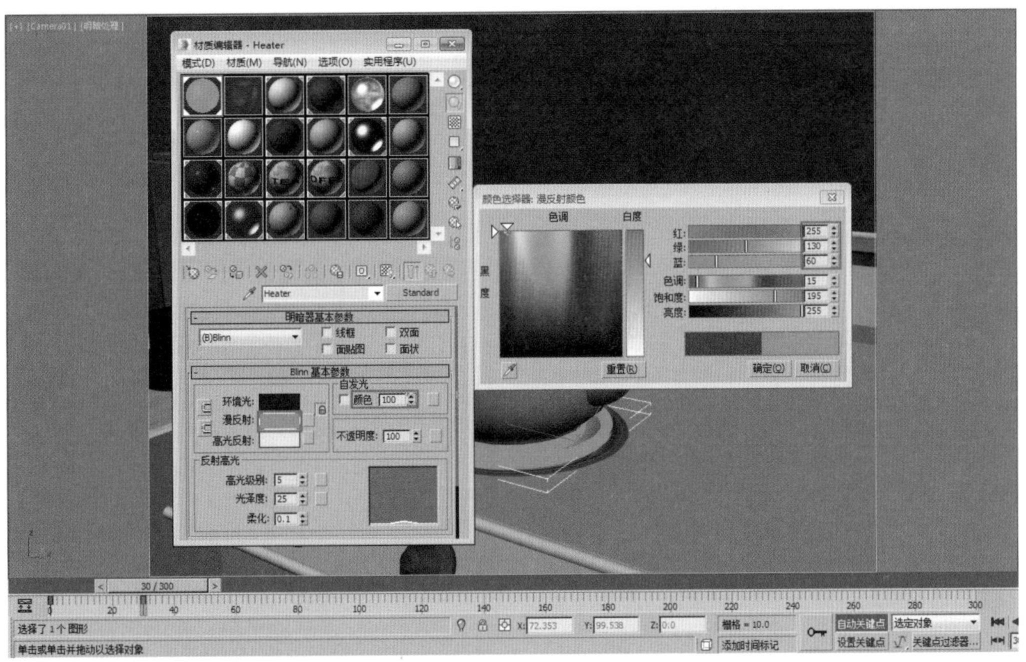

图5-70

图5-71

动画(A) 图形编辑器(D) 渲染(R) 自定义(U) MAXScript(X

加载动画...
保存动画...
IK 解算器(I)
约束(C)
变换控制器
位置控制器
旋转控制器
缩放控制器
CAT
MassFX
参数编辑器... Alt+1
参数收集器... Alt+2
连线参数(W)
动画层...
反应管理器...
骨骼工具...
设为蒙皮姿势
采用蒙皮姿势

音频
Bezier
表达式
线性
运动捕捉
噪波
四元数(TCB)
反应
弹簧
脚本
X Y Z
附着约束
路径约束
位置约束
曲面约束

图5-72

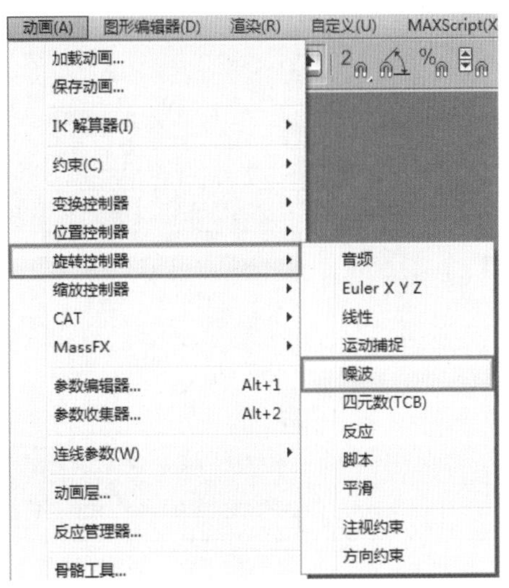

图5-73

05 打开“曲线编辑器”，在窗口左侧层次列表的“噪波位置”选项上单击鼠标右键，在弹出的菜单中选择“属性”命令，打开“噪波控制器”窗口，如图5-74～图5-76所示。

06 在“噪波控制器”窗口中将“X向强度”设置值为2，“Y向强度”设置值为2，“Z向强度”设置值为5，如图5-77所示。

07 用同样的方法，打开“噪波旋转”控制器窗口，并将“X向强度”“Y向强度”“Z向强度”的数值都设置为3，如图5-78所示。

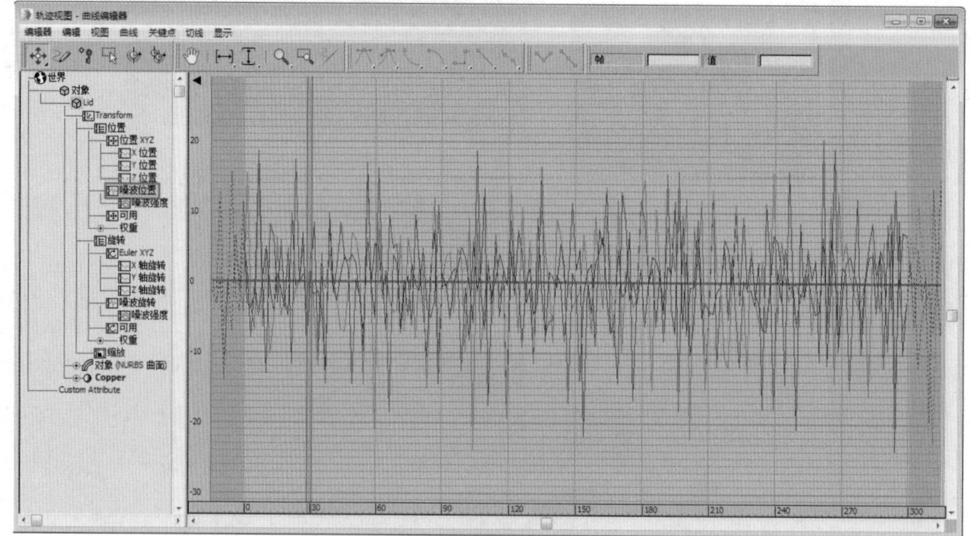

图5-74

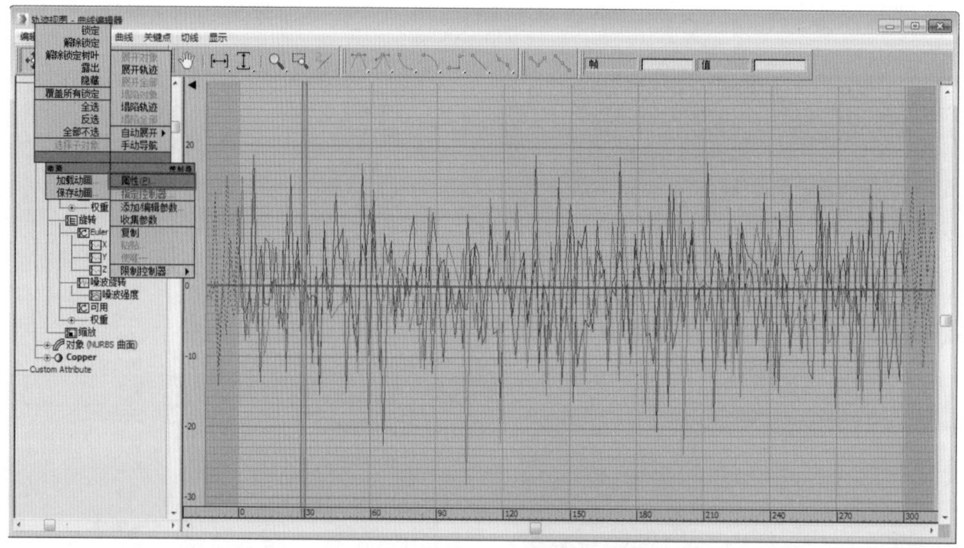

图5-75

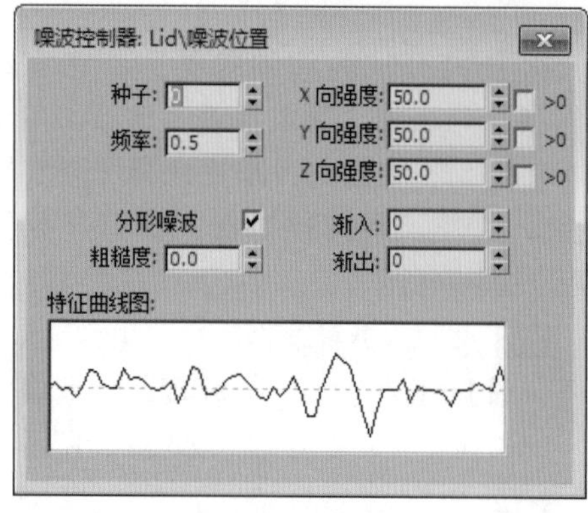

图5-76

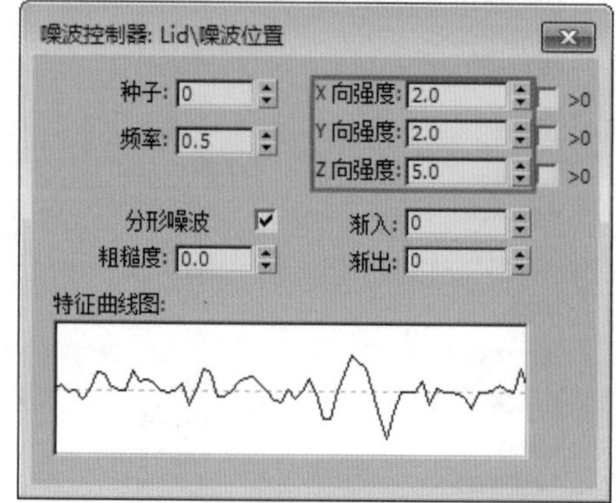

图5-77

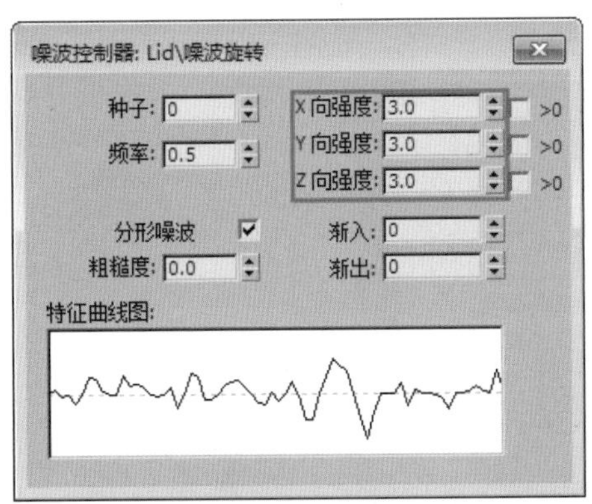

图5-78

08 进入“运动”面板，在“PRS参数”卷展栏中单击“位置”按钮 位置 ，然后在“位置列表”卷展栏中选择“噪波位置”，接着将下方的“权重”设置为0，再单击“旋转”按钮 旋转 ，选择“噪波旋转”选项，并将“权重”也设置为0，如图5-79和图5-80所示。

图5-79

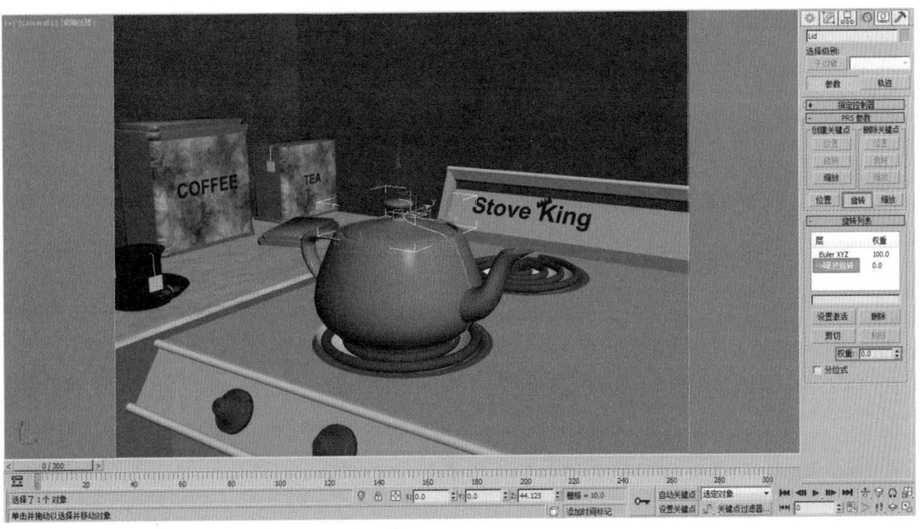

图5-80

09 在动画控制区中单击“自动关键点”按钮 自动关键点 ，进入“自动关键帧”模式，将时间滑块拖动到第31帧，然后将“噪波旋转”的“权重”设置为100，接着单击“位置”按钮 位置 ，并将“噪波位置”的“权重”也设置为100，最后将第0帧的关键帧移动

第5章 约束和控制器动画

至第30帧的位置，如图5-81~图5-83所示。

图5-81

图5-82

图5-83

10 在“几何体”面板的下拉列表中找到“粒子系统”，单击“喷射”按钮，在“顶”视图中创建一个“喷射”粒子系统，如图5-84所示。

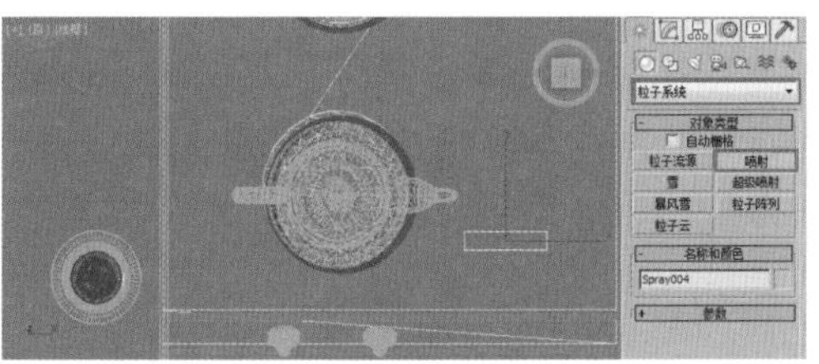

图5-84

11 进入“修改”面板，在“粒子”选项组中，设置“渲染计数”值为250，“水滴大小”值为4，“速度”值为6，“变化”值为0.5，在“渲染”选项组中，选择“面”单选按钮，在“计时”选项组中，设置“开始”值为30，在“发射器”选项组中设置“宽度”值为25，“长度”值为1，然后使用“移动工具”调整其位置到壶盖边缘，用来模拟水沸腾时产生的水蒸气效果，如图5-85所示。

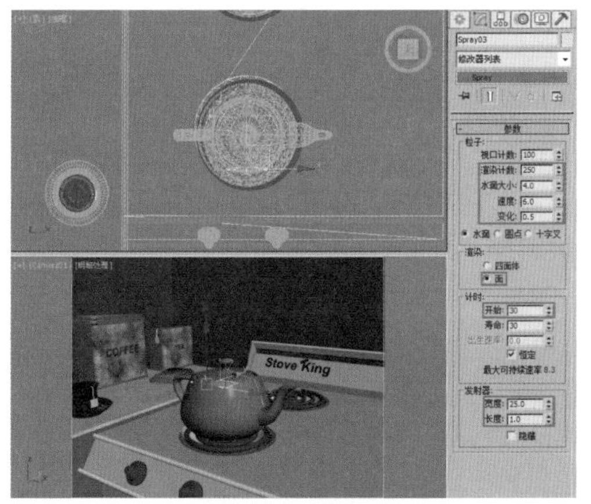

图5-85

12 用同样的方法再创建一个“喷射”粒子系统，进入“修改”面板，在“粒子”选项组中，设置“渲染计数”值为250，“水滴大小”值为3.2，“速度”值为7，“变化”值为1，在“渲染”选项组中，选择“面”单选按钮，在“计时”选项组中，设置“开始”值为30，“寿命”值为20，在“发射器”选项组中设置“宽度”值为6，“长度”值为3.5，然后使用“移动工具”调整其位置，如图5-86所示。

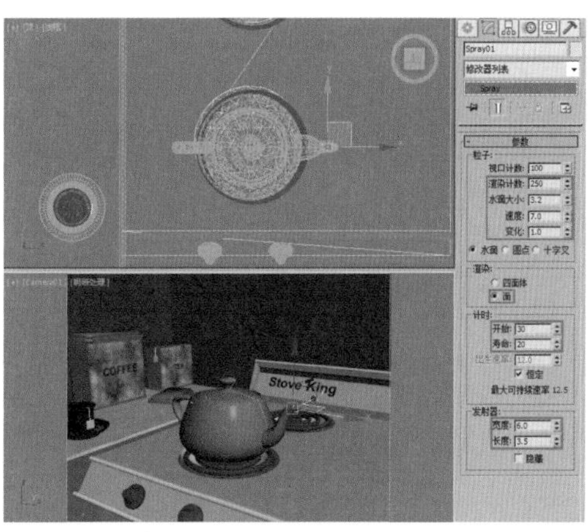

图5-86

13 再创建一个“喷射”粒子系统，进入“修改”面板，在“粒子”选项组中，设置“渲染计数”值为250，“水滴大小”值为5，“速度”值为5，“变化”值为1.5，在“渲染”选项组中，选择“面”单选按钮，在“计时”选项组中，设置“开始”值为32，取消选中“恒定”复选框，并设置“出生速率”值为15，在“发射器”选项组中设置“宽度”值为25，“长度”值为1，然后使用“移动工具”调整其位置，如图5-87所示。

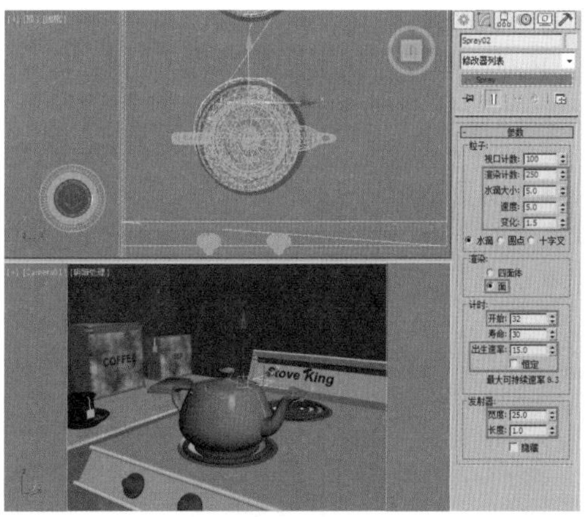

图5-87

14 按M键打开材质编辑器，选择一个空白的材质球，将其赋予3个“喷射”粒子，在“贴图”卷展栏的“漫反射颜色”通道上指定一个“噪波”贴图，然后在“噪波参数”卷展栏中设置“大小”值为50，设置“颜色#1”的颜色为（红：60，绿：60，蓝：60），如图5-88和图5-89所示。

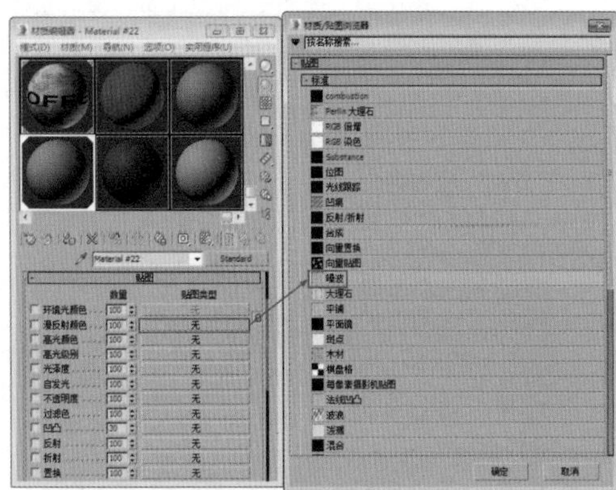

图5-88

图5-89

15 回到材质层级，接着在“贴图”卷展栏的“不透明度”通道上指定一个“遮罩”贴图，如图5-90所示。

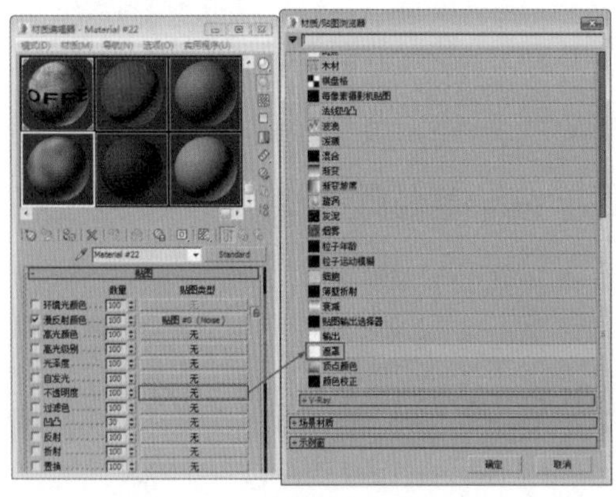

图5-90

16 在“贴图”通道上指定一个“噪波”贴图，不做任何设置，单击“转到父对象”按钮回到“遮罩”贴图层级，在“遮罩”贴图通道上指定一个“渐变”贴图，如图5-91和图5-92所示。

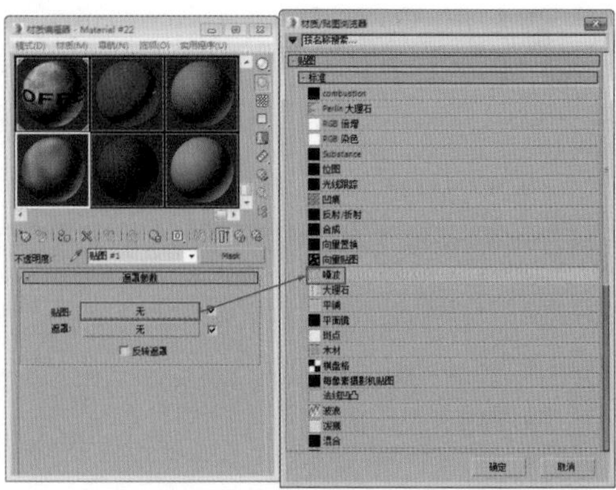

图5-91

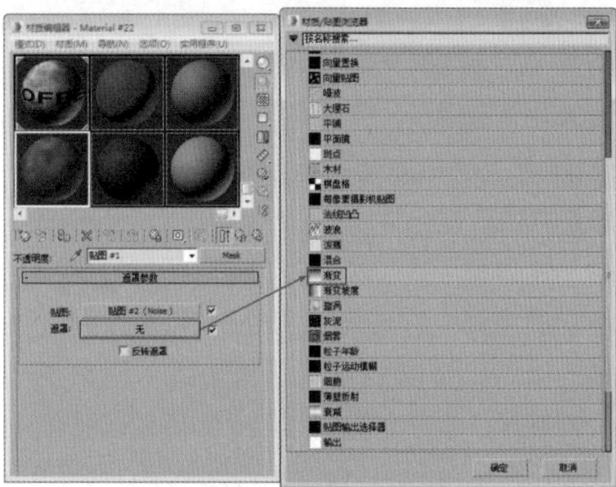

图5-92

17 在“渐变参数”卷展栏中，选择“径向”单选按钮，在“噪波”选项组中，设置“数量”值为0.5，“大小”值为15，然后选择“分形”单选按钮，如图5-93所示。

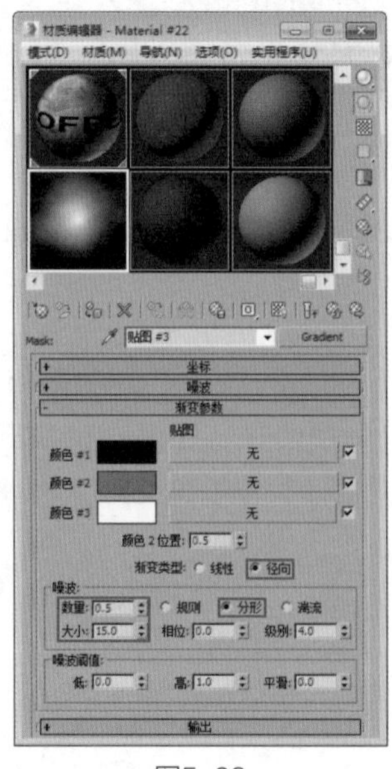

图5-93

18 回到材质层级，在“Blinn基本参数”卷展栏中，设置“自发光”的“颜色”值为100，如图5-94所示。

19 设置完成后，渲染当前视图，最终效果如图5-95所示。

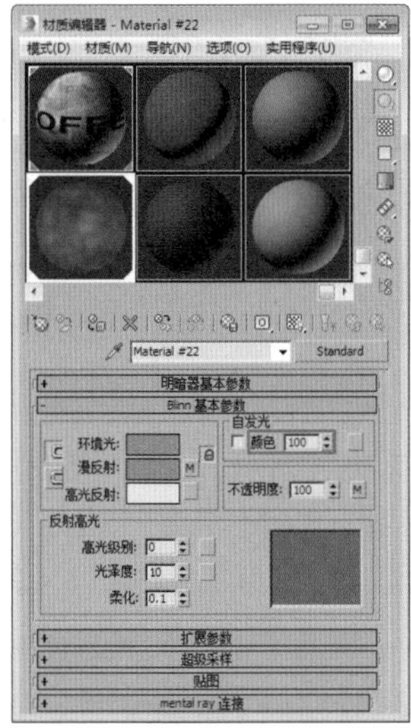

图5-94

图5-95

5.6 开炮

实例操作：开炮	
实例位置：	工程文件>CH5>开炮.max
视频位置：	视频文件>CH5>5.6 开炮.mp4
实用指数：	★★☆☆☆
技术掌握：	熟练使用“运动捕捉”控制器制作动画

5.6 开炮 .mp4

“运动捕捉控制器”可以使用外接设备控制物体的移动、旋转和其他参数动画，目前可用的外接设备包括鼠标、键盘、游戏手柄和MIDI设备。运动捕捉可以指定给位置、旋转、缩放等控制器，它在指定后，原控制器将变为次一级控制器，同样发挥控制作用。下面我们将通过一个实例来为读者讲解这方面的知识。图5-96所示为本实例的最终完成效果。

图5-96

01 打开本书配套素材中的“工程文件>CH5>开炮>开炮.max”文件，该场景中已经为物体指定了材质，并设置了灯光，如图5-97所示。

图5-97

02 在场景中选择“左右控制”对象并进入“运动”面板，在“指定控制器”卷展栏中选择“旋转：旋转列表”下的“可用”选项，然后单击“指定控制器”按钮，在弹出的“指定旋转控制器”对话框中选择“旋转运动捕捉”，如图5-98所示。

图5-98

03 在弹出的对话框中单击“Z轴旋转”右侧的“无”按钮 无 ，接着在弹出的“选择设备”对话框中选择“鼠标输入设备”，单击“确定”按钮后，在“鼠标输入设备”卷展栏中，设置“比例”值为0.5，如图5-99和图5-100所示。

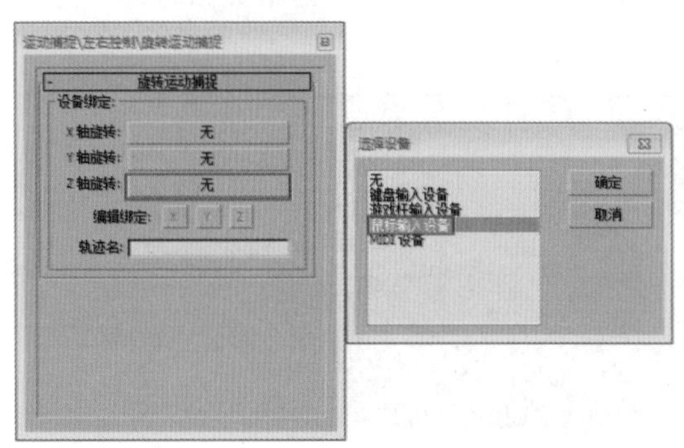

图5-99

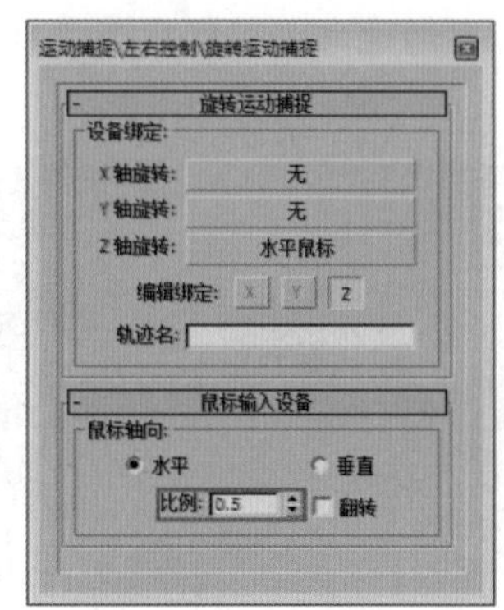

图5-100

技巧与提示

在本例中，我们使用鼠标的水平移动控制物体沿Z轴左右旋转，而实际制作中，具体想要控制物体沿哪个轴向旋转，要将坐标系统切换成“局部”来查看。

“比例”参数可以调整鼠标移动相对于所控制动画的响应范围，比如将此值设置得较大时，当鼠标移动很小的距离，被控制的物体就会发生很大的变化，将此值设置得较小时，效果相反。

04 在视图中选择“上下控制”对象，用相同的方法也对其指定“旋转运动捕捉”控制器，如图5-101所示。

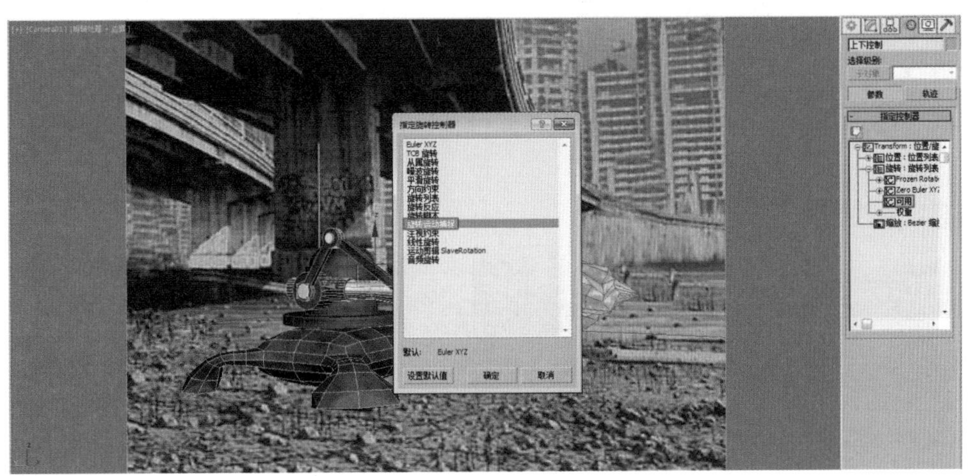

图5-101

05 在弹出的对话框中单击“X轴旋转”右侧的“无”按钮 无 ，接着在弹出的“选择设备”对话框中选择“鼠标输入设备”选项，单击“确定”按钮后，在“鼠标输入设备”卷展栏中，选择“垂直”单选按钮，然后设置“比例”值为0.5，并勾选“翻转”复选框，如图5-102和图5-103所示。

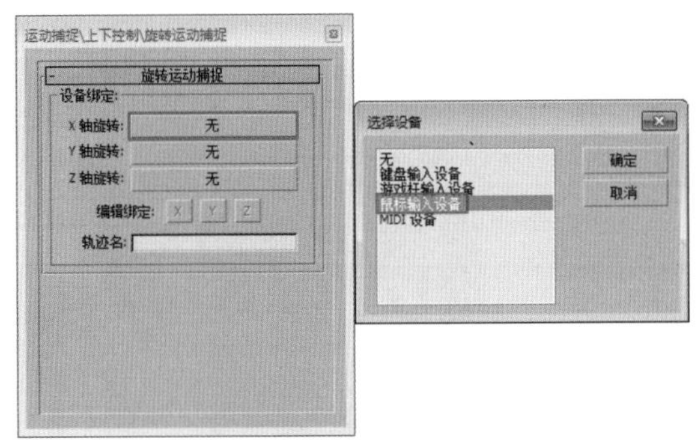

图5-102

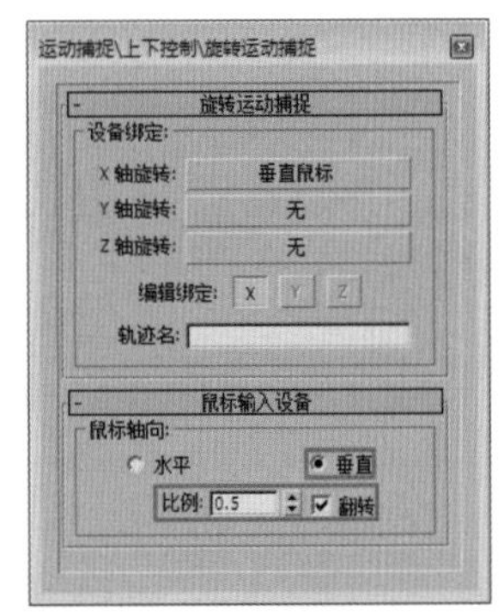

图5-103

06 在视图中选择“后臂控制”对象，用相同的方法也对其指定“旋转运动捕捉”控制器，如图5-104所示。

07 在弹出的对话框中单击“Z轴旋转”右侧的“无”按钮 无 ，接着在弹出的“选择设备”对话框中选择“键盘输入设备”选项，单击“确定”按钮后，在“键盘输入设备”卷展栏的下拉列表中选择“[Space]”选项，设置“击打”值为0.02，设置“范围”值为27，如图5-105和图5-106所示。

图5-104

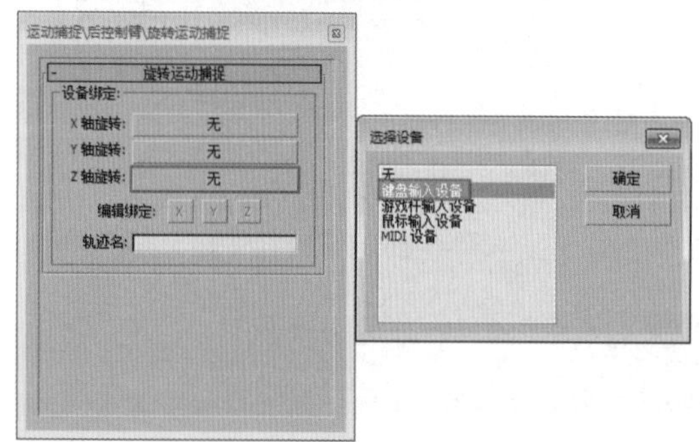

图5-105

图5-106

08 在视图中选择“前臂控制”对象，用相同的方法也对其指定“旋转运动捕捉”控制器，如图5-107所示。

图5-107

09 在弹出的对话框中单击“Z轴旋转”右侧的“无”按钮 无 ，接着在弹出的“选择设备”对话框中选择“键盘输入设备”选项，单击“确定”按钮后，在“键盘输入设备”卷展栏的下拉列表中选择“[Space]”选项，设置“击打”值为0.02，设置“范围”值为27，如图5-108和图5-109所示。

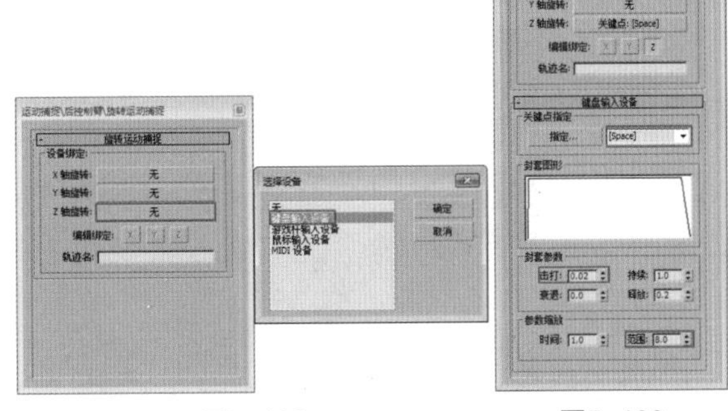

图5-108　　图5-109

10 在视图中选择“炮筒”对象，用相同的方法在其位置上指定“位置运动捕捉”控制器，如图5-110所示。

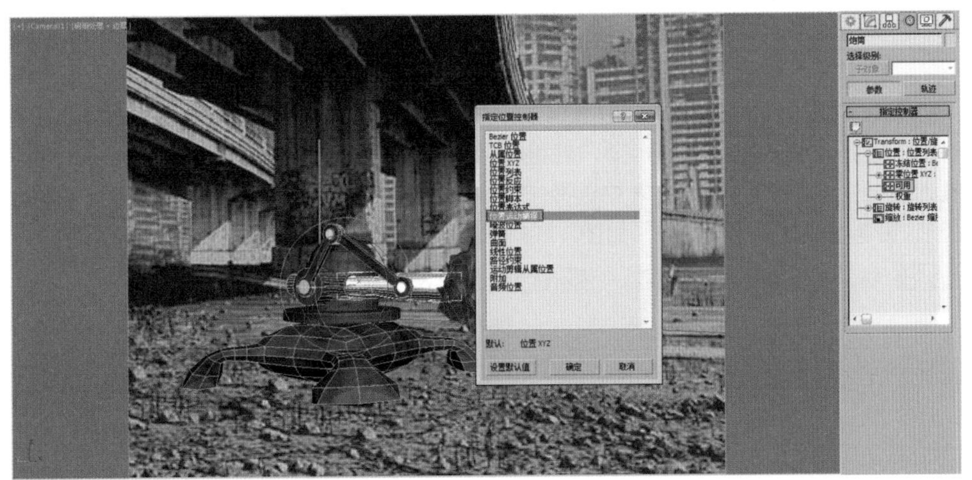

图5-110

11 在弹出的对话框中单击“Y位置”右侧的“无”按钮 无 ，接着在弹出的“选择设备”对话框中选择“键盘输入设备”选项，单击“确定”按钮后，在“键盘输入设备”卷展栏的下拉列表中选择“[Space]”选项，设置“击打”值为0.02，设置“范围”值为27，如图5-111和图5-112所示。

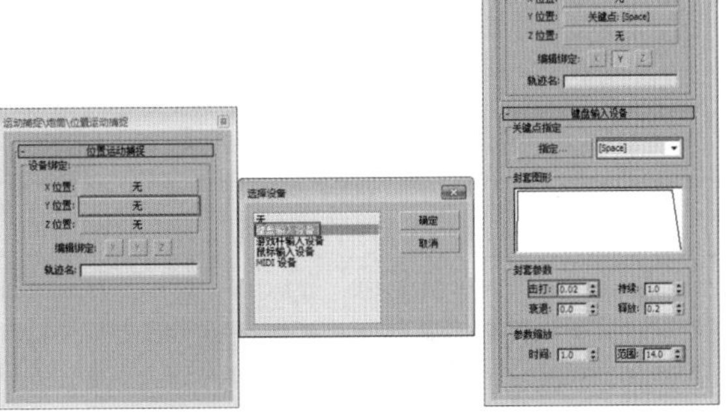

图5-111　　图5-112

技巧与提示

本例中前臂和后臂旋转的角度，以及炮筒移动的距离，笔者在前面是经过测试的，所以在实际的制作中，我们也是应该先进行测试再进行参数的设置。

12 在视图中选择“火光”对象，在“运动”面板中，对其“缩放：TCB缩放”项目指定“缩放运动捕捉”控制器，如图5-113所示。

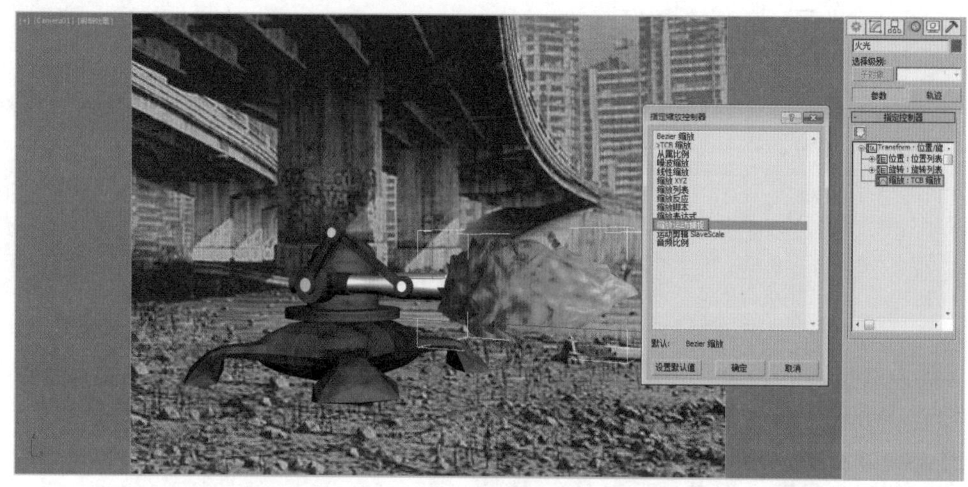

图5-113

13 在弹出的对话框中单击“X缩放”右侧的“无”按钮 无 ，接着在弹出的“选择设备”对话框中选择“键盘输入设备”选项，单击“确定”按钮后，在“键盘输入设备”卷展栏的下拉列表中选择“[Space]”选项，设置“击打”值为0，“释放”值为0，设置“范围”值为100，如图5-114和图5-115所示。

14 对“Y缩放”和“Z缩放”都进行相同的设置，完成后如图5-116所示。

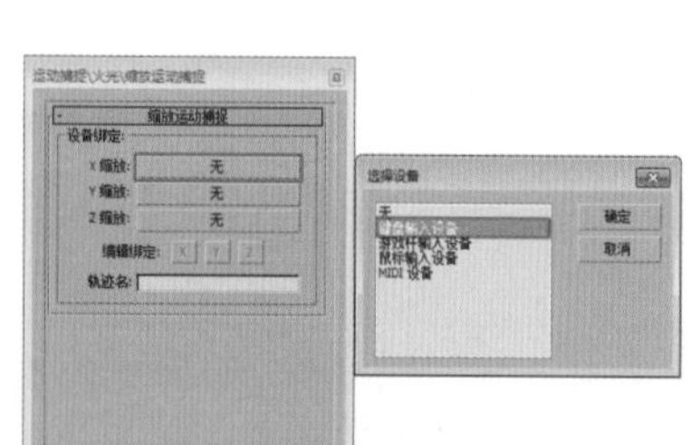

图5-114

图5-115

图5-116

15 使用“缩放工具”将“火光”对象缩放到0，如图5-117和图5-118所示。

图5-117

图5-118

16 在场景中选择“闪光”泛光灯对象，并打开“曲线编辑器”，在“倍增”项目上单击鼠标右键，然后在弹出的四联菜单中选择“指定控制器”选项，接着在弹出的“指定浮点控制器”对话框中选择“浮点运动捕捉”选项，如图5-119~图5-121所示。

图5-119

图5-120　　图5-121

17 在弹出的对话框中单击“值”右侧的“无”按钮 无 ，接着在弹出的“选择设备”对话框中选择“键盘输入设备”选项，单击“确定”按钮后，在“键盘输入设备”卷展栏的下拉列表中选择“[Space]”选项，设置“击打”值为0，“释放”值为0，设置“范围”值为1.5，如图5-122和图5-123所示。

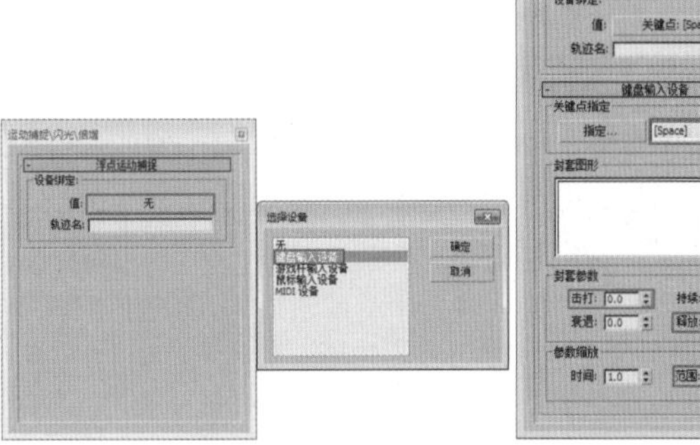

图5-122　　图5-123

18 选择图5-124所示的物体，单击工具栏上的“镜像”按钮，在弹出的对话框中选择X单选按钮和“复制”单选按钮，得到另一侧的“炮筒”等物体，如图5-125所示。

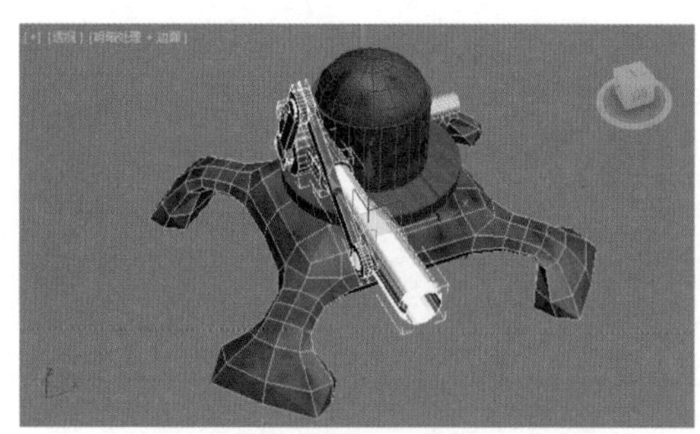

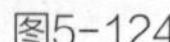

图5-124

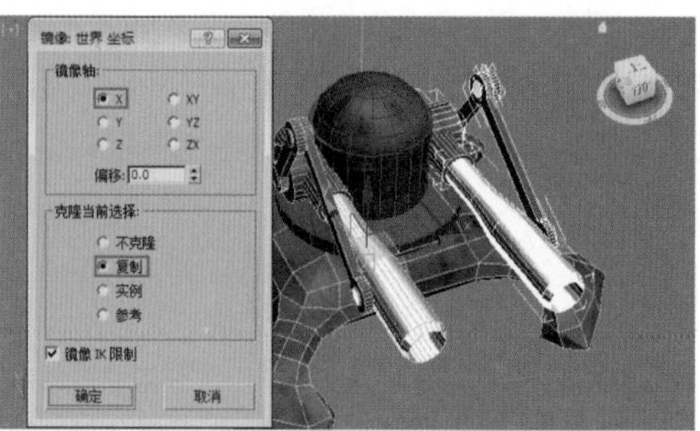

图5-125

19 进入“实用程序”面板，在“实用程序”卷展栏中，单击“运动捕捉”按钮 运动捕捉 ，然后在“运动捕捉”卷展栏的“轨迹”选项组中单击“全部”按钮 全部 ，选择列表中所有的项目，如图5-126所示。

图5-126

20 在“记录控制”选项组中单击“测试”按钮 测试 ，这时移动鼠标并单击键盘上的Space（空格）键，测试我们之前测试的动画效果，如图5-127所示。

图5-127

21 如果觉得测试没有问题，这时可以单击“开始”按钮，就可以在有效的时间段内自动地记录动画，如图5-128所示。

图5-128

22 设置完成后，渲染当前视图，最终效果如图5-129所示。

图5-129

第6章 材质贴图动画

材质主要用于表现物体的颜色、质地、纹理、透明度和光泽度等物理特性，依靠各种类型的材质可以制作出现实世界中任何物体的质感。简而言之，材质就是为了让物体看起来更真实可信。

在3ds Max中，创建材质的方法非常灵活自由，任何模型都可以被赋予栩栩如生的材质，使创建的场景更加完美。“材质编辑器”是专门为用户编辑修改材质而特设的编辑工具，就像画家手中的调色盘，场景中所需的一切材质都将在这里编辑生成，并通过编辑器将材质指定给场景中的对象。当编辑好材质后，用户还可以随时返回到“材质编辑器”对话框中对材质的细节进行调整，以获得最佳的材质效果。

在本章中，将为读者详细讲解如何利用材质编辑器，以及材质属性、材质贴图通道等技术，制作逼真的材质动画效果。

6.1 地球材质变化

实例操作：地球材质变化	
实例位置：	工程文件>CH6>地球材质变化.max
视频位置：	视频文件>CH6>6.1 地球材质变化.mp4
实用指数：	★★★☆☆
技术掌握：	熟练使用“UVW贴图”修改器、“混合”材质制作材质动画

6.1 地球材质变化 .mp4

“混合”材质可以将两种不同的材质融合在一起，根据不同的整合度，或者使用一张位图或程序贴图作为遮罩，来控制两个材质的融合情况。而“混合”贴图与“混合”材质的概念相同，只不过“混合”贴图属于贴图级别，只能将两张贴图进行混合。接下来将通过这方面的知识并配合“UVW贴图”修改器和“置换”修改器来制作一个地球材质变化的动画效果，图6-1所示为本实例的最终完成效果。

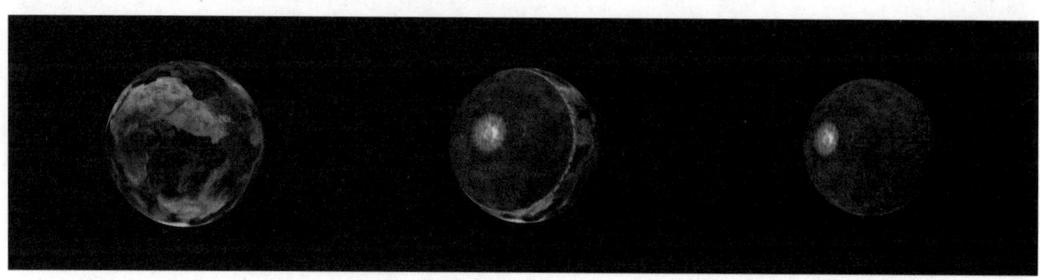

图6-1

01 打开本书配套素材中的“工程文件>CH6>地球材质变化>地球材质变化.max”文

件，该场景中已经为物体指定了材质和灯光，并设置了简单的摄影机动画，如图6-2所示。

02 按M键打开“材质编辑器”，并选择“地球”材质，在“遮罩”贴图通道上为其指定一个“渐变坡度”贴图，如图6-3所示。

图6-2

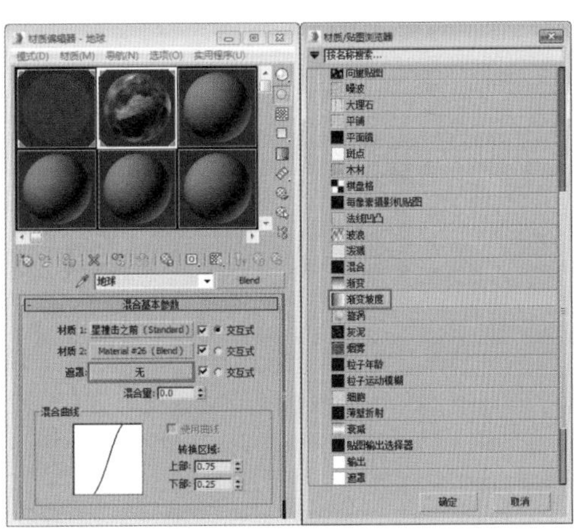

图6-3

03 在“渐变坡度参数”卷展栏中，在渐变栏上添加两个滑块并调整颜色和位置，然后设置“噪波”的“数量”值为0.01，“大小”值为0.6，接着在“坐标”卷展栏中，设置W值为-90，如图6-4和图6-5所示。

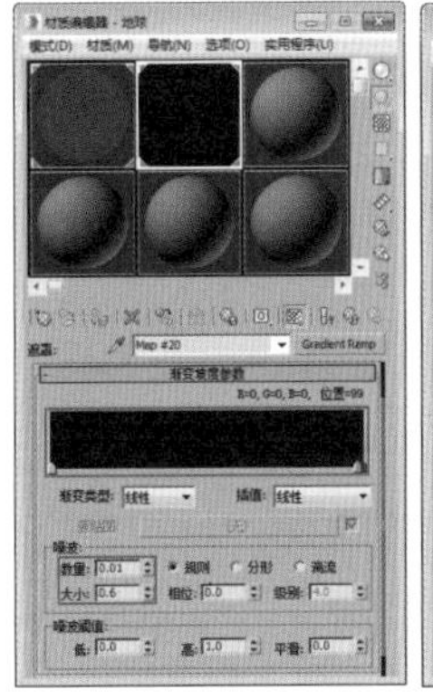

图6-4

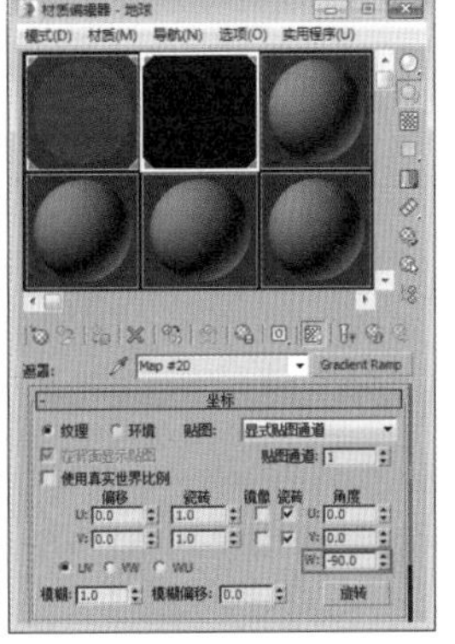

图6-5

04 在动画控制区中单击“自动关键点”按钮自动关键点，进入“自动关键帧”模式，将时间滑块拖动到第10帧，双击右侧的两个滑块，将其颜色设置为（红：255，绿：255，蓝：255），然后将时间滑块拖动到第300帧，接着调整中间两个滑块的位置，如图6-6和图6-7所示。

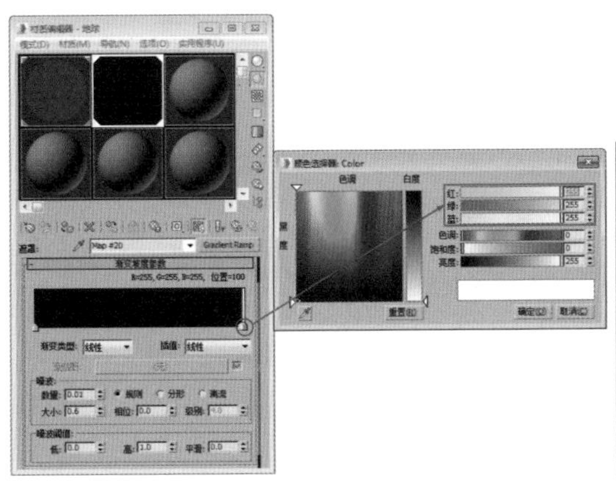

图6-6

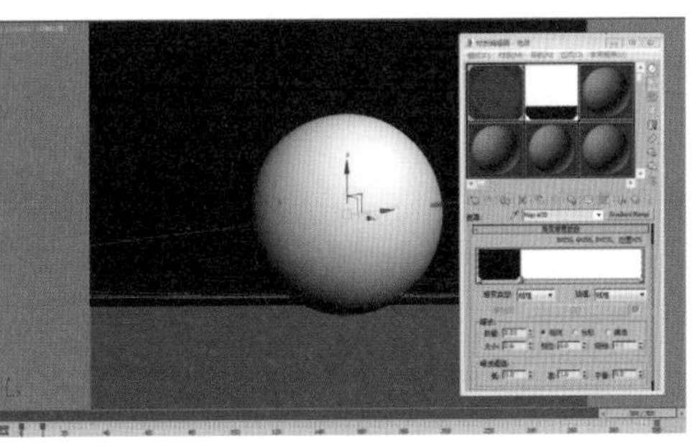

图6-7

技巧与提示

为了方便观察，可以在视图中显示"遮罩"贴图通道的贴图效果，如图6-8所示。

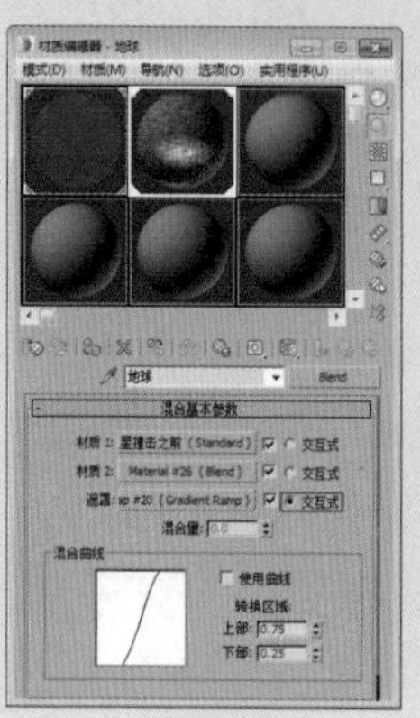

图6-8

05 在视图中创建一个"球体"对象，设置其"半径"值为80.5，并将其与"地球"对象进行位置对齐，接着打开"材质编辑器"，将一个空白的材质球指定给"球体"对象并命名为"岩浆"，如图6-9所示。

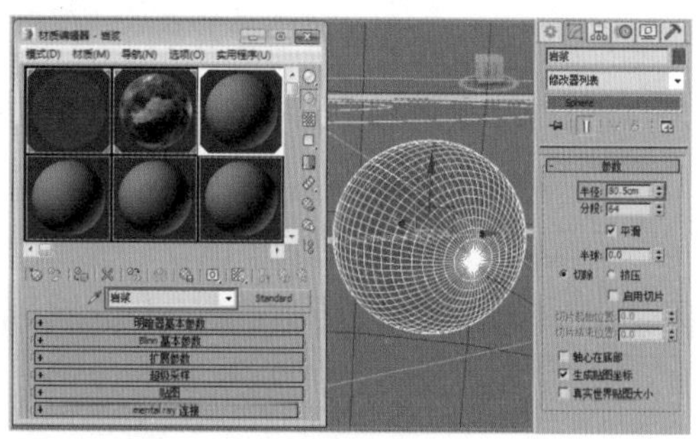

图6-9

06 在"Blinn基本参数"卷展栏中，设置"漫反射"的颜色为（红：190，绿：80，蓝：0），然后勾选"颜色"复选框，并将"自发光"的颜色也设置为（红：190，绿：80，蓝：0），如图6-10所示。

07 单击Standard按钮 Standard ，在弹出的"材质/贴图浏览器"对话框中选择"混合"材质，接着在弹出的"替换材质"对话框中选择"将旧材质保存为子材质"单选按钮，如图6-11和图6-12所示。

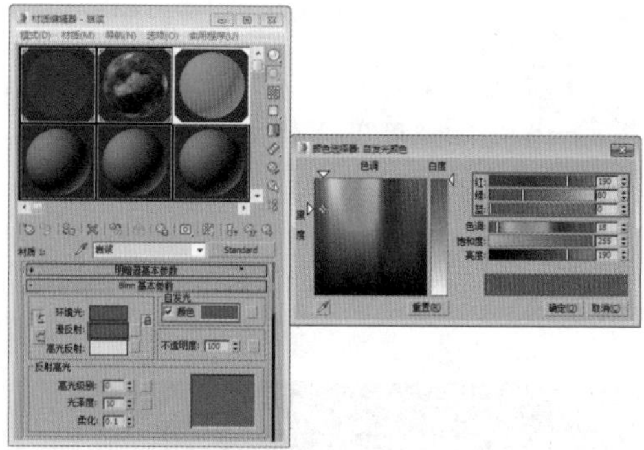

图6-10

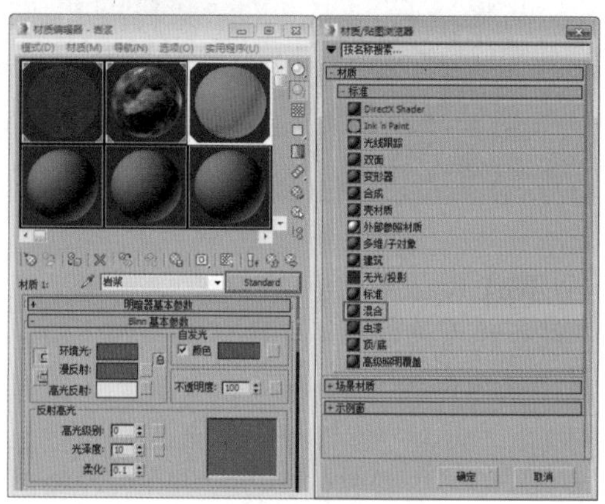

图6-11

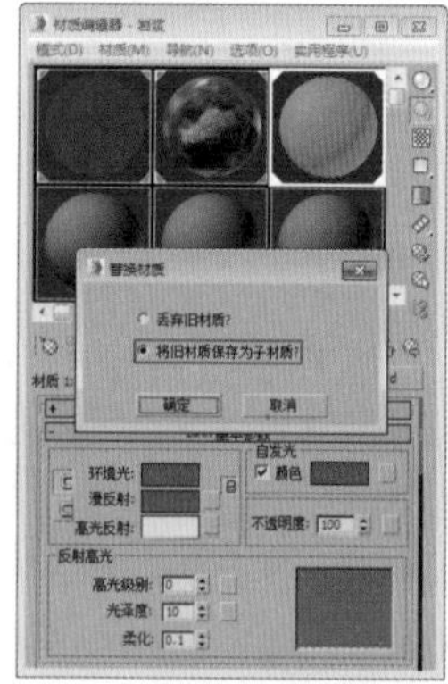

图6-12

08 进入"材质2"，在"Blinn基本参数"卷展栏中将"不透明度"设置为0，如图6-13所示。

09 在"遮罩"贴图通道上为其指定一个"渐变坡度"贴图，如图6-14所示。

10 在"渐变坡度参数"卷展栏中，在渐变栏上添加3个滑块并调整颜色和位置，然后设置"噪波"的"数量"值为0.01，"大小"值为0.6，接着在"坐标"

卷展栏中，设置W值为-90，如图6-15和图6-16所示。

11 在中间的滑块上单击鼠标右键，在弹出的菜单中选择“编辑属性”命令，如图6-17所示。

12 在弹出的“标志属性”对话框中，单击“无”按钮，接着在弹出的“材质/贴图浏览器”对话框中选择“噪波”贴图，如图6-18所示。

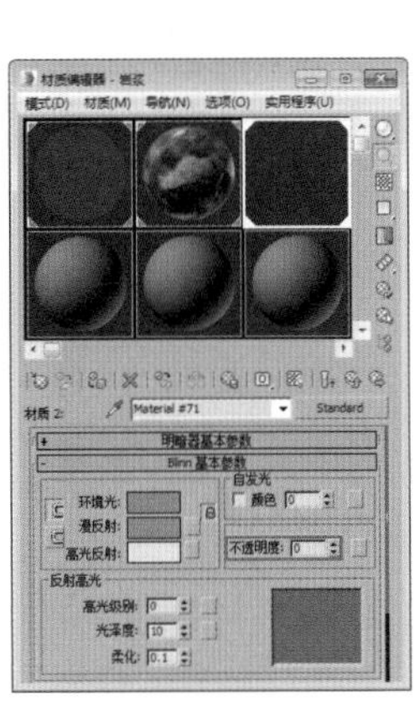

图6-13

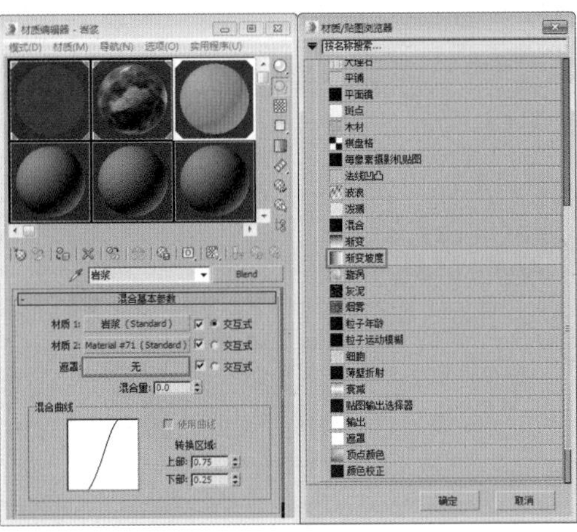

图6-14

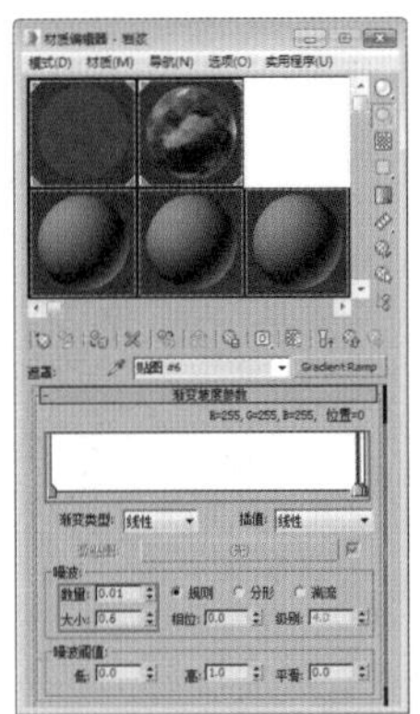

图6-15

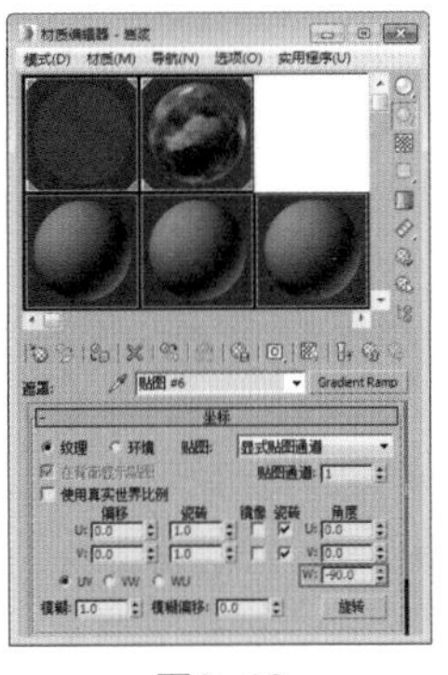

图6-16

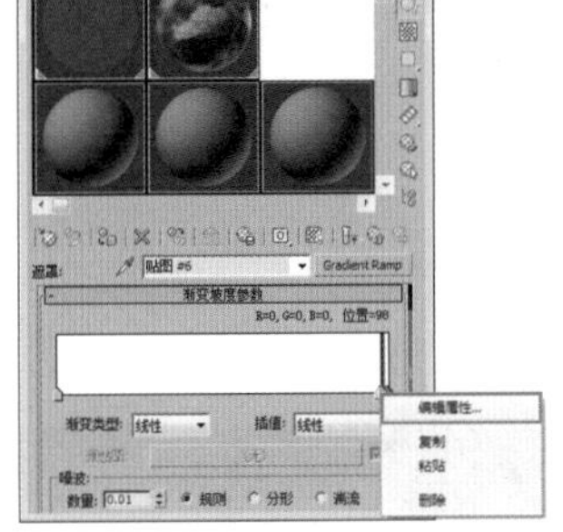

图6-17

图6-18

13 在“噪波参数”卷展栏中，设置“噪波类型”为“湍流”，“噪波阈值”的“高”值为0.15，“级别”值为1.5，“大小”值为6，然后将“颜色#1”设置为（红：255，绿：255，蓝：255），如图6-19所示。

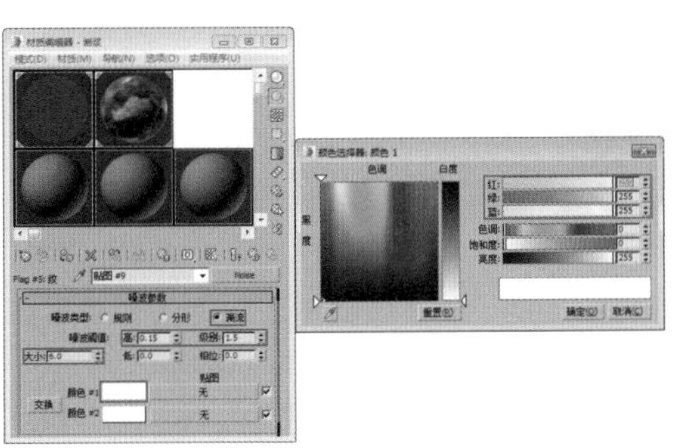

图6-19

14 在动画控制区中单击“自动关键点”按钮自动关键点，进入“自动关键帧”模式，将时间滑块拖动到第10帧，将“颜色#2”设置为（红：0，绿：0，蓝：0），如图6-20所示。

图6-20

15 回到“渐变坡度”贴图层级，将时间滑块拖动到第300帧，调整3个滑块的位置，如图6-21所示。

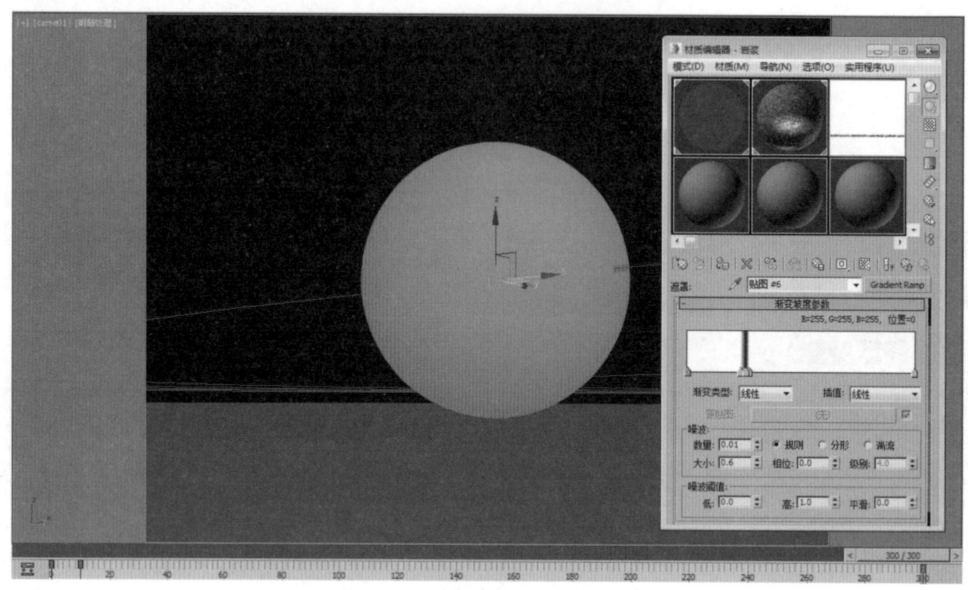

图6-21

技巧与提示

滑块的位置要与“地球”材质的“渐变坡度”贴图的滑块位置相一致。

16 在视图中选择“地球”对象并进入“修改”面板，在“修改器列表”中为其添加“置换”修改器，接着在“图像”选项组中，单击“贴图”下的“无”按钮 无 ，在弹出的“材质/贴图浏览器”中选择“混合”贴图，如图6-22所示。

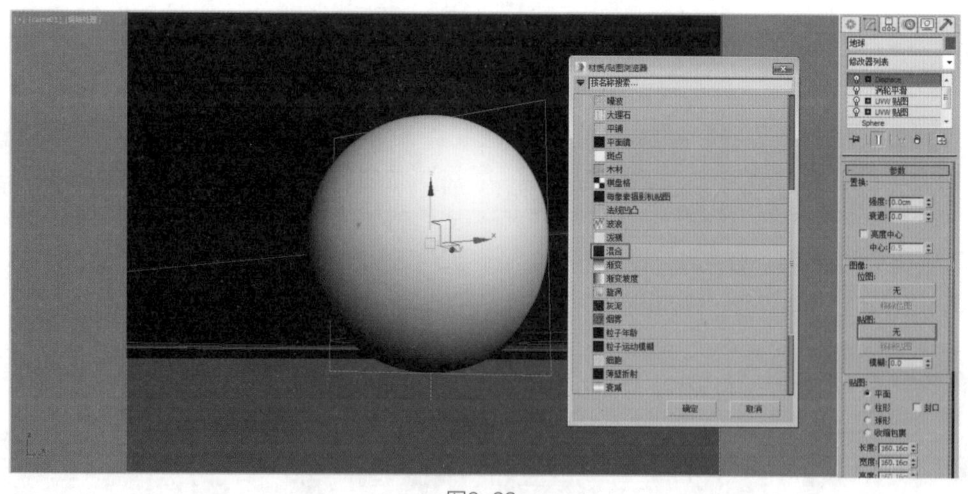

图6-22

17 打开“材质编辑器”，将“混合”贴图拖曳到一个空白的材质球上，在弹出的“实例（副本）贴图”对话框中选择“实例”单选按钮，如图6-23所示。

18 为“颜色#1”贴图通道指定一张“位图”作为贴图，接着在“输出”卷展栏中勾选“反转”复选框，如图6-24~图6-26所示。

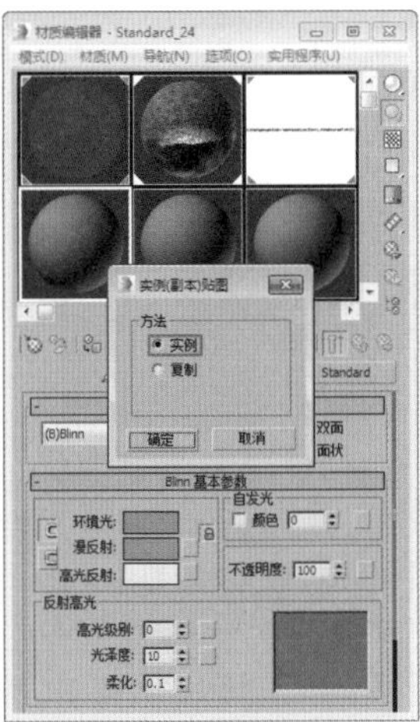

图6-23

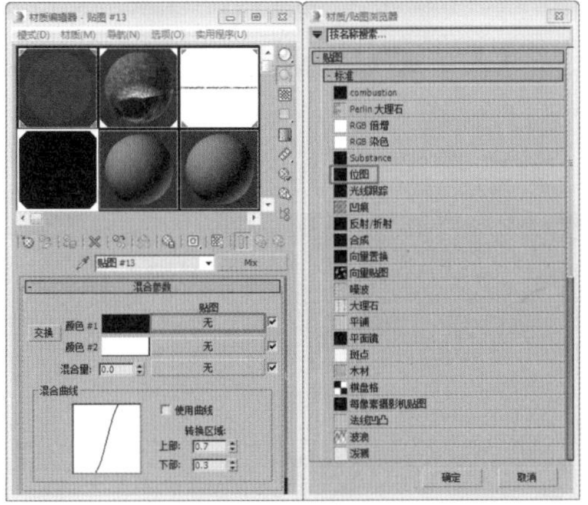

图6-24

图6-25

19 回到“混合”贴图层级，为“颜色#2”贴图通道指定一个“凹痕”贴图，在“凹痕参数”卷展栏中，设置“大小”值为300，“迭代次数”值为3，如图6-27和图6-28所示。

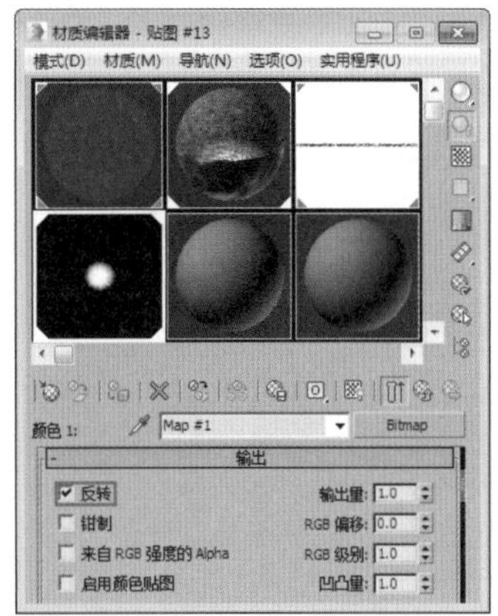

图6-26

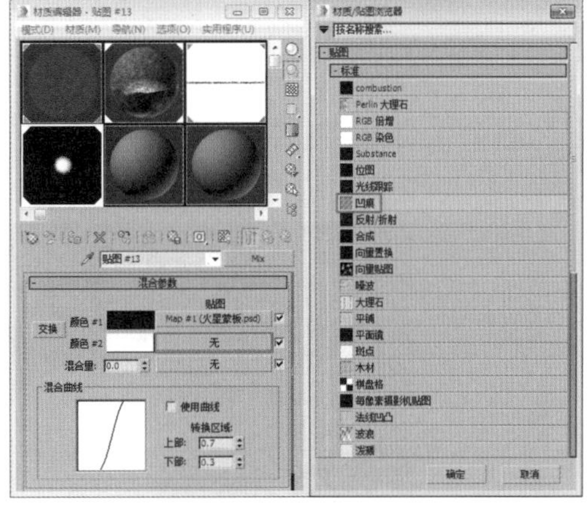

图6-27

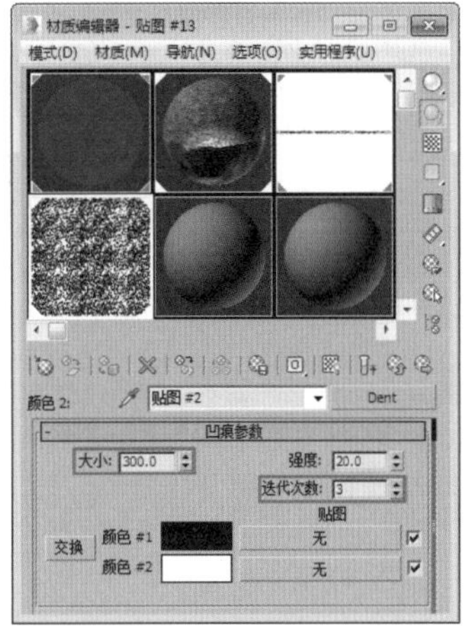

图6-28

20 再次回到“混合”贴图层级，为“蒙板”贴图通道指定一个“渐变坡度”

贴图，如图6-29所示。

21 在“渐变坡度参数”卷展栏中，在渐变栏上添加3个滑块并调整颜色和位置，然后设置“渐变类型”为“径向”，设置“噪波”的“数量”值为0.05，“大小”值为1.5，设置“噪波”的类型为“分形”，“级别”值为4，如图6-30所示。

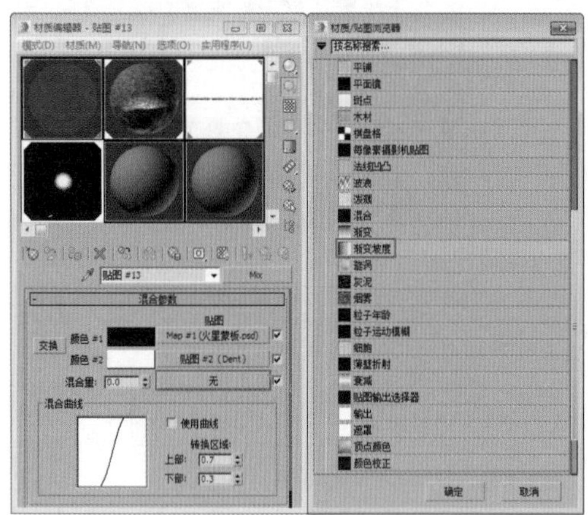

图6-29

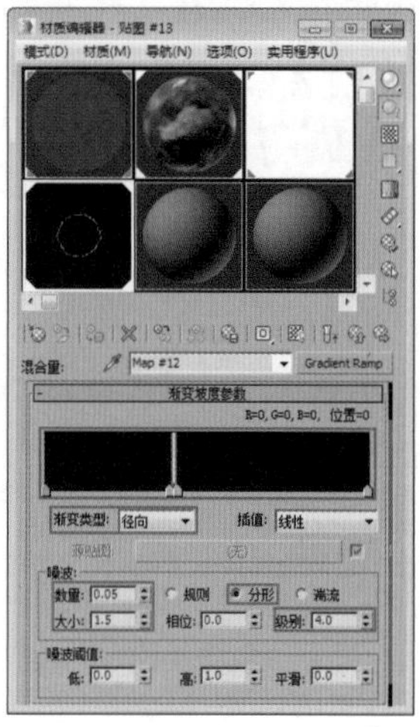

图6-30

22 在动画控制区中单击“自动关键点”按钮自动关键点，进入“自动关键帧”模式，将时间滑块拖动到第80帧，将“置换”贴图的“强度”设置为-6，如图6-31所示。

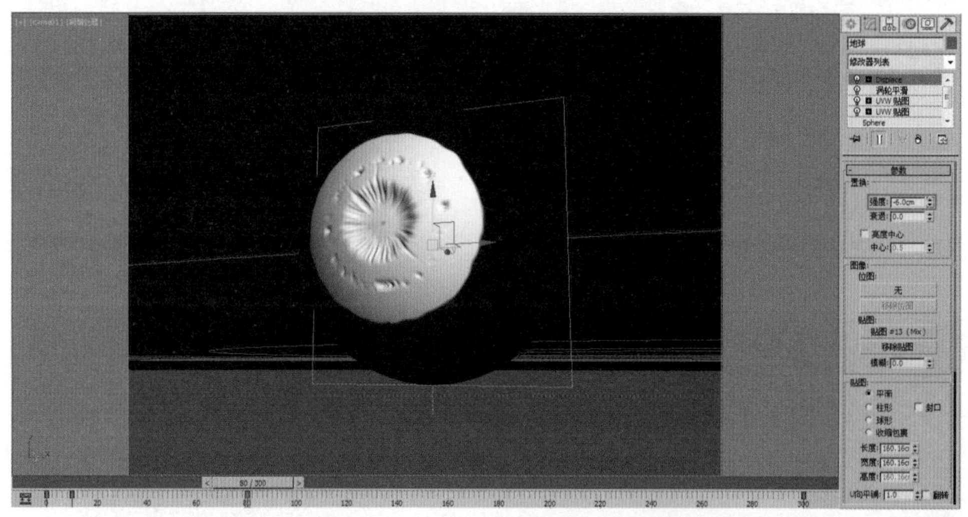

图6-31

23 在视图中选择“地球”和“岩浆”对象，将其第0帧和第10帧的关键帧分别向后移动10帧，如图6-32所示。

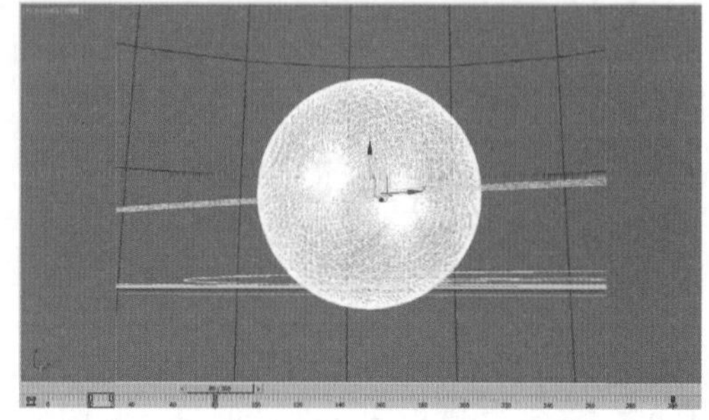

图6-32

24 设置完成后，渲染当前视图，最终效果如图6-33所示。

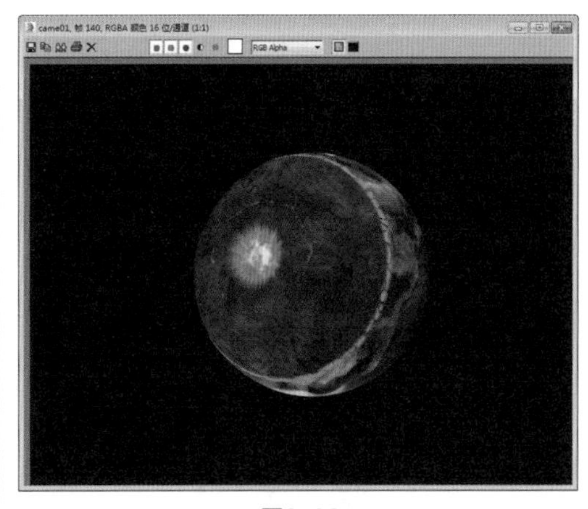

图6-33

6.2 天道酬勤

实例操作：天道酬勤	
实例位置：	工程文件>CH6>天道酬勤.max
视频位置：	视频文件>CH6>6.2 天道酬勤.mp4
实用指数：	★★☆☆☆
技术掌握：	熟练使用“噪波”贴图制作动画

6.2 天道酬勤 .mp4

“噪波”贴图可以通过两种颜色的随机混合，产生一种噪波效果，它是使用比较频繁的一种贴图，常用于无序贴图效果的制作，该贴图类型常与“凹凸”贴图通道配合作用，产生对象表面的凹凸效果。而当将其与“不透明度”贴图通道配合使用时，可以制作物体随机的“渐变”效果。下面我们将通过一个实例来为读者讲解这方面的知识。图6-34所示为本实例的最终完成效果。

图6-34

01 打开本书配套素材中的“工程文件>CH6>天道酬勤>天道酬勤.max”文件，该场景中已经为模型指定了材质，如图6-35所示。

02 在“空间扭曲”面板的下拉列表中选择“几何/可变形”，然后单击“涟漪”按钮 涟漪 ，接着在“前”视图中创建一个“涟漪”对象，如图6-36所示。

03 将“涟漪”对象与“文字”对象进入位置对齐，然后进入“修改”面板，在“参数”卷展栏中，设置“振幅1”值为18，“振幅2”值为18，“波长”值为70，如图6-37

所示。

图6-35

图6-36

图6-37

04 在动画控制区中单击“自动关键点”按钮自动关键点，进入“自动关键帧”模式，将时间滑块拖动到第180帧，按住键盘上的Shift键，并在“振幅1”和“振幅2”的微调器按钮上单击鼠标右键记录一个关键点，然后将时间滑块拖动到第200帧，然后将“振幅1”和“振幅2”都设置为0，设置“波长”值为190，设置“相位”值为4，如图6-38和图6-39所示。

图6-38

图6-39

05 单击主工具栏上的“链接到空间扭曲”按钮，将“涟漪”对象空间绑定到“文字”对象上，如图6-40所示。

图6-40

06 按M键打开“材质编辑器”，并选择“文字”对象的材质球，在“贴图”卷展栏中为“不透明度”贴图通道指定一个“噪波”贴图，如图6-41所示。

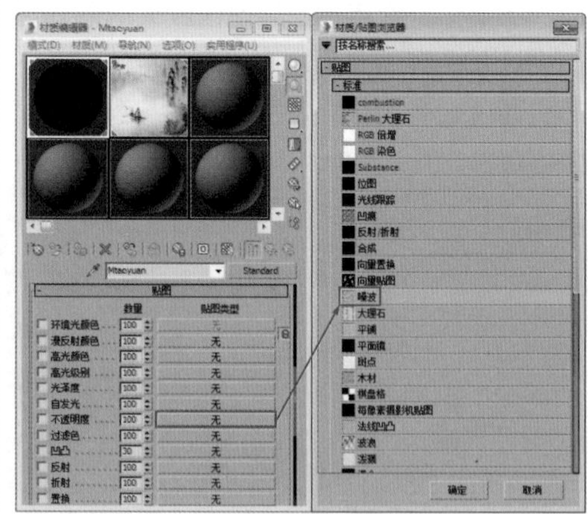

图6-41

07 在“噪波参数”卷展栏中，设置“高”值为0.8，“低”值为0.75，如图6-42所示。

08 在动画控制区中单击“自动关键点”按钮自动关键点，进入“自动关键帧”

模式，将时间滑块拖动到第200帧，设置“高”值为0.3，“低”值为0.2，“相位”值为-4，如图6-43所示。

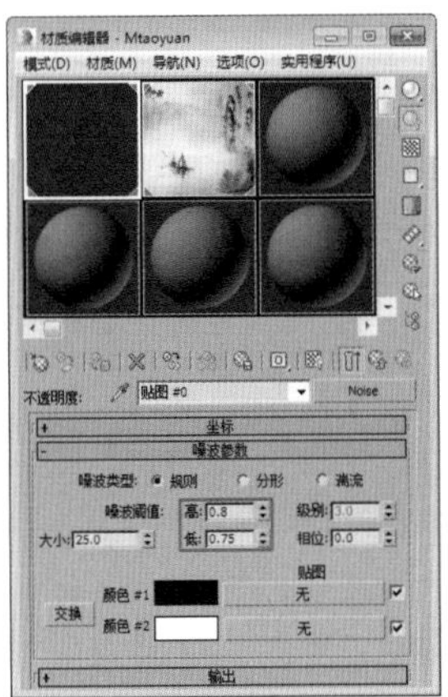

图6-42

09 设置完成后，渲染当前视图，最终效果如图6-44所示。

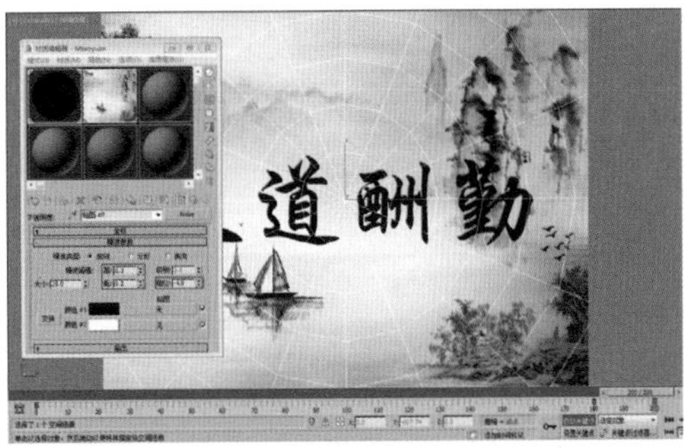

图6-43

图6-44

6.3 水下焦散效果

实例操作：水下焦散效果	
实例位置：	工程文件>CH6>水下焦散效果.max
视频位置：	视频文件>CH6>6.3 水下焦散效果.mp4
实用指数：	★★★☆☆
技术掌握：	熟练使用灯光的“投影贴图”命令，并配合“噪波”贴图制作动画

6.3 水下焦散效果 .mp4

灯光的“投影贴图”命令可以将一张贴图投射到物体的表面，常用来制作树叶的阴影投射到地面的效果，在本例中我们将使用灯光的“投影贴图”命令，并配合“噪波”贴图制作一个阳光照射水面后，在水下产生焦散的动画效果。图6-45所示为本实例的最终完成效果。

图6-45

01 打开本书配套素材中的“工程文件>CH6>水下集散效果>水下集散效果.max”文件，该场景中已经为物体设置了材质和灯光，如图6-46所示。

02 选择“摄影机”对象的目标点，使用“链接工具”将其链接到“点”辅助物体上，如图6-47所示。

图6-46

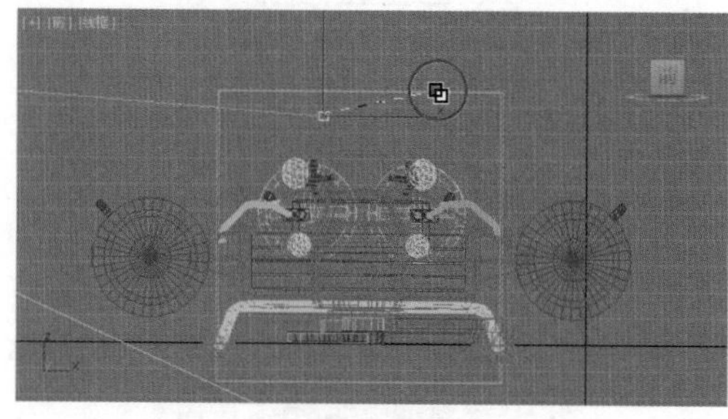

图6-47

03 在动画控制区中单击“自动关键点”按钮自动关键点，进入“自动关键帧”模式，将时间滑块拖动到第200帧，然后使用“移动工具”调节“点”辅助物体的位置，如图6-48所示。

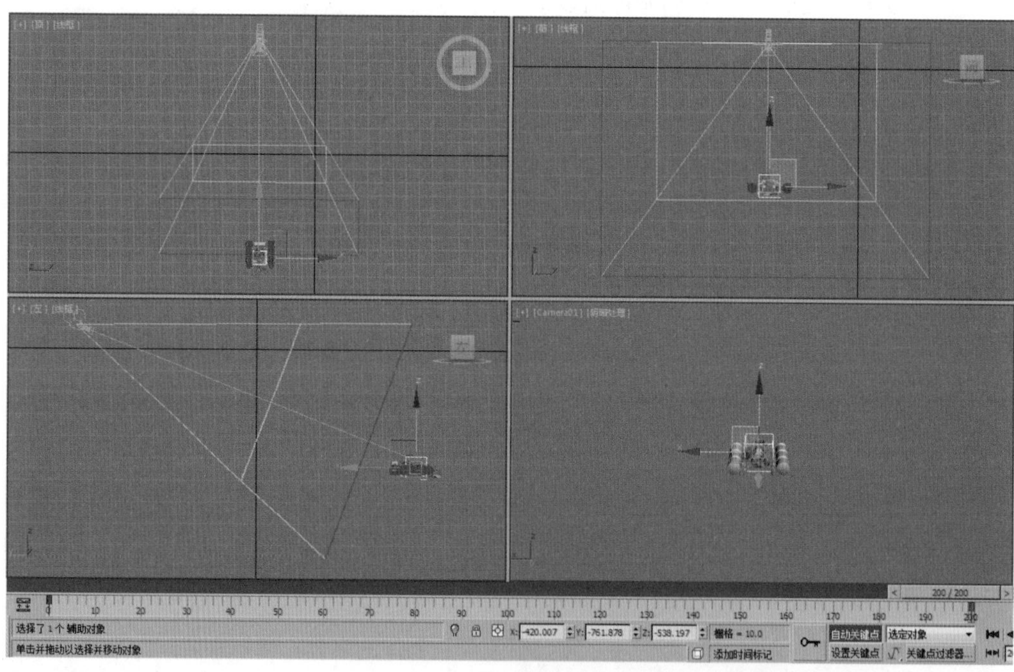

图6-48

04 进入“粒子系统”面板，单击“超级喷射”按钮，在“顶”视图中创建一个“超级喷射”粒子，如图6-49所示。

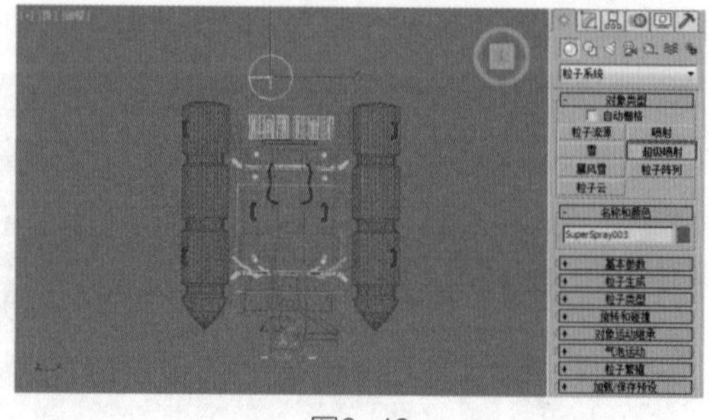

图6-49

05 使用“移动”和“旋转工具”调整“超级喷射”粒子的位置和角度，然后进入“修改”面板，在“基本参数”卷展栏中，设置“轴”的“扩散”值为20，“平面偏离”值为90，“平面”的“扩散”值为90，设置“粒子数百分比”值为100，如图6-50所示。

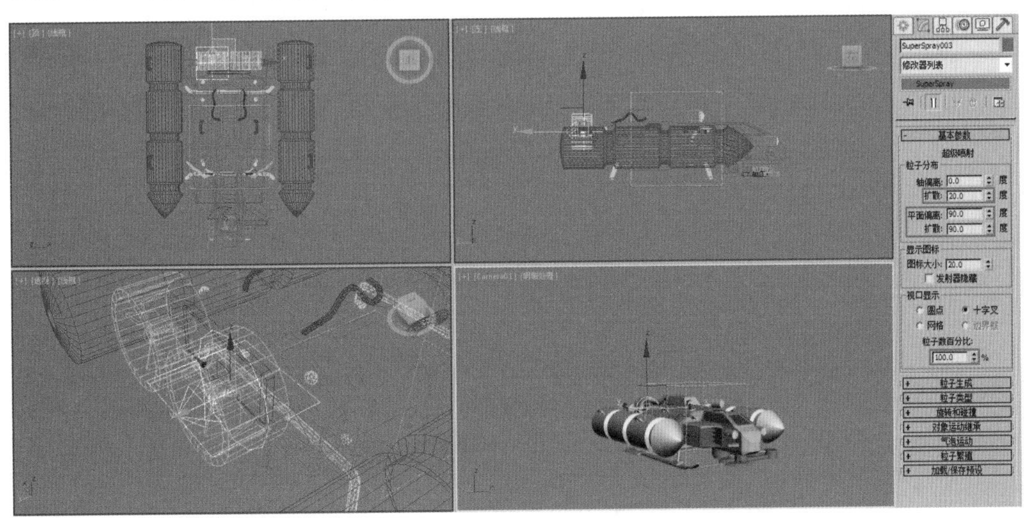

图6-50

06 在“粒子生成”卷展栏中，设置“速度”值为15，“变化”值为5，“发射开始”值为-50，“发射停止”值为500，“显示时限”值为500，“寿命”值为300，“变化”值为20，“大小”值为3，“变化”值为60，“增长耗时”值和“衰减耗时”值都为0，然后在“粒子类型”卷展栏中，选中“面”单选按钮，如图6-51和图6-52所示。

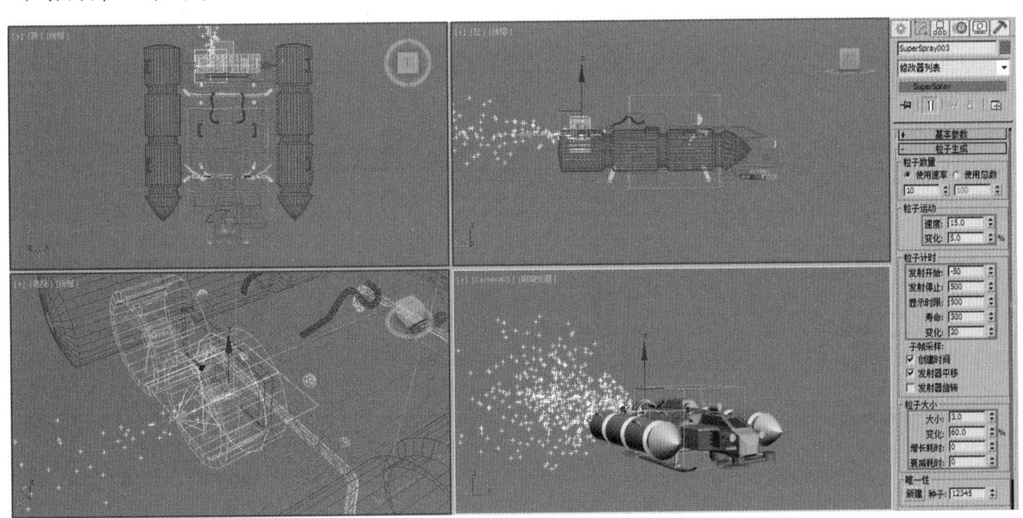

图6-51

07 选择“超级喷射”粒子，按键盘上的Ctrl+V键原地复制一个，使用“移动工具”调整其位置，然后进入“修改”面板，在“粒子生成”卷展栏的“唯一性”选项组中，单击“新建”按钮新建，如图6-53所示。

技巧与提示

“种子”可以让粒子在相同的参数下，生成另一个随机的效果。

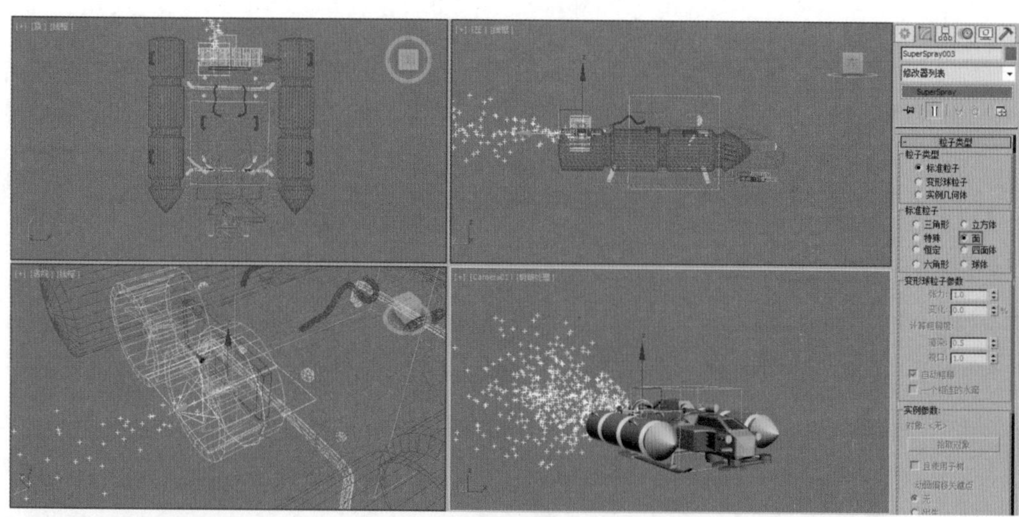

图6-52

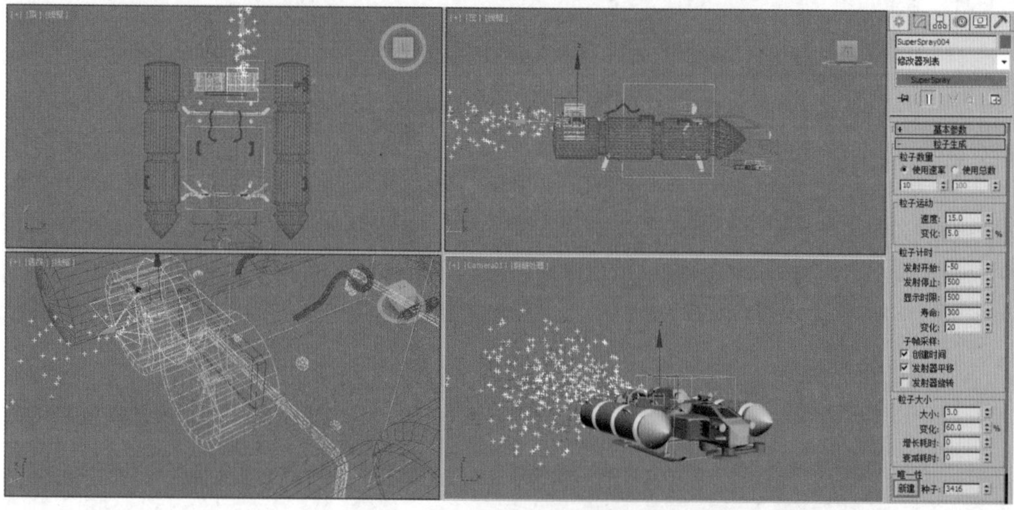

图6-53

08 在“空间扭曲”面板中单击“重力”按钮 重力 ，在“顶”视图中创建一个“重力”对象，如图6-54所示。

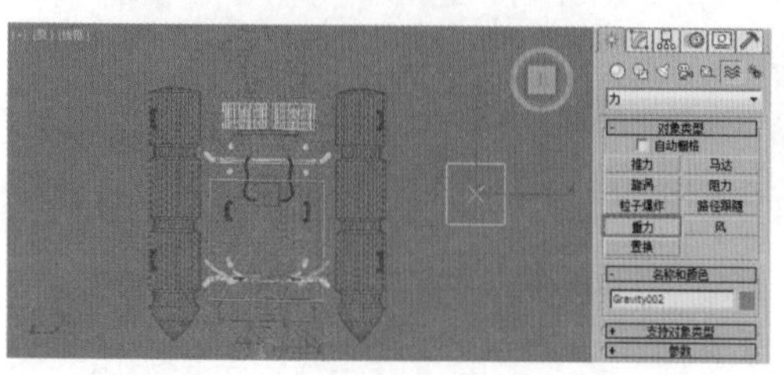

图6-54

09 使用“旋转工具”将“重力”对象沿Y轴旋转180度，然后进入“修改”面板，在“参数”卷展栏中设置“强度”值为0.05，如图6-55所示。

图6-55

10 单击主工具栏上的“绑定到空间扭曲”按钮，然后在视图中将“重力”绑定到两个“超级喷射”粒子上，接着使用“链接工具”将两个“超级喷射”粒子父子链接到“点”辅助物体上，如图6-56和图6-57所示。

图6-56

图6-57

11 按M键打开“材质编辑器”，选择一个空白的材质球将其指定给两个“超级喷射”粒子，并命名为“气泡”，然后在“明暗器基本参数”卷展栏中勾选“面贴图”复选框，在“Blinn基本参数”卷展栏中设置“漫反射”的颜色为（红：255，绿：255，蓝：255），如图6-58所示。

12 在“贴图”卷展栏中，为“不透明度”贴图通道指定一张配套光盘附带的“位图”作为贴图，如图6-59和图6-60所示。

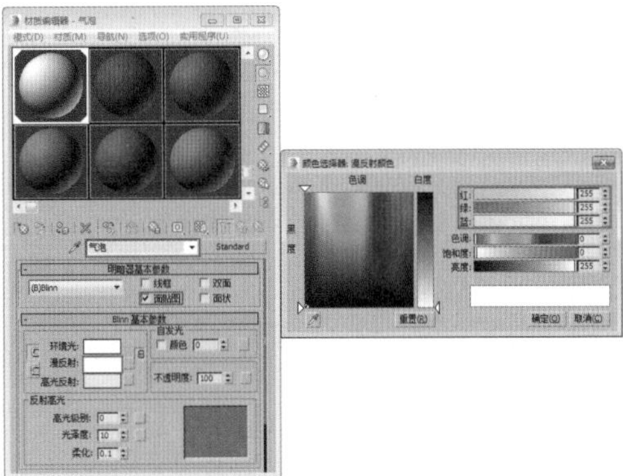

图6-58

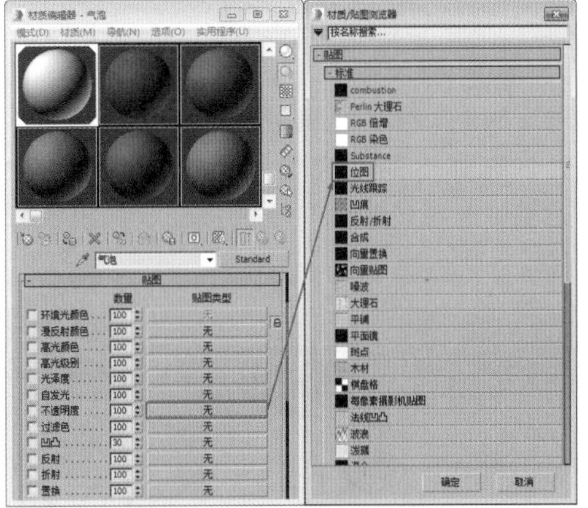

图6-59

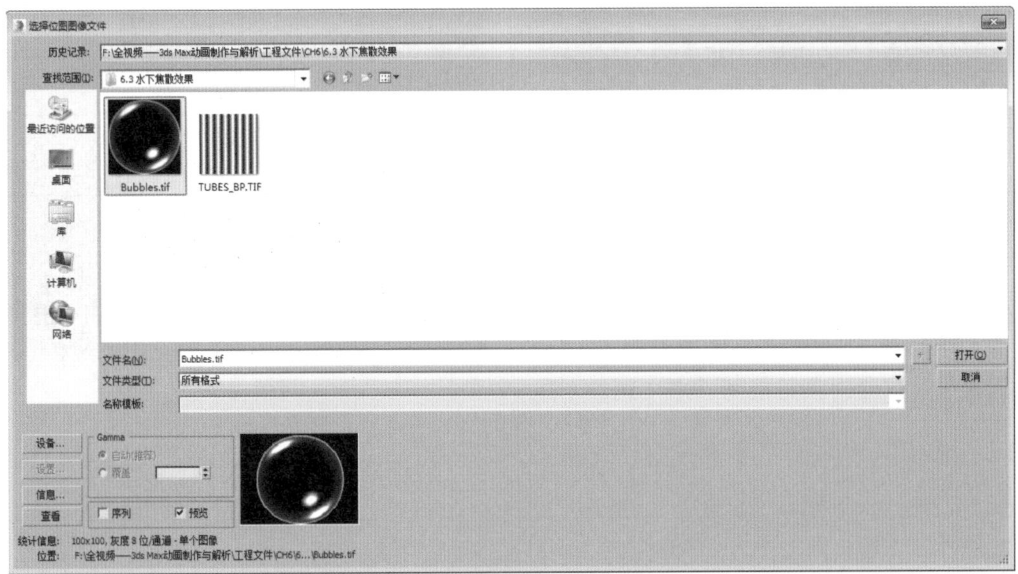

图6-60

13 在场景中选择“水下集散”灯光对象，进入“修改”面板，在“高级效果”卷展栏中，单击“投影贴图”选项组中的“无”按钮 无 ，在弹出的“材质/贴图浏览器”对话框中选择“噪波”，如图6-61所示。

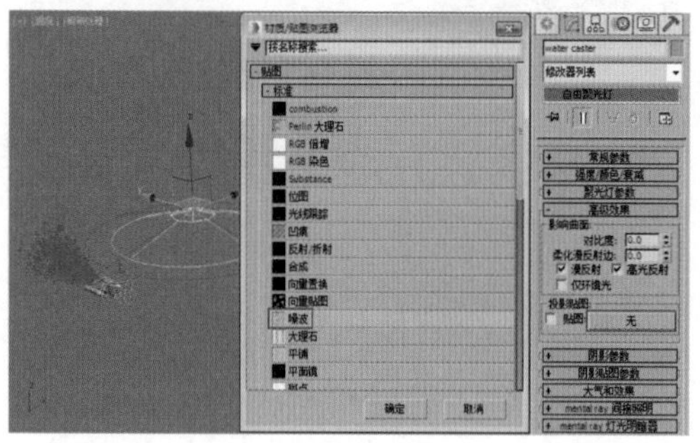

图6-61

14 按M键打开“材质编辑器”，将“噪波”贴图拖曳到一个空白的材质球上，在弹出的“实例（副本）贴图”对话框中选择“实例”单选按钮，如图6-62所示。

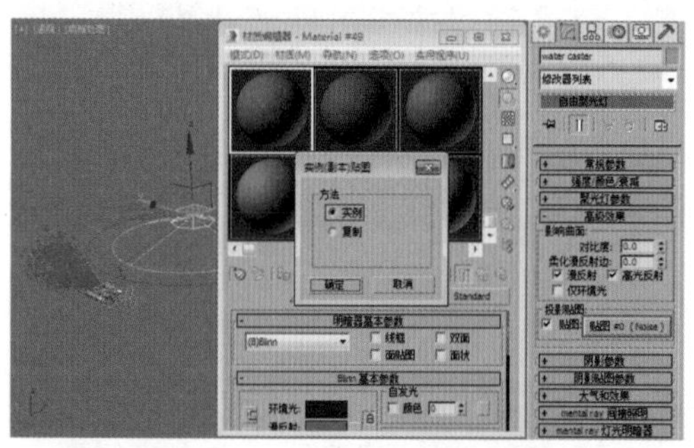

图6-62

15 在“噪波参数”卷展栏中，选择“湍流”单选按钮，设置“大小”值为70，“高”值为0.5，接着单击“交换”按钮 交换 将两个颜色进行互换，如图6-63所示。

16 最后使用“链接工具”将“水下集散”灯光对象链接到“点”辅助对象上，如图6-64所示。

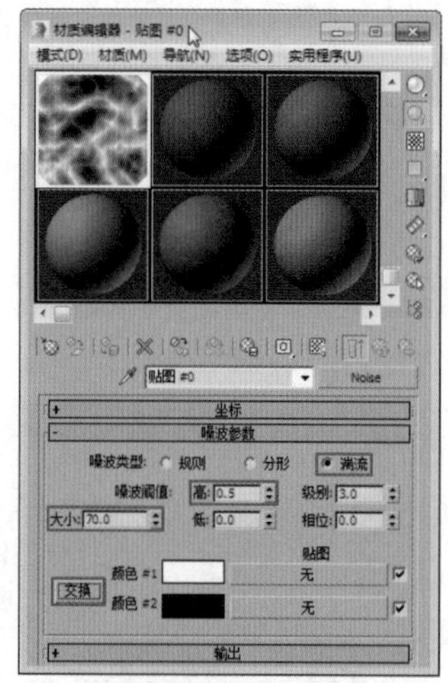

图6-63

图6-64

17 设置完成后，渲染当前视图，最终效果如图6-65所示。

图6-65

第7章 粒子与空间扭曲动画

粒子系统是一种非常强大的动画制作工具，通过粒子系统能够设置密集对象群的运动效果。粒子系统通常用于制作云、雨、风、火、烟雾、暴风雪及爆炸等动画效果。在使用粒子系统的过程中，粒子的速度、寿命、形态及繁殖等参数可以随时进行编辑，并可以与空间扭曲相配合，制作逼真的碰撞、反弹、飘散等效果；粒子流可以在“粒子视图”对话框中操作符、流和测试等行为，制作更加复杂的粒子效果。本章将为读者介绍有关粒子系统的知识，包括基础粒子系统、高级粒子系统、粒子流，以及空间扭曲4部分。

在3ds Max 2015中，如果按粒子的类型来分类，可以将粒子分为“事件驱动型粒子”和“非事件驱动型粒子”两大类。所谓“事件驱动型粒子”又称为“粒子流”，它可以测试粒子属性，并根据测试结果将其发送给不同的事件。“非事件驱动型粒子”通常在动画过程中显示一致的属性。例如，让粒子在某一特定的时间去做一些特定的事情，“非事件驱动型粒子”将实现不了这样的结果。

在“创建”命令面板中单击“几何体”按钮，在“几何体”次面板的下拉列表中选择“粒子系统”选项，进入“粒子系统”创建面板。3ds Max 2015包含7种粒子，分别是“粒子流源”“喷射”“雪”“超级喷射”“暴风雪”“粒子阵列”“粒子云”。其中“粒子流源”粒子系统就是所谓的“事件驱动型粒子”，是在3ds Max 6.0版本时新增的一种粒子系统，其余6种粒子属于“非事件驱动型粒子”，如图7-1所示。

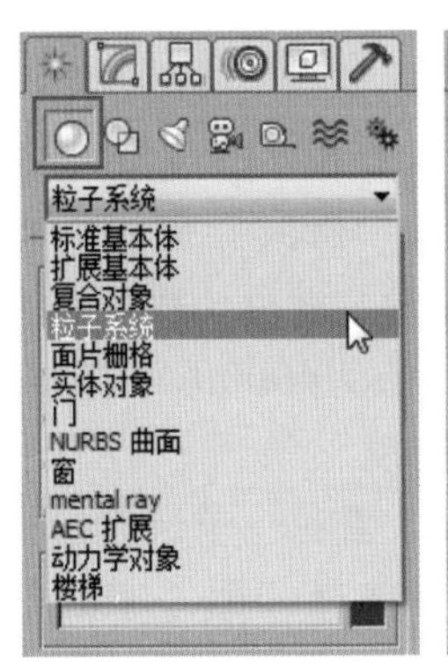

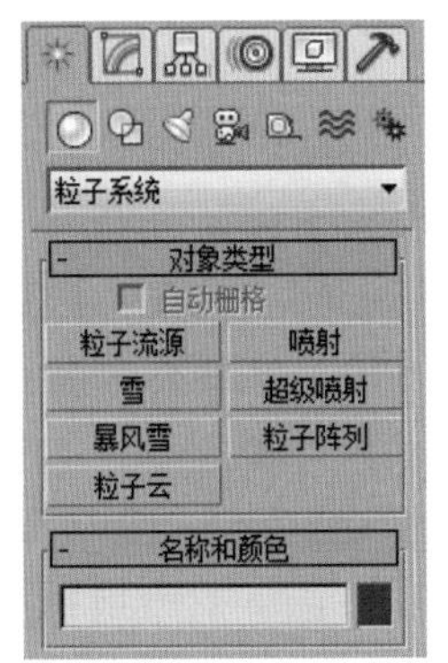

图7-1

在功能上，PF Source（粒子流源）完全可以替代其余6种粒子。但在某些时候，比如制作下雪或喷泉等一些简单的动画效果，使用“非事件驱动粒子”系统进行设置要更为快捷和简便。

空间扭曲物体是一类在场景中影响其他物体的不可渲染对象。空间扭曲能创建使其他对象变形的力场，从而创建出使对象受到外部力量影响的动画。空间扭曲的功能与修改器类似，只不过空间扭曲改变的是场景空间，而修改器改变的是物体空间。

空间扭曲物体的适用物体并不全都相同，有些类型的空间扭曲应用于可变形物体，如标准几何体、网格物体、面片物体与样条曲线等。另一些空间扭曲作用于诸如喷射、雪景等粒子系统。

在3ds Max 2015中，主要有两种类型的空间扭曲是针对粒子系统的，这两种类型的空间扭曲分别为“力”和“导向器”。在本节中，将为读者介绍这两种类型的空间扭曲的使用方法。

7.1 下雪

实例操作：下雪	
实例位置：	工程文件>CH7>下雪.max
视频位置：	视频文件>CH7>7.1 下雪.mp4
实用指数：	★★☆☆☆
技术掌握：	熟练使用“雪”粒子系统和“风”空间扭曲制作动画

7.1 下雪 .mp4

本书将“喷射”和“雪”两种粒子类型定义为基础粒子系统，因为与其他粒子系统相比较，这两种粒子系统可编辑参数较少，只能使用有限的粒子形态，无法实现粒子爆炸、繁殖等特殊运动效果，但其操作较为简便，通常用于对质量要求较低的动画设置。

“雪”粒子系统不仅可以用来模拟下雪，还可以结合材质产生五彩缤纷的碎片下落，用来增添节日的喜庆气氛；如果将粒子向上发射，还可以表现从火中升起的火星效果。接下来将通过一组实例操作来讲解“雪”粒子系统的一些用法，图7-2所示为本实例的最终完成效果。

图7-2

01 打开本书配套素材中的“工程文件>CH7>下雪>下雪.max”文件，该场景中已经为物体指定了材质，并设置了灯光，如图7-3所示。

图7-3

02 在“粒子系统”面板中单击“雪”按钮 雪 ，在“顶”视图中创建了一个“雪”粒子，如图7-4所示。

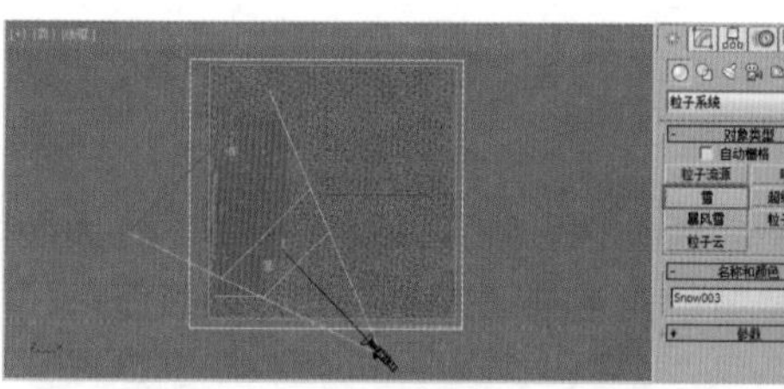

图7-4

03 使用“移动工具”在透视图调整其位置，然后进入“修改”面板，在“参数”卷展栏中设置“视口计数”值为4000，“渲染计数”值为40000，“雪花大小”值为12，“速度”值为85，“变化”值为35，并选择“雪花”单选按钮，在“渲染”选项组中选择“面”单选按钮，在“计时”选项组中设置“开始”值为-200，“寿命”值为300，如图7-5所示。

图7-5

04 选择“雪”粒子，并按键盘上的Ctrl+V键原地复制一个，然后使用“旋转工具”沿X轴旋转-20度，如图7-6所示。

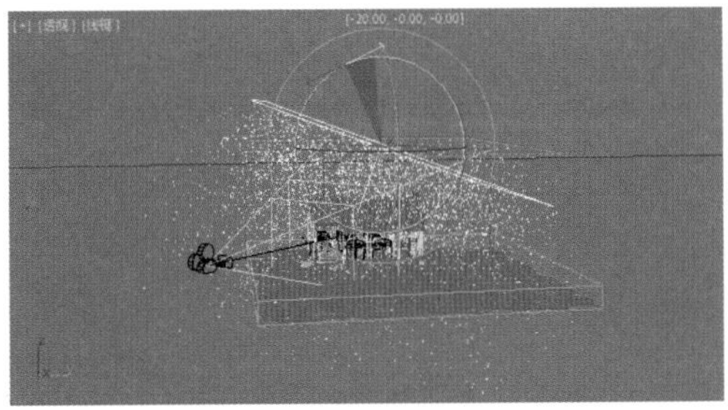

图7-6

05 进入“修改”面板，在“参数”卷展栏中设置“视口计数”值为6000，“渲染计数”值为60000，“雪花大小”值为15，“变化”值为60，如图7-7所示。

图7-7

06 在“空间扭曲”面板单击“风”按钮 风 ，在“顶”视图中创建一个“风”空间扭曲，如图7-8所示。

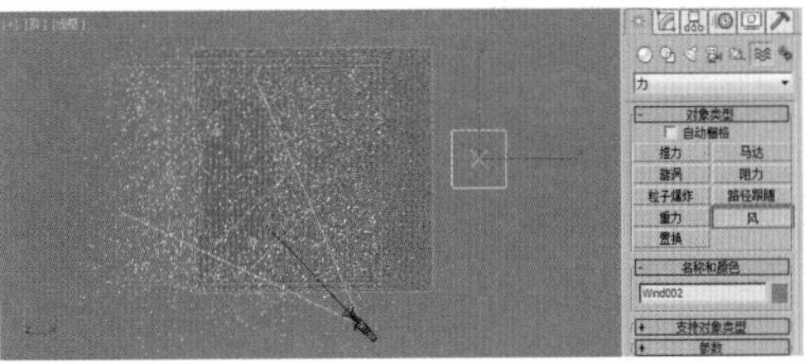

图7-8

07 使用“旋转工具”将“风”空间扭曲沿X轴旋转90度，然后进入“修改”面板，在“参数”卷展栏中，设置“强度”值为10，“湍流”值为20，“频率”值为1000，如图7-9所示。

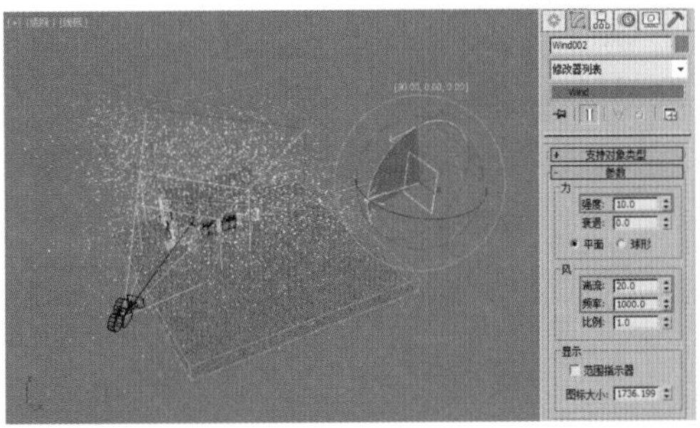

图7-9

08 单击主工具栏上的“绑定到空间扭曲”按钮，将“风”空间扭曲绑定到“雪02”粒子上，如图7-10所示。

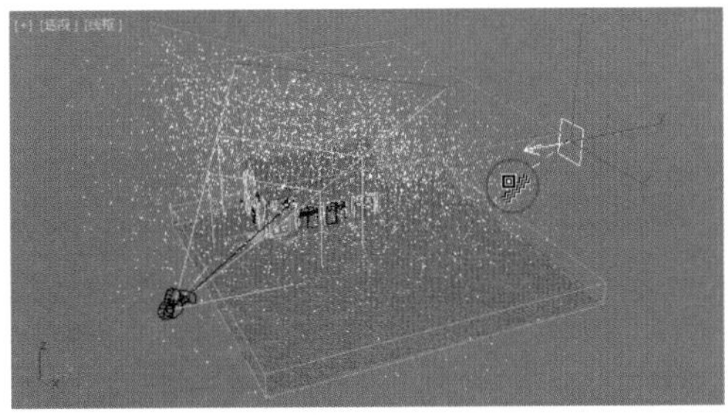

图7-10

09 按下快捷键M键打开材质编辑器，选择一个材质球，命名为“雪”，并将其指定给两个“雪”粒子上，设置雪材质“漫反射”的颜色为白色（红:250，绿:250，蓝:250），如图7-11所示。

10 在“贴图”卷展栏中，为“不透明度”贴图通道指定一个“遮罩”贴图，如图7-12所示。

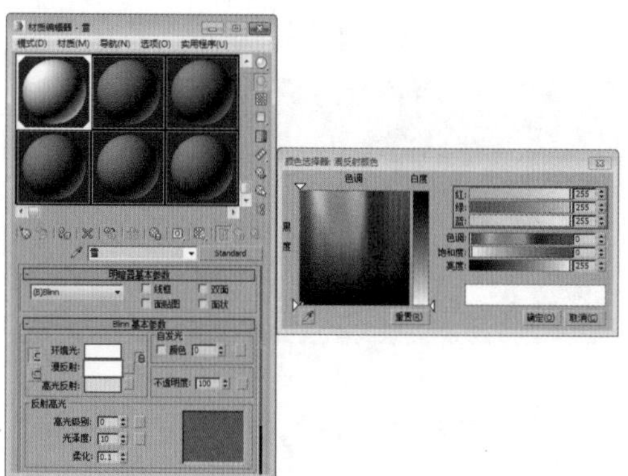
图7-11

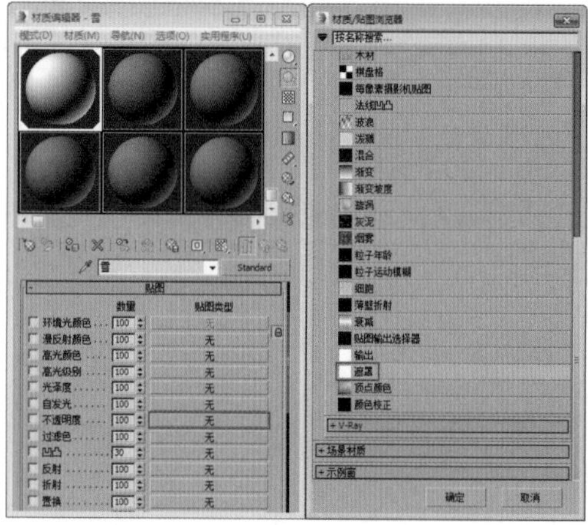
图7-12

11 在“遮罩参数”卷展栏中，为“贴图”通道设置一个“噪波”贴图，如图7-13所示。

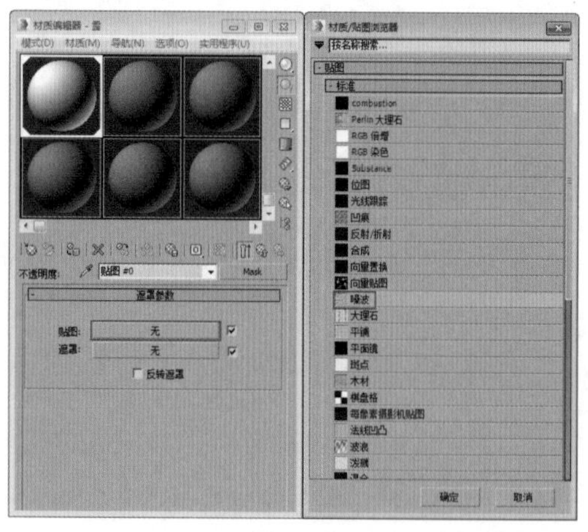
图7-13

12 在“噪波参数”卷展栏中，选中“分形”单选按钮，设置“高”值为0.7，“低”值为0.4，然后单击“交换”按钮 交换，如图7-14所示。

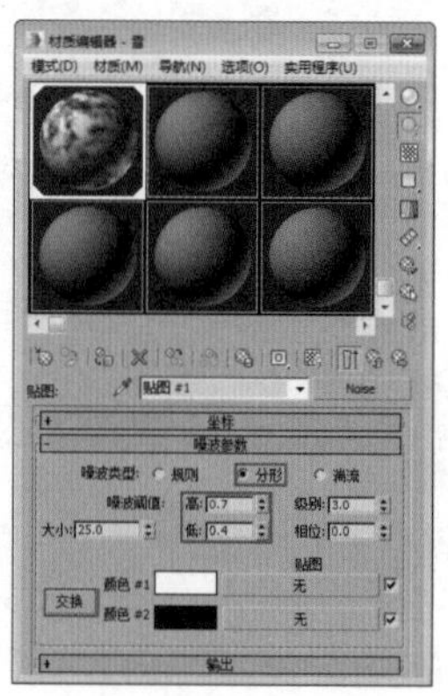
图7-14

13 为“遮罩”通道指定一个“渐变”贴图，接着在“渐变参数”卷展栏中，设置“颜色#2”的颜色为（红:55，绿:55，蓝:55），如图7-15和图7-16所示。

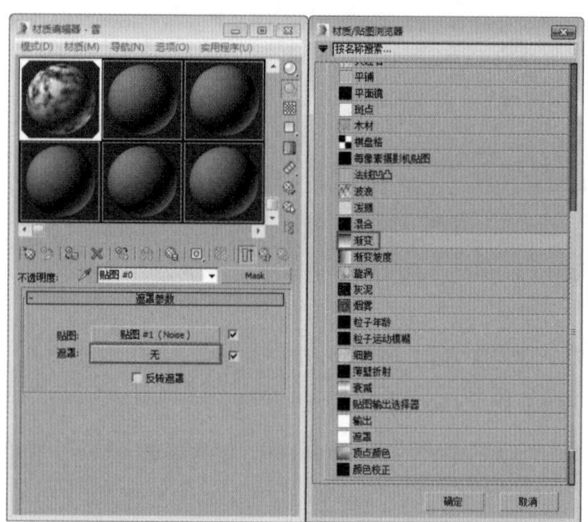
图7-15

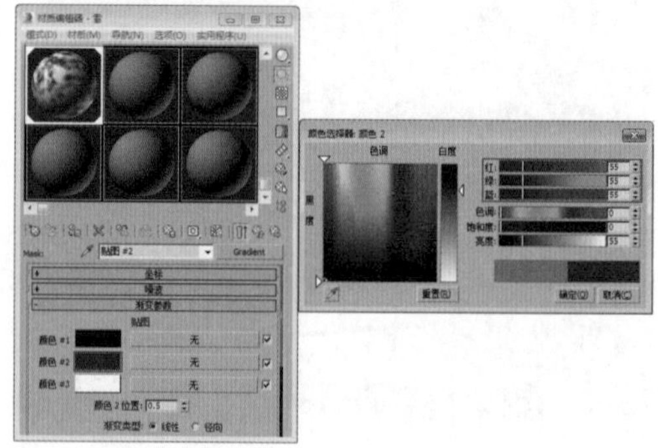
图7-16

14 回到材质层级，在“Blinn基本参数”卷展栏中，勾选“颜色”复选框，并将“自发光” 的颜色设置为（红:200，绿:200，蓝:200），如图7-17所示。

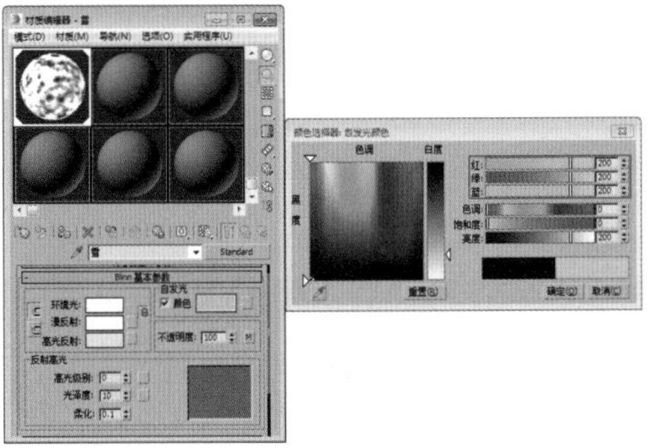

图7-17

15 在视图中选择两个“雪”粒子并单击鼠标右键，在弹出的菜单中选择“对象属性”，接着在打开的“对象属性”对话框的“运动模糊”选项组中，选择“图像”单选按钮，并设置“倍增”值为0.1，如图7-18所示。

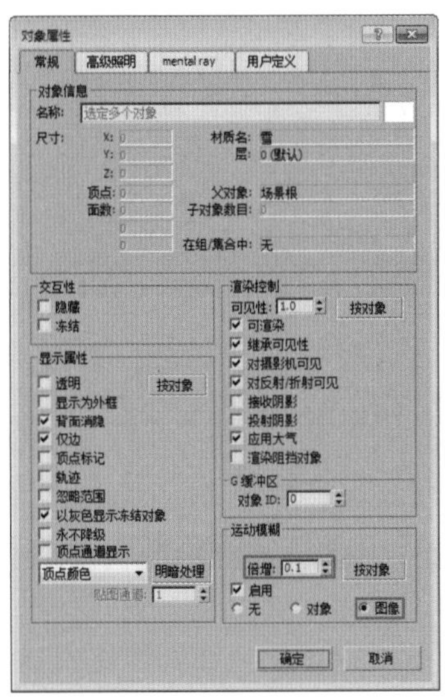

图7-18

技巧与提示

开启对象的“运动模糊”主要是为了体现对象的“速度感”，但是需要注意的是，要想“运动模糊”发生效果，必须要保证在“渲染设置”面板的“渲染器”选项卡中开启了“运动模糊”选项，如图7-19所示。

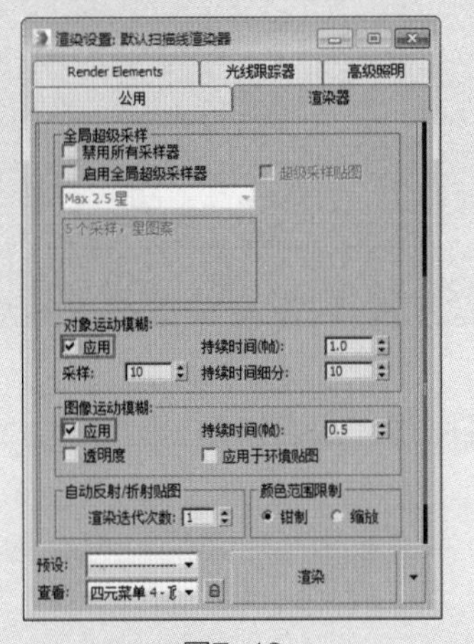

图7-19

16 设置完成后，渲染当前视图，最终效果如图7-20所示。

图7-20

7.2 瀑布

实例操作：瀑布	
实例位置：	工程文件>CH7>瀑布.max
视频位置：	视频文件>CH1>7.2 瀑布.mp4
实用指数：	★★★☆☆
技术掌握：	熟练使用“喷射”粒子和“全导向器”“重力”空间扭曲制作动画

7.2 瀑布 .mp4

“喷射”粒子系统可以模拟下雨、水管喷水、喷泉等水滴效果；“重力”空间扭曲可以模拟自然界地心引力的影响，对粒子系统产生重力作用，粒子会沿着其箭头指定移动，随强度值的不同和箭头方向的不同，也可以产生排斥的效果，当空间扭曲物体为球形时，粒子会被吸向球心；“全导向器”空间扭曲可以拾取场景中的一个几何物体当作“导向板”，当粒子碰撞到该“导向板”后会有反弹、静止等效果。接下来将通过一组实例操作来讲解这方面的知识。图7-21所示为本实例的最终完成效果。

图7-21

01 打开本书配套素材中的“工程文件>CH7>瀑布>瀑布.max”文件，该场景中已经为物体设置了材质和灯光，如图7-22所示。

图7-22

02 在“粒子系统”面板中单击“喷射”按钮，在“顶”视图中创建一个“喷射”粒子 喷射 ，如图7-23所示。

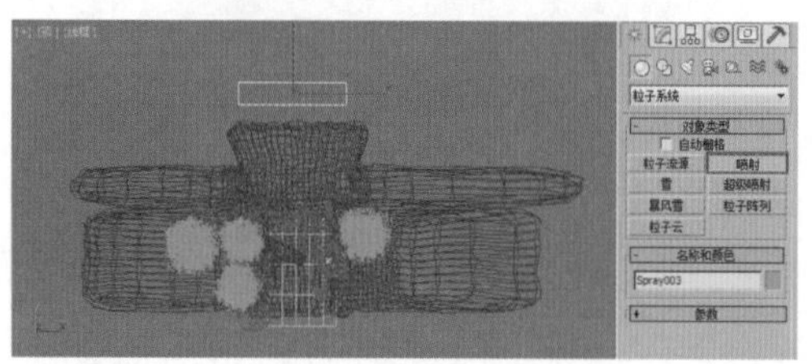

图7-23

03 使用“移动”和“旋转工具”在透视图中调整其位置和角度，然后进入“修改”面板，在“参数”卷展栏中设置“视口计数”值为800，“渲染计数”值为8000，“水滴大小”值为8，“速度”值为5.5，“变化”值为0.8，在“计时”选项组中设置“开始”值为-70，“寿命”值为100，如图7-24所示。

图7-24

04 在“空间扭曲”面板的下拉列表中选择“导向器”，单击“全导向器”按钮 全导向器 ，在“顶”视图中创建一个“全导向器”空间扭曲，如图7-25所示。

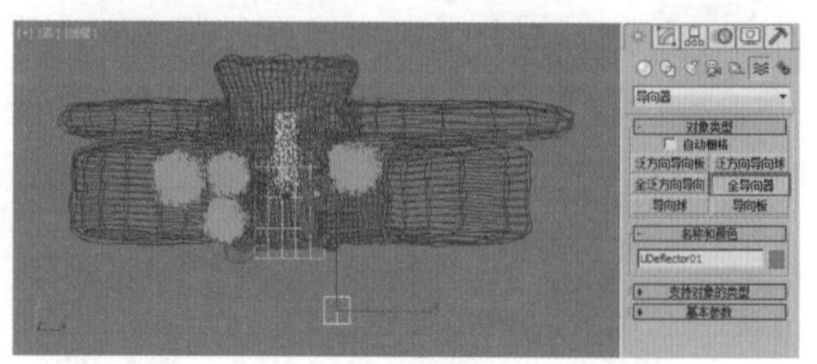

图7-25

05 进入“修改”面板，在“基本参数”卷展栏中单击“拾取对象”按钮 拾取对象 ，然后在视图中拾取“石头01”对象并设置“反弹”值为0.01，如图7-26所示。

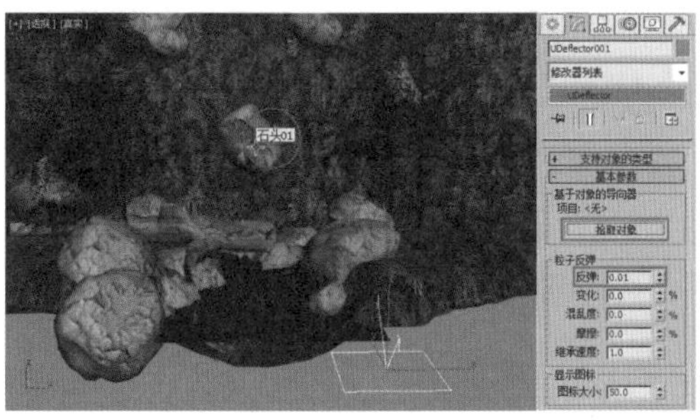

图7-26

06 按住键盘上的Shift键，将“全导向器”空间扭曲复制一个，在“修改”面板中单击“拾取对象”按钮 拾取对象 ，然后在视图中拾取“石头02”对象，并设置“反弹”值为0.3，如图7-27所示。

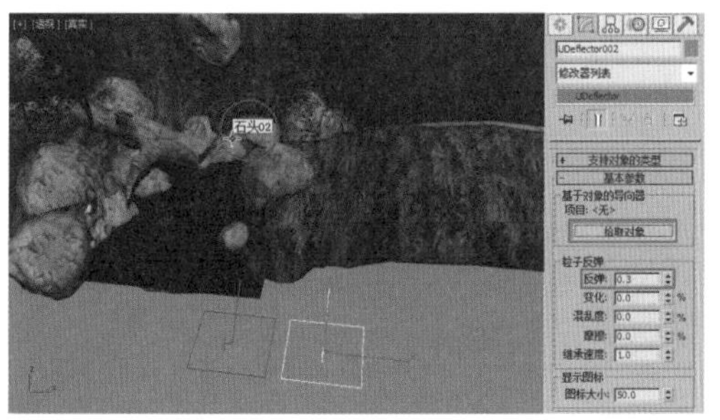

图7-27

07 用同样的方法再复制一个“全导向器”空间扭曲，然后拾取“水面”对象，并设置“反弹”值为0.2，如图7-28所示。

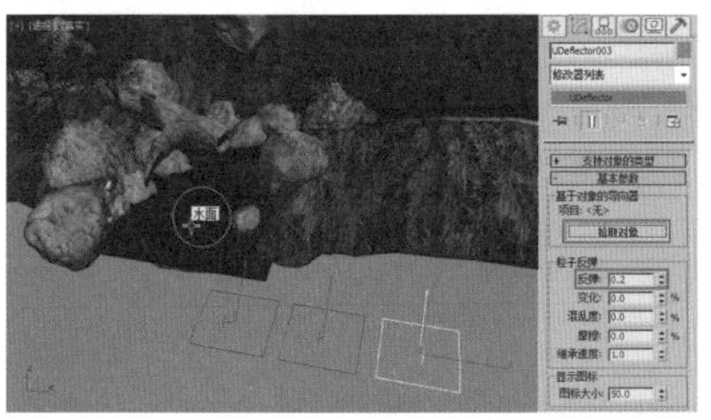

图7-28

08 在“空间扭曲”面板的下拉列表中选择“力”，单击“重力”按钮 重力 ，在“顶”视图中创建一个“重力”空间扭曲，如图7-29所示。

图7-29

09 使用“旋转工具”将“重力”对象沿X轴旋转10度，然后进入“修改”面板，在“参数”卷展栏中设置“强度”值为1.15，如图7-30所示。

图7-30

10 单击主工具栏上的“绑定到空间扭曲”按钮，然后在视图中将3个“全导向器”和一个“重力”依次绑定到“喷射”粒子上，绑定完成后的效果如图7-31所示。

图7-31

11 按下快捷键M键，打开材质编辑器，选择一个材质球，命名为“水”，并将其指定给“喷射”粒子上，设置水材质“漫反射”的颜色为白色（红:250，绿:250，蓝:250），如图7-32所示。

12 在“自发光”选项组中设置“颜色”值为30，在“反射高光”选项组中，设置“高光级别”值为100，“光泽度”值为40，如图7-33所示。

13 在“扩展参数”卷展栏中，选择“外”单选按钮，并设置“数量”值为100，如图7-34所示。

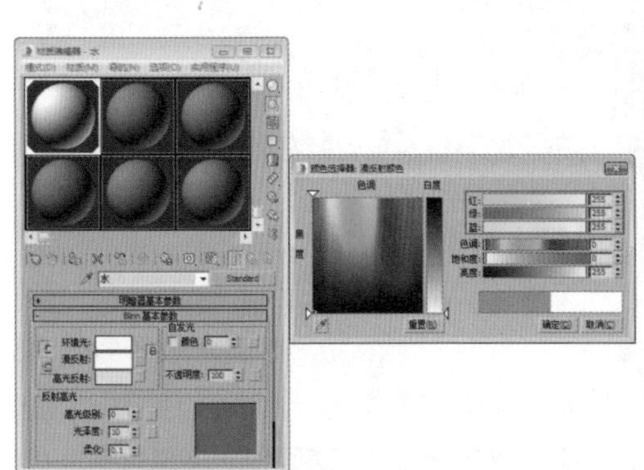

图7-32

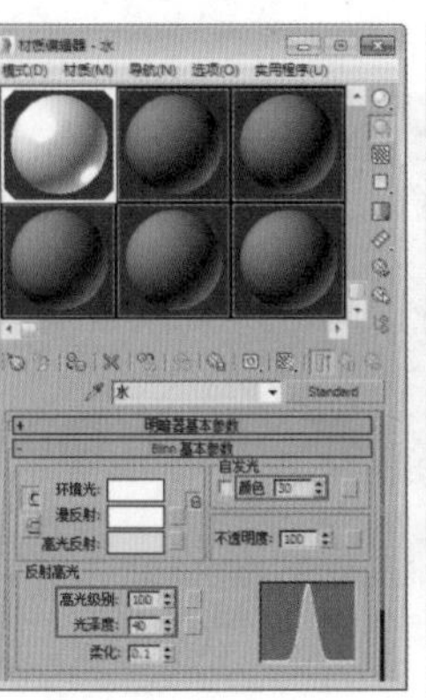

图7-33

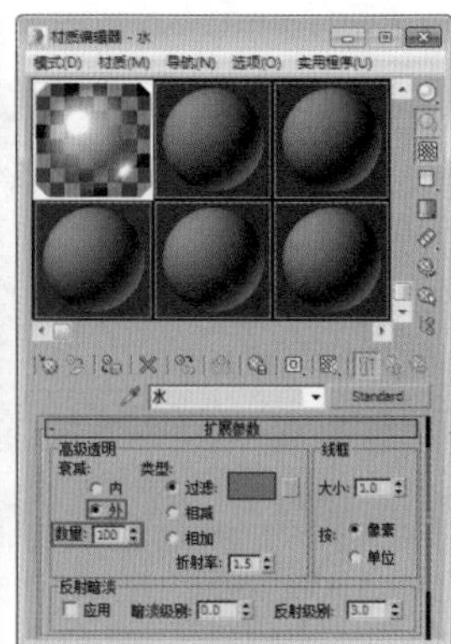

图7-34

14 选择“喷射”粒子，并在视图中单击鼠标右键，在弹出的四联菜单中选择“对象属性”命令，接着在打开的“对象属性”对话框中，选择“图像”单选按钮，并设置“倍增”值为2，如图7-35所示。

15 设置完成后，渲染当前视图，最终效果如图7-36所示。

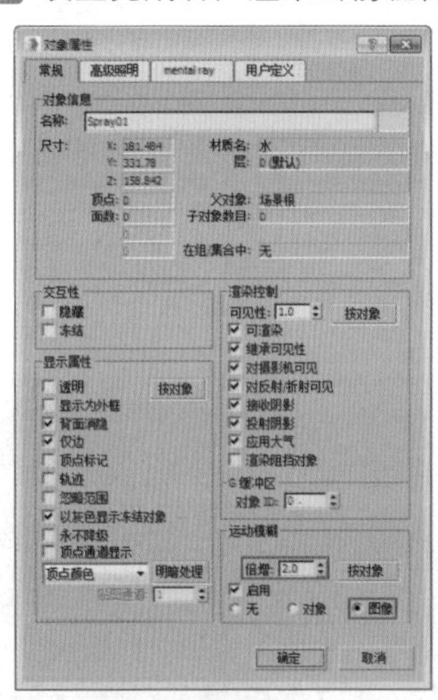

图7-35

图7-36

7.3 爆炸

实例操作：爆炸	
实例位置：	工程文件>CH7>爆炸.max
视频位置：	视频文件>CH7>7.3 爆炸.mp4
实用指数：	★★★☆☆
技术掌握：	熟练使用“粒子阵列”粒子系统制作动画

7.3 爆炸 .mp4

“粒子阵列”粒子系统自身不能发射粒子，必须拾取一个三维物体作为目标物体，从它的表面向外发散出粒子，粒子发射器的大小和位置都不会影响粒子发射的形态，只有目标物体才会对整个粒子宏观的形态起决定作用。该粒子系统拥有大量的控制参数，根据粒子类型的不同，可以表现出喷发、爆裂等特殊效果。更特别的地方在于，可以将发射的粒子形态设置为目标物体的碎片，这是电影特技中经常使用的功能，而且计算速度非常快。下面我们将通过一个实例来为读者讲解这方面的知识。图7-37所示为本实例的最终完成效果。

图7-37

01 打开本书配套素材中的“工程文件>CH7>爆炸>爆炸.max”文件，该场景中已经为模型指定了材质，如图7-38所示。

图7-38

02 在动画控制区中单击“自动关键点”按钮自动关键点，进入“自动关键帧”模式，将时间滑块拖动到第3帧，将“枪管”对象沿自身Z轴向后移动一些距离，然后将第0帧的关键帧复制到第6帧，如图7-39和图7-40所示。

图7-39

图7-40

03 将时间滑块拖动到第10帧，选择“子弹”对象，将其沿自身Z轴移动到球体的内部，如图7-41所示。

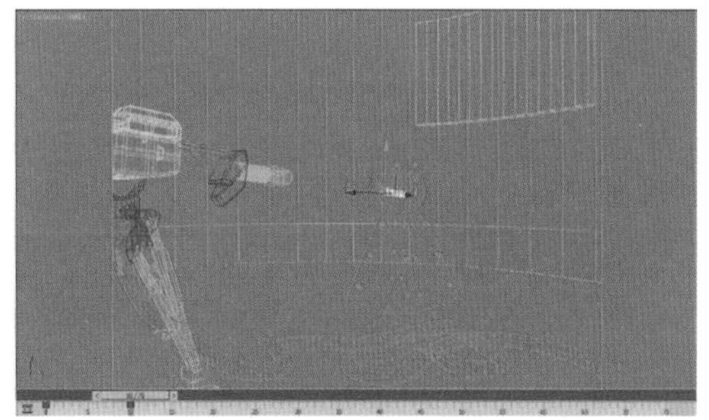
图7-41

04 打开“曲线编辑器”并选择“子弹”项目，然后执行菜单“编辑>可见性轨迹>添加”命令，如图7-42和图7-43所示。

05 单击工具栏上的“添加关键点”按钮，在刚才添加的“可见性”轨迹的

第0帧和第10帧添加两个关键点，如图7-44所示。

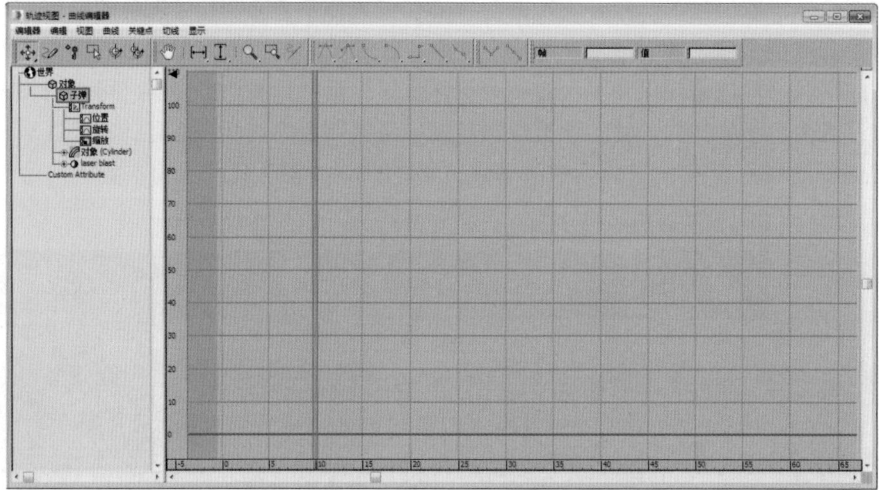
图7-42

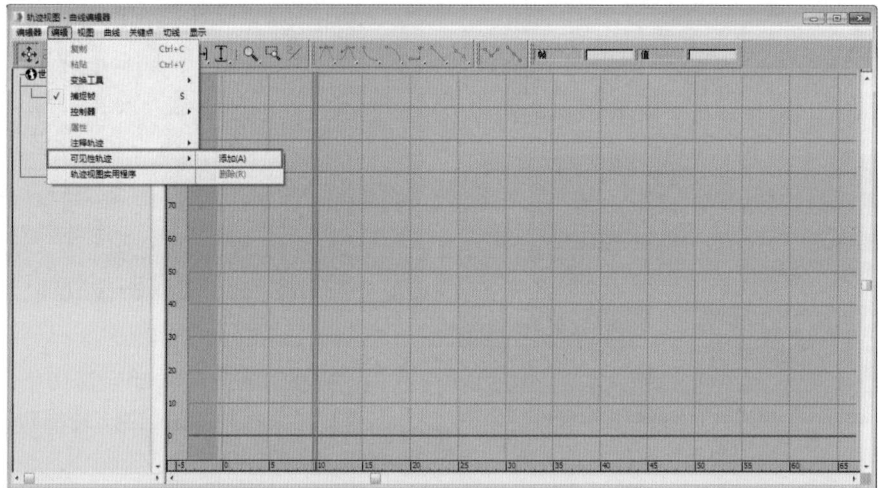
图7-43

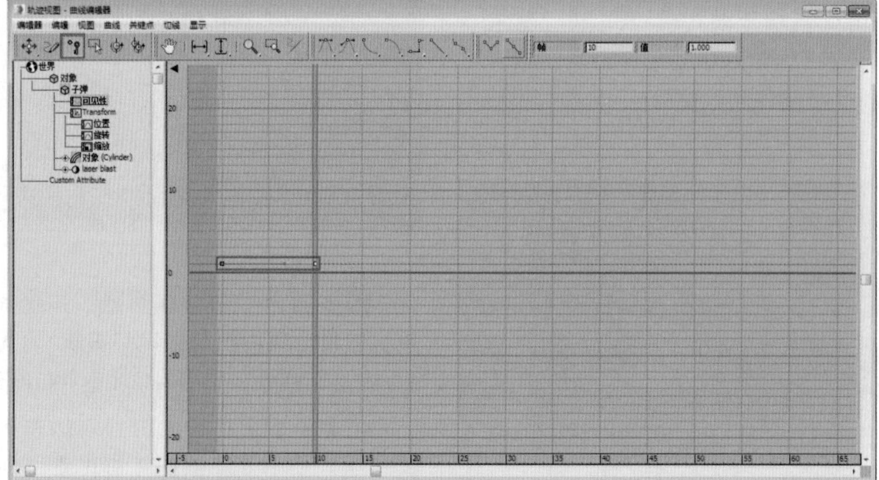
图7-44

06 选择第10帧的关键点，将其数值设置为0，然后选择第0帧和第10帧的两个关键点，接着单击工具栏上的“将切线设置为阶梯式”按钮，让“子弹”在第10帧的时候突然消失，如图7-45和图7-46所示。

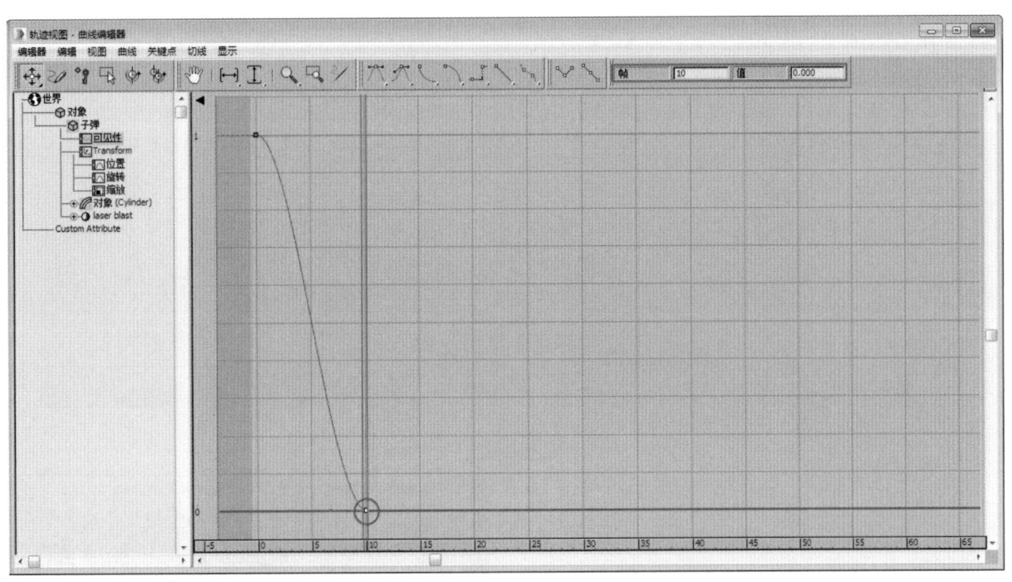

图7-45

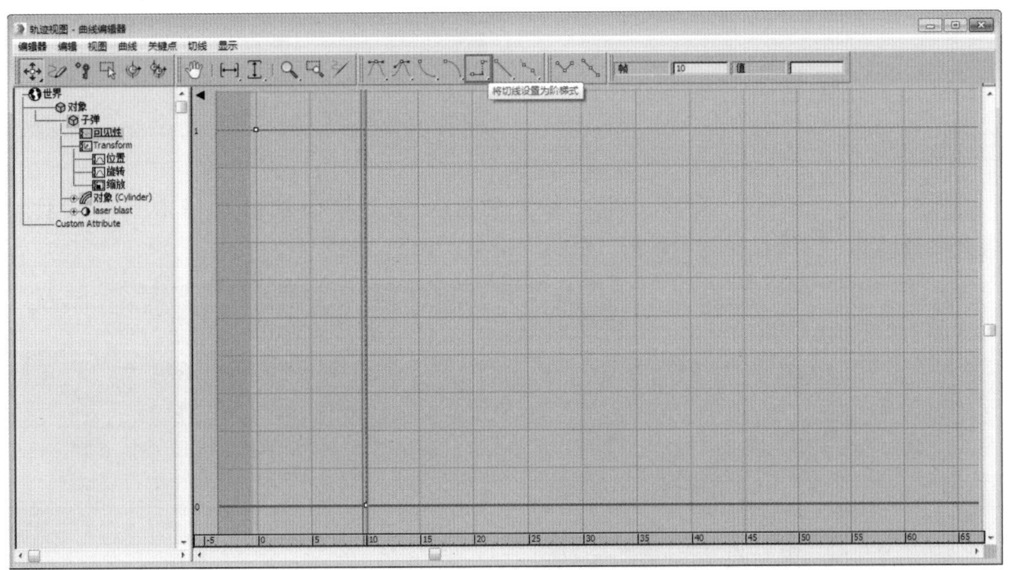

图7-46

07 在场景中选择“目标”对象，用同样的方法也为其添加“可见性”轨迹，也让其在第10帧突然消失，如图7-47和图7-48所示。

图7-47

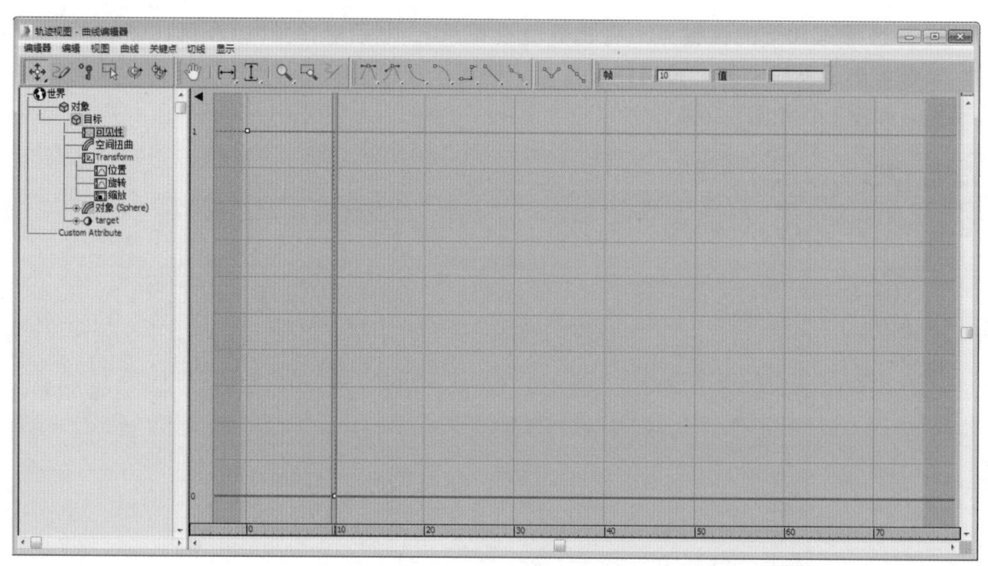

图7-48

08 在“粒子系统”面板中，单击“粒子阵列”按钮 粒子阵列 ，然后在“顶”视图中创建一个“粒子阵列”粒子，如图7-49所示。

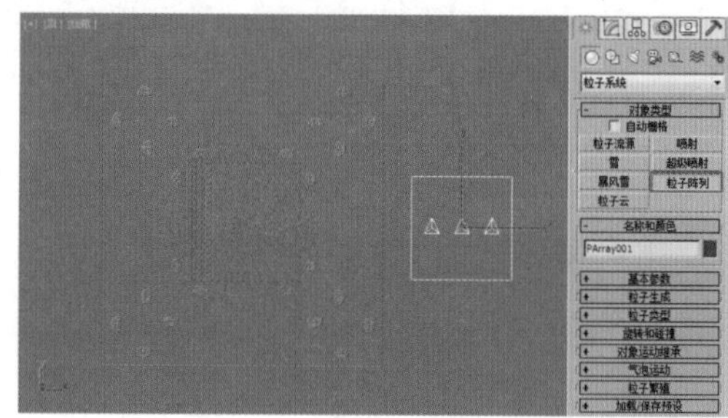

图7-49

09 进入“修改”面板，在“基本参数”卷展栏中单击“拾取对象”按钮 拾取对象 ，然后在视图中单击“目标”对象，如图7-50所示。

图7-50

10 在“粒子类型”卷展栏中选择“对象碎片”单选按钮，在“对象碎片控制”选项组中设置“厚度”值为8，然后选择“碎片数目”单选按钮，接着设置“最小值”为50，如图7-51所示。

图7-51

11 在“材质贴图和来源”选项组中选择“拾取的发射器”单选按钮，然后单击“材质来源：”按钮 材质来源: ，接着在“基本参数”卷展栏的“视口显示”选项组中选择“网格”单选按钮，这时拖动时间滑块，会发现“粒子”以目标物体碎片的形式向四周发射出来，如图7-52和图7-53所示。

图7-52

图7-53

12 在“粒子生成”卷展栏中，设置“速度”值为15，“变化”值为30，“散度”值为20，“发射开始”值为10，“寿命”值为70，如图7-54所示。

图7-54

13 在“空间扭曲”面板中单击“重力”按钮 重力 ，然后在“顶”视图中创建一个“重力”，接着单击主工具栏上的“绑定到空间扭曲”按钮，将“重力”空间绑定到“粒子阵列”粒子上，如图7-55和图7-56所示。

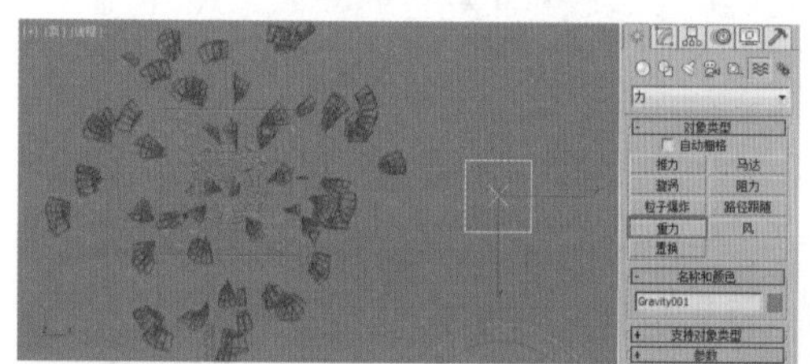

图7-55

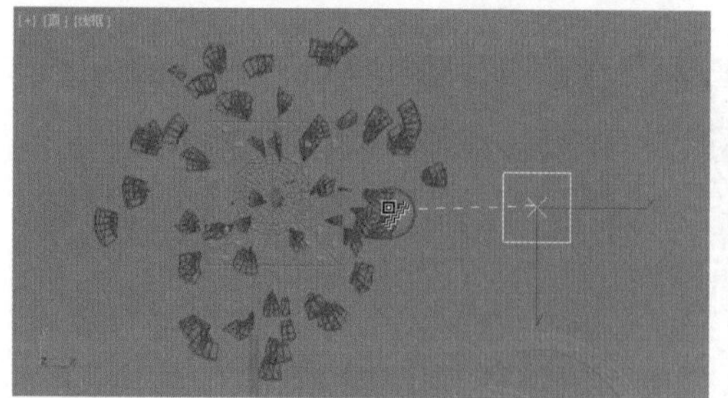

图7-56

14 在“空间扭曲”面板的下拉列表中选择“导向器”，单击“全导向器”按钮 全导向器 ，然后在“顶”视图中创建一个“全导向器”空间扭曲，如图7-57所示。

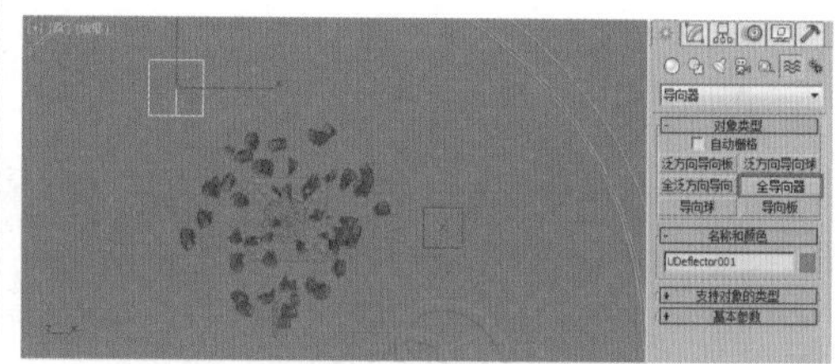

图7-57

15 进入“修改”面板，在“基本参数”卷展栏中单击“拾取对象”按钮，然后在视图中单击“基座”对象，接着设置“反弹”值为0.5，如图7-58所示。

图7-58

16 按住键盘上的Shift键将“全导向器”空间扭曲复制一个，在“基本参数”卷展栏中单击“拾取对象”按钮，然后在视图中单击“电线”对象，接着设置“反弹”值为0.1，如图7-59所示。

图7-59

17 用同样的方法再复制一个“全导向器”空间扭曲，在“基本参数”卷展栏中单击“拾取对象”按钮，然后在视图中单击“墙”对象，接着设置“反弹”值为0.5，如图7-60所示。

图7-60

18 用同样的方法再复制一个“全导向器”空间扭曲，在“基本参数”卷展栏中单击“拾取对象”按钮，然后在视图中单击“地面”对象，接着设置“反弹”值为0.3，“摩擦”值为50，如图7-61所示。

图7-61

19 单击主工具栏上的“绑定到空间扭曲”按钮，将刚才创建的4个“全导向器”空间扭曲依次绑定到“粒子阵列”粒子上，完成后拖动时间滑块，会发现粒子“爆炸”后会受到多个物体的影响产生各种碰撞的效果，如图7-62所示。

图7-62

20 选择“粒子阵列”粒子并在视图中单击鼠标右键，在弹出的四联菜单中选择“对象属性”命令，接着在打开的“对象属性”对话框中，选择“图像”单选按钮，并设置“倍增”值为1，如图7-63所示。

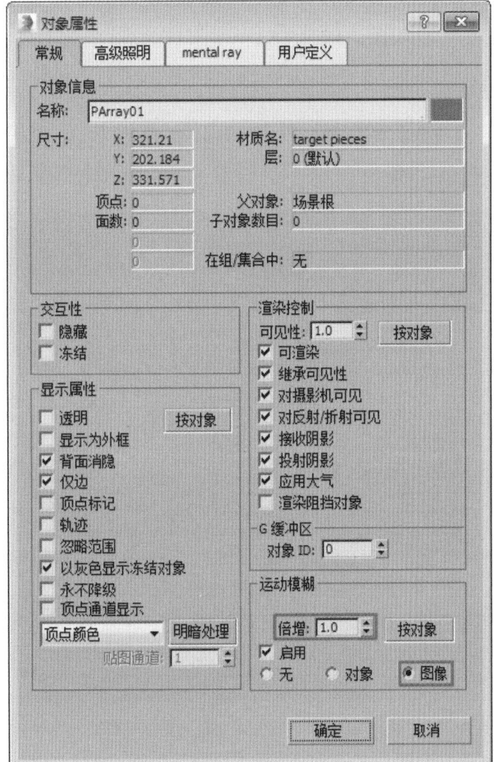

图7-63

21 在“辅助对象”面板的下拉列表中选择“大气装置”选项，单击“球体Gizmo”按钮 球体 Gizmo ，然后在“顶”视图中创建一个“球体Gizmo”，如图7-64所示。

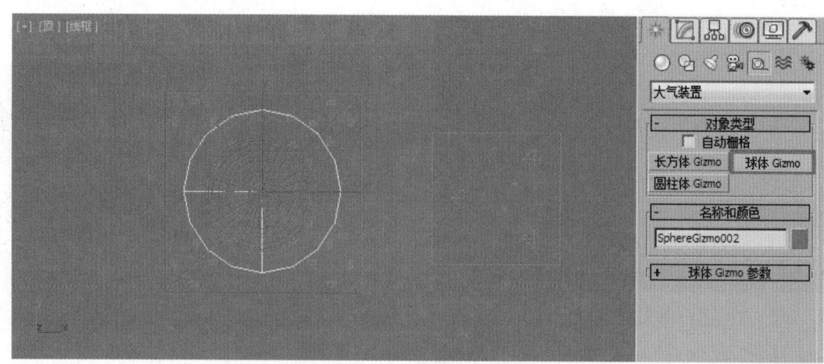

图7-64

图7-65

22 将“球体Gizmo”对象与“目标”对象进行位置对齐，然后进入“修改”面板，在“球体Gizmo参数”卷展栏中，设置“半径”值为80，接着在“大气和效果”卷展栏中单击“添加”按钮 添加 ，在弹出的“添加大气”对话框中选择“火效果”，如图7-65所示。

23 在“大气和效果”卷展栏的列表中选择“火效果”，然后单击“设置”按钮 设置 ，这时会打开“环境”面板，如图7-66所示。

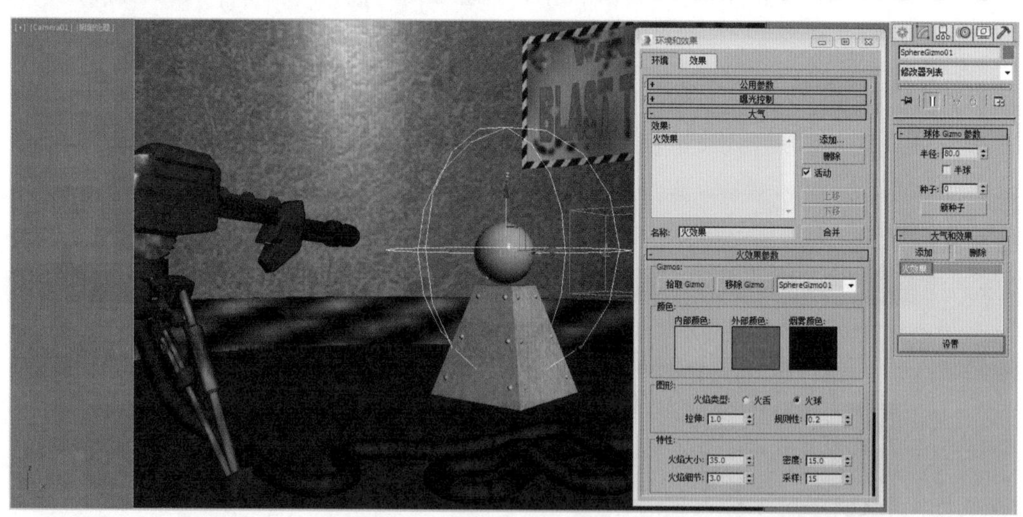

图7-66

24 在“火效果参数”卷展栏的“爆炸”选项组中，勾选“爆炸”复选框，然后单击“设置爆炸…”按钮 设置爆炸... ，在弹出的“设置爆炸相位曲线”对话框中，设置“开始时间”值为10，“结束时间”值为40，如图7-67所示。

25 在动画控制区中单击“自动关键点”按钮 自动关键点 ，进入“自动关键帧”模式，将时间滑块拖动到第40帧，在“动态”选项组中，设置“相位”值为300，接着在“相位”参数的数值框内单击鼠标右键，在弹出的菜单中选择“在轨迹视图中显示”命令，如

图7-68~图7-69所示。

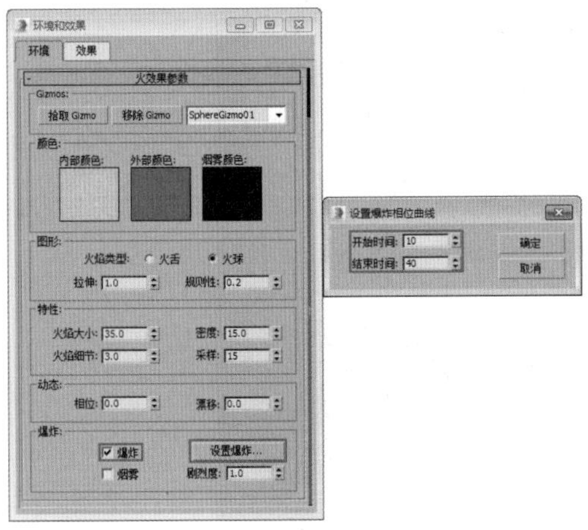

图7-67

26 在打开的“曲线编辑器”中，将第0帧的关键帧移动到第10帧，然后单击工具栏上的“将切线设置为快速”按钮，如图7-70所示。

27 设置完成后，渲染当前视图，最终效果如图7-71所示。

图7-68

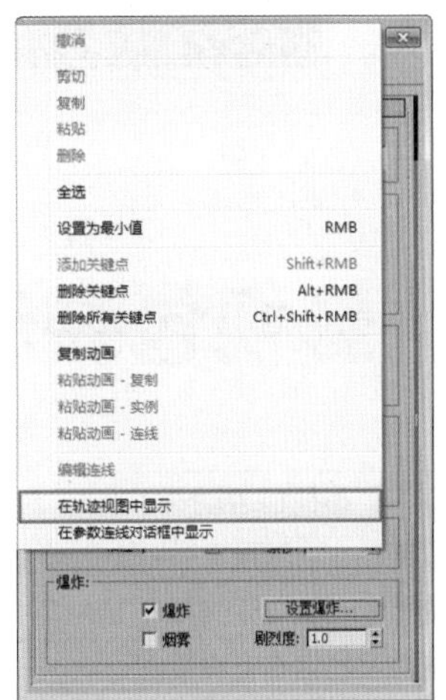

图7-69

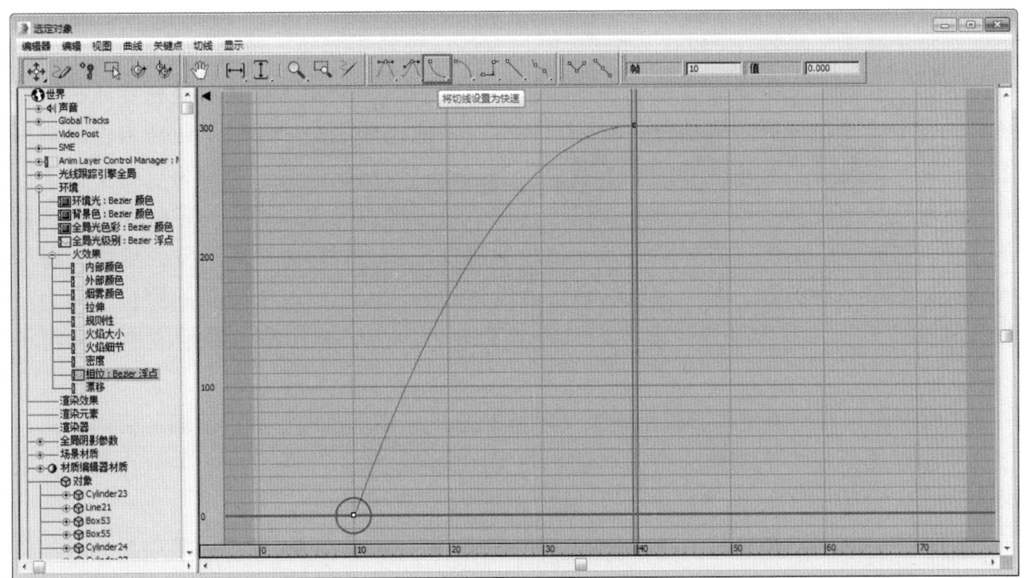

图7-70

图7-71

7.4 影视包装动画

实例操作：影视包装动画	
实例位置：	工程文件>CH7>影视包装动画.max
视频位置：	视频文件>CH7>7.4 影视包装动画.mp4
实用指数：	★★★☆☆
技术掌握：	熟练使用“粒子流源”粒子系统制作动画

7.4 影视包装动画 .mp4

“粒子流源”是在3ds Max 6.0版本时新增的一种粒子系统，随着3ds Max版本的升级，该粒子系统也在不断地完善，功能越来越强大。“粒子流”其实就是将普通粒子系统中的每一个参数卷展栏都独立为一个“事件”，通过对这些“事件”任意自由地排列组合，就可以创建出丰富多彩的粒子运动效果。该粒子系统使用一种称为“粒子视图”的特殊对话框来使用“事件”来驱动粒子。在“粒子视图”中，可将一定时期内描述粒子属性（如形状、速度、方向和旋转）的单独操作符合并到称为“事件”的组中。每个操作符都提供一组参数，其中多数参数可以设置动画，以此更改事件期间的粒子行为。随着事件的发生，“粒子流”会不断地计算列表中的每个操作符，并相应地更新粒子系统。

本实例中，我们将使用“粒子流源”粒子系统并配合“漩涡”和“涟漪”空间扭曲，以及材质动画等技术来制作一个相对综合的实例效果。图7-72所示为本实例的最终完成效果。

01 打开本书配套素材中的“工程文件>CH7>影视包装动画>影视包装动画.max”文件，该场景中已经为物体设置了材质和灯光，并制作了摄影机动画，如图7-73所示。

图7-72

02 在“空间扭曲”面板的下拉列表中选择“几何/可变形”，单击“涟漪”按钮 涟漪 ，在“顶”视图中创建一个“涟漪”空间扭曲，如图7-74所示。

图7-73

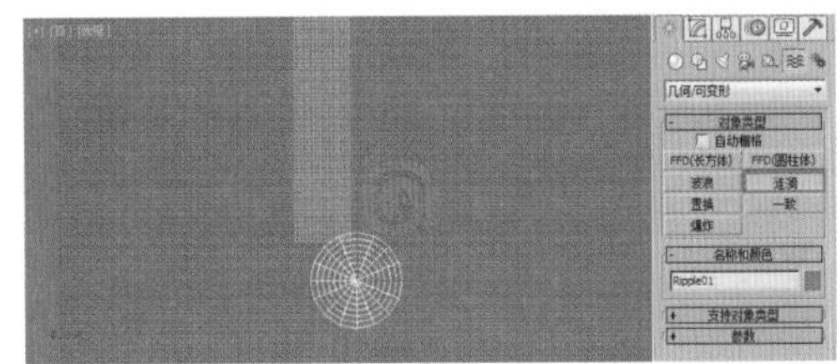

图7-74

03 使用“移动工具”调整其位置，然后进入“修改”面板，在“参数”卷展栏中设置“振幅1”值为1.3，“振幅2”值为0.6，“波长”值为7，如图7-75所示。

04 在动画控制区中单击“自动关键点”按钮 自动关键点 ，进入“自动关键帧”模式，将时间滑块拖动到第200帧，然后设置“振幅1”值为0.5，“振幅2”值为0.3，“相位”值为-6，如图7-76所示。

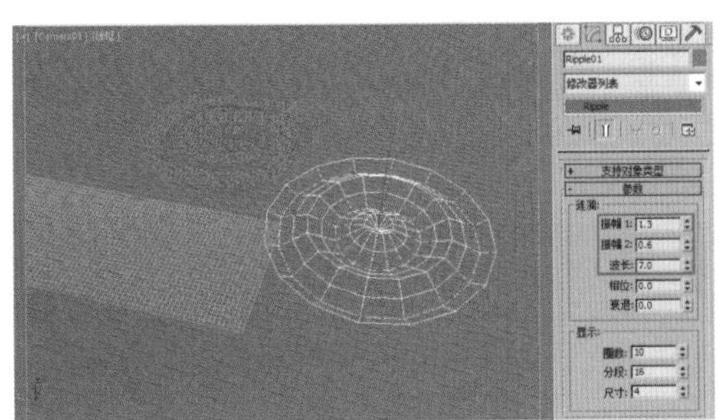

图7-75

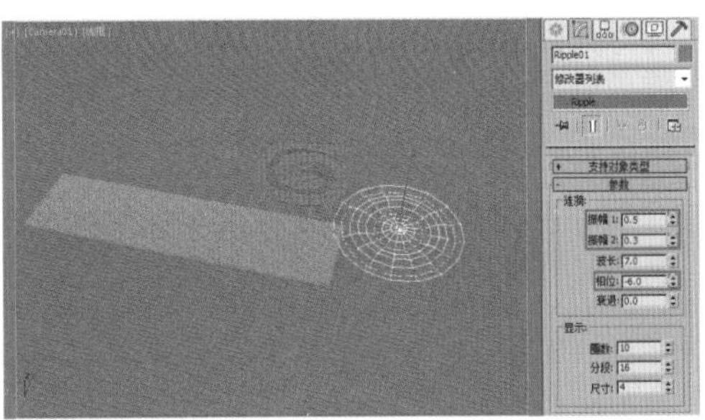

图7-76

05 在主工具栏上单击“绑定到空间扭曲”按钮，接着将“涟漪”空间扭曲依次绑定到“平面”“文字”和Logo对象上，完成后如图7-77所示。

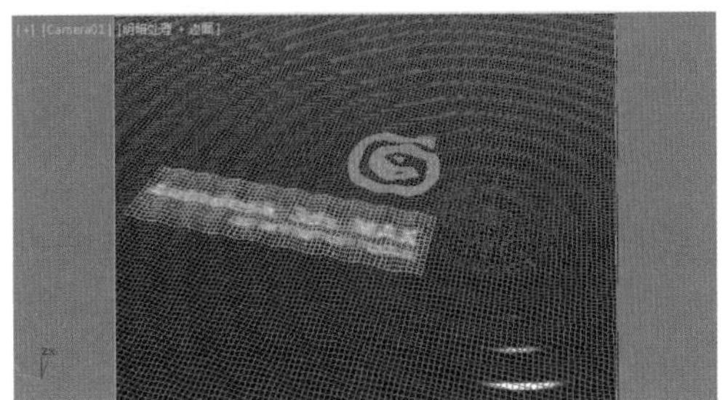

图7-77

06 按下快捷键6键，打开“粒子视图”面板，在“粒子视图”面板左下方的“仓库”中将“标准流”操作符拖曳至“事件显示”中，则生成了场景中的第一个粒子流，系统自动为其命名为“粒子流源001”，如图7-78所示。

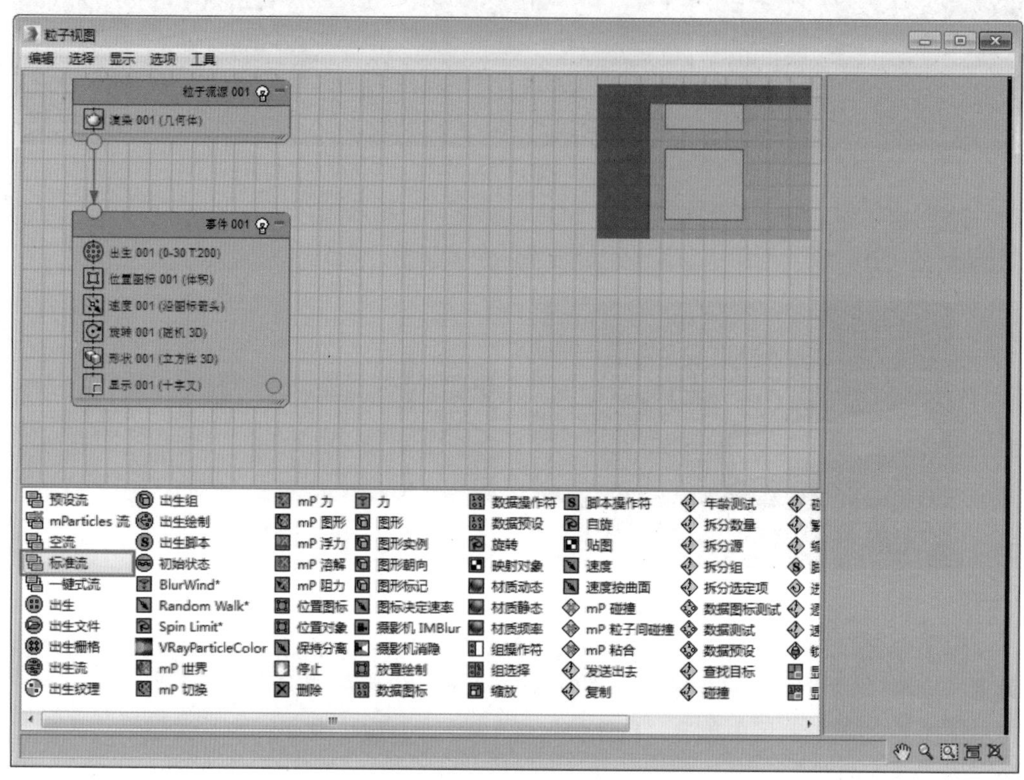

图7-78

技巧与提示

我们也可以在菜单中执行“图形编辑器>粒子视图”命令来打开“粒子视图”对话框，如图7-79所示。

或者在保证主工具上的“快捷键越界开关”按钮为启用的状态下，按键盘上的6键，也可以打开“粒子视图”对话框。

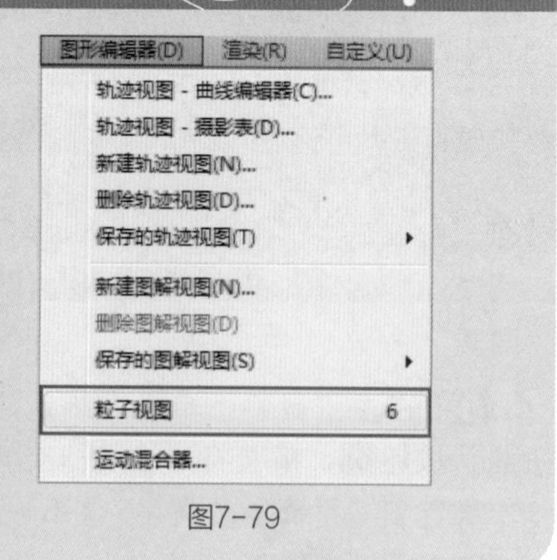

图7-79

07 在视图中选择“粒子流源”，使用“移动”和“旋转工具”调整其位置和角度，然后进入“修改”面板，在“发射”卷展栏中，设置“徽标大小”值为3，“长度”值和“宽度”值都为7，如图7-80所示。

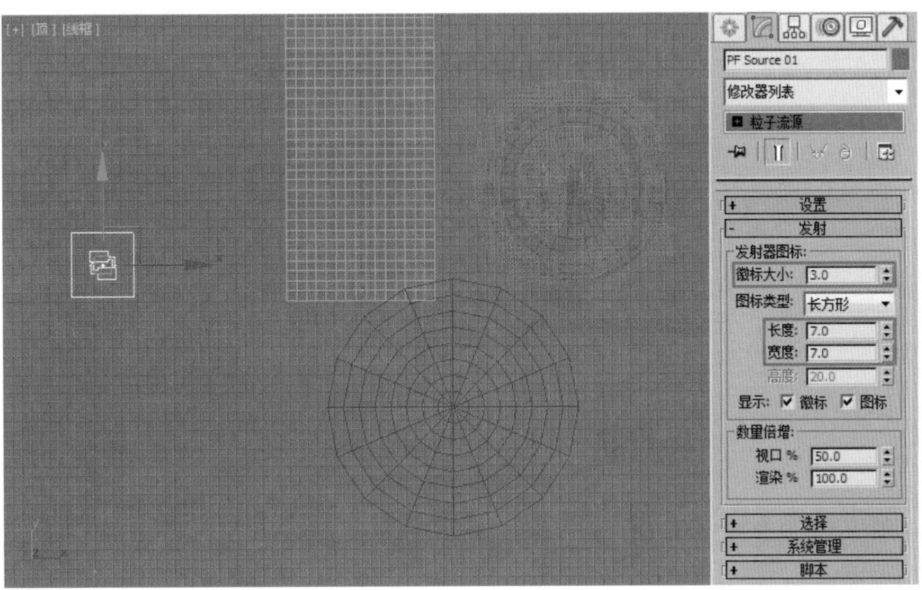

图7-80

技巧与提示

“徽标大小”只会影响粒子图标在视图中的显示效果，并不会影响实际的粒子运动效果。

08 单击选择“出生”操作符，在右侧的参数面板中，设置粒子的“发射开始”值为0，“发射停止”值为50，设置粒子的“数量”值为10000，为粒子流设置出生的时间及数量，如图7-81所示。

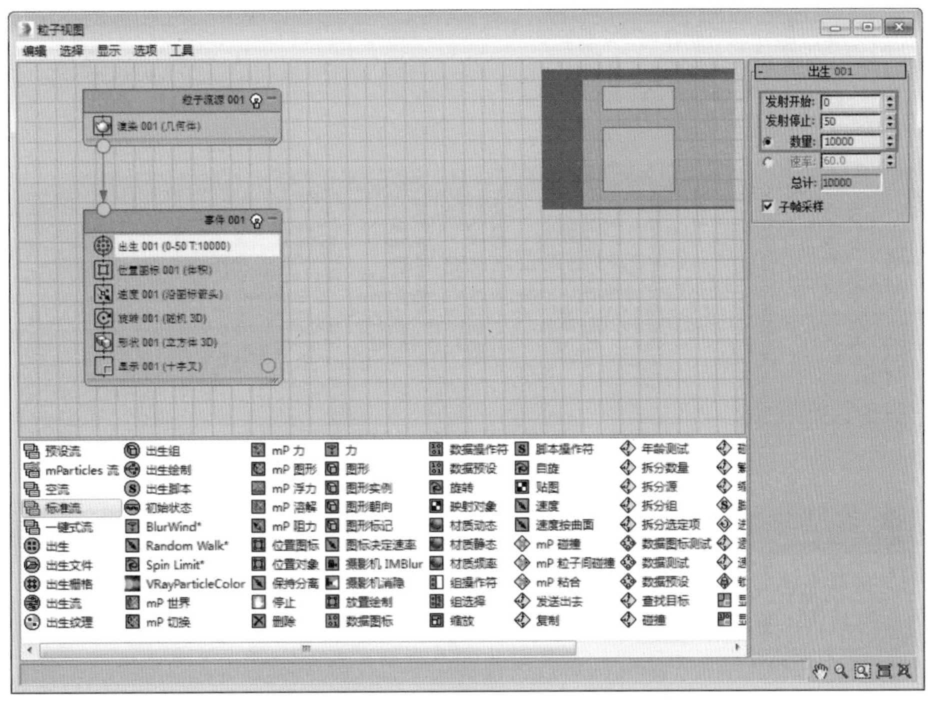

图7-81

09 选择“速度”和“旋转”操作符，按键盘上的Delete键将其删除，接着从“仓库”中选择“图形朝向”操作符，将其拖曳到“形状”操作符上，如图7-82和图7-83所示。

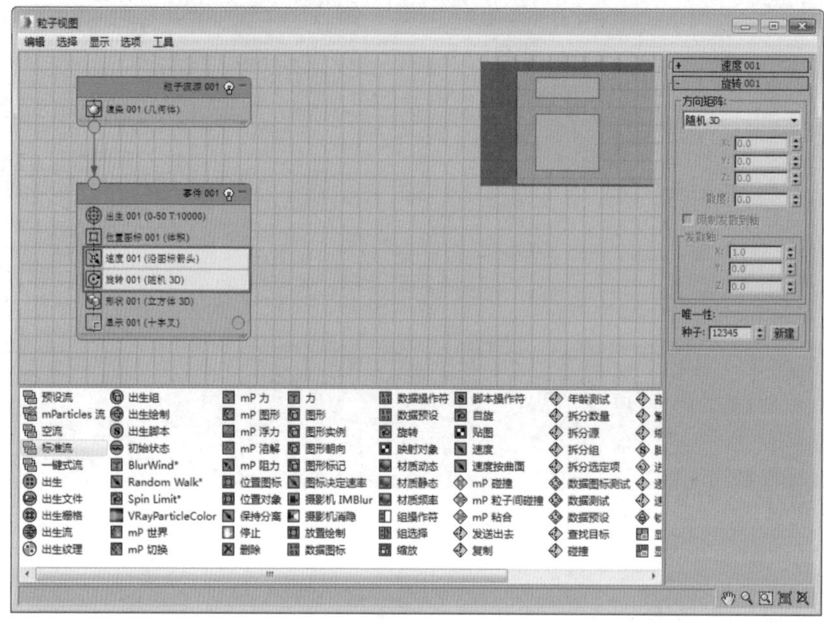

图7-82

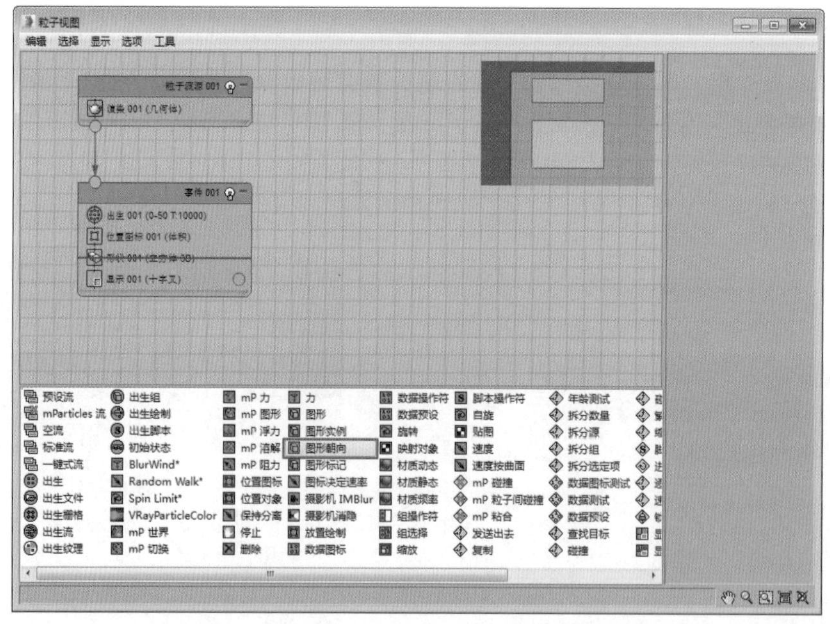

图7-83

技巧与提示

如果将仓库中的事件拖动至已存在的事件上，将会出现一条红色的水平线，如果此时松开鼠标，将会把原来的事件替换掉。

如果将仓库中的事件拖动至已存在的事件之间，将会出现一条蓝色的水平线，如果此时松开鼠标，将会新添加一个事件。

10 选择“图形朝向”操作符，在右侧的参数面板上单击“无”按钮 无 ，然后到视图中单击“摄影机”对象，接着在“大小/宽度”选项组中设置“单位”值为0.1，如图7-84所示。

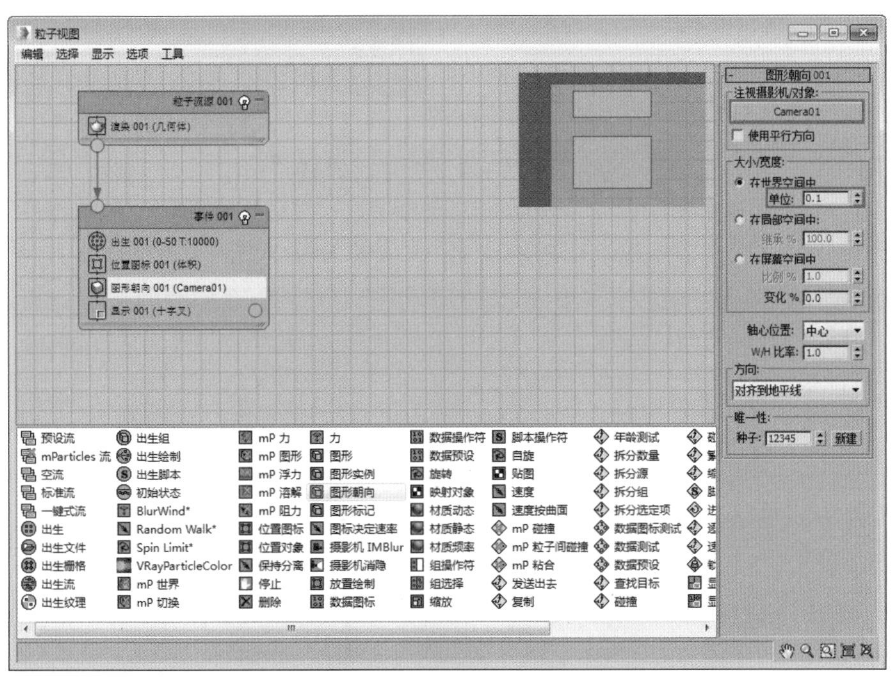

图7-84

11 在“仓库”中将“力”操作符拖曳到“事件001”中，如图7-85所示。

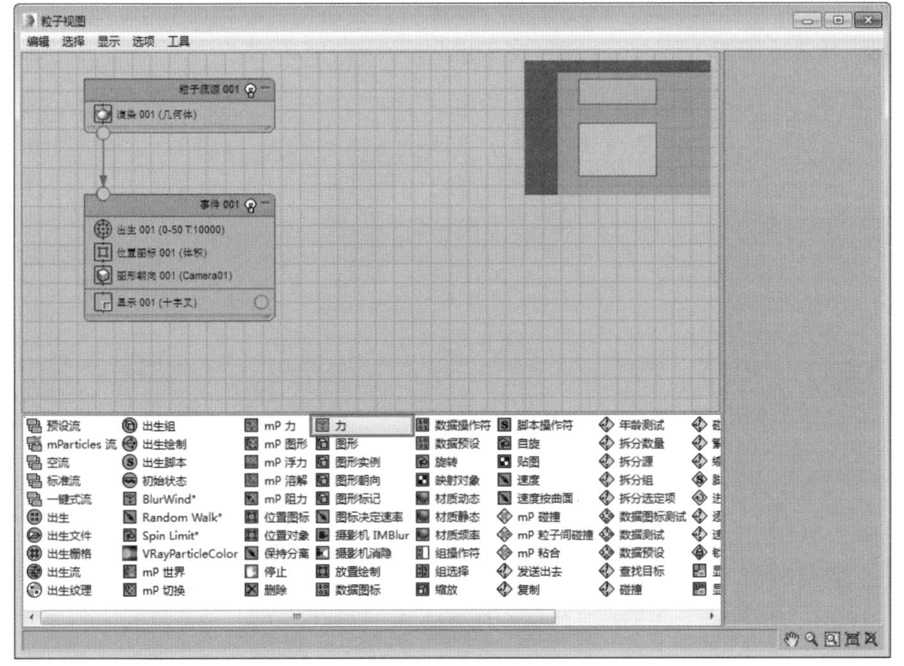

图7-85

12 在“空间扭曲”面板中选择“力”，然后单击“旋涡”按钮 旋涡 ，在“顶”视图中创建一个“旋涡”空间扭曲，如图7-86所示。

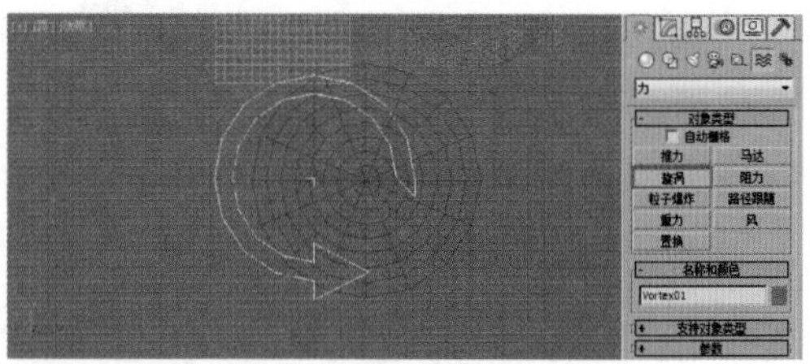

图7-86

13 进入“修改”面板，在“参数”卷展栏中，设置“结束时间”值为200，在“捕获和运动”选项组中，依次设置“轴向下拉”值为0，“阻尼”值为0，“轨道速度”值为1，“阻尼”值为0，“径向拉力”值为1，“阻尼”值为0，如图7-87所示。

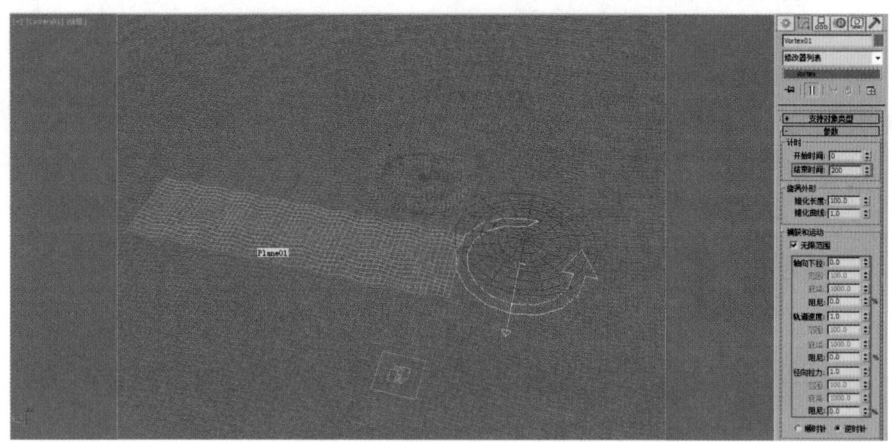

图7-87

14 在“粒子视图”中，选择“力”操作符，在右侧的参数面板中，单击“添加”按钮添加，接着在视图中单击“旋涡”空间扭曲，如图7-88所示。

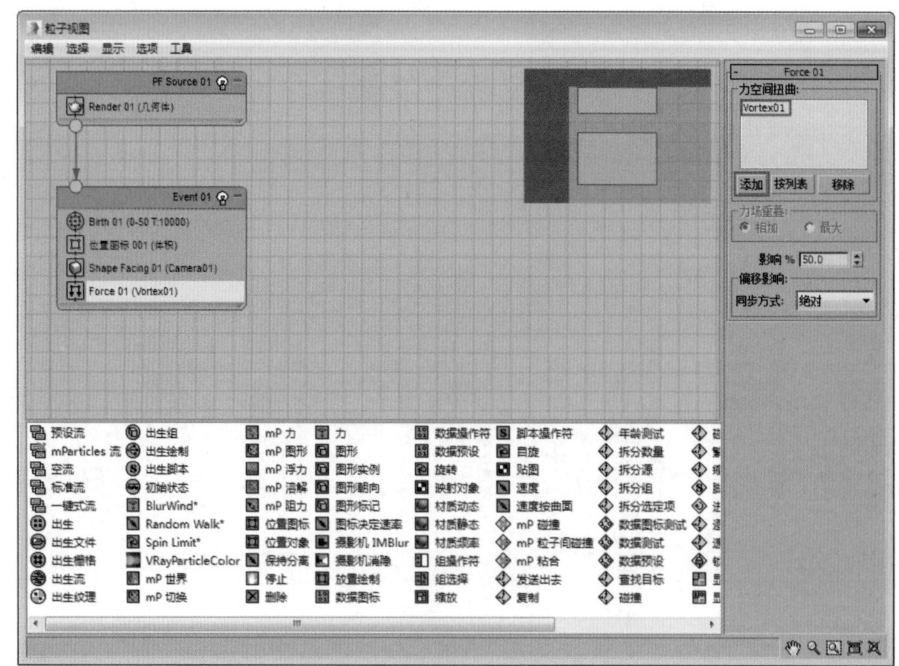

图7-88

15 在“仓库”中将“查找目标”测试事件拖曳到“事件001”中，如图7-89所示。

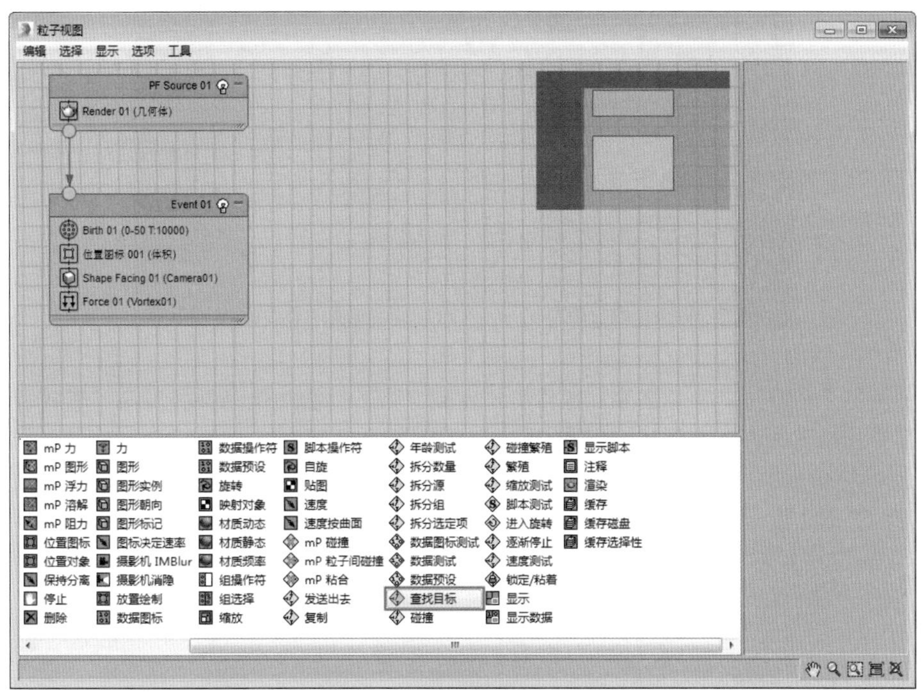

图7-89

16 选择“查找目标”测试事件，在右侧的参数面板中选择“由时间控制”选项，在“由时间控制”选项组中，设置“计时”的方式为“事件期间”，设置“时间”值为70，“变化”值为20，然后在“目标”选项组中选择“网格对象”，接着单击“添加”按钮添加，随后在视图中单击“目标”对象，如图7-90和图7-91所示。

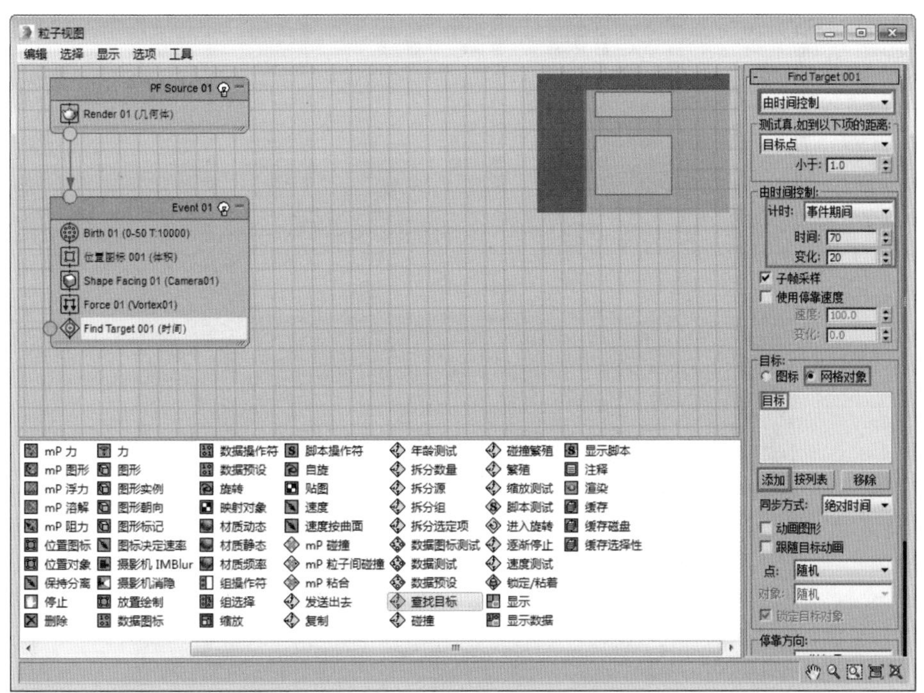

图7-90

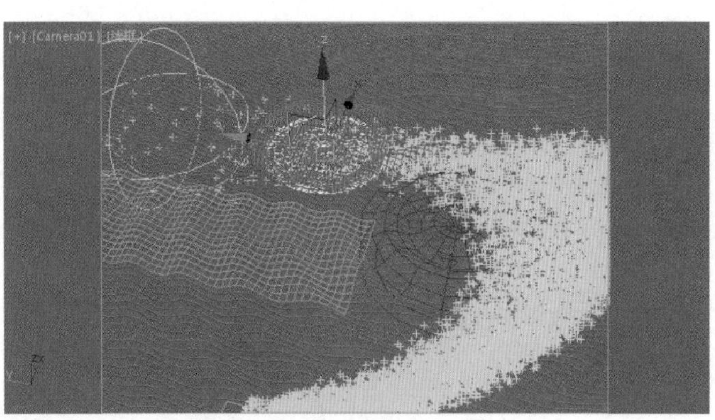

图7-91

17 在“仓库”中将“删除”操作符拖曳到“粒子视图”中，并将其与“查找目标”测试事件用拖曳的方式相连接，如图7-92和图7-93所示。

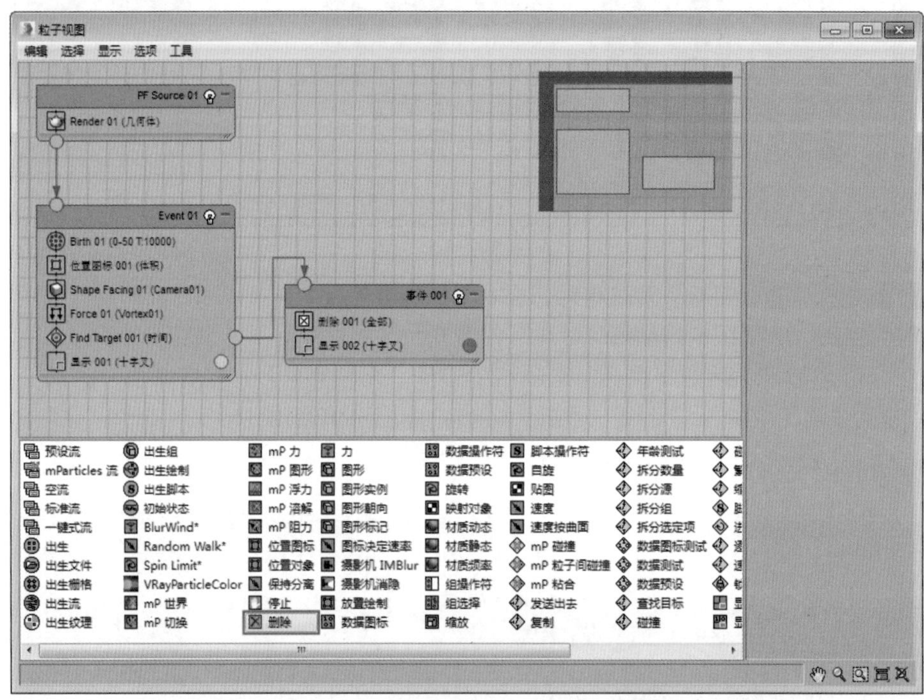

图7-92

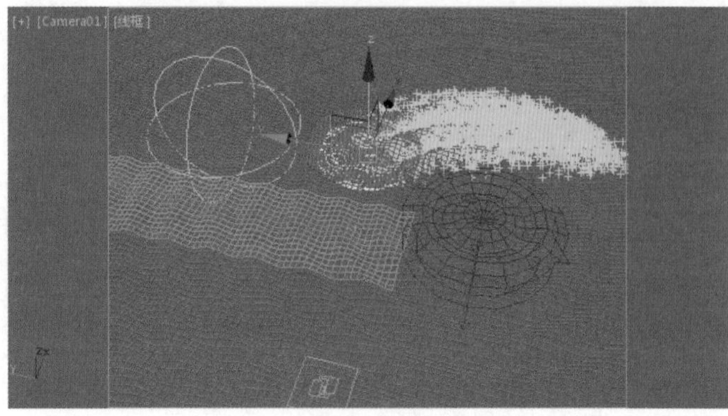

图7-93

18 在“仓库”中将“材质静态”操作符拖曳到“事件001”中，如图7-94所示。

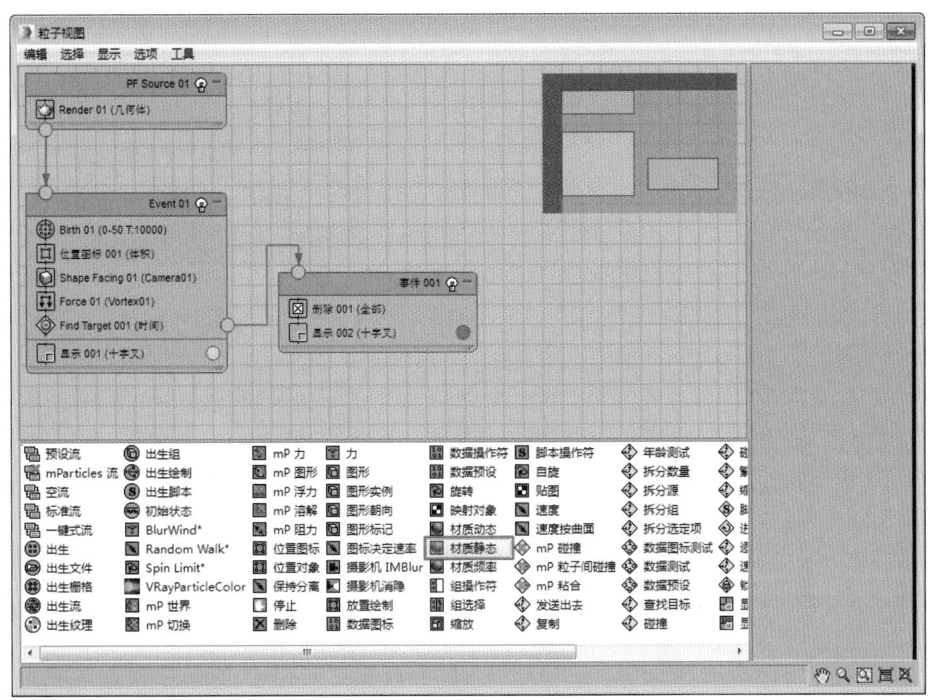

图7-94

19 选择“材质静态”操作符，在右侧的参数面板上单击“无”按钮，在弹出的“材质/贴图浏览器”对话框中选择“标准”，如图7-95所示。

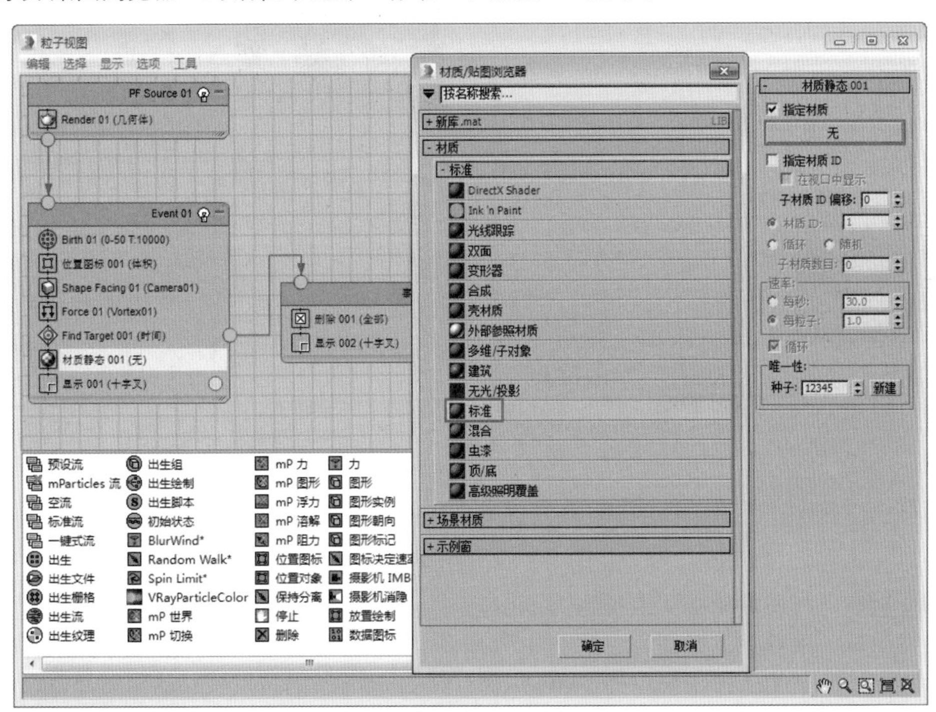

图7-95

20 按M键打开“材质编辑器”，将刚才指定的“标准”材质拖曳到一个空白的材质球上，在弹出的“实例（副本）材质”对话框中选择“实例”选项，如图7-96所示。

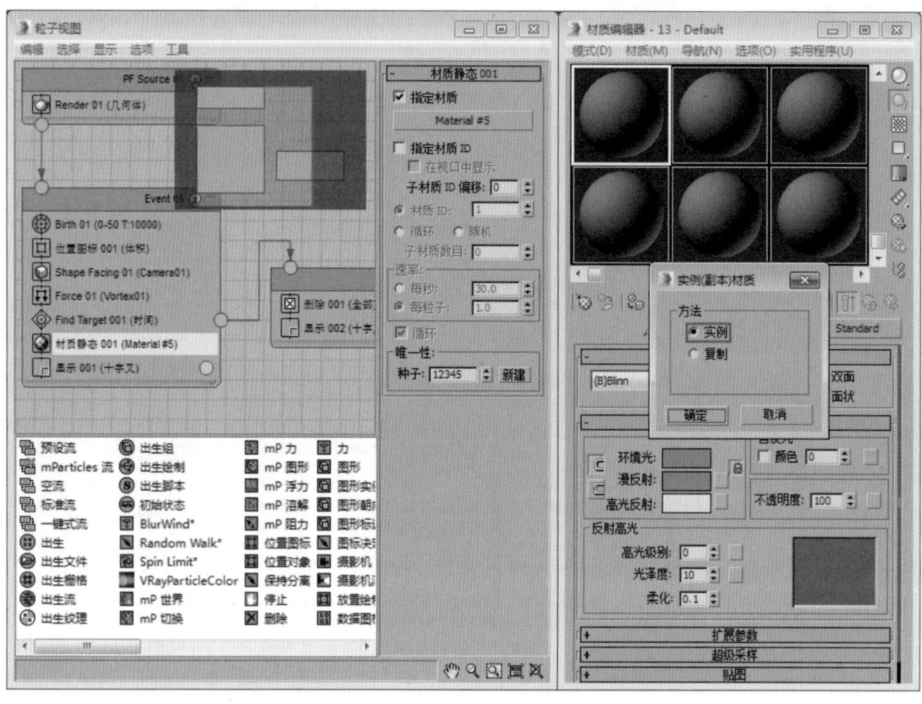

图7-96

21 在“Blinn基本参数”卷展栏中，设置“漫反射”的颜色为（红：255，绿：120，蓝：0），接着勾选“颜色”复选框，然后将“颜色”也设置为（红：255，绿：120，蓝：0），如图7-97所示。

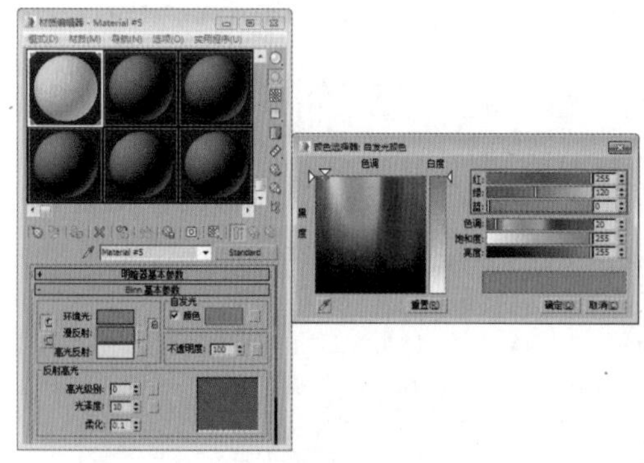

图7-97

22 在“材质编辑器”中找到Logo对象的材质球，接着在“贴图”卷展栏中为“不透明度”贴图通道指定一个“噪波”贴图，如图7-98所示。

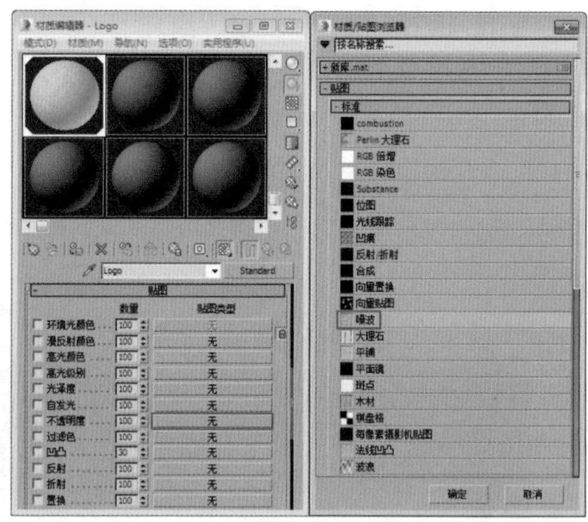

图7-98

23 在“噪波参数”卷展栏中，设置“大小”值为0.1，“低”值为1，然后在动画控制区中单击“自动关键点”按钮 自动关键点，进入“自动关键帧”模式，将时间滑块拖动到第135帧，接着将“噪波”贴图的“高”值设置为0.005，“低”值为0，最后将第0帧的关键帧移动到第35帧，如图7-99~图7-101所示。

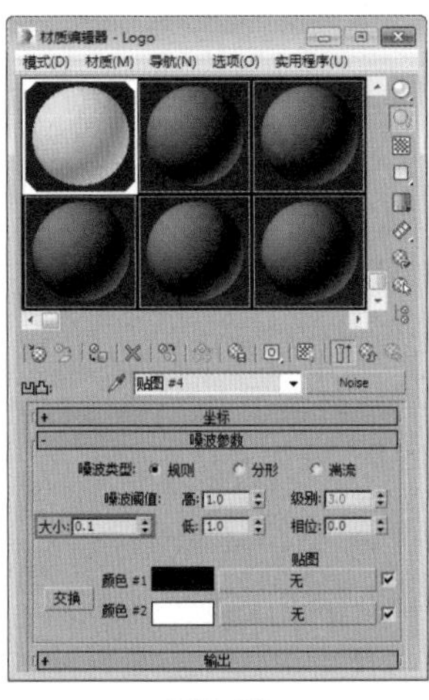

图7-99

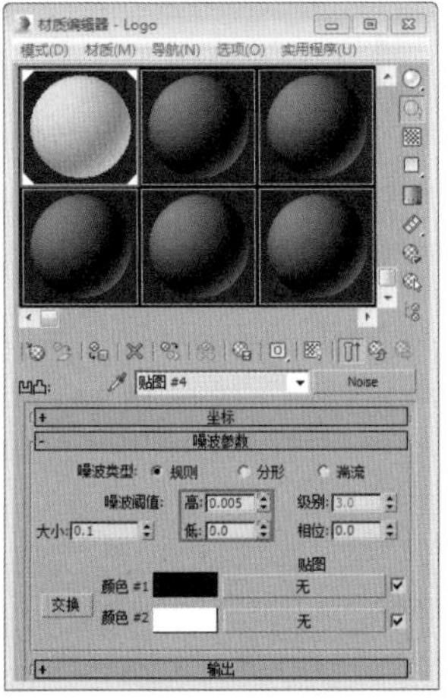

图7-100

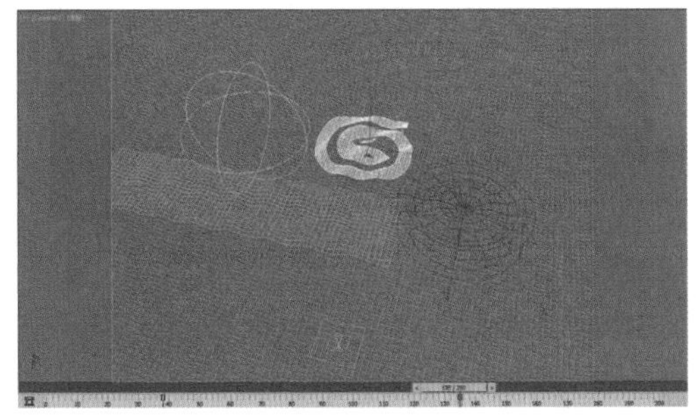

图7-101

24 在“材质编辑器”中找到“文字”对象的材质球，接着在“贴图”卷展栏中为“不透明度”贴图通道指定一个“遮罩”贴图，如图7-102所示。

25 在“遮罩参数”卷展栏中为“贴图”通道指定一张“位图”作为贴图，如图7-103和图7-104所示。

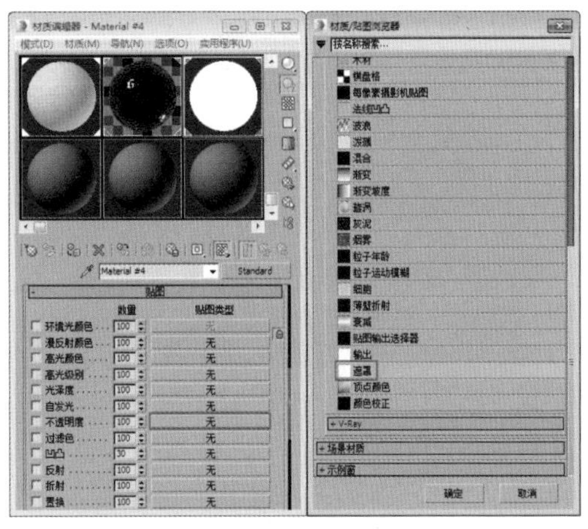

图7-102

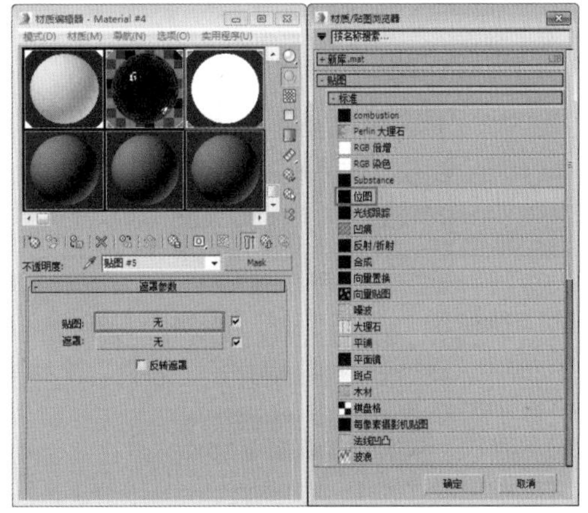

图7-103

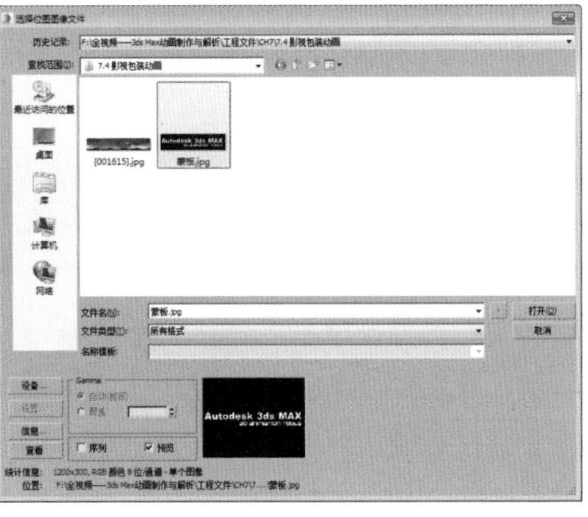

图7-104

26 为“遮罩”贴图通道指定一个“渐变坡度”贴图，如图7-105所示。

27 在“渐变坡度参数”卷展栏中的色块下方单击鼠标左键添加一些颜色滑块，然后双击这些滑块更改颜色并调整位置，如图7-106所示。

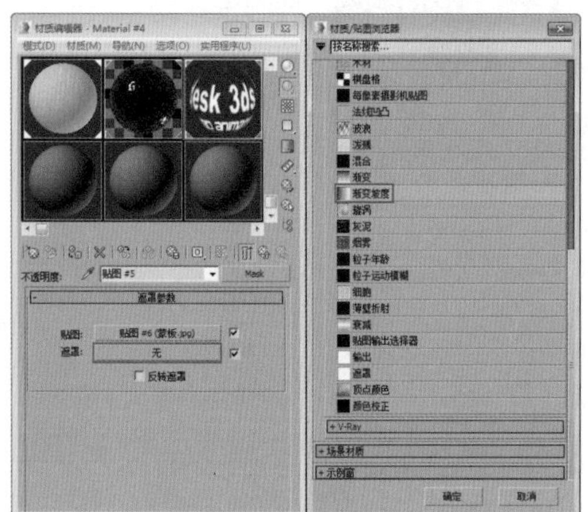
图7-105

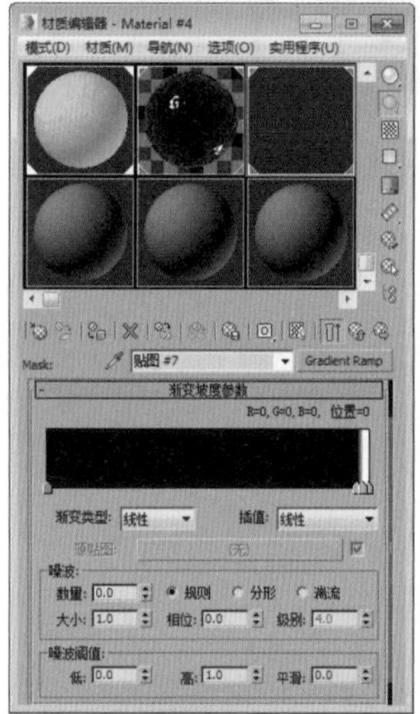
图7-106

28 在动画控制区中单击“自动关键点”按钮自动关键点，进入“自动关键帧”模式，将时间滑块拖动到第180帧，调整颜色滑块的位置，随后在视图中选择“文字”对象，将其第0帧的关键帧拖动到第20帧，如图7-107和图7-108所示。

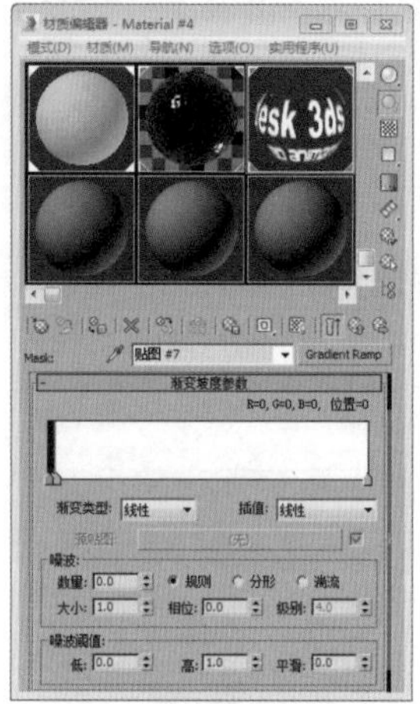
图7-107

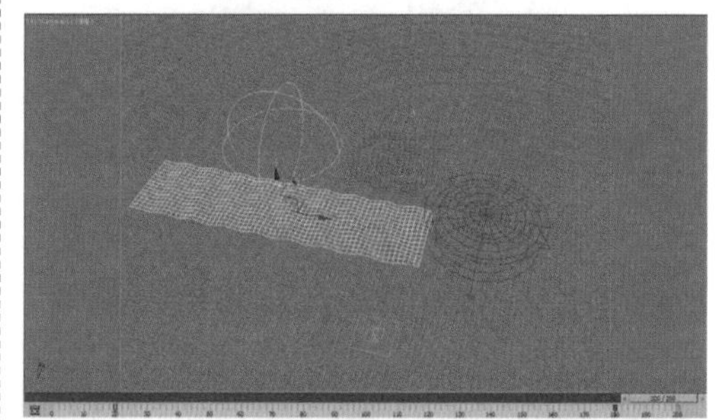
图7-108

29 最后在粒子视图中的PF Source 01事件上单击鼠标右键，在弹出的菜单中选择“属性”命令，接着在打开的“对象属性”对话框中，选择“图像”单选按钮并设置“倍增”值为0.5，如图7-109和图7-110所示。

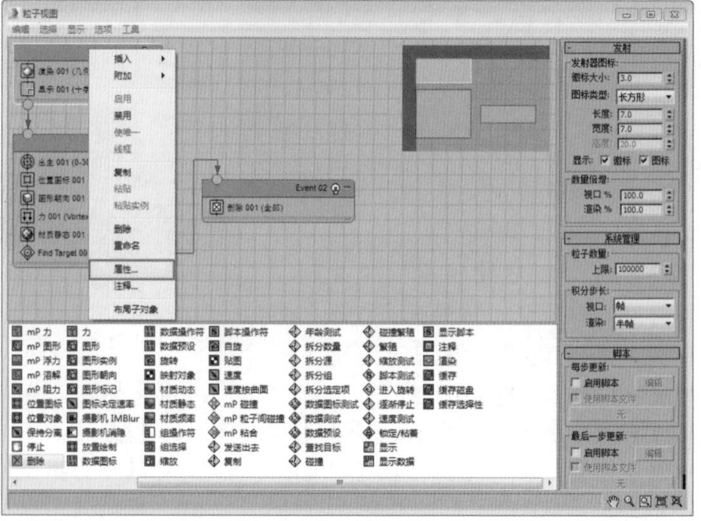
图7-109

30 设置完成后，渲染当前视图，最终效果如图7-111所示。

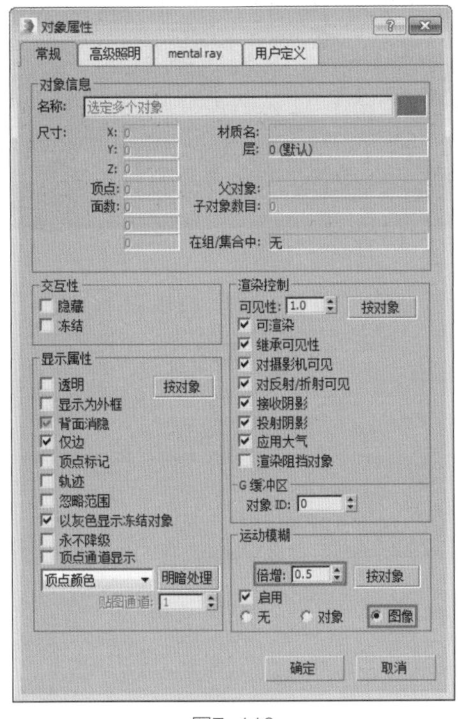

图7-110

图7-111

7.5 血管动画

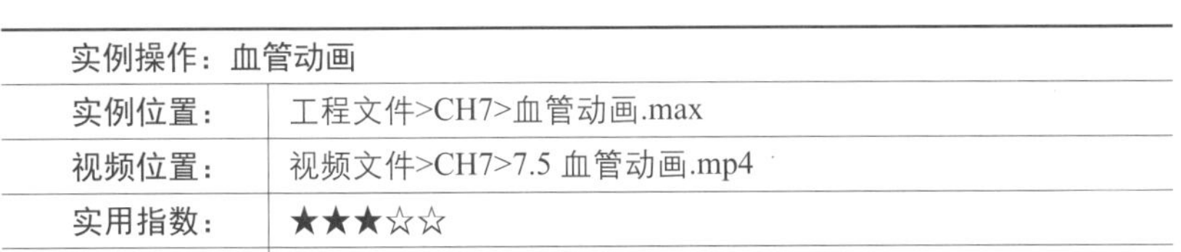

实例操作：血管动画	
实例位置：	工程文件>CH7>血管动画.max
视频位置：	视频文件>CH7>7.5 血管动画.mp4
实用指数：	★★★☆☆
技术掌握：	熟练使用“粒子流源”粒子系统制作动画

7.5 血管动画 .mp4

在本实例中，我们将使用“粒子流源”中的多个事件，制作一个血管内部微观世界的粒子动画效果。图7-112所示为本实例的最终完成效果。

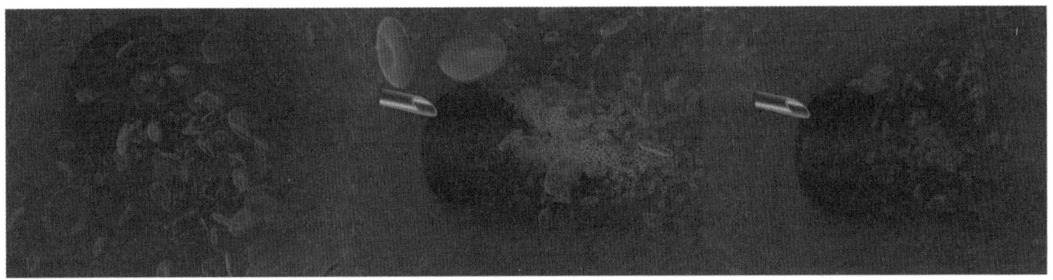
图7-112

01 打开本书配套素材中的“工程文件>CH7>血管动画>血管动画.max”文件，该场景中已经为物体设置了材质和灯光，并设置了简单的动画，如图7-113所示。

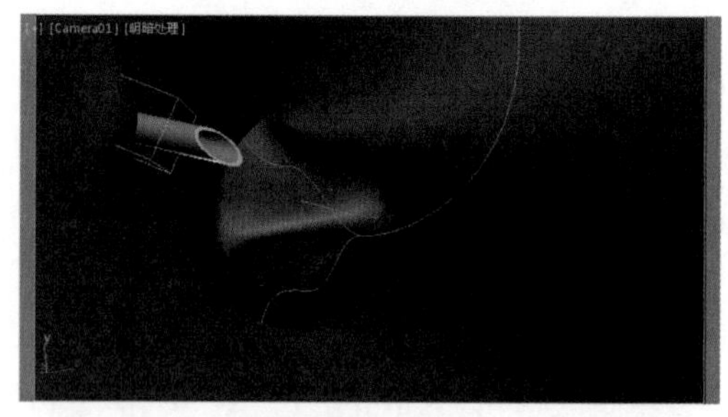

图7-113

02 按下快捷键6键，打开“粒子视图”面板，在“粒子视图”面板左下方的“仓库”中将“标准流”操作符拖曳至“事件显示”中，则生成了场景中的第一个粒子流，系统自动为其命名为“粒子流源001”，如图7-114所示。

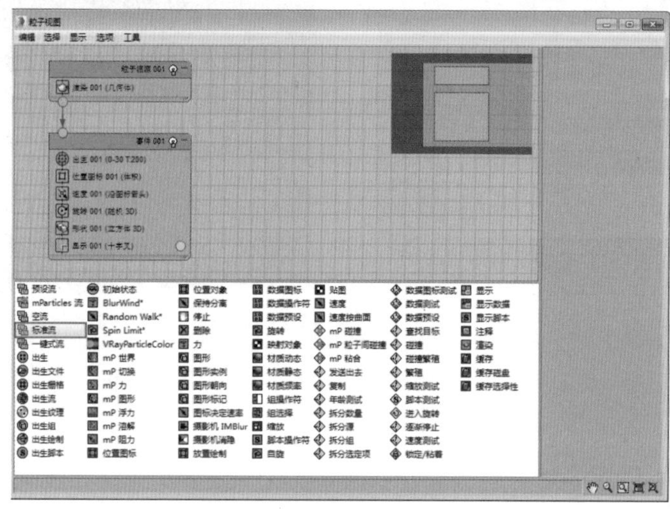

图7-114

03 单击“粒子流源001”事件，在右侧的参数面板中，设置“图标类型”为“球体”，“直径”值为150，在“数量倍增”选项组中，设置“视口”值为10，完成后在视图中调整“粒子流源”的位置，如图7-115和图7-116所示。

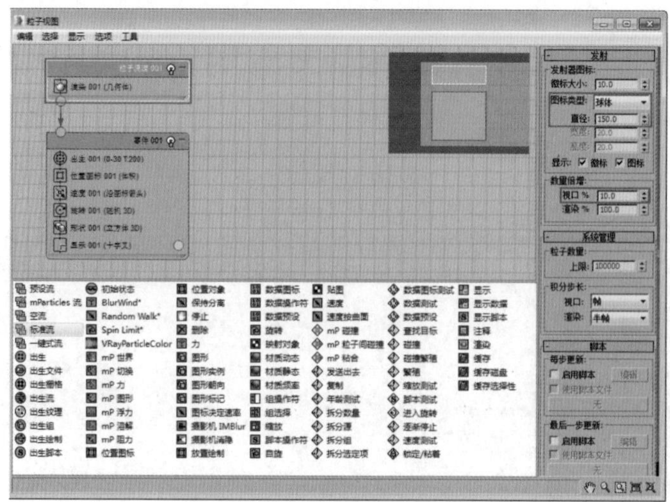

图7-115

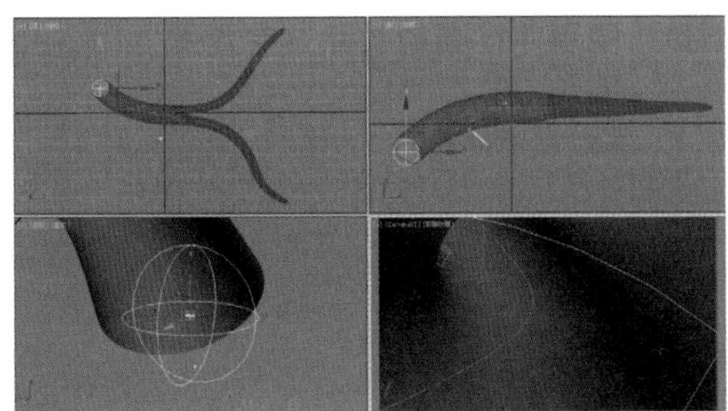

图7-116

技巧与提示

“视口”参数可以设置粒子在视图中的显示数量，如果粒子数量太多时降低此值，可以加快视图的刷新速度。

04 单击选择“出生”操作符，在右侧的参数面板中，设置粒子的“发射开始”值为-200，“发射停止”值为200，设置粒子的“数量”值为1000，为粒子流设置出生的时间及数量，如图7-117所示。

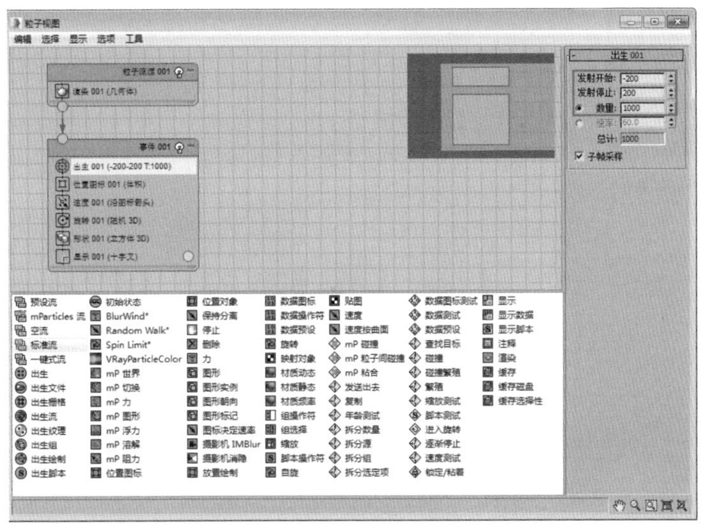

图7-117

05 从“仓库”中选择“图标决定速率”操作符，将其拖曳到“速度”操作符上，如图7-118所示。

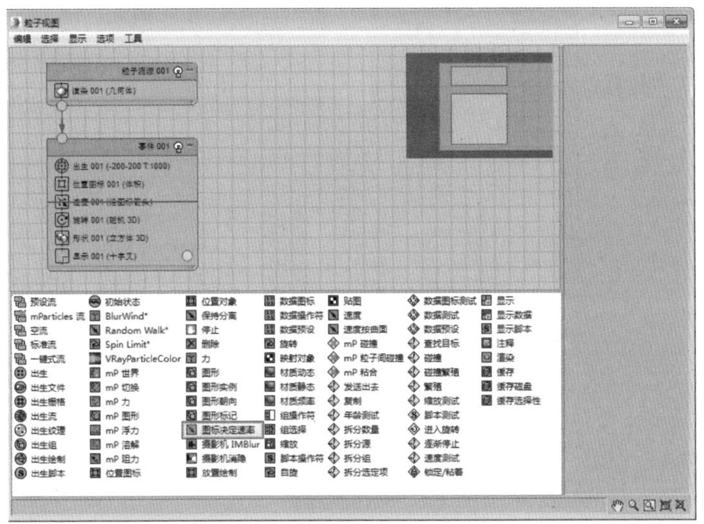

图7-118

06 在场景中选择Speed By Icon 001对象，执行菜单“动画>约束>路径约束”命令，然后在场景中拾取“路径01”对象，如图7-119和图7-120所示。

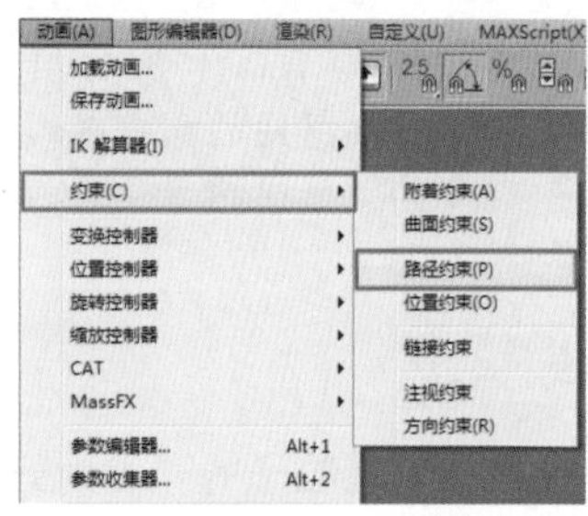

图7-119

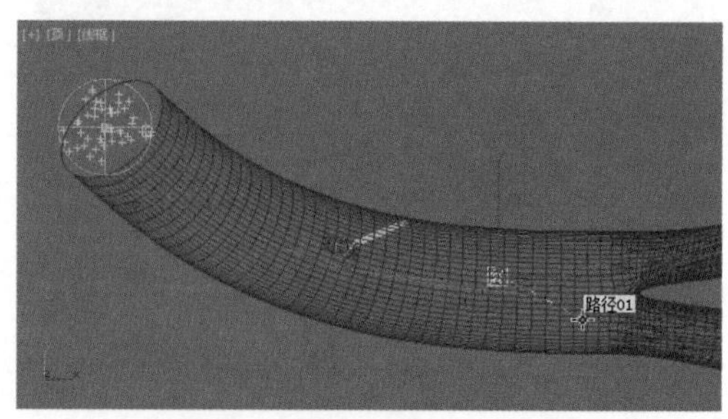

图7-120

07 在“粒子视图”中选择Speed By Icon 001事件，在右侧的参数面板中勾选“转向轨迹”复选框，然后设置“距离”值为50，如图7-121所示。

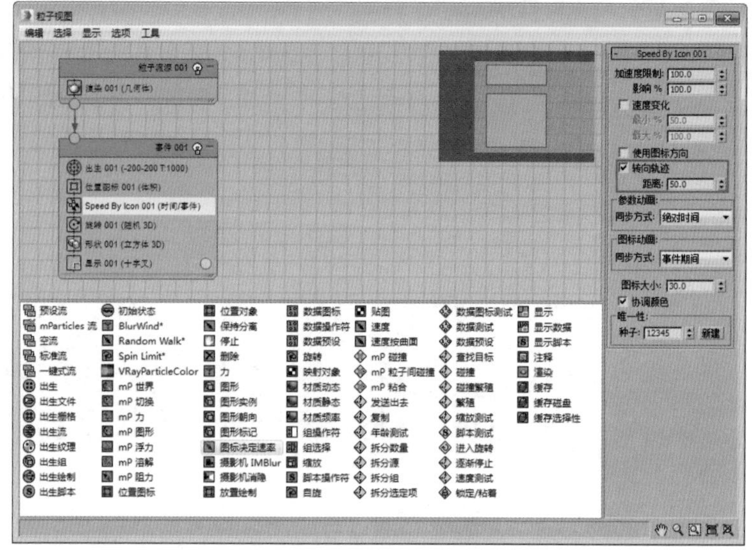

图7-121

08 从“仓库”中选择“自旋”操作符，将其拖曳到“事件001”中，在右侧的参数面板中，设置“自旋速率”值为90，“变化”值为45，如图7-122所示。

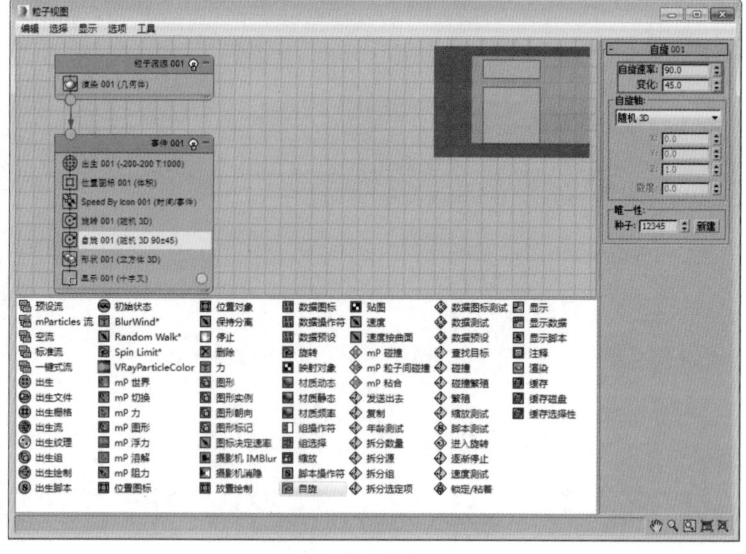

图7-122

09 从“仓库”中选择“图形实例”操作符，将其拖曳到“图形”操作符上，在右侧的参数中单击“无”按钮 无 ，接着在视图中选择“血小板”对象，然后设置“比例”值为35，如图7-123和图7-124所示。

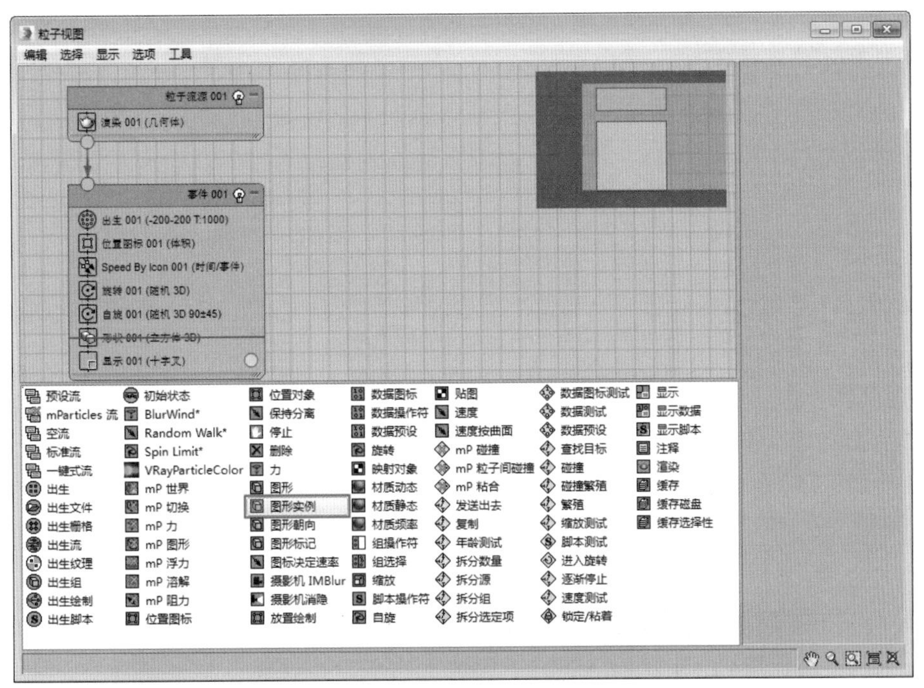

图7-123

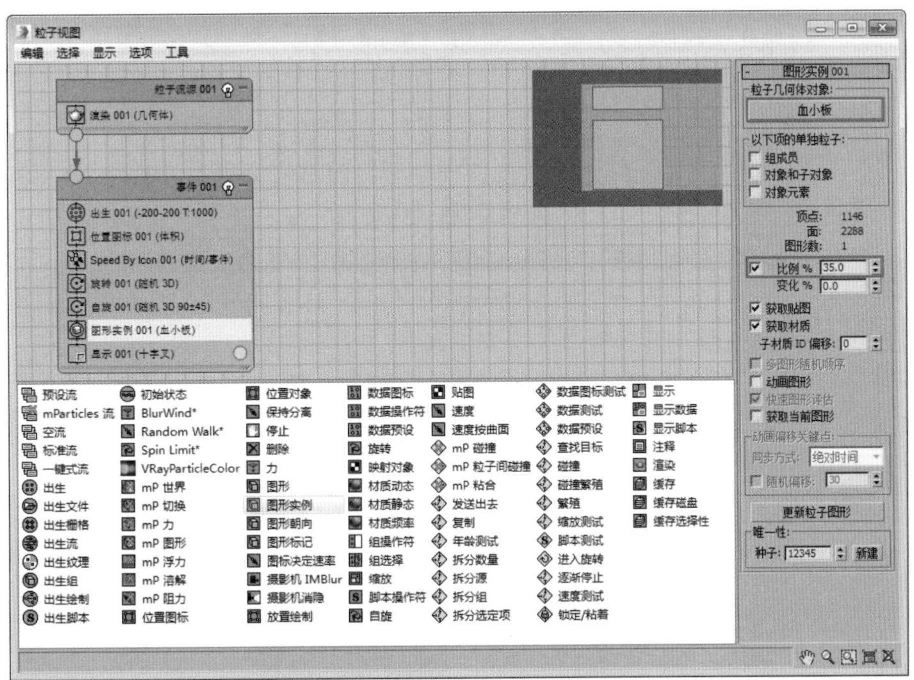

图7-124

10 在“事件001”中选择“显示”事件，将“类型”设置为“几何体”，这时在视图中就可以看到粒子的几何形态了，如图7-125和图7-126所示。

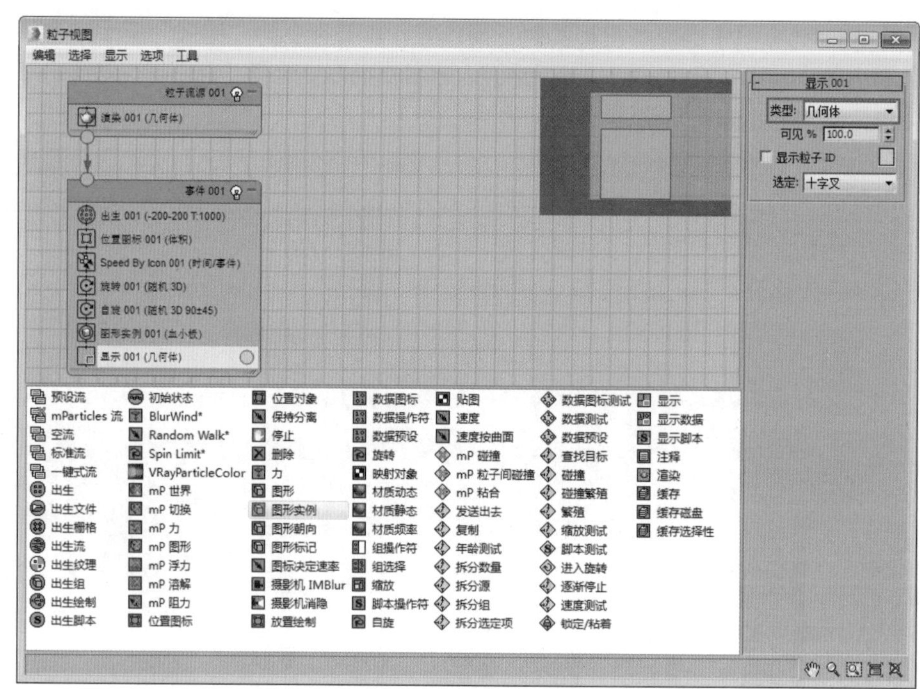

图7-125

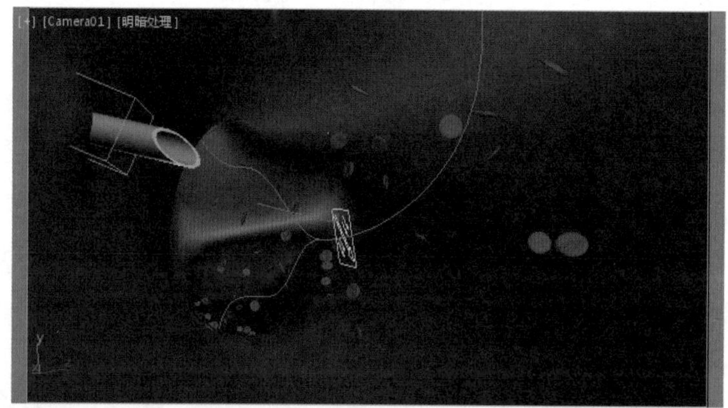

图7-126

11 在“空间扭曲”面板的下拉列表中选择“导向器”，单击“全导向器”按钮 全导向器 ，在“顶”视图中创建一个“全导向器”空间扭曲，如图7-127所示。

12 进入“修改”面板，在“基本参数”卷展栏中设置“混乱度”值为25，“摩擦”值为10，如图7-128所示。

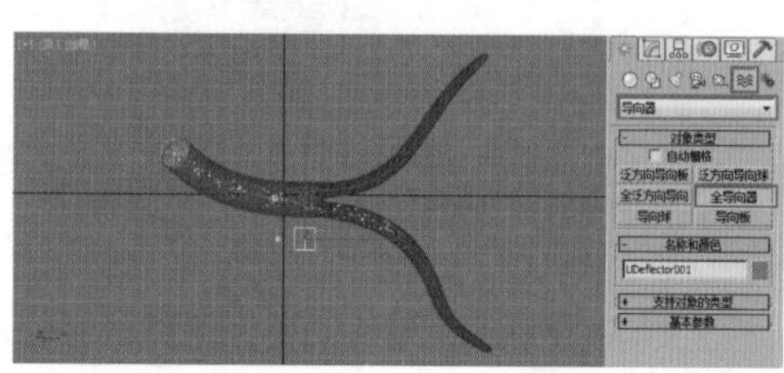

图7-127

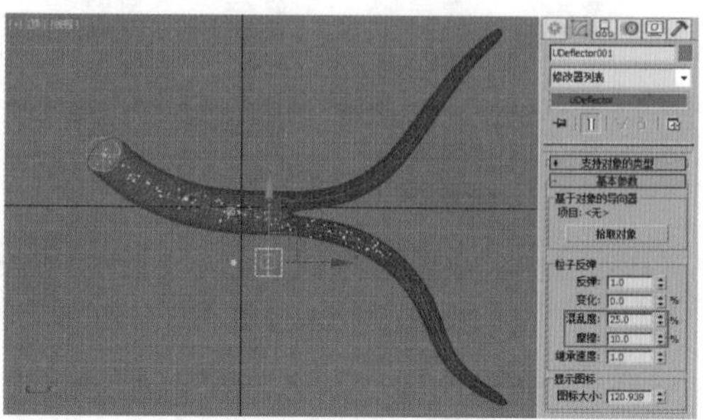

图7-128

13 从“仓库”中选择“碰撞”测试，将其拖曳到“事件001”中，然后在右侧的参数面板中单击“添加”按钮添加，接着在视图中单击“全导向器”空间扭曲，如图7-129和图7-130所示。

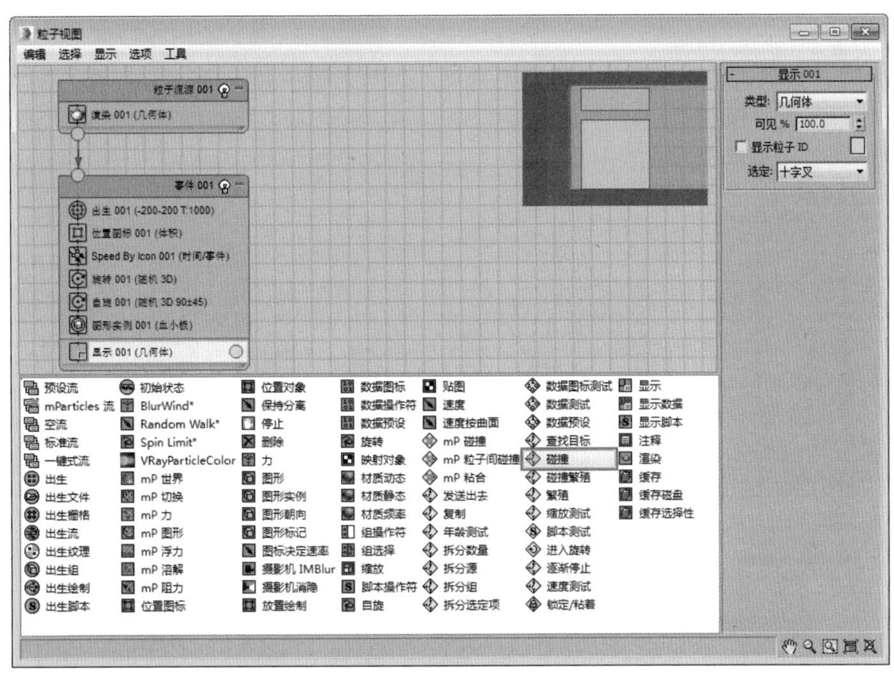

图7-129

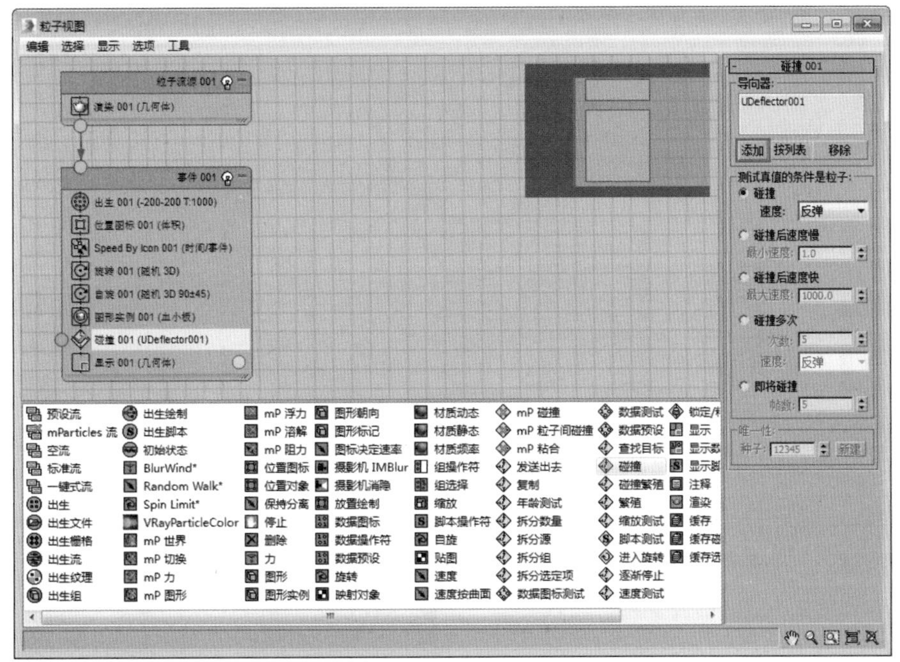

图7-130

14 从“仓库”中将“拆分数量”测试拖曳到“事件001”中，如图7-131所示。

15 从“仓库”中将“图标决定速率”操作符拖曳到“粒子视图”的空白处，然后将“拆分数量”测试与“图标决定速率”操作符相连接，如图7-132所示。

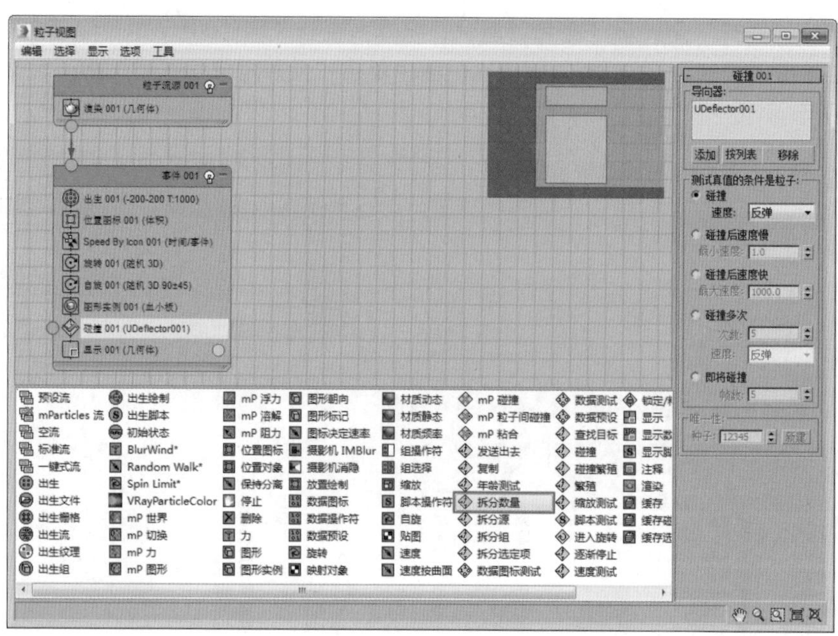

图7-131

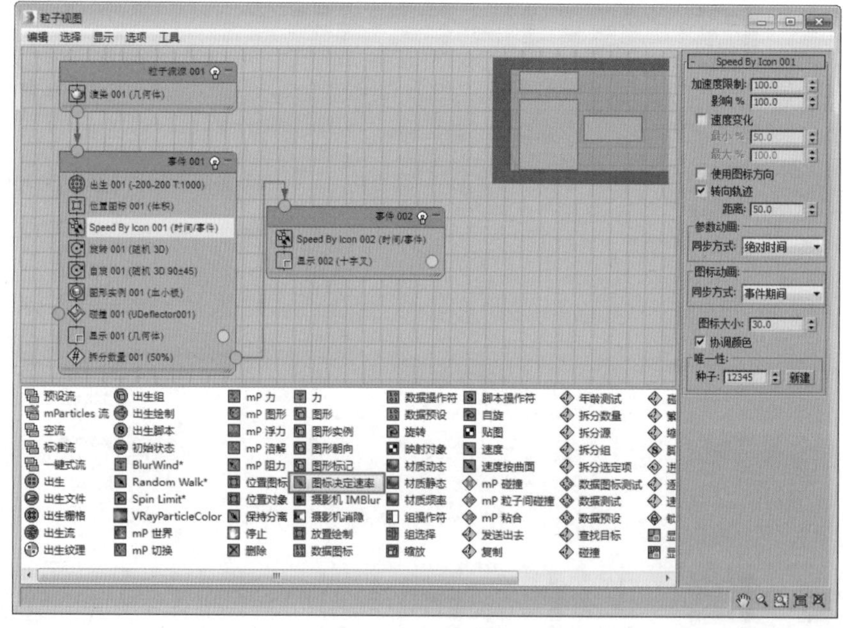

图7-132

16 在视图中选择Speed By Icon 002对象，将其路径约束到“路径02”对象上，如图7-133所示。

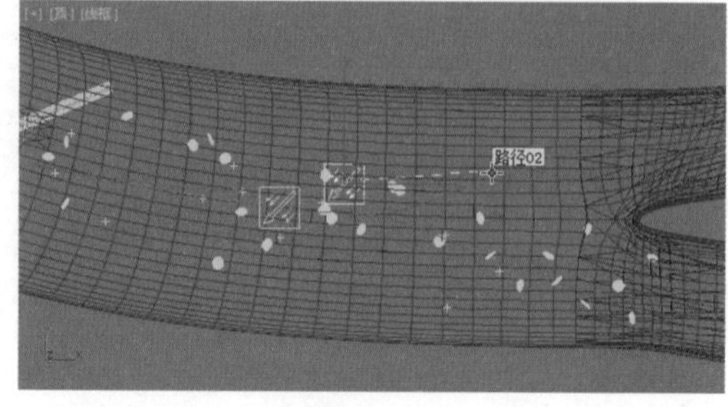

图7-133

17 在“事件002”中选择“Speed By Icon 002”操作符，在右侧的参数面板中勾选“转向轨迹”复选框，然后设置“距离”为50，如图7-134所示。

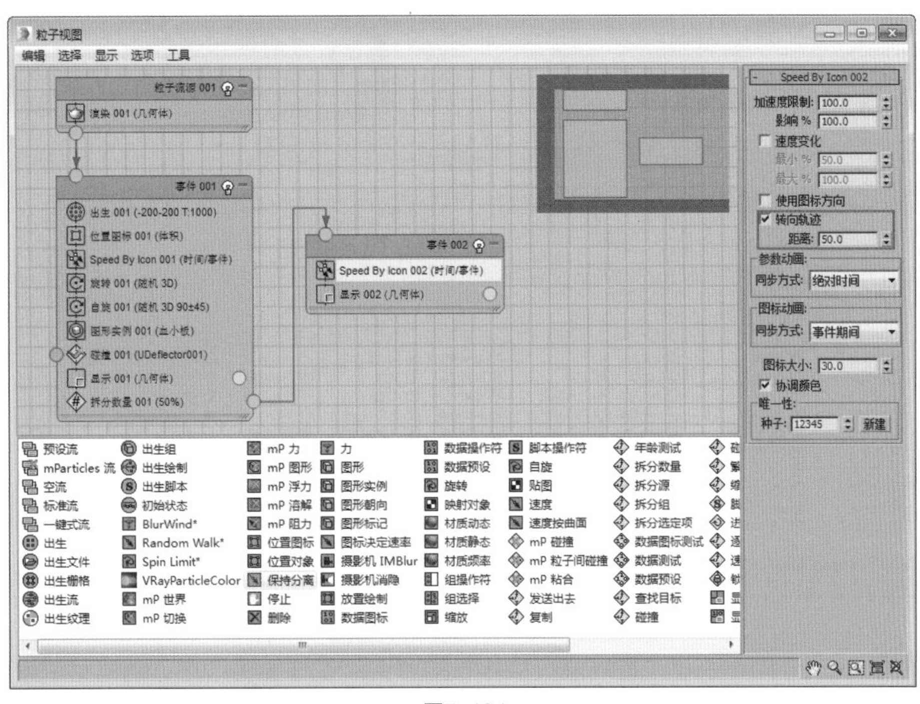

图7-134

18 在“事件001”中选择“图形实例”和“碰撞”事件，按住键盘上的Shift键，将其拖曳到“事件002”中，在弹出的“克隆选项”对话框中选择“复制”单选项，如图7-135和图7-136所示。

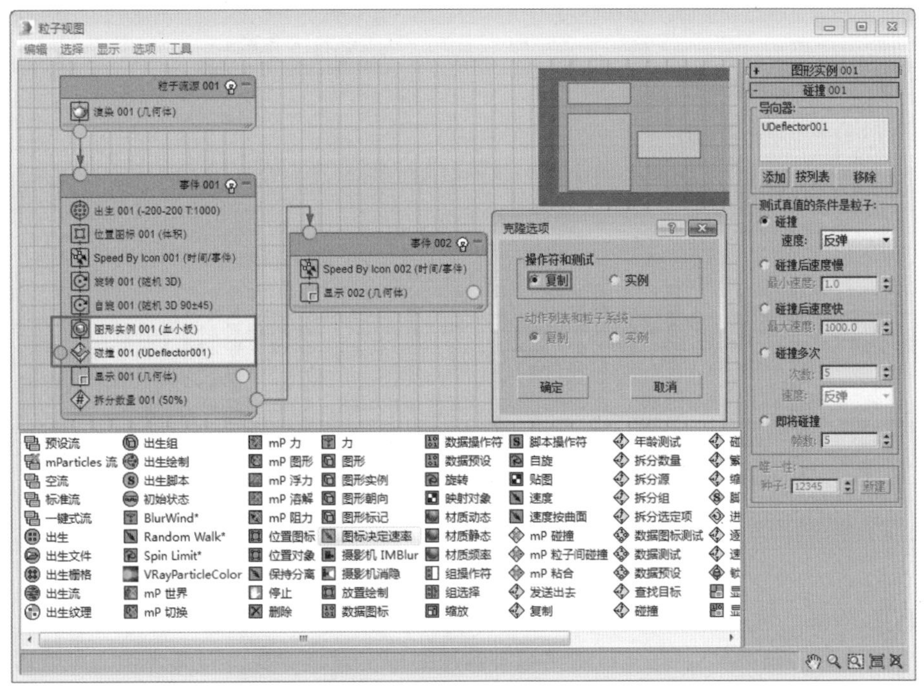

图7-135

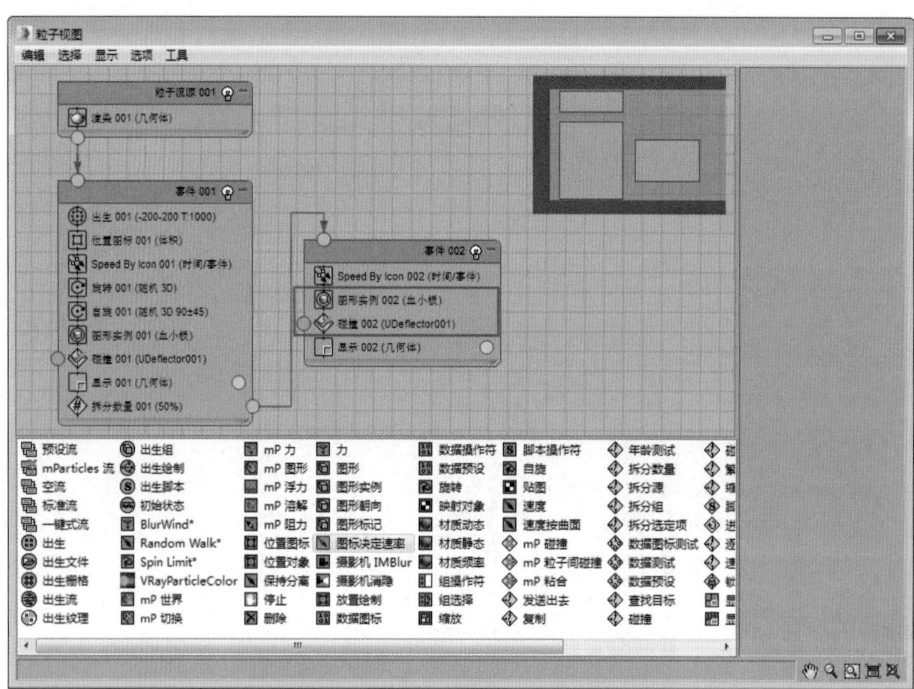

图7-136

19 从“仓库”中将“标准流”操作符拖曳至“事件显示”中，创建第二个粒子流，系统自动为其命名为“粒子流源002”，如图7-137所示。

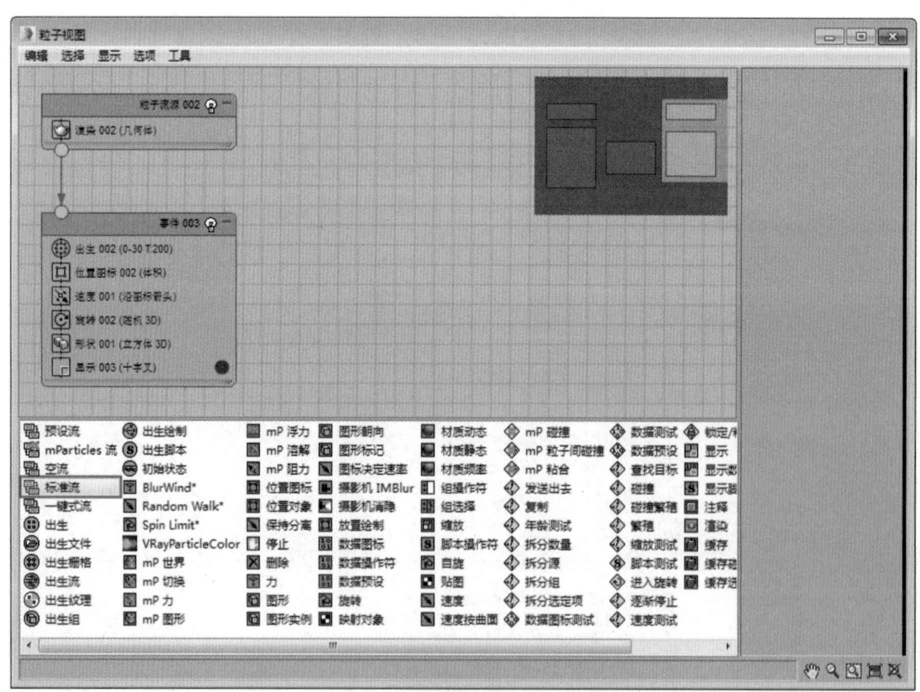

图7-137

20 单击“粒子流源002”事件，在右侧的参数面板中，设置“图标类型”为“圆形”，“直径”值为6.5，在“数量倍增”选项组中，设置“视口”值为10，完成后在视图中调整“粒子流源”的位置和角度，如图7-138和图7-139所示。

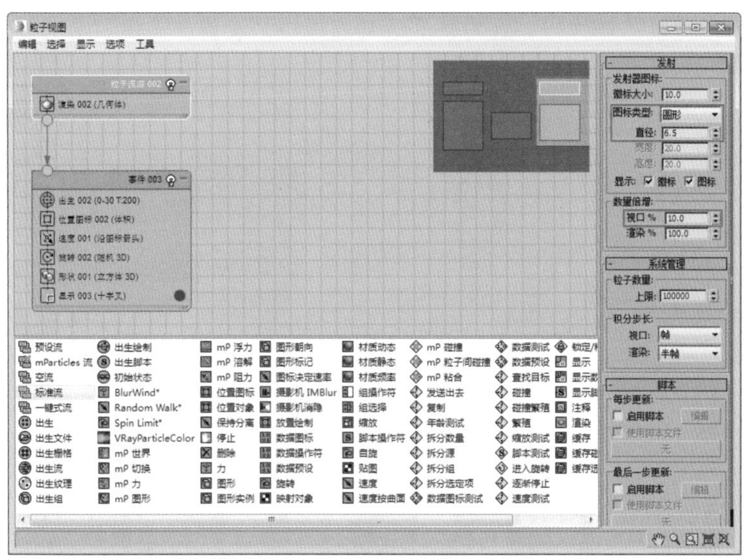

图7-138

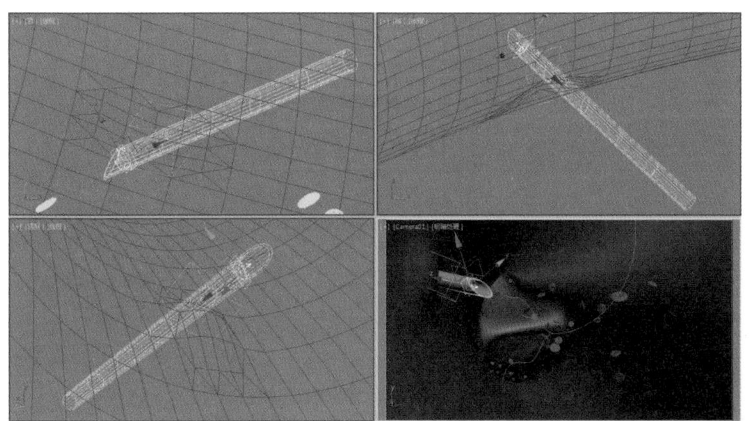

图7-139

21 单击选择“出生”操作符，在右侧的参数面板中，设置粒子的“发射开始”值为115，“发射停止”值为150，设置粒子的“数量”值为3000，为粒子流设置出生的时间及数量，如图7-140所示。

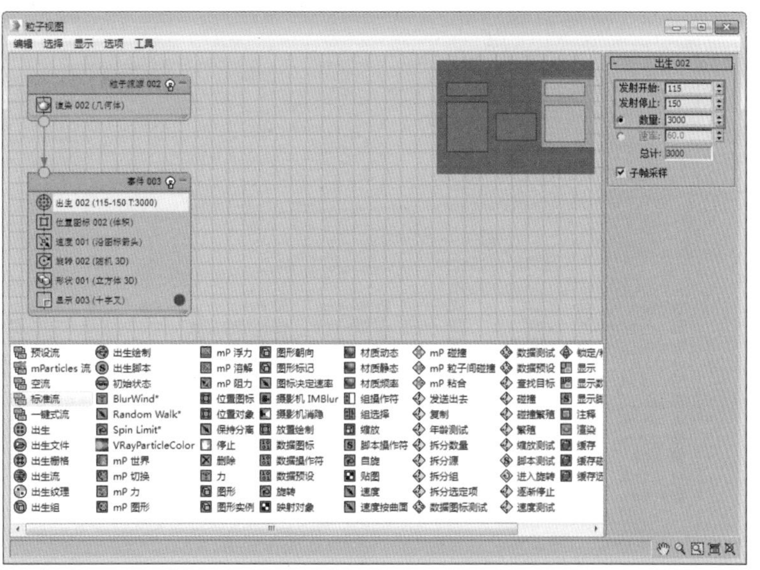

图7-140

22 选择“速度”操作符，在右侧的参数面板中，设置“速度”值为550，“散度”值为10，如图7-141所示。

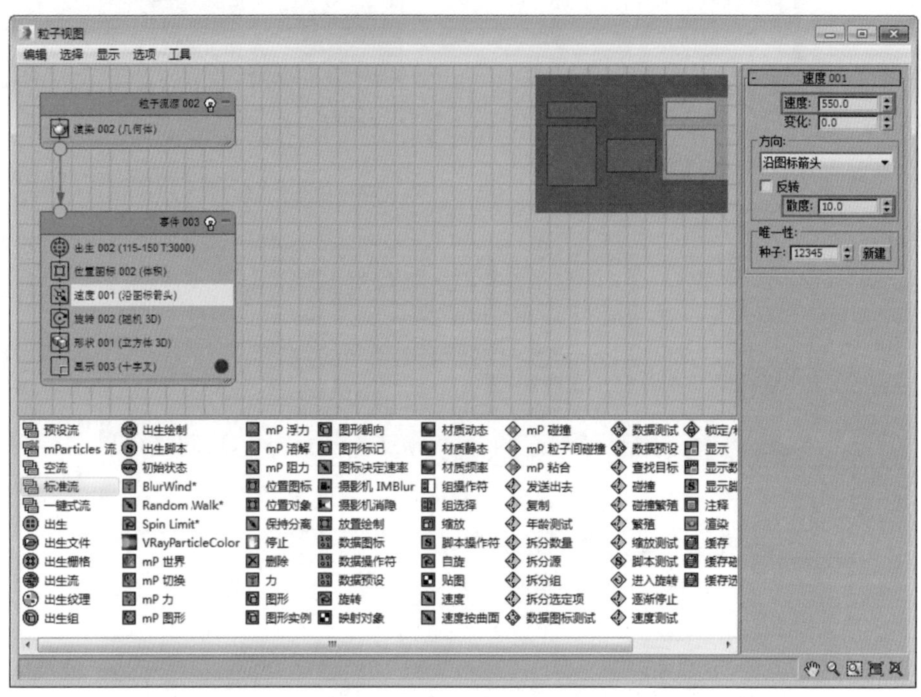

图7-141

23 选择“形状”操作符，设置粒子的类型为“80面球体”，“大小”值为1，然后选择“显示”操作符，将粒子的显示类型设置为“几何体”，拖动时间滑块，便可以在视图中看到粒子的形态，如图7-142~图7-144所示。

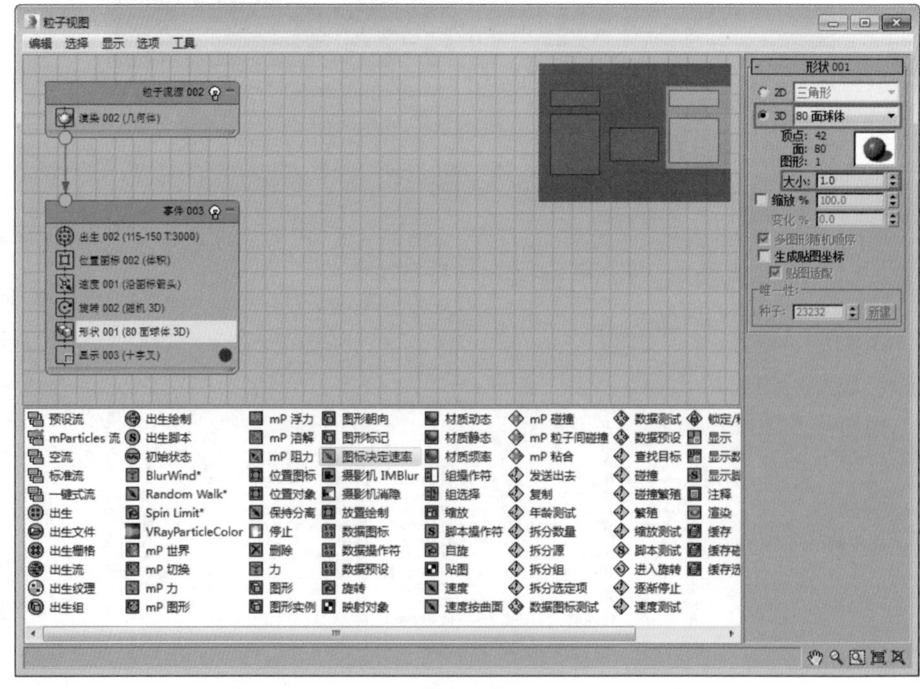

图7-142

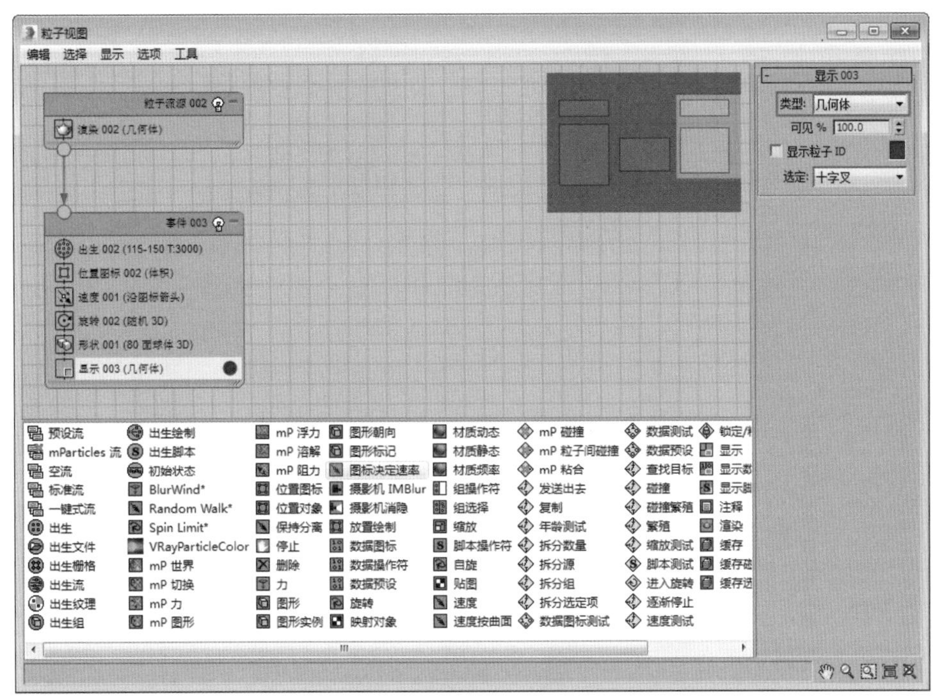

图7-143

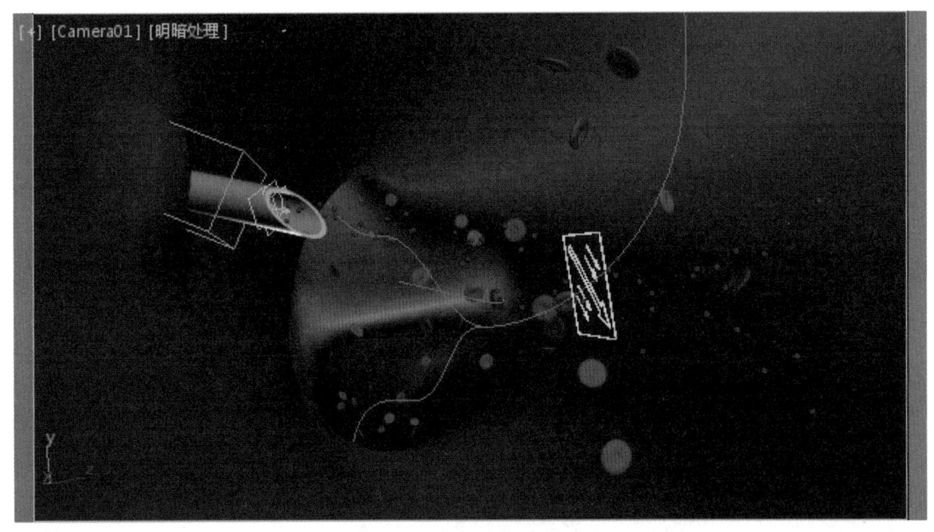

图7-144

24 从“仓库”中将“图标决定速率”操作符拖曳到“事件003”中，在右侧的参数面板中，勾选“速度变化”复选框，然后设置“最小%”值为50，“最大%”值为100，然后勾选“转向轨迹”复选框，设置“距离”值为50，接着“参数动画”和“图标动画”的“同步方式”都设置为“粒子年龄”，如图7-145所示。

25 在场景中选择Speed By Icon 003对象，执行菜单“动画>约束>路径约束”命令，然后在场景中拾取“路径01”对象，接着将第300帧的关键帧移动到第90帧，如图7-146~图7-148所示。

26 从“仓库”中将“年龄测试”操作符拖曳到“事件003”中，然后在右侧的参数面板中，将“测试值”设置为15，如图7-149所示。

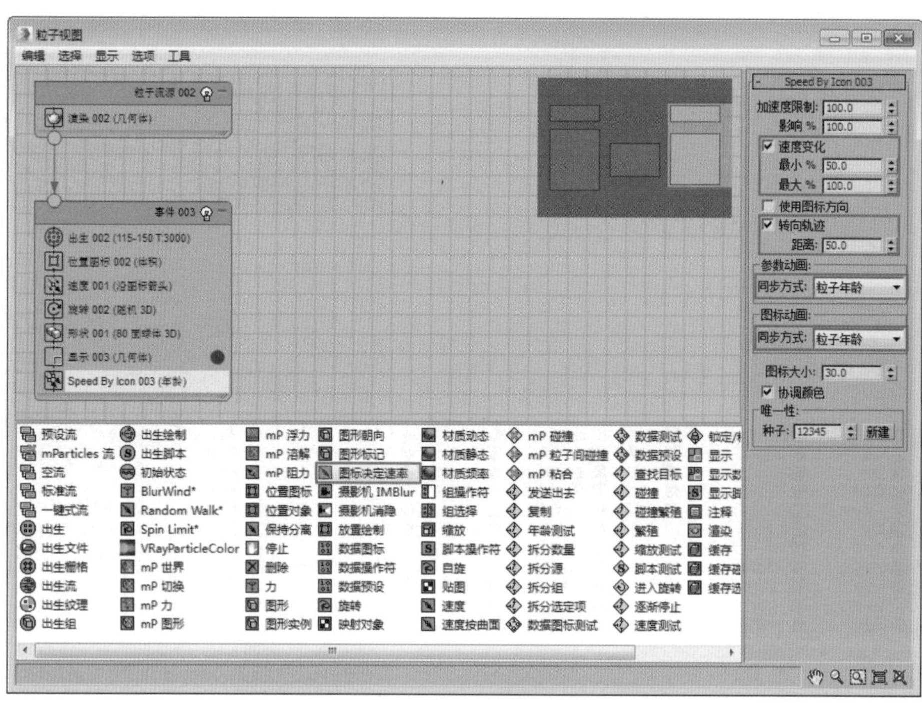

图7-145

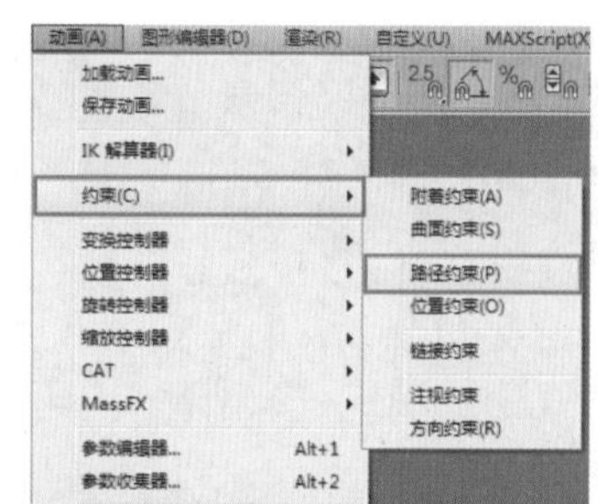

图7-146

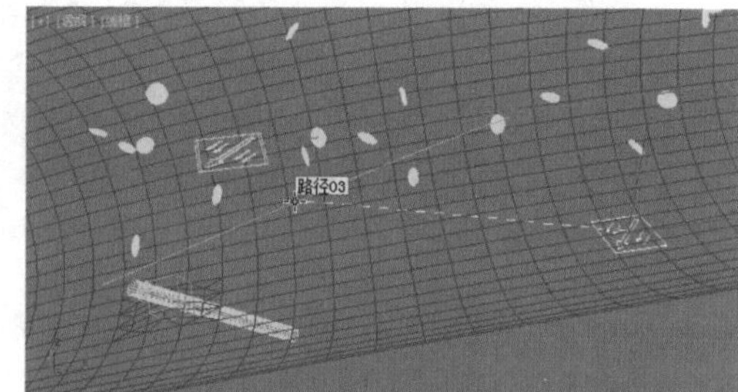

图7-147

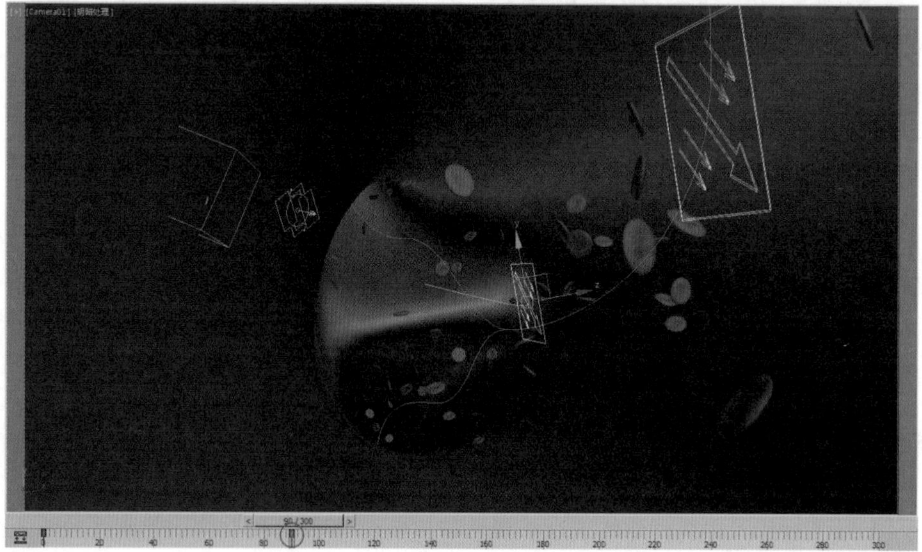

图7-148

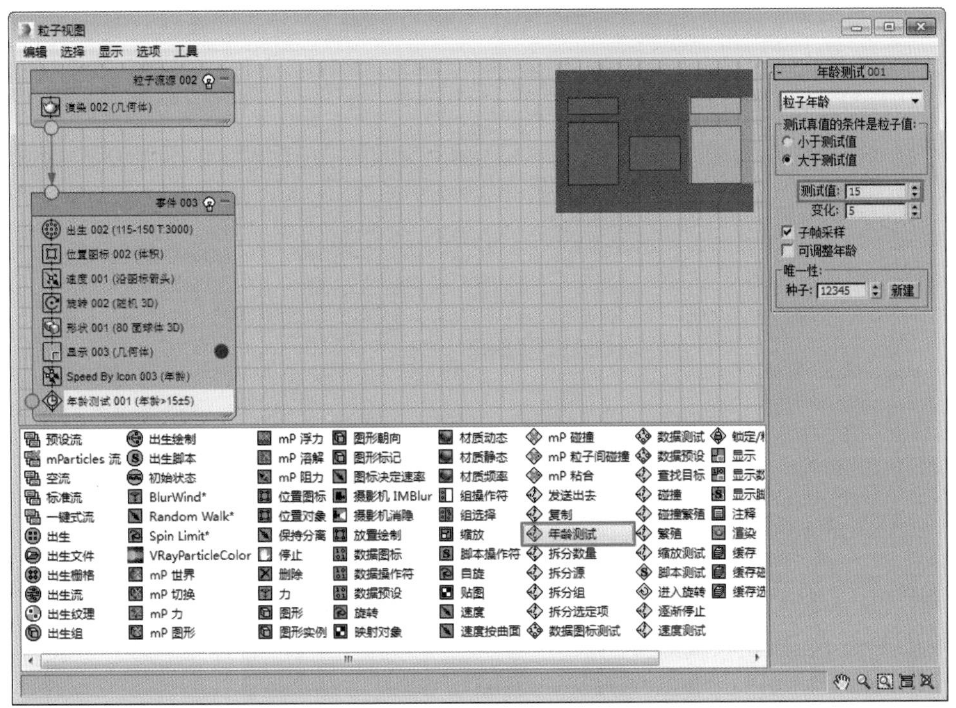

图7-149

27 从“仓库”中将“缩放”操作符拖曳到“粒子视图”的空白处，然后将“年龄测试”操作符与“图标决定速率”操作符相连接，选择“缩放”操作符，在右侧的参数面板中，设置“类型”为“绝对”，设置“同步方式”为“粒子年龄”，如图7-150所示。

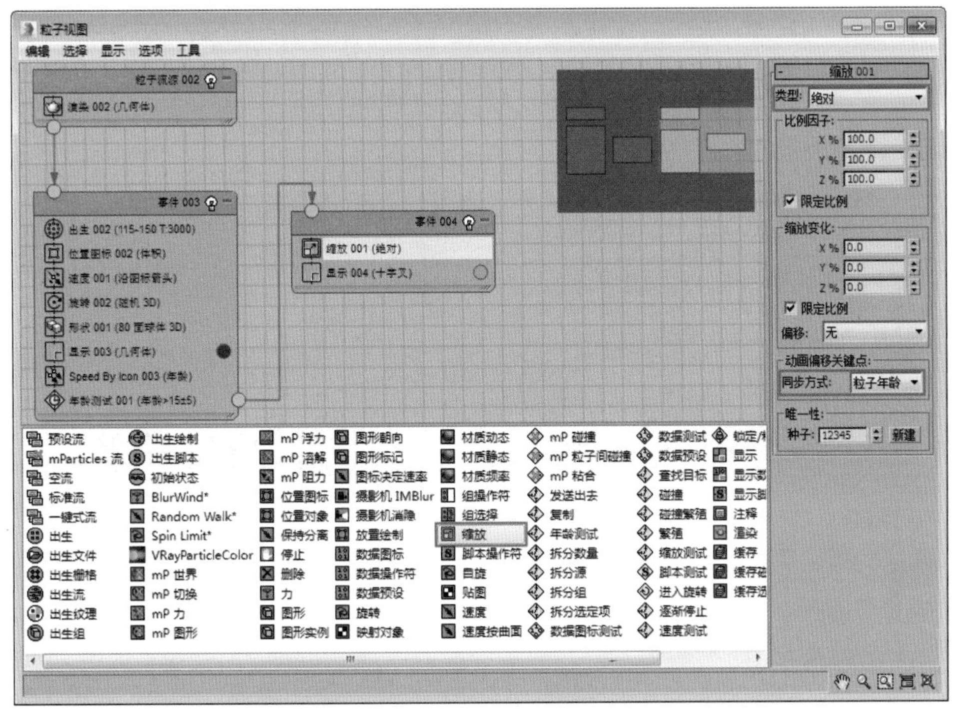

图7-150

28 在动画控制区中单击“自动关键点”按钮自动关键点，进入“自动关键帧”模式，将时间滑块拖动到第70帧，然后在“比例因子”选项组中将“X%”“Y%”和“Z%”值都设置为300，如图7-151和图7-152所示。

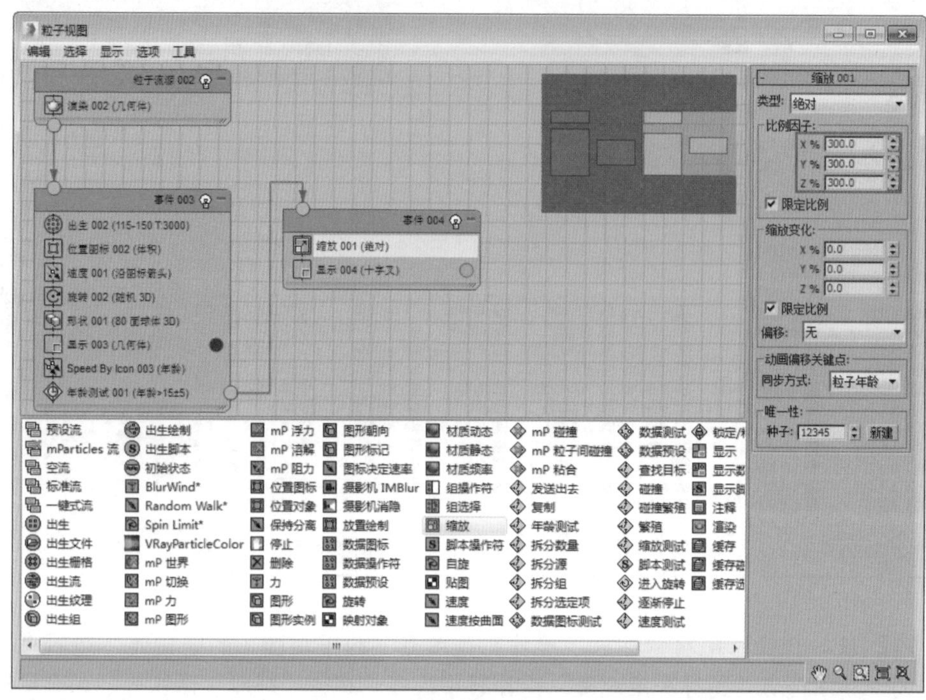

图7-151

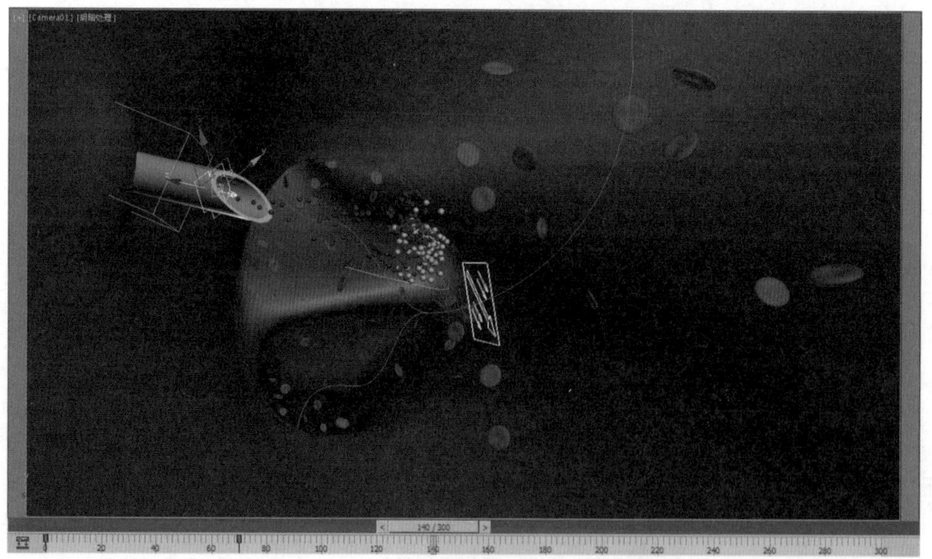
图7-152

29 从“仓库”中将“查找目标”操作符拖曳到“事件004”中，在右侧的参数面板中，选择“由时间控制”选项，在“由时间控制”选项组中选择“计时”方式为“粒子年龄”，并设置“时间”值为120，“变化”值为30，在“目标”选项组中选择“网格对象”单选按钮，然后单击“添加”按钮，接着在视图中单击“目标”对象，如图7-153和图7-154所示。

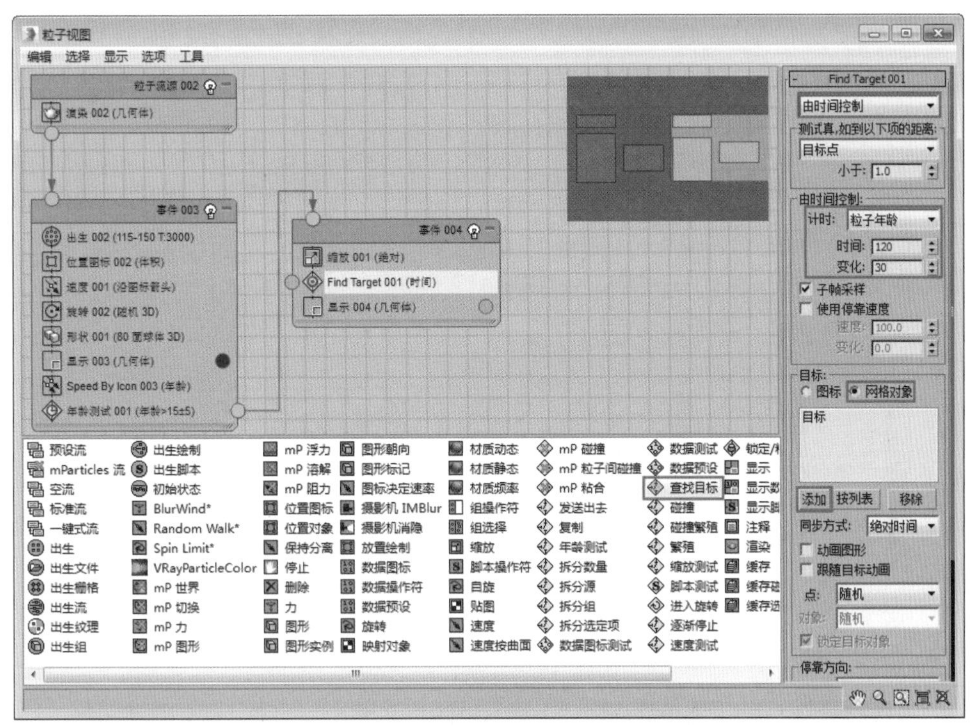

图7-153

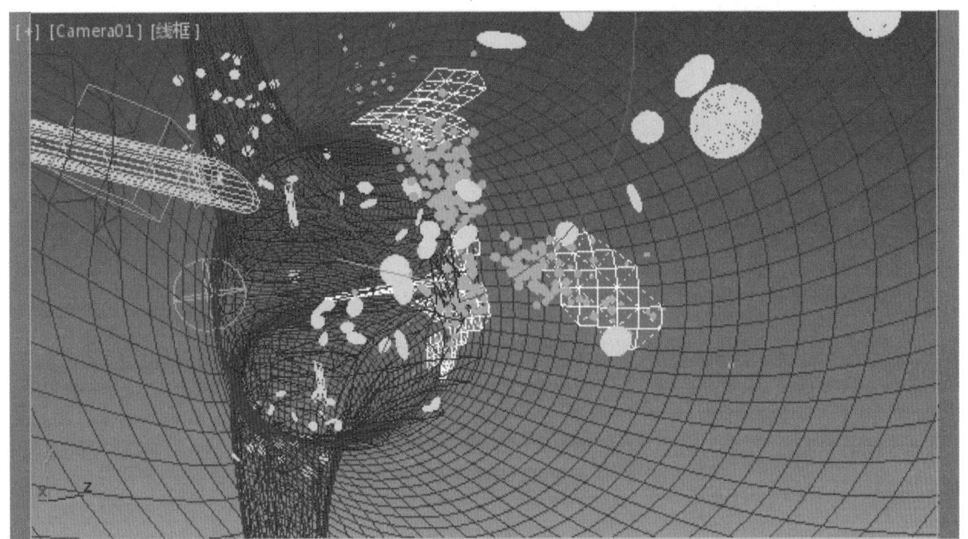

图7-154

30 从“仓库”中将“速度”操作符拖曳到“粒子视图”的空白处，然后将“查找目标”操作符与“速度”操作符相连接，接着将“速度”设置为0，如图7-155和图7-156所示。

31 从“仓库”中将“材质静态”操作符拖曳到“粒子流源002”中，然后按M键打开“材质编辑器”，将已经设置完成的“注射”材质拖曳到“材质静态”操作符的“无”按钮上，在弹出的“实例（副本）材质”对话框中选择“实例”单选按钮，如图7-157所示。

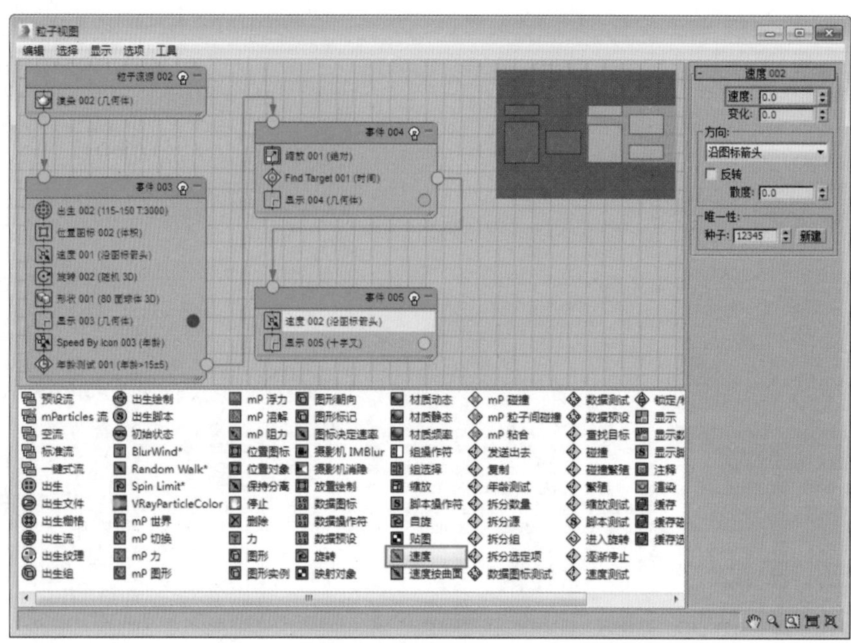

图7-155

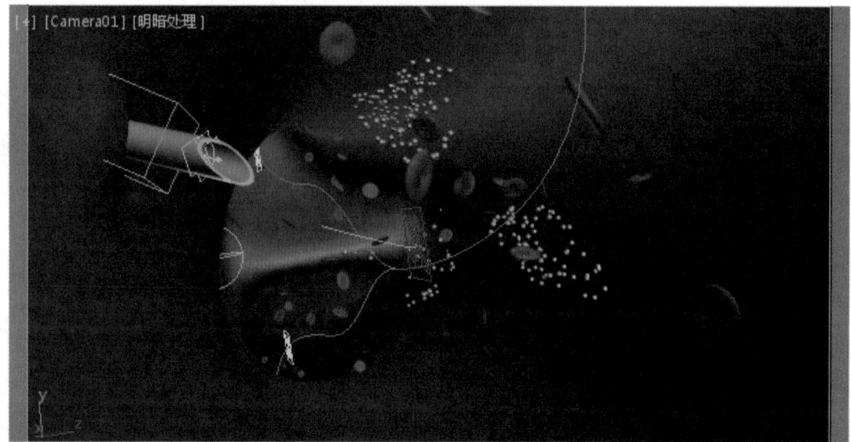

图7-156

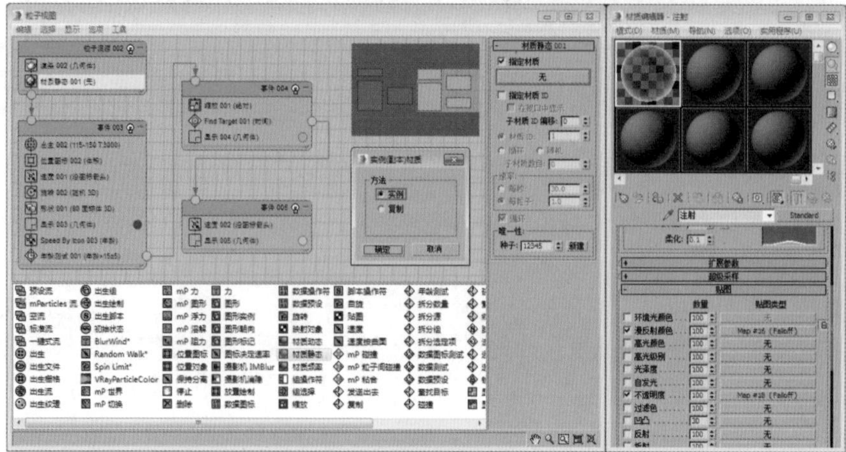
图7-157

32 设置完成后，渲染当前视图，最终效果如图7-158所示。

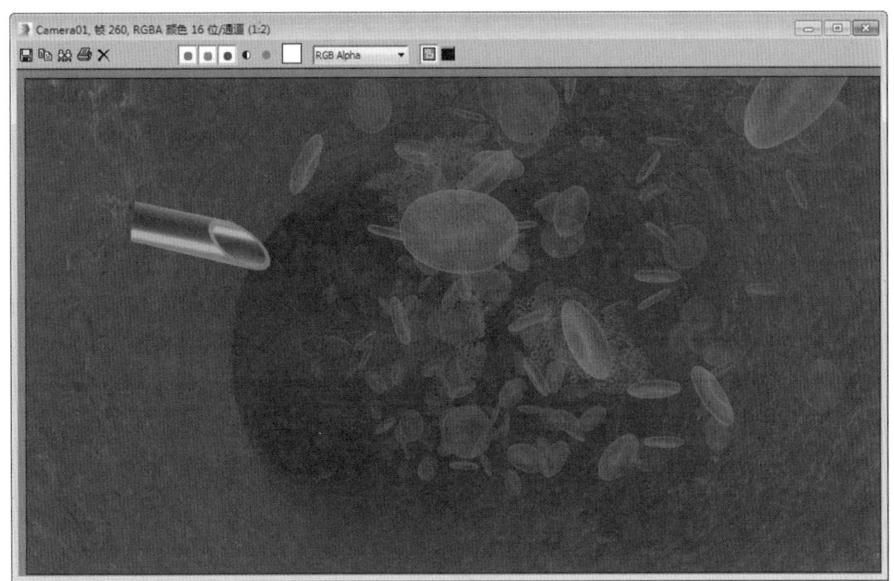

图7-158

第8章 环境效果与视频后期处理动画

环境对场景的氛围起到了至关重要的作用。一幅优秀的作品，不仅要有精细的模型、真实的材质和合理的渲染设置，同时还要求有符合当前场景的背景和大气环境效果，这样才能烘托出场景的气氛。3ds Max 2015中的环境设置可以任意改变背景的颜色与图案，还能为场景添加云、雾、火、体积雾、体积光等环境效果，将各项功能配合使用，可以创建更复杂的视觉特效。

从3ds Max 6.0版本开始，“环境”和“效果”两个独立的面板合并为了一个面板。读者可以执行菜单“渲染>环境”命令，或者按下键盘上的8键，就可以打开“环境和效果”面板，如图8-1所示。

此外，执行菜单“渲染>视频后期处理”命令可以打开“视频后期处理”对话框，如图8-2所示。

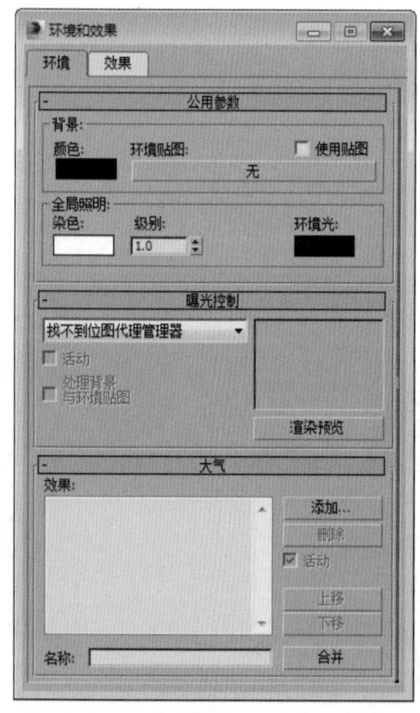

图8-1

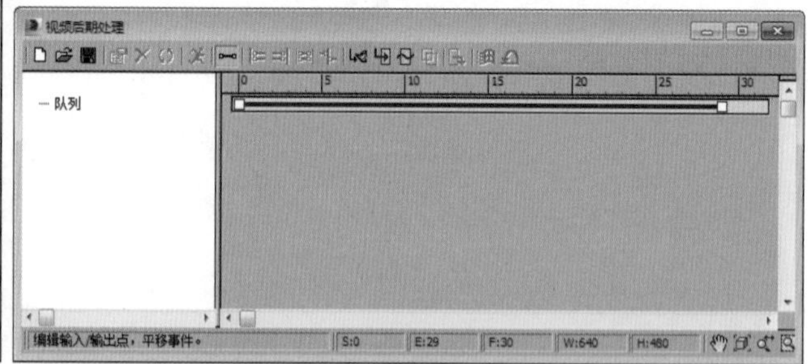

图8-2

“视频后期处理”窗口与“环境和效果”窗口中的“效果”选项卡的功能相似，可以制作物体的发光、模糊、镜头光晕等效果，并且制作的这些效果要比“效果”选项卡中制作的效果好看一些。但“视频后期处理”也有自己的局限性，就是渲染时只能用其本身的渲染器，而不能用3ds Max常规的渲染方法。

8.1 骷髅渐现

实例操作：骷髅渐现	
实例位置：	工程文件>CH8>骷髅渐现.max
视频位置：	视频文件>CH8>8.1 骷髅渐现.mp4
实用指数：	★★☆☆☆
技术掌握：	熟练使用“体积光”特效制作动画

8.1 骷髅渐现 .mp4

“体积光”效果可以制作带有体积的光线，这种体积光可以被物体阻挡，从而形成光芒透过缝隙的效果，如图8-3所示。

图8-3

带有体积光属性的灯光仍然可以进行照明、投影及投影图像，从而产生真实的光线效果。例如对泛光灯添加体积光特效，可以制作出光晕效果，模拟发光的灯光或太阳；对定向光加体积光特效，可以制作出光束效果，模拟透过彩色窗玻璃、投影彩色的图像光线，还可以制作激光光束效果。接下来将通过一组实例操作来讲解“体积光”特效的一些用法，图8-4所示为本实例的最终完成效果。

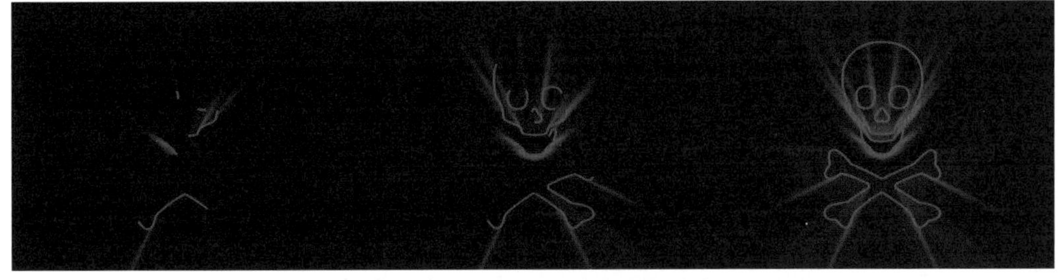

图8-4

01 打开本书配套素材中的“工程文件>CH8>骷髅渐现>骷髅渐现.max”文件，该文件中已经为场景设置了灯光，如图8-5所示。

图8-5

02 在透视图中创建一个“圆柱”对象并进入“修改”面板，设置“圆柱”对象的“半径”值为0.6，“高度”值为104.5，“高度分段”值为200，如图8-6所示。

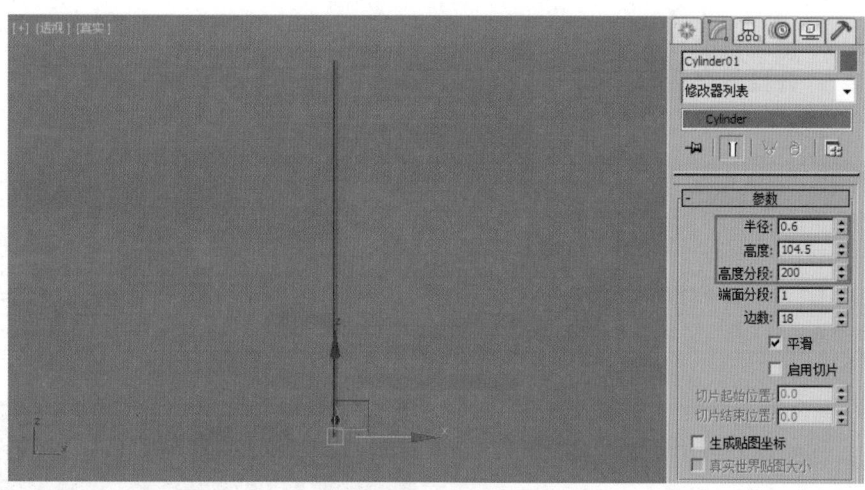

图8-6

03 在“修改器列表”中为其添加一个“路径变形（WSM）”修改器，然后在“参数”卷展栏中单击“拾取路径”按钮 拾取路径 ，接着在视图中拾取“骷髅”头部的二维样条线，随后单击“转到路径”按钮 转到路径 ，并设置“百分比”值为10.5，如图8-7和图8-8所示。

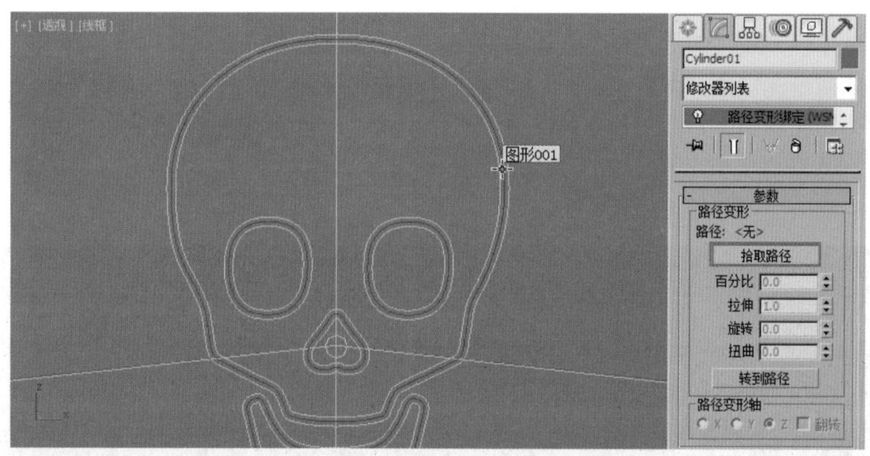

图8-7

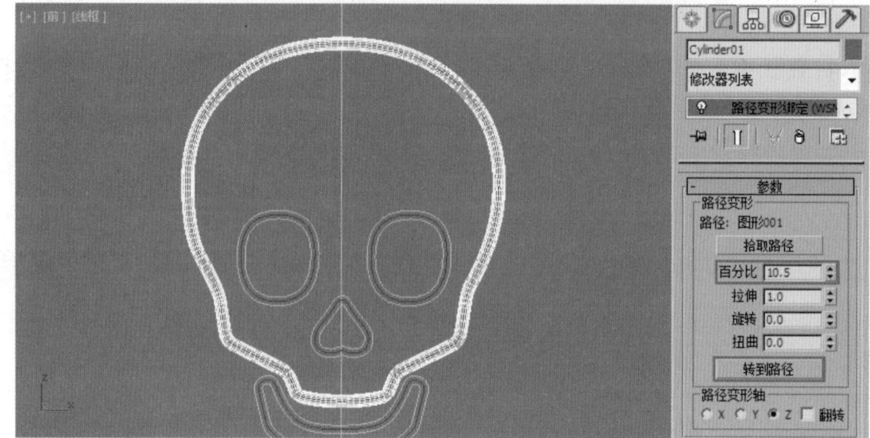

图8-8

技巧与提示

“圆柱”的粗细要能够挡住后面的缝隙，让体积光在开始时不能透过来，而“圆柱”的高度可以在指定了“路径变形”修改器后，再回到其自身层级进行修改，根据当前路径让其首尾相接。

“路径变形”修改器中的“百分比”参数可以设置动画在路径上起始的位置，可以根据实际制作中的具体情况自行设置。

04 在动画控制区中单击“自动关键点”按钮 自动关键点 ，进入“自动关键帧”模式，将时间滑块拖动到第170帧，设置“拉伸”值为0，如图8-9所示。

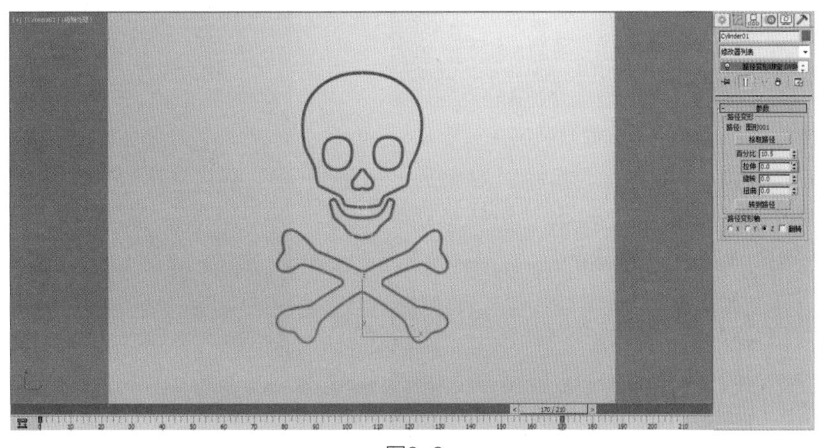

图8-9

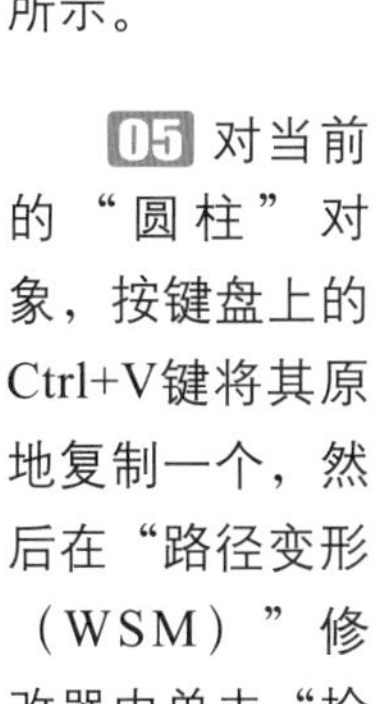

05 对当前的“圆柱”对象，按键盘上的Ctrl+V键将其原地复制一个，然后在“路径变形（WSM）”修改器中单击“拾取路径”按钮 拾取路径 ，接着在视图中拾取“骷髅”对象眼部的二维样条线并设置“百分比”值为62，随后进入“圆柱”层级并设置“高度”值为25.5，如图8-10和图8-11所示。

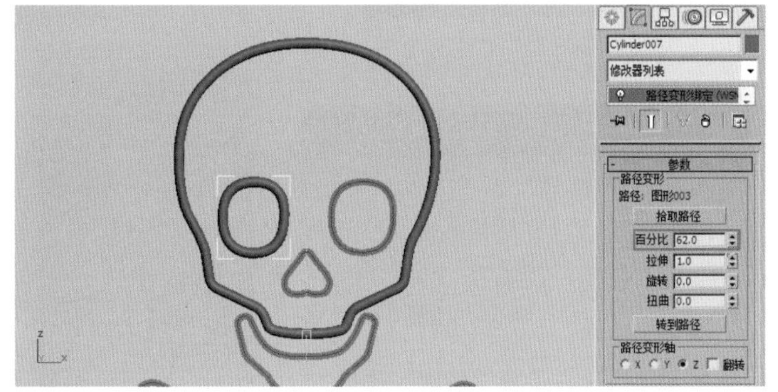

图8-10

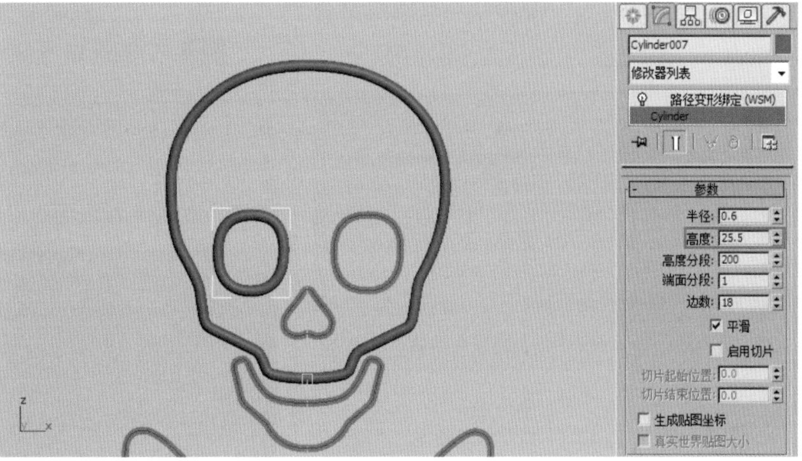

图8-11

06 用同样的方法制作其余的“圆柱”对象，并根据拾取的二维图形设置不同的“百分比”和“高度”数值，如图8-12所示。

图8-12

07 调节每个“圆柱”对象的“开始帧”和“结束帧”位置，使整个动画错落有致，如图8-13所示。

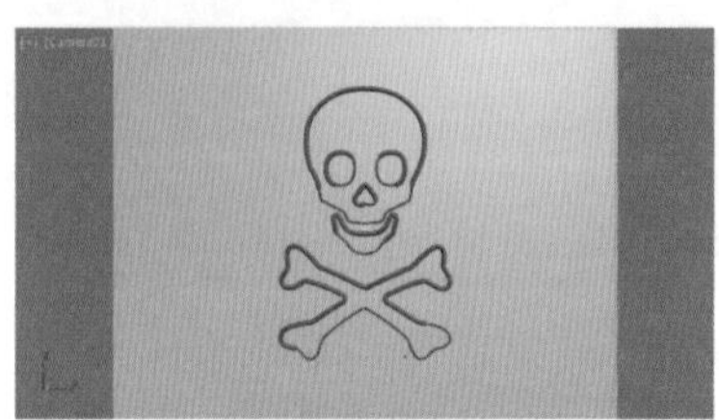

图8-13

技巧与提示

如果想让“圆柱”对象的动画反转，可以选择指定的二维图形并进入“样条线”子层级，然后在“几何体”卷展栏中单击“反转”按钮 反转 。

08 按8键打开“环境和效果”面板，在“大气”卷展栏中单击“添加”按钮 添加... ，在弹出的“添加大气效果”对话框中选择“体积光”选项，如图8-14所示。

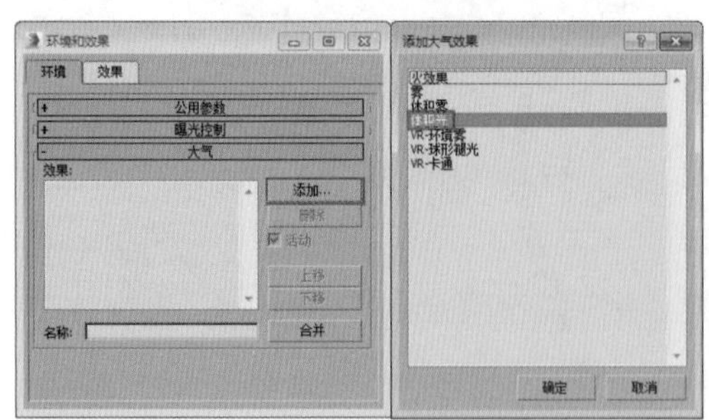

图8-14

09 在“效果列表”中选择“体积光”，然后在“体积光参数”卷展栏中单击“拾取灯光”按钮 拾取灯光 ，接着在场景中拾取“聚光灯”对象，如图8-15所示。

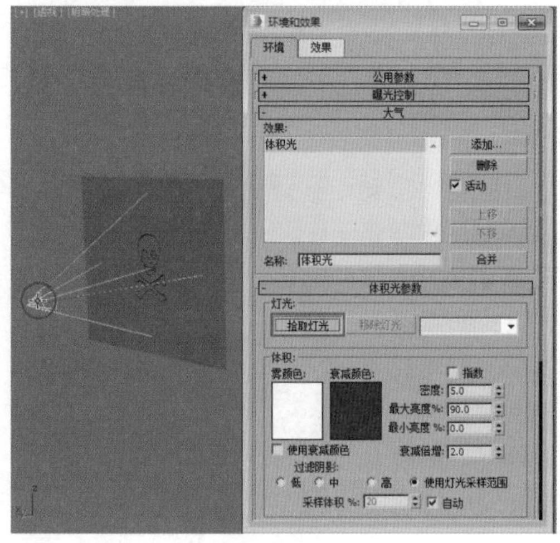

图8-15

10 在“体积”选项组中，设置“密度”值为15，设置“雾颜色”（红：255，绿：0，蓝：0），如图8-16所示。

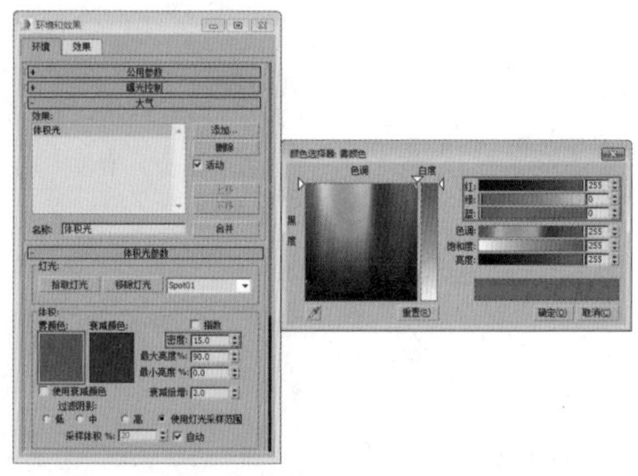

图8-16

11 在场景中选择“聚光灯”对象，并进入“修改”面板，在“常规参数”卷展栏中勾选“阴影”选项组中的“启用”复选框，并设置“阴影类型”为“阴影贴图”，如图8-17所示。

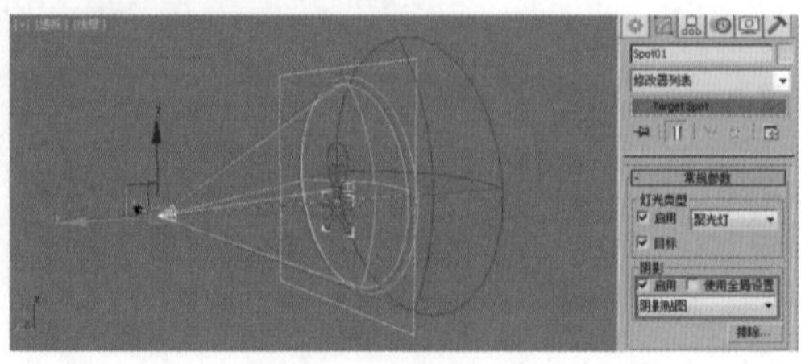

图8-17

12 设置完成后，拖动时间滑块并渲染当前视图，最终效果如图8-18所示。

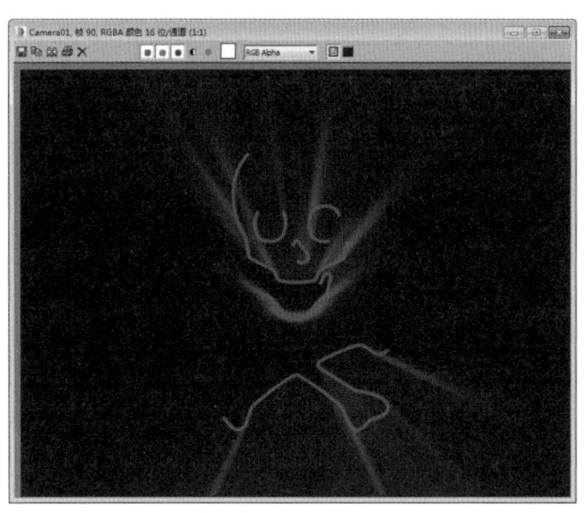

图8-18

8.2 鬼影重重

实例操作：鬼影重重	
实例位置：	工程文件>CH8>鬼影重重.max
视频位置：	视频文件>CH8>8.2 鬼影重重.mp4
实用指数：	★★★☆☆
技术掌握：	熟练使用“雾”和“体积雾”特效制作动画

8.2 鬼影重重.mp4

“雾”效果可以在场景中创建出雾、层雾、烟雾、云雾、蒸汽等大气效果，所设置的效果将作用于整个场景。雾分为标准雾和层雾两种类型，标准雾依靠摄影机的衰减范围设置，根据物体离目光的远近产生淡入淡出的效果。层雾可以表现仙境、舞台等特殊效果，如图8-19所示。

图8-19

体积雾效果，可以使用户在一个限定的范围内设置和编辑雾效果，产生三维空间的云团，这是真实的云雾效果，在三维空间中以真实的体积存在，它们不仅可以飘动，还可以穿过它们。体积雾有两种使用方法，一种是直接作用于整个场景，但要求场景内必须有物体存在，另一种是作用于大气装置Gizmo物体，在Gizmo物体限制的区域内产生云团等效果，这是一种更易控制的方法。另外，体积雾还可以加入风力值、噪波效果等多方面的控制，利用这些设置可以在场景中编辑出雾流动的效果，如图8-20所示。

图8-20

接下来将通过一组实例操作来讲解这方面的知识。图8-21所示为本实例的最终完成效果。

图8-21

01 打开本书配套素材中的“工程文件>CH8>鬼影重重>鬼影重重.max”文件，该场景中已经为物体设置了材质和灯光，如图8-22所示。

图8-22

02 按8键打开“环境”面板，在“大气”卷展栏中单击“添加”按钮 添加... ，在弹出的“添加大气效果”对话框中选择“雾”选项，如图8-23所示。

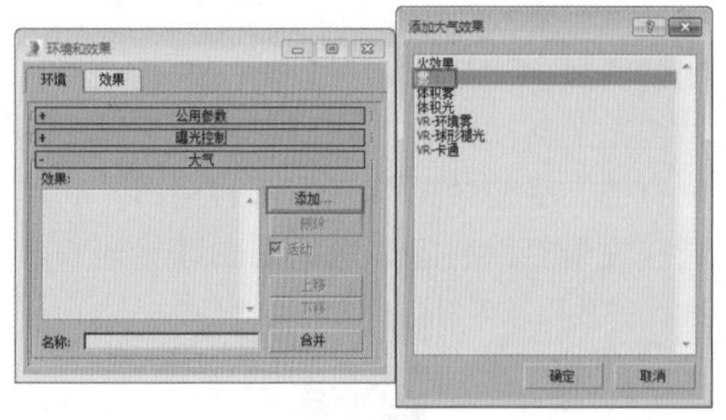

图8-23

03 在“效果列表”中选择“雾”效果，接着设置“雾”的颜色（红：80，绿：100，蓝：120），如图8-24所示。

04 在“雾”选项组中选中“分层”单选按钮，然后在“分层”选项组中设置“顶”值为2，选择“衰减”的方式为“顶”，然后勾选“地平线噪波”复选框，如图8-25所示。

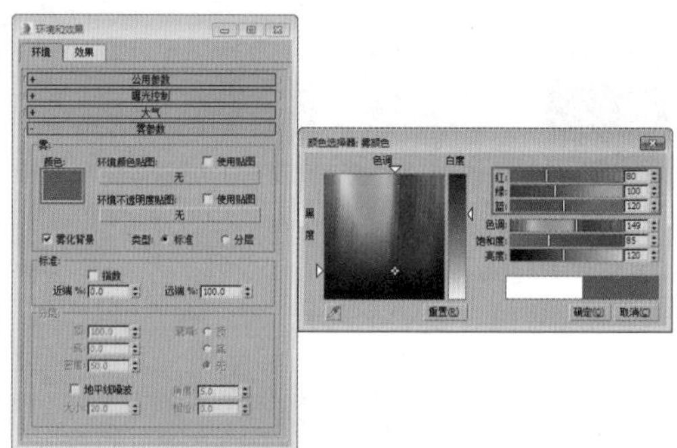

图8-24

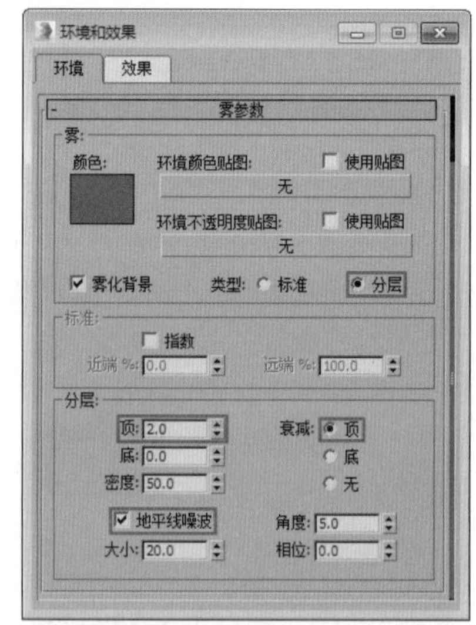

图8-25

05 在动画控制区中单击“自动关键点”按钮 自动关键点 ，进入“自动关键帧”模式，将时间滑块拖动到第450帧，然后设置“分层”选项组中的“相位”值为9，如图8-26所示。

图8-26

06 在视图中选择"摄影机"对象，并进入"修改"面板，在"环境范围"选项组中勾选"显示"复选框，然后设置"远距范围"值为7500，如图8-27所示。

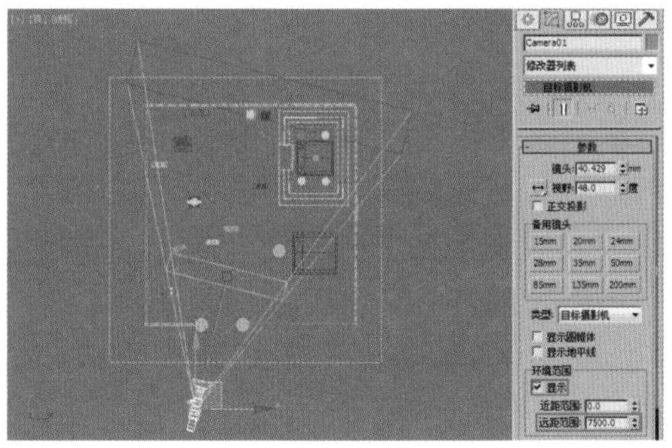

图8-27

技巧与提示

"雾"的显示范围是由"摄影机"的"环境范围"参数控制的，"开始范围"处的"雾"最浓，由"开始范围"到"远距范围"处"雾"的浓度依次变淡，"远距范围"以外的区域"雾"逐渐消失。

07 在"辅助对象"面板的下拉列表中选择"大气装置"选项，单击"长方体Gizmo"按钮 长方体 Gizmo ，接着在"前"视图中创建一个"长方体Gizmo"辅助物体，如图8-28所示。

图8-28

08 进入"修改"面板，在"长方体Gizmo参数"卷展栏中，设置"长度"值为460，"宽度"值为6900，"高度"值为6900，完成后在视图中调整其位置，如图8-29所示。

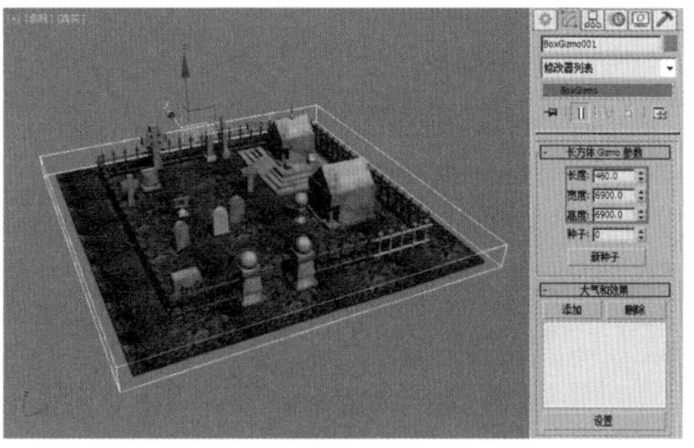

图8-29

09 按8键打开"环境和效果"面板，在"大气"卷展栏中单击"添加"按钮 添加... ，在弹出的"添加大气效果"对话框中选择"体积雾"选项，如图8-30所示。

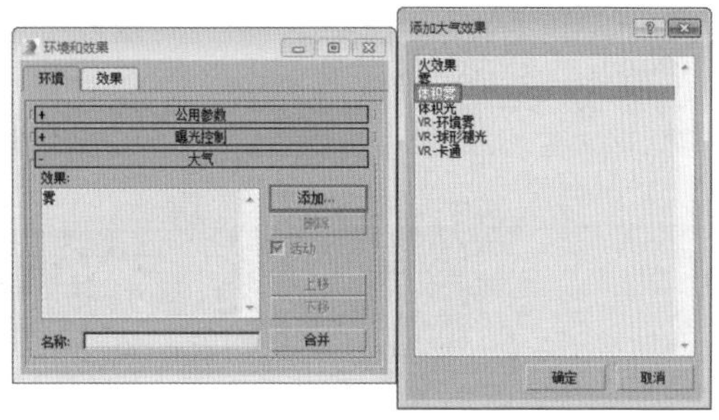

图8-30

10 在"效果"列表中选择"体积雾"效果，然后在"体积雾参数"卷展栏中单击"拾取Gizmo"按钮，接着在视图中单击刚才创建的"长方体Gizmo"辅助对象，如图8-31所示。

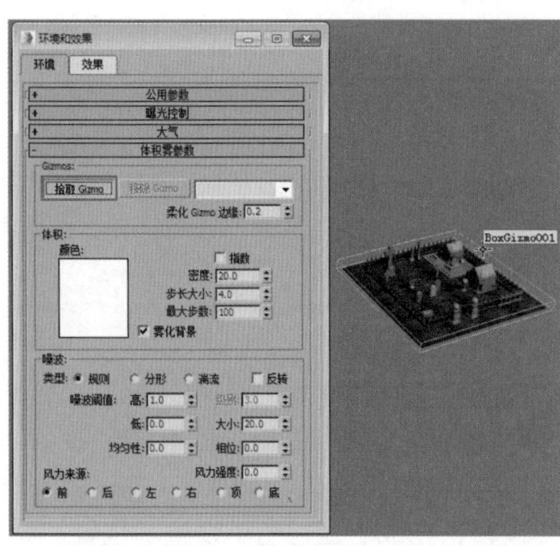

图8-31

11 设置“雾”的颜色为白色（红:140，绿:150，蓝:160），然后设置“雾”的“密度”值为0.5，如图8-32所示。

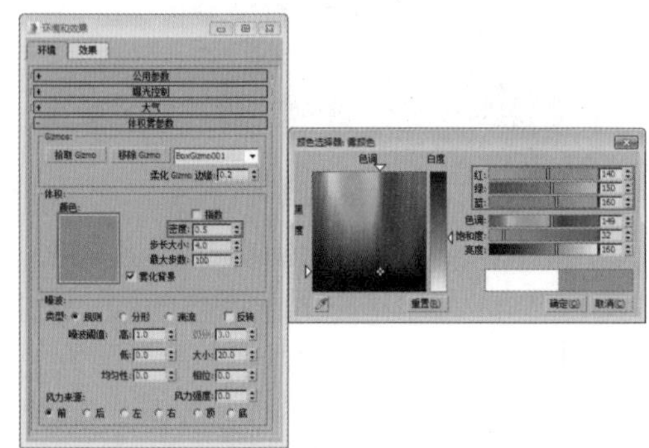

图8-32

12 在“噪波”选项组中选择“雾”的类型为“湍流”，然后设置“噪波阈值”的“高”值为0.1，“均匀性”值为0.5，“级别”值为6，“大小”值为500，如图8-33所示。

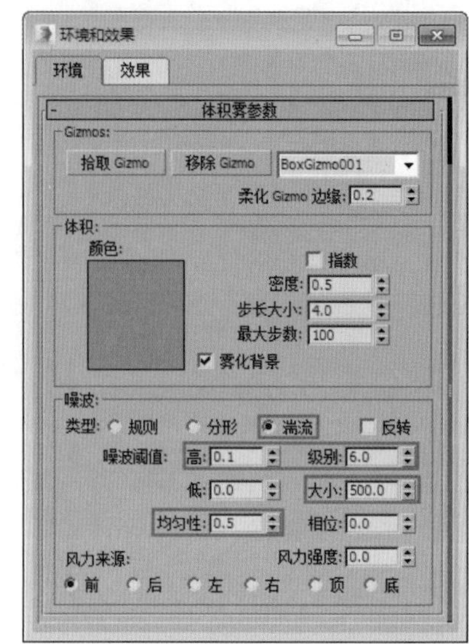

图8-33

13 在视图中选择“长方体Gizmo”对象，然后在动画控制区中单击“自动关键点”按钮自动关键点，进入“自动关键帧”模式，将时间滑块拖动到第0帧，设置其“高度”值为650，然后将时间滑块拖动到第300帧，然后设置“高度”值为6900，如图8-34和图8-35所示。

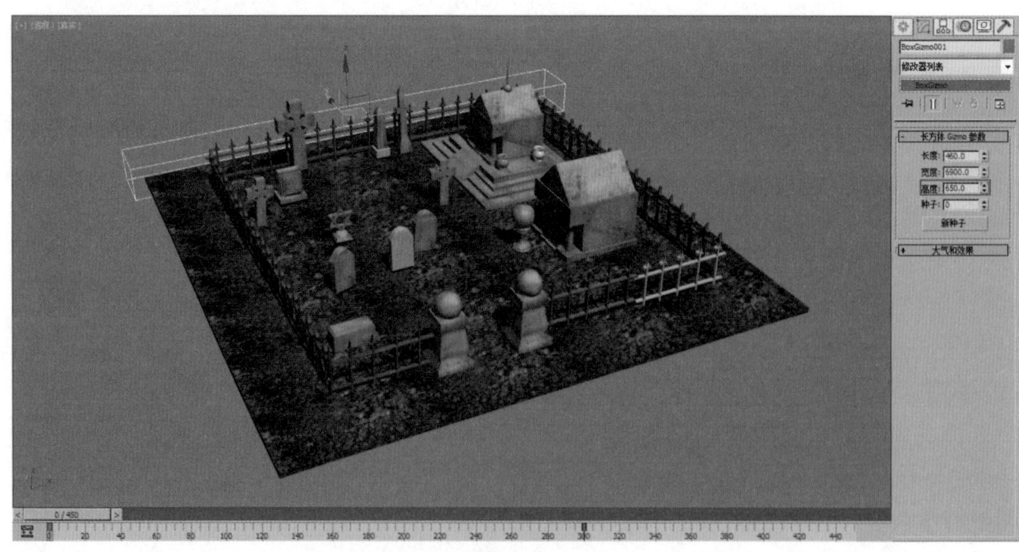

图8-34

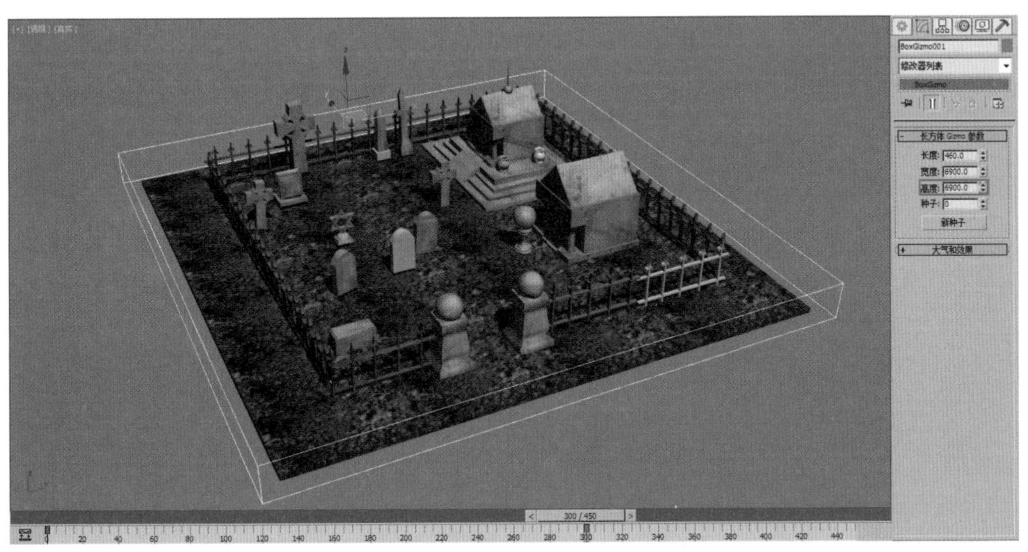

图8-35

14 保持“自动关键帧”模式，将时间滑块拖动到第450帧，在“环境和效果”面板中，设置“体积雾”的“相位”值为3，“风力强度”值为600，“风力来源”选择“左”，如图8-36所示。

15 在“相位”参数框内单击鼠标右键，在弹出的快捷菜单中选择“在轨迹视图中显示”命令，如图8-37所示。

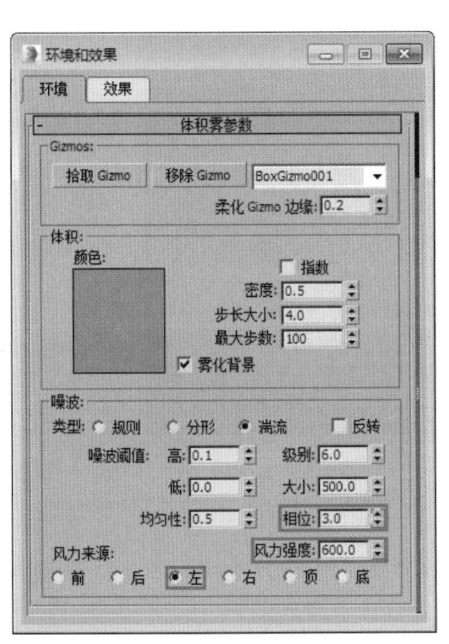

图8-36

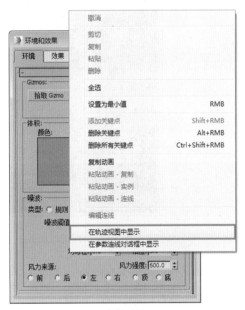

图8-37

16 在打开的“轨迹视图”中选择“相位”参数的两个关键点，然后单击工具栏上的“将切线设置为线性”按钮，让“相位”的动画变为匀速的，如图8-38所示。

17 设置完成后，渲染当前视图，最终效果如图8-39所示。

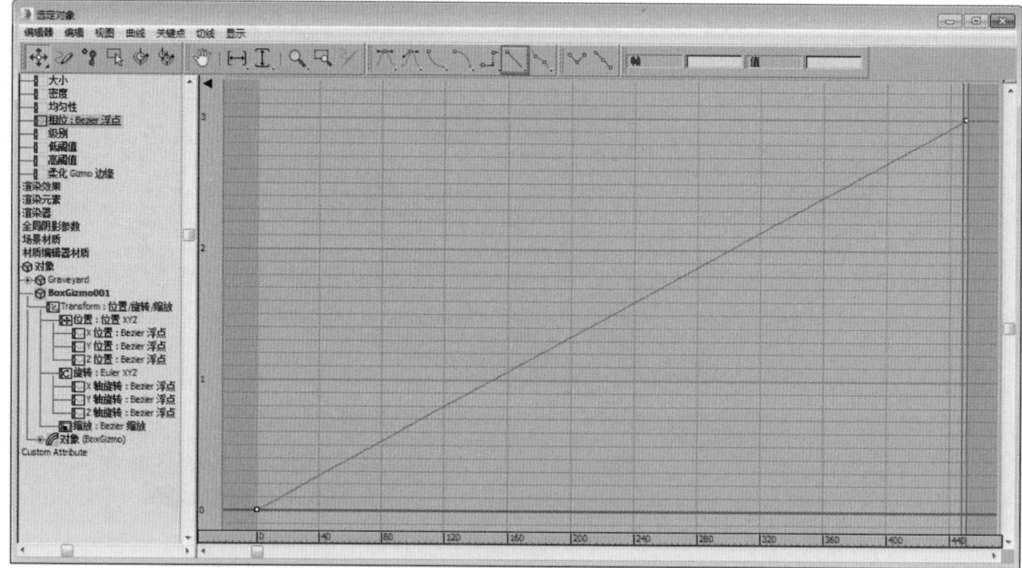

图8-38

图8-39

8.3 喷射火焰

实例操作：喷射火焰	
实例位置：	工程文件>CH8>喷射火焰.max
视频位置：	视频文件>CH8>8.3 喷射火焰.mp4
实用指数：	★★★☆☆
技术掌握：	熟练使用“火效果”特效制作动画

8.3 喷射火焰 .mp4

“火效果”可以产生火焰、烟雾、爆炸及水雾等特殊效果，它需要通过大气辅助对象来确定形态。需要注意的是火效果不能作为场景的光源，它不产生任何照明效果，如果需要模拟燃烧产生的光照效果，可以创建匹配的灯光进行配合，如图8-40所示。

图8-40

下面通过一个实例来为读者讲解这方面的知识。图8-41所示为本实例的最终完成效果。

图8-41

01 打开本书配套素材中的“工程文件>CH8>喷射火焰>喷射火焰.max”文件，该场景中已经为模型指定了材质，如图8-42所示。

图8-42

02 在“辅助对象”面板的下拉列表中选择“大气装置”选项，单击“球体Gizmo”按钮 球体 Gizmo ，在“前”视图中创建一个“球体Gizmo”对象，如图8-43所示。

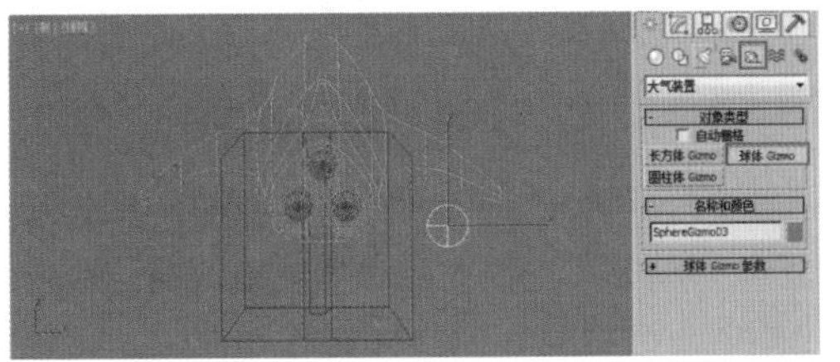

图8-43

03 进入“修改”面板，在“球体Gizmo参数”卷展栏中，设置“半径”值为40，然后勾选“半球”复选框，接着在视图中调整其位置和角度，如图8-44所示。

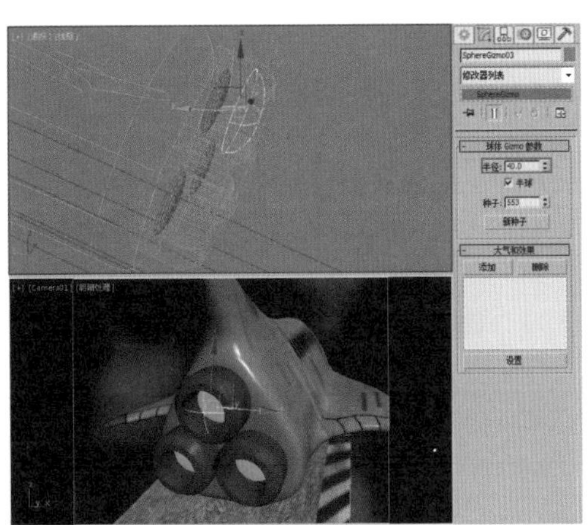

图8-44

04 在“大气和效果”卷展栏中单击“添加”按钮 添加 ，在弹出的“添加大气”对话框中选择“火效果”选项，如图8-45所示。

05 按住键盘上的Shift键，将“球体Gizmo”对象复制两个，并调整它们的位置和角度，然后在各自的“球体Gizmo参数”卷展栏中调节“种子”数值，如图8-46所示。

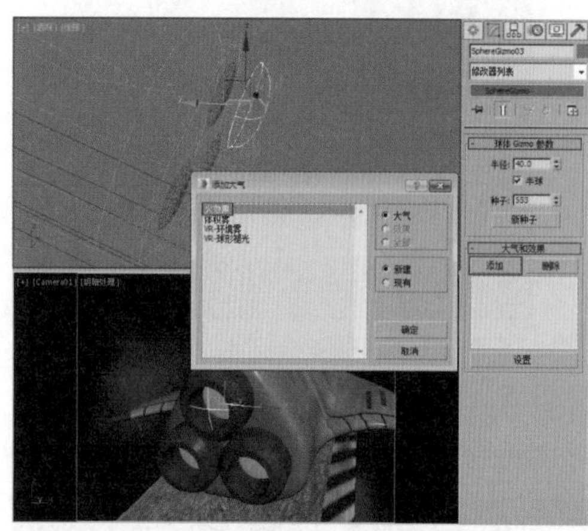
图8-45

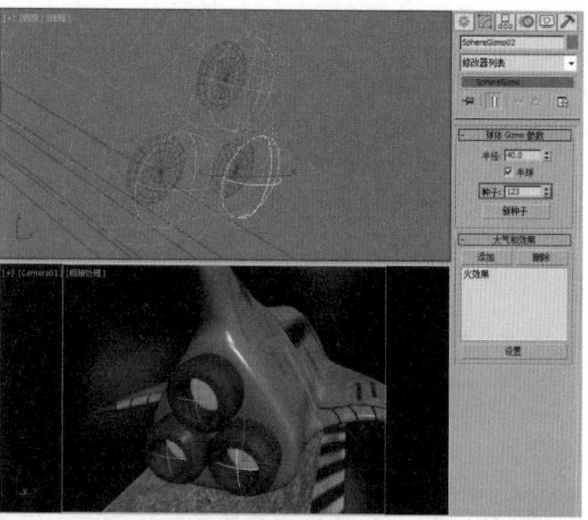
图8-46

技巧与提示

“种子”值可以让大气效果在相同参数的情况下产生出其他随机的效果，保证每个大气效果的唯一性，增加真实感。

06 按8键打开“环境和效果”面板，在“大气”卷展栏中选择“火效果”选项，接着在“火效果参数”卷展栏中设置“内部颜色”（红：250，绿：200，蓝：0）和“外部颜色”（红：225，绿：30，蓝：30），如图8-47和图8-48所示。

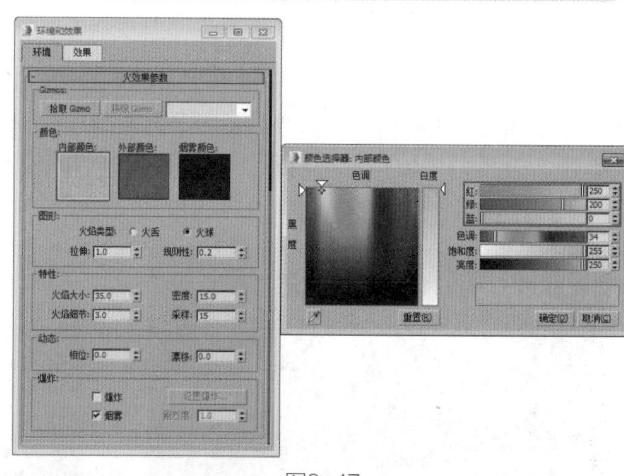
图8-47

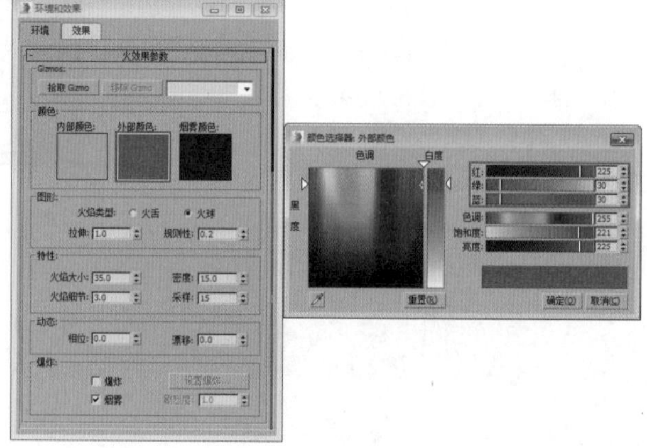
图8-48

07 在“图形”卷展栏中选择“火焰类型”为“火舌”，在“特性”卷展栏中设置“密度”值为0，“火焰细节”值为5，如图8-49所示。

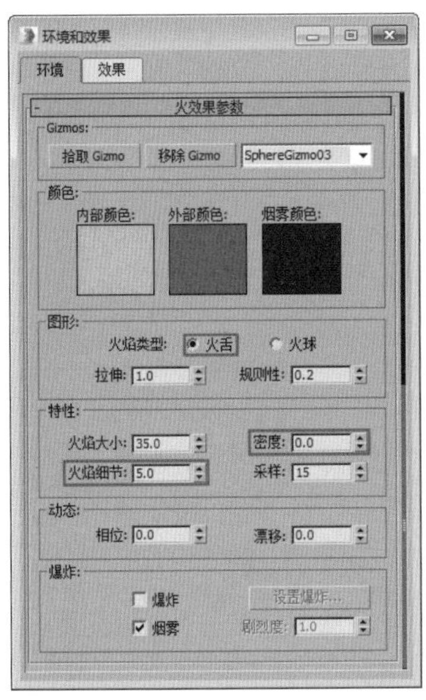

图8-49

08 在动画控制区中单击“自动关键点”按钮自动关键点，进入“自动关键帧”模式，将时间滑块拖动到第35帧，然后设置“密度”值为10，接着将时间滑块拖动到第60帧，将“相位”和“漂移”值都设置为30，如图8-50和图8-51所示。

图8-50

图8-51

09 在“密度”的数值框单击鼠标右键，在弹出的快捷菜单中选择“在轨迹视图中显示”命令，如图8-52所示。

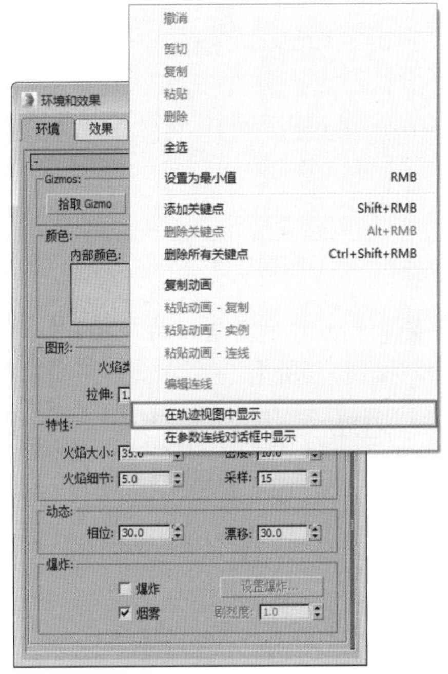

图8-52

10 这时会打开“曲线编辑器”，选择第0帧的关键帧，将其移动到第30帧，然后选择两个关键帧，并单击工具栏上的“将切线设置为线性”按钮，如图8-53和图8-54所示。

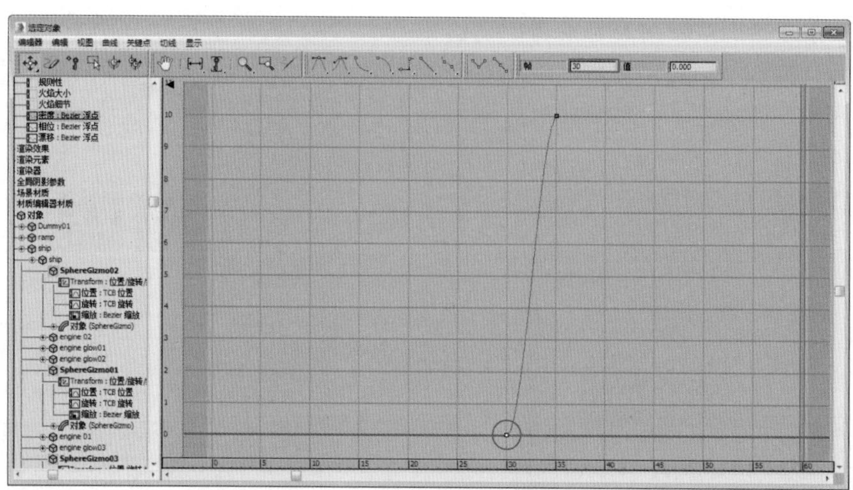

图8-53

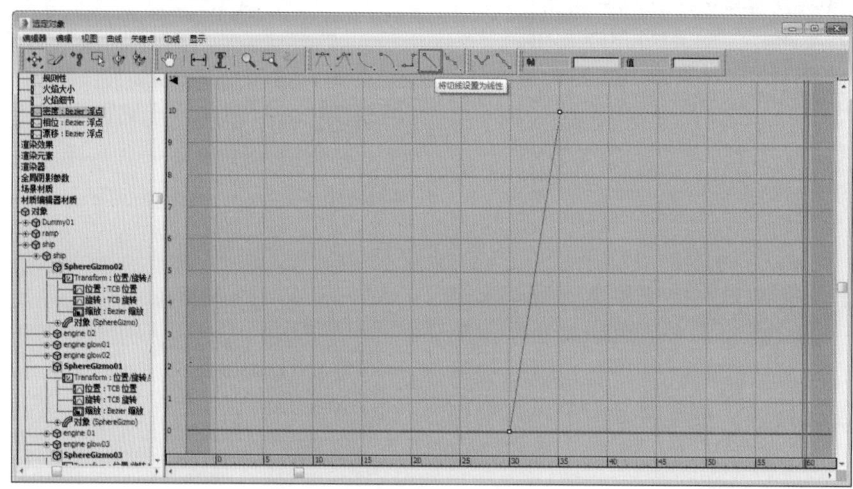

图8-54

11 用同样的方法，将“相位”和“漂移”的动画曲线都设置为“线性”的，如图8-55和图8-56所示。

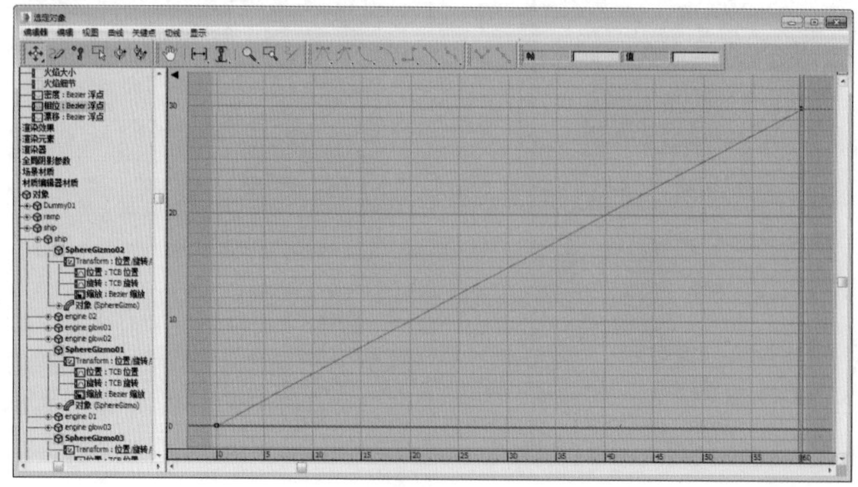

图8-55

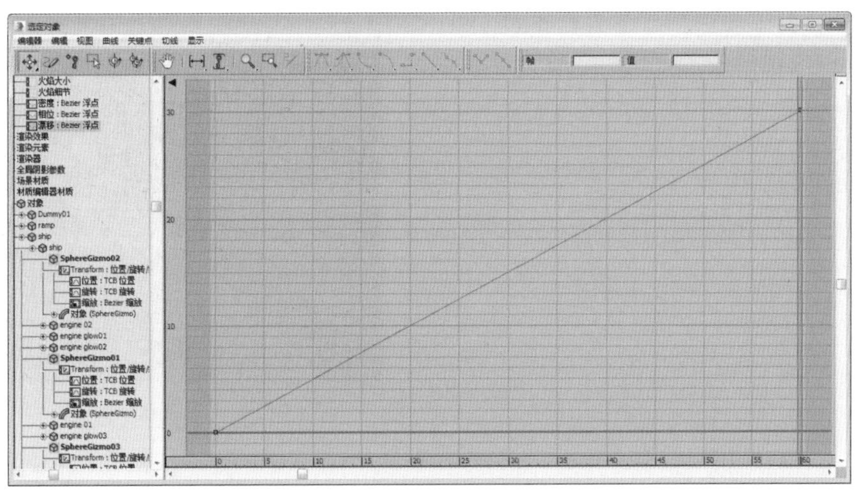

图8-56

12 使用“链接工具”将3个“球体Gizmo”对象链接到“飞船”对象上，如图8-57所示。

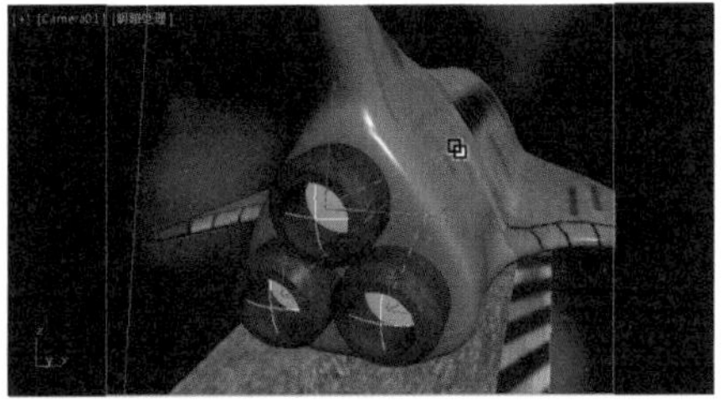

图8-57

13 在视图中选择3个“球体Gizmo”对象，然后将时间滑块拖动到第35帧，保持“自动关键点”按钮 自动关键点 为开启状态，使用“缩放工具”沿“局部”坐标系统的Z轴对其进行缩放，接着将第0帧的关键帧移动到第30帧，如图8-58和图8-59所示。

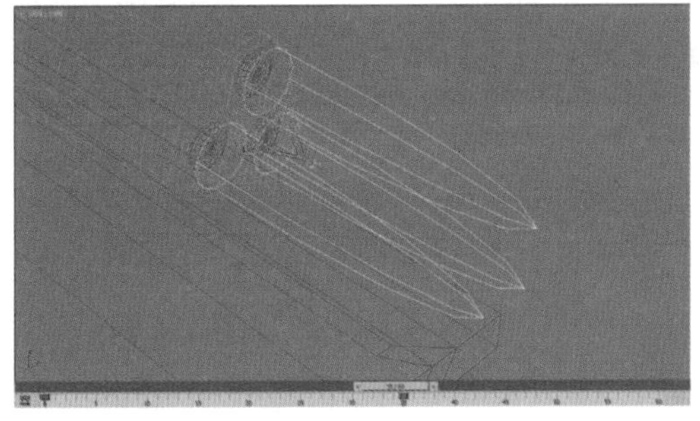

图8-58

14 在视图中选择“飞船”对象，将时间滑块拖动到第60帧，然后使用“移动工具”沿“局部”坐标系统的Z轴调整其位置，接着将第0帧的关键帧移动到第40帧，如图8-60和图8-61所示。

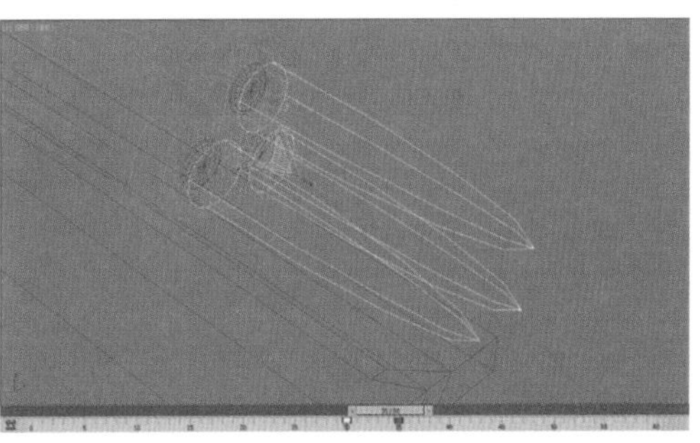

图8-59

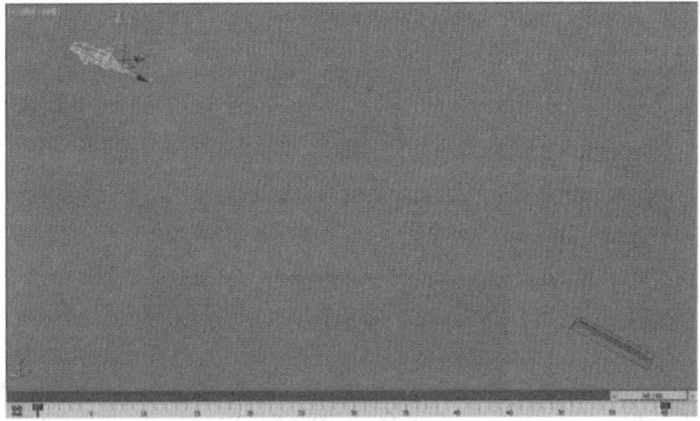

图8-60

图8-61

15 设置完成后，渲染当前视图，最终效果如图8-62所示。

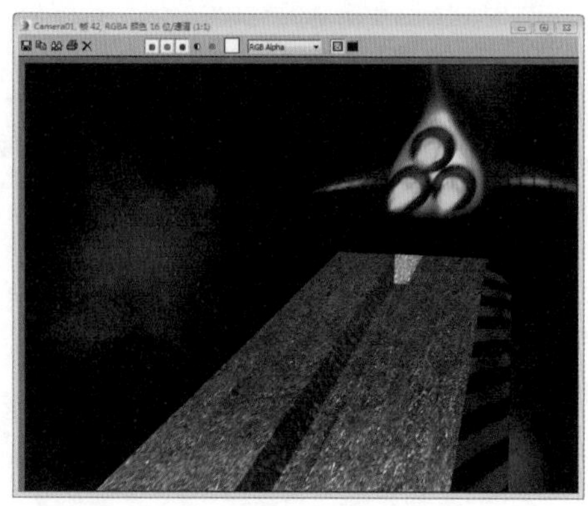

图8-62

8.4 镜头光斑

实例操作：镜头光斑	
实例位置：	工程文件>CH8>镜头光斑.max
视频位置：	视频文件>CH8>8.4 镜头光斑.mp4
实用指数：	★★★☆☆
技术掌握：	熟练使用“镜头效果光斑”对话框制作光斑效果

8.4 镜头光斑.mp4

“镜头效果光斑”对话框用于将镜头光斑效果作为后期处理添加到渲染中。通常对场景中的灯光应用光斑效果，随后对象周围会产生镜头光斑。

接下来将通过一个实例操作来讲解这方面的知识。图8-63所示为本实例的最终完成效果。

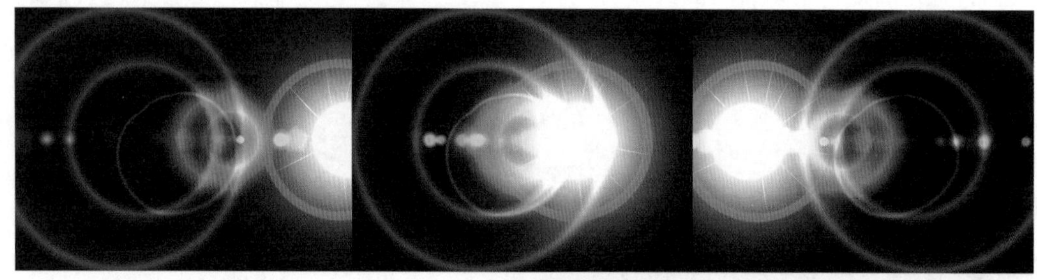

图8-63

01 打开本书配套素材中的“工程文件>CH8>镜头光斑>镜头光斑.max”文件，该场景中有一个“点”辅助物体，并且为其制作了一段从右向左的位移动画，如图8-64所示。

图8-64

02 执行菜单“渲染>视频后期处理”命令，打开“视频后期处理”面板，如图8-65和图8-66所示。

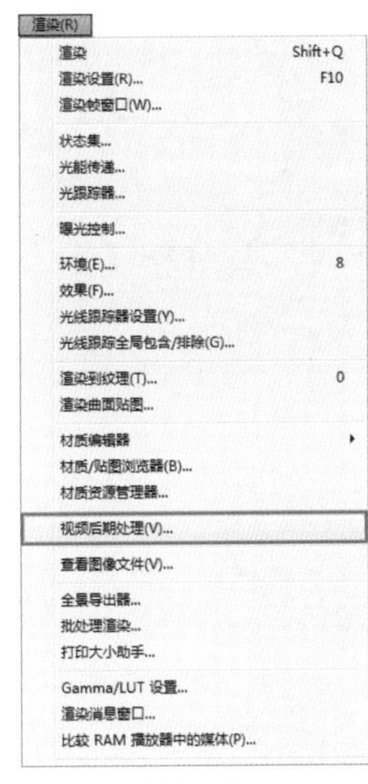

图8-65

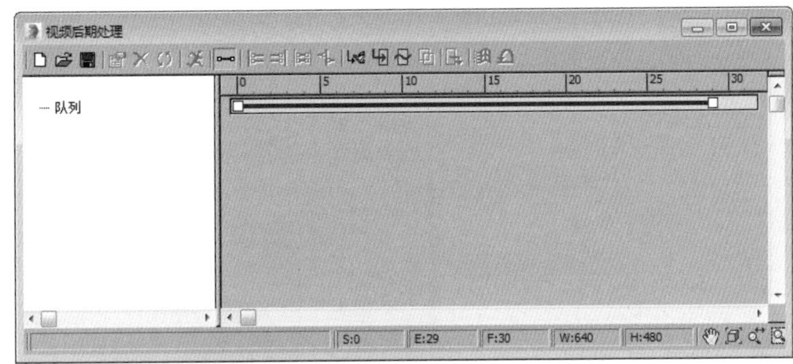

图8-66

03 在其工具栏上单击“添加场景事件”按钮，在打开的“添加场景事件”对话框的下拉列表中选择Camera01选项，并单击“确定”按钮，如图8-67所示。

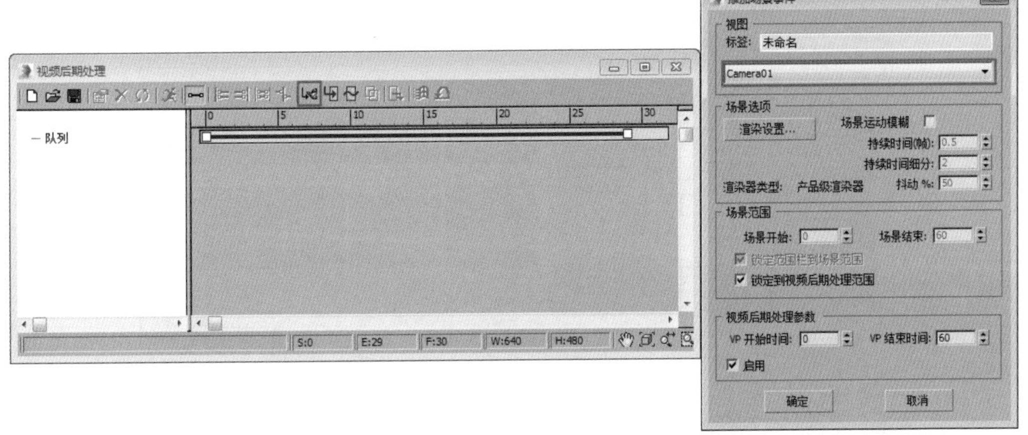

图8-67

技巧与提示

“添加场景事件”按钮用来设置接下来添加的“效果”显示在哪个视图中。

04 在工具栏上单击“添加图像过滤事件”按钮，在打开的“添加图像过滤事件”对话框的下拉列表中选择“镜头效果光斑”选项，并单击“确定”按钮，如图8-68所示。

05 在左侧的“队列”中双击“镜头效果光斑”选项，在弹出的“编辑过滤事件”对话框中单击“设置”按钮 设置... ，这时会打开“镜头效果光斑”的设置面板，如图8-69和图8-70所示。

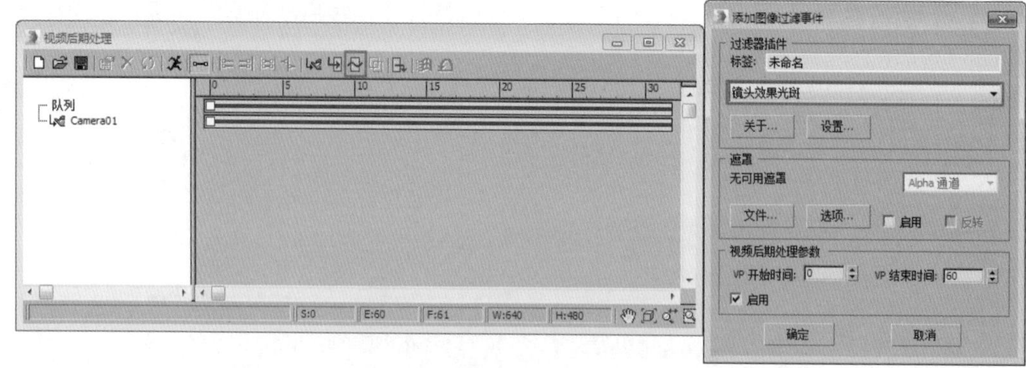

图8-68

图8-69

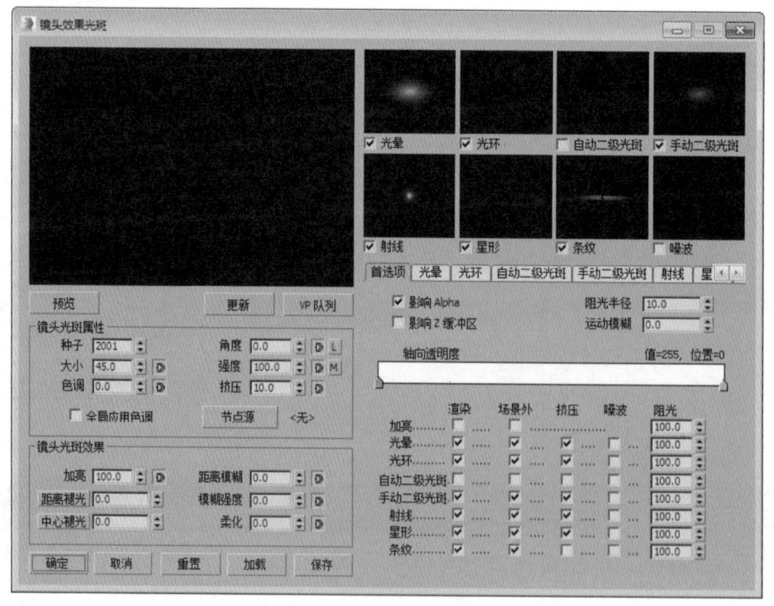

图8-70

06 在“镜头光斑属性”选项组中单击“节点源”按钮，在打开的“选择光斑对象”窗口中选择“点”辅助对象Point01，完成后单击“VP队列”按钮 VP队列 和“预览”按钮 预览 ，这时会在预览窗口中看到“镜头光斑”的效果，如图8-71和图8-72所示。

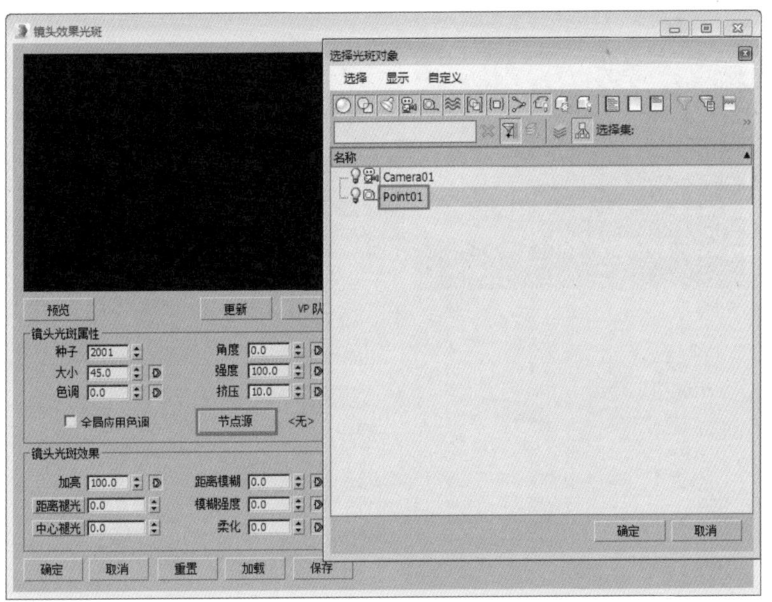

图8-71

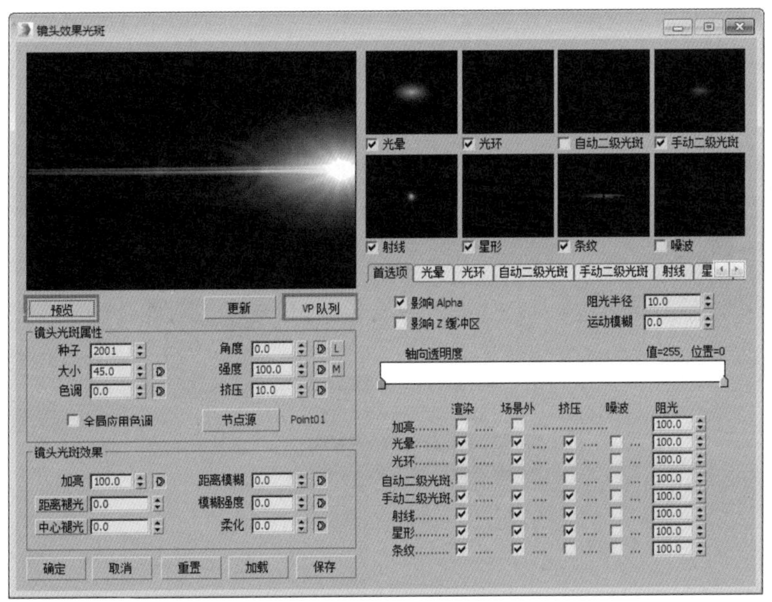

图8-72

07 在“镜头光斑属性”选项组中设置“挤压”值为0，在“镜头光斑效果”选项组中设置“加亮”值为20，接着在右侧的“首选项”选项卡中，勾选“加亮”和“自动二级光斑”后面的“渲染”和“场景外”复选框，如图8-73所示。

技巧与提示

“首先项”选项卡可以控制具体应用哪种效果，勾选“渲染”复选框的效果表示被应用；勾选“场景外”复选框的效果表示如果应用特效的物体在渲染镜头外，那么该物体特效的“余晖”可以被渲染在镜头中；而勾选了“挤压”复选框的效果，会被“镜头光斑属性”选项组中的“挤压”数值控制。

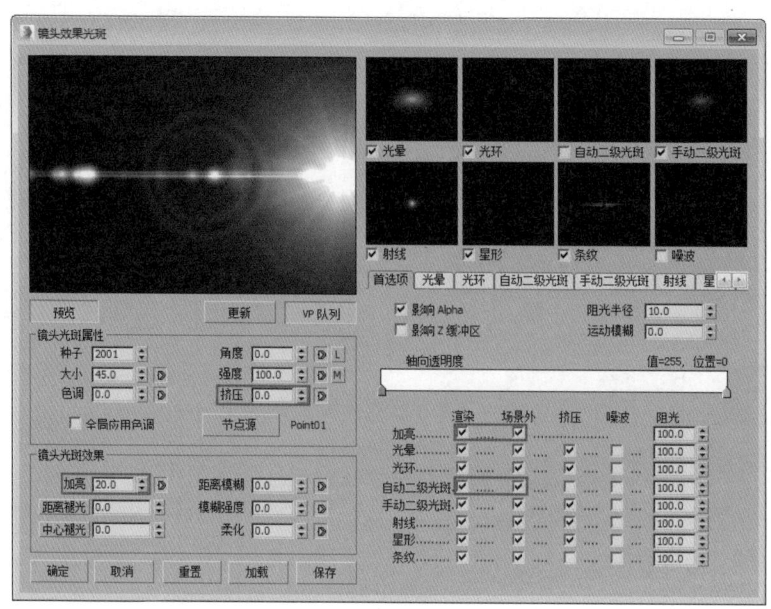

图8-73

08 单击右侧的“光晕”选项卡，设置“大小”值为120，然后调整“径向颜色”3个滑块的位置，接着分别设置它们的颜色（红：255，绿：230，蓝：230）、（红：255，绿：95，蓝：95）和（红：255，绿：85，蓝：85），如图8-74~图8-76所示。

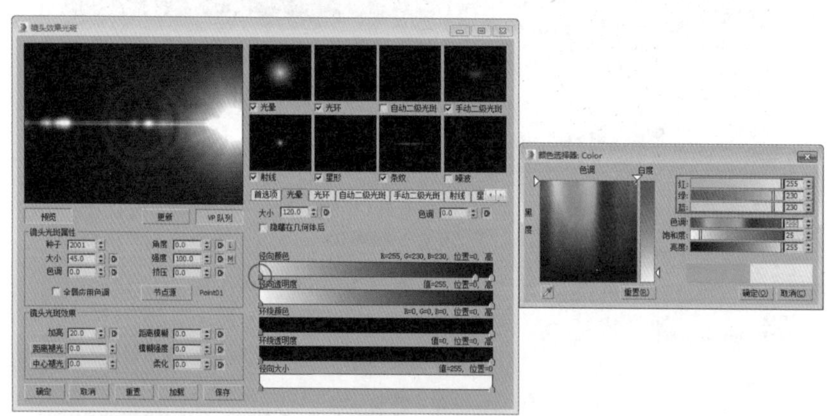

图8-74

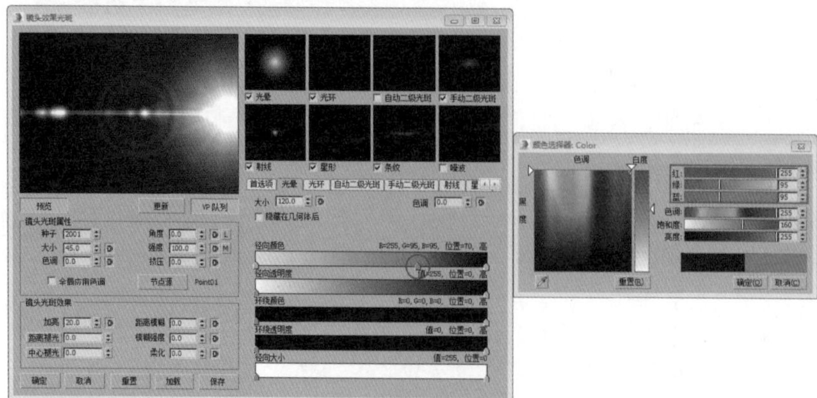

图8-75

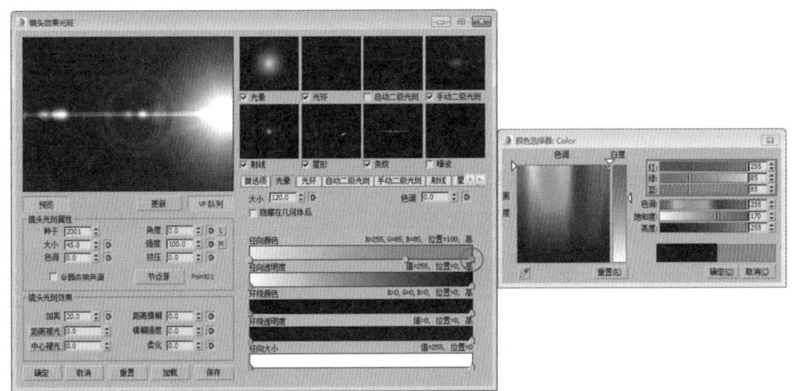

图8-76

技巧与提示

双击滑块可以打开“颜色选择器”对话框设置其颜色，滑块被选择时显示为“绿色”，未被选择时显示为“灰色”。

09 单击“光环”选项卡，设置“大小”值为60，“厚度”值为10，然后在“径向颜色”色条中间添加一个滑块，接着设置其颜色（红：255，绿：0，蓝：0），如图8-77所示。

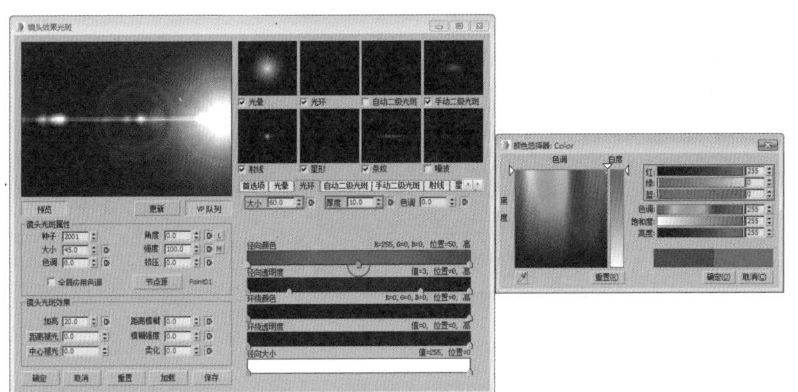

图8-77

10 将“径向透明度”色条上的滑块删除一个，然后调整另一个滑块的位置，接着设置其颜色（红：255，绿：255，蓝：255），如图8-78所示。

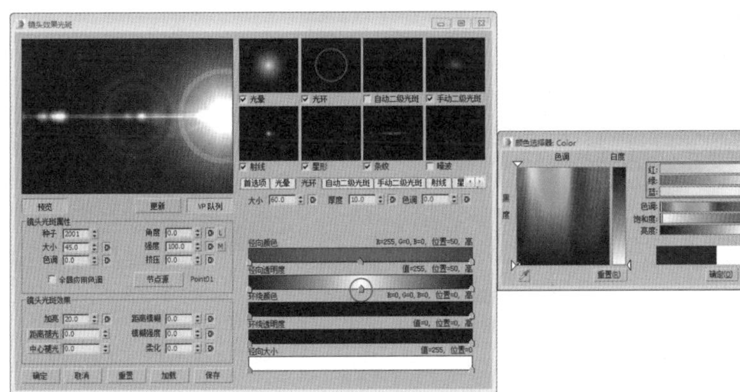

图8-78

11 单击“自动二级光斑”选项卡，设置“最小”值为5，“最大”值为20，“轴”值为1.2，然后设置“径向颜色”两个滑块的颜色（红：255，绿：255，蓝：0）和（红：255，绿：155，蓝：0），如图8-79和图8-80所示。

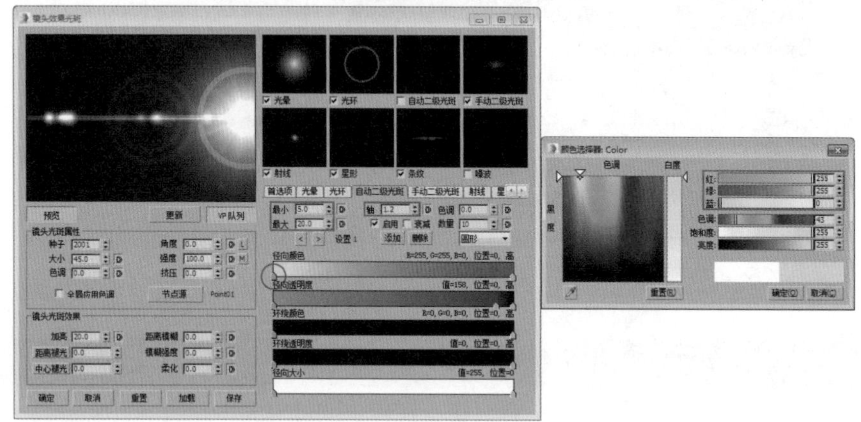

图8-79

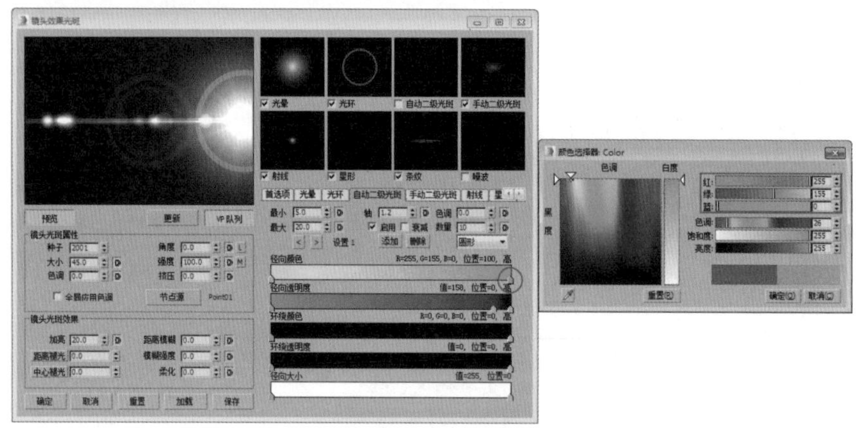

图8-80

12 在“径向透明度”色条上添加一个滑块，随后设置前面两个滑块的颜色（红：190，绿：190，蓝：190），设置第三个滑块的颜色（红：30，绿：30，蓝：30），如图8-81和图8-82所示。

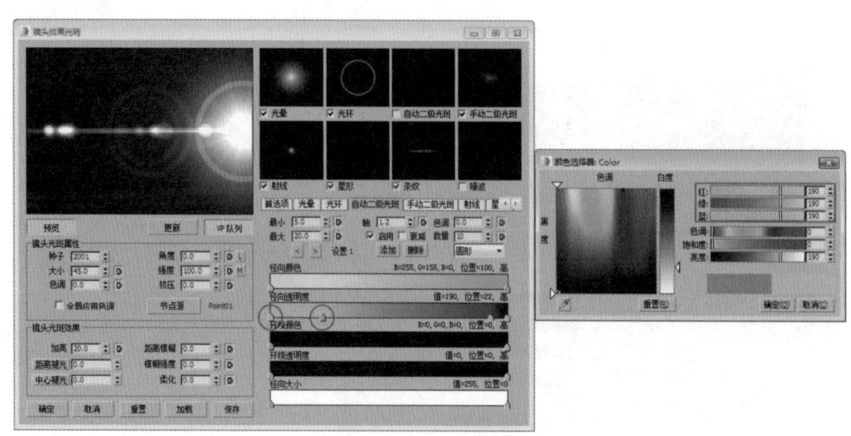

图8-81

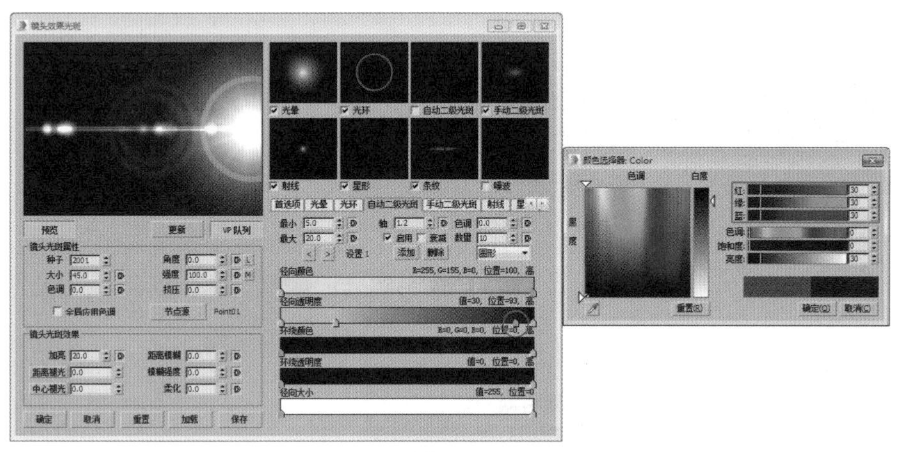

图8-82

13 单击向右的箭头按钮>，然后设置“最小”值为5，“最大”值为25，“轴”值为1.8，“数量”值为7，在下拉列表中选择“5边”，接着设置“径向颜色”色条两个滑块的颜色（红：255，绿：175，蓝：0）和（红：255，绿：195，蓝：60），如图8-83和图8-84所示。

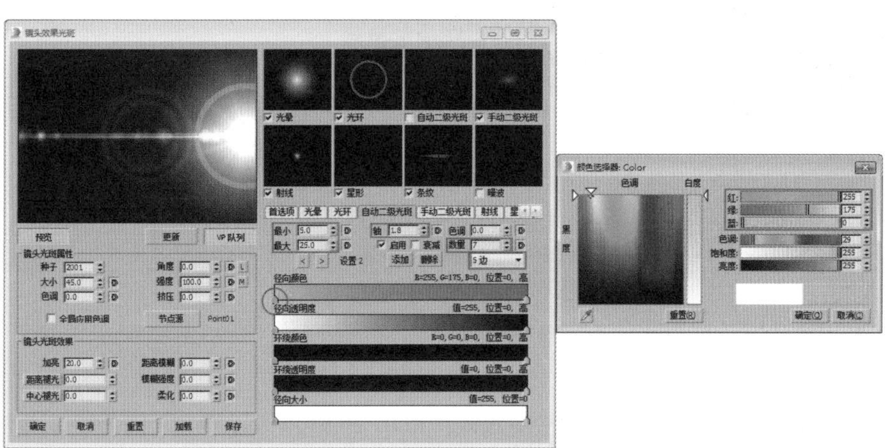

图8-83

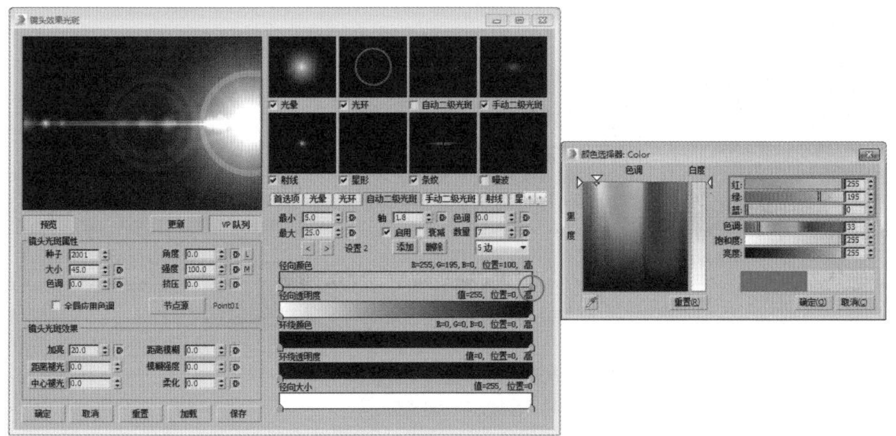

图8-84

14 在“径向透明度”色条上添加一个滑块，随后设置前面两个滑块的颜色（红：

100，绿：100，蓝：100）和（红：65，绿：65，蓝：65），如图8-85和图8-86所示。

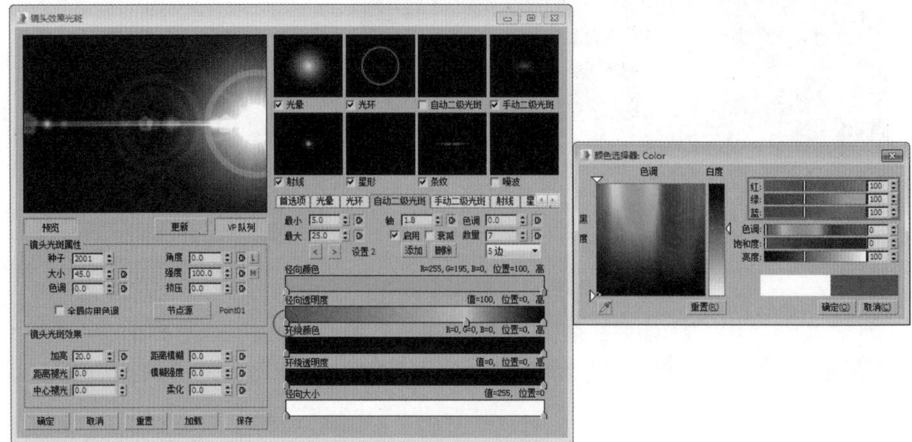

图8-85

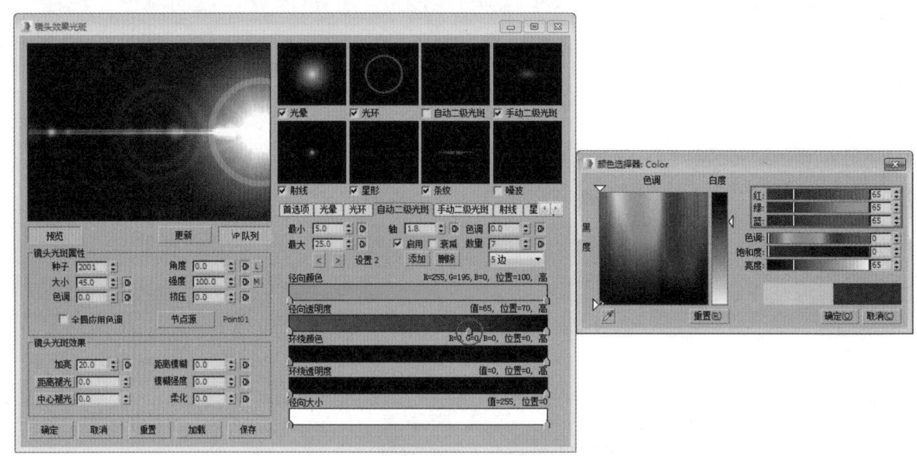

图8-86

15 单击“添加”按钮 添加 ，然后设置“最小”值为5，“最大”值为25，“轴”值为1.9，“数量”值为10，接着设置“径向颜色”色条两个滑块的颜色（红：255，绿：175，蓝：0）和（红：255，绿：195，蓝：60），如图8-87和图8-88所示。

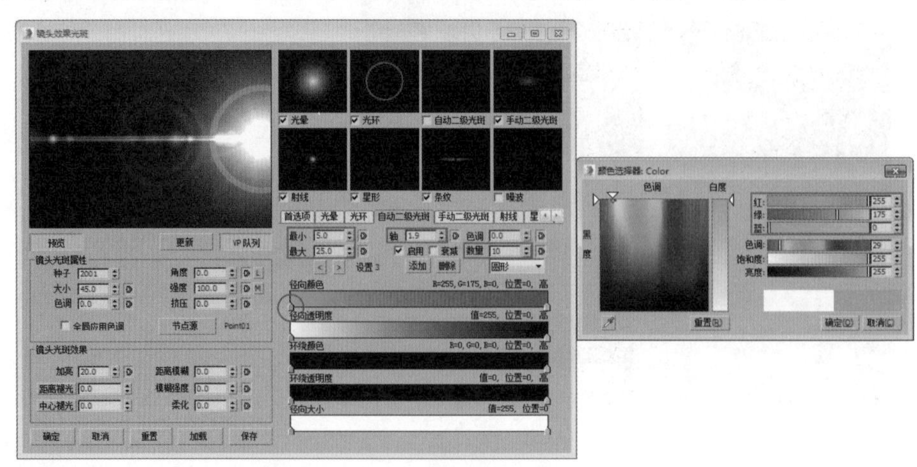

图8-87

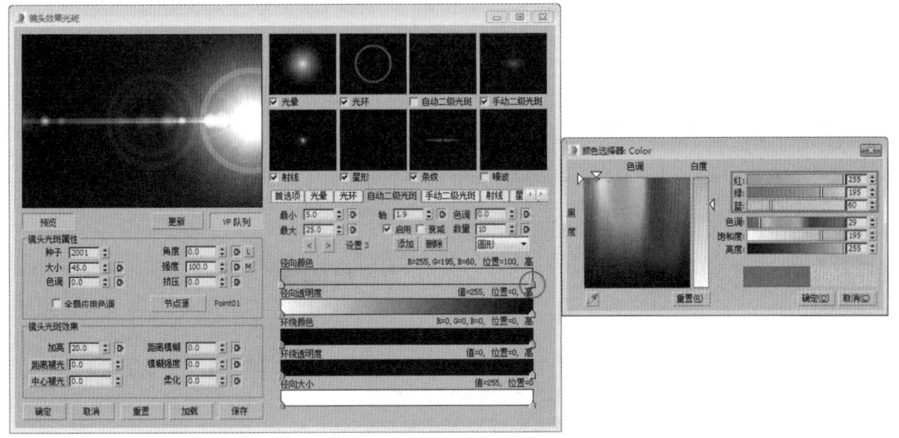

图8-88

16 在“径向透明度”色条上添加一个滑块，随后设置前面两个滑块的颜色（红：255，绿：255，蓝：255），设置第三个滑块的颜色（红：0，绿：0，蓝：0），如图8-89和图8-90所示。

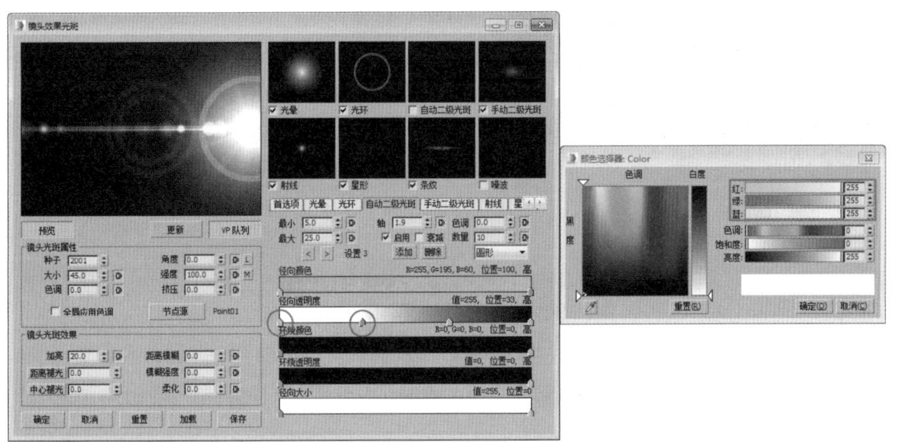

图8-89

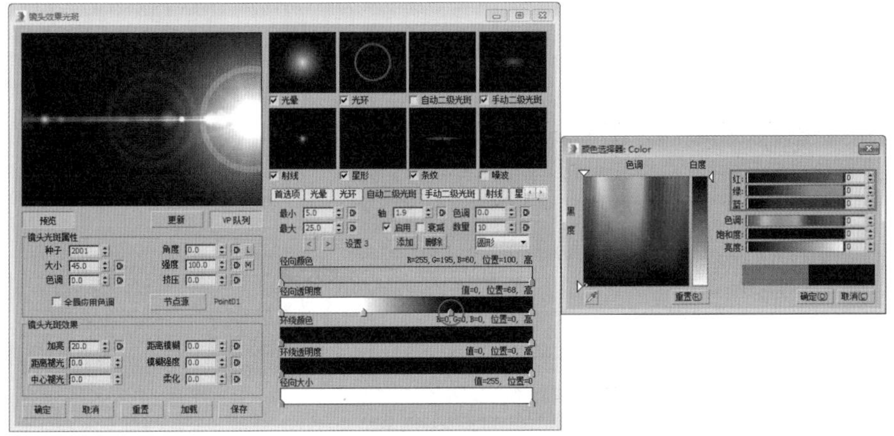

图8-90

17 单击“手动二级光斑”选项卡，设置“大小”值为120，“平面”值为780，然后在“径向颜色”色条上添加一个滑块并调整位置，接着设置“一二五”3个滑块的颜色

（红：180，绿：0，蓝：90），设置“三四”两个滑块的颜色（红：255，绿：190，蓝：220），如图8-91和图8-92所示。

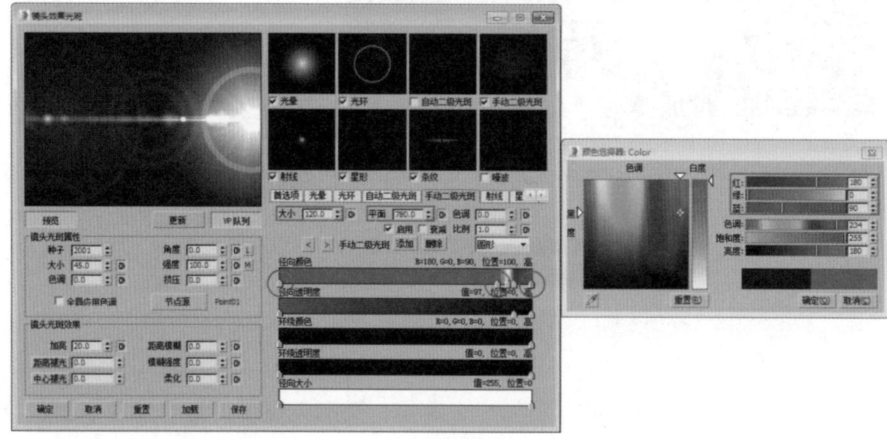

图8-91

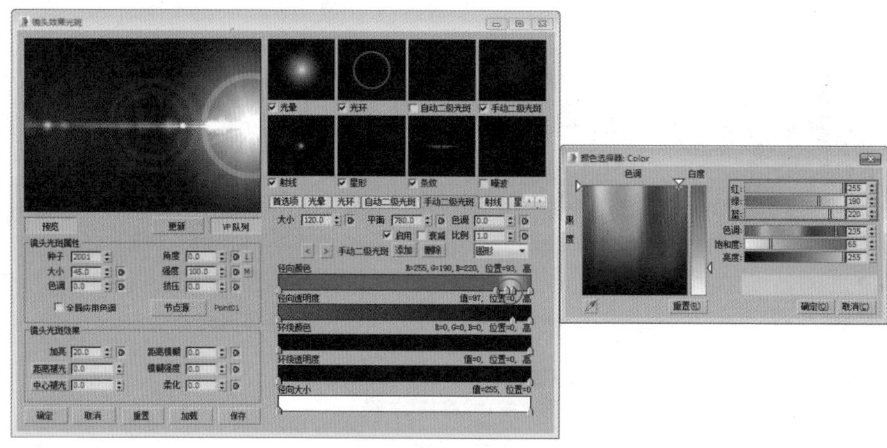

图8-92

18 在“径向透明度”色条上添加一个滑块，接着设置“一二四”3个滑块的颜色（红：0，绿：0，蓝：0），设置第三个滑块的颜色（红：100，绿：100，蓝：100），如图8-93和图8-94所示。

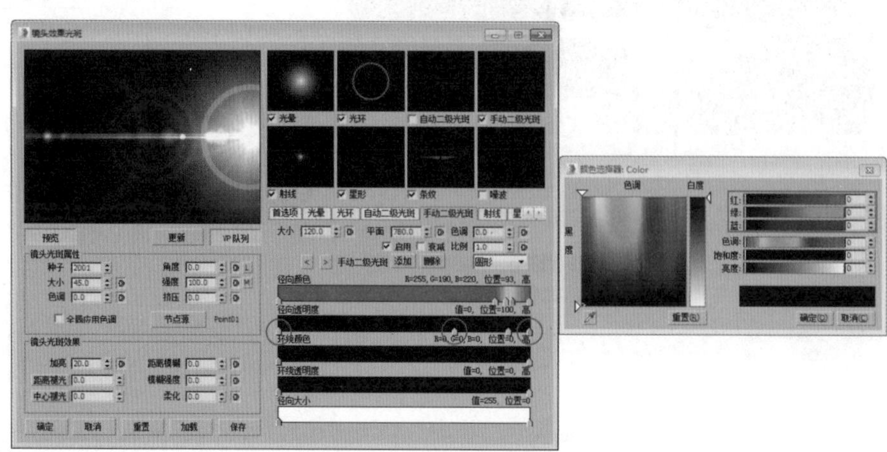

图8-93

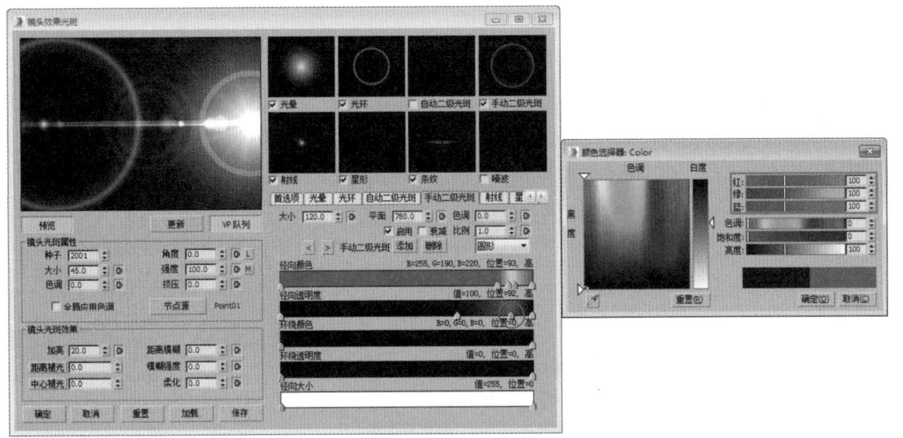

图8-94

19 单击向右箭头按钮>，然后设置“大小”值为70，“平面”值为600，接着设置“径向颜色”两个滑块的颜色（红：255，绿：255，蓝：255）和（红：195，绿：165，蓝：185），如图8-95和图8-96所示。

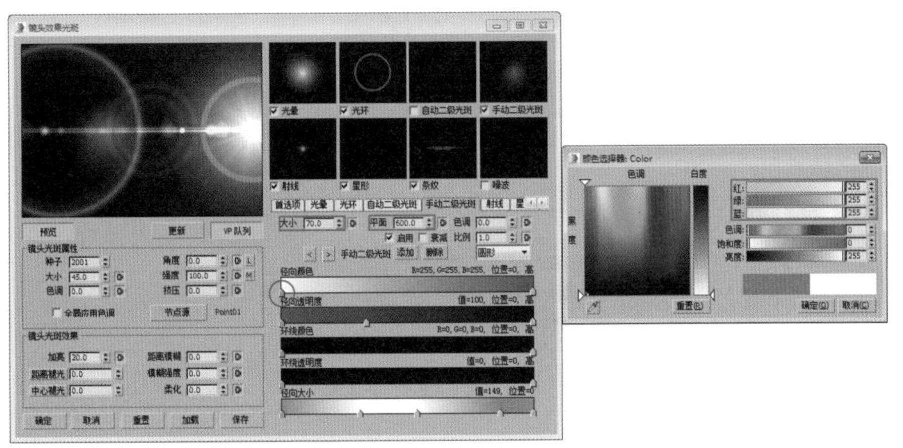

图8-95

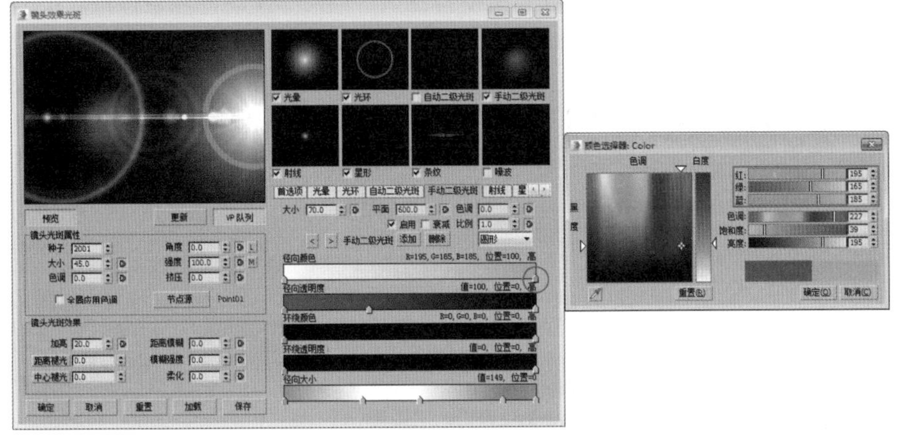

图8-96

20 在“径向透明度”色条上添加两个滑块并调整位置，接着设置“一二四五”4个滑块的颜色（红：0，绿：0，蓝：0），设置第三个滑块的颜色（红：90，绿：90，蓝：

90），如图8-97和图8-98所示。

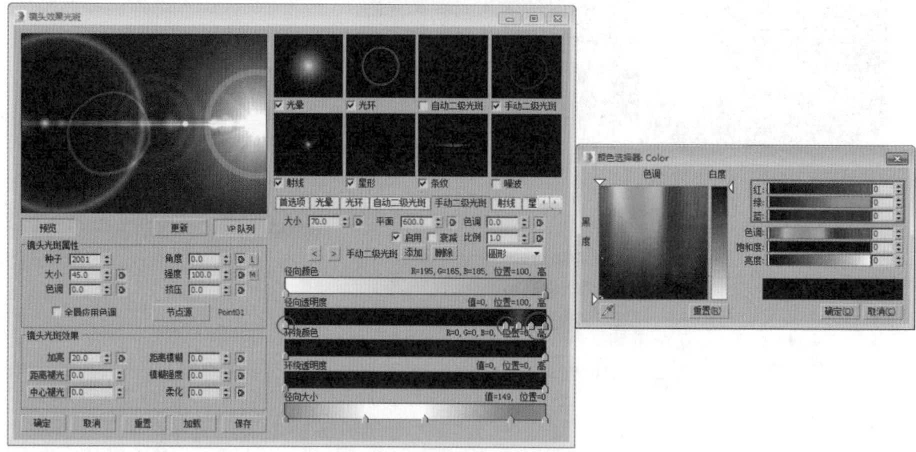

图8-97

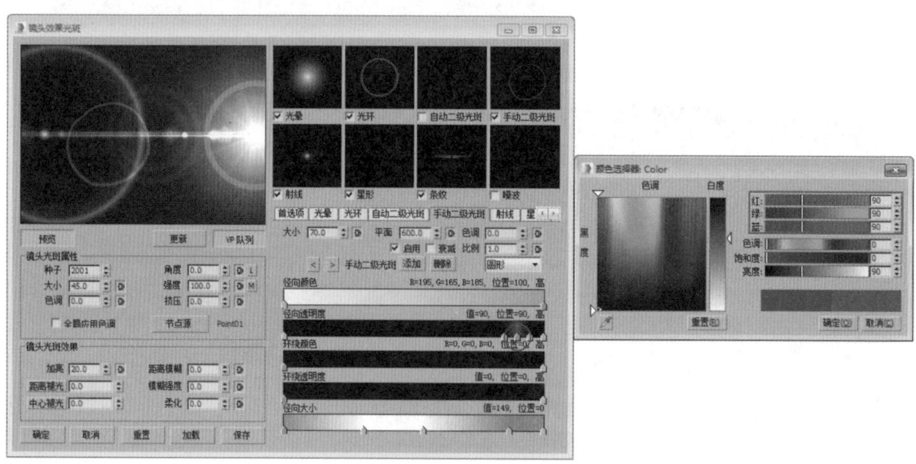

图8-98

21 单击向右箭头按钮>，然后设置“大小”值为75，“平面”值为700，接着删除“径向颜色”色条中间的两个滑块，随后设置剩下的两个滑块的颜色（红：255，绿：255，蓝：255）和（红：235，绿：135，蓝：135），如图8-99和图8-100所示。

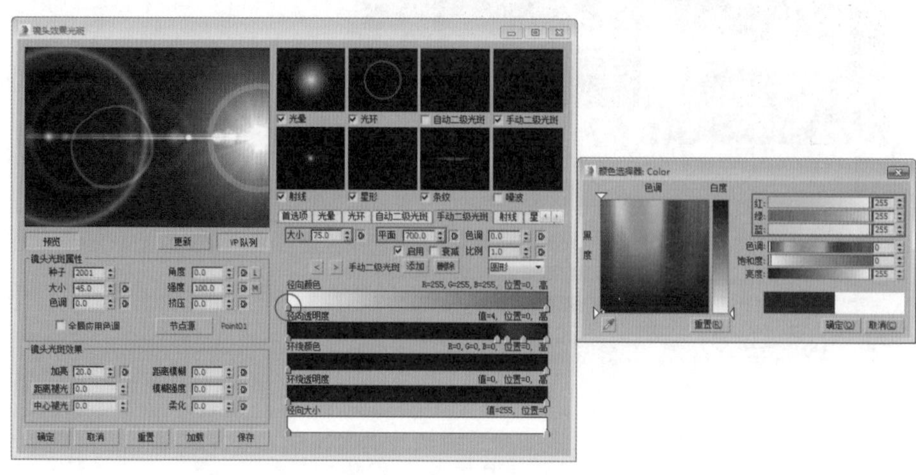

图8-99

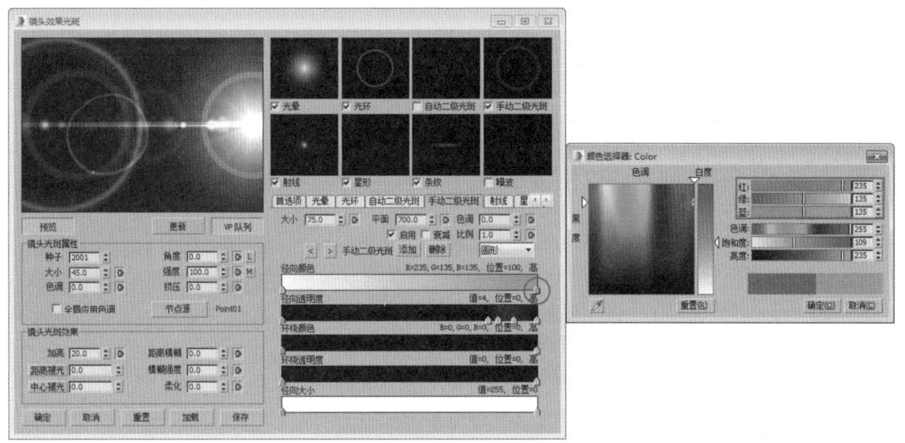

图8-100

22 调整“径向透明度”色条滑块的位置，接着设置第三个滑块的颜色（红：120，绿：120，蓝：120），如图8-101所示。

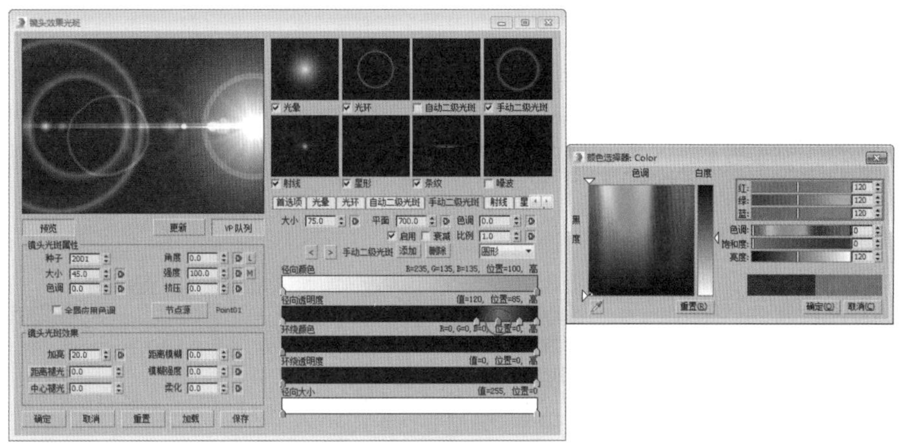

图8-101

23 单击向右箭头按钮 > ，然后设置“大小”值为95，“平面”值为-70，接着删除“径向颜色”色条中间的两个滑块，随后设置剩下的两个滑块的颜色（红：255，绿：255，蓝：255）和（红：115，绿：0，蓝：85），如图8-102和图8-103所示。

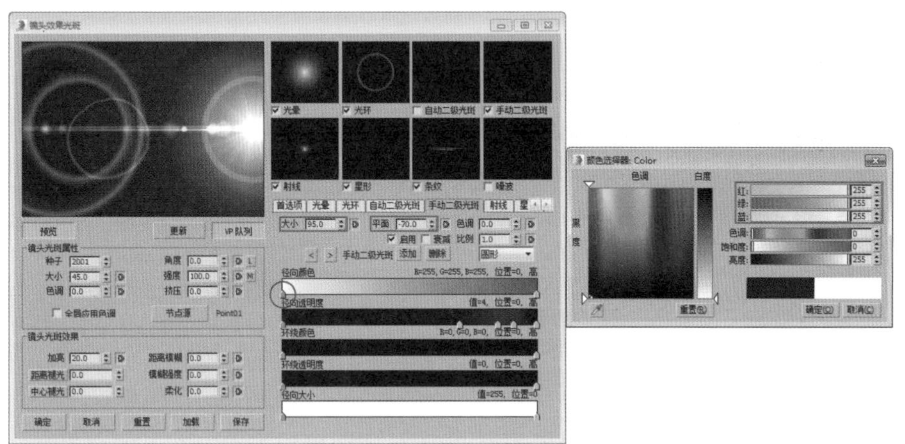

图8-102

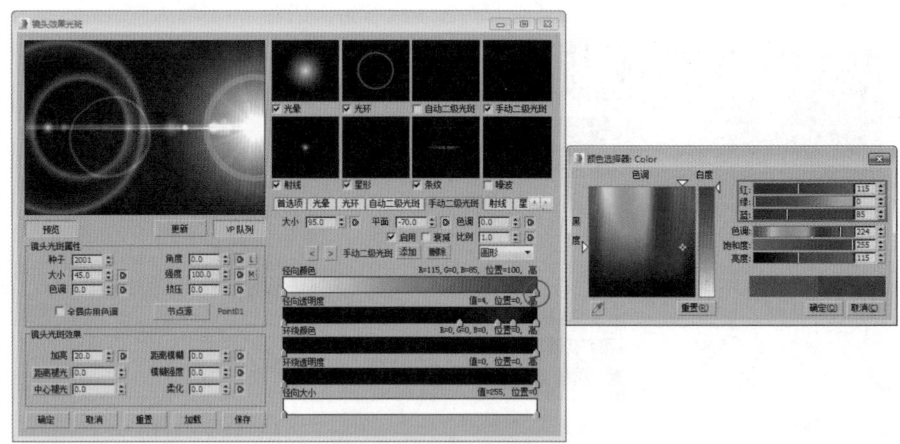

图8-103

24 删除“径向透明度”色条中间3个滑块，接着设置第一个滑块的颜色（红：255，绿：255，蓝：255），如图8-104所示。

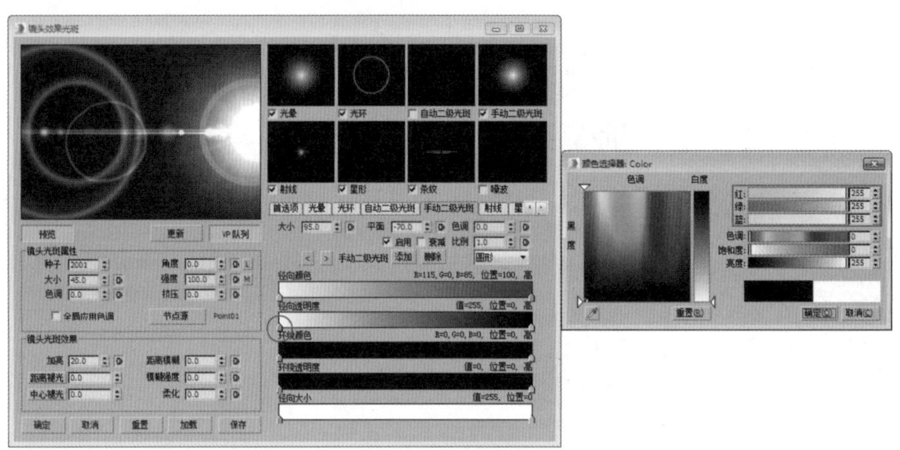

图8-104

25 单击向右箭头按钮 >，然后设置“大小”值为60，“平面”值为430，接着设置“径向颜色”两个滑块的颜色（红：255，绿：195，蓝：140）和（红：255，绿：35，蓝：35），如图8-105和图8-106所示。

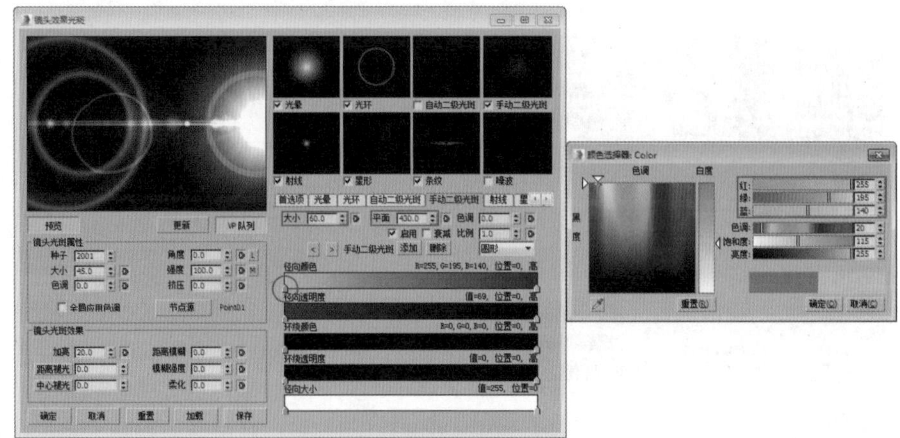

图8-105

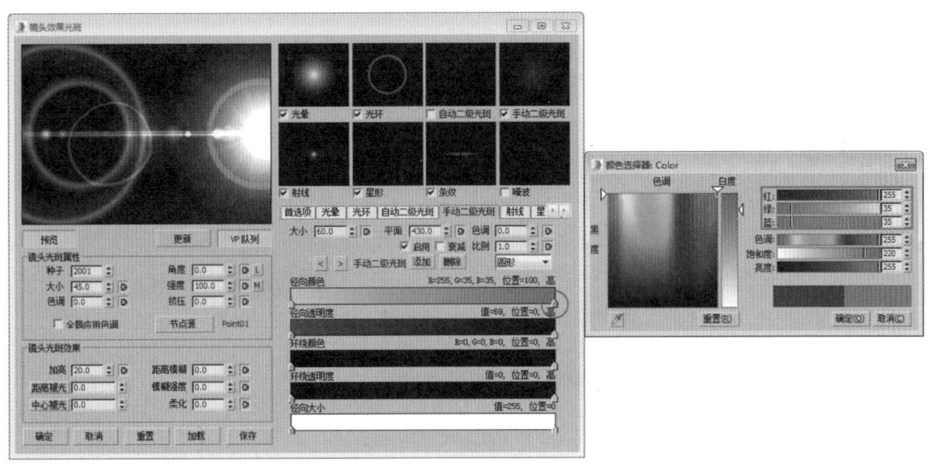

图8-106

26 在“径向透明度”色条上添加5个滑块，并调整位置，接着设置“一二六七”4个滑块的颜色（红：0，绿：0，蓝：0），设置“三五”两个滑块的颜色（红：160，绿：160，蓝：160），设置第四个滑块的颜色（红：200，绿：200，蓝：200），如图8-107~图8-109所示。

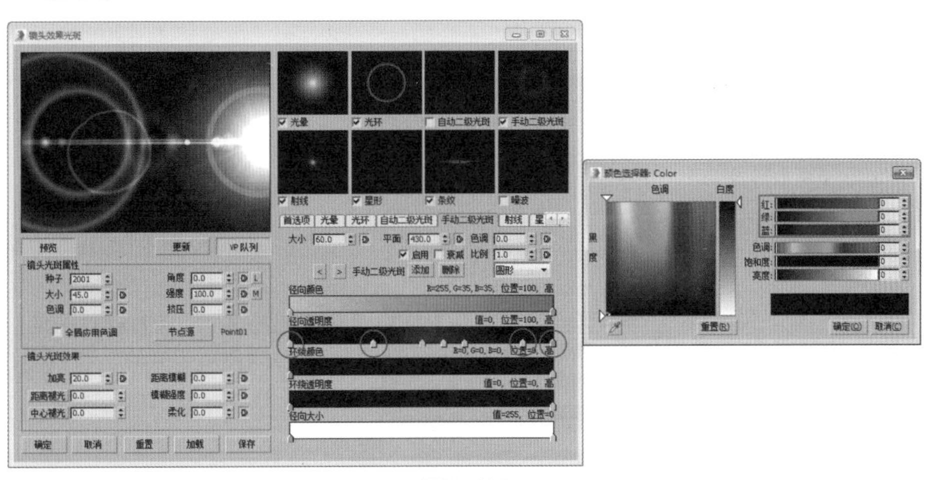

图8-107

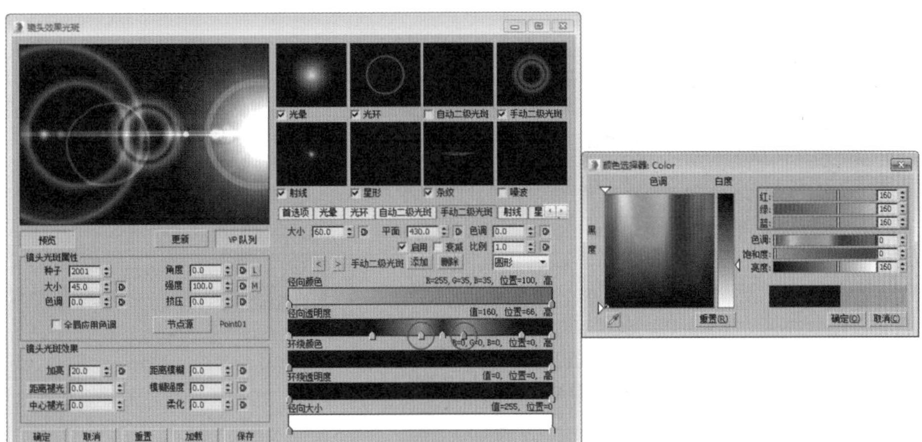

图8-108

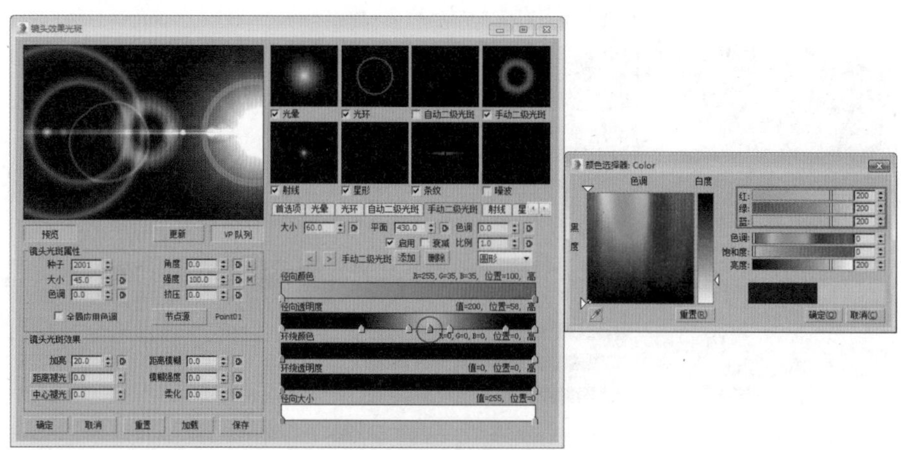

图8-109

27 单击向右箭头按钮 >，然后设置“大小”值为40，“平面”值为380，并勾选“启用”复选框，接着在“径向颜色”色条上删除一个滑块并调整位置，设置“一五”两个滑块的颜色（红：150，绿：0，蓝：0），设置“二四”两个滑块的颜色（红：235，绿：30，蓝：0），设置第三个滑块的颜色（红：255，绿：120，蓝：0），如图8-110~图8-112所示。

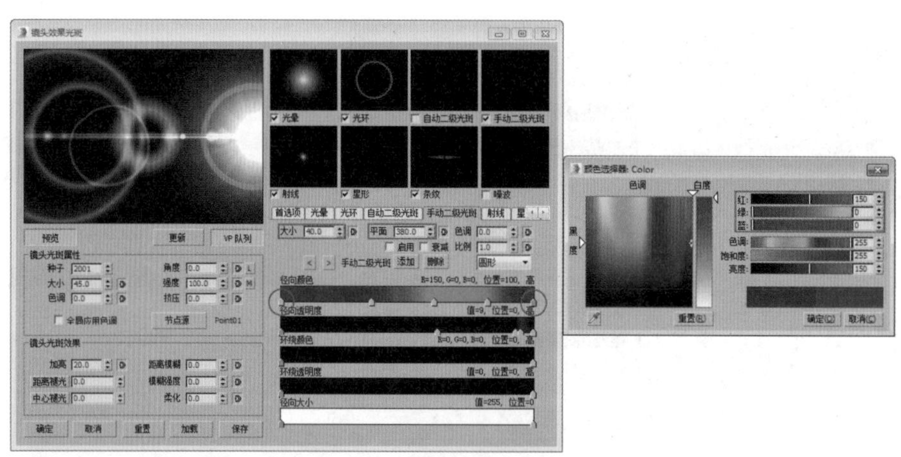

图8-110

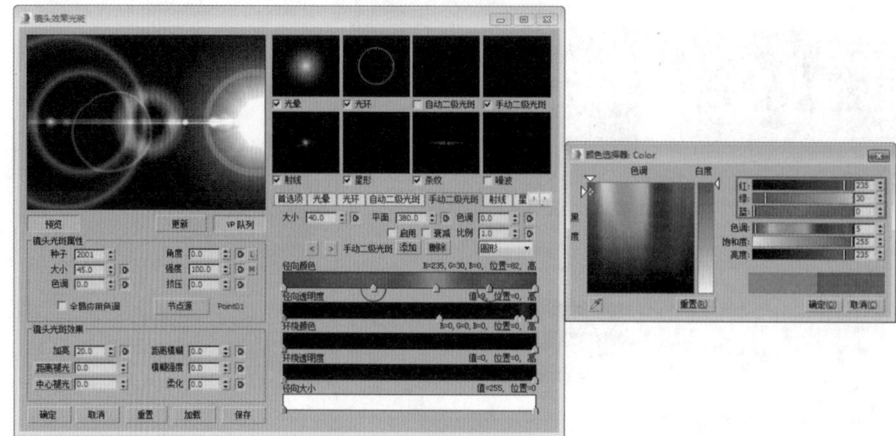

图8-111

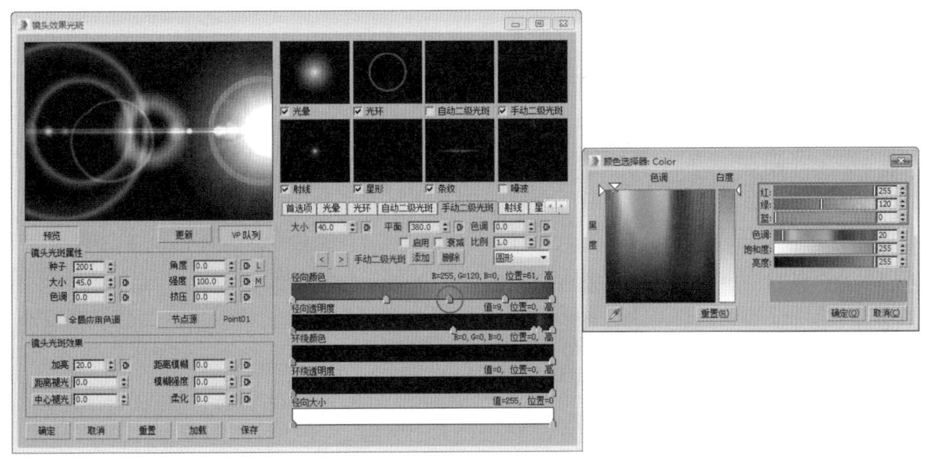

图8-112

28 在“径向透明度”色条上添加两个滑块并调整位置，接着设置“一二六七”4个滑块的颜色（红：0，绿：0，蓝：0），设置“三五”两个滑块的颜色（红：110，绿：110，蓝：110），设置第四个滑块的颜色（红：175，绿：175，蓝：175），如图8-113~图8-115所示。

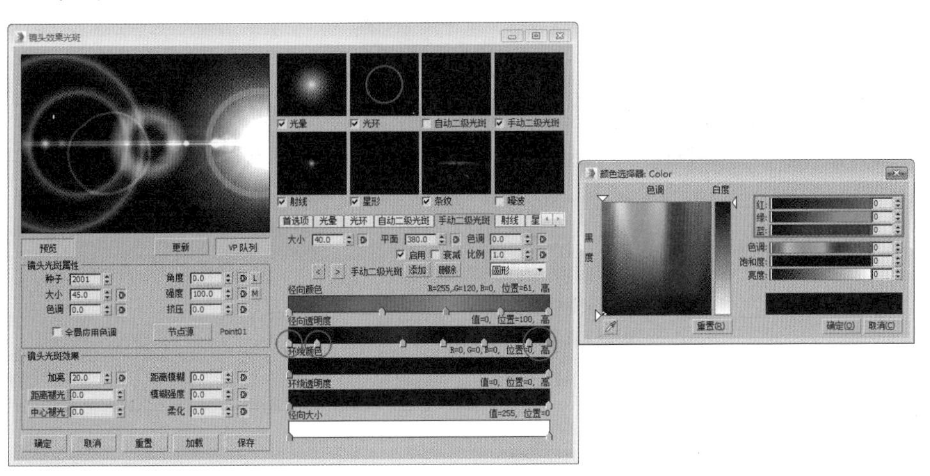

图8-113

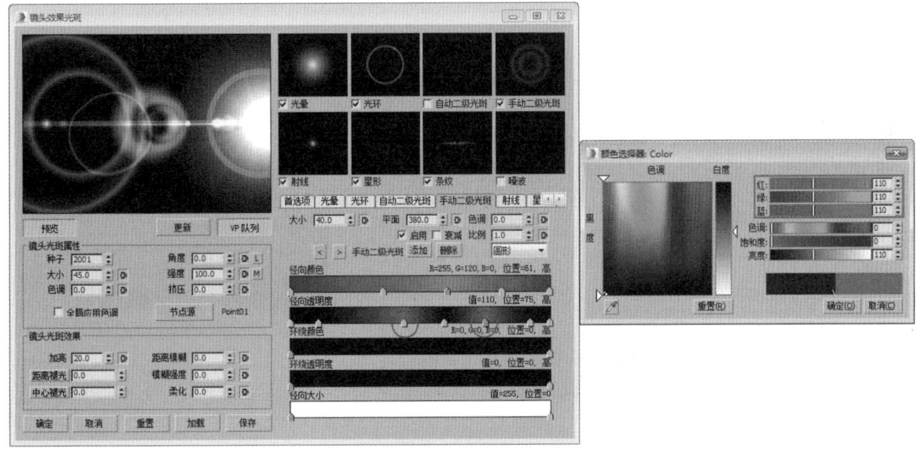

图8-114

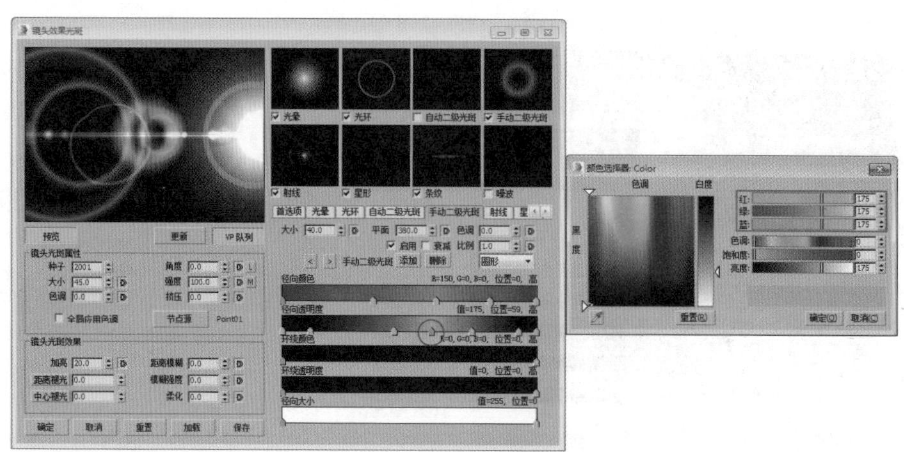

图8-115

29 单击“射线”选项卡，然后设置“大小”值为100，“角度”值为210，“数量”值为4，“锐化”值为10，接着设置“径向颜色”右侧滑块的颜色（红：255，绿：115，蓝：115），如图8-116所示。

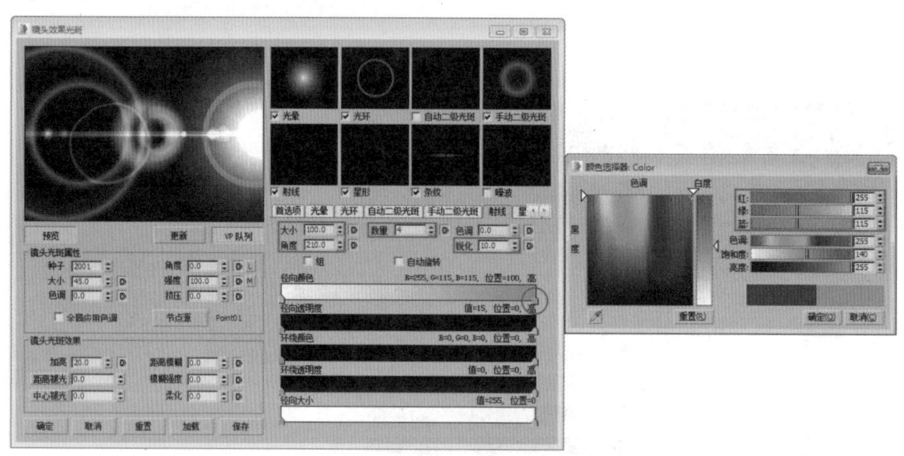

图8-116

30 在“径向透明度”色条上添加一个滑块并调整位置，接着设置前两个滑块的颜色（红：255，绿：255，蓝：255），如图8-117所示。

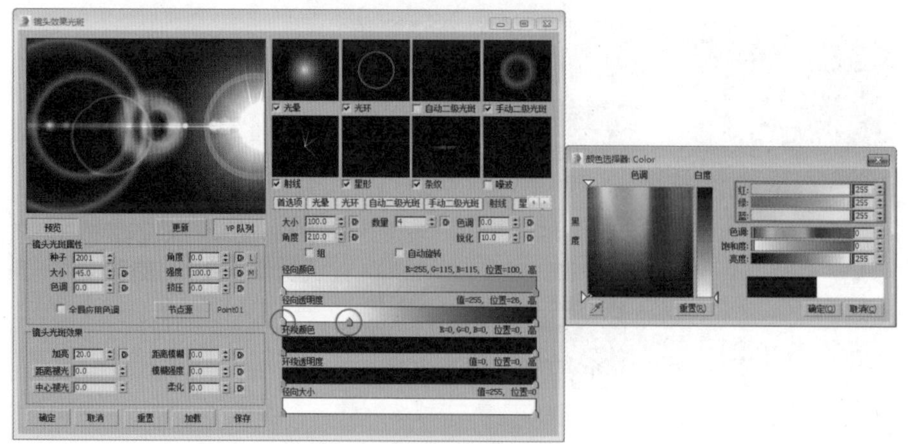

图8-117

31 单击“星形”选项卡，然后设置“大小”值为80，“角度”值为100，“数量”值为5，“宽度”值为2，“锐化”值为10，“锥化”值为-2，接着在“径向颜色”色条上添加一个滑块并调整位置，随后设置前两个滑块的颜色（红：255，绿：255，蓝：255），最后一个滑块的颜色（红：255，绿：160，蓝：0），如图8-118和图8-119所示。

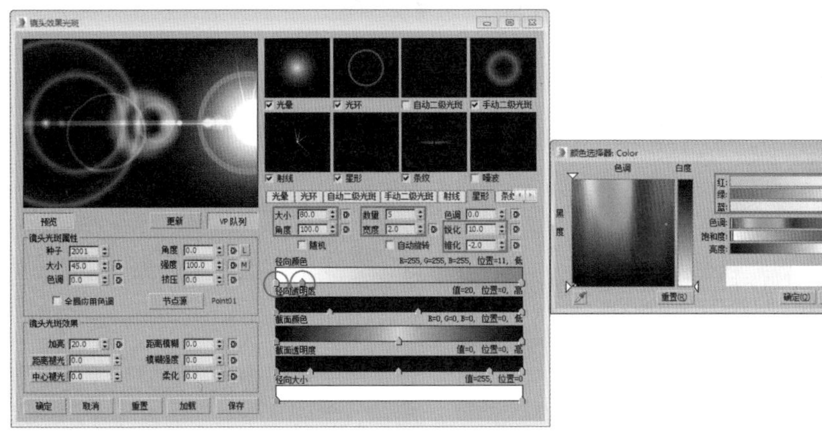

图8-118

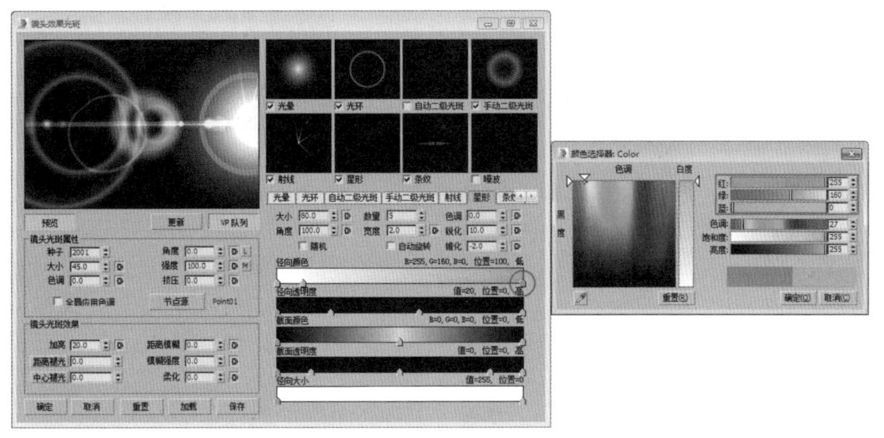

图8-119

32 在“径向透明度”色条上删除一个滑块并调整位置，然后设置前两个滑块的颜色（红：120，绿：120，蓝：120），如图8-120所示。

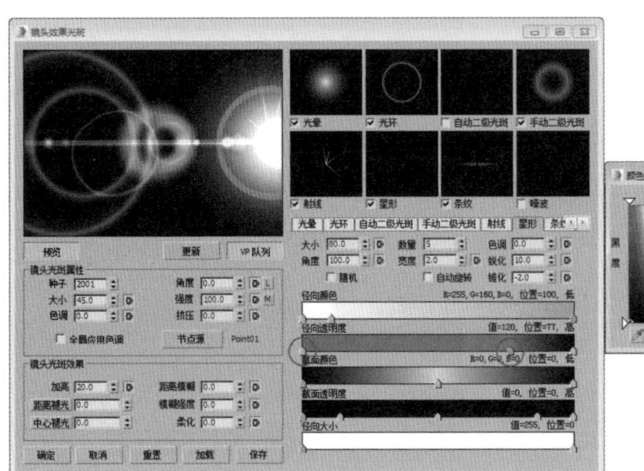

图8-120

33 在“截面颜色”色条上添加一个滑块并调整位置，接着设置中间两个滑块的颜色（红：255，绿：255，蓝：255），如图8-121所示。

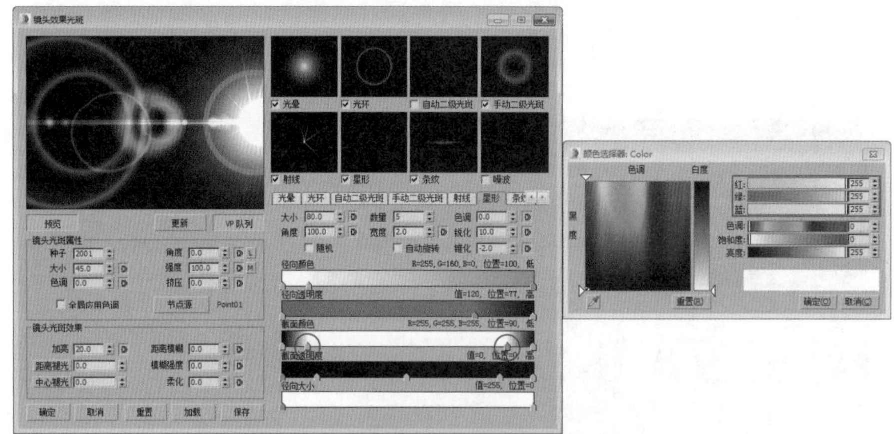

图8-121

34 进入“首选项”选项卡，取消勾选“条纹”的“渲染”复选框，如图8-122所示。

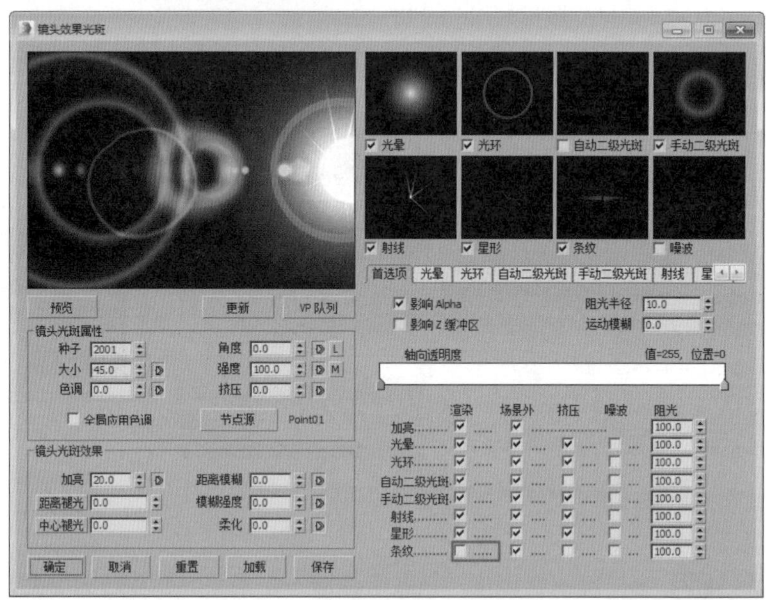

图8-122

35 设置完成后单击“确定”按钮，接着在工具栏上单击“执行序列”按钮，在弹出的“执行视频后期处理”对话框中可以设置渲染的帧数和尺寸，如图8-123所示。

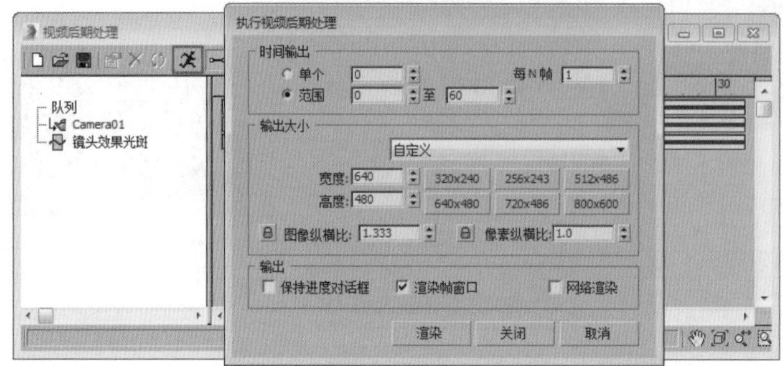

图8-123

36 在工具栏上单击“添加图像输出事件”按钮，在打开的“添加图像输出事件”对话框中，单击“文件”按钮，可以设置最终动画渲染输出的路径，如图8-124所示。

图8-124

37 设置完成后，渲染当前视图，最终效果如图8-125所示。

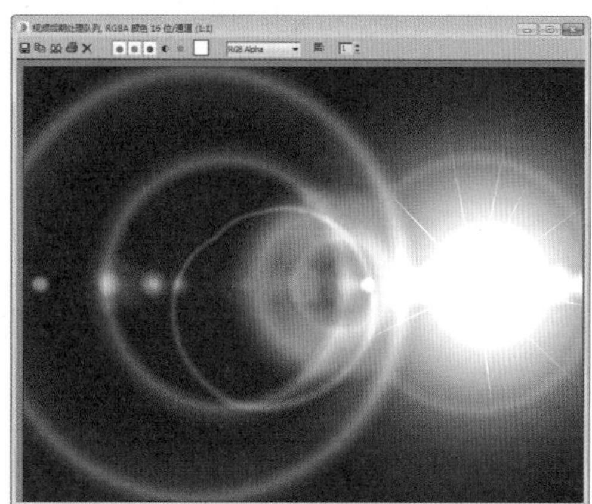

图8-125

8.5 光效字

实例操作：光效字	
实例位置：	工程文件>CH8>光效字.max
视频位置：	视频文件>CH8>8.5 光效字.mp4
实用指数：	★★★☆☆
技术掌握：	熟练使用“镜头效果光晕”和“镜头效果光斑”对话框制作镜头效果

8.5 光效字 .mp4

“镜头效果光晕”对话框可以用于在任何指定的对象周围添加有光晕的光环。例如，对于爆炸粒子系统，给粒子添加光晕使它们看起来好像更明亮而且更热。

在本实例中，我们将使用“镜头效果光晕”和“镜头效果光斑”来制作一个“光效字”的动画效果。图8-126所示为本实例的最终完成效果。

图8-126

01 打开本书配套素材中的“工程文件>CH8>光效字>光效字.max”文件，该场景中已经为物体设置了材质和灯光，并设置了简单的动画，如图8-127所示。

02 在视图中选择“数字”对象，然后单击鼠标右键，在弹出的四联菜单中选择“对象属性”命令，接着在弹出的“对象属性”对话框中，设置“对象ID”为1，如图8-128和图8-129所示。

图8-127

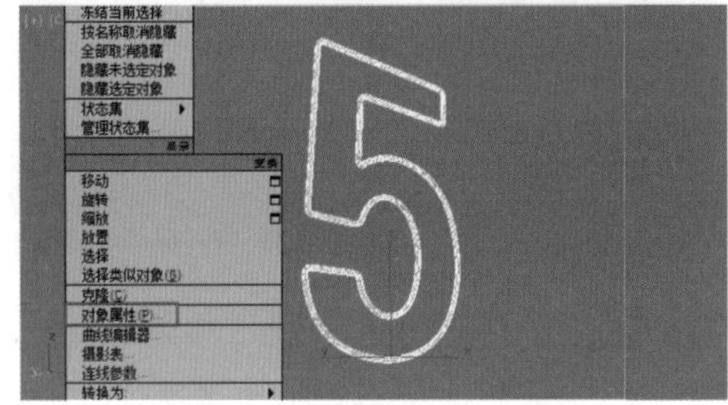

图8-128

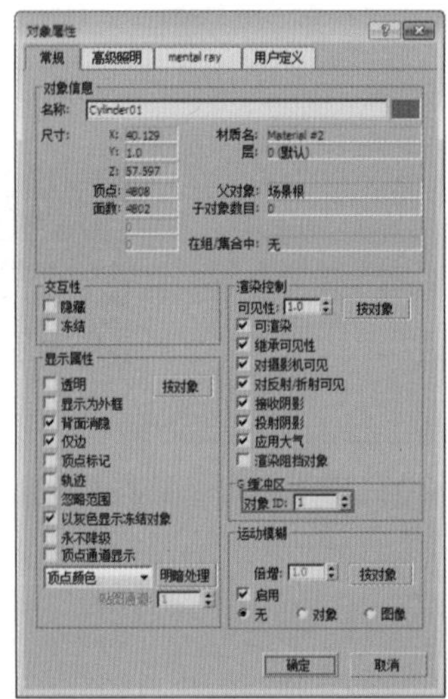

图8-129

03 用同样的方法设置“超级喷射”粒子的“对象ID”值为2，如图8-130和图8-131所示。

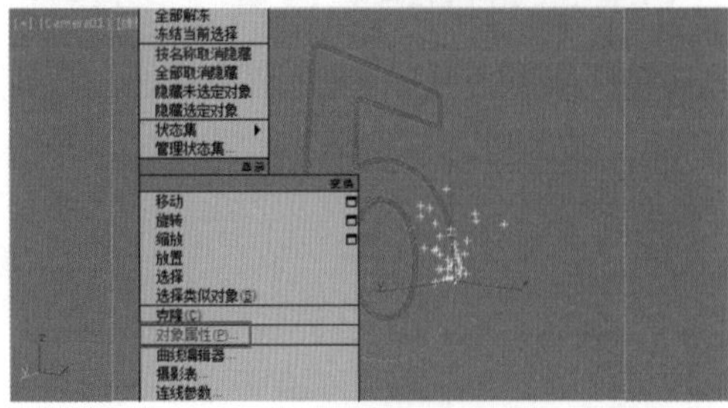

图8-130

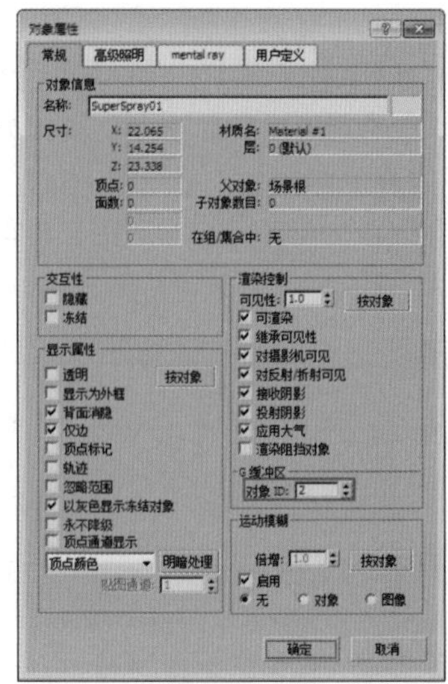

图8-131

04 执行菜单“渲染>视频后期处理”命令，打开“视频后期处理”面板，如图8-132和图8-133所示。

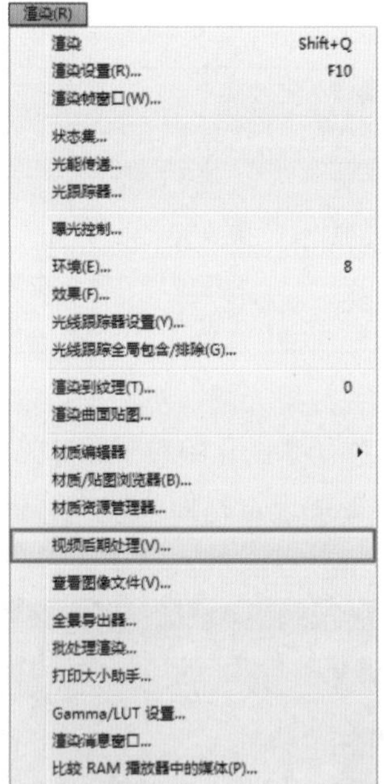

图8-132

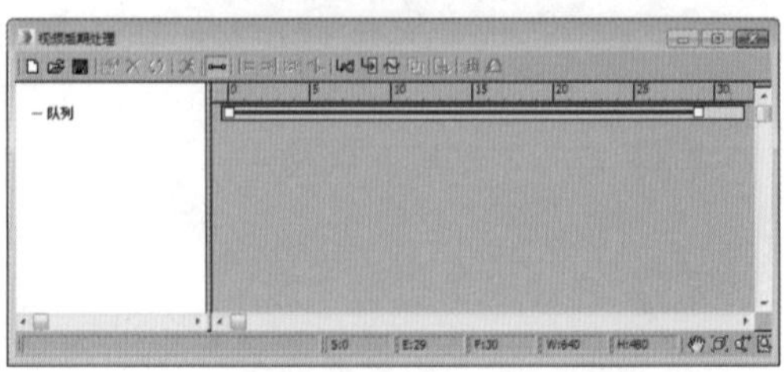

图8-133

05 在其工具样上单击“添加场景事件”按钮，在打开的“添加场景事件”对话框的下拉列表中选择Camera01选项，并单击“确定”按钮，如图8-134所示。

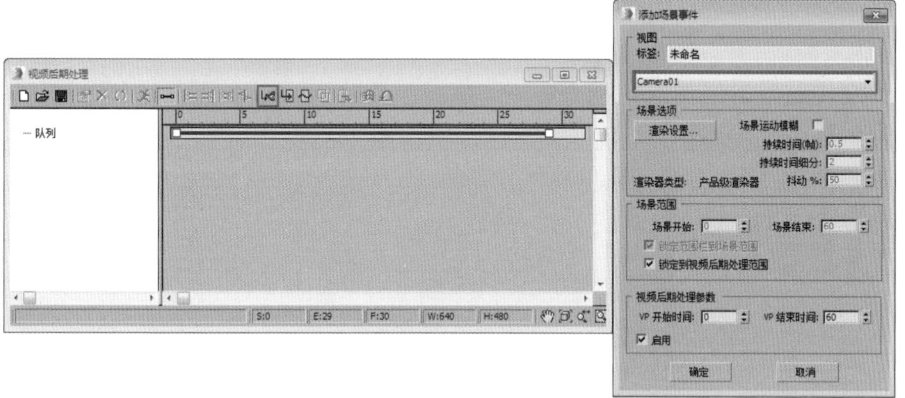

图8-134

06 在工具样上单击“添加图像过滤事件”按钮，在打开的“添加图像过滤事件”对话框的下拉列表中选择“镜头效果光晕”选项，并单击“确定”按钮，如图8-135所示。

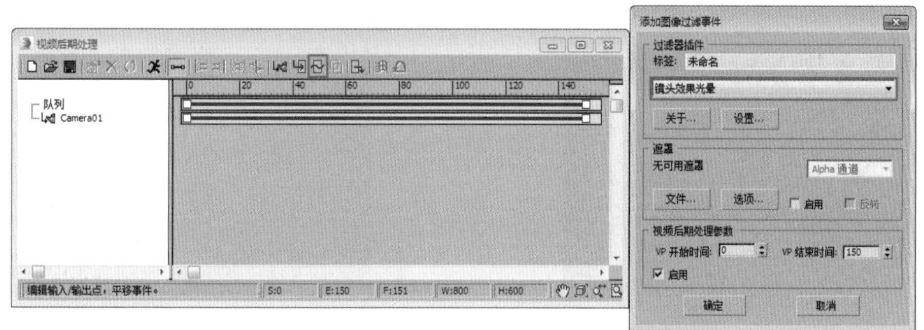

图8-135

07 用同样的方法再添加一个“镜头效果光晕”和“镜头效果光斑”特效，完成后如图8-136所示。

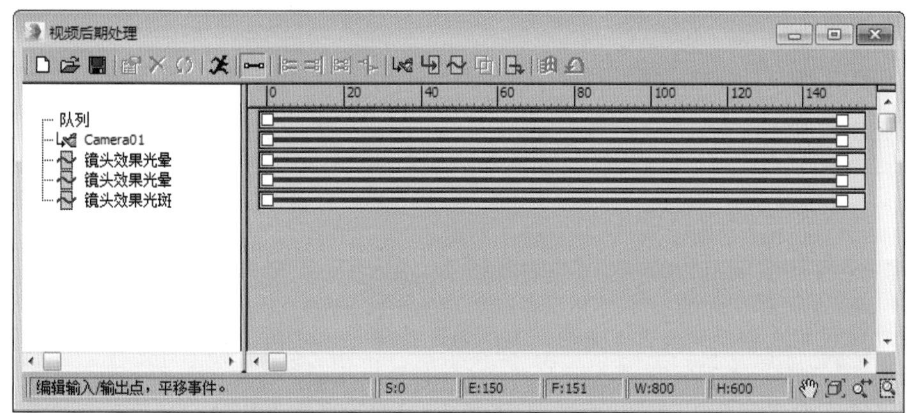

图8-136

08 在左侧的“队列”中双击第一个“镜头效果光晕”特效，在弹出的“编辑过滤事件”对话框中单击“设置”按钮设置...，这时会打开“镜头效果光晕”的设置面板，如

图8-137和图8-138所示。

09 单击“VP队列” VP队列 按钮和“预览”按钮 预览 ，这时会在预览窗口中看到“镜头光斑”的效果，如图8-139所示。

图8-137

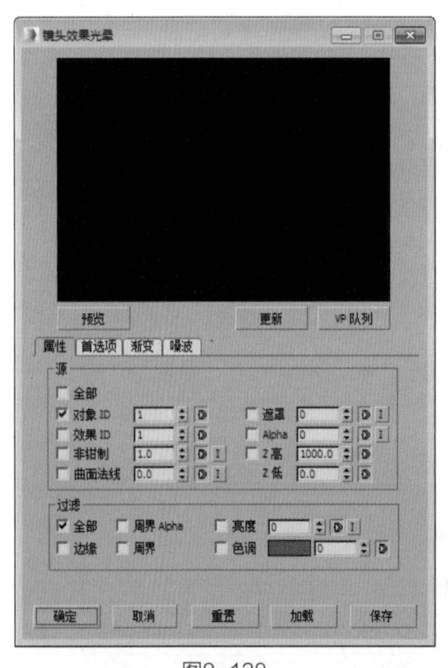

图8-138

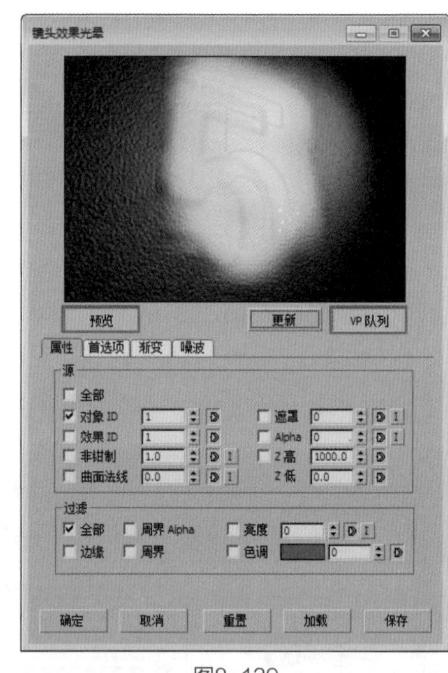

图8-139

技巧与提示

之所以能直接看到效果，是因为在“源”选项组中默认已经勾选了“对象ID”复选框，并且设置的数值与之前已经为“数字”对象设置的“对象ID”相一致。

另外，由于“数字”对象是有动画的，如果想看一下其他时间的效果，可以拖动时间滑块，然后单击“更新”按钮 更新 。

10 单击“首选项”选项卡，在“颜色”选项组中选中“渐变”单选按钮，然后在

“效果”选项组中设置“大小”值为1，“柔化”值为5，如图8-140所示。

11 单击“噪波”选项卡，在“设置”选项组中勾选“红”“绿”“蓝”前面的复选框，然后设置“运动”值为2，“质量”值为5，在“参数”选项组中，设置“大小”值为6，“速度”值为0.2，如图8-141所示。

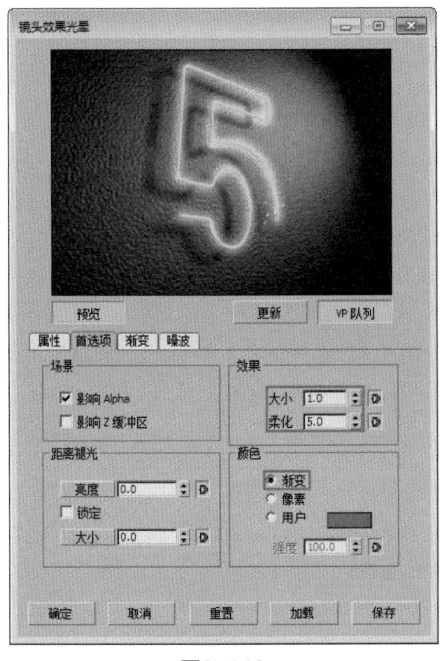

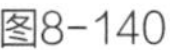
图8-140

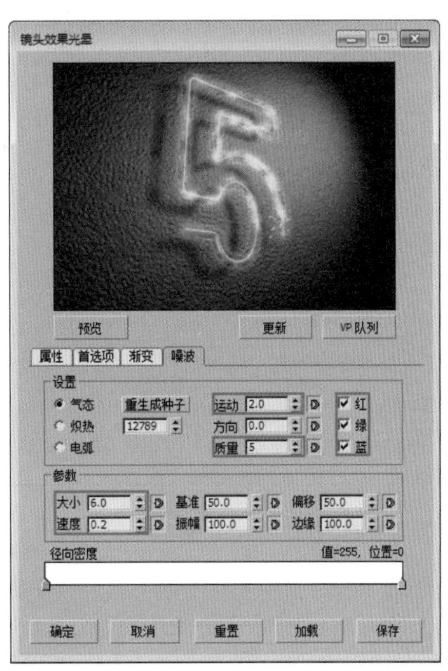

图8-141

12 设置完成后单击“确定”按钮，然后在左侧的“队列”中双击第二个“镜头效果光晕”特效，在弹出的“编辑过滤事件”对话框中单击“设置”按钮 设置... ，在打开的“镜头效果光晕”对话框中单击“VP队列” VP 队列 按钮和“预览”按钮 预览 ，接着在“源”选项组中设置“对象ID”值为2，如图8-142和图8-143所示。

图8-142

13 单击“首先项”选项卡，在“效果”选项组中设置“大小”值为1.5，在“颜色”选项组中设置“强度”值为20，如图8-144所示。

14 设置完成后单击“确定”按钮，然后在左侧的“队列”中双击“镜头效果光斑”特效，在弹出的“编辑过滤事件”对话框中单击“设置”按钮 设置... ，这时会打开“镜头效果光斑”的设置面板，如图8-145和图8-146所示。

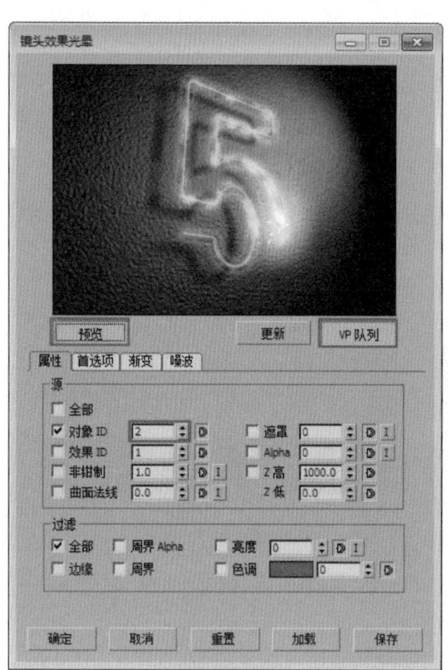

图8-143

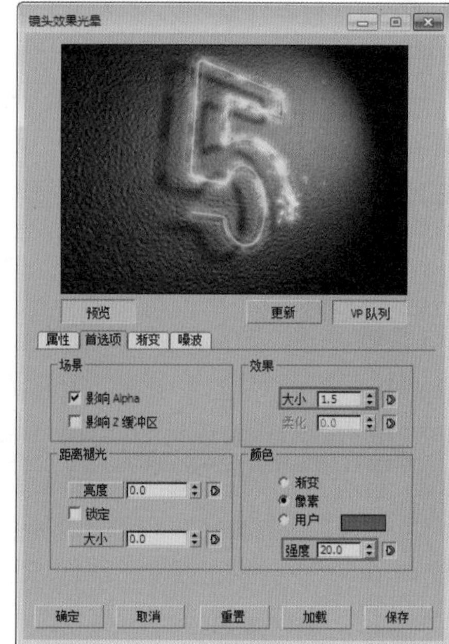

图8-144

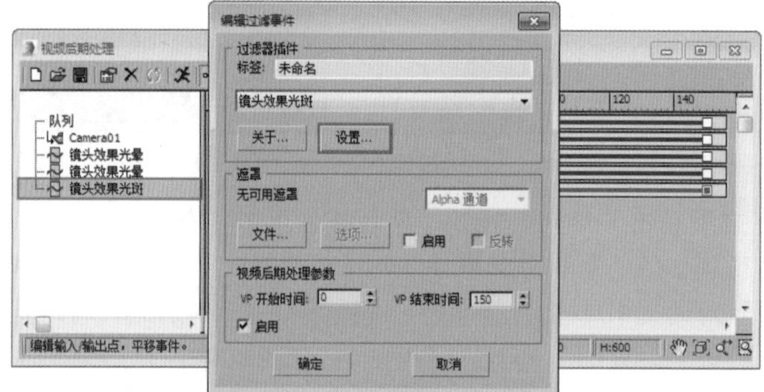

图8-145

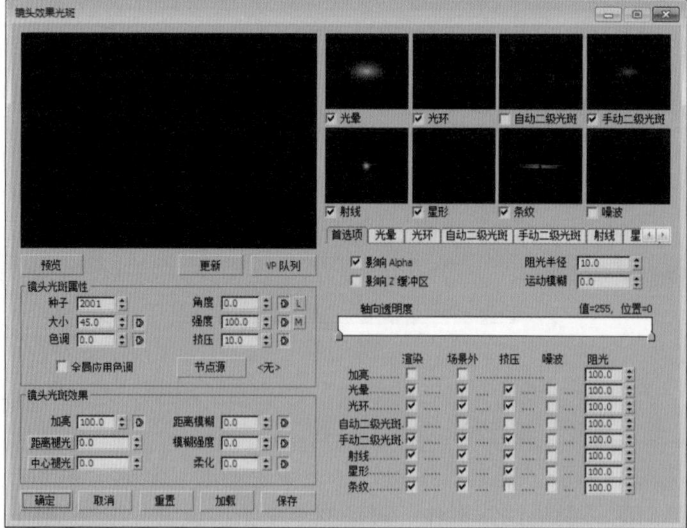

图8-146

15 在“镜头光斑属性”选项组中单击“节点源”按钮，在打开的“选择光斑对象”对话框中选择“超级喷射”粒子，完成后单击“VP队列”按钮 VP队列 和“预览”按钮 预览 ，这里会在预览窗口中看到“镜头光斑”的效果，如图8-147和图8-148所示。

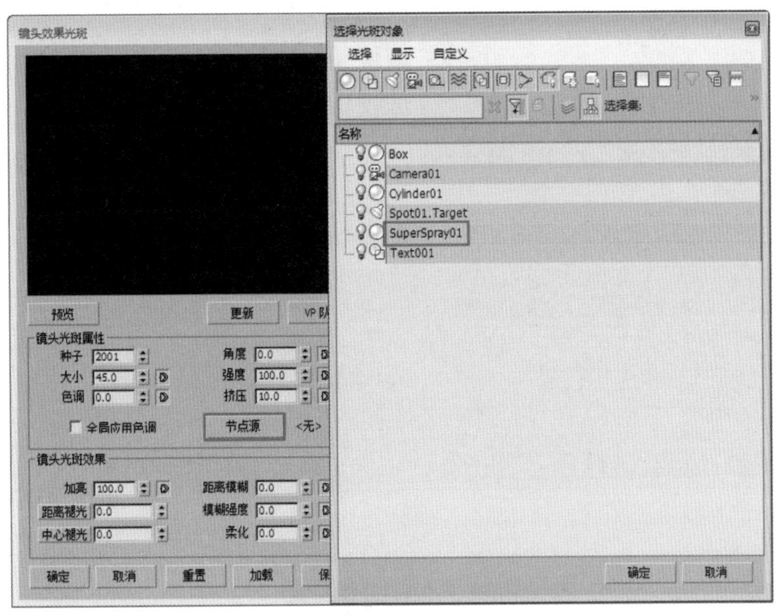

图8-147

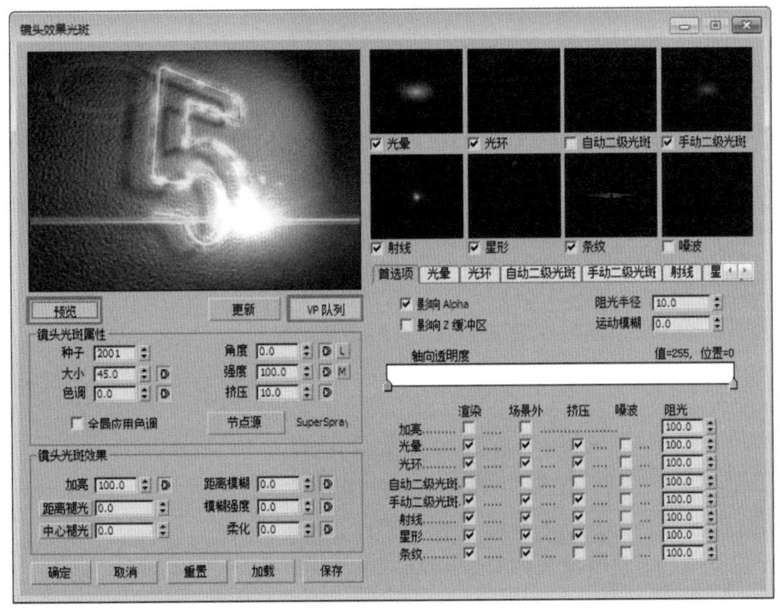

图8-148

16 在“镜头光斑属性”选项组中设置“大小”值为25，“挤压”值为0，在“首选项”选项卡中只保留“光晕”和“射线”的“渲染”和“场景外”复选框，如图8-149所示。

17 单击“光晕”选项卡，设置“大小”值为45，将“径向颜色”中间的滑块删除，然后设置左侧滑块的颜色（红：255，绿：255，蓝：255），设置右侧滑块的颜色（红：10，绿：100，蓝：255），如图8-150和图8-151所示。

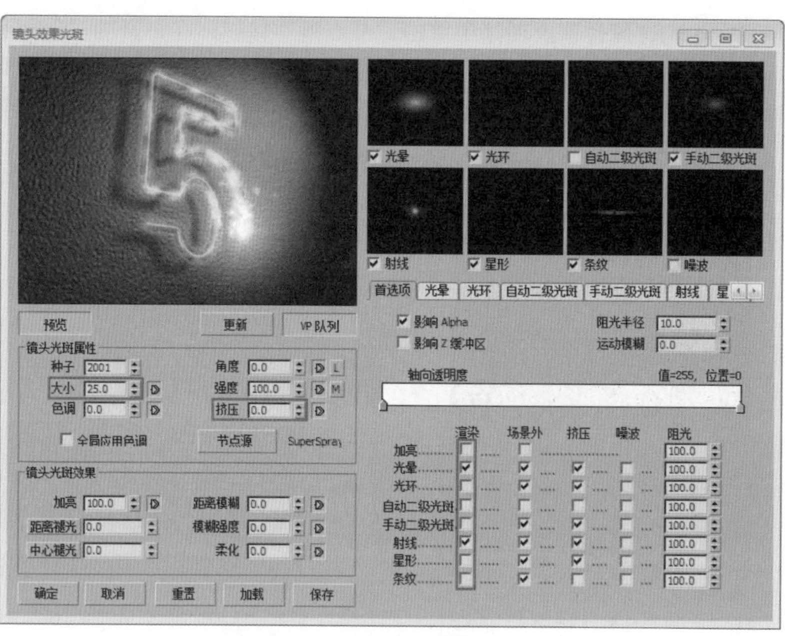

图8-149

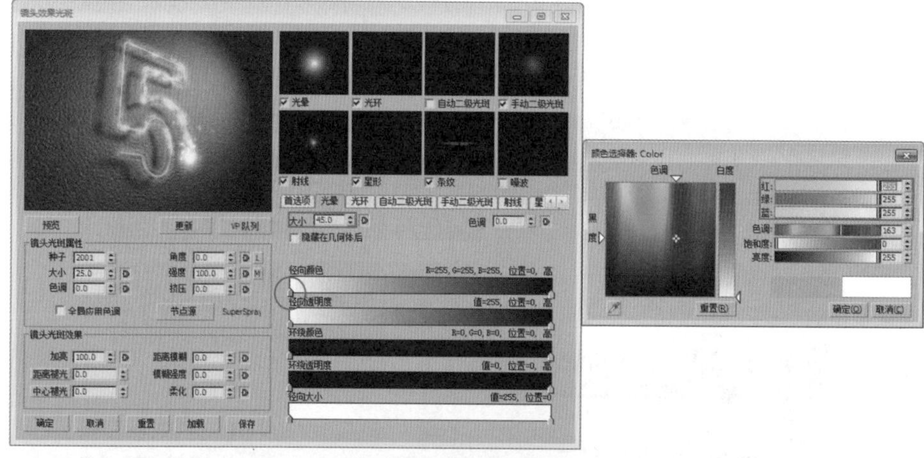

图8-150

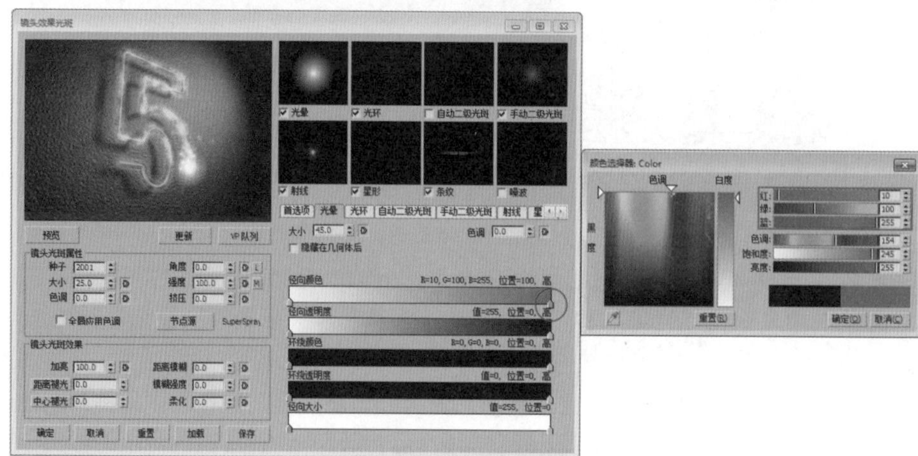

图8-151

18 在“径向大小”色条上添加一些滑块，并将其中一些滑块设置为浅灰色，如图8-152所示。

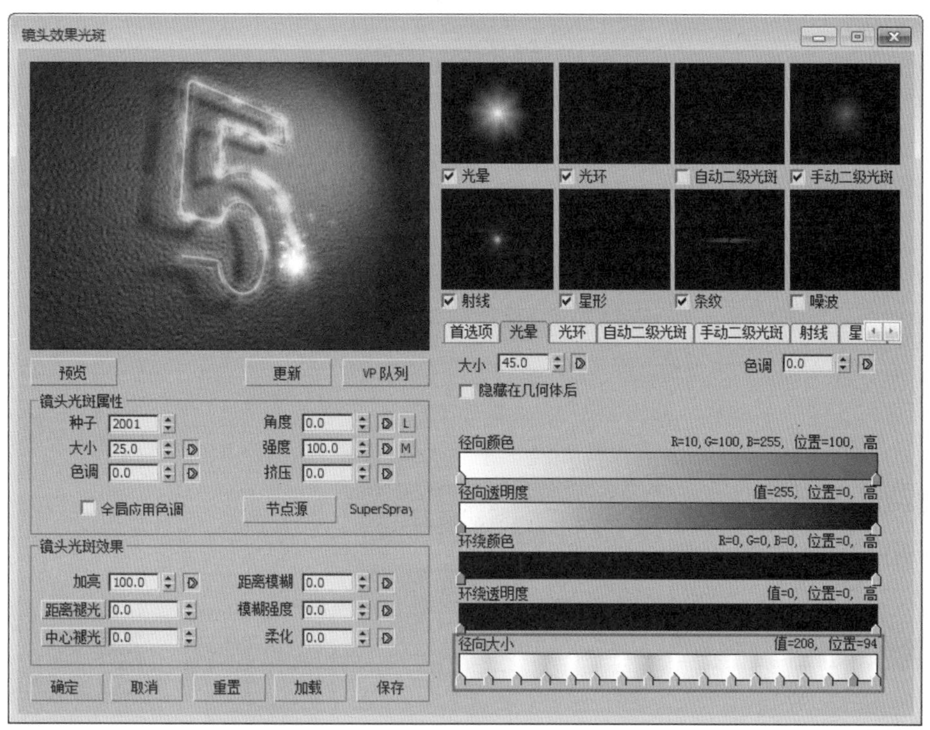

图8-152

19 单击“射线”选项卡，设置“大小”值为120，“数量”值为160，“锐化”值为10，在“径向颜色”色条上添加一个滑块，设置前两个滑块的颜色（红：255，绿：255，蓝：255），设置最后一个滑块的颜色（红：75，绿：160，蓝：255），如图8-153和图8-154所示。

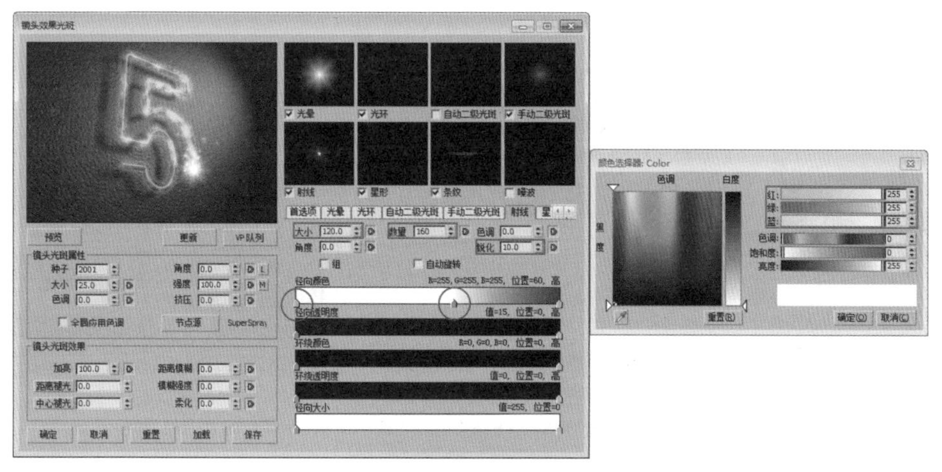
图8-153

20 在“径向透明度”色条上添加两个滑块，设置“一二四”3个滑块的颜色（红：0，绿：0，蓝：0），设置第三个滑块的颜色（红：40，绿：40，蓝：40），如图8-155和图8-156所示。

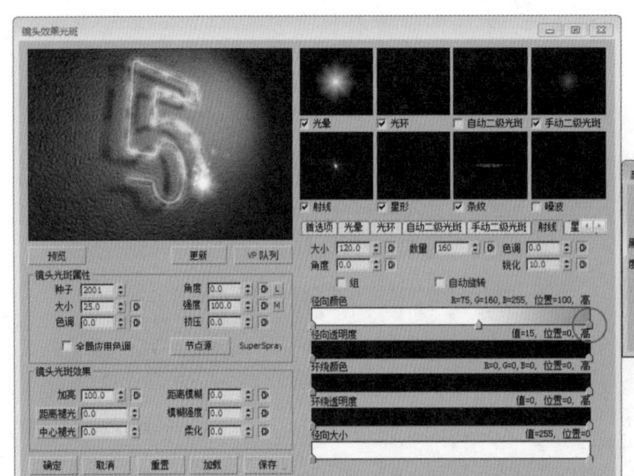
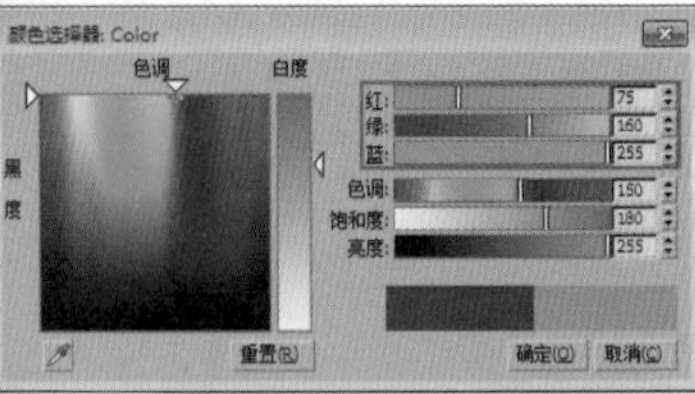

图8-154

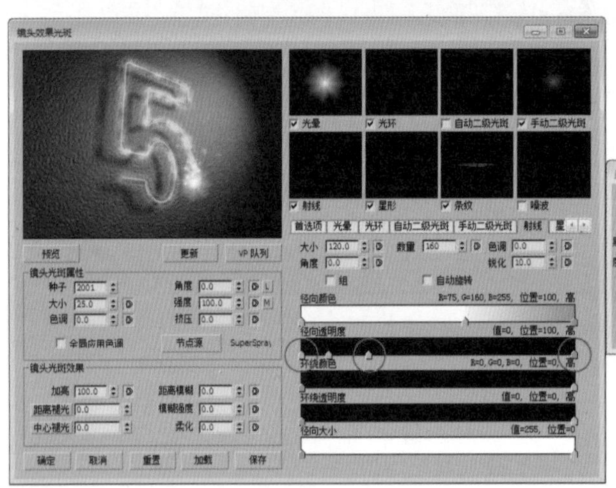
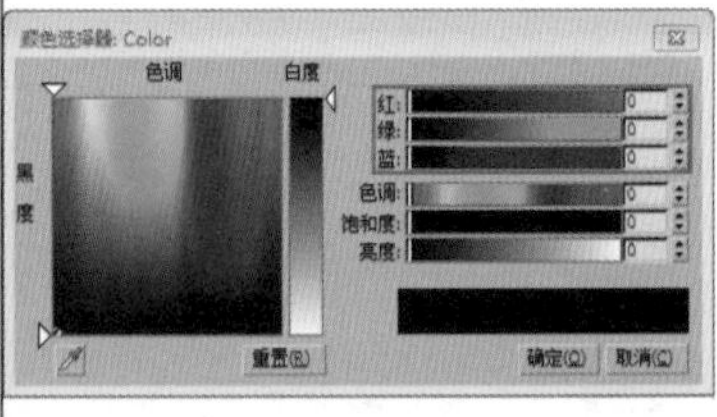

图8-155

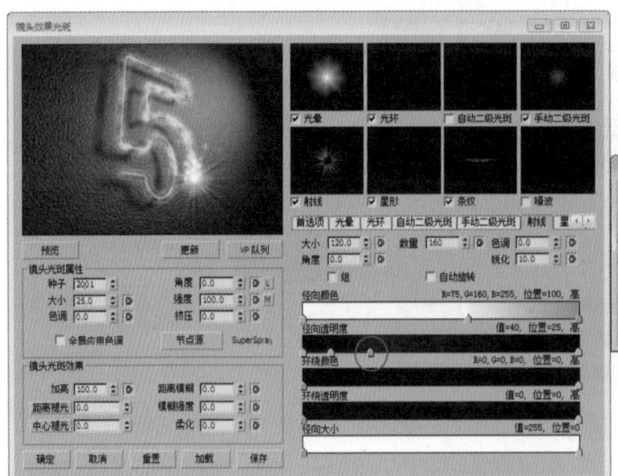
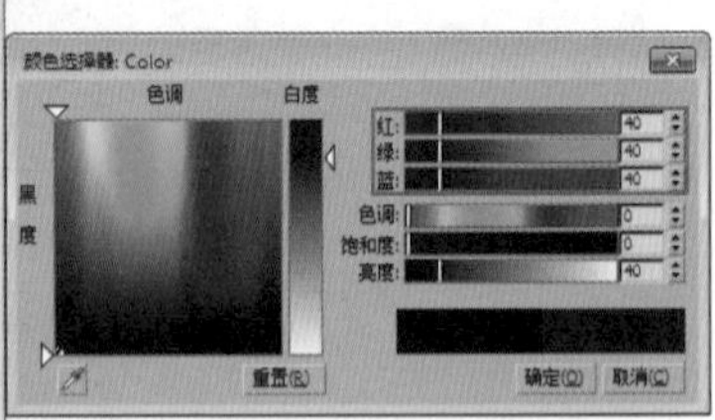

图8-156

21 设置完成后单击“确定”按钮，在“视频后期处理”窗口中将“镜头效果光斑”时间条结束帧拖曳到第125帧，如图8-157所示。

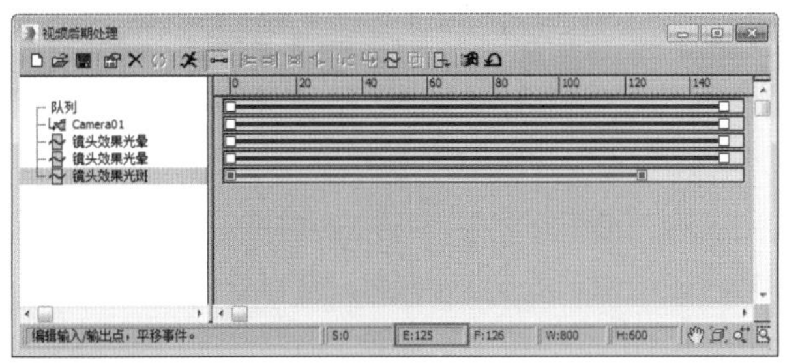

图8-157

技巧与提示

每个效果都有自己的时间条，修改每个效果的时间条，可以设置每个效果的有效范围。

22 设置完成后单击“确定”按钮，接着在工具栏上单击“执行序列”按钮，在弹出的“执行视频后期处理”窗口中可以设置渲染的帧数和尺寸，如图8-158所示。

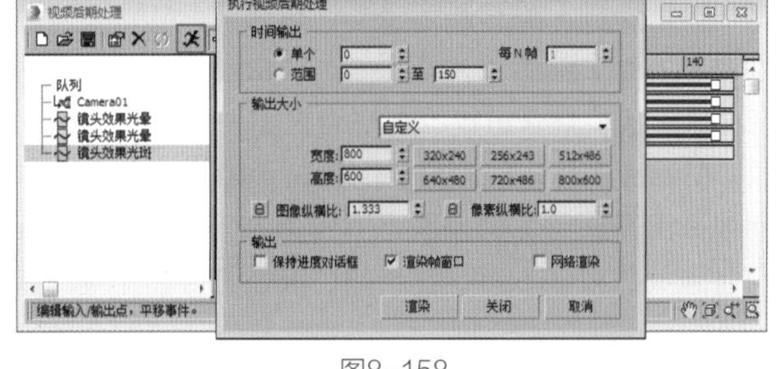

图8-158

23 在工具栏上单击“添加图像输出事件”按钮，在打开的“添加图像输出事件”对话框中，单击“文件”按钮，可以设置最终动画渲染输出的路径，如图8-159所示。

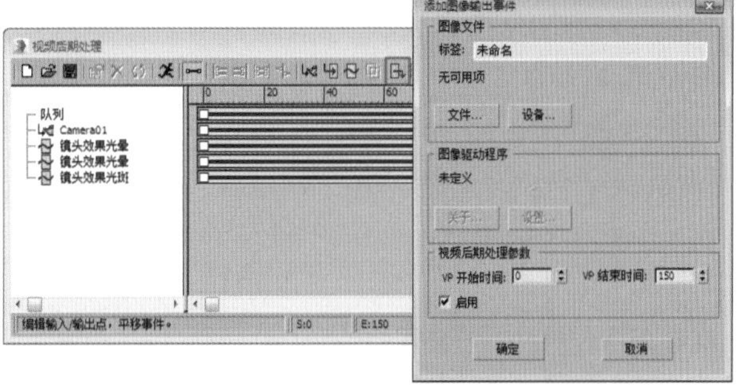

图8-159

24 设置完成后，拖动时间滑块到想要查看效果的帧，渲染当前视图，最终效果如图8-160所示。

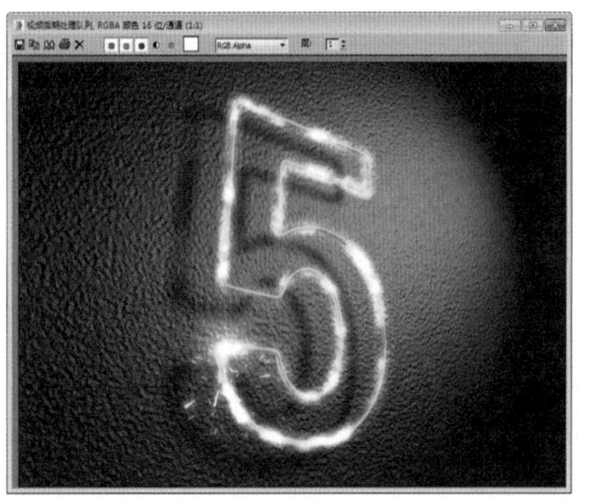

图8-160

第9章 MassFX动力学动画

3ds Max 2015中的动力学系统非常强大，可以快速地制作出物体与物体之间真实的物理作用效果，是制作动画必不可少的一部分。动力学可以用于定义物体的物理属性和外力，当对象遵循物理定律进行相互作用时，可以制作非常逼真的动画效果，最后让场景自动生成最终的动画关键帧。

在3ds Max 5.0版本时引入了Reactor动力学系统，利用Reactor动力学系统可以制作真实的刚体碰撞、布料运动、破碎、水面涟漪等效果，这在当时是非常受动画师喜爱的一个工具。在此后，随着软件版本的升级，Reactor动力学系统也在不断地升级、完善。但即使如此，Reactor动力学系统还是存在很多问题，如容易出错、经常卡机、解算速度慢等。直到3ds Max 2012版本时，终于将Reactor动力学系统替换为了新的动力学系统——MassFX。这套动力学系统，可以配合多线程的Nvidia显示引擎来进行3ds Max视图里的实时运算，并能得到更为真实的动力学效果。MassFX动力学的主要优势在于操作简单，可以实时运算，并解决了由于模型面数多而无法运算的问题。对于习惯了使用Reactor动力学的老用户也不必担心，因为MassFX与Reactor在参数、操作等方面还是比较相近的。

MassFX动力学系统目前在功能上还不是非常完善，在最初刚加入到3ds Max 2012中时，只有刚体和约束两个模块。在3ds Max 2015中，MassFX动力学增加到了4个模块，分别为刚体系统、布料系统，约束系统和碎布玩偶系统。相信在3ds Max以后的版本升级过程中，MassFX动力学系统还会不断地升级和完善。

启动3ds Max 2015后，在主工具栏上单击鼠标右键，在弹出的快捷菜单中选择“MassFX工具栏”命令，可以调出“MassFX工具栏”，如图9-1和图9-2所示。

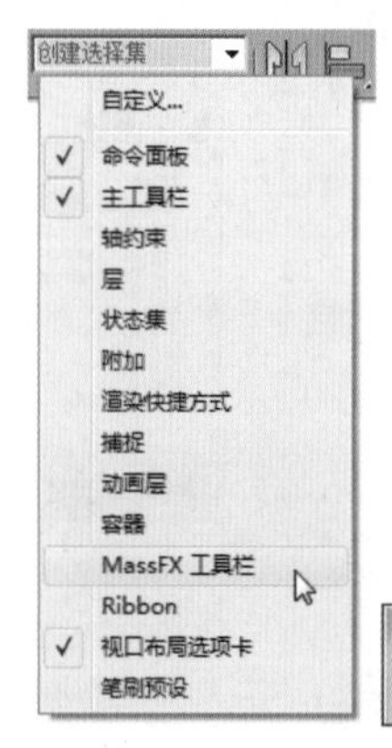

图9-1

图9-2

9.1 木箱掉落

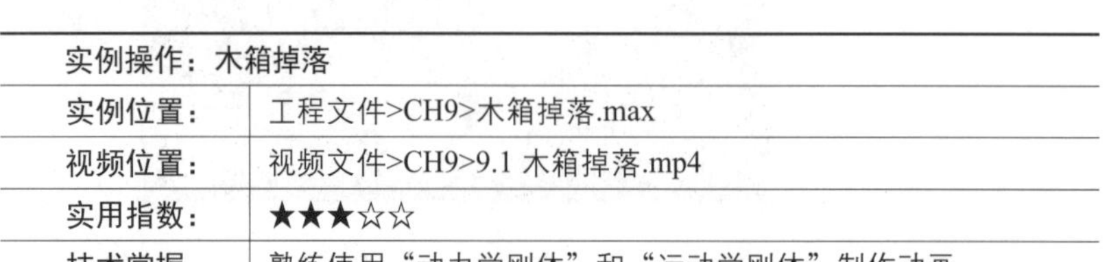

实例操作：木箱掉落	
实例位置：	工程文件>CH9>木箱掉落.max
视频位置：	视频文件>CH9>9.1 木箱掉落.mp4
实用指数：	★★★☆☆
技术掌握：	熟练使用“动力学刚体”和“运动学刚体”制作动画

9.1 木箱掉落 .mp4

所谓的刚体，是物理模拟中的对象，其形状和大小不会更改。例如，如果将场景中的圆柱体设置成了刚体，它可能会反弹、滚动和四处滑动，但无论施加了多大的力，它都不会弯曲或折断。使用MassFX动力学工具的刚体系统，可以模拟真实的物体与物体之间的碰撞动画，这对动画师而言是一个不可多得的工具，使用该工具可以使原本复杂的手K动画变得相对简单。在该小节中，为读者安排了一个木箱掉落的动画，图9-3所示为本实例的最终完成效果。

图9-3

01 打开本书配套素材中的“工程文件>CH9>木箱掉落>木箱掉落.max”文件，该场景中已经为物体指定了材质，并设置了灯光，如图9-4所示。

图9-4

02 使用“链接工具”将“聚光灯”对象链接到“灯罩”对象上，如图9-5所示。

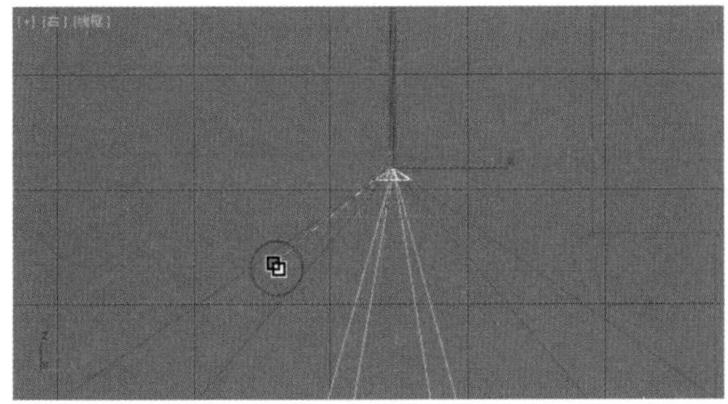

图9-5

03 在视图中选择“灯绳”对象并进入“修改”面板，在“顶点”子层级中选择下方的“顶点”，然后在“修改器列表”中为其添加“链接变换”修改器，在“参数”卷展栏中单击“拾取控制对象”按钮 拾取控制对象 ，接着在视图中单击“灯罩”对象，如图9-6和图9-7所示。

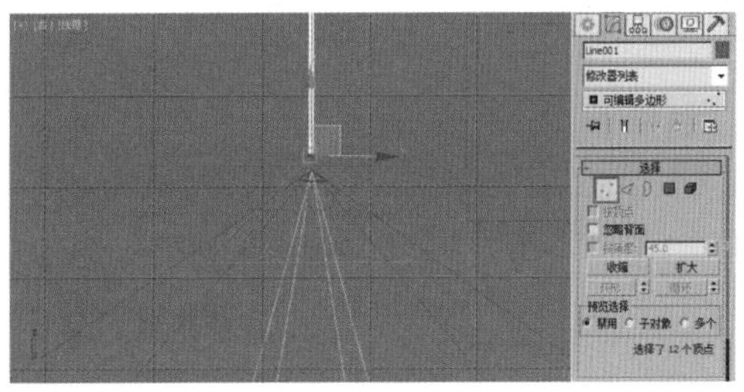

图9-6

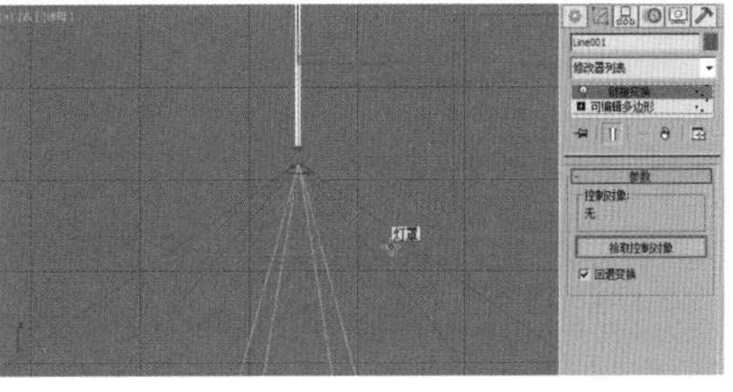

图9-7

技巧与提示

“链接变换”修改器的作用类似于“选择并链接”工具，但是前者可以让对象的子层级链接到某一物体上。

04 在视图中选择如图9-8所示的木

箱，然后在“MassFX工具栏”中单击“将选定项设置为动力学刚体”按钮，将选择的对象设置为“动力学刚体”。

图9-8

05 接着单击“多对象编辑”按钮打开“MassFX工具”面板，在“刚体属性”卷展栏中勾选“在睡眠模式中启动”复选框，然后在“物理材质属性”卷展栏中设置“密度”值为1，如图9-9和图9-10所示。

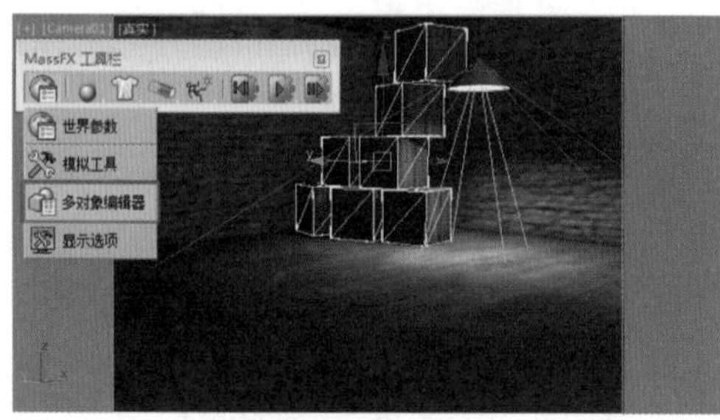

图9-9

图9-10

技巧与提示

勾选了“在睡眠模式中启动”复选框的刚体，在受到未处于睡眠状态的刚体的碰撞之前，它不会移动。这样木箱在没有被撞击之间，就不会因为重力的影响而自己倒下。

06 在视图中选择图9-11所示的木箱，然后在“MassFX工具栏”中单击“将选定项设置为运动学刚体”按钮，将选择的对象设置为“运动学刚体”。

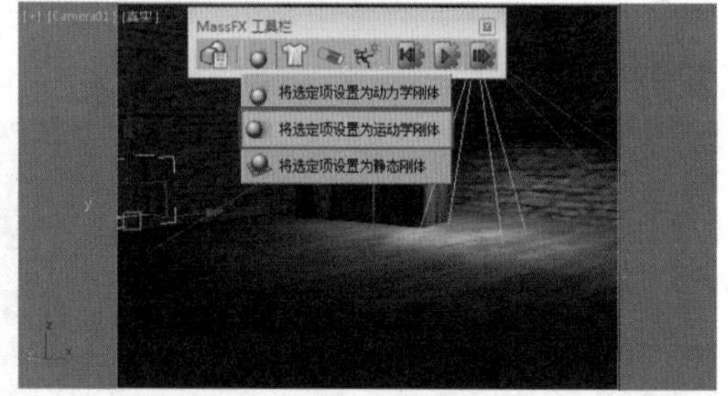

图9-11

07 进入“修改”面板，在“刚体属性”卷展栏中勾选“直到帧”复选框，并设置其数值为11，在“物理材质”卷展栏中设置“密度”值为10，“动摩擦力”和“反弹力”值都为0，如图9-12所示。

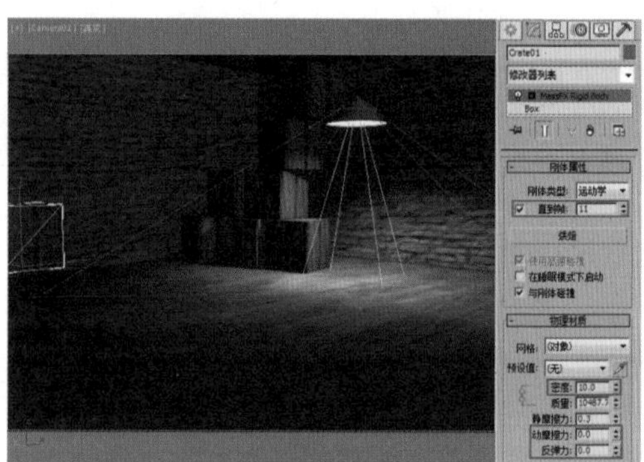

图9-12

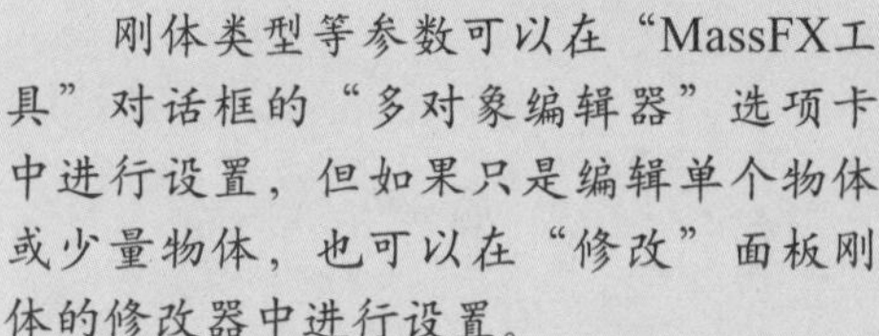

技巧与提示

刚体类型等参数可以在“MassFX工具”对话框的“多对象编辑器”选项卡中进行设置，但如果只是编辑单个物体或少量物体，也可以在“修改”面板刚体的修改器中进行设置。

勾选“直到帧”复选框后，可以设置在指定帧处将选定的运动学刚体转换为动力学刚体。在本实例中，让“木箱”在11帧后继承之前运动的惯性，在与其他木箱发生碰撞后受到重力、摩擦力、反弹力等作用力的影响。

08 在视图中选择“外墙”对象，然后在“MassFX工具栏”中单击“将选定项设置为静态刚体”按钮，将选择的对象设置为“静态刚体”，如图9-13所示。

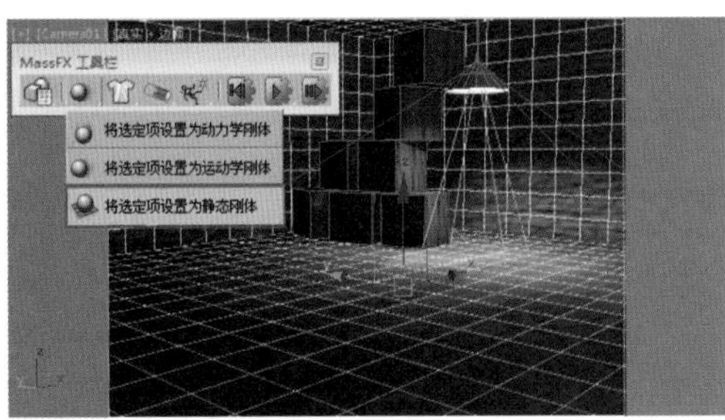

图9-13

技巧与提示

静态刚体类型类似于运动学刚体类型，不同之处在于它不能设置动画。动力学对象可以撞击静态刚体对象并产生反弹效果，但静态刚体对象则不会发生任何反应。

09 在视图中选择“灯罩”对象，然后在“MassFX工具栏”中单击“创建通用约束”按钮，这时在场景中拖曳鼠标确定“通用约束”对象的大小，如图9-14和图9-15所示。

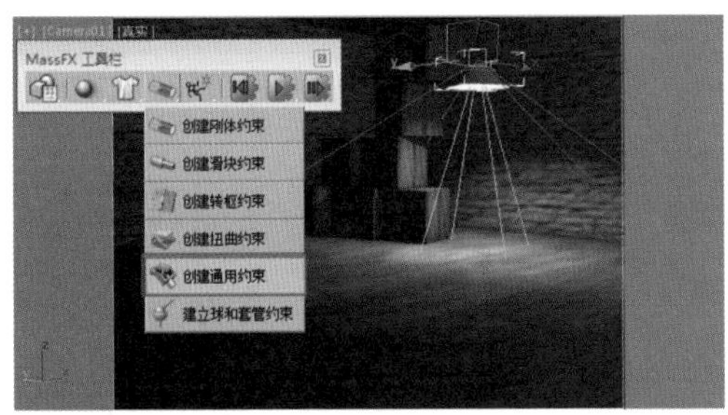

图9-14

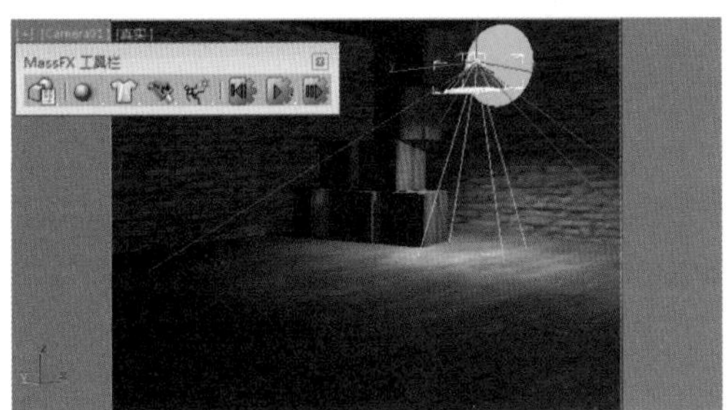

图9-15

技巧与提示

图标的大小只起到在视图中的一个显示作用，对实际的动力学计算没有影响。

10 在“前”视图中沿Z轴旋转90°，然后使用“移动工具”将其移动到“灯绳”对象顶端的位置，如图9-16所示。

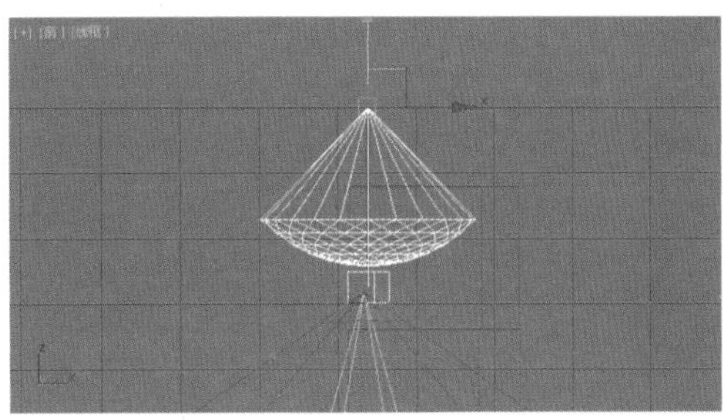

图9-16

11 进入“修改”面板，在“摆动和扭曲限制”卷展栏中，设置“摆动Y”和“摆动Z”的“角度限制”值都为90，如图9-17所示。

图9-17

技巧与提示

角度限制可以设置物体的“摆动范围”，在本例中“灯罩”对象受撞击后的摆动范围不会超过“房间顶棚”。

12 设置完成后，在“MassFX工具栏”中单击“开始模拟”按钮，观察动力学的效果，如图9-18所示。

图9-18

13 如果对效果满意，在“MassFX工具栏”中单击“模拟工具”按钮打开“MassFX工具”面板，在“模拟”卷展栏中单击“烘焙所有”按钮 烘焙所有 ，对当前的动画烘焙输出，如图9-19和图9-20所示。

图9-19

14 设置完成后，渲染当前视图，最终效果如图9-21所示。

图9-20

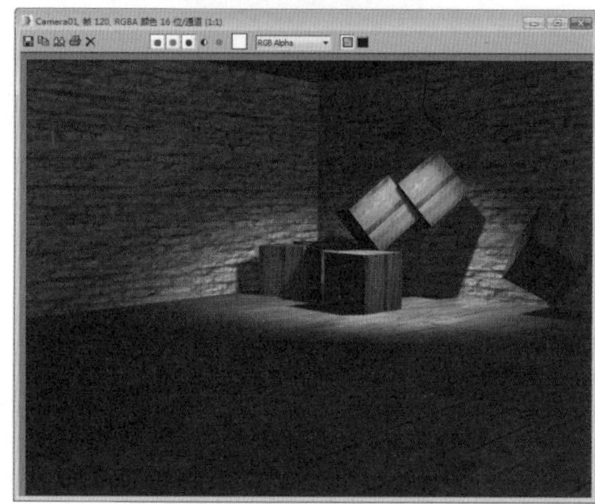
图9-21

9.2 布料掀开

实例操作：布料掀开	
实例位置：	工程文件>CH9>布料掀开.max
视频位置：	视频文件>CH9>9.2 布料掀开.mp4
实用指数：	★★★☆☆
技术掌握：	熟练使用MassFX布料系统制作布料动力学动画

9.2 布料掀开 .mp4

布料系统也是MassFX动力学工具的一个重要组成部分，使用布料系统可以模拟真实世界中布料的运动效果，同时布料对象也会受“力”空间扭曲（如“风”和“路径跟随”）的影响，可能会在“力”的作用下产生撕裂的效果。在本实例中我们将使用MassFX布料系统制作一个布料掀开的动力学动画效果，图9-22所示为本实例的最终完成效果。

01 打开本书配套素材中的“工程文件>CH9>布料掀开>布料掀开.max”文件，该场景中已经为物体设置了材质和灯光，如图9-23所示。

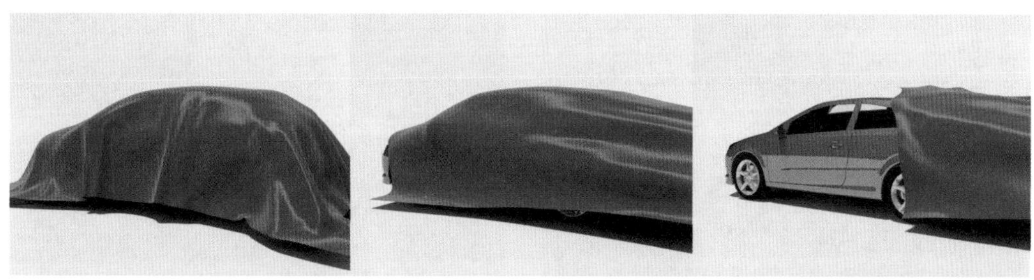

图9-22

图9-23

技巧与提示

在实例中，将“平面”对象的“长度分段”和“宽度分段”的数值分别设置为52和34。布料对象的分段数会决定最后布料生成的效果，高的分段数会得到更精细的布料细节。

另外，在设置分段数时尽量让分段数形成“正方形”，这样计算出的布料效果会更精确。

02 在场景中选择“汽车”对象，在“MassFX工具栏”中单击“将选定项设置为静态刚体”按钮，将其设置为静态动力学对象，然后进入“修改”面板，在“物理材质”卷展栏中，设置“静摩擦力”值为0.1，在“物理图形”卷展栏中，设置“图形类型”为“原始的”，如图9-24和图9-25所示。

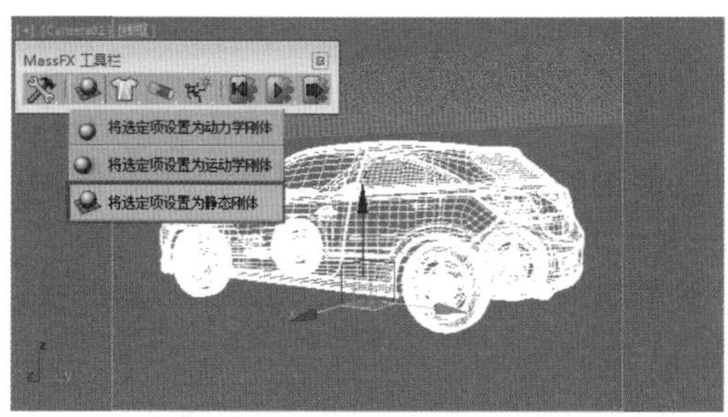

图9-24

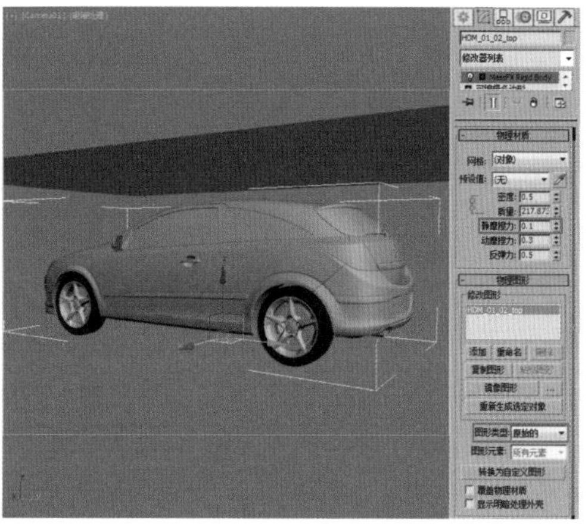

图9-25

技巧与提示

“原始的”选项使用图形网格中的顶点来创建物理图形，也就是使用对象的实际网格进行模拟，这一点与“凹面”图形类型相似，但“原始的”图形类型只能用于静态的动力学物体，而动力学和运动学刚体对象则不能使用该选项。

03 选择“平面”对象，单击MassFX工具栏上的“将选定对象设置为mCloth对象”按钮，将其设置为布料对象，单击“开始模拟”按钮，可以发现“平面”对象像一块“布料”一样落到“汽车”对象上面，并将其盖住，如图9-26和图9-27所示。

技巧与提示

由于汽车的模型量比较大，所以在“模拟”时要耐心等待一段时间。

图9-26

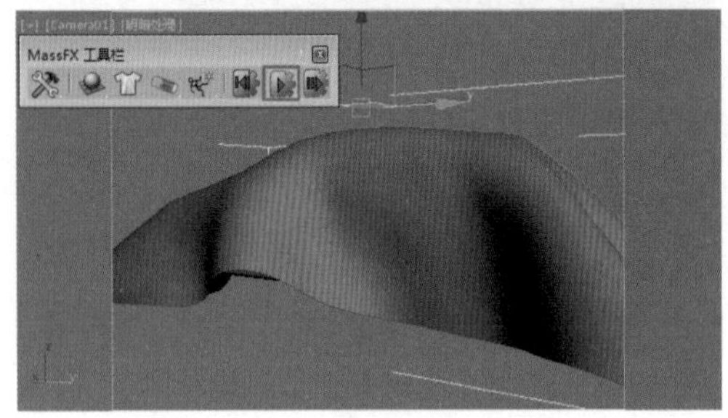

图9-27

04 单击“将模拟实体重置为其原始状态”按钮，将场景恢复为初始状态。选择“平面”对象并进入“修改”面板，在“纺织品物理特性”卷展栏中，设置“弯曲度”值为1，“阻尼”值为0.3，“摩擦力”值为0.1，在“交互”卷展栏中，设置“刚体碰撞”的“厚度”值为10，设置完毕后再次进行动力学模拟，效果如图9-28和图9-30所示。

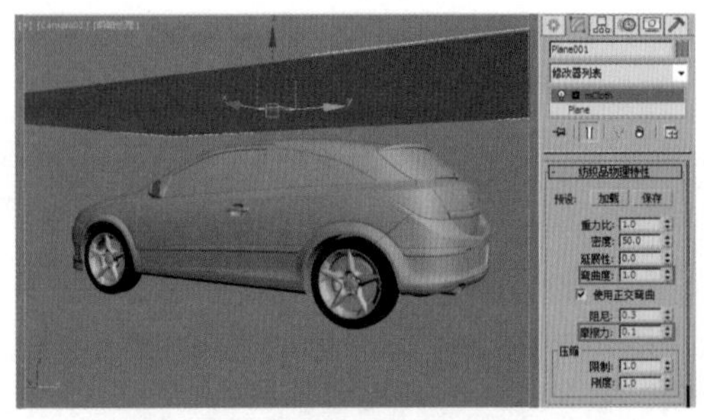

图9-28

图9-29

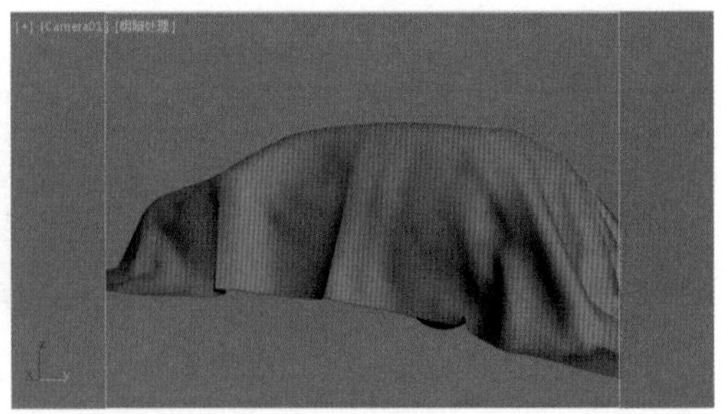

图9-30

技巧与提示

在“纺织品物理特性”卷展栏中可以设置布料的一些物理属性。“重力比”参数值可以设置布料受重力的情况，默认数值为1，也就是使用全局重力效果，如果要模拟比较重或者是被水浸湿的布料可以适当增大该值；“密度”参数值主要在布料与其他动力学刚体发生碰撞时产生影响，布料质量与其碰撞的刚体质量的比例决定其对其他刚体运动的影响程度；“延展性”参数值设置布料被拉伸的难易程度，较大的数值使布料看起来更有弹性；“弯曲度”参数值设置布料被折叠的难易程度，较大的数值使布料看起来更柔软，更容易产生褶皱效果；“阻尼”参数值设置布料在进行形变时由动态到静止所需要的时间；“摩擦力”参数值设置布料在其与自身或其他对象碰撞时抵制滑动的程度。

在“交互”卷展栏中勾选“自相碰撞”复选框，可以允许布料进行自相碰撞，避免出现自相交的情况，如果此时还是出现了自相穿插的情况，可以适当增大下面的“自厚度”参数值；勾选“刚体碰撞”复选框，可以让布料与模拟中的刚体进行碰撞，下面的“厚度”参数值设置与模拟中的刚体碰撞的布料对象的厚度，如果布料与其他刚体相交，则可以尝试增加该值。

05 如果对当前布料的状态比较满意，可以单击“捕获状态”卷展栏中的“捕捉初始状态”按钮 捕捉初始状态 ，将当前布料的姿态进行保存，如图9-31所示。

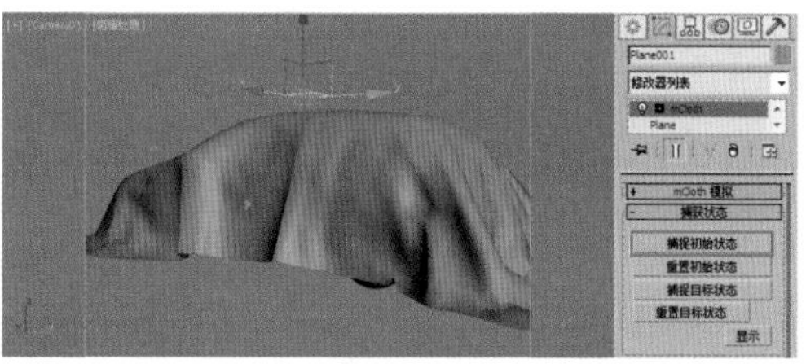

图9-31

技巧与提示

通过这种方法我们可以制作桌面上的桌布或者床上的床单等，可以得到非常真实自然的褶皱效果，比手动进行多边形建模省时又省力。

06 在场景中创建一个任意大小的“立方体”对象，然后开启“自动关键点”按钮，将时间滑块拖动到第100帧，将“立方体”对象沿X轴正方向制作位移动画，如图9-32和图9-33所示。

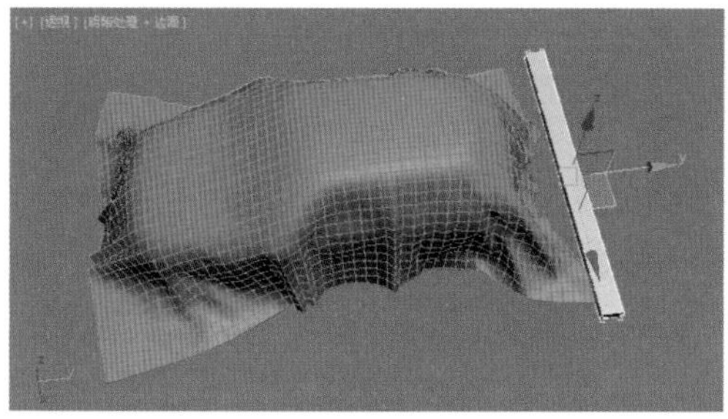

图9-32

图9-33

07 关闭“自动关键点”按钮，然后选择“平面”对象，并进入“修改”面板，在修改堆栈中的mCloth上单击，进入其“顶点”子对象，接着在场景中选择图9-34所示的顶点。

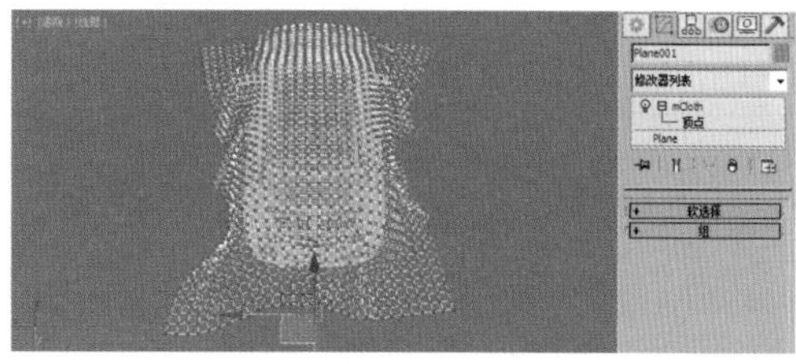

图9-34

08 单击“组”卷展栏中的“设定组”按钮 设定组 ，在弹出“设定组”对话框中可以为“组”命名，设置完毕后单击“确定”按钮，如图9-35所示。

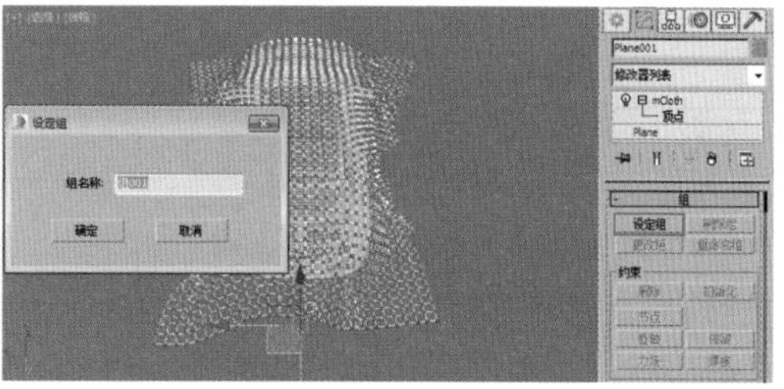

图9-35

09 在“组列表”中选择刚才创建的“组001”，然后在“编组参数”卷展栏中勾选“使用软选择”复选框，并设置“衰减”值为20，如图9-36所示。

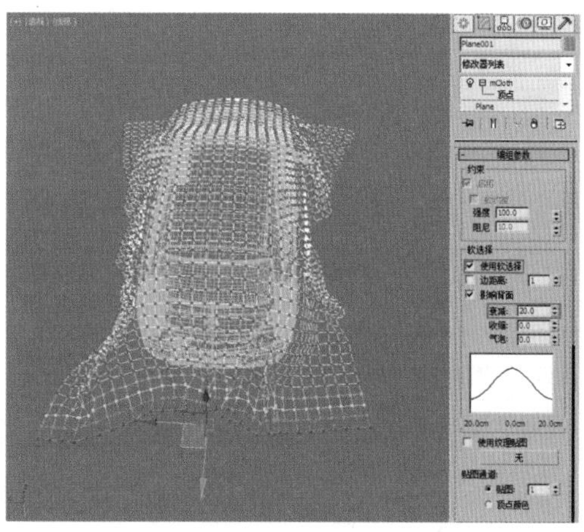

图9-36

10 在“组”卷展栏中单击“约束”选项组中的“节点”按钮 节点 ，接着在场景中拾取“长方体”对象，如图9-37所示。

11 再次进入“编组参数”卷展栏中，设置“阻尼”值为0.5，如图9-38所示。

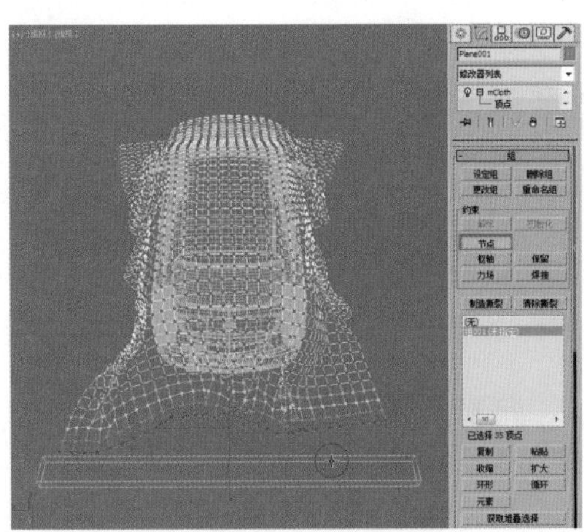

图9-37

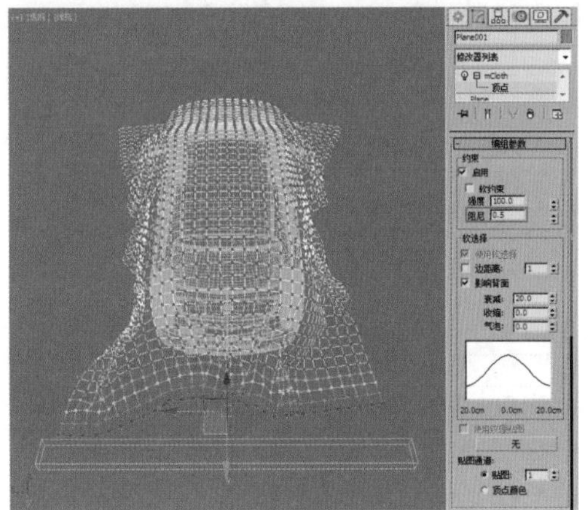

图9-38

12 单击“开始模拟”按钮，可以看到设置的“顶点”受到“立方体”对象的影响，将布料从“汽车”上拽走了，如图9-39所示。

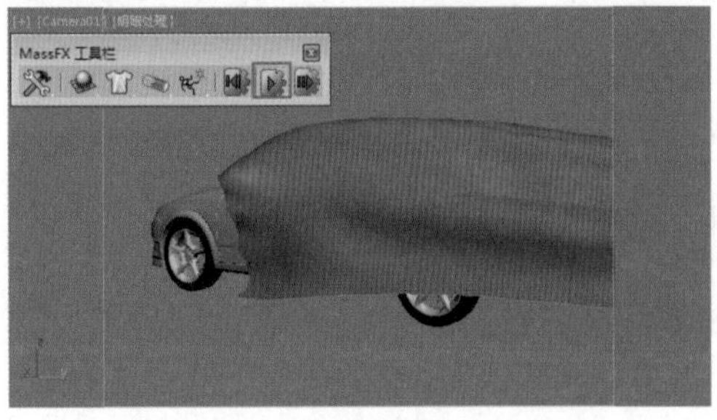

图9-39

13 选择“平面”对象并进入“修改”面板，单击“mCloth模拟”卷展栏中的“烘焙”按钮 烘焙 ，将布料动画进入输出转成关键帧动画，如图9-40所示。

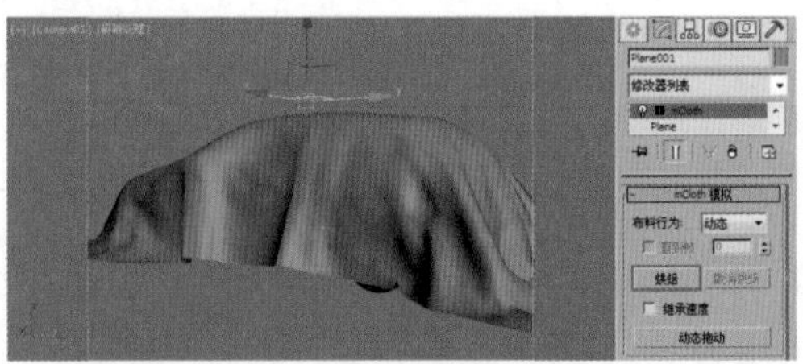

图9-39

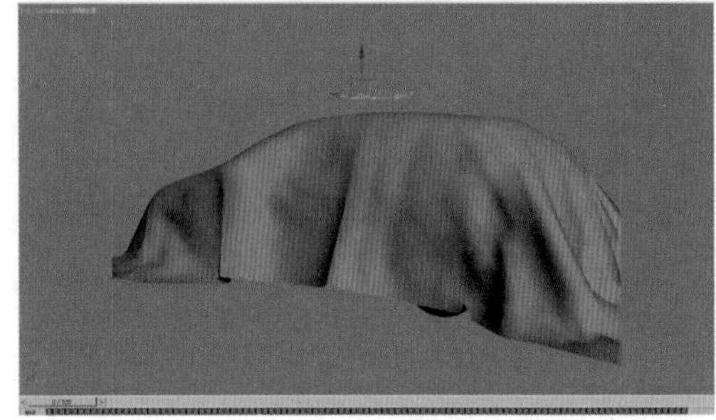

图9-40

14 为了使布料看起来更平滑，我们为其添加“涡轮平滑”修改器，并设置“迭代次数”为2，如图9-41所示。

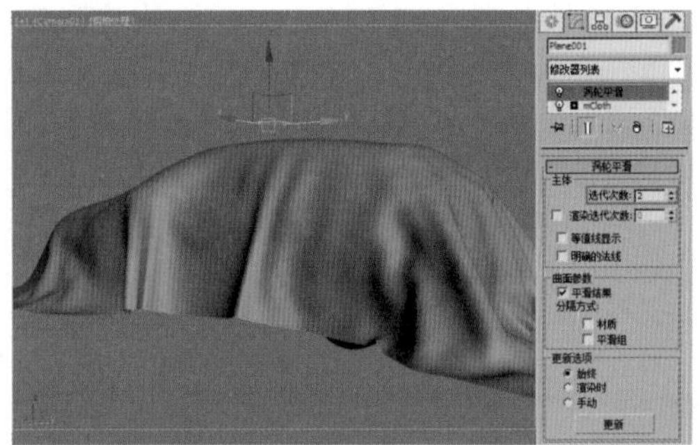

图9-41

15 设置完成后，渲染当前视图，最终效果如图9-42所示。

图9-42

技巧与提示

在将布料的动画烘焙后，可以直接将“立方体”对象进行删除，也可将其隐藏或者将其设置为不可渲染。

9.3 人物滚落

实例操作：弹跳床	
实例位置：	工程文件>CH9>人物滚落.max
视频位置：	视频文件>CH9>9.3 人物滚落.mp4
实用指数：	★★★☆☆
技术掌握：	熟练使用“碎面玩偶”动力学系统制作动画

9.3 人物滚落 .mp4

“碎布玩偶”辅助对象是MassFX动力学系统的一个组件，可以让动画角色作为动力学和运动学刚体参与到模拟中，角色可以是“骨骼系统”或者Biped。使用“动力学”选项，角色不仅可以影响模拟中的其他对象，也可以受其影响。使用“运动学”选项，角色可以影响模拟，但不受其影响。例如，动画角色可以击倒运动路径中遇到的“障碍物”，但是落到它上面的其他动力学物体却不会更改它在模拟中的行为。

下面将通过一个实例来为读者讲解这方面的知识。图9-43所示为本实例的最终完成效果。

图9-43

01 打开本书配套素材中的“工程文件>CH9>人物滚落>人物滚落.max”文件，该场景中有两套Biped骨骼和一个楼梯模型，其中一套Biped骨骼已经指定了一个踢腿的动作，如图9-44所示。

02 在场景中选择楼梯和两个立方体对象，然后在“MassFX工具栏”中单击“将选定项设置为静态刚体”按钮，如图9-45所示。

03 接着在“MassFX工具栏”上单击“多对象编辑”按钮，打开“MassFX工具”面板，然后在“物理网格”卷展栏中，设置“网格类型”为“原始”，如图9-46和图9-47所示。

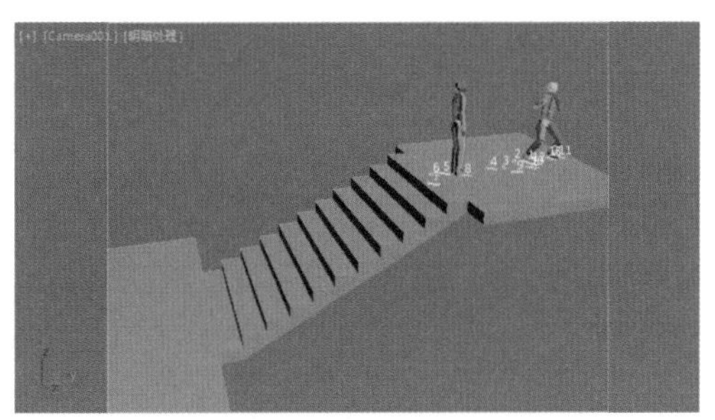

图9-44

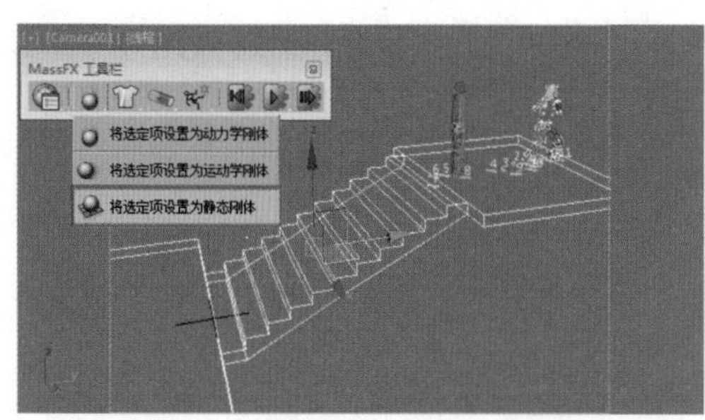

图9-45

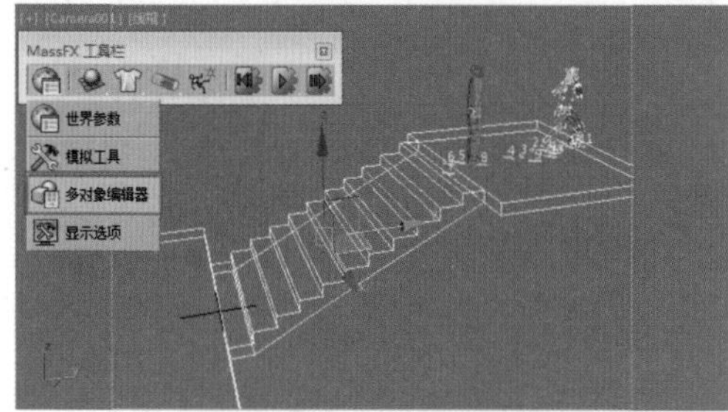

图9-46

图9-47

04 在场景中选择Biped01对象的任意一个骨骼，然后在“MassFX工具栏”中单击“创建运动学碎步玩偶”按钮，这时在视图中会出现一个“碎布玩偶001”对象，如图9-48和图9-49所示。

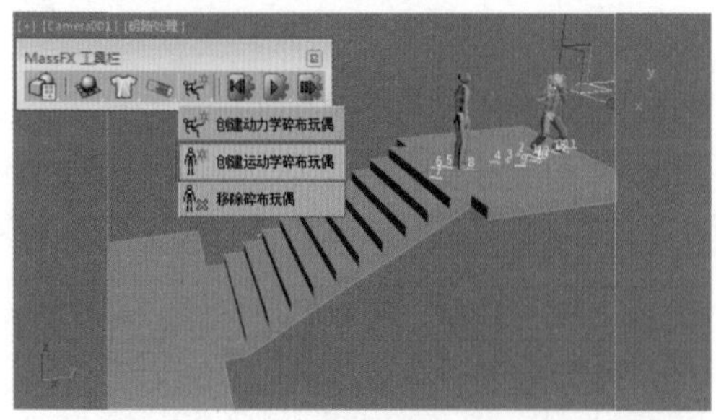

图9-48

05 进入“修改”面板，在“设置”卷展栏中，单击“全部”按钮，然后在“骨骼属性”卷展栏中设置“图形”为“凸面外壳”，接着单击“更新选定骨骼”按钮，如图9-50和图9-51所示。

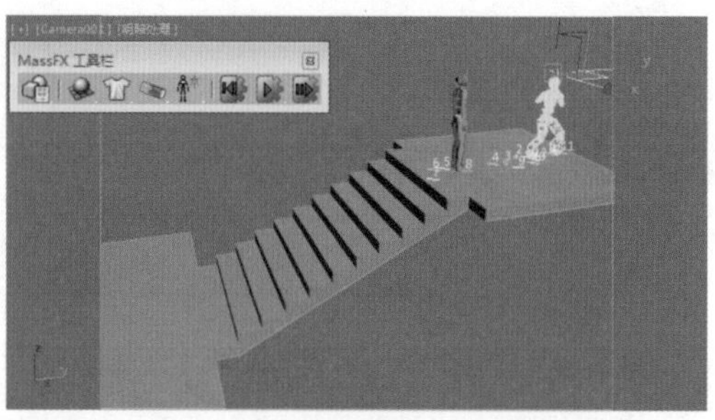

图9-49

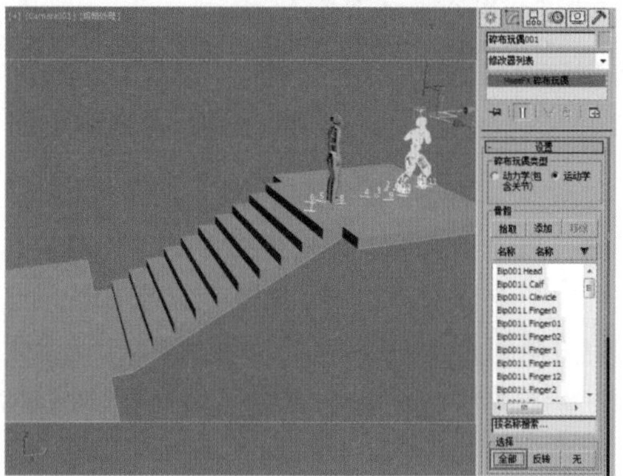

图9-50

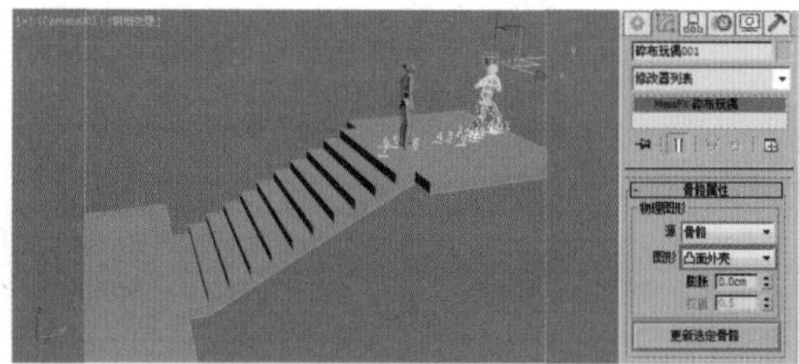

图9-51

技巧与提示

“凸面外壳”与刚体中的“凸面”图形类型一样，是让几何体按照自身的网格外形参与动力学的计算，这种计算方式最精确，但计算速度也是最慢的。

06 在场景中选择Biped02对象的任意一个骨骼，然后在“MassFX工具栏”中单击“创建动力学碎布玩偶”按钮，如图9-52所示。

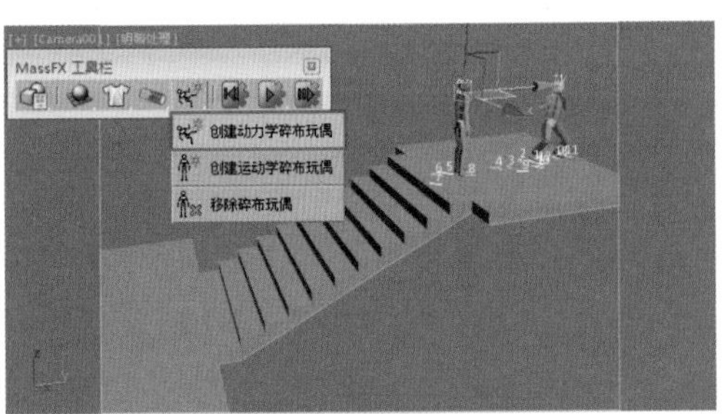

图9-52

07 用同样的方法，将骨骼外形设置为“凸面外壳”，如图9-53所示。

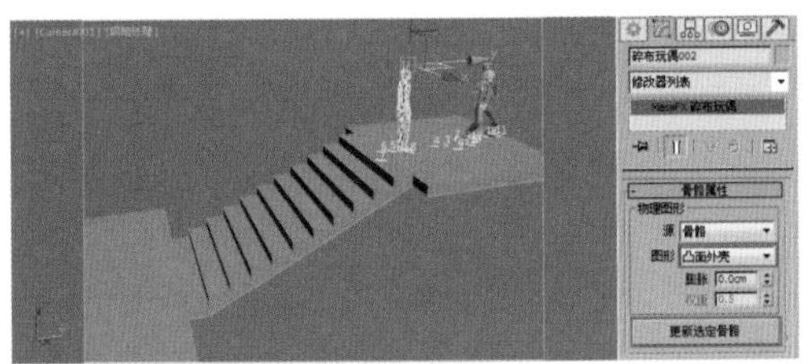

图9-53

08 在“MassFX工具栏”上单击“开始模拟”按钮，可以看到Bipde02对象在刚开始就自己倒下去了，如图9-54所示。

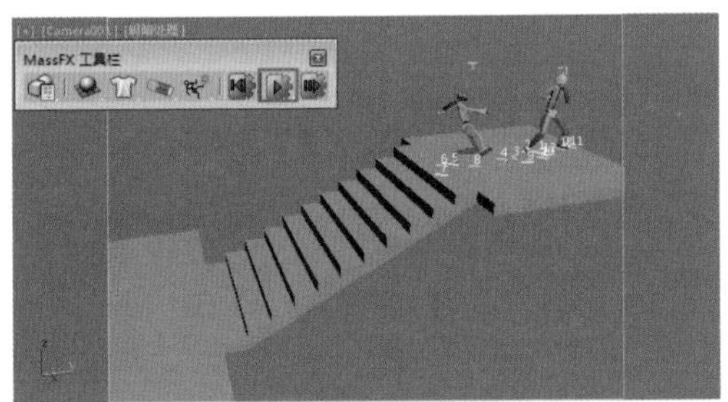

图9-54

09 在视图中选择Biped02对象的所有骨骼，然后在“MassFX工具栏”上单击“多对象编辑”按钮，打开“MassFX工具”面板，在“刚体属性”卷展栏中，勾选“在睡眠模式中启动”复选框，如图9-55和图9-56所示。

技巧与提示

为了快速将Biped对象的所有骨骼选中，可以按键盘上的Shift+H键将场景中所有的“辅助对象”隐藏，然后就可以在视图中通过框选的形式来选择Biped对象的所有骨骼。

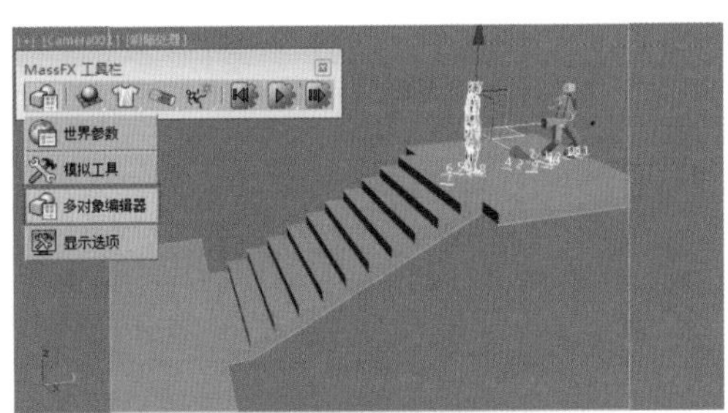

图9-55

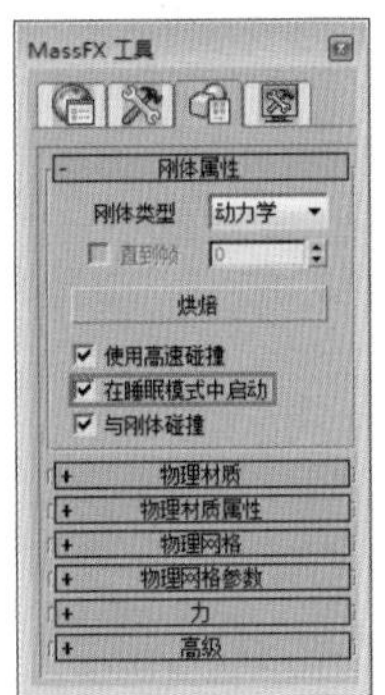

图9-56

10 设置完成后再次进行动力学模拟，效果如图9-57所示。

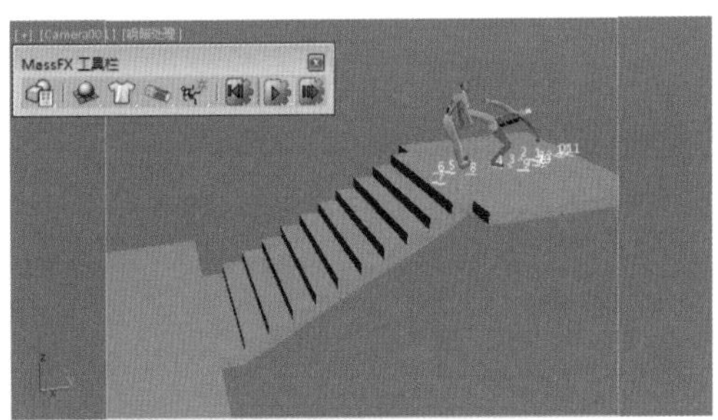

图9-57

11 如果对效果满意，在“MassFX工具栏”中单击“模拟工具”按钮，打开“MassFX工具”面板，在“模拟”卷展栏中单击“烘焙所有”按钮 烘焙所有 ，对当前的动画烘焙输出，如图9-58和图9-59所示。

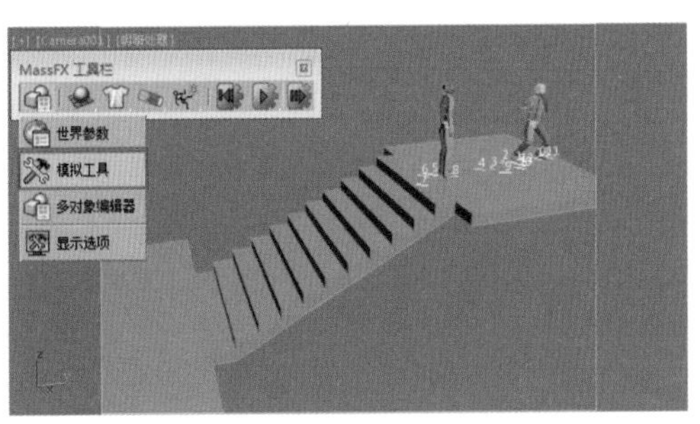

图9-58

图9-59

12 设置完成后，渲染当前视图，最终效果如图9-60所示。

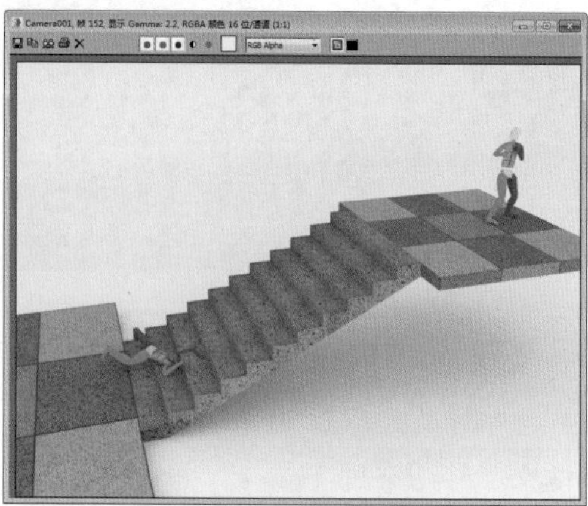

图9-60

第10章　连线参数与反应管理器动画

使用“关联参数”对话框，可以将参数从一个物体链接到另一个物体上，当调节一个参数的时候就会自动更改另一个参数，这样就使设置动画更为准确、高效。

读者可以执行“动画>连线参数>参数连线对话框”菜单命令，或者按下键盘上的Alt+5键，都可以打开“参数关联”对话框，如图10-1所示。

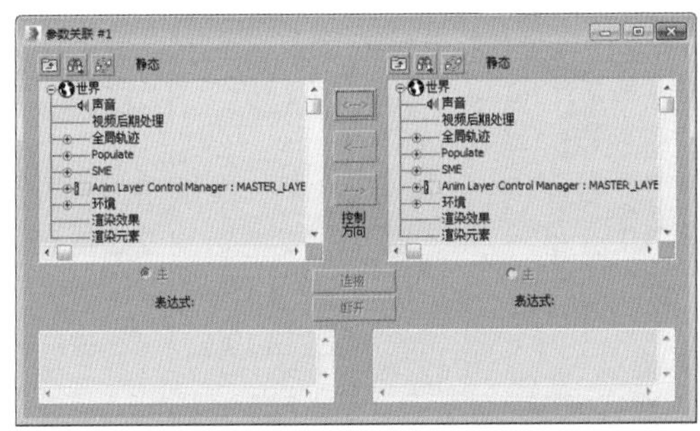

图10-1

“反应管理器”和“关联参数”有一定的相似性，但是也有着本质的不同。“反应管理器”通过设置也可以像“关联参数”一样让一个物体的参数来控制另一个或多个物体的参数，但却不支持像“关联参数”一样的“双向”控制。

执行菜单“动画>反应管理器”命令可以打开“反应管理器”窗口，如图10-2所示。

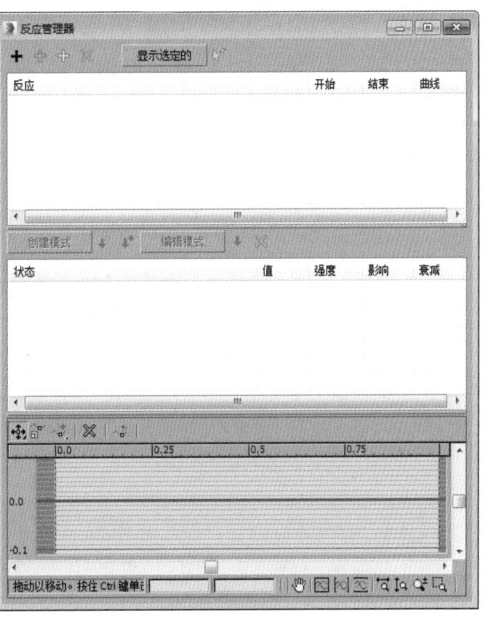

图10-2

10.1 地形控制

实例操作：地形控制	
实例位置：	工程文件>CH10>地形控制.max
视频位置：	视频文件>CH10>10.1 地形控制.mp4
实用指数：	★★★☆☆
技术掌握：	熟练使用“连线参数”和“滑块操纵器”进行参数之间的绑定

10.1 地形控制 .mp4

滑块操纵器是显示在活动视口中的一个图形控件。通过将其值与另一个对象的参数相关联，可以创建带有在场景内可视反馈的一个自定义控件。使用滑块可以更直观地控制场景动画，在本节中将使用滑块来设置动画，通过实例的制作，使大家了解滑块操纵器的使用方法。图10-3所示为本实例的最终完成效果。

图10-3

01 打开本书配套素材中的“工程文件>CH10>地形控制>地形控制.max”文件，该场景中已经为物体指定了材质，并设置了灯光，如图10-4所示。

02 在场景中选择“山”对象，并进入“修改”面板，在“修改器列表”中为其添加“置换”修改器，然后在“图像”选项组中单击“贴图”下的“无”按钮 无 ，在弹出的“材质/贴图浏览器”对话框中选择“遮罩”贴图，如图10-5所示。

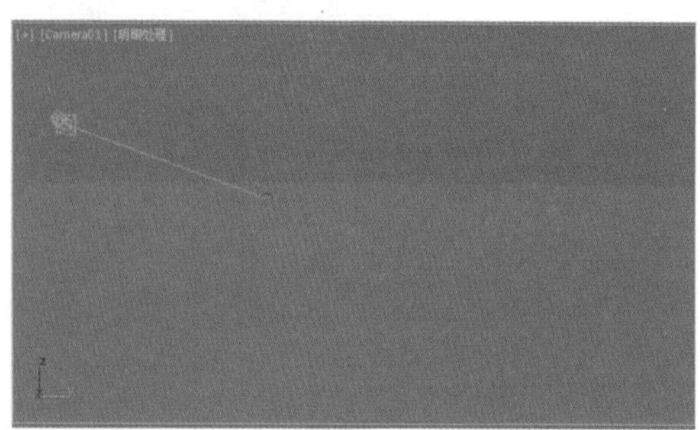

图10-4

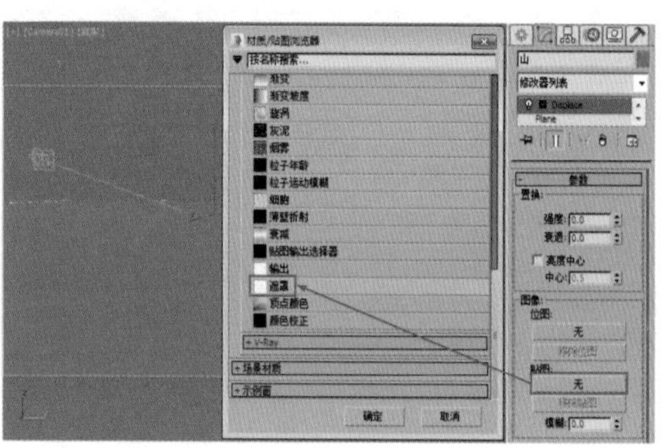

图10-5

03 按M键打开“材质编辑器”，将“遮罩”贴图拖曳到一个空白的材质球上，在弹出的“实例（副本）贴图”对话框中选中“实例”单选项，接着将贴图命名为“置换贴图”，如图10-6和图10-7所示。

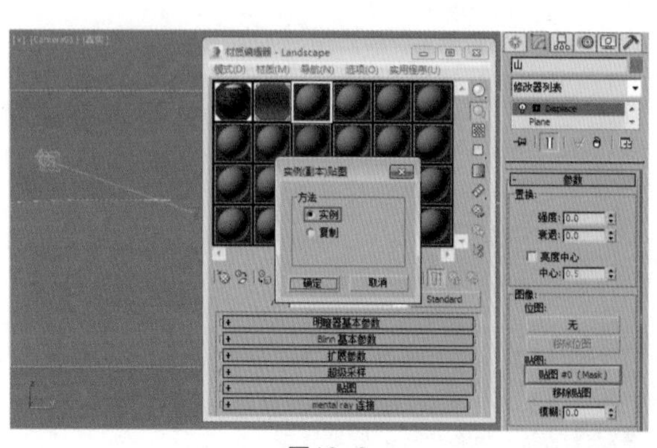

图10-6

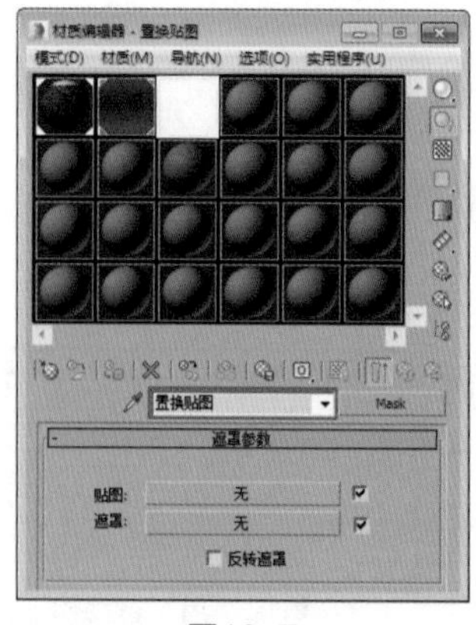

图10-7

04 在“遮罩参数”卷展栏中为“贴图”通道指定一个“噪波”贴图，接着在“噪波参数”卷展栏中设置“噪波类型”为“分形”，设置“级别”值为10，然后设置“颜色#2”的颜色（红：130，绿：130，蓝：130），如图10-8和图10-9所示。

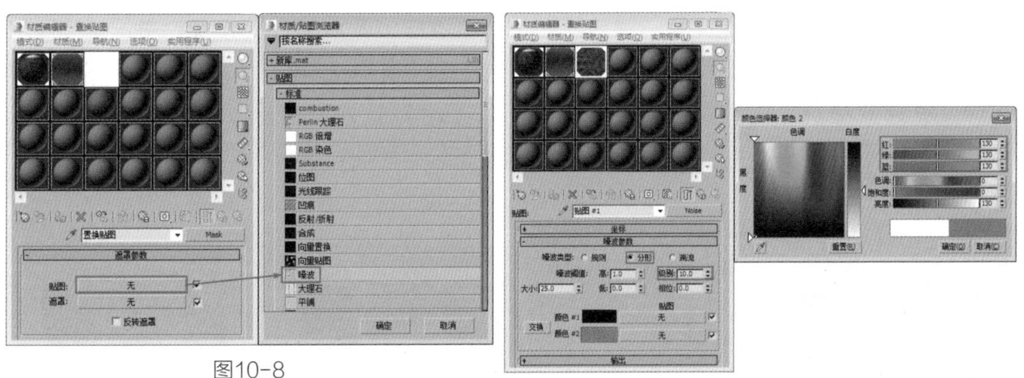

图10-8

图10-9

05 为“遮罩”通道指定一个“Perlin 大理石”贴图，接着在“Perlin 大理石参数”卷展栏中设置“大小”值为335，“级别”值为10，如图10-10和图10-11所示。

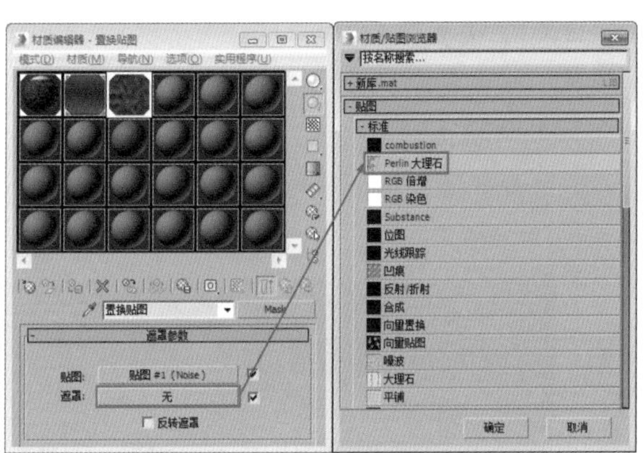

图10-10

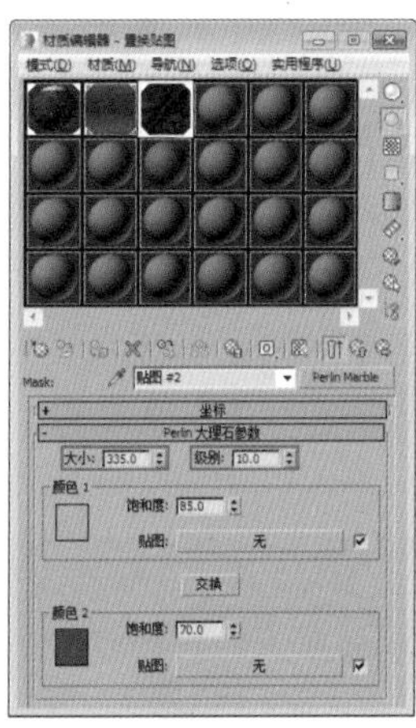

图10-11

06 为“颜色1”指定一个“细胞”贴图，接着在“细胞参数”卷展栏中设置“大小”值为40，如图10-12和图10-13所示。

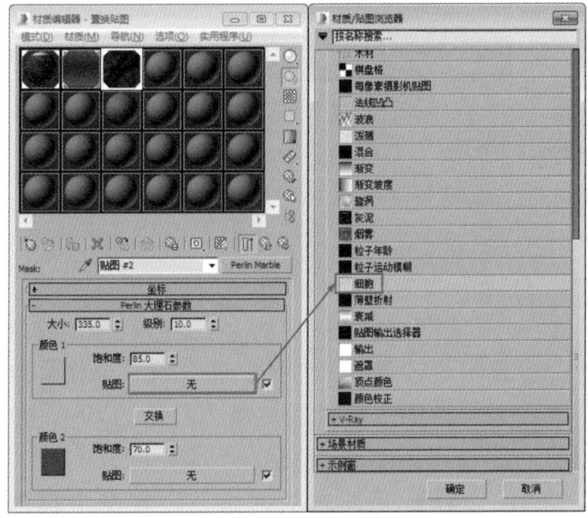

图10-12

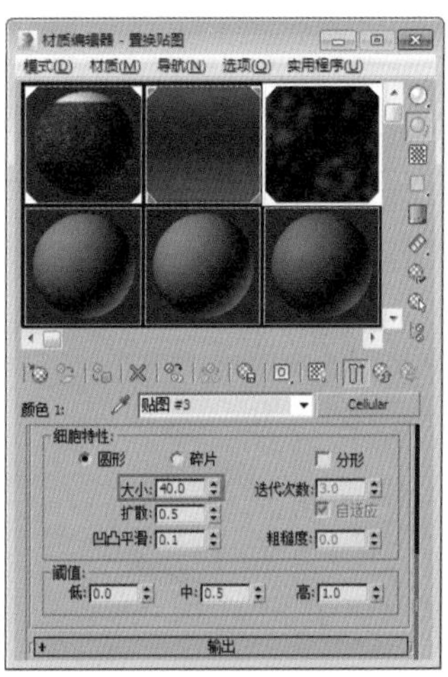

图10-13

07 为“颜色2”指定一个“噪波”贴图，接着在“噪波参数”卷展栏中设置“噪波类型”为“分形”，设置“大小”值为11，“高”值为0.8，“低”值为0.35，“级别”值为10，如图10-14和图10-15所示。

08 设置“Perlin 大理石”贴图的“颜色1”和“颜色2”的饱和度分别为70和85，如图10-16所示。

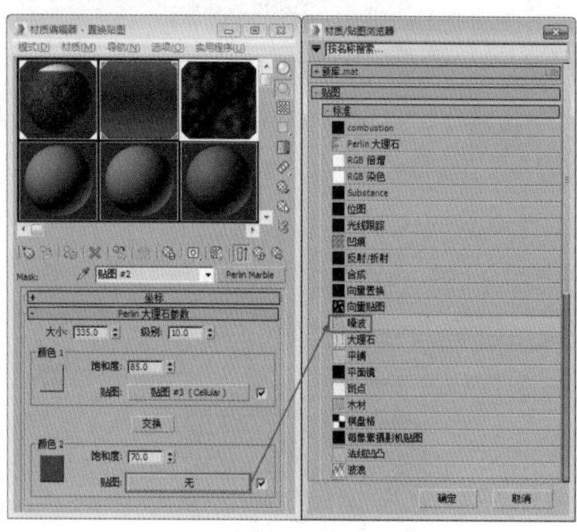

图10-14

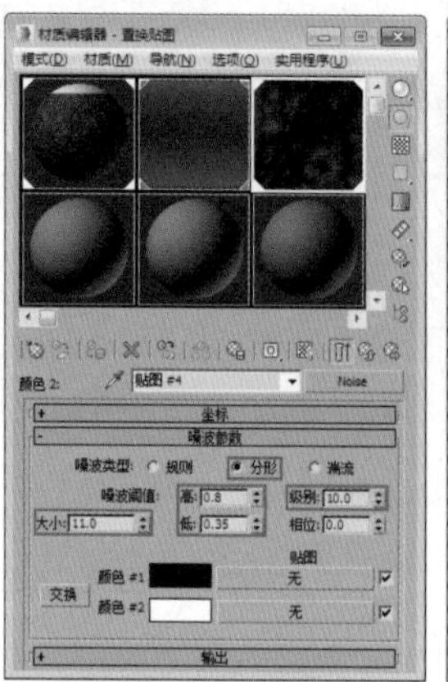

图10-15

图10-16

09 回到“修改”面板，在“置换”选项组中设置“强度”值为40，如图10-17所示。

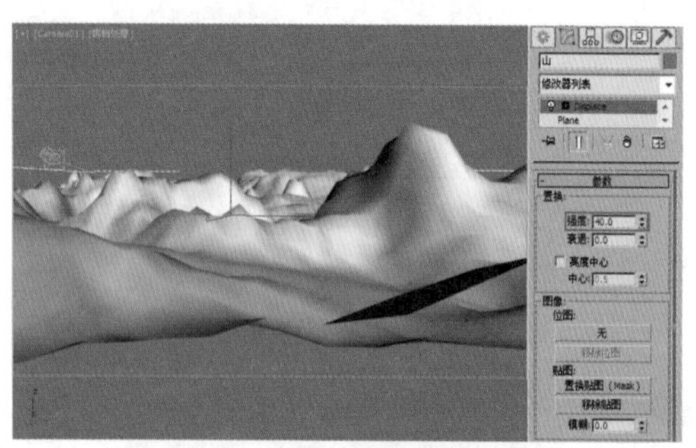

图10-17

10 在“辅助对象”面板的下拉列表中选择“操纵器”选项，然后单击Slider按钮 Slider ，在任意视图中单击，创建一个“滑块”对象，如图10-18所示。

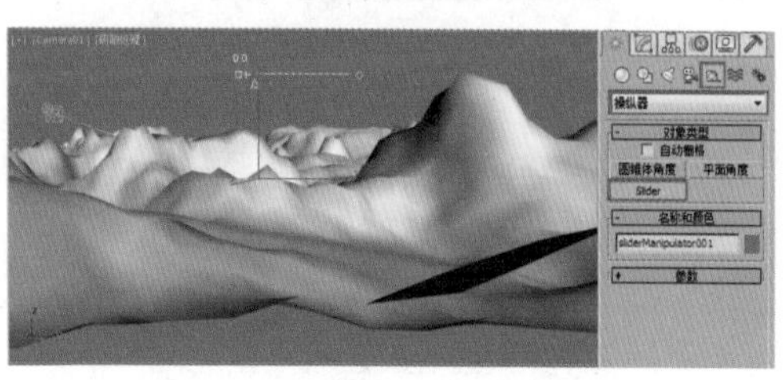

图10-18

11 进入“修改”面板，在“参数”卷展栏中设置“标签”为“海拔”，如图10-19所示。

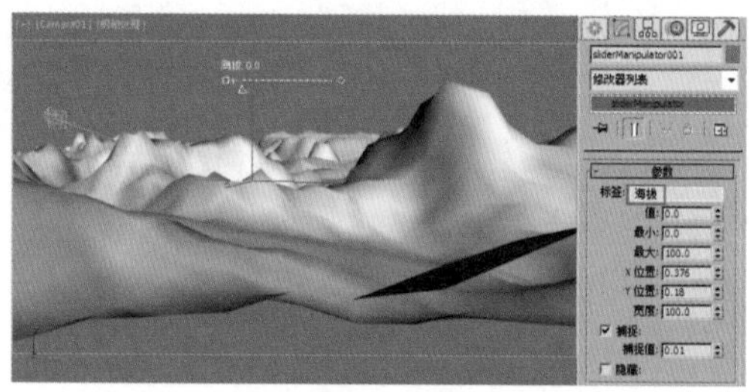

图10-19

技巧与提示

如果想调节“滑块”对象的位置和数值，可以在“修改”面板中调节，但是如果想更方便地调节“滑块”对象，可以使用主工具栏上的“选择并操纵”工具来进行调节。

12 用同样的方法，在视图中再创建一个“滑块”对象，并设置“标签”为“地形图”，设置“最大”值为300，如图10-20所示。

13 用同样的方法，在视图中再创建一个“滑块”对象，并设置“标签”为“地形细节”，设置“最小”值为1，“最大”值为10，如图10-21所示。

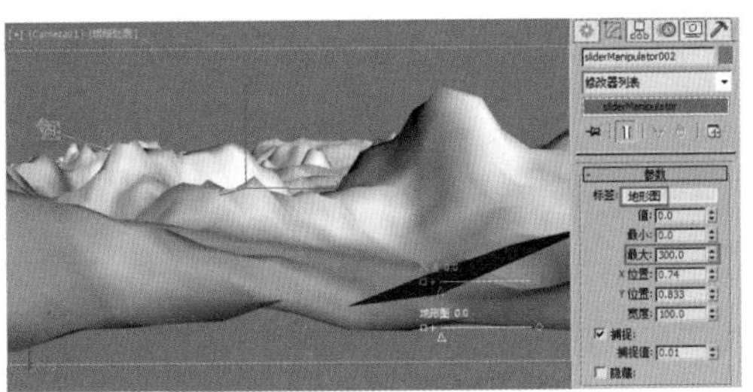

图10-20

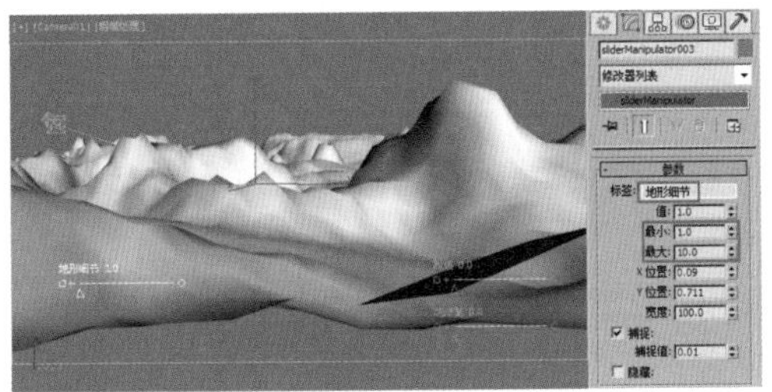

图10-21

14 在视图中选择“海拔”滑块，并单击鼠标右键，在弹出的快捷菜单中选择“连线参数”命令，然后在弹出的菜单中选择“对象（sliderManipulator）>value”选项，这时会在视图中连了一条虚线，接着单击“山”对象，在弹出的菜单中选择“修改对象>Displace>强度”选项，如图10-22~图10-25所示。

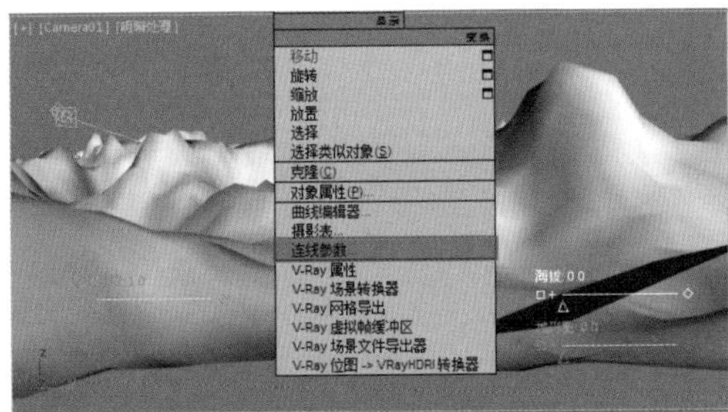

图10-22

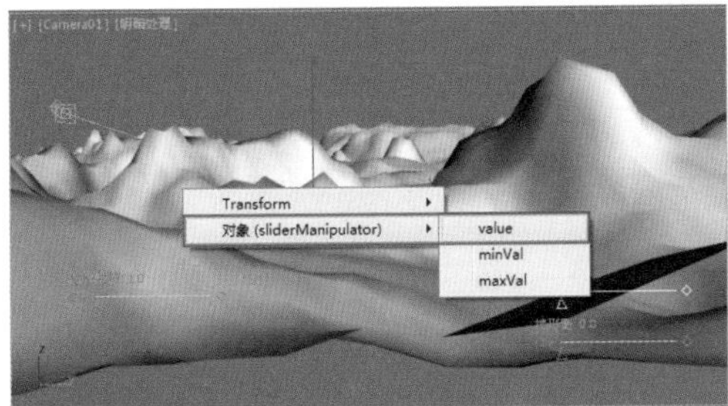

图10-23

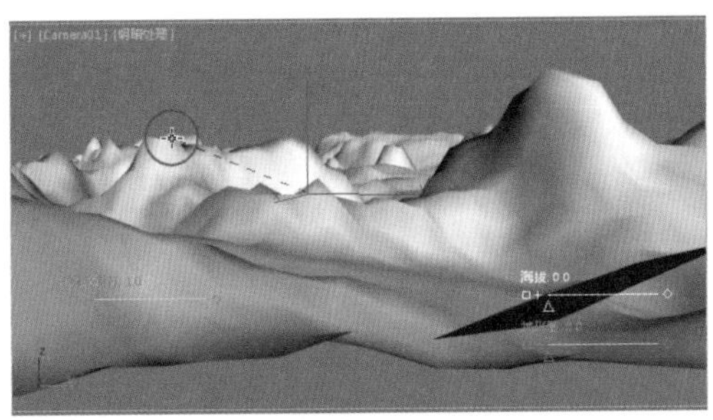

图10-24

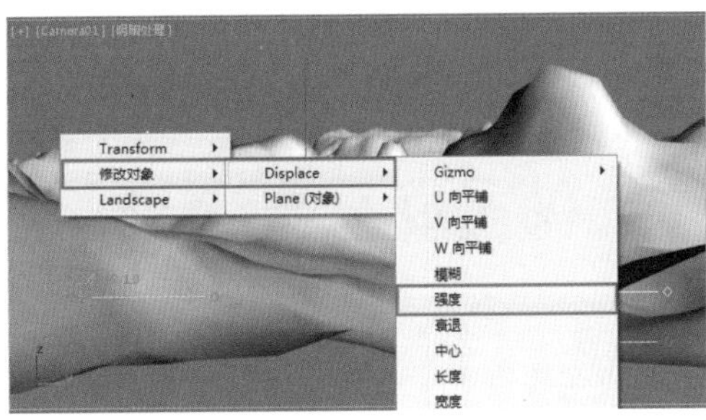

图10-25

15 在弹出的“参数关联”窗口中单击“双向连接”按钮<->，然后单击“连接”按钮 连接 ，如图10-26所示。

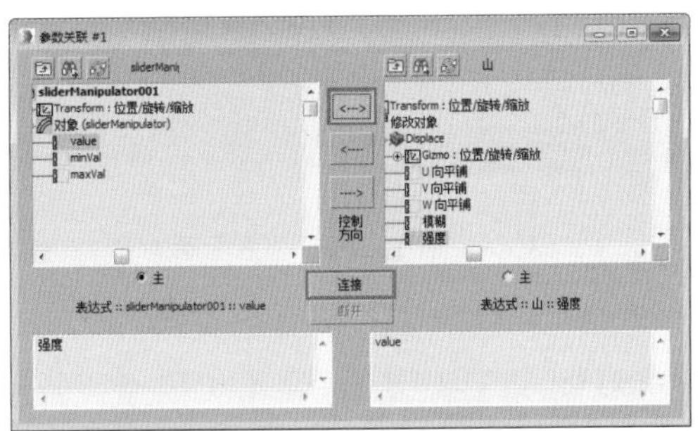

图10-26

技巧与提示

“双向连接”的含义是两个参数间可以相互控制，调节任意一个参数另一个参数也会发生相应的变化，如果单击“单向连接：右参数会控制左参数”按钮<--或者“单击连接：左参数会控制右参数”按钮-->，刚被控制的参数成为灰色，不可调状态。

16 这时使用主工具栏上的“选择并操纵”工具，在视图中拖曳“海拔”滑块的“小三角”，就可以改变“山”的高度了，如图10-27所示。

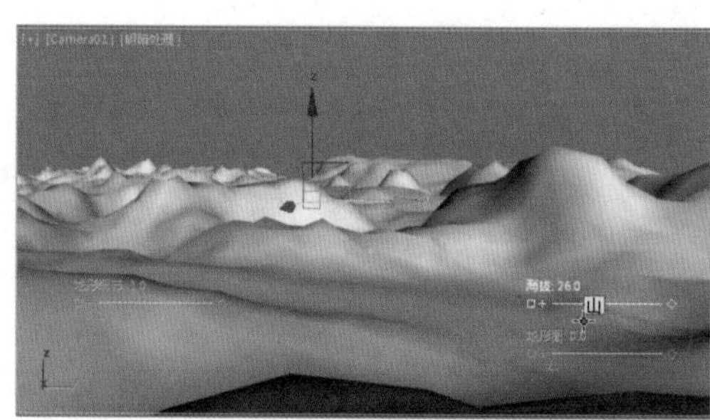
图10-27

17 选择“山”对象并打开“曲线编辑器”，在“偏移”选项上单击鼠标右键，接着在弹出的快捷菜单中选择“指定控制器”命令，如图10-28和图10-29所示。

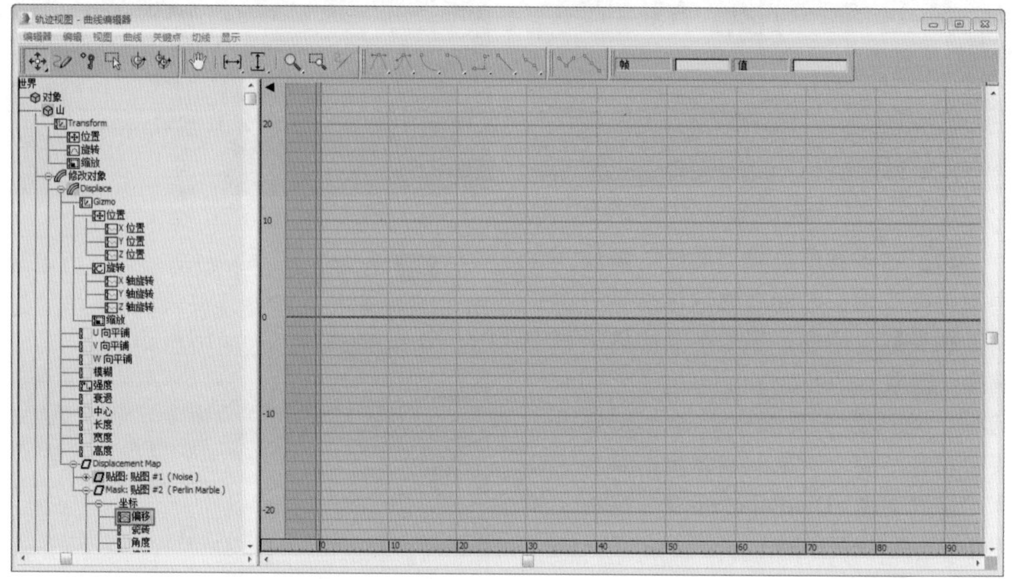
图10-28

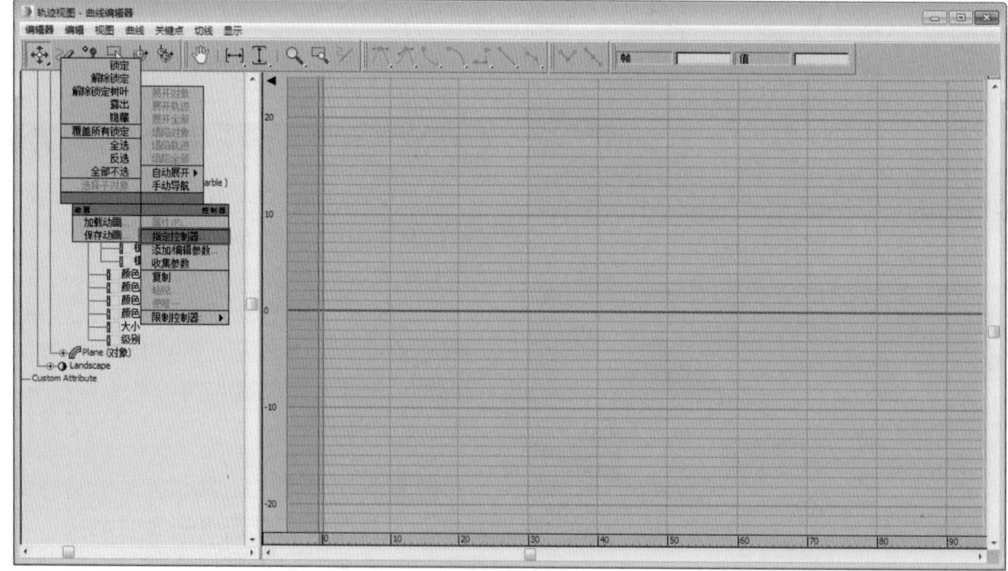
图10-29

18 在弹出的“指定Point3控制器”对话框中选择Point3 XYZ控制器，并单击“确定”按钮，如图10-30所示。

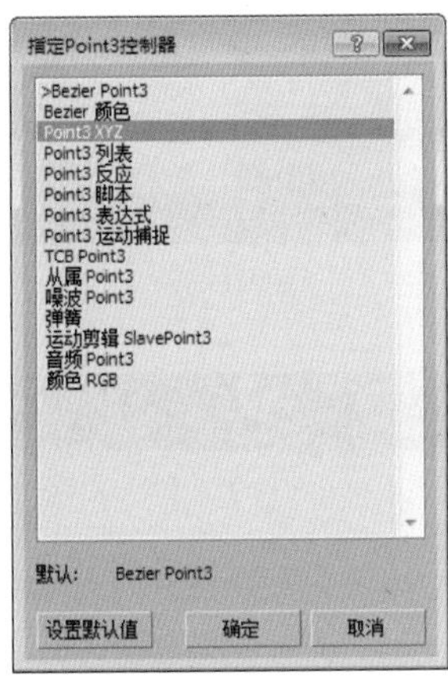

图10-30

19 使用前面的方法，用“地形图”滑块的“数值”控制“山”对象“Perlin大理石”贴图的“Y轴”偏移数值，如图10-31~图10-34所示。

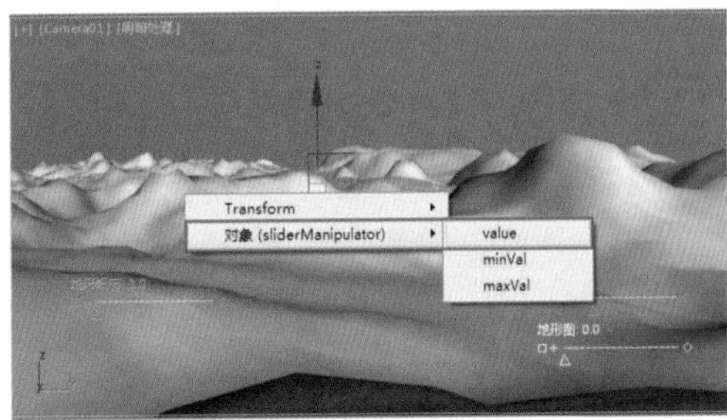

图10-31

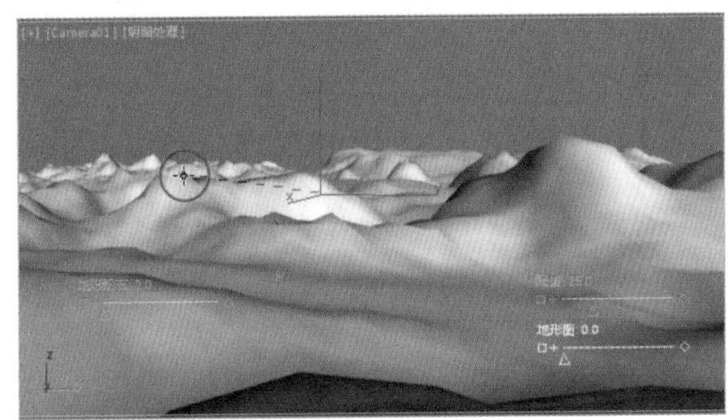

图10-32

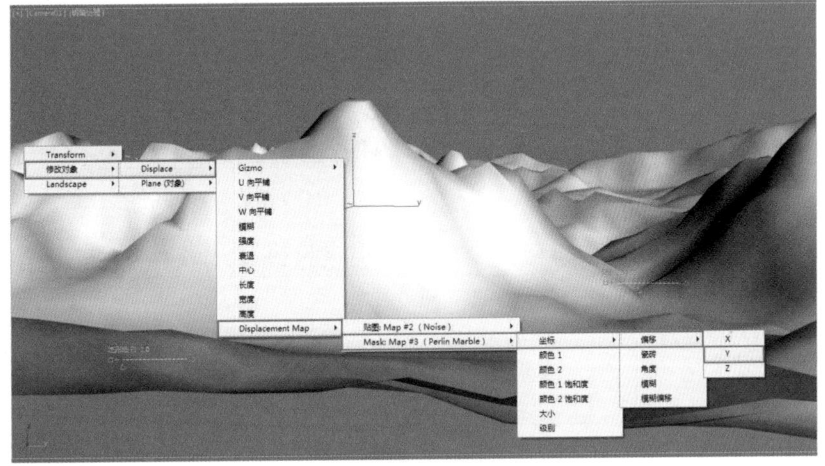

图10-33

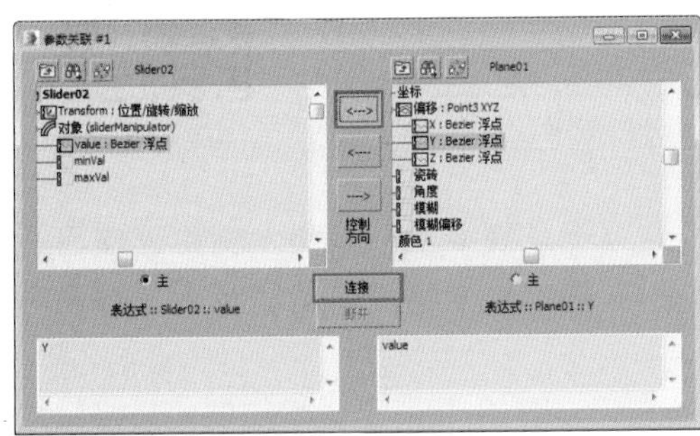

图10-34

20 使用同样的方法，用“地形细节”滑块的“数值”控制“山”对象“密度”数值，如图10-35~图10-38所示。

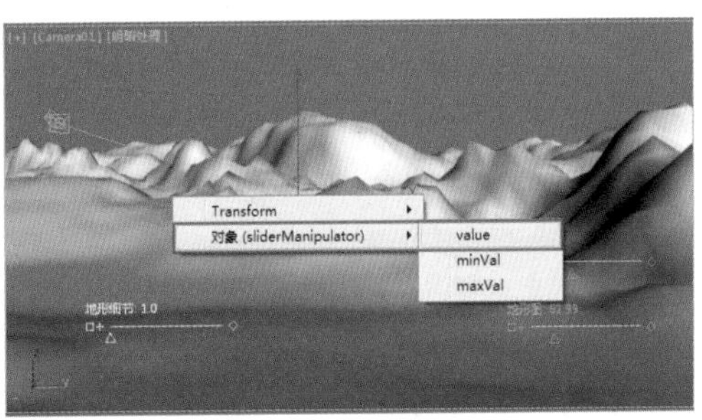

图10-35

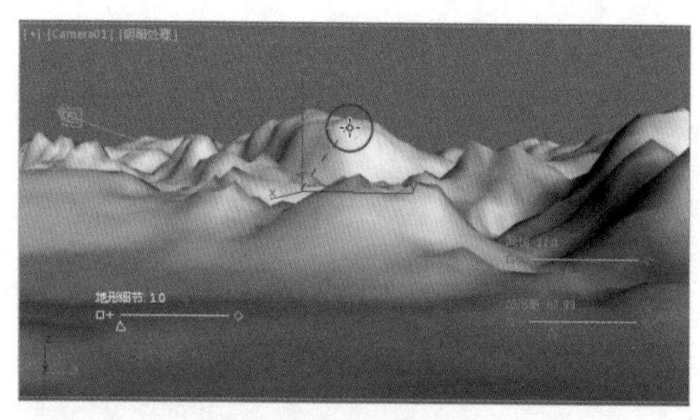

图10-36

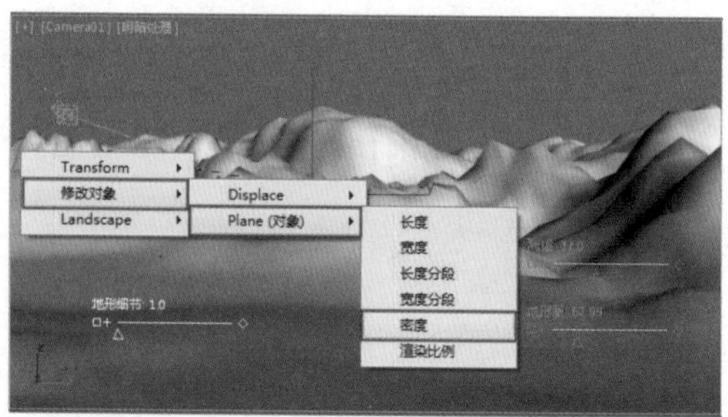

图10-37

技巧与提示

“密度”数值控制的是“山”对象的“分段数”，更改“分段数”在视图中不会看出任何变化，只有渲染时才能看出“山”对象细节的变化。

21 设置完成后，渲染当前视图，最终效果如图10-39所示。

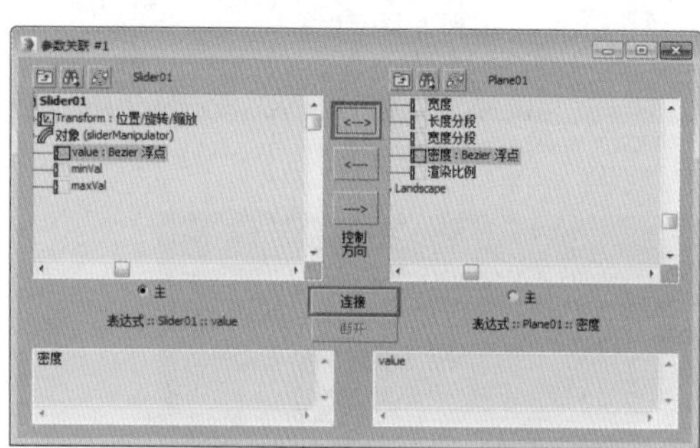

图10-38

图10-39

10.2 沸腾

实例操作：沸腾	
实例位置：	工程文件>CH10>沸腾.max
视频位置：	视频文件>CH10>10.2 沸腾.mp4
实用指数：	★★★☆☆
技术掌握：	熟练使用“反应管理器”进行参数之间的绑定

10.2 沸腾 .mp4

使用反应管理器，可以用一个主参数来控制多个从属参数。例如本例中，使用一个在Z轴旋转的主参数，同时控制灯光的亮度、物体的噪波剧烈程度和粒子的数量等参数。

接下来将通过一组实例操作来讲解这方面的知识。图10-40所示为本实例的最终完成效果。

01 打开本书配套素材中的“工程文件>CH10>沸腾>沸腾.max”文件，该场景中已经为物体设置了材质和灯光，如图10-41所示。

02 在视图中选择“火焰”对象，并进入“修改”面板，在“修改器列表”中为其添加“多边形选择”修改器，然后进入“顶点”子层级，在“前”视图中选择图10-42所示的“顶点”，接着在“软选择”卷展栏中勾选“使用软选择”复选框，并设置“衰减”值为17。

图10-40

图10-41

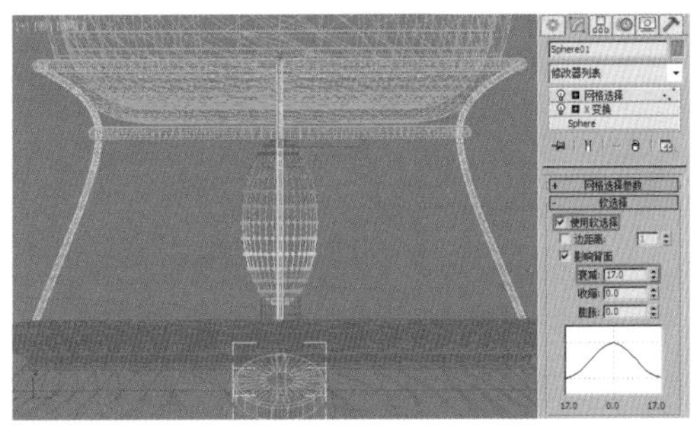

图10-42

03 保持“顶点”为选择状态，在“修改器列表”中再为其添加“噪波”修改器，在“参数”卷展栏中设置“比例”值为25，勾选“分形”复选框，在“强度”选项组中设置X、Y、Z 3个轴向的强度分别为3、3、5，在“动画”选项组中勾选“动画噪波”复选框，并设置“频率”值为0.8，如图10-43所示。

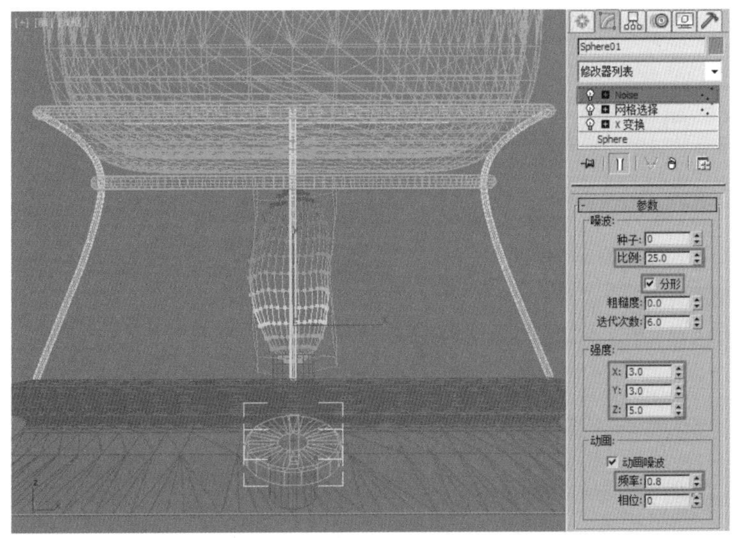

图10-43

04 在“相位”参数框内单击鼠标右键，在弹出的菜单中选择“在轨迹视图中显示”命令，接着在打开的“曲线编辑器”中选择“相位”动画曲线的两个关键点，然后单击工具栏上的“将切线设置为线性”按钮，如图10-44和图10-45所示。

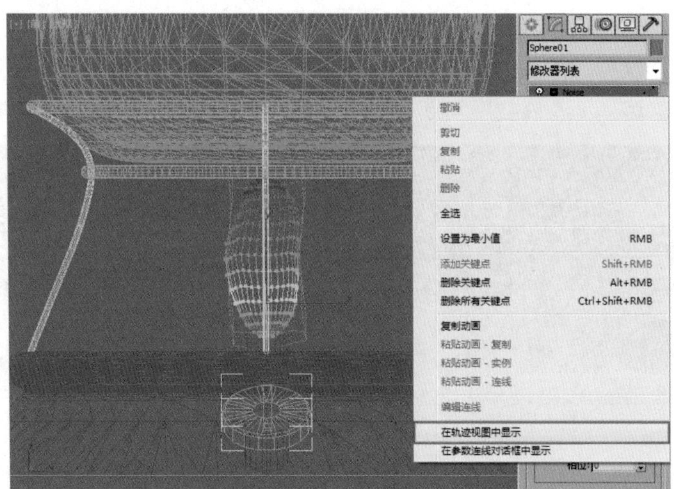

图10-44

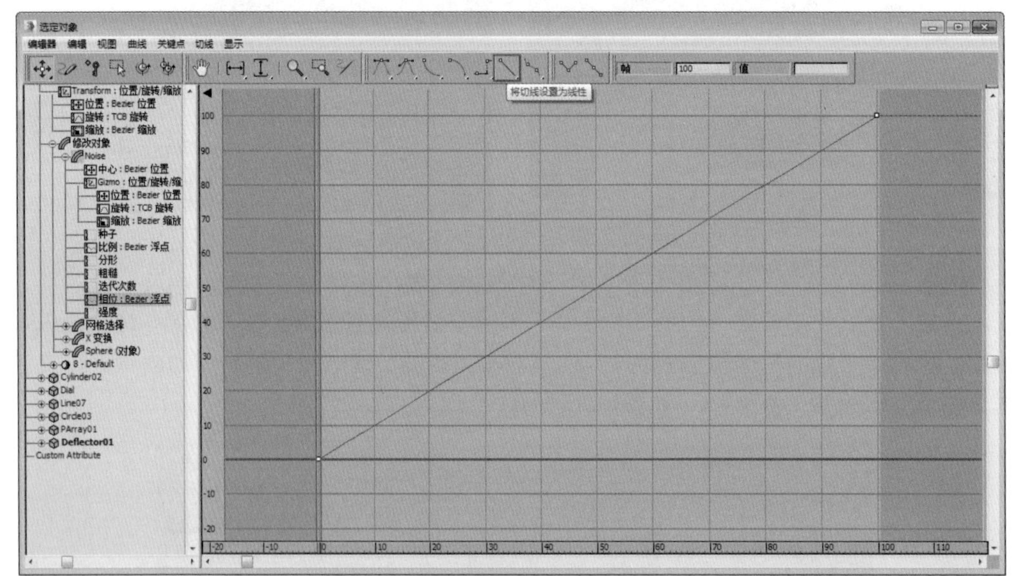

图10-45

05 在“修改器列表”中再为其添加“波浪”修改器，在“参数”卷展栏中设置“振幅1”和“振幅2”的数值都为2，“波长”值为15，如图10-46所示。

06 在视图中选择“液体”对象，在“修改”面板进入其“顶点”子层级，在视图中选择图10-47所示的“顶点”，接着在“软选择”卷展栏中勾选“使用软选择”复选框。

图10-46

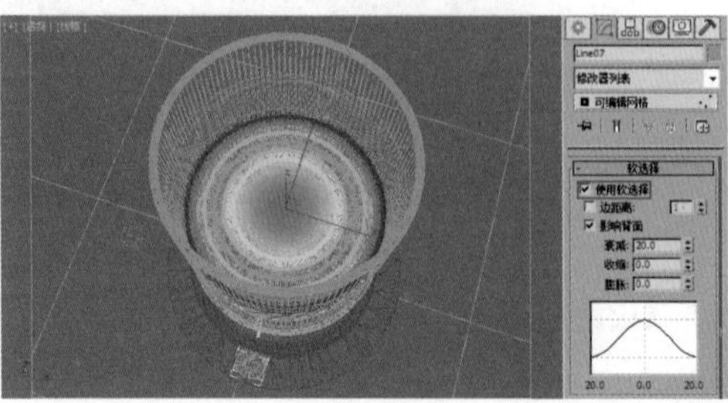

图10-47

07 保持“顶点”为选择状态，在“修改器列表”中为其添加“噪波”修改器，在“参数”卷展栏中设置“比例”值为7，在“强度”选项组中设置X、Y、Z 3个轴向的强度都为1，在“动画”选项组中勾选“动画噪波”复选框，如图10-48所示。

图10-48

08 在“相位”参数框内单击鼠标右键，在弹出的菜单中选择“在轨迹视图中显示”命令，接着在打开的“曲线编辑器”中选择“相位”动画曲线的两个关键点，然后单击工具栏上的“将切线设置为线性”按钮，如图10-49和图10-50所示。

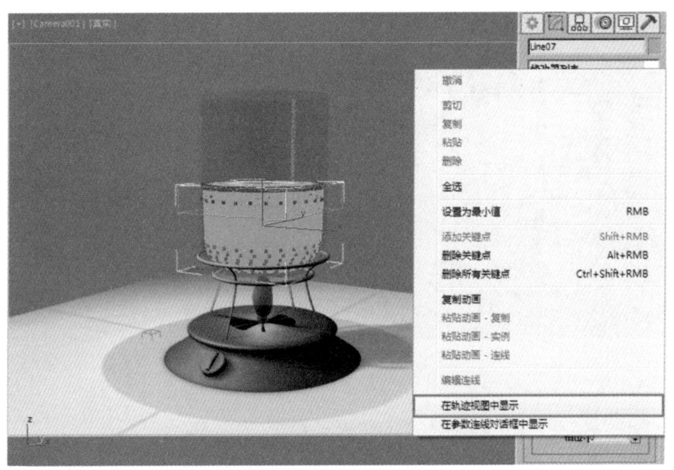

图10-49

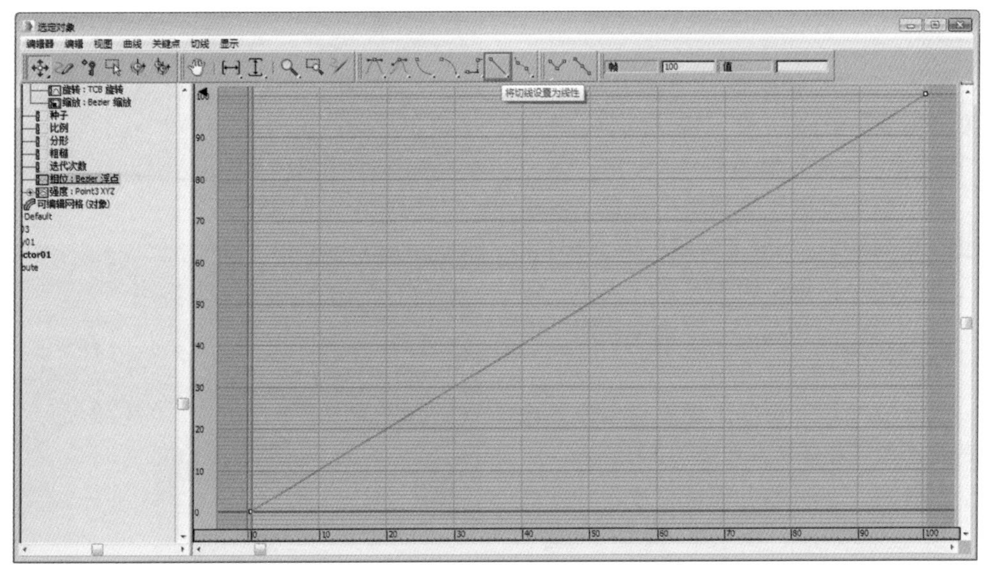

图10-50

09 在“粒子系统”面板中单击“粒子阵列”按钮 粒子阵列 ，在“顶”视图中创建一个“粒子阵列”粒子，如图10-51所示。

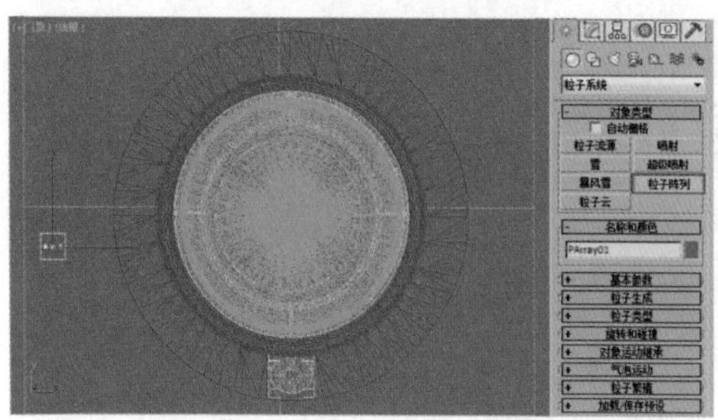

图10-51

10 进入“修改”面板，在“基本参数”卷展栏中单击“拾取对象”按钮 拾取对象 ，然后在视图中单击“发射器”对象，如图10-52所示。

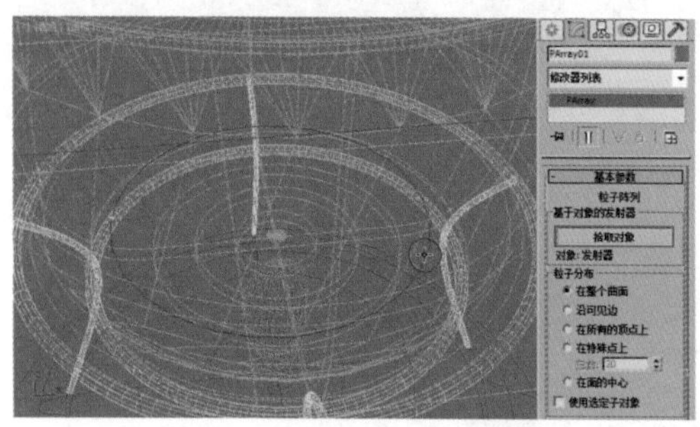

图10-52

技巧与提示

如果在视图中不方便选择，可以按H键打开“按名称选择”对话框来进行选择。

11 在“粒子生成”卷展栏中设置“粒子数量”值为1，在“粒子运动”选项组中设置“速度”值为1，“变化”值为10，在“粒子计时”选项组中设置“发射停止”值为300，“显示时限”值为301，在“粒子大小”选项组中设置“大小”值为1.5，“变化”值为25，“衰减耗时”值为0，如图10-53所示。

12 在“粒子类型”卷展栏中设置粒子的形态为“球体”，如图10-54所示。

13 在“导向器”面板中单击“导向板”按钮 导向板 ，在“顶”视图中创建一个“导向板”对象，然后使用“移动工具”调整其位置，如图10-55和图10-56所示。

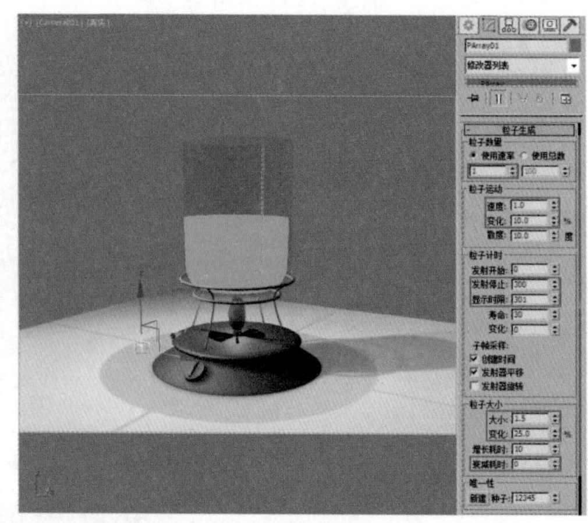

图10-53

图10-54

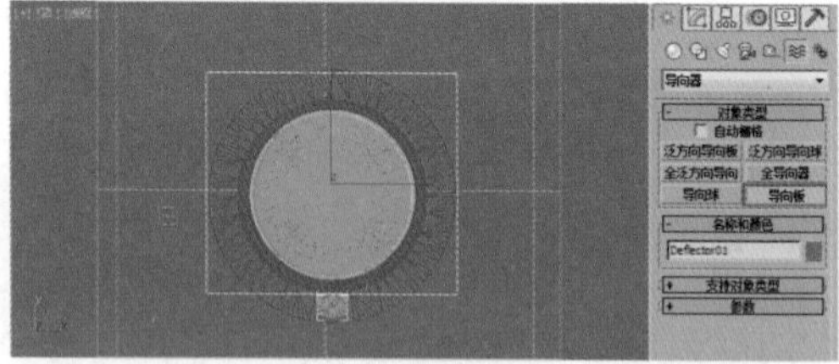

图10-55

图10-56

14 在主工具栏上单击“绑定到空间扭曲”按钮，将“粒子阵列”与“导向板”进行空间绑定，如图10-57所示。

15 在“粒子繁殖”卷展栏中选择“碰撞后消亡”，这样粒子在碰撞到“导向板”后就会消失，如图10-58所示。

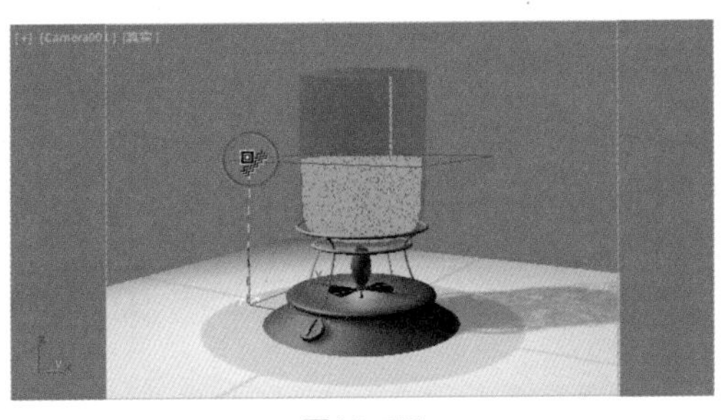
图10-57

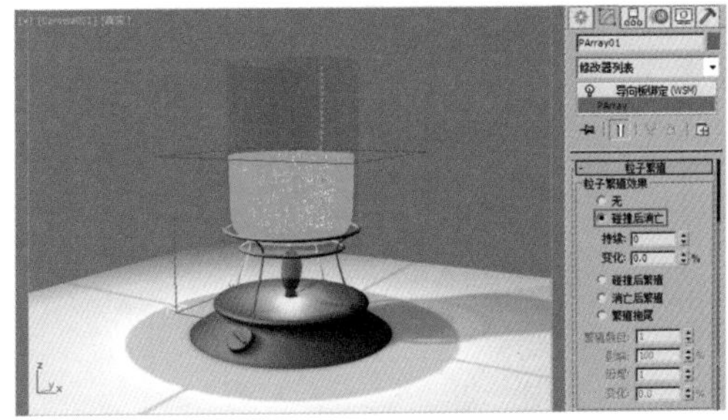
图10-58

16 按M键打开“材质编辑器”，将已经设置好的“气泡”材质指定给“粒子阵列”粒子，如图10-59所示。

17 执行菜单“动画>反应管理器”命令，打开“反应管理器”对话框，如图10-60和图10-61所示。

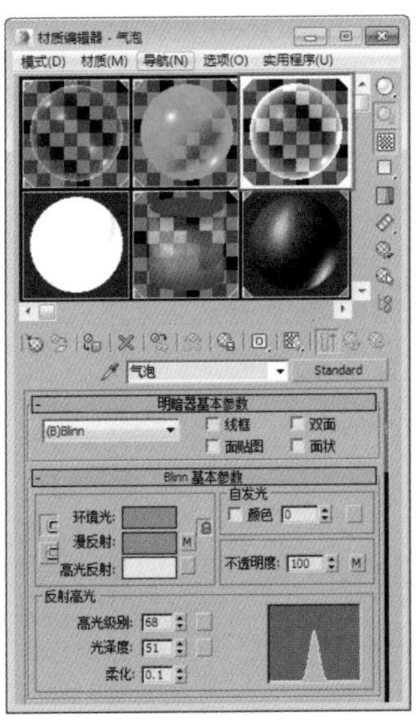

图10-59

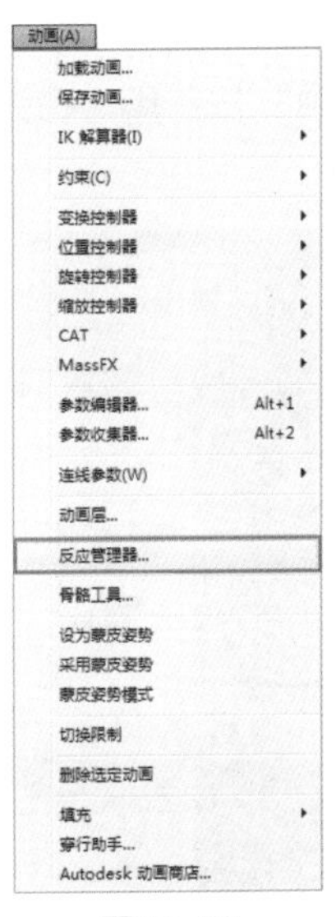

图10-60

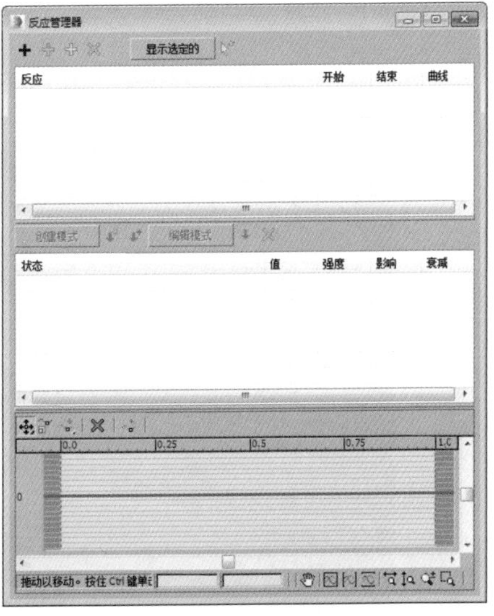

图10-61

18 在“反应管理器”对话框中单击“添加主”按钮**+**，然后在视图中单击“开关”对象，在弹出的菜单中选择“变换>旋转>Z轴旋转”命令，如图10-62所示。

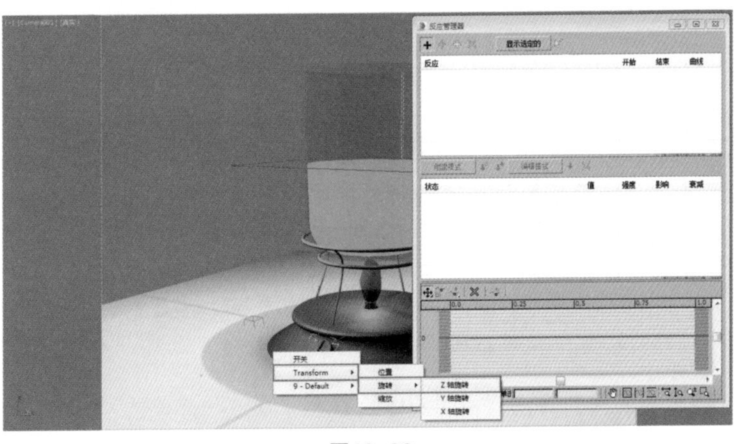

图10-62

19 单击“添加从属”按钮，然后在视图中单击“火焰”对象，在弹出的菜单中选择“修改对象>Wave>波长”命令，如图10-63所示。

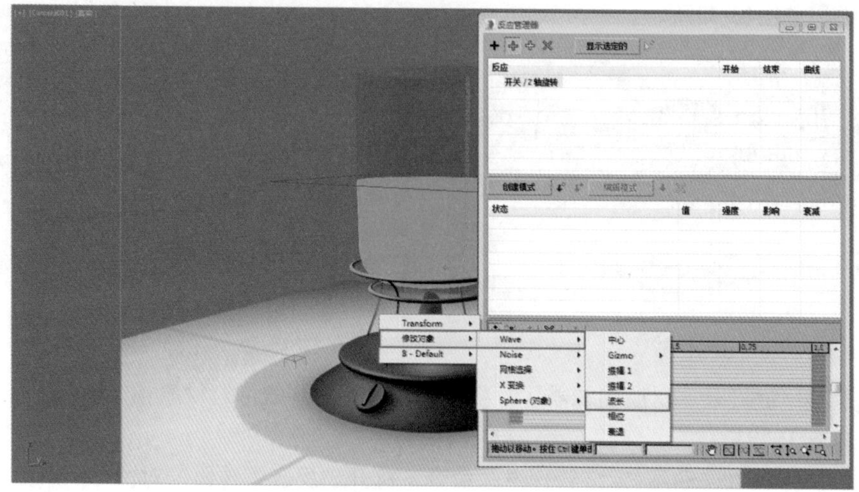

图10-63

20 在“状态”列表中选择“状态001”选项，然后在视图中选择Omni01对象，接着在“反应管理器”窗口中单击“添加选定项”按钮，在弹出的菜单中选择“对象（泛光灯）>倍增”命令，如图10-64所示。

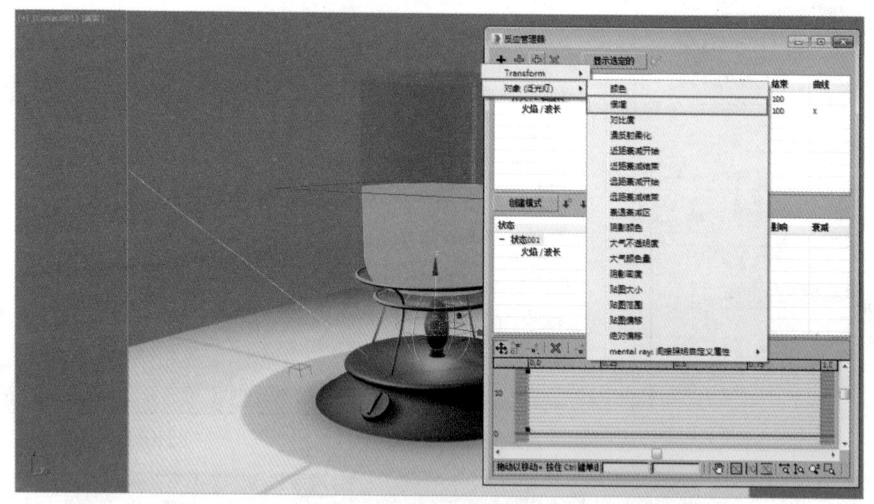

图10-64

技巧与提示

如果在场景中的对象不方便选择时，就可以用这种先在场景中选择好对象，然后通过“添加选定项”的方式来添加需要的参数，不管用“添加从属”还是“添加选定项”添加的参数，都会受到“添加主”参数的控制。

另外，在“添加从属”或者“添加选定项”参数前，一定要先在“状态”列表中选择对应的状态，否则会在“状态”列表中再另外创建一个“状态”。

21 用同样的方法，将“液体”对象“噪波”修改器X、Y、Z 3个轴向的“强度”添加到“状态001”中，如图10-65和图10-66所示。

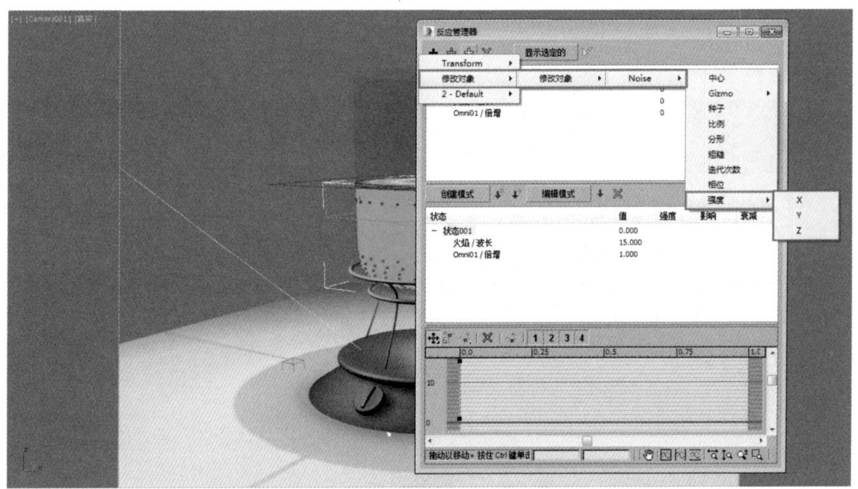

图10-65

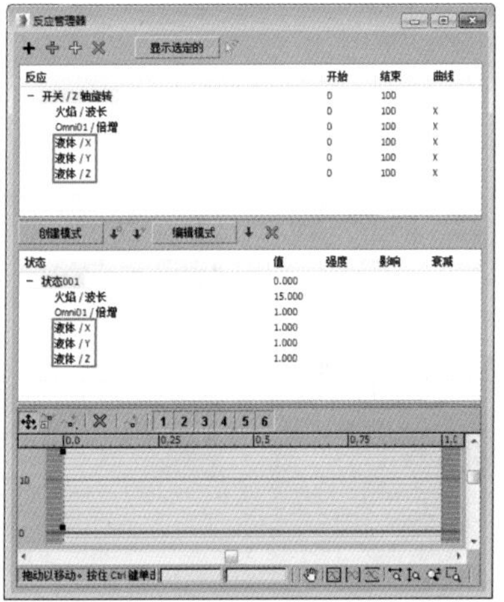

图10-66

22 用同样的方法，将“粒子阵列”粒子的“出生速率”添加到“状态001”中，如图10-67所示。

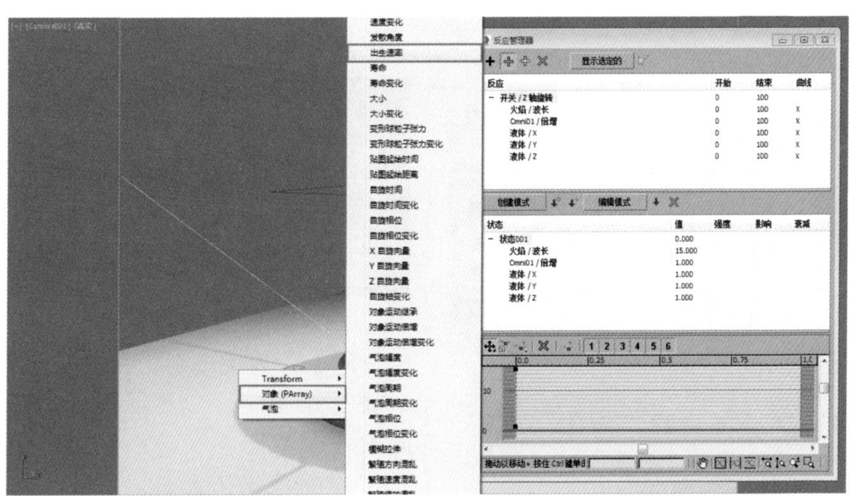

图10-67

23 在“反应管理器”窗口中单击“创建模式”按钮 创建模式 ，然后在视图中将“开关”对象沿“局部”坐标系统旋转90°，如图10-68所示。

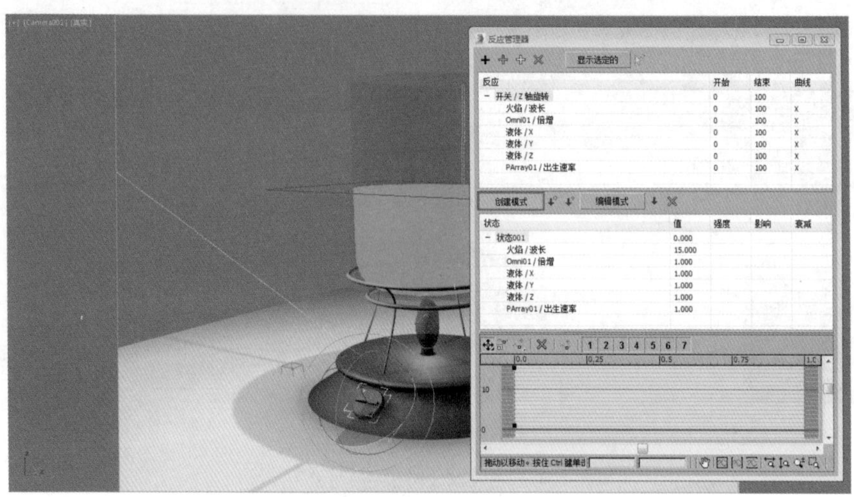

图10-68

24 在视图中选择“火焰”对象，并进入“修改”面板，在“波浪”修改器的“参数”卷展栏中，设置“波长”值为4，如图10-69所示。

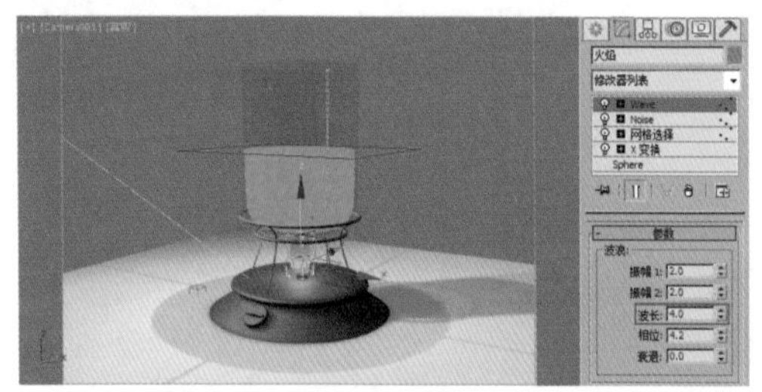

图10-69

25 在视图中选择Omni01对象，在“强度/颜色/衰减”卷展栏中，设置“倍增”值为2.5，如图10-70所示。

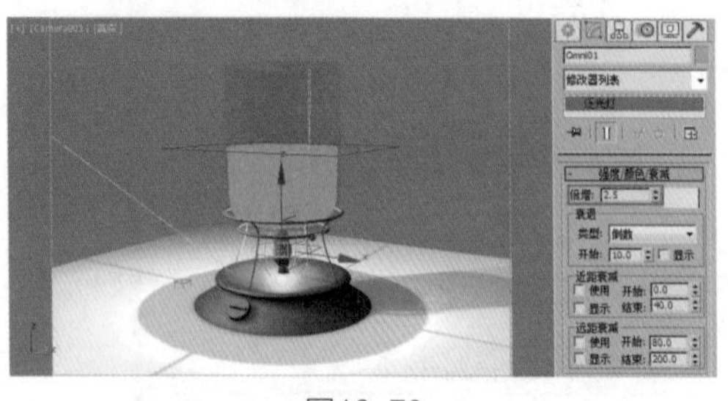

图10-70

26 在视图中选择“液体”对象，在“噪波”修改器的“参数”卷展栏中，设置X、Y、Z的“强度”值分别为4、4、16，如图10-71所示。

图10-71

27 在视图中选择“粒子阵列”粒子，在“粒子生成”卷展栏中，设置“粒子数量”值为18，如图10-72所示。

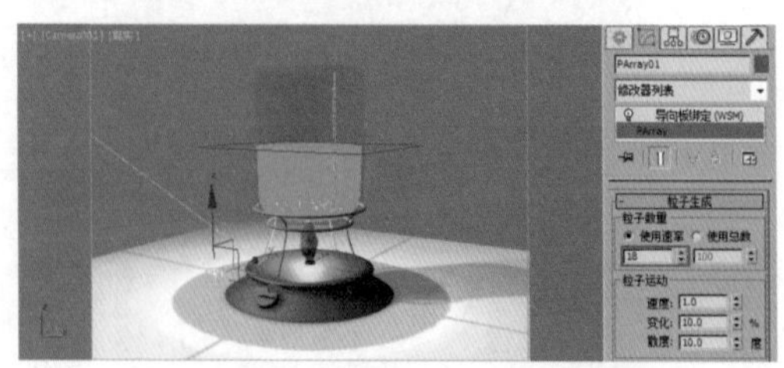

图10-72

28 设置完成后，在“反应管理器”对话框中单击“创建状态”按钮，这时会在“状态”列表中创建一个“状态002”，如图10-73所示。

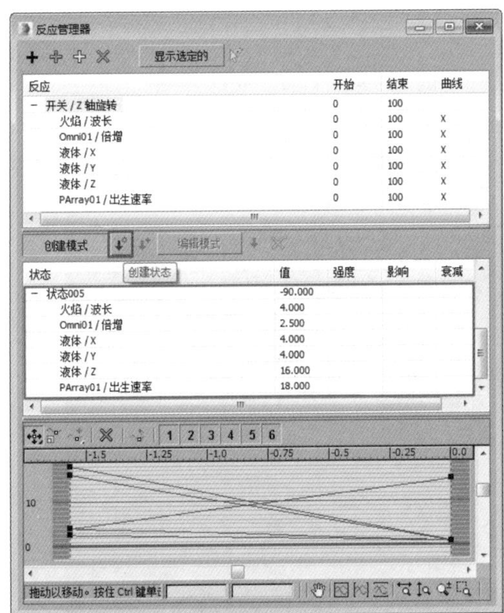

图10-73

29 在视图沿“局部”坐标系统的Z轴旋转“开关”对象，可以看到所有被控制物体的参数变化，如图10-74所示。

30 设置完成后，渲染当前视图，最终效果如图10-75所示。

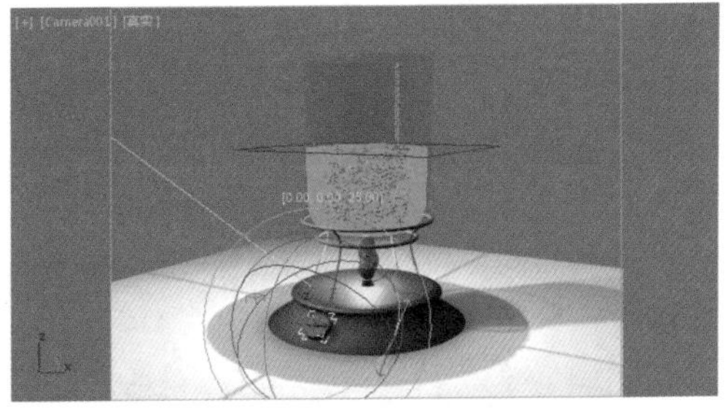

图10-74

图10-75

第11章 IK与骨骼动画

以骨骼的运动来驱动身体的形变是三维动画中最常见的角色动画方法之一，如图11-1所示。

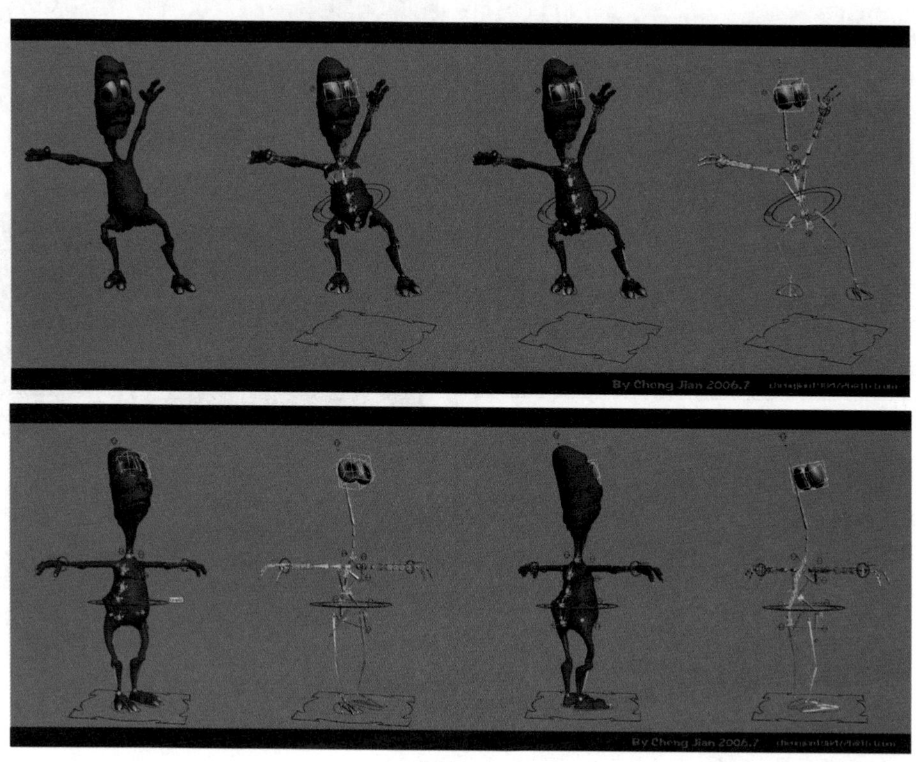

图11-1

在3ds Max中有多种骨骼系统，本章主要讲解3ds Max内置的基本骨骼系统Bones，默认的“骨骼”的每节骨骼之间是标准的FK正向链接，另外，软件本身还提供了4种骨骼的IK反向链接方式，它们对应4种不同的IK解算器。

技巧与提示

FK（Forward Kinematics，正向动力学）：FK系统规定父级物体运动时，子级物体将跟随运动；而子级物体的运动不会影响到父级物体。IK（Inverted Kinematics，反向动力学）：IK系统的概念跟FK正好相反，IK系统是根据末端子级物体的位置移动来计算得出父级物体的位置和方向。

角色动画中的骨骼运动遵循运动学原理，定位和动画骨骼包括两种类型的运动学：正向运动学（FK）和反向运动学（IK）。

正向运动学是指完全遵循父子关系的层级，用父层级带动子层级的运动。也就是说当父对象发生位移、旋转和缩放变化时，子对象会继承父对象的这些信息，也发生相应的变化，但是子对象的位移、旋转和缩放却不会影响父对象，父对象将保持不动。例如，有一个人体的层级链接，当躯干（父对象）弯腰时，头部（子对象）跟随它一起运动，但是当单独转动头部时，却不会影响躯干的动作，如图11-2所示。

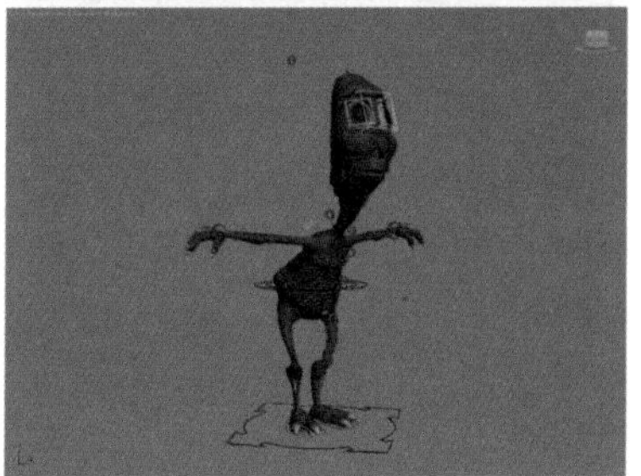

图11-2

技巧与提示

在电脑动画软件的发展初期，关节动画都是正向链接系统，它的优点是软件开发容易，设计简单，运算速度快。缺点是工作效率太低，而且很容易产生不自然的动作。

3ds Max中的Bones骨骼系统默认每节骨骼之间就是标准的正向链接，但是当移动子骨骼的时候，父骨骼的方向会自动对齐子骨髓了，这是骨骼的特性。

与正向运动学正好相反，反向运动学是依据某些子关节的最终位置、角度，来反求推导出整个骨架的形态。也就是说父对象的位置和方向由子对象的位置和方向确定。可以为腿部设置HI（历史独立型）的IK解算器，然后通过移动骨骼末端的IK链来得到腿部骨骼的最终形态，如图11-3所示。

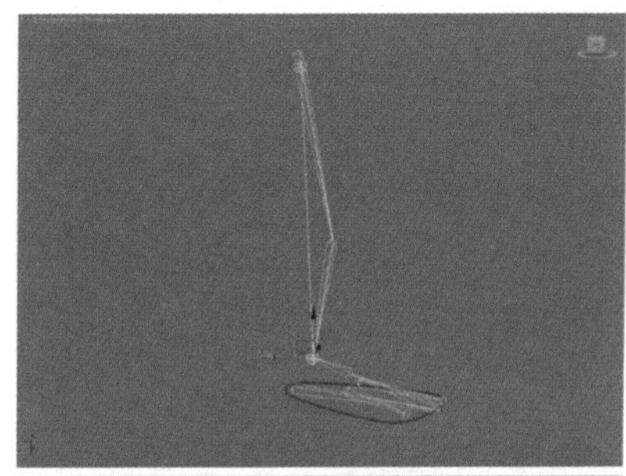

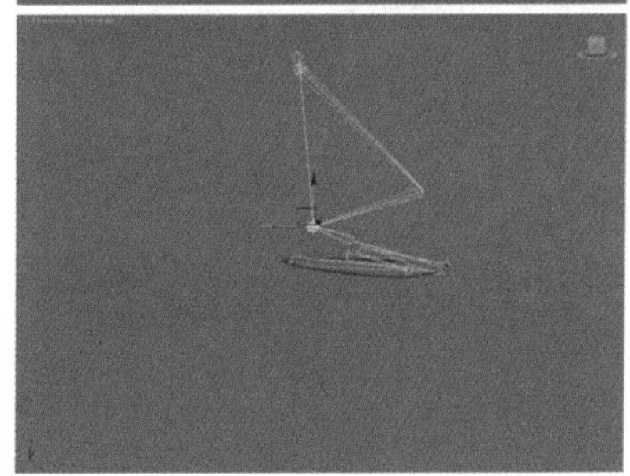

图11-3

技巧与提示

反向运动学的优点是工作效率高，大大减少了需要手动控制的关节数目，比正向运动学更易于使用，它可以快速创建复杂的运动。缺点是求解方程组需要耗费较多的计算机资源，在关节数增多的时候尤其明显。

11.1 为卡通角色架设骨骼

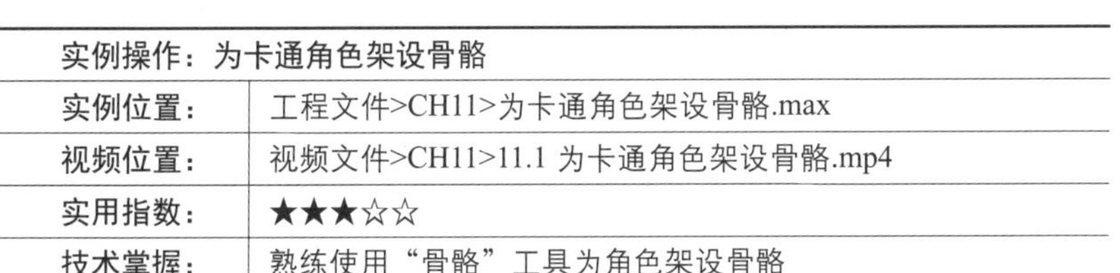

实例操作：为卡通角色架设骨骼	
实例位置：	工程文件>CH11>为卡通角色架设骨骼.max
视频位置：	视频文件>CH11>11.1 为卡通角色架设骨骼.mp4
实用指数：	★★★☆☆
技术掌握：	熟练使用“骨骼”工具为角色架设骨骼

11.1 为卡通角色架设骨骼 .mp4

在本小节中我们将使用3ds Max的“骨骼”工具来为一个卡通角色设置一套骨骼，图11-4所示为本实例的最终完成效果。

图11-4

01 打开本书配套素材中的“工程文件>CH11>为卡通角色架设骨骼>为卡通角色架设骨骼.max”文件，该场景中有一个卡通角色，如图11-5所示。

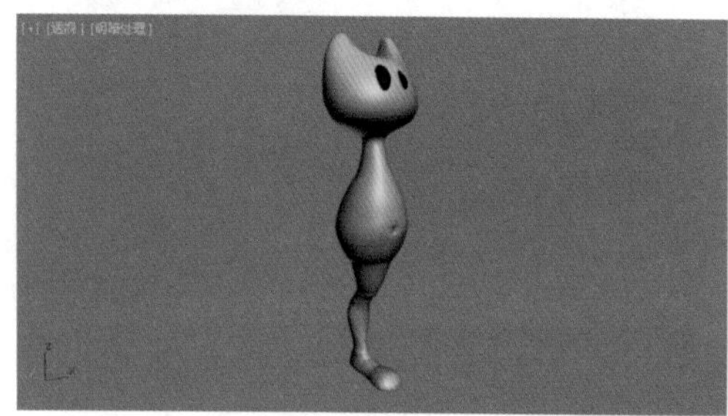

图11-5

02 进入“系统”面板，并单击“骨骼”按钮 骨骼 ，在“左”视图中单击并拖曳创建4根骨骼，如图11-6所示。

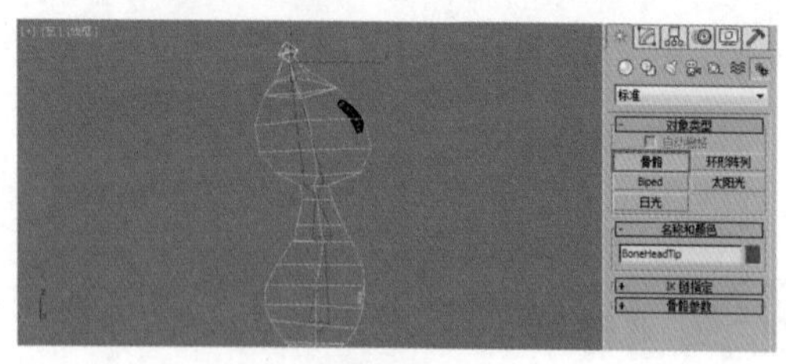

图11-6

> **技巧与提示**
>
> 创建完第三根骨骼后，单击鼠标右键结束创建，这时系统会自动创建第四根骨骼。

03 用同样的方法再创建下半身的5根骨骼，如图11-7所示。

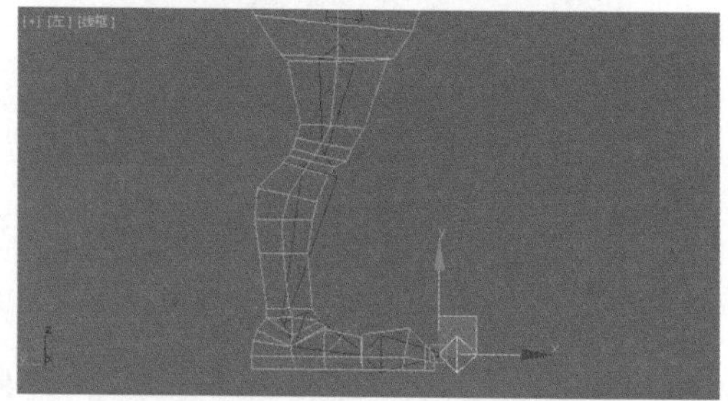

图11-7

04 执行菜单“动画>骨骼工具”命令，打开“骨骼工具”对话框，如图11-8和图11-9所示。

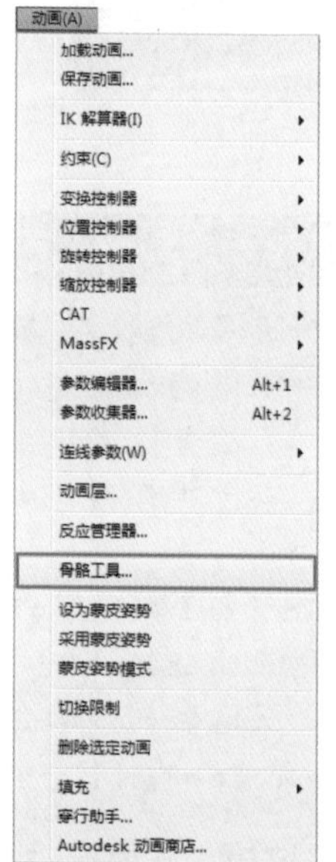

图11-8

图11-9

05 单击“骨骼编辑模式”按钮 骨骼编辑模式 ，然后使用“移动工具”在视图中调骨骼的位置和形态，如图11-10所示。

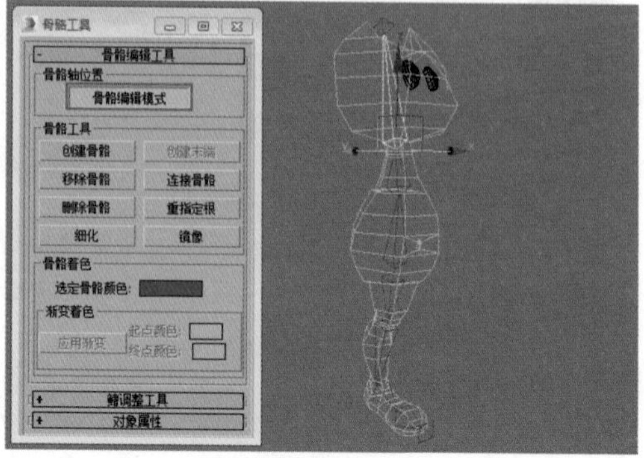

图11-10

技巧与提示

骨骼创建完成后是自动带有父子关系的，此时下端的骨骼是上端骨骼的父物体。使用“移动”和“旋转工具”都可以调整骨骼的位置，但如果想调整骨骼的形态，如长短等，则需要在开启“骨骼编辑模式”进行调节。

06 选择图11-11所示的骨骼，在“鳍调整工具”卷展栏中，勾选“侧鳍”“前鳍”和“后鳍”复选框，并设置“侧鳍”的“大小”值为13，“前鳍”的“大小”值为11，“后鳍”的“大小”值为12。

07 选择图11-12所示的骨骼，在“鳍调整工具”卷展栏中，勾选“侧鳍”“前鳍”和“后鳍”复选框，并设置“侧鳍”“前鳍”和“后鳍”的“大小”值都为5。

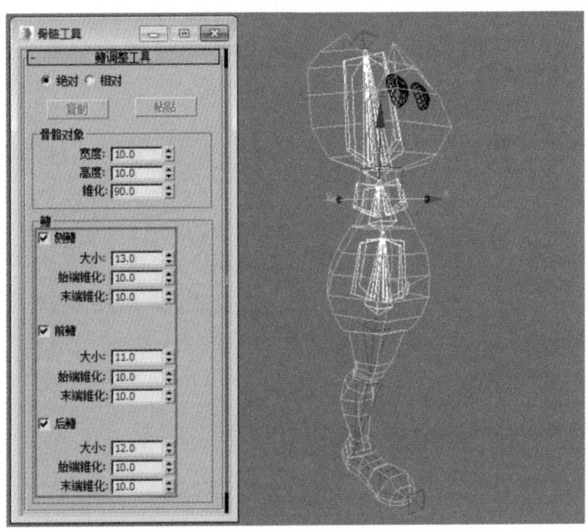

图11-11

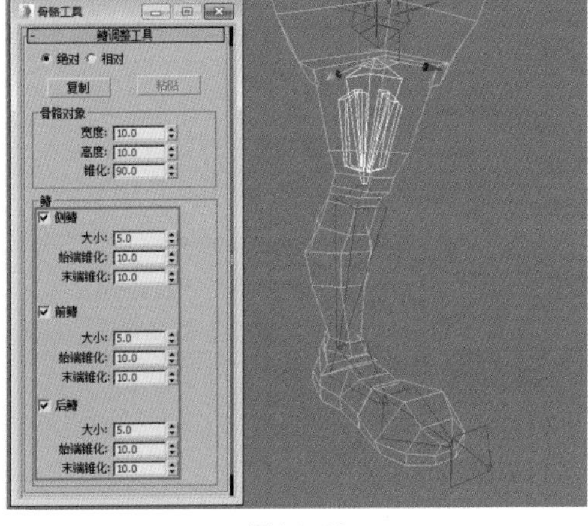

图11-12

08 选择图11-13所示的骨骼，在“鳍调整工具”卷展栏中，勾选“侧鳍”和“后鳍”复选框，并设置“侧鳍”的“大小”值为1.5，“后鳍”的“大小”值为7。

09 选择图11-14所示的骨骼，在“鳍调整工具”卷展栏中，勾选“后鳍”复选框，并设置“后鳍”的“大小”值为5。

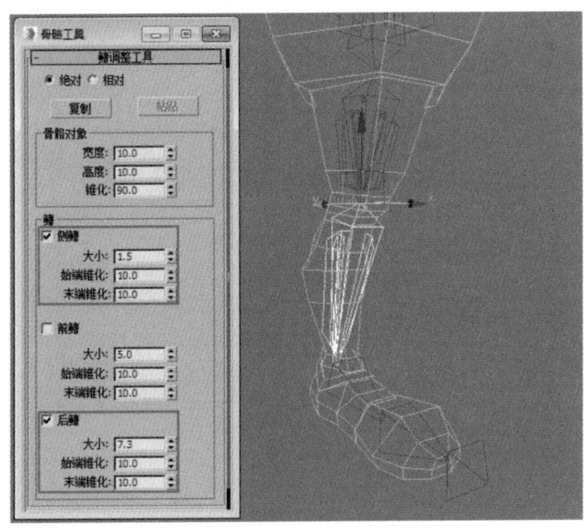

图11-13

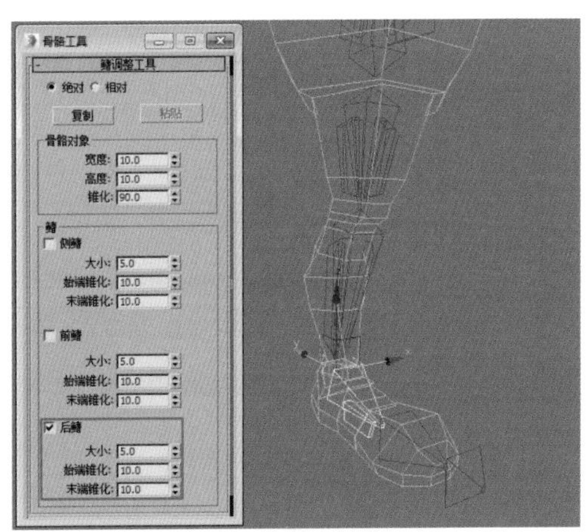

图11-14

技巧与提示

“鳍”的大小会影响“蒙皮”时“封套”的大小。

10 设置完成后，角色骨骼的最终效果如图11-15所示。

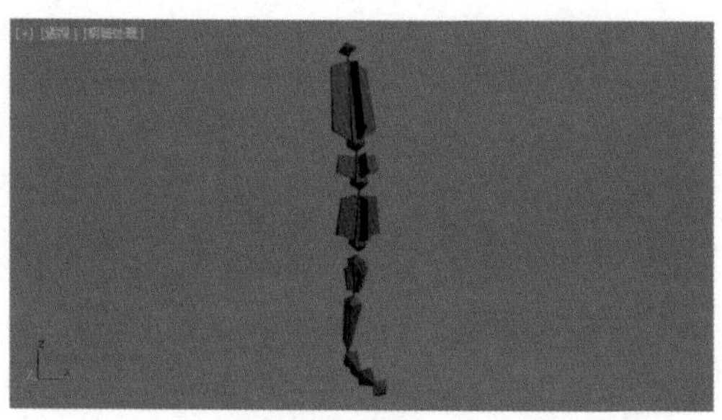

图11-15

11.2 为骨骼创建IK并创建自定义属性

实例操作：为骨骼创建IK并创建自定义属性	
实例位置：	工程文件>CH11>为骨骼创建IK并创建自定义属性.max
视频位置：	视频文件>CH11>11.2 为骨骼创建IK并创建自定义属性.mp4
实用指数：	★★★☆☆
技术掌握：	熟练使用“参数编辑器”创建自定义属性

11.2 为骨骼创建 IK 并创建自定义属性 .mp4

对角色动画和序列较长的任何IK动画而言，HI解算器是首选的方法。使用 HI 解算器，可以在层次中设置多个链。例如，角色的腿部可能存在一个从臀部到脚踝的链，还存在另外一个从脚跟到脚趾的链，如图11-16所示。

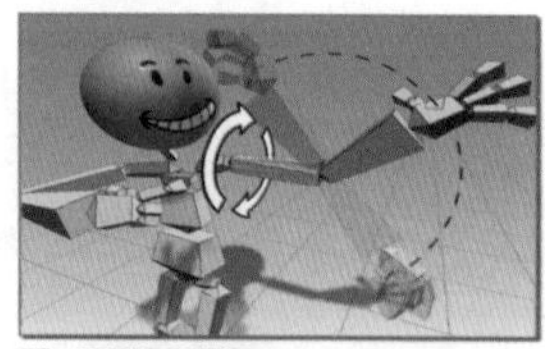

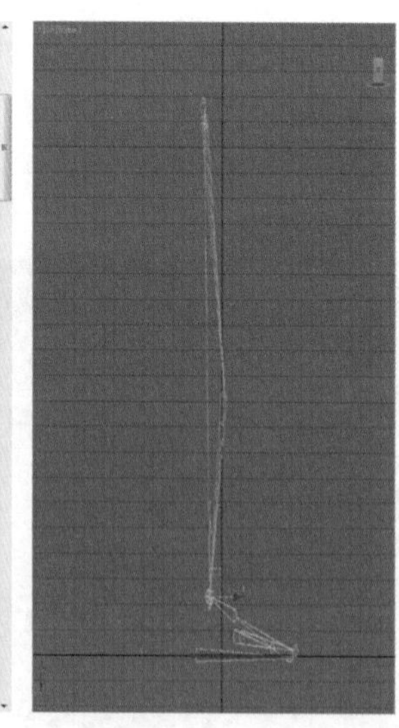

图11-16

“参数编辑器”允许用户创建和指定附加物体的参数到场景中选择的物体、修改器或材质上。这些参数就像物体的基本参数一样，可以随场景一同保存，在轨迹视图编辑器中自定义的参数也会显示在列表中，并可以指定动画。自定义属性通常用在角色动画的整合上，一般需要配合“连线参数”“反应管理器”和“表达式”一同使用。

例如给一个控制脚趾弯曲的辅助物体加入自定义属性，为其添加所有脚趾旋转的参数项目，然后通过“连线参数”或者“反应管理器”将参数连到相应的骨骼旋转项目上，这样我们对这些自定义的参数调节时，就可以直接调节所有脚趾的弯曲角度了。图11-17所示为本实例的最终完成效果。

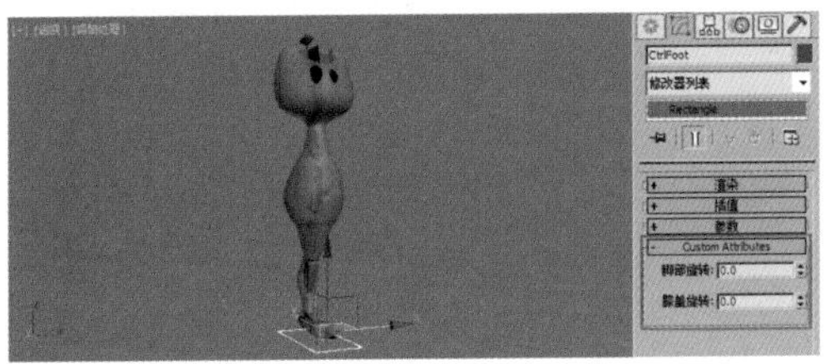

图11-17

01 继续上节的练习，或者打开本书配套素材中的“工程文件>CH11>为骨骼创建IK并创建自定义属性>为骨骼创建IK并创建自定义属性.max”文件，该场景已经为卡通角色设置了骨骼，如图11-18所示。

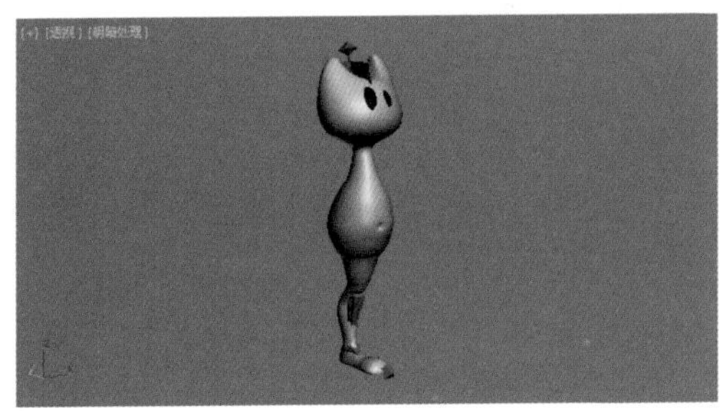

图11-18

02 在视图中选择大腿根部的骨骼，执行菜单“动画>IK解算器>HI解算器”命令，然后在场景中单击脚跟处的骨骼，如图11-19和图11-20所示。

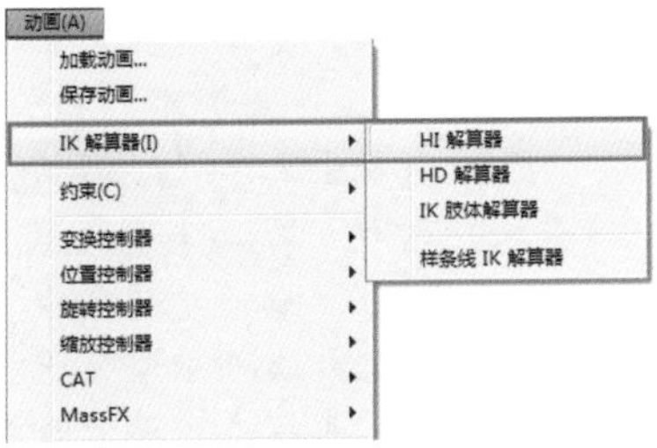

图11-19

03 在视图中选择脚跟处的骨骼，用同样的方法，在脚掌处创建一个HI解算器，如图11-21所示。

04 在视图中选择脚跟处的骨骼，用同样的方法，在脚掌处创建一个HI解算器，如图11-22所示。

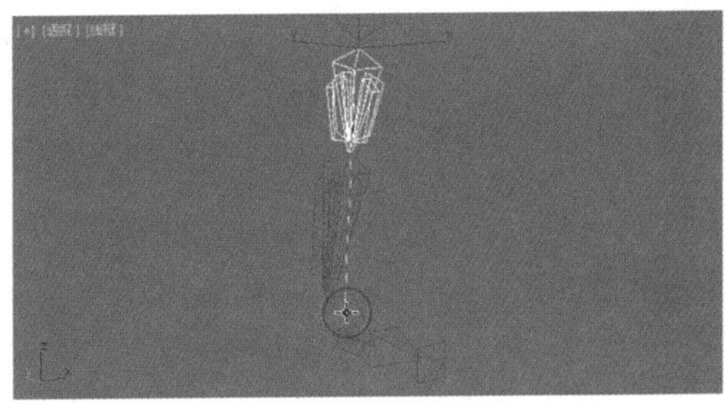

图11-20

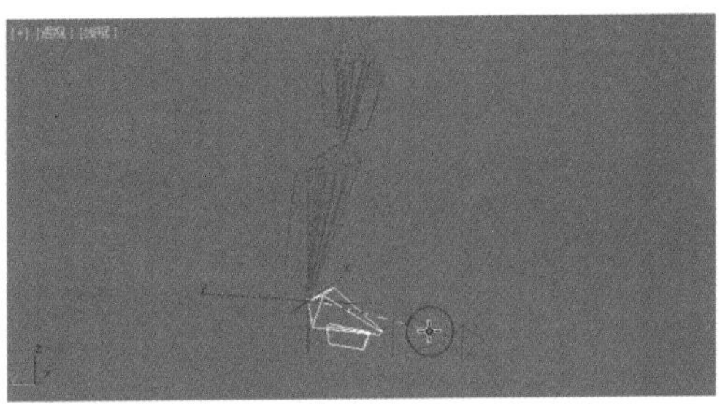

图11-21

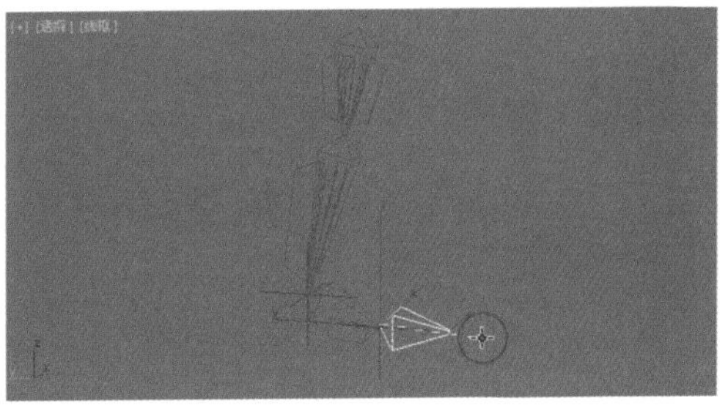

图11-22

05 在“图形”面板中单击“矩形”按钮，在“顶”视图中创建一个“矩形”对象，并命名为“脚部控制”，然后进入“修改”面板，在“参数”卷展栏中设置“长度”值为80，“宽度”值为40，接着使用“移动工具”调整其位置，如图11-23和图11-24所示。

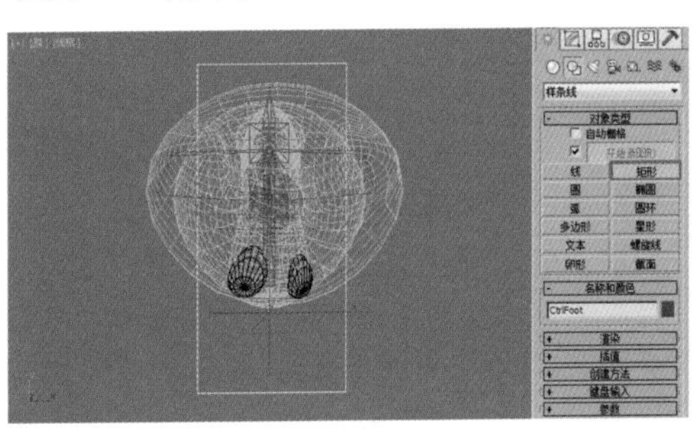

图11-23

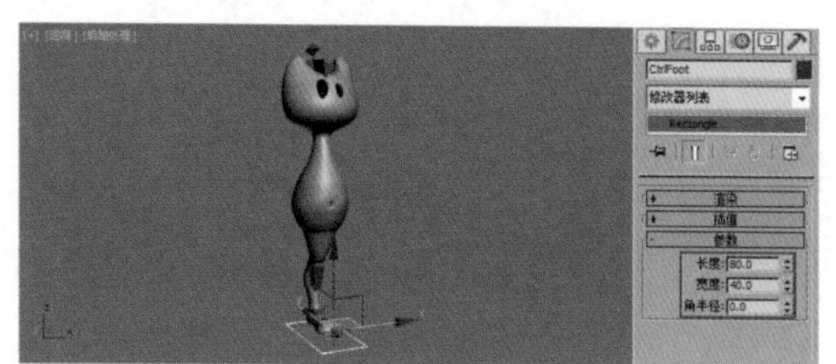

图11-24

06 在视图中选择“脚部控制”对象，执行菜单“动画>参数编辑器”命令，打开“参数编辑器”对话框，在“属性”卷展栏中设置“添加到类型”为“选定对象的基础层级”，设置“参数类型”为Angle，设置“UI类型”为Spinner，设置“名称”为“脚部旋转”，如图11-25和图11-26所示。

图11-25

图11-26

技巧与提示

“添加到类型”设置的是将自定义的属性添加到哪里。有4个选项可以选择，分别是“选定对象的基础层级”“选定对象的当前修改器”“选定对象的材质”和“拾取的轨迹”。

也可以为物体添加一个“属性承载器”修改器，该修改器是一个空的修改器，它在“修改”命令面板上提供了一个可访问的用户界面，通常在此添加“自定义属性”。但是如果想在这个面板上添加“自定义属性”，必须要在选择“属性承载器”修改器的情况下，在“参数编辑器”的“添加到类型”下拉列表中选择“选定对象的当前修改器”类型才可以，如图11-27所示。

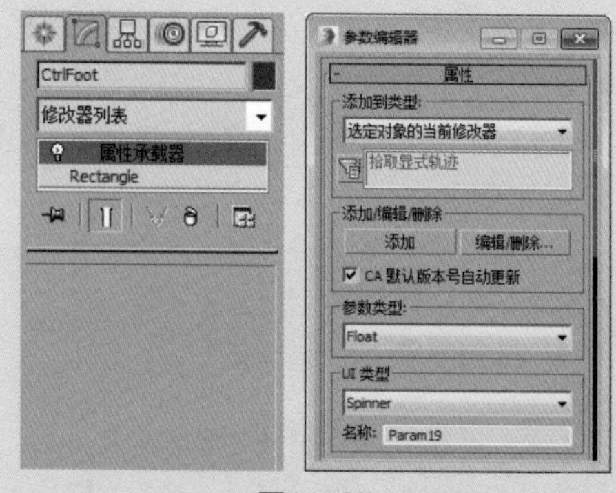

图11-27

如果选择的是Picked Track（拾取轨迹）选项，那么会打开“轨迹视图拾取”对话框，可以将自定义属性添加到我们想要的任意的轨迹上，如图11-28所示。

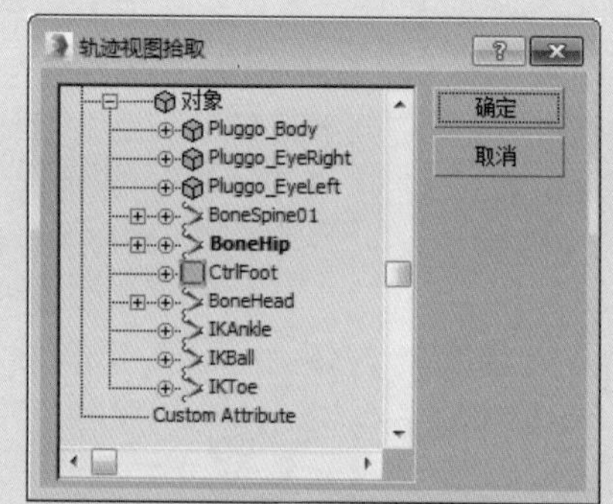

图11-28

一般常用的“参数类型”为Float（浮点数）和Angle（角度）两种，因为本例中我们希望用创建的自定义参数控制脚部骨骼的“旋转”，所以在这里选择的“参数类型”为Angle。

而这两种“参数类型”对应的“界面类型”为Spinner（微调器）和Slider（滑块）两种。Spinner（微调器）和Slider（滑块）两种“界面类型”的参数基本上都是一样的，唯一不同的是“滑块”界面类型可以勾选“垂直”选项来创建垂直的滑块。可以在“测试属性”卷展栏中查看创建完成的“自定义属性”效果，如图11-29所示。

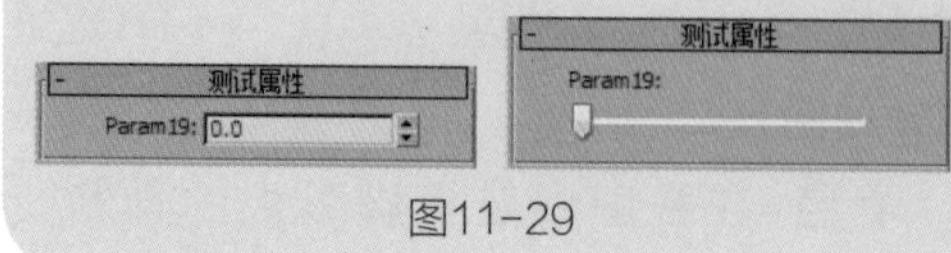

图11-29

07 在“浮动UI选项”卷展栏中，设置“范围”值为从0到90，如图11-30所示。

08 设置完成后，在“属性”卷展栏中单击“添加”按钮 添加 ，这时会在“修改”面板中会看到刚才添加的“自定义属性”，如图11-31和图11-32所示。

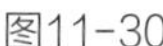
图11-30

图11-31

图11-32

09 用同样的方法再添加一个“膝盖旋转”的“自定义属性”，在“浮动UI选项”卷展栏中，设置“范围”值为从-90到90，如图11-33~图11-35所示。

图11-33

图11-34

图11-35

10 设置完成后，最终效果如图11-36所示。

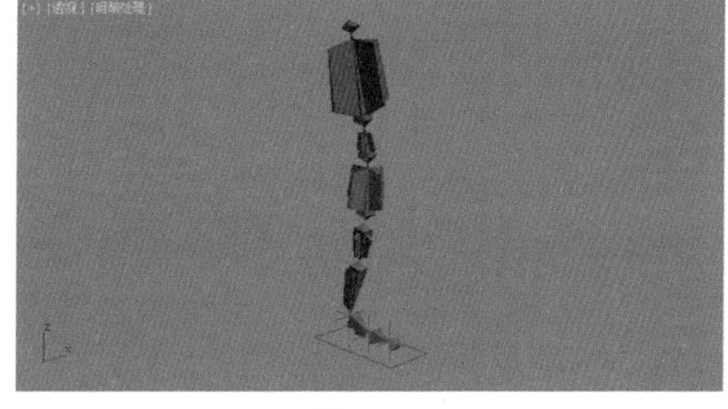

图11-36

11.3 骨骼绑定

实例操作：骨骼绑定	
实例位置：	工程文件>CH11>骨骼绑定.max
视频位置：	视频文件>CH11>11.3 骨骼绑定.mp4
实用指数：	★★★☆☆
技术掌握：	熟悉“骨骼绑定”技术的基础流程

11.3 骨骼绑定 .mp4

骨骼绑定是搭建骨骼的一个方法，通常用一些样条线或虚拟物体等类似的辅助物来达到控制骨骼的目的，骨骼绑定技术可以把角色的动作制作得非常细致逼真，所以国外的很多优秀动画电影通常都是采用这种骨骼绑定技术，如图11-37和图11-38所示。

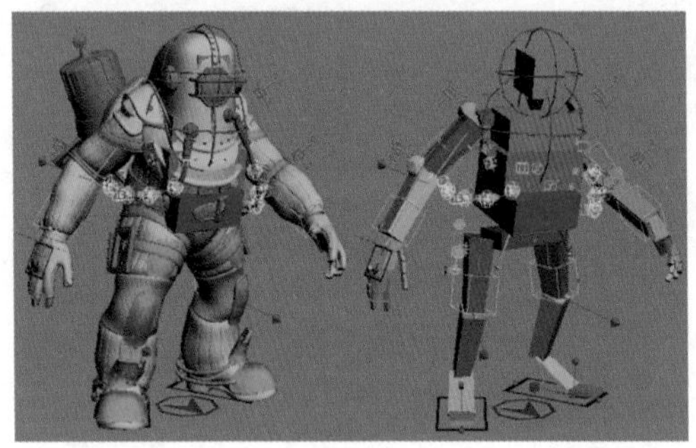

图11-37

图11-38

绑定技术在整个CG动画制作流程中占有非常重要的地位，它是一个承上启下的环节。模型制作完毕之后，就需要进行骨骼绑定了。骨骼绑定也是为模型把关的一个环节，例如模型布线不合理，就算绑定工作做得再好，也很难将角色的动作制作得逼真，需要返回到模型的创建阶段，进行模型的重新创建和修改。绑定是为动画服务的，需要制作出合理的运动形态，为动画师提供非常方便的骨骼绑定系统，这需要骨骼绑定工作者对生物的肢体运动极限有所了解，知道需要绑定的角色要做什么样的动作，肌肉在骨骼旋转到某些角度的时候会受到怎样的挤压。

骨骼绑定是一个技术性非常强的工作，需要对其软件技术进行深入的了解，同时了解大量的角色运动特点。本小节将用一个简单的小实例，来为读者讲解有关骨骼绑定的一些基础知识。图11-39所示为本实例的最终完成效果。

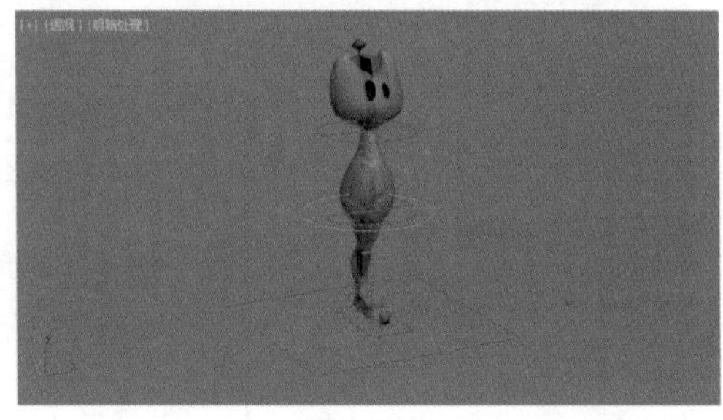

图11-39

01 继续上节的练习或者打开本书配套素材中的“工程文件>CH11>骨骼绑定>骨骼绑定.max”文件，该场景中已经创建了IK和自定义属性，如图11-40所示。

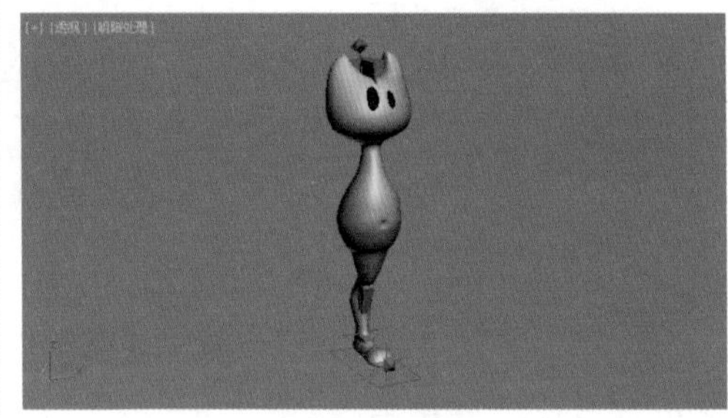

图11-40

02 先将角色模型隐藏，然后在视图中创建一个“圆”二维物体，并将其命名为“头部控制”，接着用“编辑样条线”修改器编辑其形态，随后使用“对齐工具”将其与“头部”骨骼进行位置对齐，如图11-41所示。

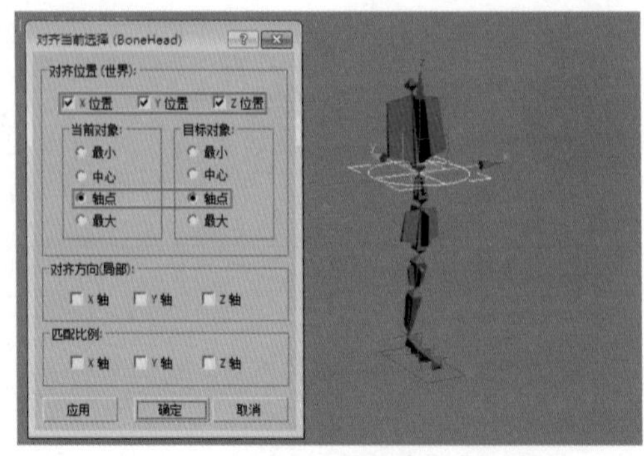

图11-41

技巧与提示

编辑二维图形的形态只是为了方便观察，所以可以将图形编辑为适合自己的任意形态。

03 按住键盘上的Shift键，将图形向下复制一个，并将其命名为“脊椎控制”，接着使用“对齐工具”将其与最下端的“脊椎”骨骼进行位置对齐，如图11-42所示。

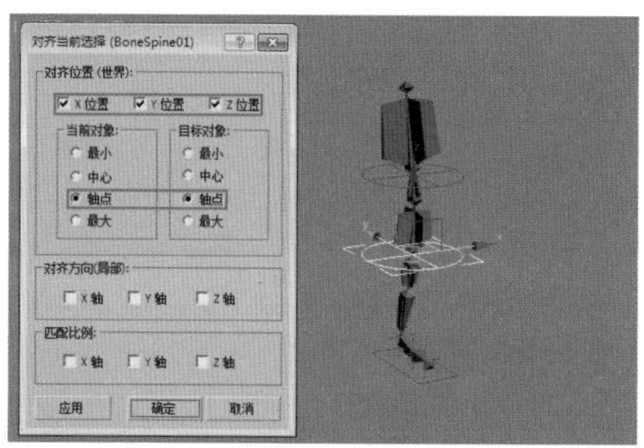

图11-42

04 再创建一个“圆”二维图形并命名为“身体控制”，然后使用“对齐工具”将其与“脊椎控制”对象进行位置对齐，如图11-43所示。

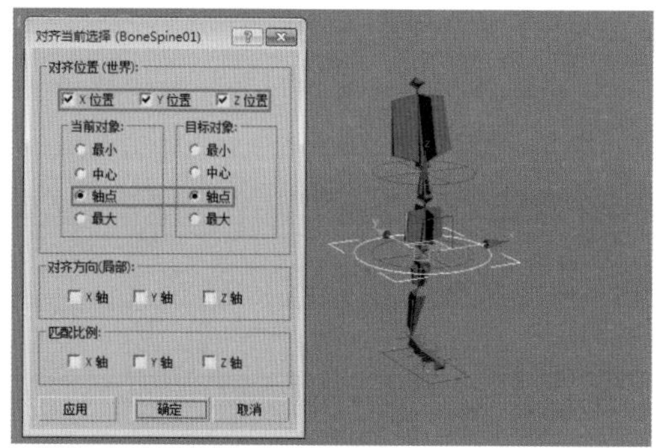

图11-43

05 在视图中创建一个“矩形”二维图形并命名为“整体控制”，然后使用“对齐工具”将其与“脚部控制”对象进行位置对齐，如图11-44所示。

06 使用“链接工具”，将“头部”骨骼连接到“头部控制”对象上，如图11-45所示。

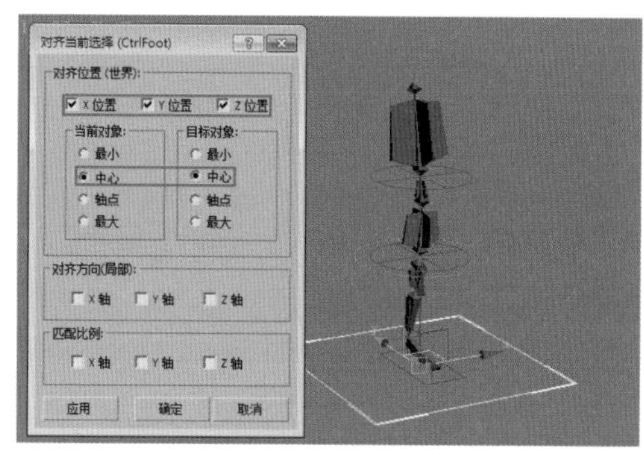

图11-44

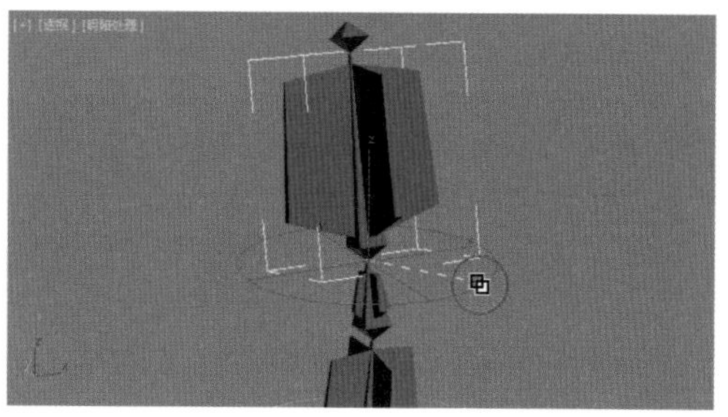

图11-45

07 将“头部控制”对象链接到“脖子”骨骼上，如图11-46所示。

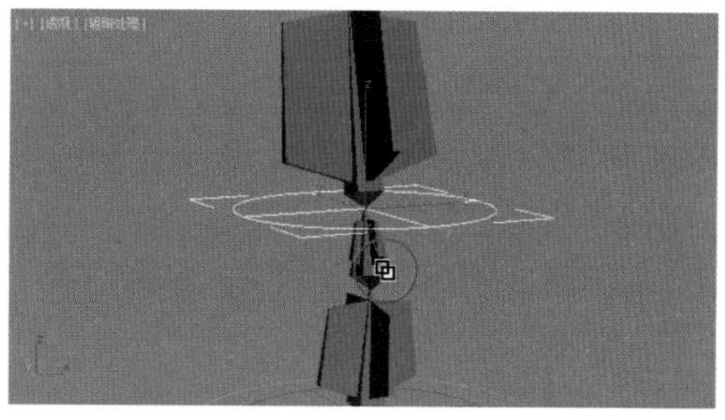

图11-46

08 将“脊椎骨骼”链接到“脊椎控制”对象上，如图11-47所示。

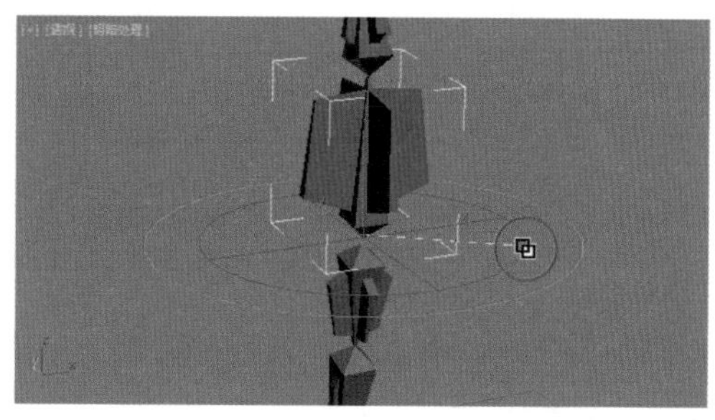

图11-47

09 将“脊椎控制”对象和“大腿骨骼”链接到“身体控制”对象上，如图11-48所示。

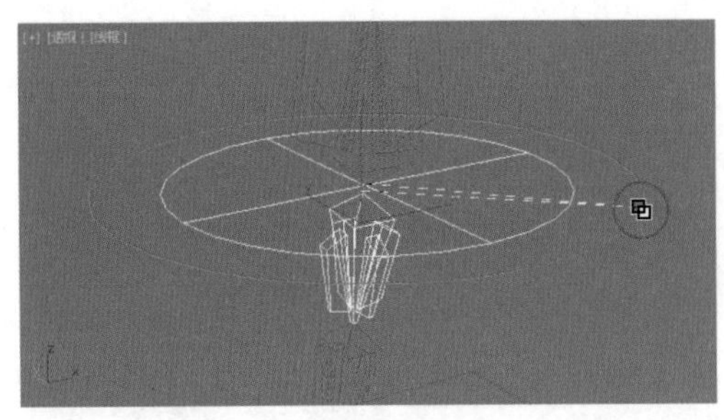

图11-48

10 将“身体控制”对象和“脚部控制”对象链接到“整体控制”对象上，如图11-49所示。

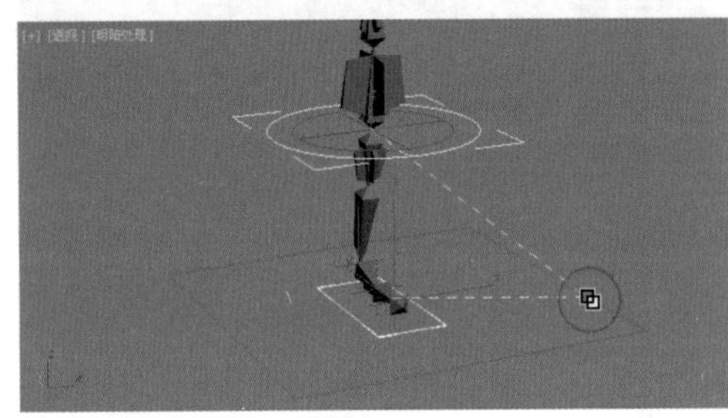

图11-49

11 继续使用“链接工具”，将脚后跟处的“IK链”链接到脚掌处的“IK链”上，然后再将脚掌处的“IK链”链接到脚尖处的“IK链”上，接着再将脚尖处的“IK链”链接到“脚部控制”对象上，如图11-50~图11-52所示。

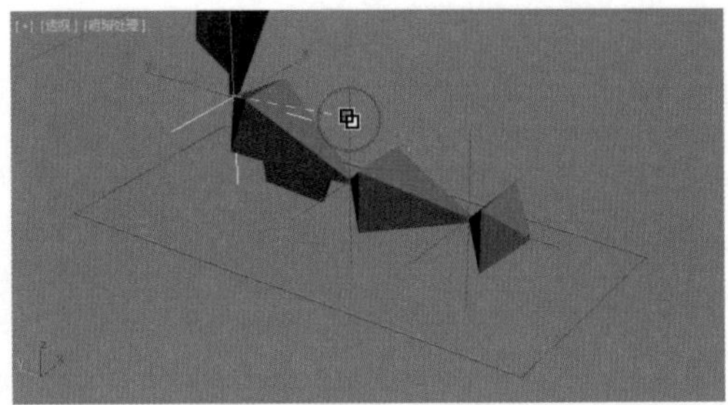

图11-50

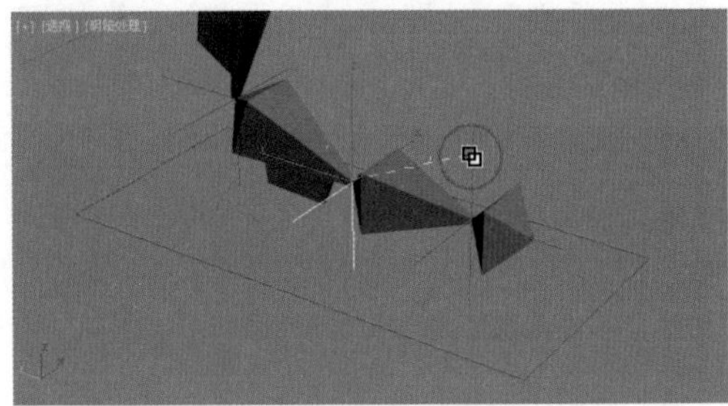

图11-51

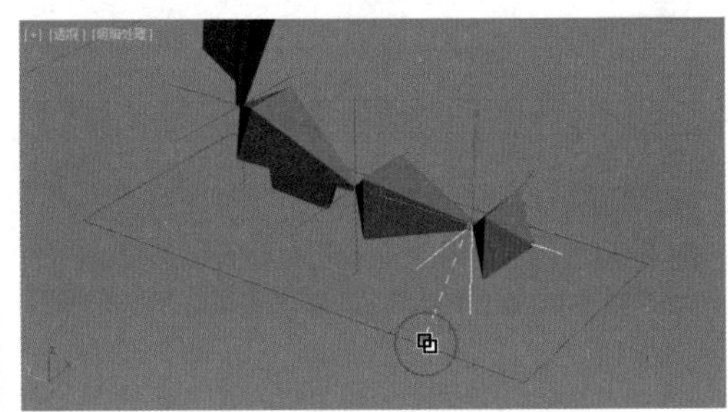

图11-52

12 在视图中选择颈部骨骼，并进入“运动”面板，在“指定控制器”卷展栏中为骨骼的旋转选项指定一个“旋转列表”控制器，如图11-53所示。

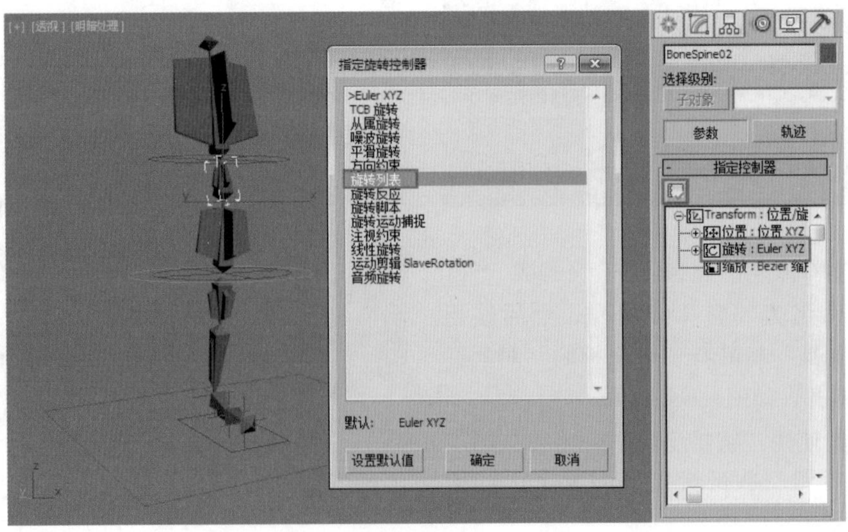

图11-53

13 选择“可用”选项，再为其指定一个Euler XYZ控制器，如图11-54所示。

图11-54

14 在视图中选择“脊椎控制”对象，并单击鼠标右键，在弹出的四联菜单中选择“连线参数”命令，然后在弹出的菜单中选择“变换>旋转>Euler XYZ>X轴旋转”选项，这时会在视图中连了一条虚线，接着单击颈部骨骼对象，在弹出的菜单中选择“变换>旋转>Euler XYZ>X轴旋转”选项，如图10-55~图10-57所示。

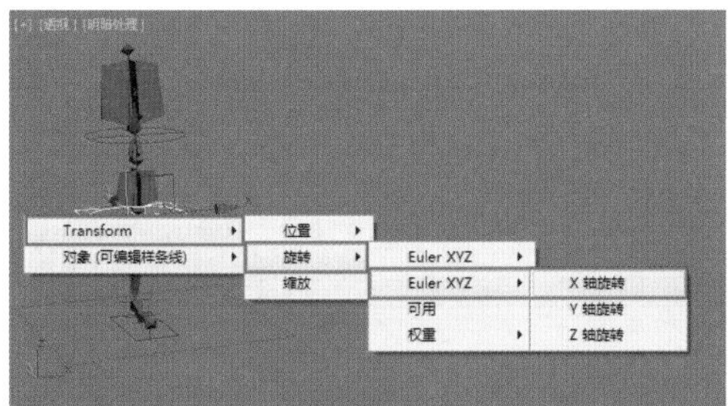

图11-55

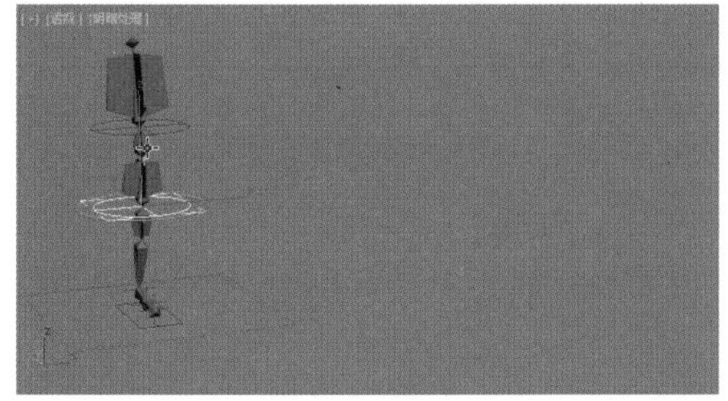

图11-56

15 在弹出的“参数关联”对话框中单击“单向连接：左参数控制右参数”按钮，然后在右侧的参数框内的数值后面添加“/2”，接着单击“连接”按钮 连接 ，如图11-58所示。

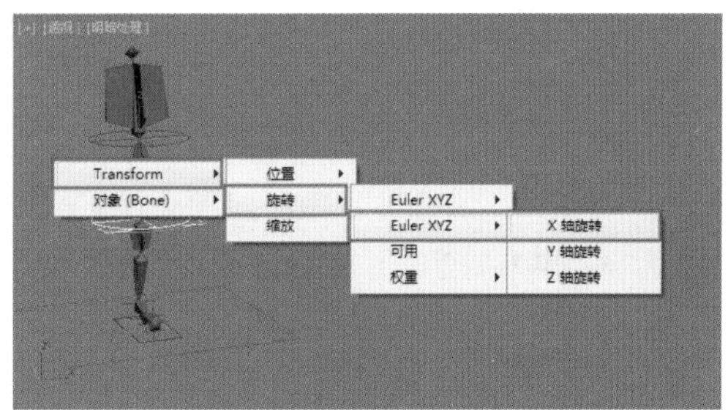

图11-57

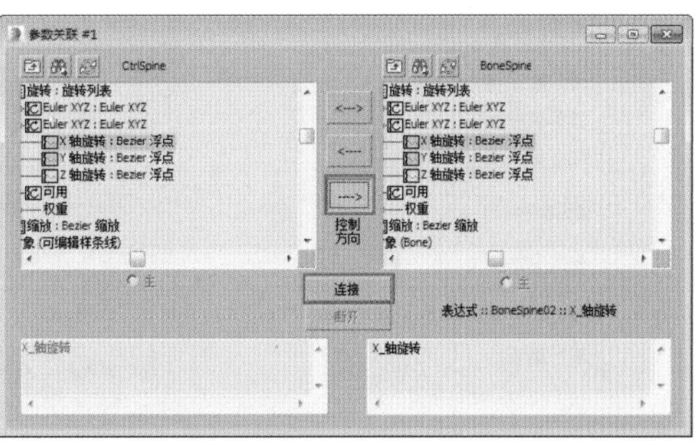

图11-58

技巧与提示

如果后期又对参数值进行了修改，这时需要单击“更新”按钮 更新 ，对参数值进行更新操作。

16 继续在“参数关联”对话框中将Y轴与Z轴的旋转进行连接，同时在右侧的参数框内的数值后面添加“/2”，如图11-59和图11-60所示。

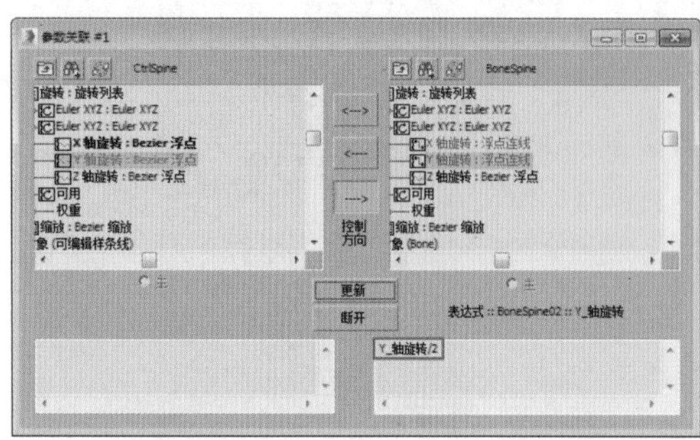

图11-59

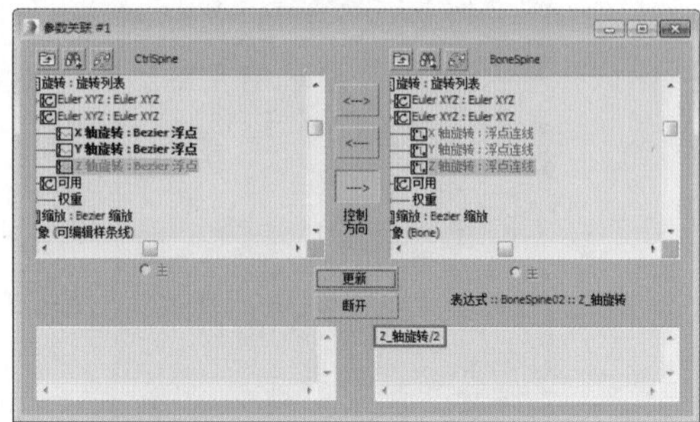

图11-60

17 执行菜单“动画>反应管理器”命令，打开“反应管理器”对话框，如图11-61和图11-62所示。

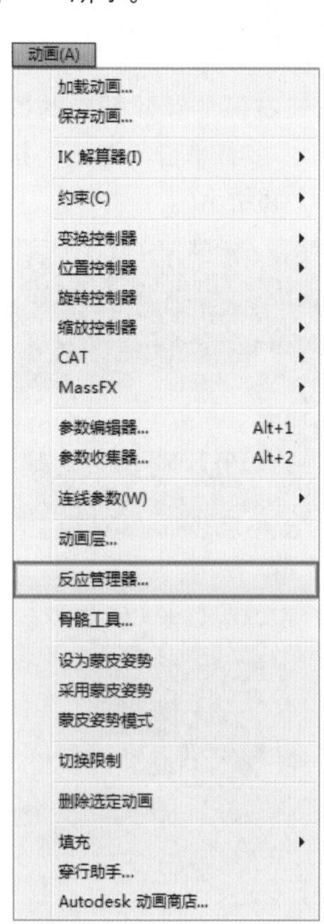

图11-61

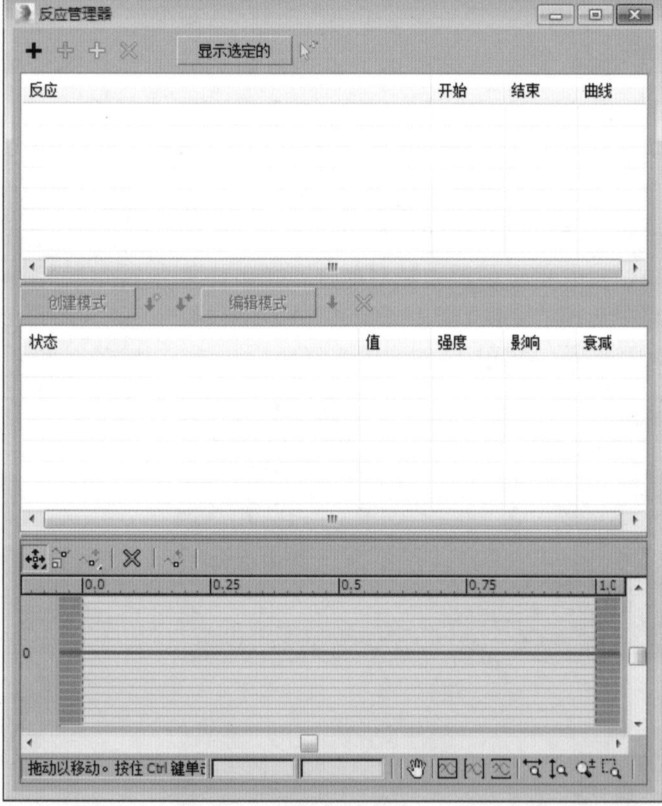

图11-62

18 在“反应管理器”对话框中单击“添加主”按钮，然后在视图中单击“脚部控制”对象，在弹出的菜单中选择“对象（Rectangel）>Custom_Attributes>脚部旋转”命令，如图11-63所示。

19 单击“添加从属”按钮，然后在视图中单击脚掌处的“IK链”，在弹出的菜单中选择“变换>IK目标>旋转>X轴旋转”命令，如图11-64所示。

20 在“状态列表”中选择“状态001”，然后单击“添加从属”按钮，接着在视图中单击脚尖处的“IK链”，在弹出的菜单中选择“变换>IK目标>旋转>X轴旋转”命令，如图11-65所示。

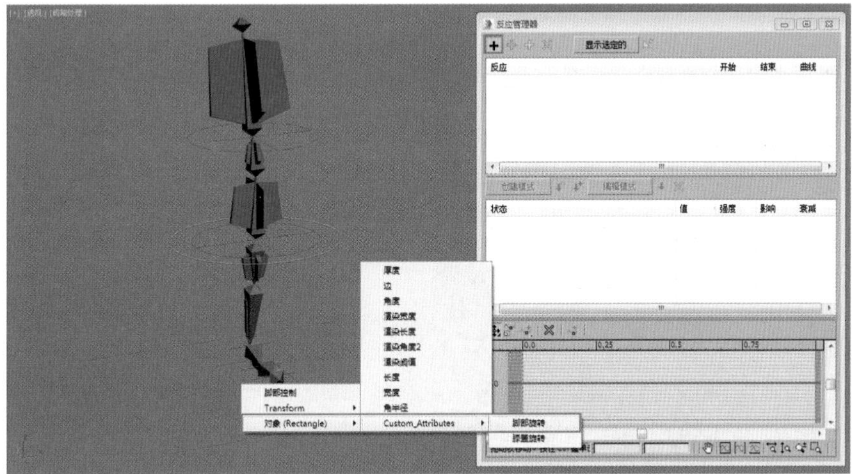

图11-63

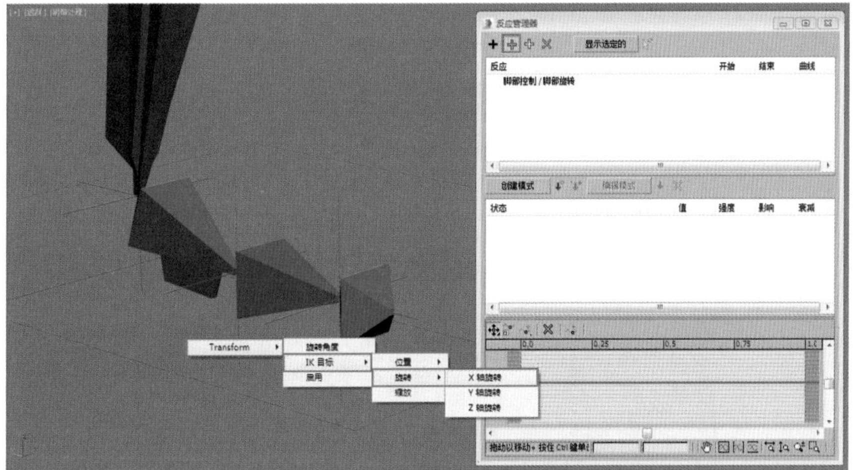

图11-64

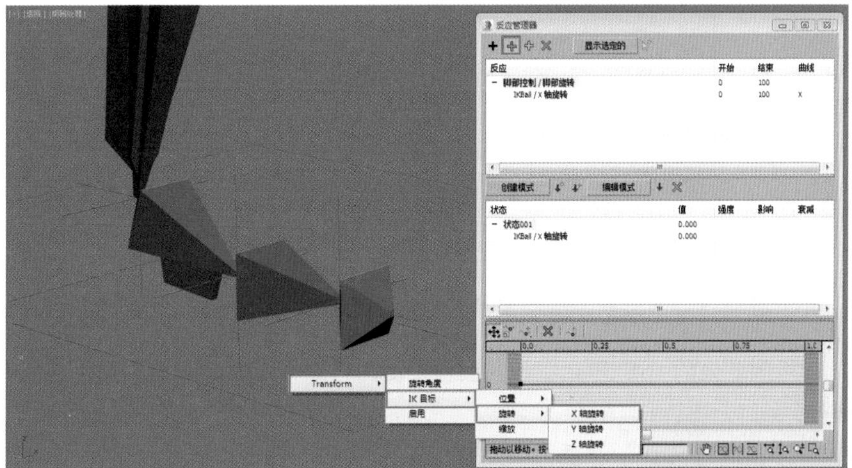

图11-65

21 在“反应管理器”对话框中单击“创建模式”按钮 创建模式 ，在视图中选择“脚部控制”对象，并进入“修改”面板，设置“脚部旋转”值为45，然后使用“旋转工具”，将脚掌处的“IK链”沿X轴旋转45度，如图11-66所示。

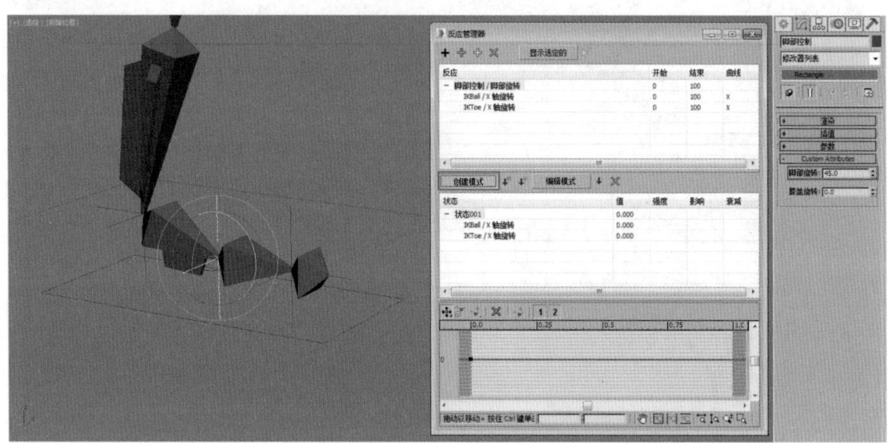

图11-66

22 在“反应管理器”对话框中单击“添加状态”按钮，这时会在“状态列表”中创建一个“状态002”，如图11-67所示。

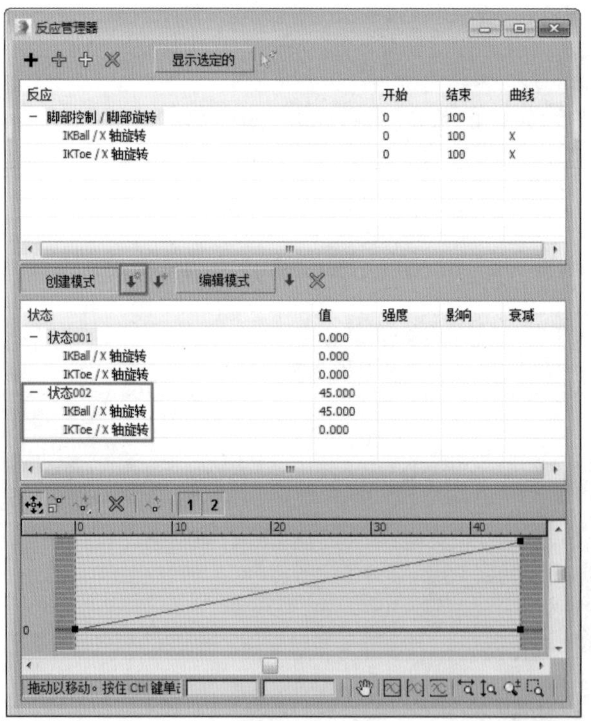

图11-67

23 在视图中选择“脚部控制”对象，并设置“脚部旋转”值为90，然后使用“旋转工具”，将脚掌处的“IK链”沿X轴旋转-45度，将脚尖处的“IK链”沿X轴旋转45度，如图11-68所示。

24 在“反应管理器”对话框中单击“添加状态”按钮，这时会在“状态列表”中创建一个“状态003”，如图11-69所示。

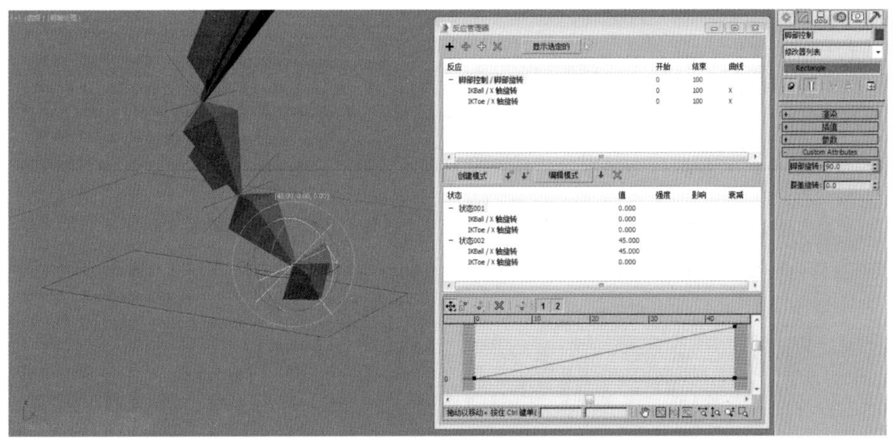

图11-68

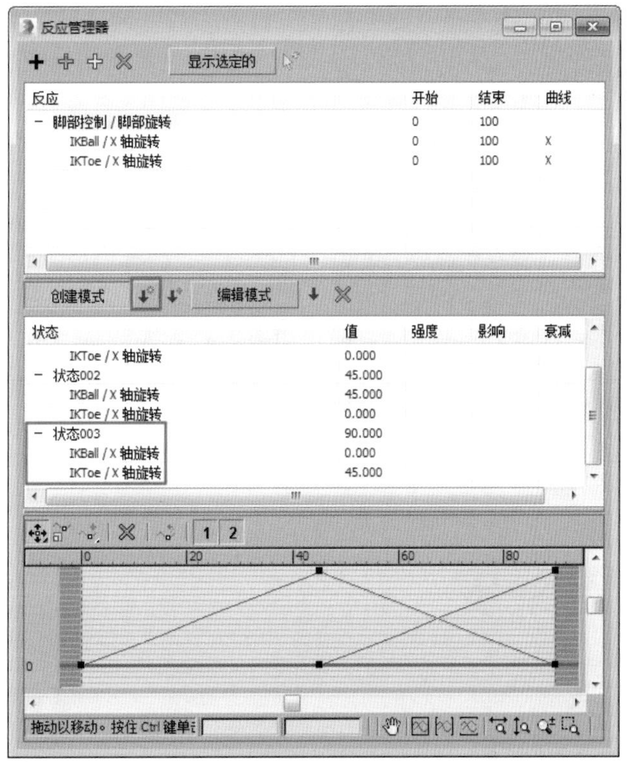

图11-69

25 在视图中选择“脚部控制”对象，并单击鼠标右键，在弹出的四联菜单中选择“连线参数”命令，然后在弹出的菜单中选择“对象（Rectangel）>Custom_Attributes>膝盖旋转”选项，这时会在视图中连了一条虚线，接着单击脚后跟处的“IK链”对象，在弹出的菜单中选择“变换>旋转角度”选项，如图11-70~图11-73所示。

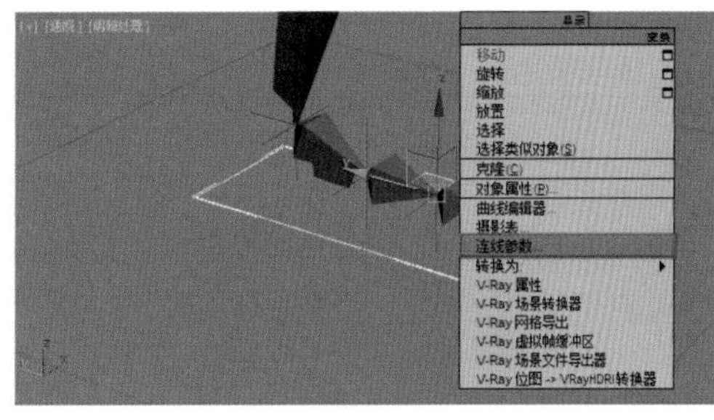

图11-70

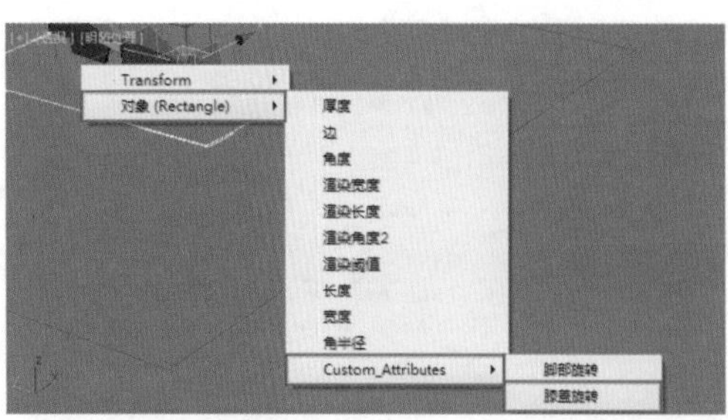

图11-71

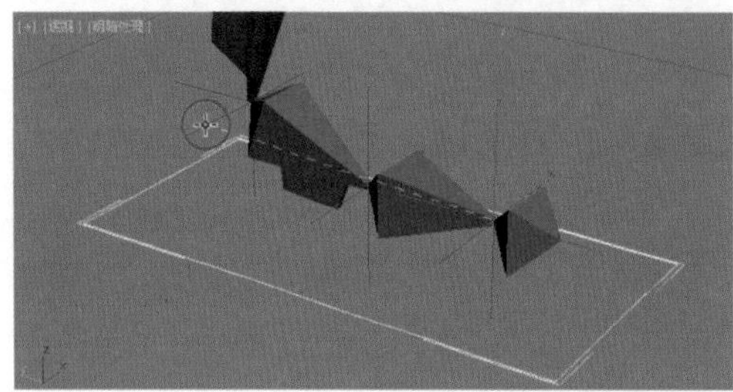

图11-72

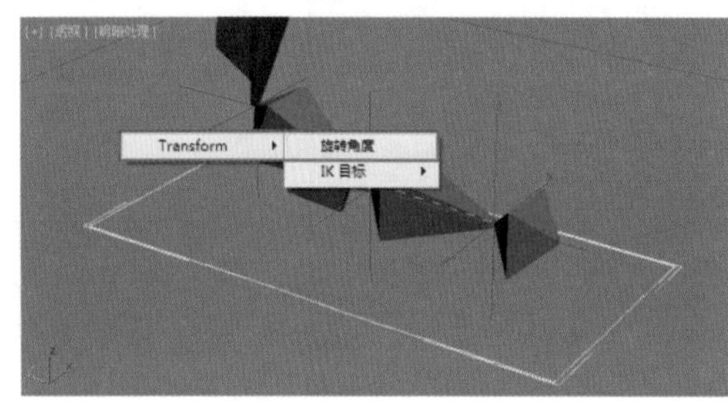

图11-73

26 在弹出的“参数关联”对话框中单击“单向连接：左参数控制右参数”按钮 ---> ，然后单击“连接”按钮 连接 ，如图11-74所示。

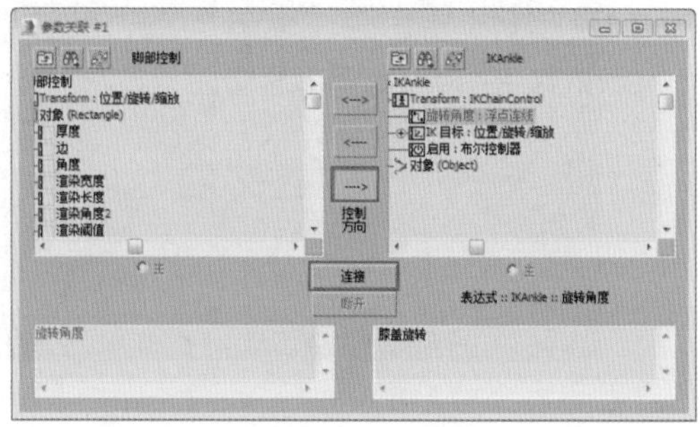

图11-74

27 设置完成后进行测试，最终效果如图11-75所示。

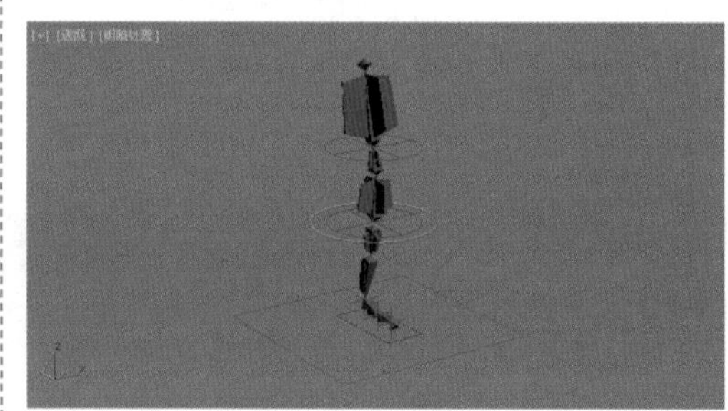

图11-75

11.4 设置蒙皮

实例操作：设置蒙皮	
实例位置：	工程文件>CH11>设置蒙皮.max
视频位置：	视频文件>CH11>11.4 设置蒙皮.mp4
实用指数：	★★★☆☆
技术掌握：	熟练使用“蒙皮”修改器对角色进行蒙皮设置

11.4 设置蒙皮 .mp4

当前骨骼和角色对象还没有联系，需要使用“蒙皮”修改器将对象绑定到骨骼，使骨骼能够控制对象的运动。“蒙皮”修改器是一种骨骼变形工具，用于模拟角色人物在运动时复杂的肌肉组织变化，进而创建出“活灵活现”的动画效果，如图11-76所示。

接下来将通过一组实例操作来讲解这方面的知识。图11-77所示为本实例的最终完成效果。

01 继续上节的练习或者打开本书配套素材中的“工程文件>CH11>设置蒙皮>设置

蒙皮.max”文件，该场景中已经对骨骼进行了绑定，如图11-78所示。

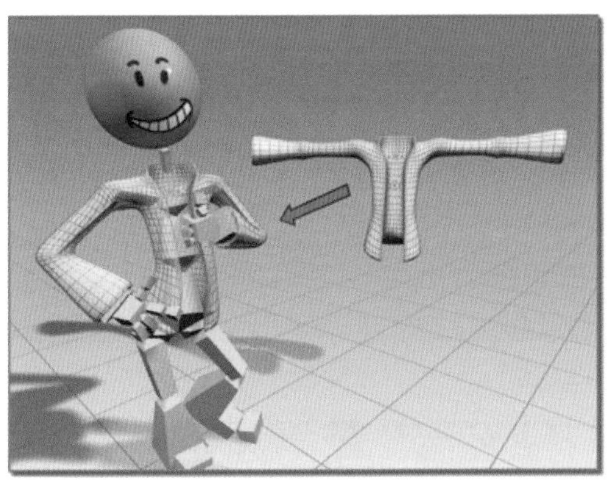

图11-76

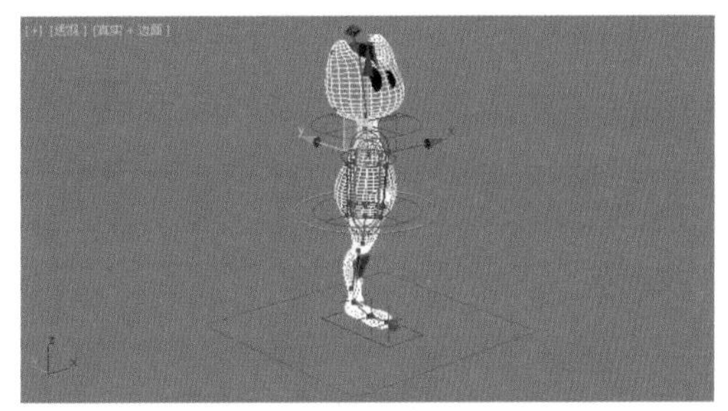

图11-77

02 在视图中选择角色对象，并进入“修改”面板，在“修改器列表”中为其添加“蒙皮”修改器，然后在“参数”卷展栏中单击“添加”按钮 添加 ，接着在弹出的“选择骨骼”对话框中选择所有的骨骼对象，如图11-79所示。

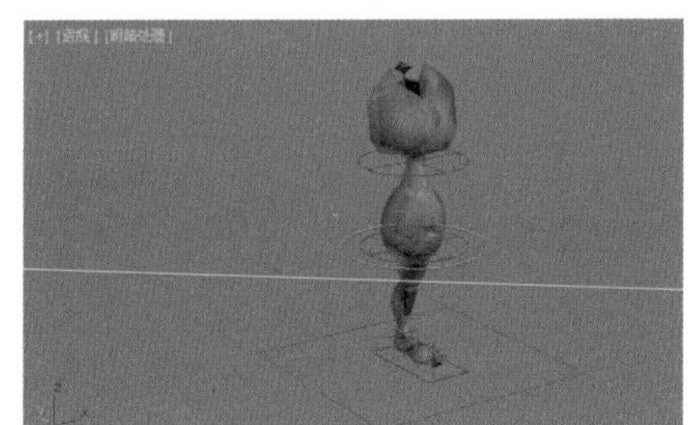

图11-78

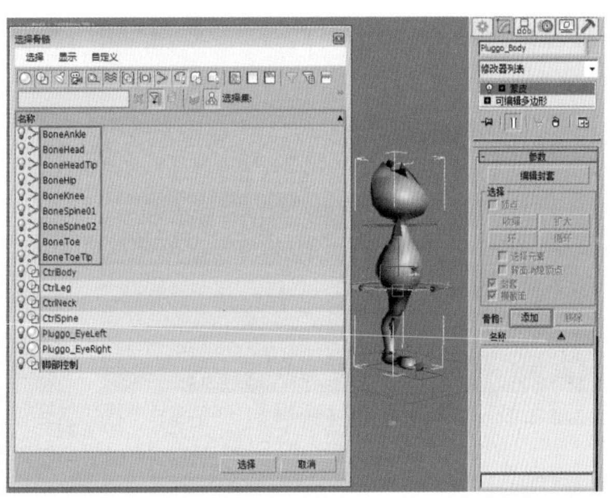

图11-79

技巧与提示

在本例中我们选择除头部和脚尖部最前端的小骨骼外其他所有的骨骼，在实际制作中，最前端的小骨骼我们一般也是不选择的。如果想将骨骼移除，可以在列表中选择相应的骨骼，然后单击“移除”按钮 移除 即可。

03 单击“编辑封套”按钮 编辑封套 ，然后在视图中选择头部骨骼的“封套”，接着使用“移动工具”调整“封套”的大小，如图11-80所示。

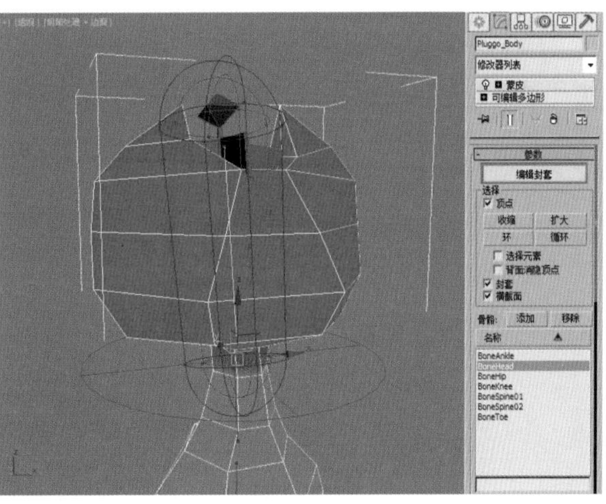

图11-80

04 用相同的方法调节其他骨骼“封套”的大小，如图11-81~图11-86所示。

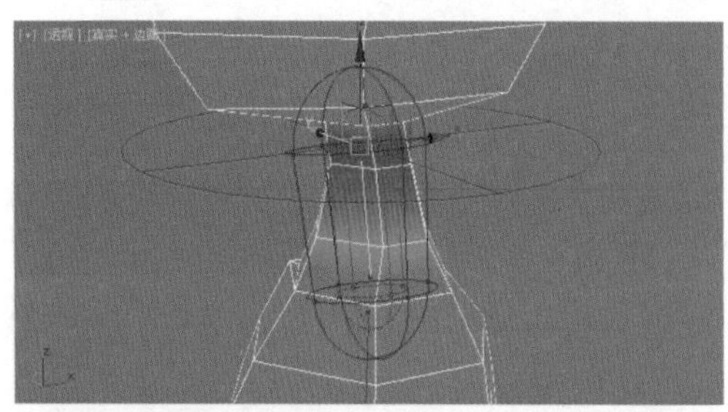
图11-81

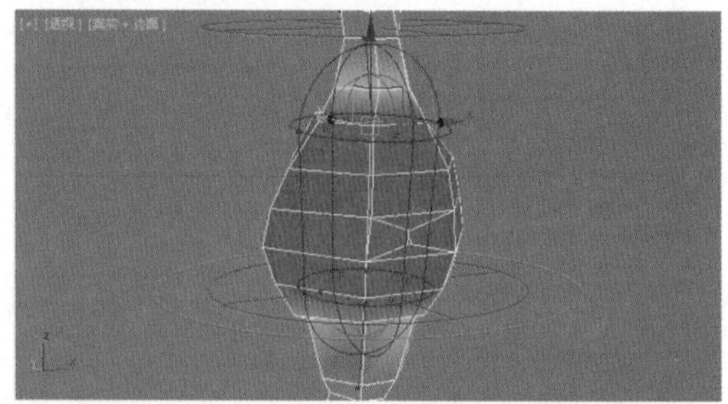
图11-82

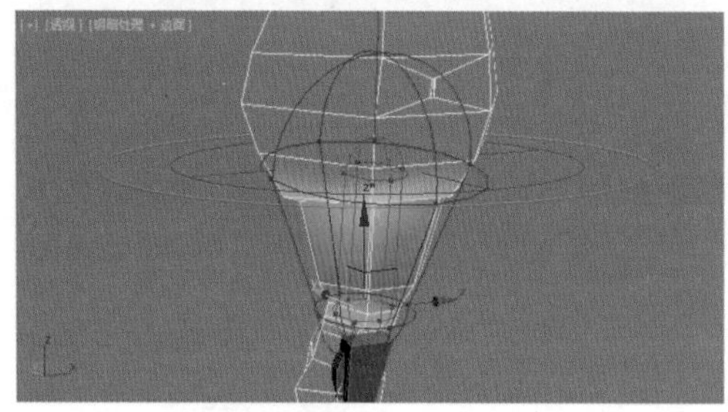
图11-83

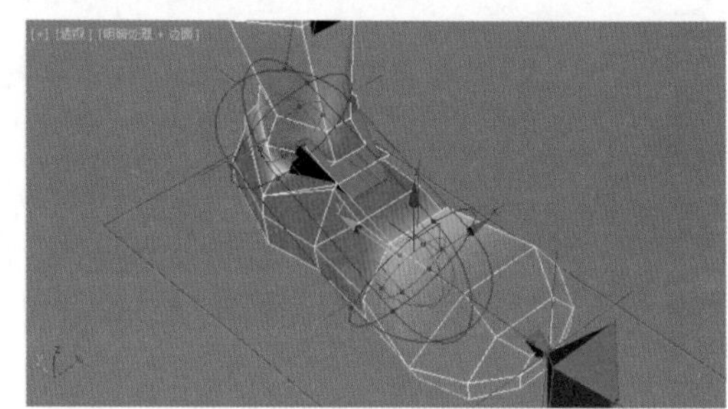
图11-84

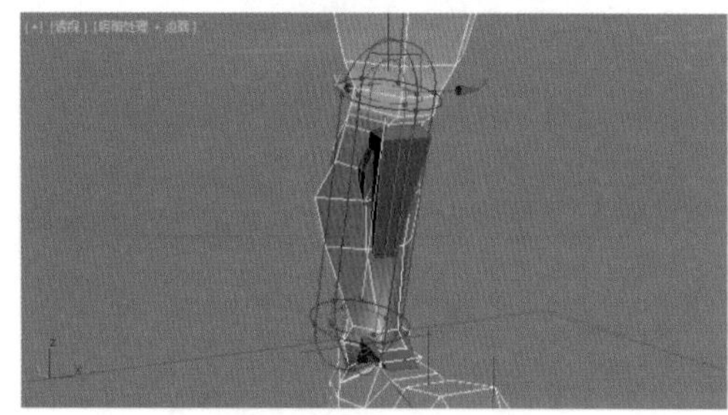
图11-85

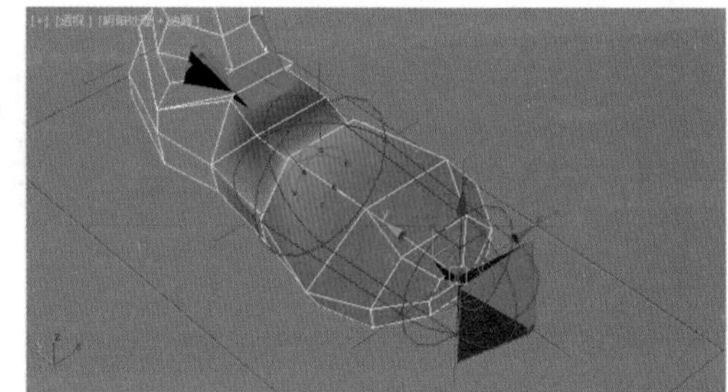
图11-86

技巧与提示

两个骨骼的“封套”之间最好能够产生相互“融合”的效果。

05 在“参数”卷展栏中勾选“顶点”复选框，然后选择头部骨骼的“封套”，接着在视图中选择图11-87所示的“顶点”，随后在“权重属性”选项组中设置“绝对效果”值为0.3，如图11-88所示。

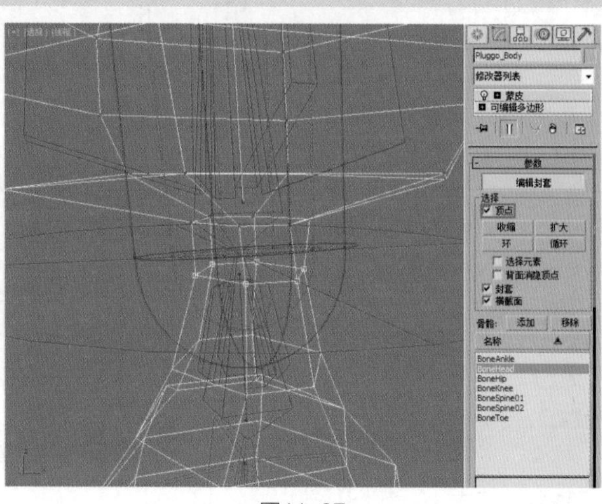

图11-87

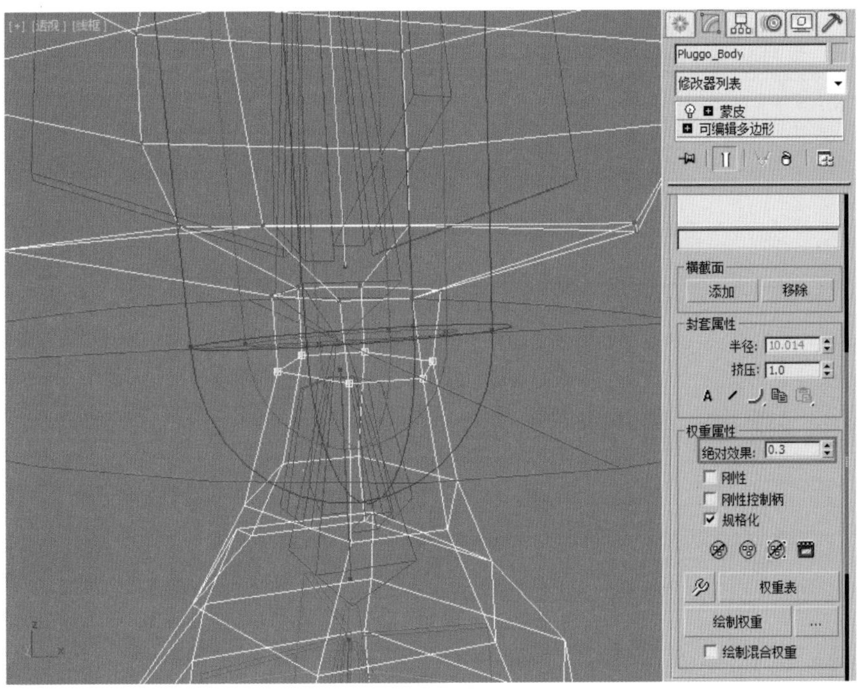

图11-88

技巧与提示

设置“顶点”权重的目的，是让角色运动时“皮肤”产生合理的形变。另外，可以设置一些简单的测试动作来帮助我们调节“顶点”的权重，比如可以为角色设置一个“低头”和“转头”的动画，然后根据效果来调节头部和颈部间“顶点”的权重效果；或者制作一个“弯腰”“抬腿”“握拳”等动作来调节相应部位的“顶点”权重。

06 使用相同的方法调节角色各个部位的“顶点”权重，使角色产生合理的蒙皮变形，如图11-89~图11-91所示。

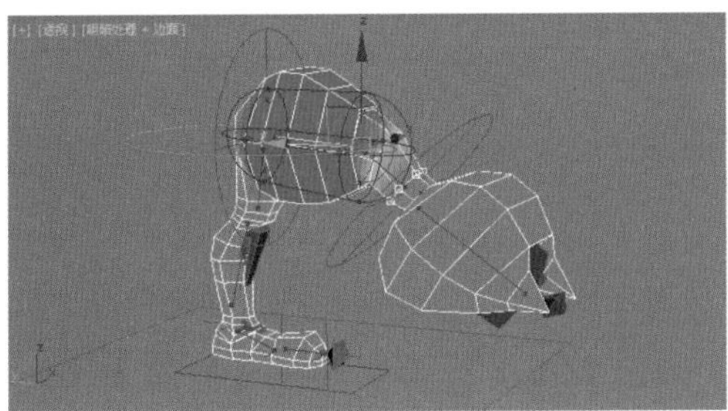

图11-89

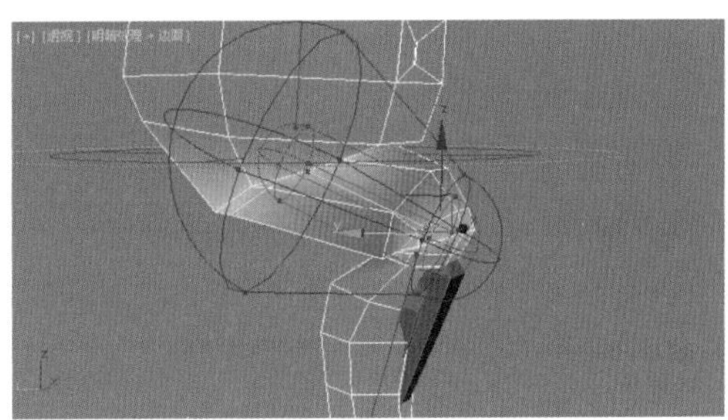

图11-90

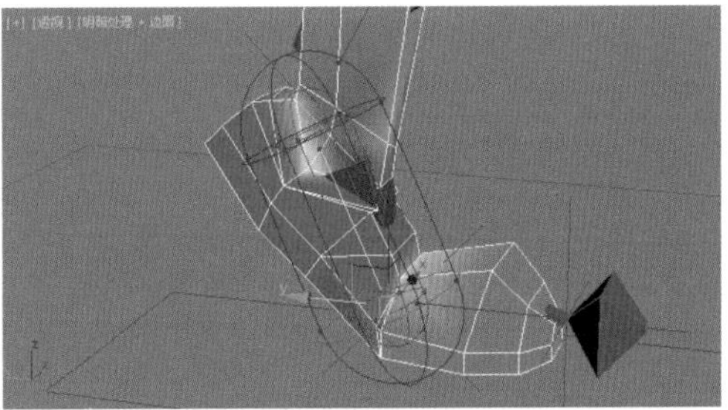

图11-91

技巧与提示

我们可以将测试动作做得幅度大一些，如果在这样的大幅度动作下蒙皮效果没有问题，那么在以后做一些常规动作时，蒙皮效果就更没有问题了。

07 设置完成后，再调节一些简单的测试动作，最终效果如图11-92所示。

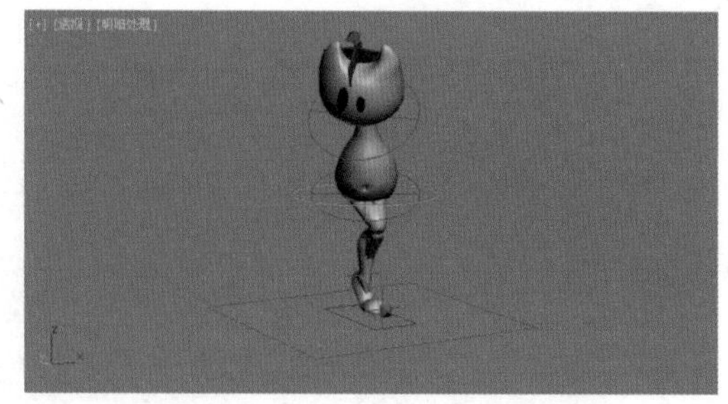

图11-92

11.5 设置骨骼动画

实例操作：设置骨骼动画	
实例位置：	工程文件>CH11>设置骨骼动画.max
视频位置：	视频文件>CH11>11.5 设置骨骼动画.mp4
实用指数：	★★★☆☆
技术掌握：	熟悉制作“骨骼”动画的基本流程

11.5 设置骨骼动画.mp4

当创建完成骨骼并设置蒙皮后，就可以制作骨骼动画了。角色动画的调节是一个繁杂的过程，在这期间更多的是要掌握一些动画的运动规律，只有真正掌握了一些事物的运动规律后，才能调节出更为流畅的动画效果。

本实例中我们要制作一个卡通角色跳起落下，然后摇头晃脑的动画效果，由于制作角色动画相对复杂，所以本小节简要为读者叙述了实例的技术要点和制作概览，具体操作请打开本书配套素材中的相关语音视频教学进行查看和学习。图11-93所示为本实例的最终完成效果。

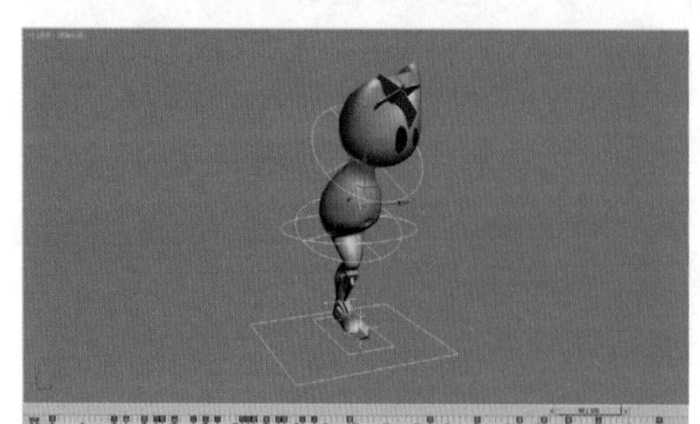

图11-93

01 继续上节的练习或者打开本书配套素材中的“工程文件>CH11>设置骨骼动画>设置骨骼动画.max”文件，该场景中已经为角色设置好了蒙皮，如图11-94所示。

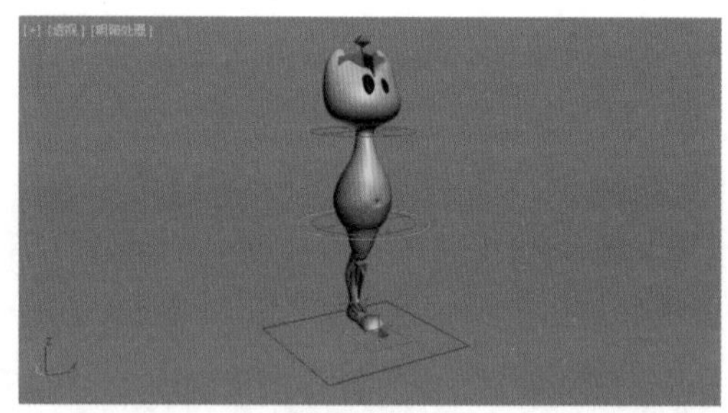

图11-94

02 首先制作角色“下蹲—跳起—下落—起身”的动画效果，在制作该段动画时，要注意角色跳起时腿部紧绷脚尖抬起的动作，落地时也是脚尖先着地，然后角色下蹲时腿部产生自然的弯曲效果，如图11-95~图11-97所示。

03 下一步我们为刚才制作的动画添加腰部与头部的动画，让角色有一个下蹲时弯腰蓄力的动画效果。在这段动画中要注意头部的“滞后”效果，让头部在跳起和下落时“惯性”影响有一个“甩头”的效果，如图11-98~图11-99所示。

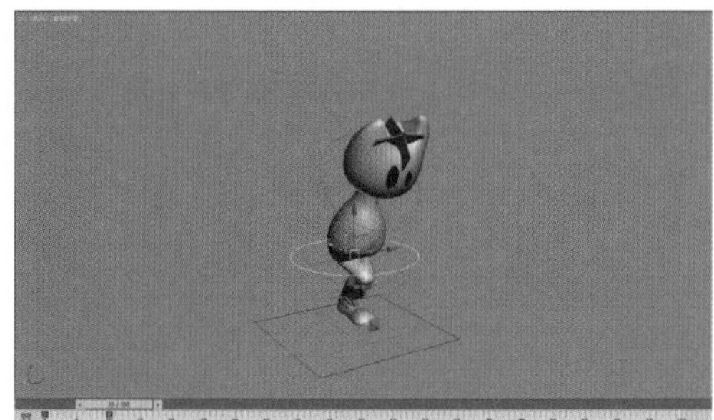

图11-95

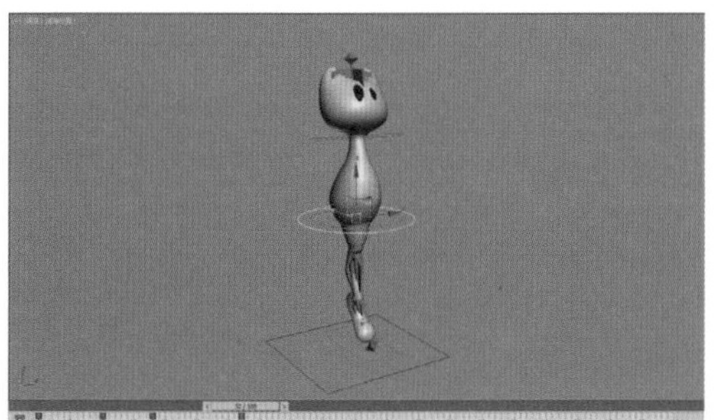

图11-96

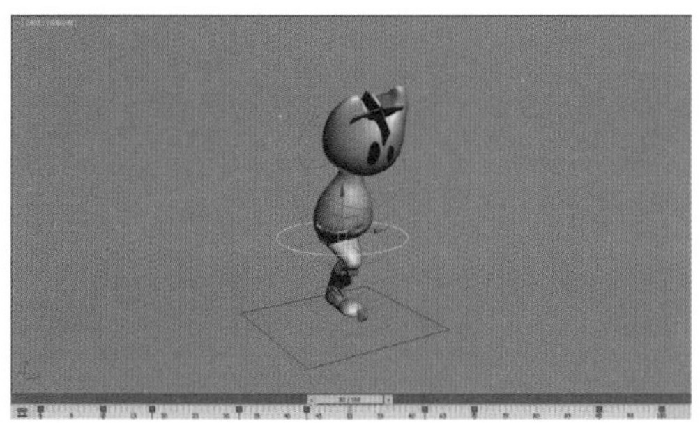

图11-97

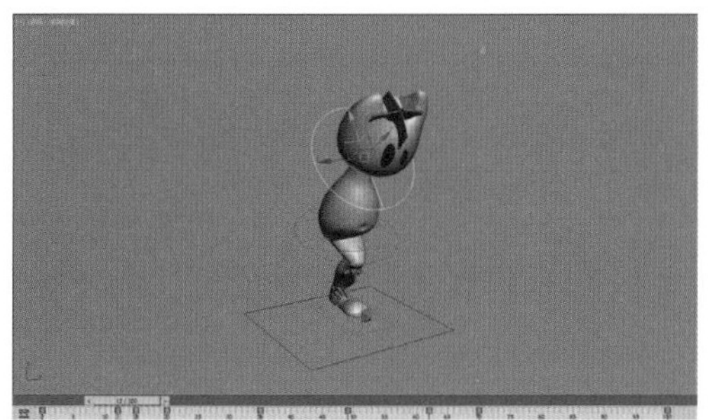

图11-98

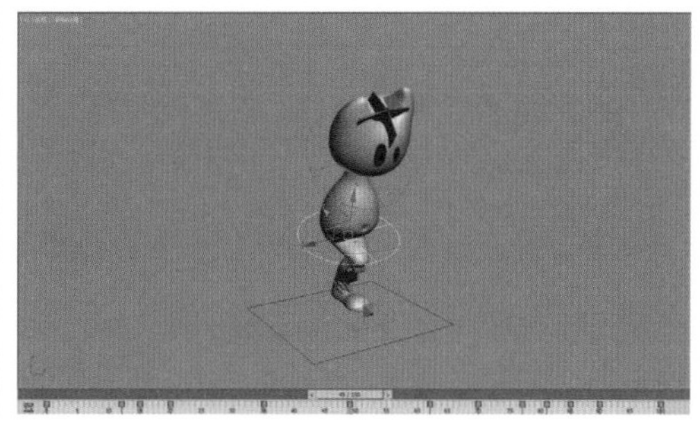

图11-99

04 接下来制作角色落地后摇头晃脑的动画效果，在这段动画中要注意在角色晃动脑袋时，也要加入弯腰蓄力的动画，如图11-100~图11-101所示。

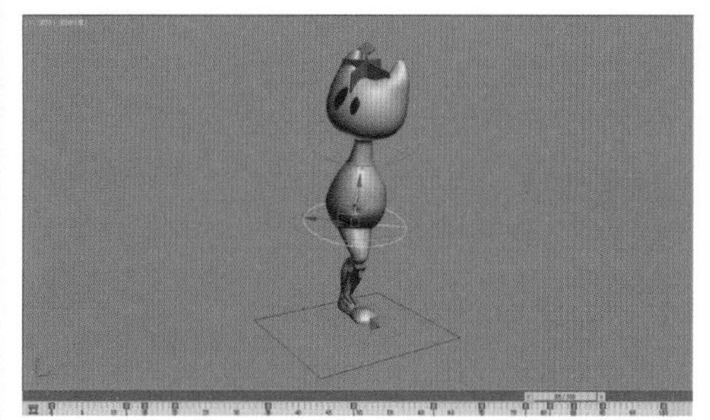

图11-100

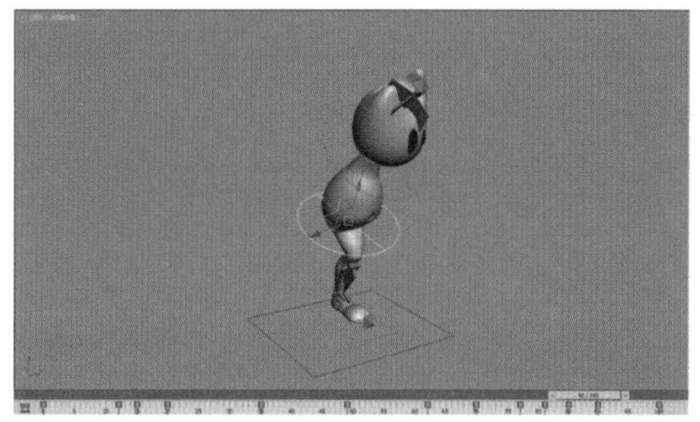

图11-101

05 至此，全部动画制作完成了，最终效果如图11-102所示。

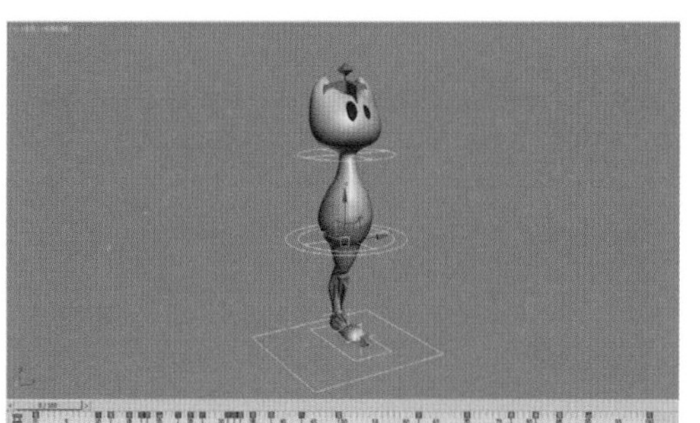

图11-102